# Stahlbeton- und Spannbetontragwerke nach DIN 1045

# Springer

*Berlin
Heidelberg
New York
Barcelona
Budapest
Hongkong
London
Mailand
Paris
Tokio*

Jürgen Grünberg (Hrsg.)

# Stahlbeton- und Spannbetontragwerke nach DIN 1045

Teile 1 bis 3 (Juli 2001)
Erläuterungen und Anwendungen

Mit Beiträgen von
Jürgen Grünberg, Jürgen Lierse, Ludger Lohaus, Jürgen Roth
Joachim Göhlmann, Michael Hansen, Holger Höveling
Martin Klaus, Malte Kosmahl, Andreas Tengen, Rainer Wiesner

Mit 183 Abbildungen und 63 Tabellen

 Springer

Prof. Dr.-Ing. Jürgen Grünberg

Institut für Massivbau
Universität Hannover
Appelstraße 9a
30167 Hannover

ISBN 3-540-43155-1 Springer-Verlag Berlin Heidelberg New York

Die Deutsche Bibliothek - CIP-Einheitsaufnahme
Stahlbeton- und Spannbetontragwerke nach DIN 1045 : Erläuterungen zu Teil 1 bis 3 und Anwendungen /
Hrsg.: Jürgen Grünberg. Mit Beitr. von J. Grünberg .... - 3. Aufl. - Berlin; Heidelberg; New York;
Barcelona; Hongkong; London; Mailand; Paris; Tokio: Springer, 2002
    ISBN 3-540-43155-1

Dieses Werk ist urheberrechtlich geschützt. Die dadurch begründeten Rechte, insbesondere die der Übersetzung, des Nachdrucks, des Vortrags, der Entnahme von Abbildungen und Tabellen, der Funksendung, der Mikroverfilmung oder der Vervielfältigung auf anderen Wegen und der Speicherung in Datenverarbeitungsanlagen, bleiben, auch bei nur auszugsweiser Verwertung, vorbehalten. Eine Vervielfältigung dieses Werkes oder von Teilen dieses Werkes ist auch im Einzelfall nur in den Grenzen der gesetzlichen Bestimmungen des Urheberrechtsgesetzes der Bundesrepublik Deutschland vom 9. September 1965 in der jeweils geltenden Fassung zulässig. Sie ist grundsätzlich vergütungspflichtig. Zuwiderhandlungen unterliegen den Strafbestimmungen des Urheberrechtsgesetzes.

Springer-Verlag Berlin Heidlberg New York
ein Unternehmen der BertelsmannSpringer Science+Business Media GmbH

http://www.springer.de

© Springer-Verlag Berlin Heidelberg 2002
Printed in Germany

Die Wiedergabe von Gebrauchsnamen, Handelsnamen, Warenbezeichnungen usw. in diesem Werk berechtigt auch ohne besondere Kennzeichnung nicht zu der Annahme, daß solche Namen im Sinne der Warenzeichen- und Markenschutz-Gesetzgebung als frei zu betrachten wären und daher von jedermann benutzt werden dürften.

Sollte in diesem Werk direkt oder indirekt auf Gesetze, Vorschriften oder Richtlinien (z. B. DIN, VDI, VDE) Bezug genommen oder aus ihnen zitiert worden sein, so kann der Verlag keine Gewähr für die Richtigkeit oder Aktualität übernehmen. Es empfiehlt sich, gegebenenfalls für die eigenen Arbeiten die vollständigen Vorschriften oder Richtlinien in der jeweils gültigen Fassung hinzuzuziehen.

Satz: Autorenvorlagen
Einband: Medio, Berlin
Gedruckt auf säurefreiem Papier   SPIN: 10863060   68/3020 hu - 5 4 3 2 1 0 -

## Vorwort

Der vorliegende Band ist auf der Grundlage der Beiträge entstanden, die anlässlich eines Seminars über die neue DIN 1045 am 21. und 22. September 2001 in Hannover vorgetragen wurden.

Die neue DIN 1045 wird nach einer Übergangszeit die noch geltende Norm aus dem Jahr 1972 in ihrer überarbeiteten Fassung aus dem Jahr 1988 ablösen und damit den Anschluss an die technische Entwicklung der letzten 30 Jahre in Europa herstellen, die sich chronologisch wie folgt darstellen lässt:

1978 erschien der erste CEB-Model Code. 1988 wurde die EWG-Bauprodukten-Richtlinie mit den zugehörigen Grundlagendokumenten herausgegeben mit dem Ziel, die Harmonisierung des europäischen Marktes auch auf dem Bausektor bis Ende 1992 zu ermöglichen.

1990 erteilte die Europäische Kommission das Mandat an CEN, das Technische Komitee TC 250 „Structural Eurocodes" zu gründen. In der Folge wurden zahlreiche Unterkomitees (SC) ins Leben gerufen, die die eigentliche Arbeit an den Eurocodes übernahmen. Bereits nach wenigen Jahren erschienen die europäischen Vornormen (ENV), so z. B. 1992 die ENV 1992 „Eurocode 2 – Beton- und Stahlbetonbau" und 1994 die ENV 1991 „Eurocode 1 – Grundlagen der Tragwerksplanung und Einwirkungen auf Tragwerke".

Die Abstimmung und Weiterentwicklung der europäischen Normung zog sich jedoch wider Erwarten in die Länge. Daher beschloss der Normenausschuss Bauwesen im DIN (NABau) im Jahre 1996 die Einführung einer neuen nationalen Normengeneration mit dem Ziel, die Inhalte der ENV in die neuen nationalen Normen zu übernehmen und das technische Regelwerk an die wissenschaftliche und technische Entwicklung anzupassen.

So wurden die Fachleute, die bereits an der europäischen Normung mitwirkten, parallel in den Arbeitsausschüssen des DIN aktiv mit dem Ergebnis, dass nach wenigen Jahren neue DIN-Normentwürfe der Fachöffentlichkeit präsentiert werden konnten. Nach Wahrung der Einspruchsfristen sowie Beratung und Umsetzung der Einsprüche erschienen im Jahre 2001 die ersten Weißdruckfassungen, und zwar

- DIN 1055 Teil 100
  „Einwirkungen auf Tragwerke – Grundlagen der Tragwerksplanung, Sicherheitskonzept und Bemessungsregeln", Ausgabe März 2001,

- DIN 1045 Teile 1 bis 4
  „Tragwerke aus Beton, Stahlbeton und Spannbeton", Ausgabe Juli 2001,

- DIN EN 206 Teil 1
  „Beton – Festlegung, Eigenschaften, Herstellung und Konformität", Ausgabe Juli 2001.

Inzwischen hat die Fachkommission Bautechnik beschlossen, diese neuen Normen im Laufe des Jahres 2002 bauaufsichtlich einführen zu lassen.

Mein Dank als Herausgeber gilt besonders den Autoren der einzelnen Beiträge. Sie haben die jeweiligen Themenschwerpunkte der neuen DIN-Normen ausführlich dargestellt und zahlreiche Berechnungsbeispiele mit Bemessungsdiagrammen und -tabellen erarbeitet. Dem praktisch tätigen Tragwerksplaner soll damit die Anwendung der neuen Normengeneration erleichtert werden.

Hannover, im Januar 2002                                           Jürgen Grünberg

# Inhalt

## 1 SICHERHEITSKONZEPT – ANFORDERUNGEN AN BETONBAUWERKE
(Jürgen Grünberg) ............................................................................. 1

| | | |
|---|---|---|
| 1.1 | **Grundlagen des Sicherheitskonzepts** ........................................ | 2 |
| 1.1.1 | *Maßnahmen zur Vermeidung menschlicher Fehlhandlungen* ............ | *3* |
| 1.1.2 | *Grundlegende Anforderungen an Tragwerke* ............................... | *3* |
| 1.1.3 | *Maßnahmen zur Begrenzung des Schadensausmaßes* .................... | *6* |
| 1.1.4 | *Sicherstellung einer ausreichenden Zuverlässigkeit nach DIN 1045-1* | *7* |
| 1.1.5 | *Überblick über das Nachweisverfahren* ....................................... | *7* |
| 1.1.6 | *Repräsentative Werte* ............................................................... | *9* |
| 1.1.7 | *Bemessungswerte* .................................................................... | *10* |
| 1.1.8 | *Nachweis der Grenzzustände* .................................................... | *13* |
| 1.2 | **Einwirkungskombinationen** .................................................... | 14 |
| 1.2.1 | *Unabhängige Einwirkungen für Hochbauten* ............................... | *14* |
| 1.2.2 | *Grenzzustände der Tragfähigkeit* ............................................... | *15* |
| 1.2.3 | *Grenzzustände der Gebrauchstauglichkeit* .................................. | *17* |
| 1.2.4 | *Grenzzustand der Ermüdung* ..................................................... | *18* |
| 1.2.5 | *Kombinationsbeiwerte $\psi$* ............................................................ | *18* |
| 1.2.6 | *Teilsicherheitsbeiwerte $\gamma_F$* ...................................................... | *19* |
| 1.2.7 | *Teilsicherheitsbeiwerte $\gamma_M$* ..................................................... | *22* |
| 1.2.8 | *Vereinfachte Kombinationsregeln für Hochbauten* ....................... | *23* |
| 1.3 | **Grundlagen für die Bemessung mit Teilsicherheitsbeiwerten** ... | 24 |
| 1.3.1 | *Bestimmung der Zuverlässigkeit von Tragwerken* ........................ | *24* |
| 1.3.2 | *Berechnung der Versagenswahrscheinlichkeit* ............................. | *25* |
| 1.3.3 | *Das R-E-Modell* ........................................................................ | *30* |
| 1.3.4 | *Vereinfachte Bestimmung der Bemessungswerte* ........................ | *31* |
| 1.4 | **Anwendungsbeispiele** ............................................................. | 34 |
| 1.4.1 | *Biegebeanspruchter Durchlaufträger* .......................................... | *34* |
| 1.4.2 | *Stahlbetonstütze mit Längskraft und Biegemoment* .................... | *36* |

## 2 BETONTECHNOLOGISCHE GRUNDLAGEN UND BAUAUSFÜHRUNG (DIN 1045 – TEILE 2 UND 3)
(Ludger Lohaus / Holger Höveling) .................................................... 39

| | | |
|---|---|---|
| 2.1 | **Einführung** ............................................................................ | 39 |
| 2.2 | **Anwendungsbereiche** ............................................................. | 40 |
| 2.2.1 | *DIN EN 206-1 und DIN 1045-2* .................................................. | *40* |
| 2.2.2 | *DIN 1045-3* ............................................................................. | *41* |
| 2.3 | **Formelzeichen** ....................................................................... | 41 |
| 2.4 | **Klasseneinteilung** .................................................................. | 41 |
| 2.4.1 | *Expositionsklassen* ................................................................... | *41* |
| 2.4.2 | *Anwendung der Expositionsklassen* ........................................... | *44* |
| 2.4.3 | *Klassen für Frischbeton* ............................................................ | *45* |
| 2.4.4 | *Klassen für Festbeton* ............................................................... | *46* |

## Inhalt

| | | |
|---|---|---|
| **2.5** | **Ausgangsstoffe** | **49** |
| 2.5.1 | Zement | 49 |
| 2.5.2 | Gesteinskörnung | 50 |
| 2.5.3 | Zugabewasser | 51 |
| 2.5.4 | Betonzusatzmittel | 51 |
| 2.5.5 | Betonzusatzstoffe | 51 |
| **2.6** | **Betonzusammensetzung** | **52** |
| 2.6.1 | Allgemeines | 52 |
| 2.6.2 | Zement | 52 |
| 2.6.3 | Gesteinskörnungen | 52 |
| 2.6.4 | Zusatzstoffe | 53 |
| 2.6.5 | Mehlkorngehalt | 53 |
| 2.6.6 | Zusatzmittel | 54 |
| 2.6.7 | Anforderungen an den Beton in Abhängigkeit der Expositionsklassen | 55 |
| **2.7** | **Anforderungen an den Beton** | **56** |
| 2.7.1 | Frischbeton | 56 |
| 2.7.2 | Festbeton | 57 |
| **2.8** | **Festlegung des Betons** | **57** |
| 2.8.1 | Allgemeines | 57 |
| 2.8.2 | Festlegung für Beton nach Eigenschaften | 58 |
| 2.8.3 | Festlegung für Beton nach Zusammensetzung | 58 |
| 2.8.4 | Festlegung für Standardbeton | 58 |
| **2.9** | **Betonherstellung** | **59** |
| 2.9.1 | Übersicht der Qualitätskontrolle beim Bauen mit Beton | 59 |
| 2.9.2 | Produktionskontrolle | 60 |
| 2.9.3 | Konformitätskontrolle | 61 |
| 2.9.4 | Betonfamilie | 61 |
| **2.10** | **Bauausführung** | **62** |
| 2.10.1 | Allgemeines | 62 |
| 2.10.2 | Dokumentation, Bauleitung | 62 |
| 2.10.3 | Tätigkeiten zur Herstellung der Bauteile | 62 |
| 2.10.4 | Überwachung des Betons auf der Baustelle | 65 |
| **2.11** | **Anforderungen an hochfesten Beton** | **67** |
| **3** | **MATERIALKENNWERTE UND SCHNITTGRÖSSENERMITTLUNG** (Malte Kosmahl) | **69** |
| **3.1** | **Materialkennwerte** | **69** |
| 3.1.1 | Beton | 69 |
| 3.1.2 | Betonstahl | 75 |
| **3.2** | **Schnittgrößenermittlung** | **78** |
| 3.2.1 | Grundlagen der Schnittgrößenermittlung | 78 |
| 3.2.2 | Tragwerkseinteilung | 79 |
| 3.2.3 | Mitwirkende Plattenbreite, Lastausbreitung und effektive Stützweite | 79 |
| 3.2.4 | Rippendecken | 80 |
| 3.2.5 | Imperfektionen | 81 |
| 3.2.6 | Vereinfachungen und Mindestmomente | 83 |

| | | |
|---|---|---:|
| 3.3 | Verfahren zur Schnittgrößenermittlung | 84 |
| 3.3.1 | Übersicht | 84 |
| 3.3.2 | Linear elastische Berechnung mit Umlagerung | 84 |
| 3.3.3 | Verfahren nach der Plastizitätstheorie | 87 |
| 3.3.4 | Nichtlineare Verfahren | 90 |
| 3.4 | Beispiel zum Nachweis der Rotationsfähigkeit | 92 |
| | | |
| 4 | GRENZZUSTÄNDE DER TRAGFÄHIGKEIT FÜR BIEGUNG MIT LÄNGSKRAFT (Jürgen Lierse) | 101 |
| 4.1 | Einführung | 101 |
| 4.2 | Bemessungsgrundlagen | 101 |
| 4.3 | Bemessungshilfsmittel | 104 |
| 4.3.1 | Allgemeines | 104 |
| 4.3.2 | Allgemeines Bemessungsdiagramm | 107 |
| 4.3.3 | Dimensionsgebundenes $k_d$-Verfahren | 108 |
| 4.3.4 | Dimensionslose Bemessungstabellen | 109 |
| 4.3.5 | Interaktionsdiagramme | 110 |
| 4.3.6 | Schiefe Biegung mit Längsdruckkraft | 110 |
| 4.4 | Anwendungsbeispiele | 111 |
| 4.4.1 | Zugkraft mit geringer Ausmittigkeit | 111 |
| 4.4.2 | Mittige Druckkraft | 112 |
| 4.4.3 | Beispiele für Biegung mit Längskraft | 113 |
| 4.4.4 | Durchlaufende Platte | 117 |
| 4.4.5 | Rechteckquerschnitt mit Vorspannung | 119 |
| 4.5 | Zusammenfassung | 122 |
| 4.6 | Bemessungsdiagramme | 123 |
| | | |
| 5 | QUERKRAFT (Rainer Wiesner) | 133 |
| 5.1 | Einleitung | 133 |
| 5.2 | Bemessungswert der aufnehmbaren Querkraft $V_{Rd}$ | 135 |
| 5.3 | Bemessungswert der einwirkenden Querkraft $V_{Ed}$ | 136 |
| 5.3.1 | Maßgebender Schnitt im Auflagerbereich | 136 |
| 5.3.2 | Konzentrierte Lasten in Auflagernähe | 137 |
| 5.3.3 | Bauteile mit veränderlicher Querschnittshöhe | 138 |
| 5.3.4 | Beispiel zur Ermittlung der Bemessungsquerkraft $V_{Ed}$ | 139 |
| 5.4 | Bauliche Durchbildung der Querkraftbewehrung | 141 |
| 5.4.1 | Mindestquerkraftbewehrung bei Balken | 141 |
| 5.4.2 | Größter Abstand der Querkraftbewehrung | 143 |
| 5.4.3 | Einschneiden der Querkraftdeckungslinie | 143 |
| 5.5 | Bauteile ohne rechnerisch erforderliche Querkraftbewehrung | 144 |
| 5.5.1 | Beispiel einer Deckenplatte ohne Querkraftbewehrung | 145 |
| 5.6 | Bauteile mit rechnerisch erforderlicher Querkraftbewehrung | 147 |
| 5.6.1 | Beispiel eines Balkens mit Querkraftbewehrung | 151 |
| 5.7 | Schubkräfte zwischen Balkensteg und Gurten | 154 |
| 5.7.1 | Beispiel zum Anschluss der Schubkräfte zwischen Balkensteg und Gurt | 158 |

# Inhalt

## 6 TORSION
(Michael Hansen) ............ 163

**6.1 Allgemeines** ............ 163
*6.1.1 Gleichgewichts- und Verträglichkeitstorsion* ............ 163
*6.1.2 Wölbkrafttorsion* ............ 163
*6.1.3 Anordnung der Torsionsbewehrung* ............ 163

**6.2 Tragverhalten und Bemessungsmodell** ............ 164
*6.2.1 Querschnittsabmessungen für den Torsionswiderstand* ............ 165
*6.2.2 Bauliche Durchbildung* ............ 166

**6.3 Reine Torsionsbeanspruchung** ............ 167
*6.3.1 Bemessungsverfahren* ............ 167
*6.3.2 Torsionstragfähigkeit* ............ 167

**6.4 Kombinierte Beanspruchungen** ............ 170

**6.5 Beispiel eines Balkens mit Torsionsbeanspruchung** ............ 172
*6.5.1 Einwirkungen* ............ 172
*6.5.2 Schnittgrößen im Grenzzustand der Tragfähigkeit* ............ 172
*6.5.3 Nachweise im Grenzzustand der Tragfähigkeit* ............ 173
*6.5.4 Bauliche Durchbildung* ............ 176

## 7 DURCHSTANZEN
(Michael Hansen) ............ 177

**7.1 Allgemeines** ............ 177

**7.2 Bruchvorgang beim Durchstanzen** ............ 177

**7.3 Grundsätze und Regeln der Bemessung** ............ 178

**7.4 Schnittgrößen in punktförmig gestützten Platten** ............ 179
*7.4.1 Ermittlung der Biegeschnittgrößen* ............ 179
*7.4.2 Ermittlung der maßgebenden Querkraft* ............ 180

**7.5 Lasteinleitung und Nachweisschnitte** ............ 180
*7.5.1 Standardfälle* ............ 181
*7.5.2 Ausgedehnte Auflagerflächen* ............ 181
*7.5.3 Einfluss von Öffnungen* ............ 182
*7.5.4 Einfluss von freien Rändern* ............ 182
*7.5.5 Platten mit veränderlicher Dicke* ............ 182
*7.5.6 Nachweisschnitte der Bewehrung* ............ 184

**7.6 Bemessungsverfahren für den Durchstanznachweis** ............ 185
*7.6.1 Allgemeines* ............ 185
*7.6.2 Bemessungswert der aufzunehmenden Querkraft* ............ 185
*7.6.3 Platten oder Fundamente ohne Durchstanzbewehrung* ............ 186
*7.6.4 Platten oder Fundamente mit Durchstanzbewehrung* ............ 187
*7.6.5 Mindestbemessungsmomente* ............ 189

**7.7 Bauliche Durchbildung** ............ 190
*7.7.1 Mindestplattendicke* ............ 190
*7.7.2 Mindestdurchstanzbewehrung* ............ 190
*7.7.3 Anordnung und Durchmesser der Durchstanzbewehrung* ............ 191
*7.7.4 Mindestbiegebewehrung* ............ 191
*7.7.5 Untere Bewehrung in den Stützbereichen* ............ 191

| 7.8 | Beispiel zur Durchstanzbemessung | 192 |
|---|---|---|
| 7.8.1 | *Einwirkungen* | *192* |
| 7.8.2 | *Schnittgrößen im Grenzzustand der Tragfähigkeit* | *193* |
| 7.8.3 | *Nachweise im Grenzzustand der Tragfähigkeit für Biegung* | *193* |
| 7.8.4 | *Nachweis der Sicherheit gegen Durchstanzen* | *194* |
| 7.8.5 | *Bauliche Durchbildung* | *196* |
| | | |
| **8** | **STABFÖRMIGE BAUTEILE MIT LÄNGSDRUCK** (Jürgen Roth) | **197** |
| 8.1 | Allgemeines | 197 |
| 8.2 | Einteilung der Tragwerke | 197 |
| 8.3 | Imperfektionen | 198 |
| 8.4 | Nachweise für Einzeldruckglieder | 199 |
| 8.4.1 | *Ersatzlängen* | *199* |
| 8.4.2 | *Stabschlankheit* | *200* |
| 8.4.3 | *Lastausmitten* | *201* |
| 8.4.4 | *Modellstützenverfahren* | *203* |
| 8.4.5 | *Genauere Stabilitätsnachweise* | *209* |
| 8.5 | Rechteckige Druckglieder mit zweiachsiger Lastausmitte | 214 |
| 8.6 | Druckglieder aus unbewehrtem Beton | 215 |
| 8.7 | Seitliches Ausweichen schlanker Träger | 216 |
| 8.8 | Anlagen | 216 |
| | | |
| **9** | **DAUERHAFTIGKEIT UND GEBRAUCHSTAUGLICHKEIT** (Joachim Göhlmann) | **221** |
| 9.1 | Allgemeines | 221 |
| 9.2 | Dauerhaftigkeit | 221 |
| 9.2.1 | *Expositionsklassen, Mindestbetonfestigkeit* | *221* |
| 9.2.2 | *Betondeckung* | *224* |
| 9.3 | Spannungsbegrenzungen | 225 |
| 9.3.1 | *Begrenzung der Betondruckspannungen* | *225* |
| 9.3.2 | *Begrenzung der Betonstahlspannungen* | *226* |
| 9.3.3 | *Begrenzung der Spannstahlspannungen* | *226* |
| 9.4 | Rissbreitenbegrenzung | 226 |
| 9.4.1 | *Grundlagen der Bemessung* | *226* |
| 9.4.2 | *Mindestbewehrung* | *228* |
| 9.4.3 | *Berechnung der Rissbreite* | *231* |
| 9.4.4 | *Begrenzung der Rissbreite ohne direkte Berechnung (Vereinfachter Nachweis)* | *238* |
| 9.5 | Beispiel zur Rissbreitenbegrenzung an einer Winkelstützmauer | 240 |
| 9.6 | Begrenzung der Verformungen | 243 |
| 9.6.1 | *Allgemeines* | *243* |
| 9.6.2 | *Nachweis ohne direkte Berechnung* | *243* |
| 9.6.3 | *Rechnerischer Nachweis* | *244* |

## 10 VORGESPANNTE TRAGWERKE
(Jürgen Grünberg) ............ 245

**10.1 Vorspannung von Stahlbetonbauteilen** .......... 245
10.1.1 *Vorspannung als Einwirkung* .......... 245
10.1.2 *Vorspannung als Widerstand* .......... 245
10.1.3 *Auswirkungen einer Vorspannung* .......... 245
10.1.4 *Spannkraftverluste* .......... 247
10.1.5 *Schnittgrößen infolge statisch bestimmter Wirkung bei Vorspannung ohne Verbund* .......... 248
10.1.6 *Vorspannung statisch unbestimmter Stahlbetontragwerke* .......... 249

**10.2 Grenzzustand der Gebrauchstauglichkeit** .......... 250
10.2.1 *Charakteristische Werte der Vorspannung* .......... 250
10.2.2 *Zeitabhängige Verformungen des Betons* .......... 252
10.2.3 *Grenzzustand der Rissbildung / Dekompression* .......... 255

**10.3 Grenzzustand der Tragfähigkeit** .......... 259
10.3.1 *Auswirkungen einer Vorspannung im Verbund bei Beanspruchung durch Biegung und Längskraft* .......... 259
10.3.2 *Auswirkungen einer Vorspannung bei Beanspruchung durch Querkraft* .......... 261
10.3.3 *Verankerungsbereiche bei Spanngliedern mit nachträglichem Verbund oder ohne Verbund* .......... 262
10.3.4 *Verankerungsbereiche bei Spanngliedern mit sofortigem Verbund* .......... 262

**10.4 Anwendungsbeispiel** .......... 264

## 11 ERMÜDUNG
(Michael Hansen) .......... 275

**11.1 Einleitung** .......... 275
**11.2 Allgemeines** .......... 276
11.2.1 *Festigkeitsbereiche* .......... 276
11.2.2 *Versagensart* .......... 277

**11.3 Grundlagen** .......... 277
11.3.1 *Belastung* .......... 277
11.3.2 *Lebensdauerschaubilder* .......... 278
11.3.3 *Material* .......... 280
11.3.4 *Schadensakkumulation* .......... 288

**11.4 Nachweise gegen Ermüdung** .......... 290
11.4.1 *Modelle* .......... 290
11.4.2 *Bemessungsphilosophie und Sicherheitsbeiwerte* .......... 292
11.4.3 *Anwendungsgrenzen* .......... 293
11.4.4 *Maßgebende Beanspruchung* .......... 293
11.4.5 *Innere Kräfte und Spannungen für den Ermüdungsnachweis* .......... 294
11.4.6 *Ermüdungsnachweise für den Stahl* .......... 294
11.4.7 *Ermüdungsnachweise für den Beton* .......... 295

**11.5 Beispiel zur Bemessung einer Kranbahn** .......... 297
11.5.1 *Vorgaben* .......... 297
11.5.2 *Schnittgrößen* .......... 298
11.5.3 *Nachweise im Grenzzustand der Tragfähigkeit* .......... 299
11.5.4 *Nachweis gegen Ermüdung* .......... 300

## 12 KONSTRUIEREN UND BEMESSEN MIT STABWERKMODELLEN
(Andreas Tengen) ............ 305

| | | |
|---|---|---|
| 12.1 | Einleitung ............ | 305 |
| 12.2 | Einteilung gesamter Tragwerke in B- und D-Bereiche ............ | 305 |
| 12.3 | Modellbildung ............ | 306 |
| 12.3.1 | Abtragen der Lasten im Tragwerk ............ | 306 |
| 12.3.2 | Modellieren von D-Bereichen ............ | 308 |
| 12.3.3 | Optimierung von Stabwerkmodellen ............ | 311 |
| 12.4 | Bemessung von Stäben Im Stabwerk ............ | 312 |
| 12.4.1 | Bemessung von Zugstäben ............ | 312 |
| 12.4.2 | Bemessung der Druckstäbe ............ | 312 |
| 12.5 | Konstruktion und Bemessung von Knoten ............ | 313 |
| 12.5.1 | Allgemeines ............ | 313 |
| 12.5.2 | Knoten in Stabwerken ............ | 313 |
| 12.6 | Typische Knoten ............ | 314 |
| 12.6.1 | Einseitiger Knoten (K1) im Druckbereich ............ | 314 |
| 12.6.2 | Knoten (K2) für den Nachweis von Druckknoten ............ | 314 |
| 12.6.3 | Knoten K3 ............ | 315 |
| 12.6.4 | Knoten mit Umlenkung von Bewehrung ............ | 315 |
| 12.6.5 | Knotenbereich für den Nachweis von Druck-Zug-Knoten ............ | 316 |
| 12.6.6 | Knoten in Zuggurten von Stabwerken ............ | 317 |
| 12.6.7 | Teilflächenbelastung ............ | 318 |
| 12.7 | Beispiel – Bemessung einer Scheibe mit Öffnung ............ | 319 |
| 12.7.1 | Modellbildung ............ | 320 |
| 12.7.2 | Bemessung der Stäbe ............ | 321 |
| 12.7.3 | Bemessung der Knoten ............ | 322 |

## 13 BAULICHE DURCHBILDUNG DER BAUTEILE
(Martin Klaus) ............ 327

| | | |
|---|---|---|
| 13.1 | Grundlagen ............ | 327 |
| 13.2 | Allgemeine Bewehrungsregeln ............ | 328 |
| 13.2.1 | Stababstände ............ | 329 |
| 13.2.2 | Biegen von Betonstählen ............ | 329 |
| 13.2.3 | Verbundbereiche ............ | 329 |
| 13.2.4 | Bemessungswert der Verbundspannung ............ | 330 |
| 13.2.5 | Verankerungslängen und -arten ............ | 331 |
| 13.2.6 | Querbewehrung im Bereich der Verankerung der Längsbewehrung ............ | 332 |
| 13.2.7 | Verankerung von Bügeln und Querkraftbewehrungen ............ | 333 |
| 13.2.8 | Stöße von Betonstahlstäben ............ | 333 |
| 13.2.9 | Stöße von Betonstahlmatten in zwei Ebenen ............ | 335 |
| 13.2.10 | Stabbündel ............ | 337 |
| 13.3 | Konstruktionsregeln für Bauteile ............ | 337 |
| 13.3.1 | Mindest- und Höchstbewehrung bei überwiegend biegebeanspruchten Bauteilen ............ | 337 |
| 13.3.2 | Balken und Plattenbalken ............ | 339 |
| 13.3.3 | Querkraftbewehrung bei Balken und Torsionsbewehrung ............ | 341 |
| 13.3.4 | Oberflächenbewehrung bei dicken Stäben ............ | 341 |

Inhalt

| | | |
|---|---|---|
| 13.3.5 | Platten aus Ortbeton | 342 |
| 13.3.6 | Stützen | 343 |
| 13.3.7 | Wände | 345 |
| 13.3.8 | Indirekte Auflager | 347 |
| **13.4** | **Bewehrungsführung eines Stahlbetoneinfeldträgers** | **348** |
| | **LITERATURVERZEICHNIS** | **353** |
| | **SACHVERZEICHNIS** | **363** |

# 1 Sicherheitskonzept – Anforderungen an Betonbauwerke

Prof. Dr.-Ing. Jürgen Grünberg

## Einleitung

Die nachfolgenden Ausführungen gliedern sich in vier Abschnitte:

1. Die **Grundlagen des Sicherheitskonzepts** sind zentral in Kapitel 4 bis 8 von [DIN 1055-100 – 01] – „Grundlagen der Tragwerksplanung" – geregelt, und zwar
   - unabhängig von den verschiedenen Bauwerken
     – Hochbauten, Brücken, Gründungen, Behälter usw. –
   - und unabhängig von den verschiedenen Bauarten
     – Stahlbetonbau, Stahlbau, Verbundbau, Holzbau, Mauerwerksbau usw. – .

   In Kapitel 5 von DIN 1045-1 wird insgesamt darauf Bezug genommen.
   Um eine ausreichende Zuverlässigkeit sicherzustellen, sind allerdings die für den Massivbau spezifischen konstruktiven Regeln zu beachten.

2. Die **Einwirkungskombinationen** für die verschiedenen Grenzzustände und Bemessungssituationen werden unabhängig von den verschiedenen Bauarten in Kapitel 9 und 10 von [DIN 1055-100 – 01] geregelt.

   Im Anhang A – Bemessungsregeln für Hochbauten – werden die unabhängigen Einwirkungen, die zugehörigen Teilsicherheits- und Kombinationsbeiwerte sowie die vereinfachten Kombinationsregeln für Hochbauten behandelt.

   In Kapitel 5 von DIN 1045-1 werden nur die Grenzzustände mit den Bemessungswerten und Teilsicherheitsbeiwerten der Tragwiderstände von Stahlbeton- und Spannbetonbauteilen geregelt.

   Im übrigen wird auf [DIN 1055-100 – 01] Bezug genommen.

3. Die probabilistischen **Grundlagen für die Bemessung mit Teilsicherheitsbeiwerten** sind im Anhang B von [DIN 1055-100 – 01] zusammengestellt.

   Auf diese Grundlagen kann bei der Tragwerksplanung in solchen Fällen zurückgegriffen werden, wenn nicht geregelte Bauarten oder Baustoffe verwendet werden sollen oder nicht in DIN 1055 geregelte Einwirkungen zu berücksichtigen sind.

4. **Zwei kleine Anwendungsbeispiele** sollen zur Veranschaulichung der Bemessungsregeln dienen. Hierbei wird demonstriert, dass sich der Aufwand bei der Berechnung der Einwirkungskombinationen in zumutbaren Grenzen hält.

## Informationen zum Stand der Normung

Im Jahre 1997 wurde im Normenausschuss Bauwesen entschieden, Neufassungen der deutschen DIN-Normen auf der Grundlage der bestehenden europäischen Vornormen (ENV) herauszugeben ([Bossenmayer – 00], [Timm – 00]).

Der Eurocode 1 (ENV 1991) war die Grundlage für die Erarbeitung einer neuen DIN 1055, deren Gliederung Tafel 1.1 zu entnehmen ist. Die Entwürfe der neuen Normblätter berücksichtigen die deutschen Vorstellungen und sind daher auch Beiträge zu den Eurocodes in der gegenwärtigen Überführungsphase.

**Tafel 1.1:** Gliederung von DIN 1055 (neu)

| DIN 1055 (neu) | Einwirkungen auf Tragwerke | Bezug zu ENV | Dokument |
|---|---|---|---|
| Teil 100 | Grundlagen der Tragwerksplanung, Sicherheitskonzept und Bemessungsregeln | 1991-1 | Norm März 2001 |
| Teil 1 | Wichte und Flächenlasten von Baustoffen, Bauteilen und Lagerstoffen | 1991-2-1 | Entwurf März 2000 |
| Teil 3 | Eigen- und Nutzlasten für Hochbauten | 1991-2-1 | Entwurf März 2000 |
| Teil 4 | Windlasten | 1991-2-4 | Entwurf März 2001 |
| Teil 5 | Schnee- und Eislasten | 1991-2-3 | Entwurf April 2001 |
| Teil 6 | Einwirkungen auf Silos und Flüssigkeitsbehälter | 1991-4 | Entwurf September 2000 |
| Teil 7 | Temperatureinwirkungen | 1991-2-5 | Entwurf Juni 2000 |
| Teil 8 | Einwirkungen während der Bauausführung | 1991-2-6 | Entwurf September 2000 |
| Teil 9 | Außergewöhnliche Einwirkungen | 1991-2-7 | Entwurf März 2000 |
| Teil 10 | Einwirkungen aus Kran- und Maschinenbetrieb | 1991-5 | Entwurf Oktober 2000 |

[DIN 1055-100 – 01] „Grundlagen der Tragwerksplanung" ist Bestandteil der neuen DIN 1055 und dient als Bindeglied zwischen den zukünftigen Einwirkungs- und Bemessungsnormen. Die neue Norm wurde auf der Grundlage der europäischen Vornorm [ENV 1991-1 – 94] „Basis of Design" erarbeitet.

ENV 1991-1 wurde inzwischen in den Entwurf einer Euronorm prEN 1990 überführt. Die englische Fassung des Gelbdrucks von DIN 1055 Teil 100 wurde dem zuständigen europäischen Normungsausschuss CEN/TC 250/PT 1 als deutsche Stellungnahme zu prEN 1990 vorgelegt.

Inzwischen liegt [prEN 1990 – 01] „Basis of Structural Design" als Entwurf in dreisprachiger Fassung vor und wurde von CEN/TC 250 zum „Formal Vote" freigegeben. Die Inhalte von [DIN 1055-100 – 01] und [prEN 1990 – 01] sind aufeinander abgestimmt. DIN 1055 Teil 100 ist die Grundlage für den Nationalen Anhang einer zukünftigen DIN EN 1990.

## 1.1 Grundlagen des Sicherheitskonzepts

Die **Tragwerksplanung** für ein Bauwerk wird nach den anerkannten Regeln der Technik durchgeführt. Sie beruhen auf der Summe aller **Ingenieurerfahrungen** und sind in der praktischen Anwendung bewährt. Sie sind von allen am Bau Beteiligten (Bauherren, Entwurfsplaner, Tragwerksplaner, Bauausführende) anerkannt [Spaethe – 92].

Zur Gewährleistung der **Tragwerkssicherheit** gehören

1. Maßnahmen zur Vermeidung menschlicher Fehlhandlungen (Annahmen und Voraussetzungen bei der Tragwerksplanung),
2. Schaffung eines ausreichenden Sicherheitsabstands zwischen Beanspruchung und Tragwerkswiderstand (Grundlegende Anforderungen an Tragwerke),
3. Maßnahmen zur Begrenzung des Schadensausmaßes.

## 1.1.1 Maßnahmen zur Vermeidung menschlicher Fehlhandlungen

Für die Tragwerksplanung gelten die folgenden **Annahmen und Voraussetzungen** [prEN 1990 – 01] und [DIN 1055-100 – 01]:

> - Die Tragwerke werden nur durch qualifizierte und erfahrene Personen geplant.
> - Die Baumaßnahmen werden durch geschultes und erfahrenes Personal ausgeführt.
> - Überwachung und Qualitätskontrolle sind bei der Durchführung der Baumaßnahme sichergestellt, d. h. in den Planungsbüros, bei der Fertigung und auf den Baustellen.
> - Die Verwendung von Baustoffen und Produkten entspricht den Bemessungsnormen bzw. den maßgebenden Produktnormen.
> - Die Tragwerke werden sachgemäß instand gehalten.
> - Die Tragwerke werden entsprechend den Planungsannahmen genutzt.
> - Die Anforderungen an die Baustoffe und die Bauausführung nach den Bemessungsnormen werden erfüllt.

Diese Annahmen haben den Rang von **Prinzipien**.
Sie sind Voraussetzungen für das Sicherheitskonzept und eng mit den grundlegenden Anforderungen an Tragwerke verknüpft.
**Menschliche Fehlhandlungen werden nicht durch die Sicherheitsabstände in den Berechnungsvorschriften (Normen) abgedeckt !**

## 1.1.2 Grundlegende Anforderungen an Tragwerke

Die wesentlichen Anforderungen an Tragwerke sind im **Grundlagendokument Nr. 1** [TC1/015 – 91] zur Bauprodukten-Richtlinie [Ri 9 – 88] sowie in [GRUSIBAU – 81] und [ISO/FDIS 2394 – 98] wie folgt festgelegt:

> Ein Bauwerk muss derart entworfen und ausgeführt sein, dass die während der Errichtung und Nutzung möglichen Einwirkungen mit angemessener Zuverlässigkeit keines der nachstehenden Ereignisse zur Folge haben [DIN 1055-100 – 01], 4.1 (1):
> 
> - Einsturz des gesamten Bauwerks oder eines Teils,
> - größere Verformungen in unzulässigem Umfang,
> - Beschädigungen anderer Bauteile oder Einrichtungen und Ausstattungen infolge zu großer Verformungen des Tragwerks,
> - Beschädigungen durch ein Ereignis in einem zur ursprünglichen Ursache unverhältnismäßig großen Ausmaß.
> 
> Ein Tragwerk muss daher so bemessen werden, dass seine **Tragfähigkeit, Gebrauchstauglichkeit und Dauerhaftigkeit** diesen vorgegebenen Bedingungen genügen [DIN 1055-100 – 01], 4.1 (2).

Die Abmessungen der Konstruktion und die Baustoffeigenschaften müssen so festgelegt werden, dass während der vorgesehenen Nutzungsdauer des Tragwerks mit sehr hoher Wahrscheinlichkeit die folgende Ungleichung erfüllt ist:

$$E \leq R \text{ (bzw. C)} \quad \text{oder}$$
$$Z \leq R \text{ (bzw. C)} - E \geq 0 \qquad \qquad (1\text{-}1)$$

In Gleichung (1-1) bedeuten:
- E  Beanspruchung (als Funktion von Ort und Zeit)
- R  Beanspruchbarkeit (innerer Widerstand) bzw.
- C  Gebrauchstauglichkeitskriterium (z. B. zulässige Verformung)
- Z  Sicherheitsabstand (oder Sicherheitszone)

Der Wert des Sicherheitsabstandes Z hat folgende Bedeutung:

| | | |
|---|---|---|
| $Z > 0$ | Tragwerk ist tragfähig (standsicher) bzw. gebrauchstauglich (für die geplante Nutzung). | |
| $Z = 0$ | Tragwerk befindet sich im Grenzzustand der Tragfähigkeit bzw. der Gebrauchstauglichkeit | (1-2) |
| $Z < 0$ | Tragwerk versagt (Einsturz oder große Verformung) bzw. verliert seine Gebrauchstauglichkeit. | |

Um wirtschaftlich zu bauen, wird ein möglichst geringer Sicherheitsabstand angestrebt.

**Die Verantwortung des Tragwerksplaners besteht darin, die Anforderungen an die Sicherheit und an die Wirtschaftlichkeit sorgfältig gegeneinander abzuwägen.**

Die Größen *R* (bzw. *C*) und *E* sind während der Planung nicht genau bekannt, da die Widerstände *R* (Kriterien *C*) erst während der Bauausführung wirksam werden und die Beanspruchungen *E* erst während der Nutzung auftreten.

Im Bemessungsprozess sind also Entscheidungen zu treffen, die risikobehaftet sind. Um dieses Risiko zu mindern, werden Hilfsmittel benötigt, die eine zuverlässige Beurteilung des zukünftigen Tragverhaltens ermöglichen.

Wichtigstes Hilfsmittel ist die **statische Berechnung**. Sie gliedert sich in

- Annahmen über die zu erwartenden **Einwirkungen** hinsichtlich

    ihrer Größe (Bemessungswert) und

    ihrer Verteilung (Einwirkungsmodelle),

**Bild 1.1:** Einwirkungsmodell

- Berechnung der **Beanspruchungen** (Schnittgrößen) im Tragwerk und ihre Verfolgung bis in die Gründung mit

    Tragwerksmodellen, d. h. statischen Systemen bzw. Strukturmodellen, die auf der Elastizitätstheorie, Plastizitätstheorie oder anderen nichtlinearen Theorien basieren,

**Bild 1.2:** Strukturmodell

- Vergleich der Beanspruchungen mit den **Beanspruchbarkeiten** im Tragwerk, die sich als innere **Widerstände** aus den Querschnittsabmessungen sowie den Eigenschaften der Baustoffe und des Baugrunds (Stoffgesetze, Festigkeiten) ergeben, hinsichtlich ihrer

    Größen (Bemessungswerte) und

    Verteilung (Widerstandsmodelle).

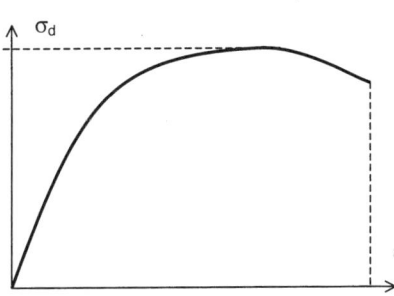

**Bild 1.3:** Stoffgesetz

Zwischen der theoretischen Modellvorstellung während der Tragwerksplanung und dem wirklichen Tragwerk während seiner Herstellung und seiner Nutzungsdauer bestehen folgende Abweichungen:

**Systematische Abweichungen (Modellungenauigkeiten)**

- der Einwirkungsmodelle,
- der Tragwerksmodelle und
- der Widerstandsmodelle

Die **Modellungenauigkeiten** resultieren aus den Unzulänglichkeiten der Berechnungsverfahren. Aufgrund der steigenden Leistungsfähigkeit der Computer lassen sich die Modellungenauigkeiten vermindern, allerdings nicht eliminieren.

**Zufällige Abweichungen (Streuungen der mechanischen Größen)**

- der Einwirkungen (Lastgrößen),
- der geometrischen Größen (Abmessungen) und
- der Baustoffeigenschaften

Das wirkliche Tragverhalten lässt sich nur mit Hilfe einer Wahrscheinlichkeitsbetrachtung vorhersagen. Dazu werden stochastische Modelle auf der Grundlage von Stichproben herangezogen. Dabei ist häufig der gegebene Stichprobenumfang nicht ausreichend.

> Die **Streuungen der Eigenschaften der Baustoffe und des Baugrundes** werden durch die natürliche Zusammensetzung, die Verarbeitung und den Einbau im Bauwerk beeinflusst.
>
> Die **Streuungen der Geometrie des Tragwerks** ergeben sich im wesentlichen aus der Bauausführung.
>
> Die **Streuungen der Einwirkungen** aus der Umwelt (Schnee, Wind, Temperatur) und der Nutzung (Verkehrslasten) ergeben sich aus ihren zeitlichen und örtlichen Veränderungen.
>
> Die Streuungen der Eigenlasten unterliegen zwar den gleichen Einflüssen wie die Baustoffeigenschaften, sind aber wesentlich geringer.

**Zuverlässigkeitstheorie der Tragwerke**

Der Einfluss der zufälligen Streuungen auf die Sicherheit bzw. Zuverlässigkeit eines Tragwerks ist nur mit stochastischen Methoden erfassbar. Für die Praxis müssen jedoch Vereinfachungen getroffen werden, die sich aus dieser Theorie herleiten lassen. Daraus ergibt sich **das parametrisierte Sicherheitskonzept** [DIN 1055-100 – 01] wie folgt:

Die mechanischen Größen werden als Basisvariable mit charakteristischen Werten, die Modellungenauigkeiten und die Streuungen mit Teilsicherheitsbeiwerten beschrieben.

Diese Parameter werden linear kombiniert und wirklichkeitsnahen Tragwerksmodellen zugeordnet. Die aus der statischen Berechnung resultierenden Beanspruchungen werden den Beanspruchbarkeiten gegenübergestellt, um mit Hilfe von Ungleichung (1-1) die Standsicherheit nachzuweisen.

### 1.1.3 Maßnahmen zur Begrenzung des Schadensausmaßes

Trotz dieser beiden Strategien – Maßnahmen zur Vermeidung menschlicher Fehlhandlungen, Schaffung eines ausreichenden Sicherheitsabstands – sind Fehler nicht vollständig auszuschließen.

Es verbleibt ein Restrisiko.

Darüber hinaus sind Einwirkungen möglich, die bei der Planung nicht berücksichtigt wurden, und zwar

- durch Fehler, die trotz systematischer Kontrollen übersehen wurden,
- durch das zufällige Zusammentreffen extremer Ereignisse,
- durch Überbelastungen während des Nutzungszeitraums,
- durch Katastrophen, die von Menschen oder der Natur verursacht werden (z. B. Explosionen)
- oder durch menschliche Unkenntnis und Fehlhandlungen (der Nutzer ist z. B. nicht über die zulässigen Lasten informiert).

Kontrolle und Überwachung sind bei vielen Bauwerken auf die Zeit der Planung und Bauausführung beschränkt. Ausnahmen sind z. B. Brücken, Staudämme, Kernkraftwerke.

Die dritte Sicherheitsstrategie besteht darin, die **Folgen eines Versagensfalls** zu mildern und insbesondere Todesfälle zu verhindern.

---

Die mögliche Schädigung eines Tragwerks muss daher durch geeignete Maßnahmen begrenzt oder vermieden werden [DIN 1055-100 – 01], 4.1 (3):

- Verhinderung, Ausschaltung oder Minderung der Gefährdung,
- Tragsystem mit geringer Anfälligkeit gegen Schädigungen,
- Tragsystem, bei dem der Ausfall eines begrenzten Bereichs nicht zum Versagen des gesamten Tragwerks führt,
- Tragsysteme, die mit Vorankündigung versagen,
- Herstellung tragfähiger Verbindungen der Bauteile.

## 1.1.4 Sicherstellung einer ausreichenden Zuverlässigkeit nach DIN 1045-1

Nach DIN 1045-1, 5.1 (1), (2) und 5.3.2 soll eine ausreichende Zuverlässigkeit durch folgende Maßnahmen sichergestellt werden:

- Nachweis in den Grenzzuständen der Tragfähigkeit und Gebrauchstauglichkeit (Festlegungen nach 5.3 und 5.4)
- Ausbildung nach den konstruktiven Regeln des Stahlbeton- und Spannbetonbaus (Angaben in den Abschnitten 12 und 13)
- Sicherstellung der Dauerhaftigkeit (Angaben in Abschnitt 6)
- Berücksichtigung der Lastfälle des Endzustandes und des Bauzustandes, (bei Fertigteilen auch der Lastfälle aus der Lagerung, dem Transport und der Montage)
- Sicherstellung eines duktilen Bauteilverhaltens (Mindestbewehrung nach 13.1.1)

## 1.1.5 Überblick über das Nachweisverfahren

Die **Tragwerkssicherheit** wird nach [prEN 1990 – 01] bzw. [DIN 1055-100 – 01] nachgewiesen durch Gegenüberstellung

der resultierenden Bemessungswerte der Beanspruchungen und Widerstände

in definierten Grenzzuständen, mit den zugehörigen Bemessungssituationen.

**Grenzzustände**

Bei Überschreiten eines Grenzzustandes erfüllt ein Tragwerk nicht mehr die Entwurfsanforderungen. Man unterscheidet

Grenzzustände der Tragfähigkeit, deren Überschreitung rechnerisch zum Einsturz oder zu ähnlichen Arten des Tragwerksversagens führt, und

Grenzzustände der Gebrauchstauglichkeit, bei deren Überschreitung die festgelegten Nutzungsanforderungen eines Tragwerks oder eines seiner Teile nicht mehr erfüllt sind.

**Bemessungssituationen**

Um seine Funktion während der Bauausführung und Nutzung zu erfüllen, muss das Tragwerk in den Bemessungssituationen untersucht werden, die in den Grenzzuständen auftreten können.

Diese Bemessungssituationen werden mit bestimmten **Nachweiskriterien** und den zugehörigen Nachweisformaten für die **Bemessungswerte** des Tragwerks verknüpft.

Einen Überblick über die Struktur des Bemessungskonzepts gibt Tafel 1.2.

**Tafel 1.2:** Struktur des Nachweiskonzeptes

| Grenzzustand | Tragfähigkeit | Gebrauchstauglichkeit |
|---|---|---|
| Anforderungen | Sicherheit von Personen<br>Sicherheit des Tragwerks | Wohlbefinden von Personen<br>Funktion des Tragwerks<br>Erscheinungsbild |
| Nachweiskriterien | Verlust der Lagesicherheit<br>Festigkeitsversagen<br>Stabilitätsversagen<br>Materialermüdung | Spannungsbegrenzung<br>Rissbildung<br>Verformungen<br>Schwingungen |
| Bemessungs-situationen | ständige und vorübergehende<br>außergewöhnliche<br>Erdbeben | seltene bzw. charakteristische<br>häufige<br>quasi-ständige |
| Aktion auf das Tragwerk | Bemessungswert der Beanspruchung<br>(destabilisierende Einwirkungen, Schnittgrößen) | Bemessungswert der Auswirkung<br>(Spannungen, Rissbreiten, Verformungen) |
| Reaktion des Tragwerks | Bemessungswert des Widerstands<br>(stabilisierende Einwirkungen, Materialfestigkeiten, Querschnittswiderstände) | Gebrauchstauglichkeitskriterium<br>(zulässige Spannungen, Dekompression, Rissbreiten, Verformungen) |

**Bemessung für die Grenzzustände**

Die Bemessung muss nach [prEN 1990 – 01] bzw. [DIN 1055-100 – 01] in den folgenden Schritten durchgeführt werden:

1. Aufstellung von **Tragwerks- und Lastmodellen** für die Grenzzustände der Tragfähigkeit und der Gebrauchstauglichkeit mit den Bemessungswerten für die geometrischen Größen.
2. Festlegung der **repräsentativen Werte** (siehe Abschnitt 1.1.6) für die Einwirkungen und die Baustoffeigenschaften.
3. Berechnung der **resultierenden Bemessungswerte** (siehe Abschnitt 1.1.7) durch lineare Kombination von repräsentativen Werten mit Teilsicherheitsbeiwerten (siehe Abs. 1.2).
4. **Strukturanalyse** in den verschiedenen Bemessungssituationen und Lastfällen auf der Grundlage der Modelle.
5. **Nachweis der Grenzzustände** (siehe Abschnitt 1.1.8):

   Die Bemessungswerte der Aktion auf das Tragwerk (Einwirkungen, Beanspruchungen bzw. Auswirkungen) dürfen die Bemessungswerte der Reaktion des Tragwerks (Baustoffeigenschaften, Widerstände bzw. Tauglichkeitskriterien) nicht überschreiten.

## 1.1.6 Repräsentative Werte

Die **wesentlichen repräsentativen Werte** der Einwirkungen (*F*) und der Baustoffeigenschaften (*X*) werden als **charakteristische Werte** ( $F_k$ bzw. $X_k$ ) bezeichnet (siehe [prEN 1990 – 01] und [DIN 1055-100 – 01] ).

Charakteristische Werte bilden die Basis für Kontrollen während der Materialherstellung, Bauausführung und Nutzung [Spaethe – 92].

**Charakteristische Werte für Einwirkungen**

Charakteristische Werte für die Einwirkungen ( $F_k$ ) werden in den Einwirkungsnormen festgelegt (DIN 1055).

Die charakteristischen Werte der **ständigen Einwirkungen $G_k$** sind im Allgemeinen ihre **Mittelwerte**. Nur im Falle eines Variationskoeffizienten $V_G > 0,10$ sind untere (5%) und obere (95%) Quantilen anzusetzen.

Die charakteristischen Werte der **veränderlichen Einwirkungen $Q_k$** sind im Allgemeinen die **98%-Quantilen für den Bezugszeitraum 1 Jahr**.

Weitere repräsentative Werte für veränderliche Einwirkungen $Q_{rep,i}$ ergeben sich als Produkte eines **charakteristischen Werts $Q_k$** mit einem **Kombinationsbeiwert** $\psi_i$ ( $\leq 1,0$).

1. **Kombinationswert:** $\qquad Q_{rep,0} = \psi_0 \cdot Q_k$

    Die Kombinationswerte werden so bestimmt, dass bei ihrer Verwendung in den Einwirkungskombinationen die angestrebte Zuverlässigkeit des Tragwerks nicht unterschritten wird.

2. **Häufiger Wert:** $\qquad Q_{rep,1} = \psi_1 \cdot Q_k$

    Ein häufiger Wert wird so bestimmt, dass die Überschreitungsdauer innerhalb eines Bezugszeitraums (z. B. auf 5%), oder die Überschreitungshäufigkeit innerhalb eines Bezugszeitraums (z. B. auf 300-mal pro Jahr) begrenzt wird.

3. **Quasi-ständiger Wert:** $\qquad Q_{rep,2} = \psi_2 \cdot Q_k$

    Ein quasi-ständiger Wert wird so bestimmt, dass die Überschreitungsdauer einen beträchtlichen Teil des Bezugszeitraums ausmacht (z. B. 50%), entsprechend dem zeitlichen Mittelwert. Für Einwirkungen aus Wind oder Straßenverkehr ist der quasi-ständige Wert in der Regel gleich null [prEN 1990 – 01].

Bei **Materialermüdung** können andere repräsentative Werte in Betracht kommen.

Der Bemessungswert $Q_d$ (siehe Abschnitt 1.1.7) und die verschiedenen repräsentativen Werte $Q_{rep,i}$ sind in Bild 1.4 gegenübergestellt.

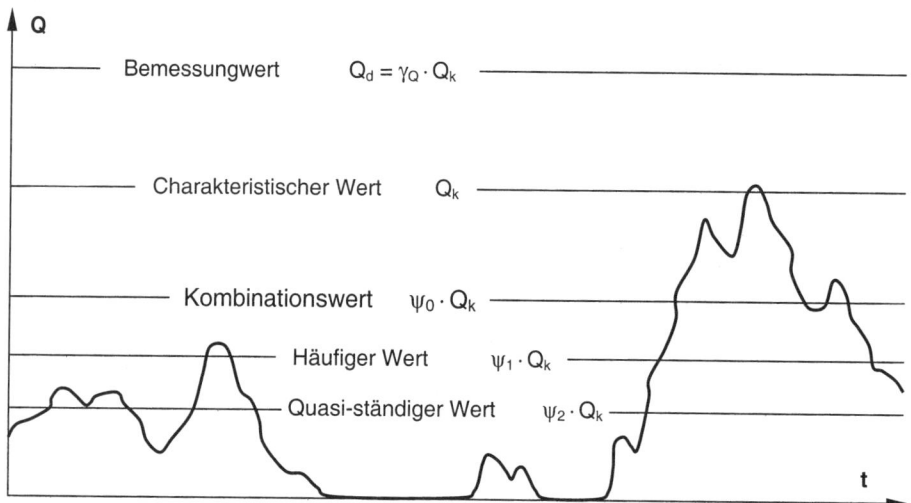

**Bild 1.4:** Darstellung der repräsentativen Werte einer veränderlichen Last

### Charakteristische Werte für Baustoffeigenschaften

Charakteristische Werte für die Baustoffeigenschaften ($X_k$) werden in den bauartspezifischen Bemessungsnormen festgelegt bzw. sind den zugeordneten **Baustoffnormen** zu entnehmen, und zwar im Allgemeinen als Quantilen einer statistischen Verteilung,

- als **5%-Quantile** für **Festigkeitswerte**,
- dagegen als **Mittelwert** für **Steifigkeitswerte**,
- ggf. auch als oberer Nennwert für Zwangbeanspruchungen.

### 1.1.7 Bemessungswerte

#### Bemessungswerte für Einwirkungen

Die repräsentativen Werte $F_{rep}$ – bzw. die charakteristischen Werte $F_k$ – werden mit Hilfe von Teilsicherheitsbeiwerten in Bemessungswerte $F_d$ überführt [DIN 1055-100 – 01]:

$$F_d = \gamma_{Ed} \cdot \gamma_f \cdot F_{rep} = \gamma_F \cdot F_{rep} \qquad (1\text{-}3)$$

Für $F_{rep}$ ist jeweils $G_k$, $Q_k$ oder $Q_{rep,i}$ einzusetzen.

#### Bemessungswerte für Baustoffeigenschaften

Die charakteristischen Werte $X_k$ werden mit Hilfe von Teilsicherheitsbeiwerten in Bemessungswerte $X_d$ überführt. Gegebenenfalls ist ein Umrechnungsfaktor $\eta$ für die Auswirkungen von Lastdauer, Feuchte, Temperatur u. a. sowie für Maßstabseffekte zu berücksichtigen.

$$X_d = \eta \cdot \frac{X_k}{\gamma_{Rd} \cdot \gamma_m} = \eta \cdot \frac{X_k}{\gamma_M} \qquad (1\text{-}4)$$

Die Bedeutung der einzelnen Teilsicherheitsbeiwerte und ihre Beziehungen zueinander sind Bild 1.5 zu entnehmen.

# Sicherheitskonzept – Anforderungen an Betontragwerke

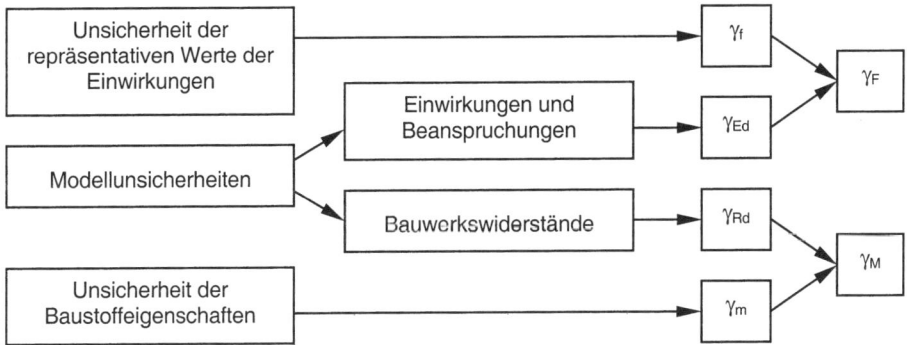

**Bild 1.5:** Beziehung zwischen den verschiedenen Teilsicherheitsbeiwerten

**Bemessungswerte für Beanspruchungen**

Die Beanspruchungen (E) sind die Antworten des Tragwerks auf die Einwirkungen (F) und sind von den geometrischen Größen (a) sowie den Baustoffeigenschaften (X) abhängig.

Dementsprechend lautet das allgemeine Format für die Bemessungswerte:

$$E_d = E\left(F_{d,1}, F_{d,2}, \ldots a_{d,1}, a_{d,2}, \ldots X_{d,1}, X_{d,2}, \ldots\right) \quad (1\text{-}5)$$

Mit Hilfe der Teilsicherheitsbeiwerte (siehe Bild 1.5) lassen sich daraus herleiten:

1. **Format für nichtlineare Schnittgrößenberechnung**
   nach [prEN 1990 – 01]

$$E_d = \gamma_{Ed} \cdot E\left(\gamma_{g,1} \cdot G_{k,1}, \gamma_{g,2} \cdot G_{k,2}, \ldots \gamma_{q,1} \cdot Q_{rep,1}, \gamma_{q,2} \cdot Q_{rep,2}, \ldots\right) \quad (1\text{-}6)$$

mit den Einwirkungsbeiwerten $\gamma_{g,j}$ und $\gamma_{q,i}$ und dem Beiwert für das Tragwerks- und Lastmodell $\gamma_{Ed}$.

2. **Spezielle Formate für nichtlineare Schnittgrößenberechnung**
   im Falle einer vorherrschenden Einwirkung $Q_{k,1}$

   *2.1 Die Beanspruchung $E_d$ steigt überproportional zu $Q_{k,1}$ an:*

$$E_d = E\left(\gamma_{G,1} \cdot G_{k,1}, \gamma_{G,2} \cdot G_{k,2}, \ldots \gamma_{Q,1} \cdot Q_{k,1}, \gamma_{Q,2} \cdot Q_{rep,2}, \ldots\right) \quad (1\text{-}7)$$

mit den repräsentativen Werten der Einwirkungen $G_{k,j}$, $Q_{k,1}$ und $Q_{rep,i}$ und den zugehörigen Teilsicherheitsbeiwerten für die Einwirkungen $\gamma_{G,j}$, $\gamma_{Q,1}$ und $\gamma_{Q,i}$.

   *2.2 Die Beanspruchung $E_d$ steigt unterproportional zu $Q_{k,1}$ an:*

$$E_d = \gamma_{Q,1} \cdot E\left(\frac{\gamma_{G,1}}{\gamma_{Q,1}} \cdot G_{k,1}, \frac{\gamma_{G,2}}{\gamma_{Q,1}} \cdot G_{k,2}, \ldots Q_{k,1}, \frac{\gamma_{Q,2}}{\gamma_{Q,1}} \cdot Q_{rep,2}, \ldots\right) \quad (1\text{-}8)$$

mit den repräsentativen Werten der Einwirkungen $G_{k,j}$, $Q_{k,1}$ und $Q_{rep,i}$ und den zugehörigen Teilsicherheitsbeiwerten $\gamma_{G,j}$ und $\gamma_{Q,i}$, bezogen auf $\gamma_{Q,1}$.

Der Teilsicherheitsbeiwert $\gamma_{Q,1}$ für die vorherrschende Einwirkung $Q_{k,1}$ wird auf die resultierende Beanspruchung angewendet.

## 3. Format für linear-elastische Schnittgrößenberechnung
nach [DIN 1055-100 – 01]

$$E_d = \gamma_{G,1} \cdot E_{Gk,1} + \gamma_{G,2} \cdot E_{Gk,2} + \ldots + \gamma_{Q,1} \cdot E_{Qrep,1} + \gamma_{Q,2} \cdot E_{Qrep,2} + \ldots \quad (1\text{-}9)$$

mit den repräsentativen Werten der Auswirkungen $E_{Gk,j}$ und $E_{Qrep,i}$ und den darauf angewendeten Teilsicherheitsbeiwerten $\gamma_{G,j}$ und $\gamma_{Q,i}$ (Superpositionsprinzip).

*Erläuterung*:
Die repräsentativen Werte der Auswirkungen $E_{Gk,j}$ und $E_{Qrep,i}$ sind die Reaktionen des Tragwerks auf die repräsentativen Werte der Einwirkungen $G_{k,j}$ und $Q_{rep,i}$ und können entweder Schnittgrößen, aber auch innere Kräfte oder Spannungen im Querschnitt sein ([Grünberg – 98], [Grünberg, Klaus – 99]).

### Bemessungswerte geometrischer Größen

Im Allgemeinen werden Nennwerte $a_{nom}$ festgelegt. Abweichungen $\Delta a$ werden berücksichtigt, wenn sie Auswirkungen auf die Zuverlässigkeit eines Tragwerkes haben, z. B. im Falle von Imperfektionen bei Stabilitätsuntersuchungen:

$$a_d = a_{nom} \quad \text{bzw.} \quad a_d = a_{nom} + \Delta a \quad (1\text{-}10)$$

### Bemessungswerte für Widerstände

Die Widerstände (R) hängen von den geometrischen Größen (a) und den Baustoffeigenschaften (X) ab. Dementsprechend lautet das allgemeine Format für die Bemessungswerte:

$$R_d = R\left(a_{d,1}, a_{d,2}, \ldots X_{d,1}, X_{d,2}, \ldots \right) \quad (1\text{-}11)$$

Mit Hilfe von Teilsicherheitsbeiwerten lassen sich daraus folgende Formate herleiten:

**1. Format mit getrennten Teilsicherheitsbeiwerten**

$$R_d = \frac{1}{\gamma_{Rd}} R\left(\eta_1 \cdot \frac{X_{k,1}}{\gamma_{m,1}}, \eta_2 \cdot \frac{X_{k,2}}{\gamma_{m,2}}, \ldots a_{nom,1}, a_{nom,2}, \ldots \right) \quad (1\text{-}12)$$

- mit den Materialbeiwerten $\gamma_{m,i}$
- und dem Beiwert für das Widerstandsmodell $\gamma_{Rd}$.

**2. Vereinfachtes Format mit zusammengefassten Teilsicherheitsbeiwerten**

$$R_d = R\left(\eta_1 \cdot \frac{X_{k,1}}{\gamma_{M,1}}, \eta_2 \cdot \frac{X_{k,2}}{\gamma_{M,2}}, \ldots a_{nom,1}, a_{nom,2}, \ldots \right) \quad (1\text{-}13)$$

- mit den Umrechnungsfaktoren $\eta_i$,
- den charakteristischen Werten für die Baustoffeigenschaften $X_k$
- und den Teilsicherheitsbeiwerten für die Baustoffe $\gamma_{M,i}$.

**3. Format mit einem Teilsicherheitsbeiwert für den Bauteilwiderstand**

$$R_d = \frac{1}{\gamma_R} R\left(\eta_1 \cdot X_{k,1} \cdot \frac{\gamma_R}{\gamma_{M,1}}, \eta_2 \cdot X_{k,2} \cdot \frac{\gamma_R}{\gamma_{M,2}}, \ldots, a_{nom,1}, a_{nom,2}, \ldots \right) \quad (1\text{-}14)$$

- mit dem Teilsicherheitsbeiwert für den Tragwiderstand $\gamma_R$.

# Sicherheitskonzept – Anforderungen an Betontragwerke

In DIN 1045-1, 5.2 sind folgende Formate für den Bemessungswert des Tragwiderstands festgelegt:

a) bei linear-elastischer Schnittgrößenberechnung oder Verfahren nach der Plastizitätstheorie:

$$R_d = R \left[ \alpha \cdot \frac{f_{ck}}{\gamma_c}; \frac{f_{yk}}{\gamma_s}; \frac{f_{tk,cal}}{\gamma_s}; \frac{f_{p0,1k}}{\gamma_s}; \frac{f_{pk}}{\gamma_s} \right], \tag{1-15}$$

mit den charakteristischen Werten für die Betonfestigkeit $f_{ck}$, die Streckgrenze des Betonstahls $f_{yk}$, die Zugfestigkeit des Betonstahls $f_{tk,cal}$, die 0,1%-Dehngrenze des Spannstahls $f_{p0,1k}$, die Zugfestigkeit des Spannstahls $f_{pk}$ sowie dem Abminderungsbeiwert für Langzeiteinwirkungen $\alpha$ und den Teilsicherheitsbeiwerten für die Baustoffe $\gamma_c$ und $\gamma_s$.

b) bei nichtlinearer Schnittgrößenberechnung (außer Plastizitätstheorie):

$$R_d = \frac{1}{\gamma_R} \cdot R \left[ f_{cR}; f_{yR}; f_{tR}; f_{p0,1R}; f_{pR} \right] \tag{1-16}$$

mit den rechnerischen Mittelwerten der Baustofffestigkeiten und dem Teilsicherheitsbeiwert für den Systemwiderstand $\gamma_R$ nach DIN 1045-1, 8.5.1.

## 1.1.8 Nachweis der Grenzzustände

### Grenzzustand der Tragfähigkeit

Die geforderte Zuverlässigkeit („Sicherheit") des Bauteils oder Bauwerks ist durch Vergleich der Bemessungswerte auf der Einwirkungs- und Widerstandsseite für die **maßgebenden Bemessungssituationen** nachzuweisen.

In [prEN 1990 – 01] bzw. [DIN 1055-100 – 01] werden zwei Grenzzustände der Tragfähigkeit unterschieden: Lagesicherheit und Tragwerksversagen.

### Grenzzustand der Lagesicherheit

Für den Nachweis der Lagesicherheit eines Tragwerks spielt seine Festigkeit keine Rolle. Daher wird das Tragwerk als starrer Körper betrachtet und wie folgt nachgewiesen:

$$E_{d,dst} \leq E_{d,stb} \tag{1-17}$$

mit $E_{d,dst}$ Bemessungswert der Beanspruchung infolge der destabilisierenden Einwirkungen

$E_{d,stb}$ Bemessungswert der Beanspruchung infolge der stabilisierenden Einwirkungen

### Grenzzustand Tragwerksversagen

Das Versagen eines Tragwerks oder eines seiner Teile tritt ein durch Bruch, unzulässig große Verformungen oder Materialermüdung.
Daher wird ein Querschnitt, ein Bauteil oder eine Verbindung wie folgt nachgewiesen:

$$E_d \leq R_d \tag{1-18}$$

mit $E_d$ Bemessungswert der Beanspruchung (Schnittgröße)

$R_d$ Bemessungswert des Widerstands (Tragfähigkeit)

Wird die **Lagesicherheit durch Verankerung** bewirkt, wird Gleichung (1-17) modifiziert:

$$E_{d,dst} - E_{d,stb} \leq R_{d,anch} \tag{1-19}$$

mit $R_{d,anch}$   Bemessungswert des Widerstands der Verankerung

In diesem Fall ist außerdem das Versagen des Tragwerks einschließlich der Verankerung nach Gleichung (1-18) nachzuweisen.

### Grenzzustand der Gebrauchstauglichkeit

In den Grenzzuständen der Gebrauchstauglichkeit kann das gleiche Nachweisformat wie in den Grenzzuständen der Tragfähigkeit verwendet werden.

$$E_d \leq C_d \quad \text{bzw.} \quad R_d \tag{1-20}$$

mit  $E_d$   Bemessungswert der Auswirkung (z. B. Verformung, Spannung o.a.)

    $C_d (R_d)$   Gebrauchstauglichkeitskriterium (Grenzwert einer Auswirkung bei vorgegebenen Bedingungen für die Gebrauchstauglichkeit)

## 1.2 Einwirkungskombinationen

Für jeden **kritischen Lastfall** muss der Bemessungswert der Beanspruchung bzw. Auswirkung aus den Kombinationen der gleichzeitigen **unabhängigen Einwirkungen** ermittelt werden. Für die verschiedenen Bemessungssituationen in den Grenzzuständen gelten die nachfolgend dargestellten spezifischen Kombinationsregeln.

### 1.2.1 Unabhängige Einwirkungen für Hochbauten

Um die Anzahl der möglichen Einwirkungskombinationen sinnvoll zu begrenzen, dürfen die unabhängigen Einwirkungen nach Tafel 1.3 eingeteilt werden [DIN 1055-100 – 01].

**Tafel 1.3:**   Unabhängige Einwirkungen für Hochbauten

| Ständige Einwirkungen | | Veränderliche Einwirkungen | |
|---|---|---|---|
| Eigenlasten | $G_k$ | Nutzlasten, Verkehrslasten | $Q_{k,N}$ |
| | | Schnee- und Eislasten | $Q_{k,S}$ |
| Vorspannung | $P_k$ | Windlasten | $Q_{k,W}$ |
| Erddruck | $G_{k,E}$ | Temperatureinwirkungen | $Q_{k,T}$ |
| Ständiger Flüssigkeitsdruck | $G_{k,H}$ | Veränderlicher Flüssigkeitsdruck | $Q_{k,H}$ |
| | | Baugrundsetzungen | $Q_{k,\Delta}$ |
| Außergewöhnliche Einwirkungen (siehe [E DIN 1055-9 – 00]) | | | $A_d$ |
| Einwirkungen infolge von Erdbeben (siehe [E DIN 4149-1 – 00]) | | | $A_{Ed}$ |

Erläuterungen zu Tafel 1.3:

a) Das Konstruktionseigengewicht und die Eigenlasten nichttragender Teile dürfen als Eigenlasten zu einer gemeinsamen unabhängigen Einwirkung $G_k$ zusammengefasst werden.

Wenn die Ergebnisse eines Nachweises sehr empfindlich gegenüber Änderungen der ständigen Einwirkungen $G_k$ auf einem Tragwerk sind, müssen die ungünstig und die günstig wirkenden Anteile getrennt als unabhängige Einwirkungen betrachtet werden. Das trifft insbesondere beim Nachweis der Lagesicherheit zu ($\rightarrow G_{k,dst,j}$ und $G_{k,stb,j}$).

b) Nutzlasten und Verkehrslasten verschiedener Kategorien (siehe Abschnitt 1.2.5) dürfen zu einer gemeinsamen unabhängigen Einwirkung $Q_{k,N}$ zusammengefasst werden.

c) Alternativ dürfen für Baugrundsetzungen Bemessungswerte $Q_{d,\Delta}$ verwendet werden.

d) Im Allgemeinen ist Flüssigkeitsdruck als eine veränderliche Einwirkung zu behandeln.

Flüssigkeitsdruck, dessen Größe durch geometrische Verhältnisse oder aufgrund hydrologischer Randbedingungen begrenzt ist, darf als eine ständige Einwirkung behandelt werden.

### 1.2.2 Grenzzustände der Tragfähigkeit

**Ständige und vorübergehende Bemessungssituationen (Grundkombination)**

Ständige Situationen entsprechen den üblichen Nutzungsbedingungen des Tragwerks, während sich vorübergehende Situationen auf zeitlich begrenzte Zustände beziehen.

a) **Allgemeines Format**

$$E_d = E\left( \sum_{j \geq 1} \gamma_{G,j} \cdot G_{k,j} \oplus \gamma_P \cdot P_k \oplus \gamma_{Q,1} \cdot Q_{k,1} \oplus \sum_{i>1} \gamma_{Q,i} \cdot \psi_{0,i} \cdot Q_{k,i} \right) \quad (1\text{-}21)$$

b) **Alternative Formate** [prEN 1990 – 01]

$$E_d = E\left( \sum_{j \geq 1} \gamma_{G,j} \cdot G_{kj} \oplus \gamma_P \cdot P_k \oplus \gamma_{Q,1} \cdot \psi_{0,1} \cdot Q_{k,1} \oplus \sum_{i>1} \gamma_{Q,i} \cdot \psi_{0,i} \cdot Q_{k,i} \right) \quad (1\text{-}22)$$

$$E_d = E\left( \sum_{j \geq 1} \xi_{G,j} \cdot \gamma_{G,j} \cdot G_{k,j} \oplus \gamma_P \cdot P_k \oplus \gamma_{Q,1} \cdot Q_{k,1} \oplus \sum_{i>1} \gamma_{Q,i} \cdot \psi_{0,i} \cdot Q_{k,i} \right) \quad (1\text{-}23)$$

Der ungünstigere resultierende Bemessungswert ist maßgebend.

$\xi_{G,j}$ lässt sich als Kombinationsbeiwert für eine unabhängige ständige Einwirkung $G_{k,j}$ interpretieren. $\xi_{G,j}$ darf aber nur im Falle ungünstiger Wirkung mit $\xi_{G,sup} = 0{,}85$ angesetzt werden. Im Falle günstiger Wirkung ist $\xi_{G,inf}$ bereits in $\gamma_{G,inf} = 1{,}00$ enthalten.

c) **Format für linear-elastische Schnittgrößenberechnung**

Bei linear-elastischer Berechnung des Tragwerks dürfen die Bemessungswerte der Beanspruchungen auf der Grundlage von Gleichung (1-9) berechnet werden.

$$E_d = \sum_{j \geq 1} \gamma_{G,j} \cdot E_{Gk,j} + \gamma_P \cdot E_{Pk} + \gamma_{Q,1} \cdot E_{Qk,1} + \sum_{i>1} \gamma_{Q,i} \cdot \psi_{0,i} \cdot E_{Qk,i} \quad (1\text{-}24)$$

Charakteristischer Wert der vorherrschenden veränderlichen Auswirkung $E_{Qk,1}$:

$$\gamma_{Q,1} \cdot (1 - \psi_{0,1}) \cdot E_{Qk,1} = \text{Max.} \left[ \gamma_{Q,i} \cdot (1 - \psi_{0,i}) \cdot E_{Qk,i} \right] \quad (1\text{-}25)$$

## Außergewöhnliche Bemessungssituationen

Die hier betrachteten Situationen beziehen sich auf außergewöhnliche Umstände des Tragwerks oder seiner Umgebung, z. B. Feuer oder Brand, Explosion, Anprall, Hochwasser, Versagen einzelner Tragglieder.

a) **Allgemeines Format**

$$E_{dA} = E\left(\sum_{j\geq 1}\gamma_{GA,j}\cdot G_{k,j} \oplus \gamma_{pA}\cdot P_k \oplus A_d \oplus \psi_{1,1}\cdot Q_{k,1} \oplus \sum_{i>1}\psi_{2,i}\cdot Q_{k,i}\right) \quad (1\text{-}26)$$

b) **Format für linear-elastische Schnittgrößenberechnung**

$$E_{dA} = \sum_{j\geq 1}\gamma_{GA,j}\cdot E_{Gk,j} + \gamma_{PA}\cdot E_{Pk} + E_{Ad} + \psi_{1,1}\cdot E_{Qk,1} + \sum_{i>1}\psi_{2,i}\cdot E_{Qk,i} \quad (1\text{-}27)$$

Charakteristischer Wert der vorherrschenden veränderlichen Auswirkung $E_{Qk,1}$:

$$(\psi_{1,1} - \psi_{2,1})\cdot E_{Qk,1} = \text{Max.}\left[(\psi_{1,i} - \psi_{2,i})\cdot E_{Qk,i}\right] \quad (1\text{-}28)$$

## Bemessungssituationen infolge von Erdbeben

a) **Allgemeines Format**

$$E_{dE} = E\left(\sum_{j\geq 1}G_{k,j} \oplus P_k \oplus \gamma_I \cdot A_{Ed} \oplus \sum_{i>1}\psi_{2,i}\cdot Q_{k,i}\right) \quad (1\text{-}29)$$

b) **Format für linear-elastische Schnittgrößenberechnung**

$$E_{dE} = \sum_{j\geq 1}E_{Gk,j} + E_{Pk} + \gamma_I \cdot E_{AEd} + \sum_{i>1}\psi_{2,i}\cdot E_{Qk,i} \quad (1\text{-}30)$$

**Bezeichnungen in den oben angegebenen Nachweisformaten:**

| | |
|---|---|
| $G_{k,j}$ | charakteristische Werte der unabhängigen ständigen Einwirkungen $G_k$ aus dem Ursprung „j" |
| $P_k$ | charakteristischer Wert der Vorspannung |
| $Q_{k,i}$ | charakteristische Werte der unabhängigen veränderlichen Einwirkungen $Q_k$ aus dem Ursprung „i" |
| $Q_{k1}$ | vorherrschende unabhängige veränderliche Einwirkung |
| $A_d$ | Bemessungswert der außergewöhnlichen Einwirkung |
| $A_{Ed}$ | Bemessungswert der seismischen Einwirkung |
| $\gamma_I$ | zugehöriger Wichtungsfaktor (siehe [E DIN 4149-1 – 00]) |
| $E_{Gkj}$; $E_{Pk}$; $E_{Qki}$; $E_{Ad}$; $E_{AEd}$ | zugehörige unabhängige Auswirkungen |
| $\gamma_{Gj}$; $\gamma_{GAj}$; $\gamma_P$; $\gamma_{PA}$; $\gamma_{Qi}$ | zugehörige Teilsicherheitsbeiwerte |
| $\psi_0$; $\psi_1$; $\psi_2$ | Kombinationsbeiwerte |
| $\oplus$ | „in Kombination mit" |
| $\Sigma$ | „kombinierte Auswirkung von" |

## 1.2.3 Grenzzustände der Gebrauchstauglichkeit

**Seltene Bemessungssituationen**

Sie entsprechen den extremen Nutzungsbedingungen mit nicht umkehrbaren (bleibenden) Auswirkungen auf das Tragwerk. Sie werden im Allgemeinen durch die **charakteristische Kombination** beschrieben:

a) **Allgemeines Format**

$$E_{d,rare} = E\left(\sum_{j\geq 1} G_{k,j} \oplus P_k \oplus Q_{k,1} \oplus \sum_{i>1} \psi_{0,i} \cdot Q_{k,i}\right) \quad (1\text{-}31)$$

b) **Format für linear-elastische Schnittgrößenberechnung**

$$E_{d,rare} = \sum_{j\geq 1} E_{Gk,j} + E_{Pk} + E_{Qk,1} + \sum_{i>1} \psi_{0,i} \cdot E_{Qk,i} \quad (1\text{-}32)$$

Charakteristischer Wert der vorherrschenden veränderlichen Auswirkung $E_{Qk,1}$:

$$(1 - \psi_{0,1}) \cdot E_{Qk,1} = \text{Max.}\left[(1 - \psi_{0,i}) \cdot E_{Qk,i}\right] \quad (1\text{-}33)$$

Mit der charakteristischen Kombination werden z. B. zulässige Spannungen nachgewiesen, um bleibende (plastische) Verformungen oder Schädigungen im Mikrogefüge zu begrenzen.

**Häufige Bemessungssituationen**

Sie entsprechen den häufig auftretenden Nutzungsbedingungen mit umkehrbaren (nicht bleibenden) Auswirkungen auf das Tragwerk.

a) **Allgemeines Format**

$$E_{d,freq} = E\left(\sum_{j\geq 1} G_{k,j} \oplus P_k \oplus \psi_{1,1} \cdot Q_{k,1} \oplus \sum_{i>1} \psi_{2,i} \cdot Q_{k,i}\right) \quad (1\text{-}34)$$

b) **Format für linear-elastische Schnittgrößenberechnung**

$$E_{d,freq} = \sum_{j\geq 1} E_{Gk,j} + E_{Pk} + \psi_{1,1} \cdot E_{Qk,1} + \sum_{i>1} \psi_{2,i} \cdot E_{Qk,i} \quad (1\text{-}35)$$

Charakteristischer Wert der vorherrschenden veränderlichen Auswirkung $E_{Qk,1}$:

$$(\psi_{1,1} - \psi_{2,1}) \cdot E_{Qk,1} = \text{Max.}\left[(\psi_{1,i} - \psi_{2,i}) \cdot E_{Qk,i}\right] \quad (1\text{-}36)$$

Mit der häufigen Kombination werden z.B. die zulässigen Rissbreiten im Stahlbeton nachgewiesen, um den Betonstahl vor Korrosion zu schützen.

**Quasi-ständige Bemessungssituationen**

Sie entsprechen den permanenten Nutzungsbedingungen mit Langzeitauswirkungen auf das Tragwerk.

a) **Allgemeines Format**

$$E_{d,perm} = E\left(\sum_{j\geq 1} G_{k,j} \oplus P_k \oplus \sum_{i\geq 1} \psi_{2,i} \cdot Q_{k,i}\right) \quad (1\text{-}37)$$

b) **Format für linear-elastische Schnittgrößenberechnung**

$$E_{d,perm} = \sum_{j\geq 1} E_{Gk,j} + E_{Pk} + \sum_{i\geq 1} \psi_{2,i} \cdot E_{Qk,i} \quad (1\text{-}38)$$

Mit der quasi-ständigen Kombination werden z. B. die zulässigen Durchbiegungen des Tragwerks nachgewiesen.

In der Regel werden die Beanspruchungen im Grenzzustand der Gebrauchstauglichkeit linear-elastisch berechnet, so dass die Kombinationsregeln auf der Grundlage von Gleichung (1-9) angewendet werden dürfen. In den angegebenen Kombinationsregeln für den Grenzzustand der Gebrauchstauglichkeit sind die Teilsicherheitsbeiwerte gleich 1,00 gesetzt worden.

Im Grenzzustand der Gebrauchstauglichkeit sind mögliche Streuungen der Vorspannkraft $P_k$ nach Tafel 1.4 zu berücksichtigen [DIN 1045-1 – 01].

**Tafel 1.4:** Streubeiwerte für Vorspannung

| Wirkung der Vorspannung | ungünstig | günstig |
|---|---|---|
| Charakteristischer Wert $P_k$ | $P_{k,sup} = r_{sup} \cdot P_{m,t}$ | $P_{k,inf} = r_{inf} \cdot P_{m,t}$ |
| Vorspannung mit sofortigem oder ohne Verbund | $r_{sup} = 1{,}05$ | $r_{inf} = 0{,}95$ |
| Vorspannung mit nachträglichem Verbund | $r_{sup} = 1{,}10$ | $r_{sup} = 0{,}90$ |

Weitere Angaben hierzu siehe Kapitel 10.

### 1.2.4 Grenzzustand der Ermüdung

Der Grenzzustand der Ermüdung ist dadurch gekennzeichnet, dass

- das Niveau der Einwirkungen mit maßgebenden Lastwechselzahlen den Bemessungssituationen des Grenzzustandes der Gebrauchstauglichkeit zuzuordnen ist,
- während für die Bemessungswerte der Materialwiderstände vom Grenzzustand der Tragfähigkeit ausgegangen wird.

Nach DIN 1045-1, 10.8.3 (3) sind die Ermüdungsnachweise sowohl für Beton als auch für Betonstahl und Spannstahl im Allgemeinen unter Berücksichtigung der folgenden Einwirkungskombination (ermüdungswirksame Bemessungssituation) zu führen:

$$E_{d,fat} = E\{G_{kj}; P_k; Q_{k,\Delta}; \psi_{1,T} Q_{k,T}; Q_{k,N}\} \qquad (1\text{-}39)$$

mit den unabhängigen Einwirkungen nach Tafel 1.3.

### 1.2.5 Kombinationsbeiwerte $\psi$

Die Kombinationsbeiwerte $\psi$ für Hochbauten sind Tafel 1.5 zu entnehmen. Sie gelten für die unabhängigen Einwirkungen nach Tafel 1.3, jedoch nicht für die vereinfachten Kombinationsregeln nach Abschnitt 1.2.8 [DIN 1055-100 – 01].

Bei mehreren gleichzeitig auftretenden Nutzlasten oder Verkehrslasten verschiedener Kategorien ist der jeweils größte Kombinationsbeiwert $\psi$ dieser Kategorien zu verwenden.

Die Nutzlasten bzw. Verkehrslasten in den einzelnen Geschossen mehrgeschossiger Hochbauten sind weder voneinander unabhängig noch streng miteinander korreliert. Daher werden die Auswirkungen aus Nutz- bzw. Verkehrslasten in den lastweiterleitenden Bauteilen (Stützen, Wände, Gründungen) nicht nach den Kombinationsregeln für unabhängige Einwirkungen ermittelt, sondern mit Hilfe spezifischer Abminderungsbeiwerte [E DIN 1055-3 – 00].

## Sicherheitskonzept – Anforderungen an Betontragwerke

Einwirkungen infolge von Erddruck oder ständigem Flüssigkeitsdruck werden wie ständige Einwirkungen behandelt und dürfen daher nicht durch Kombinationsbeiwerte abgemindert werden (siehe auch [E DIN 1054 – 99] )!

Kombinationsbeiwerte für veränderlichen Flüssigkeitsdruck sind standortbedingt festzulegen, im Einvernehmen der Baubeteiligten und der zuständigen Bauaufsichtsbehörde.

Kombinationsbeiwerte für Maschinenlasten sind betriebsbedingt festzulegen [E DIN 1055-10 – 00].

Für vorübergehende Einwirkungen während der Bauausführung gelten besondere Kombinationsbeiwerte $\psi_0$ und $\psi_2$ [E DIN 1055-8 – 00].

**Tafel 1.5:** Kombinationsbeiwerte $\psi$

| Einwirkung | | $\psi_0$ | $\psi_1$ | $\psi_2$ |
|---|---|---|---|---|
| Nutzlasten | | | | |
| Kategorie A: | Wohn- und Aufenthaltsräume | 0,7 | 0,5 | 0,3 |
| Kategorie B: | Büroräume | 0,7 | 0,5 | 0,3 |
| Kategorie C: | Versammlungsräume | 0,7 | 0,7 | 0,6 |
| Kategorie D: | Verkaufsräume | 0,7 | 0,7 | 0,6 |
| Kategorie E: | Lagerräume | 1,0 | 0,9 | 0,8 |
| Verkehrslasten | | | | |
| Kategorie F: | Fahrzeuglast ≤ 30 kN | 0,7 | 0,7 | 0,6 |
| Kategorie G: | 30 kN < Fahrzeuglast ≤ 160 kN | 0,7 | 0,5 | 0,3 |
| Kategorie H: | Dächer | 0 | 0 | 0 |
| Schnee- und Eislasten | | | | |
| Orte bis zu NN +1000 m | | 0,5 | 0,2 | 0 |
| Orte über NN +1000 m | | 0,7 | 0,5 | 0,2 |
| Windlasten | | 0,6 | 0,5 | 0 |
| Temperatureinwirkungen (nicht Brand) | | 0,6 | 0,5 | 0 |
| Baugrundsetzungen | | 1,0 | 1,0 | 1,0 |
| Sonstige veränderliche Einwirkungen [1] | | 0,8 | 0,7 | 0,5 |

[1] Einwirkungen auf Hochbauten, die in DIN 1055 nicht explizit genannt werden.

### 1.2.6 Teilsicherheitsbeiwerte $\gamma_F$

Die Teilsicherheitsbeiwerte $\gamma_F$ für Einwirkungen auf Tragwerke des Hochbaus sind in Tafel 1.6 angegeben. Sie gelten für den Grenzzustand der Tragfähigkeit im Falle ständiger, vorübergehender und außergewöhnlicher Bemessungssituationen [DIN 1055-100 – 01].

Die in Tafel 1.6 angegebenen Teilsicherheitsbeiwerte für Hochbauten sind auch auf normale Ingenieurbauten übertragbar.

**Tafel 1.6:** Teilsicherheitsbeiwerte $\gamma_F$ für den Grenzzustand der Tragfähigkeit

| Nachweiskriterium | Einwirkung | Symbol | Situationen P/T | A |
|---|---|---|---|---|
| Verlust der Lagesicherheit des Tragwerks siehe Gleichung (1-17) | ständige Einwirkungen: Eigenlast des Tragwerks und von nicht tragenden Bauteilen, ständige Einwirkungen, die vom Baugrund herrühren, Grundwasser und frei anstehendes Wasser | | | |
| | ungünstig | $\gamma_{G,sup}$ | 1,10 | 1,00 |
| | günstig | $\gamma_{G,inf}$ | 0,90 | 0,95 |
| | bei kleinen Schwankungen der ständigen Einwirkungen, wie z. B. beim Nachweis der Auftriebssicherheit | | | |
| | ungünstig | $\gamma_{G,sup}$ | 1,05 | 1,00 |
| | günstig | $\gamma_{G,inf}$ | 0,95 | 0,95 |
| | ungünstige veränderliche Einwirkungen | $\gamma_Q$ | 1,50 | 1,00 |
| | außergewöhnliche Einwirkungen | $\gamma_A$ | - | 1,00 |
| Versagen des Tragwerks, eines seiner Teile oder der Gründung, durch Bruch oder übermäßige Verformung siehe Gleichung (1-18) | unabhängige ständige Einwirkungen (siehe oben) | | | |
| | ungünstig | $\gamma_{G,sup}$ | 1,35 | 1,00 |
| | günstig | $\gamma_{G,inf}$ | 1,00 | 1,00 |
| | unabhängige veränderliche Einwirkungen | | | |
| | ungünstig | $\gamma_Q$ | 1,50 | 1,00 |
| | außergewöhnliche Einwirkungen | $\gamma_A$ | - | 1,00 |
| Versagen des Baugrunds durch Böschungs- oder Geländebruch | unabhängige ständige Einwirkungen (siehe oben) | $\gamma_G$ | 1,00 | 1,00 |
| | unabhängige veränderliche Einwirkungen | | | |
| | ungünstig | $\gamma_Q$ | 1,30 | 1,00 |
| | außergewöhnliche Einwirkungen | $\gamma_A$ | - | 1,00 |

| P | T | A |
|---|---|---|
| Ständige Bemessungssituation | Vorübergehende Bemessungssituation | Außergewöhnliche Bemessungssituation |
| Lastfall **1** nach DIN 1054-100 | Lastfall **2** nach DIN 1054-100 | Lastfall **3** nach DIN 1054-100 |

## Sicherheitskonzept – Anforderungen an Betontragwerke

**Alternative Nachweiskriterien nach Tafel 1.6:**

a) **Verlust der Lagesicherheit eines Tragwerks**

z. B. durch Abheben, Umkippen oder Aufschwimmen (Nachweis nach Abschnitt 1.1.8, Gleichung (1-17) ).

Beim diesem Nachweis werden die charakteristischen Werte aller ungünstig wirkenden Anteile der ständigen Einwirkungen mit dem Faktor $\gamma_{G,sup}$ und die charakteristischen Werte aller günstig wirkenden Anteile mit dem Faktor $\gamma_{G,inf}$ multipliziert.

*Anmerkung:* Gemeint ist dabei der ungünstige oder günstige Anteil des betrachteten Lastmodells. Nicht gemeint sind die Komponenten eines Lastvektors.

b) **Versagen des Tragwerks, eines seiner Teile oder der Gründung**

z.B. durch Bruch, durch übermäßige Verformung, durch Übergang in eine kinematische Kette, durch Verlust der Stabilität oder durch Gleiten (Nachweis nach Abschnitt 1.1.8, Gleichung (1-18) ).

Bei diesem Nachweis werden alle charakteristischen Werte einer unabhängigen ständigen Einwirkung mit dem Faktor $\gamma_{G,sup}$ multipliziert, wenn der Einfluss auf die betrachtete Beanspruchung ungünstig ist, aber mit dem Faktor $\gamma_{G,inf}$, wenn der Einfluss günstig ist.

Dieser Nachweis ist in allen Fällen maßgebend, in denen Tragwerk und Baugrund zusammenwirken.

c) **Versagen des Baugrunds, z. B. durch Böschungs- oder Geländebruch**

Dieser Nachweis ist in [E DIN 1054-100 – 99] geregelt.

Durch die klare Unterscheidung der Kriterien b) und c) ergeben sich eindeutige und kompatible Schnittstellen zwischen dem konstruktiven Ingenieurbau und der Geotechnik.

**Situationen, die in ihren Einzelheiten in den bauartspezifischen Bemessungsnormen geregelt werden:**

- Einwirkungen infolge von Zwang werden grundsätzlich als veränderliche Einwirkungen eingestuft. Bei verminderter Steifigkeit, z. B. infolge Rissbildung oder Relaxation, darf der Teilsicherheitsbeiwert $\gamma_{Q,i}$ für die Zwangeinwirkung abgemindert werden.

- Für die getrennte Betrachtung vorübergehender Bemessungssituationen sind gegebenenfalls angepasste Teilsicherheitsbeiwerte festzulegen [E DIN 1054-100 – 99].

- Bei einem Versagen des Tragwerks infolge von Materialermüdung werden die Teilsicherheitsbeiwerte auf der Seite der Einwirkungen in der Regel gleich 1,0 gesetzt ($\gamma_G$, $\gamma_Q = 1,0$). Modelle und Kombinationen für Einwirkungen im Grenzzustand der Ermüdung werden in den bauartspezifischen Bemessungsnormen angegeben.

- Wenn im Grenzzustand der Tragfähigkeit die Gefahr einer kollabilen Situation vor Erreichen des Materialversagens droht (z. B. durch elastisches Knicken von nicht vorverformten Stäben), sind besondere oder zusätzliche Sicherheitselemente in die Grenzzustandsgleichung einzuführen.

**Spezifische Regelungen für den Massivbau nach DIN 1045-1, 5.3.3:**

- Der Teilsicherheitsbeiwert für Vorspannung beträgt im Allgemeinen

$\gamma_P = 1,00$

Bei nichtlinearer Schnittgrößenberechnung beträgt der Teilsicherheitsbeiwert für den Spannungszuwachs in Spanngliedern ohne Verbund nach DIN 1045-1, 8.7.5 (1)

$\gamma_{P,sup} = 1,20$     bzw.     $\gamma_{P,inf} = 0,83$

- Bei linear-elastischer Berechnung von Zwangschnittgrößen mit den Steifigkeiten des ungerissenen Querschnitts und dem mittleren Elastizitätsmodul $E_{cm}$ darf der Teilsicherheitsbeiwert $\gamma_Q$ abgemindert werden auf

$\gamma_{Q,Zw} = 1,50 \cdot 2/3 = \mathbf{1,00}$

- Der Beiwert für die Modellunsicherheit im Grenzzustand der Ermüdung beträgt

$\gamma_{Ed,fat} = \mathbf{1,00}$

- Bei Fertigteilen gilt für Biegung und Längskraft in Bauzuständen (T):

$\gamma_{G,Temp} = \mathbf{1,15}$     bzw.     $\gamma_{Q,Temp} = \mathbf{1,15}$

## 1.2.7 Teilsicherheitsbeiwerte $\gamma_M$

Die Teilsicherheitsbeiwerte $\gamma_M$ für Tragwiderstände im Massivbau nach DIN 1045-1 sind in Tafel 1.7 angegeben. Sie gelten im Grenzzustand der Tragfähigkeit unter Einbeziehung des Grenzzustandes der Ermüdung.

**Tafel 1.7:** Teilsicherheitsbeiwerte $\gamma_M$ im Grenzzustand der Tragfähigkeit

| Tragwiderstände nach | Gleichung (1-15) | | | | Gleichung (1-16) | |
|---|---|---|---|---|---|---|
| | Beton | | Betonstahl oder Spannstahl | | DIN 1045-1, 8.5.1 | |
| Ständige und vorübergehende Bemessungssituation | $\gamma_c$ | 1,50 | $\gamma_s$ | 1,15 | $\gamma_R$ | 1,30 |
| Außergewöhnliche Bemessungssituation | $\gamma_{cA}$ | 1,30 | $\gamma_{sA}$ | 1,00 | $\gamma_{RA}$ | 1,10 |
| Nachweis gegen Ermüdung nach DIN 1045-1, 10.8 | $\gamma_{c,fat}$ | 1,50 | $\gamma_{s,fat}$ | 1,15 | $\gamma_{R,fat}$ | 1,30 |

**Spezifische Regelungen für den Massivbau nach DIN 1045-1, 5.3.3:**

- Bei **Fertigteilen** mit werksmäßiger, ständig überwachter Herstellung und Kontrolle der Mindest-Betonfestigkeit darf $\gamma_c$ verringert werden:

$\gamma_{c,pref} = \mathbf{1,35}$

- Zur Berücksichtigung der größeren Streuungen der **Materialeigenschaften des hochfesten Betons** ab C 55/67 und LC 55/60 sind $\gamma_c$, $\gamma_{cA}$ und $\gamma_{c,fat}$ bzw. $\gamma_{c,pref}$ mit dem Faktor $\gamma_c'$ zu vergrößern:

$$\gamma_c' = \frac{1}{1,1 - \dfrac{f_{ck}\,[MPa]}{500}} \geq 1,0 \qquad (1\text{-}40)$$

- Bei **unbewehrten Bauteilen** gelten folgende Teilsicherheitsbeiwerte:

$\gamma_c = \mathbf{1,80}$     bzw.     $\gamma_{cA} = \mathbf{1,55}$

Sicherheitskonzept – Anforderungen an Betontragwerke

## 1.2.8 Vereinfachte Kombinationsregeln für Hochbauten

Die Übersichtlichkeit der Nachweisführung wird durch die Vereinheitlichung der Kombinationsbeiwerte $\psi_0$ und $\psi_1$ in den nachfolgend angegebenen vereinfachten Kombinationsregeln erhöht. Außerdem wird der Vergleich des Verfahrens der Teilsicherheitsbeiwerte mit dem traditionellen Sicherheitskonzepts, das durch globale Sicherheitsbeiwerte gekennzeichnet ist, erleichtert [Bossenmayer – 00].

Die vereinfachten Kombinationsregeln dürfen bei **linear-elastischer Schnittgrößenberechnung** angewendet werden, aber auch in anderen Fällen, in denen das Superpositionsgesetz anwendbar ist, z.B. beim Modellstützenverfahren im Stahlbetonbau [Grünberg, Klaus – 99].

Die charakteristischen Werte der unabhängigen Beanspruchungen $E_{Gk}$, $E_{Pk}$, $Q_{Qk,i}$, $E_{Ad}$ und $E_{AEd}$ dürfen getrennt nach den in Tafel 1.3 angegebenen unabhängigen Einwirkungen $G_k$, $P_k$, $Q_{k,i}$, $A_d$ und $A_{Ed}$ linear berechnet werden.

Bei der Tragwerksberechnung genügt es in der Regel, die Querschnitte an den Knotenpunkten und Stützungspunkten des mechanischen Modells für das Tragwerk sowie die extrem beanspruchten Querschnitte zwischen den Knotenpunkten zu untersuchen. Die Grenzlinien für die Beanspruchungen des Tragwerks dürfen auf der Grundlage der für diese Querschnitte maßgebenden Auswirkungskombinationen berechnet werden [DIN 1055-100 – 01].

Die unabhängigen veränderlichen Auswirkungen dürfen durch Kombination ihrer ungünstigen charakteristischen Werte $E_{Qk,i}$ als repräsentative Größen $E_{Q,unf}$ (unf = unfavourable, ungünstig) zusammengefasst werden:

$$E_{Q,unf} = E_{Qk,1} + \psi_{0,Q} \cdot \sum_{i>1(unf)} E_{Qk,i} \qquad (1\text{-}41)$$

mit der vorherrschenden unabhängigen veränderlichen Auswirkung

$$E_{Qk,1} = \text{Max.}(E_{Qk,i}) \text{ oder Min.}(E_{Qk,i}) \qquad (1\text{-}42)$$

$\psi_{0,Q}$ ist der *bauwerksbezogene größte Kombinationsbeiwert $\psi_0$* nach Tafel 1.5.

Die im **Grenzzustand der Gebrauchstauglichkeit** maßgebenden Beanspruchungen ergeben sich unter Berücksichtigung von Gleichung (1-41) aus den folgenden linearen Kombinationen:

a) Seltene (charakteristische Kombination)

$$E_{d,rare} = E_{Gk} + E_{Pk} + E_{Q,unf} \qquad (1\text{-}43)$$

b) Häufige Kombination

$$E_{d,frequ} = E_{Gk} + E_{Pk} + \psi_{1,Q} \cdot E_{Q,unf} \qquad (1\text{-}44)$$

$\psi_{1,Q}$ ist der *bauwerksbezogene größte Kombinationsbeiwert $\psi_1$* nach Tafel 1.5.

c) Quasi-ständige Kombination

$$E_{d,perm} = E_{Gk} + E_{Pk} + \sum_{i \geq 1} \psi_{2,i} \cdot E_{Qk,i} \qquad (1\text{-}45)$$

Für die wirksamen Nutzlasten bzw. Verkehrslasten $Q_{k,N}$ darf der Größtwert von $\psi_2$ nach Tafel 1.5 eingesetzt werden.

**Grenzzustand der Tragfähigkeit**

Die maßgebenden Beanspruchungen für das **Versagen des Tragwerks** durch Bruch oder übermäßige Verformung, d. h. für die Anwendung von Gleichung (3.14), ergeben sich aus den folgenden linearen Kombinationen:

a) Grundkombination

$$E_d = \gamma_G \cdot E_{G,unf} + E_{Pk} + 1{,}50 \cdot E_{Q,unf} \qquad (1\text{-}46)$$

mit $\gamma_{G,sup} = 1{,}35$ bei ungünstiger bzw. $\gamma_{G,inf} = 1{,}0$ bei günstiger unabhängiger ständiger Auswirkung.

Sind neben den Eigenlasten noch weitere unabhängige ständige Einwirkungen zu berücksichtigen (siehe Tafel 1.3), müssen ihre ungünstigen oder günstigen Auswirkungen sinngemäß hinzugefügt werden.

b) Außergewöhnliche Kombination

$$E_{dA} = E_{Ad} + E_{d,frequ} \qquad (1\text{-}47)$$

c) Erdbebenkombination

$$E_{dE} = E_{AEd} + E_{d,perm} \qquad (1\text{-}48)$$

## 1.3 Grundlagen für die Bemessung mit Teilsicherheitsbeiwerten

### 1.3.1 Bestimmung der Zuverlässigkeit von Tragwerken

Bild 1.6 zeigt in einem Diagramm die Hierarchie der verschiedenen Methoden zur Kalibrierung der Bemessungsgleichungen für die Grenzzustände mit Teilsicherheitsbeiwerten (siehe [DIN 1055-100 – 01], Anhang B).

Deterministische Methoden        Probabilistische Methoden

| Historische Methode<br>Empirische Methode | Zuverlässigkeitsmethode<br>1. Ordnung FORM<br>(Stufe II) | Vollständige<br>probabilistische<br>Methode (Stufe III) |

Kalibrierung          Kalibrierung     Kalibrierung

| Methode mit<br>Bemessungswerten |

Ic

Ia          | Methode mit Teilsicher-<br>heitsbeiwerten (Stufe I) |          Ib

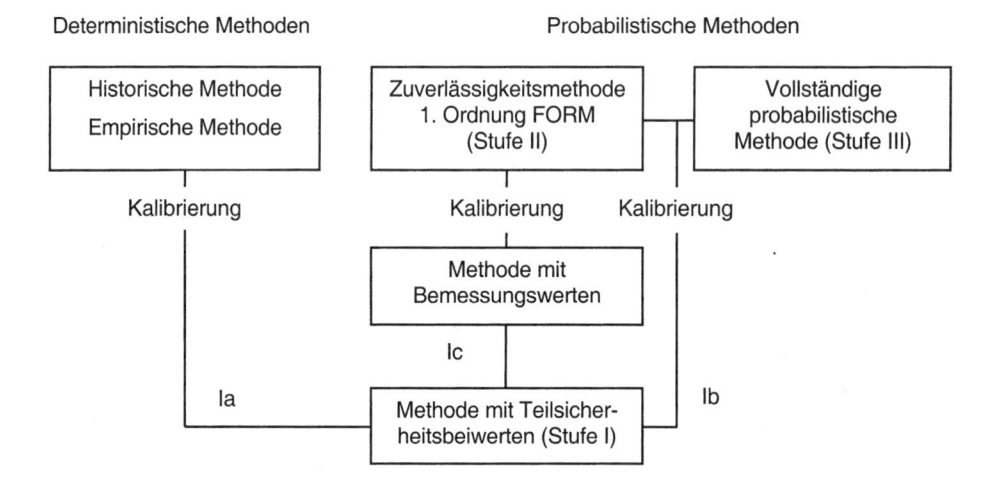

**Bild 1.6:** Überblick über Methoden der Zuverlässigkeitsanalyse

Die europäischen Einwirkungs- und Bemessungsnormen – und damit auch die neue deutsche Normengeneration – beruhen im Wesentlichen auf der Methode Ia (siehe Bild 1.6), wobei mit den Methoden Ic, insbesondere mit Methoden der Messauswertung und Versuchsauswertung, Verbesserungen eingeführt wurden.

Sicherheitskonzept – Anforderungen an Betontragwerke

Bei den Stufe II- und Stufe III-Methoden wird als Maß für die Zuverlässigkeit die Überlebenswahrscheinlichkeit $P_s = (1 - P_f)$ benutzt. $P_f$ ist die **Versagenswahrscheinlichkeit** für die betrachtete Versagensart für einen bestimmten Bezugszeitraum:

$$P_f = \Phi(-\beta) \quad (1\text{-}49)$$

$\Phi$ ist die Verteilungsfunktion für die standardisierte Normalverteilung.

**Tafel 1.8:** Beziehung zwischen $\beta$ und $P_f$ nach Gl. (1-49)

| $P_f$ | $10^{-1}$ | $10^{-2}$ | $10^{-3}$ | $10^{-4}$ | $10^{-5}$ | $10^{-6}$ | $10^{-7}$ |
|---|---|---|---|---|---|---|---|
| $\beta$ | 1,28 | 2,32 | 3,09 | 3,72 | 4,27 | 4,75 | 5,20 |

Liegt die berechnete Versagenswahrscheinlichkeit höher als eine vorgegebene Zielgröße $P_0$ – bzw. wird der Zielwert des **Zuverlässigkeitsindex** $\beta$ nach Tafel 1.9 nicht erreicht, wird das Tragwerk als unsicher betrachtet.

**Tafel 1.9:** Zielwert des Zuverlässigkeitsindex $\beta$ für Bauteile

| Grenzzustand | Zielwert des Zuverlässigkeitsindex | |
|---|---|---|
| | 1 Jahr | 50 Jahre |
| Tragfähigkeit | 4,7 | 3,8 |
| Ermüdung | | 1,5 bis 3,8[1)] |
| Gebrauchstauglichkeit (nicht umkehrbar) | 3,0 | 1,5 |

[1)] Abhängig von der Prüfbarkeit, Instandsetzbarkeit und Schadenstoleranz

### 1.3.2 Berechnung der Versagenswahrscheinlichkeit

Das Sicherheitskonzept im Bauwesen baut auf der Versagenswahrscheinlichkeit auf.

Für ihre Berechnung werden folgende Voraussetzungen getroffen:

- Die betrachteten mechanischen Größen (Einwirkungen, geometrische Größen, Baustoffeigenschaften) sind unabhängige, normalverteilte Basisvariablen.
- Der Grenzzustand wird durch eine lineare Gleichung beschrieben.

Für m unabhängige normalverteilte Zufallsgrößen $x_i$ ergibt sich die m-dimensionale Verteilungsdichte nach der Multiplikationsregel der Wahrscheinlichkeitsrechnung wie folgt [Spaethe – 92]:

$$f_X(x_1, x_2, \ldots, x_m) = f_{X_1}(x_1) \cdot f_{X_2}(x_2) \cdot \ldots \cdot f_{X_m}(x_m) = \frac{1}{(2\pi)^{m/2} \cdot \prod_{i=1}^{m} \sigma_{X_i}} \cdot \exp\left(-\frac{1}{2} \cdot \sum_{i=1}^{m} \left(\frac{x_i - m_{X_i}}{\sigma_{X_i}}\right)^2\right)$$

(1- 50)

mit $\quad m_{Xi} = E[X_i] \quad$ Erwartungswert der Zufallsgröße $X_i$,

$\quad \sigma_{Xi} = (Var[X_i])^{1/2} \quad$ Standardabweichung der Zufallsgröße $X_i$.

**Grenzzustandsgleichung g (x) im Originalraum (x-Raum)**

$$g(x) = c_0 + c_1 \cdot x_1 + c_2 \cdot x_2 + \ldots + c_m \cdot x_m = c_0 + \sum_{i=1}^{m} c_i \cdot x_i = 0 \quad (1\text{-}51)$$

Darin sind die $c_i$ deterministische Konstanten, die von den Strukturdaten (Geometrie, Steifigkeit) des statischen Systems abhängen.

Der Zusammenhang der Gleichungen (1-50) und (1-51) ist für den Fall zweier Basisvariablen $x_1$ und $x_2$ bzw. r (Widerstand) und e (Beanspruchung) in Abb. 1.4 dargestellt. [1]

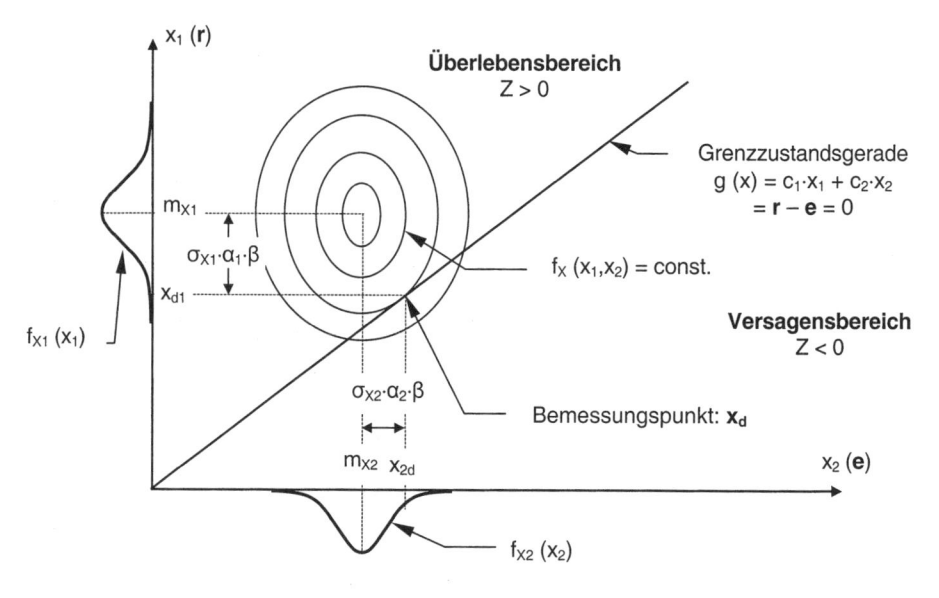

**Bild 1.7:** Grenzzustandsgleichung im Originalraum

Der Bemessungspunkt $x_d$ ist durch das Variablenpaar ($x_{d1}$, $x_{d2}$) mit der größten Versagenswahrscheinlichkeit $P_f$ gekennzeichnet.

### Raum der standardisierten Basisvariablen (y-Raum)

Zur weiteren mathematischen Behandlung werden die Basisvariablen vom Originalraum (x-Raum) mit Hilfe standardisierter Größen in den y-Raum transformiert:

$$Y_i = \frac{X_i - m_{X_i}}{\sigma_{X_i}} \quad (1\text{-}52) \qquad \text{oder invers:} \qquad X_i = m_{X_i} + \sigma_{X_i} \cdot Y_i \quad (1\text{-}53)$$

mit dem Mittelwert „0" und der Standardabweichung „1".

Die Verteilungsdichte der standardisierten Größen ergibt sich durch Transformation von Gleichung (1-50) mit Hilfe von Gleichung (1-52) bzw. (1-53):

$$f_Y(y_1, y_2, \ldots, y_m) = f_{Y_1}(y_1) \cdot f_{Y_2}(y_2) \cdot \ldots \cdot f_{Y_m}(y_m) = \frac{1}{(2\pi)^{m/2}} \cdot \exp\left(-\frac{1}{2} \cdot \sum_{i=1}^{m} y_i^2\right) \quad (1\text{-}54)$$

Diese Verteilungsdichte ist im y-Raum kugelsymmetrisch zum Koordinatenursprung. Hyperflächen gleicher Verteilungsdichten sind m-dimensionale Kugeln mit dem Mittelpunkt im Koordinatenursprung.

---

[1] [Schuéller – 81], [Schobbe – 82], [König u.a. – 82], [Spaethe – 92], [BoD-doc – 96], [FIB-MC 90 – 99]

## Sicherheitskonzept – Anforderungen an Betontragwerke

Im betrachteten Sonderfall zweier Basisvariablen ergeben sich konzentrische Kreise. Analog wird die Grenzzustandsgleichung g (x) nach h (y) transformiert, so dass aus Gleichung (1-51) folgt:

$$h(y) = c_0 + \sum_{i=1}^{m} c_i \cdot m_{X_i} + \sum_{i=1}^{m} c_i \cdot \sigma_{X_i} \cdot y_i = 0 \qquad (1\text{-}55)$$

Die Grenzzustandsgleichung bildet eine m-dimensionale Hyperebene im y-Raum, im betrachteten Sonderfall zweier Basisvariablen eine Gerade (siehe Bild 1.8).

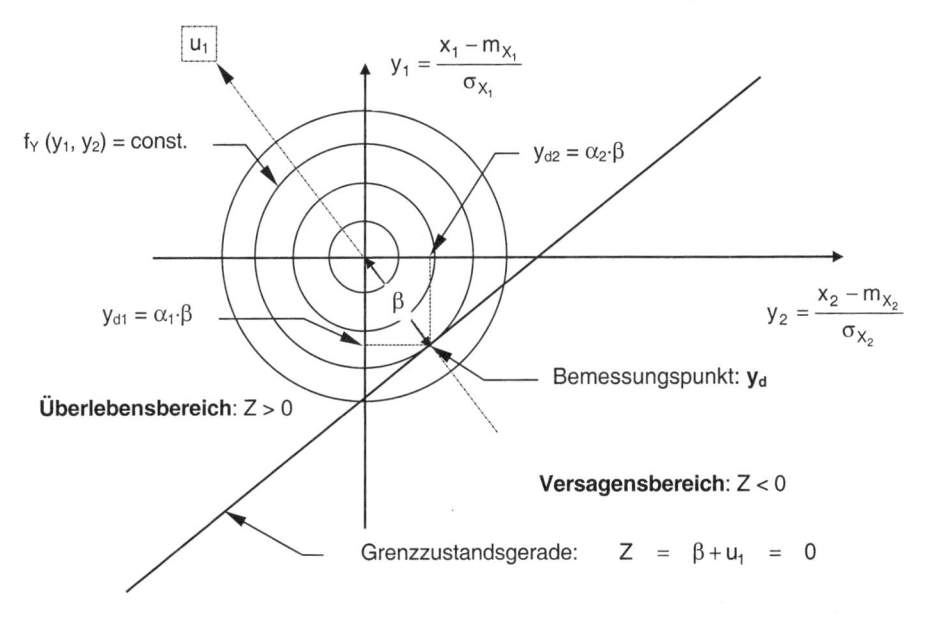

**Bild 1.8:** Grenzzustandsgleichung im standardisierten Raum

Die lineare Gleichung (1-55) wird in die **Hessesche Normalform** überführt:

$$h(y) = \beta - \sum_{i=1}^{m} \alpha_i \cdot y_i = 0 \qquad (1\text{-}56)$$

mit den **Wichtungsfaktoren**

$$\alpha_i = \frac{-c_i \cdot \sigma_{X_i}}{\sqrt{\sum_{i=1}^{m}(c_i \cdot \sigma_{X_i})^2}}; \quad i = 1, 2, \cdots, m \qquad (1\text{-}57)$$

und dem **Zuverlässigkeitsheitsindex**

$$\beta = \frac{c_0 + \sum_{i=1}^{m} c_i \cdot m_{X_i}}{\sqrt{\sum_{i=1}^{m}(c_i \cdot \sigma_{X_i})^2}} \qquad (1\text{-}58)$$

Der Zuverlässigkeitsindex β ist eine zentrale Größe in der Zuverlässigkeitstheorie.

Der absolute Betrag von β ist der kürzeste Abstand zwischen Koordinatenursprung y = 0 und der Hyperfläche h (y) = 0 (siehe Bild 1.8).

β ist positiv, wenn der Koordinatenursprung des y-Raums im Überlebensbereich liegt (h (0) > 0), und negativ, wenn der Ursprung im Versagensbereich liegt (h (0) < 0).

Die Wichtungsfaktoren $\alpha_i$ sind die Richtungskosinus des Lotes vom Koordinatenursprung auf die Hyperfläche h (y) = 0. Daher gilt

$$\sum_{i=1}^{m}\alpha_i^2 = 1 \tag{1-59}$$

Die Berechnung der **Versagenswahrscheinlichkeit** erfolgt durch Integration der Verteilungsdichte nach Gleichung (1-54) über den Versagensbereich im standardisierten Raum:

$$P_f = \frac{1}{(2\pi)^{m/2}} \cdot \int_{\{y|h(y)<0\}} \cdots \int \prod_{i=1}^{m} \exp\left(-\frac{y_i^2}{2}\right) \cdot dy_i \tag{1-60}$$

Aufgrund der Kugelsymmetrie der Verteilungsdichte ist der Integrand gegenüber beliebigen Drehungen des Koordinatensystems invariant. Daher wird ein neues Koordinatensystem $u_1$, $u_2$, ..., $u_m$ so gewählt, dass die Versagensbedingung eine besonders einfache Form annimmt. Die $u_1$-Achse wird in Richtung β gelegt (siehe Bild 1.9).

Dann ist der **Zuverlässigkeitsabstand** Z durch folgende einfache Gleichung definiert:

$$Z = \beta + u_1$$

Im Grenzzustand gilt dementsprechend:

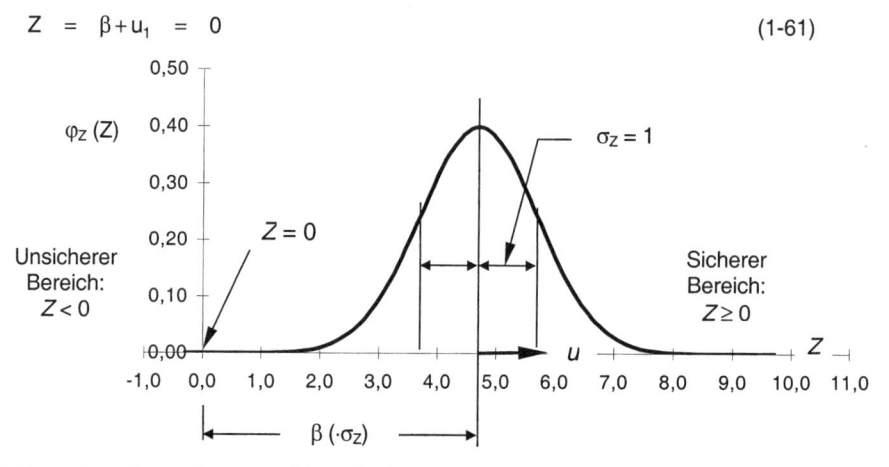

$$Z = \beta + u_1 = 0 \tag{1-61}$$

**Bild 1.9:** Verteilungsdichte des Zuverlässigkeitsabstandes

Mit $\quad \frac{1}{\sqrt{2\pi}} \cdot \int_{-\infty}^{+\infty} \exp\left(-\frac{u^2}{2}\right) \cdot du = 1 \quad$ und $\quad \frac{1}{\sqrt{2\pi}} \cdot \int_{-\infty}^{-\beta} \exp\left(-\frac{u^2}{2}\right) \cdot du = \Phi(-\beta) \tag{1-62}$

ergibt sich dann im u-System die **Versagenswahrscheinlichkeit**:

$$P_f = \frac{1}{(2\pi)^{m/2}} \cdot \int_{-\infty}^{+\infty} \cdots_{m-1} \int_{-\infty}^{+\infty} \int_{-\infty}^{u_1=-\beta} \prod_{i=1}^{m} \exp\left(-\frac{u_i^2}{2}\right) \cdot du_i = \Phi(-\beta) \tag{1-63}$$

Entsprechend ergibt sich die Überlebenswahrscheinlichkeit

$$P_s = 1 - \Phi(-\beta) = \Phi(\beta). \tag{1-64}$$

Die Gleichungen (1-63) (bzw. (1-49)) und (1-64) sind die Transformationsbeziehungen zwischen der Versagenswahrscheinlichkeit $P_f$ bzw. der Überlebenswahrscheinlichkeit $P_s$ auf der einen und dem Zuverlässigkeitsindex $\beta$ auf der anderen Seite (siehe Tafel 1.8).

Jedem Punkt im standardisierten Raum ist eine Verteilungsdichte der standardisierten Basisvariablen $Y_i$ zugeordnet. Daher hat auch jeder Punkt auf der Grenzzustandsebene h (y) = 0 eine Verteilungsdichte.

Aufgrund der Symmetrieeigenschaften der standardisierten Normalverteilung hat diese Verteilungsdichte sowohl für den unsicheren Bereich als auch für den Grenzzustand in $y_d$ ihr Maximum.

$$\max_{\{y|h(y)\leq 0\}} f_Y(y) = f(y_d)$$

Das bedeutet, dass das Versagen mit größter Wahrscheinlichkeit bei $y_d$ eintritt.

$y_d$ ist der Fußpunkt des Lots vom Koordinatenursprung auf die Grenzzustandsebene, mit den Koordinaten

$$y_{di} = \alpha_i \cdot \beta \qquad i = 1, 2, \cdots, m \tag{1-65}$$

Von praktischem Interesse ist die Lage dieses Punktes im Originalraum, die man einfach durch Rücktransformation erhält:

$$x_{di} = m_{X_i} + \sigma_{X_i} \cdot \alpha_i \cdot \beta \tag{1-66}$$

Wenn die $X_i$ normalverteilt sind, dann hat auch die Verteilungsdichte $f_X(x)$ im unsicheren Bereich und im Grenzzustand ihr Maximum in $\mathbf{x_d}$, und es gilt analog:

$$\max_{\{x|g(x)\leq 0\}} f_X(x) = f(x_d)$$

Der wahrscheinlichste **Versagenspunkt** ist ein geeigneter Punkt für die Festlegung der Bemessungswerte einer deterministischen Norm mit dem Sicherheitsniveau $P_f = \Phi(-\beta)$. Dieser Punkt $\mathbf{y_d}$ bzw. $\mathbf{x_d}$ wird deshalb auch **Bemessungspunkt** genannt.

Jede Koordinate des Bemessungspunkts wird durch vier Größen bestimmt.

- Der **Erwartungswert** $m_{Xi}$ und die **Standardabweichung** $\sigma_{Xi}$ sind durch die Wahrscheinlichkeitsverteilung von $X_i$ festgelegt.

- Der **Zuverlässigkeitsindex** $\beta$ berücksichtigt den Einfluss der erforderlichen Zuverlässigkeit auf die Lage des Bemessungspunkts.

- Der **Wichtungsfaktor** $\alpha_i$ ist ein Maß für den relativen Anteil der Streuung von $X_i$ an der Gesamtstreuung des Zuverlässigkeitsabstands.

$\alpha_i$ kann Werte zwischen $-1$ und $+1$ annehmen. Liegt $\alpha_i$ nahe bei $-1$ oder $+1$, so hat die Streuung von $X_i$ einen entscheidenden Einfluss auf die Zuverlässigkeit des Tragwerks. Hat dagegen $\alpha_i$ einen sehr kleinen Wert, so ist die Streuung von $X_i$ praktisch ohne Bedeutung. Das Vorzeichen von $\alpha_i$ legt fest, ob der Bemessungspunkt im oberen oder im unteren Bereich der Verteilung liegt. Hier gilt folgende Definition [Spaethe – 92]:

- $\alpha_i$ ist für Größen auf der Beanspruchungsseite positiv,
- $\alpha_i$ ist für Größen auf der Widerstandsseite negativ.

*Anmerkung*:
In [prEN 1990 – 01], Anhang C, und [DIN 1055-100 – 01], Anhang B, werden die Vorzeichen umgekehrt festgelegt, aber auch in anderen Quellen, z. B. in [Schobbe – 82].

### 1.3.3 Das R-E-Modell

Die Sicherheit eines Tragwerks unter statischen Lasten wird durch das Verhältnis der Größe der Beanspruchung E und der Größe der Beanspruchbarkeit R bestimmt.
Ein Versagen tritt ein, wenn R < E ist. Sind die Verteilungen von

$R = X_1$ = **Beanspruchbarkeit** (Widerstand) und

$E = X_2$ = **Beanspruchung** (Einwirkung bzw. Last)

bekannt, dann erhält man ein einfach zu behandelndes und anschauliches Zuverlässigkeitsproblem [Spaethe – 92]. Dabei können R und E selbst Funktionen weiterer Zufallsgrößen sein. Nach Gleichung (1-51) lässt sich der Grenzzustand im zweidimensionalen Originalraum wie folgt darstellen:

$$g(x) = x_1 - x_2 = r - e = 0 \quad (1\text{-}67)$$

Wenn R und E voneinander stochastisch unabhängig sind, folgt daraus für die **Versagenswahrscheinlichkeit** entweder

$$P_f = \int_{-\infty}^{+\infty}\int_{-\infty}^{r=e} f(r,e)\cdot dr\cdot de = \int_{-\infty}^{+\infty} F_R(e)\cdot f_E(e)\cdot de \quad (1\text{-}68)$$

wenn man zuerst nach r integriert, oder

$$P_f = \int_{-\infty}^{+\infty}\int_{e=r}^{+\infty} f(r,e)\cdot de\cdot dr = \int_{-\infty}^{+\infty}(1-F_E(r))\cdot f_R(r)\cdot dr \quad (1\text{-}69)$$

wenn man zuerst nach e integriert.

Strenge Lösungen dieser Integrale sind auf wenige Sonderfälle beschränkt. Für andere Verteilungen bereiten jedoch Lösungen durch numerische Integration keine Schwierigkeiten. Sind R und E normalverteilt, folgt die transformierte Gleichung des Grenzzustands im standardisierten Raum entsprechend Gleichung (1-55)

$$h(y) = m_R - m_E + \sigma_R \cdot \hat{r} - \sigma_E \cdot \hat{e} = 0 \quad (1\text{-}70)$$

Daraus folgt die Hessesche Normalform:

$$h(y) = \beta - \alpha_R \hat{r} - \alpha_E \hat{e} = 0 \quad (1\text{-}71)$$

mit den **Wichtungsfaktoren** $\quad \alpha_R = \dfrac{-\sigma_R}{\sqrt{\sigma_R^2 + \sigma_E^2}}; \quad \alpha_E = \dfrac{+\sigma_E}{\sqrt{\sigma_R^2 + \sigma_E^2}} \quad (1\text{-}72)$

und dem **Zuverlässigkeitsindex** $\quad \beta = \dfrac{m_R - m_E}{\sqrt{\sigma_R^2 + \sigma_E^2}} \quad (1\text{-}73)$

Aus den Koordinaten des **Bemessungspunkts** im standardisierten Raum (vgl. Bild 1.8)

$$\hat{r}_d = \alpha_R \cdot \beta \quad \text{und} \quad \hat{e}_d = \alpha_E \cdot \beta \quad (1\text{-}74)$$

erhält man durch Rücktransformation in den Originalraum die **Bemessungswerte**

$$r_d = m_R + \sigma_R \cdot \alpha_R \cdot \beta \quad \text{und} \quad e_d = m_E + \sigma_E \cdot \alpha_E \cdot \beta \quad (1\text{-}75)$$

## 1.3.4 Vereinfachte Bestimmung der Bemessungswerte

Sollen die Bemessungswerte $x_{di}$ nach Gleichung (1-66) bzw. (1-75) für ein vorgegebenes $\beta$ bestimmt werden, sind die Wichtungsfaktoren $\alpha_i$ von den Standardabweichungen $\sigma_{Xi}$ aller beteiligten mechanischen Größen abhängig, also sowohl von allen Einwirkungen als auch von allen Widerständen. Für die praktische Tragwerksplanung ist es jedoch zweckmäßig, Einwirkungen und Widerstände getrennt voneinander betrachten zu dürfen.

Im Fall des R-E-Modells können für den Widerstand R und die Beanspruchung E **feste Wichtungsfaktoren** $\alpha_R$ und $\alpha_E$ angegeben werden, wenn der Zuverlässigkeitsindex im Bemessungspunkt $y_d$ auf **max $\beta$** erhöht wird. Durch Vorgabe eines Mindestwertes **min $\beta$** sind alle Grenzzustandsgeraden im Bereich $\pm \Delta\varepsilon$ möglich.

Damit sind alle Verhältniswerte für die Standardabweichungen des Widerstands R und der Beanspruchung E zwischen min $(\sigma_E/\sigma_R)$ und max $(\sigma_E/\sigma_R)$ möglich, ohne dass min $\beta$ unterschritten wird (siehe Bild 1.10).

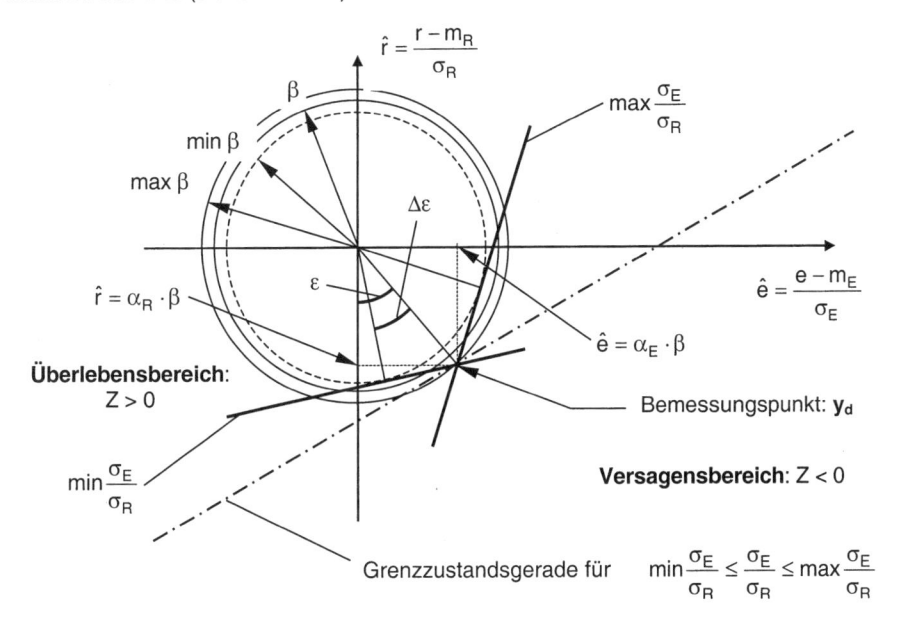

**Bild 1.10**: Feste Wichtungsfaktoren für den Grenzzustand im standardisierten Raum

Die **festen Wichtungsfaktoren** betragen mit gegenüber [prEN 1990 – 01] vertauschten Vorzeichen (s. o.):

$\alpha_R = -0{,}8$ und $\alpha_E = +0{,}7$

Daraus folgt

$$\max \beta = \beta \cdot \sqrt{0{,}8^2 + 0{,}7^2} = 1{,}063 \cdot \beta \qquad (1\text{-}76)$$

$$\varepsilon = \arctan\left(\frac{\alpha_E}{\alpha_R}\right) = \arctan\left(\frac{+0{,}7}{-0{,}8}\right) = -41{,}19° \qquad (1\text{-}77)$$

Mit min $\beta \approx 0{,}9 \cdot \beta$ folgt:
$$\Delta\varepsilon = \arccos\left(\frac{\min \beta}{\max \beta}\right) = \arccos\left(\frac{0{,}90}{1{,}063}\right) = 32{,}15° \qquad (1\text{-}78)$$

Damit errechnen sich die Grenzwerte

$$\min \varepsilon = -41{,}186 + 32{,}150 = -9{,}036°$$

$$\min (\sigma_E/\sigma_R) = \tan(\min \varepsilon) = \tan(-9{,}036°) = 0{,}16$$

$$\max \varepsilon = -41{,}186 - 32{,}150 = -73{,}336°$$

$$\max (\sigma_E/\sigma_R) = \tan(\max \varepsilon) = \tan(-73{,}336°) = 3{,}34$$

*Anmerkung:* In [prEN 1990 – 01], Anhang C, wird sogar max $(\sigma_E/\sigma_R) = 7{,}60$ angegeben.

Standardabweichungen zwischen diesen Verhältniswerten min $(\sigma_E/\sigma_R)$ und max $(\sigma_E/\sigma_R)$ werden also mit den oben genannten festen Wichtungsfaktoren abgedeckt.

Liegen die Standardabweichungen außerhalb dieser Verhältniswerte, so sollten

- $\alpha = \pm 1{,}0$ für die mechanische Größe mit der größeren Standardabweichung und
- $\alpha = \pm 0{,}4$ für die mechanische Größe mit der kleineren Standardabweichung

angesetzt werden.

Durch die getrennte Behandlung der Einwirkungen und Widerstände vereinfacht sich die Untersuchung eines Grenzzustandes wesentlich.

Im Falle von jeweils nur einer Beanspruchung E und eines Widerstandes R können die zugehörigen Bemessungswerte bei Vorgabe eines angezielten Zuverlässigkeitsindex β direkt, d. h. ohne Iteration, berechnet werden [Grünberg – 01]:

$$r_d = F_R^{-1}(\Phi(\alpha_R \cdot \beta)) = F_R^{-1}(\Phi(-0{,}8 \cdot \beta)) \qquad (1\text{-}79)$$

$$e_d = F_E^{-1}(\Phi(\alpha_E \cdot \beta)) = F_E^{-1}(\Phi(+0{,}7 \cdot \beta)) \qquad (1\text{-}80)$$

Aus Gleichung (1-79) und (1-80) folgen die in Tafel 1.10 angegebenen Bemessungswerte für mechanische Größen, siehe auch [DIN 1055-100 – 01], Anhang B:

**Tafel 1.10:** Bemessungswerte für verschiedene Verteilungsfunktionen

| Verteilung | Übliche Anwendung | Bemessungswerte |
|---|---|---|
| Normal | Ständige Einwirkungen | $E_d = m_E + \alpha_E \cdot \beta \cdot \sigma_E$ |
| Lognormal | Festigkeiten | $R_d \cong m_R \cdot \exp(-\alpha_R \cdot \beta \cdot V_R)$, für $V_R = \sigma_R/m_R < 0{,}2$ |
| Gumbel | Veränderliche Einwirkungen | $E_d = m_E - 0{,}78 \cdot \sigma_E \cdot (0{,}577 + \ln[-\ln \Phi(\alpha_E \cdot \beta)])$ |

**Bemessung bei mehr als einer einwirkenden bzw. widerstehenden Basisvariablen**

In diesem Fall können die festen Wichtungsfaktoren $\alpha_R$ und $\alpha_E$ mit begleitenden Wichtungsfaktoren $\alpha_{Ri}$ und $\alpha_{Ei}$ ergänzt werden.

Ohne Iteration ergeben sich sichere Bemessungswerte, wenn dem Leitwert (d. h. der einwirkenden bzw. widerstehenden Basisvariablen mit dem größten Streuungseinfluss)

$$\alpha_{R1} = \alpha_{E1} = 1{,}0$$

und den Begleitwerten (d. h. allen anderen Basisvariablen)

$$\alpha_{Ri} = \alpha_{Ei} = 0{,}4$$

zugewiesen wird. Der Wert 0,4 entspricht etwa $\tan 22{,}5° = 0{,}4142$ (siehe Bild 1.11).

Sicherheitskonzept – Anforderungen an Betontragwerke

**Überlebensbereich:** Z > 0

$\hat{e}_2 = \dfrac{e_2 - m_{E2}}{\sigma_{E2}}$

$\hat{e}_{di} = 0{,}4 \cdot \alpha_E \cdot \beta$

$\sigma_{E2} = 0$

Grenzzustandsgerade für $1 \geq \dfrac{\sigma_{E2}}{\sigma_{E1}} \geq 0$

$1{,}077 \cdot \alpha_E \cdot \beta$

$\hat{e}_d = \alpha_E \cdot \beta$

$\hat{e}_{di} = 0{,}4 \cdot \alpha_E \cdot \beta$

$\Delta\varepsilon = 22{,}5°$

$\hat{e}_1 = \dfrac{e_1 - m_{E1}}{\sigma_{E1}}$

$\sigma_{E1} = 0$

$\sigma_{E1} = \sigma_{E2}$

$\hat{e}_d = \alpha_E \cdot \beta$

Bemessungspunkte: $e_d$

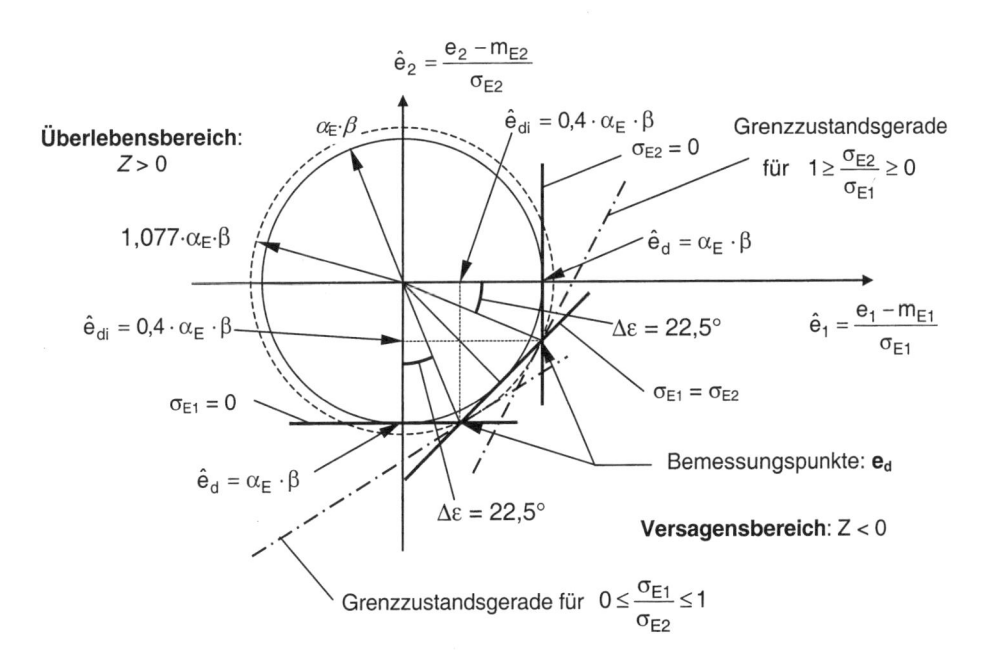

$\Delta\varepsilon = 22{,}5°$

**Versagensbereich:** Z < 0

Grenzzustandsgerade für $0 \leq \dfrac{\sigma_{E1}}{\sigma_{E2}} \leq 1$

**Bild 1.11:** Begleitende Wichtungsfaktoren für zwei Einwirkungen ($e_1$, $e_2$) im Grenzzustand

Die Bemessungswerte der begleitenden Basisvariablen lauten damit

$$r_{di} = F_{R_i}^{-1}\bigl(\Phi(\alpha_{R_i} \cdot \alpha_R \cdot \beta)\bigr) = F_{R_i}^{-1}\bigl(\Phi(-0{,}32 \cdot \beta)\bigr) \tag{1-81}$$

$$e_{di} = F_{E_i}^{-1}\bigl(\Phi(\alpha_{E_i} \cdot \alpha_E \cdot \beta)\bigr) = F_{E_i}^{-1}\bigl(\Phi(+0{,}28 \cdot \beta)\bigr) \tag{1-82}$$

In der Regel ist die Bemessung mit wechselnden Wichtungsfaktoren für die Basisvariablen durchzuführen, d. h. mit der Vertauschung von Leit- und Begleitwerten.

Bei der Kombination von zwei unabhängigen Einwirkungen ($e_1$, $e_2$) wird der Zuverlässigkeitsindex vom Bezugszeitraum T (i. d. R. 50 Jahre) auf das größte Grundzeitintervall $T_1$ umgerechnet, in dem eine der beiden Einwirkungen als konstant angenommen werden darf [BoD-doc – 96].

Mit dem Verhältnis $N_1 = T / T_1$ (ganzzahlige Näherung) folgt aus

$$\Phi(\alpha_E \cdot \beta) = \Phi(0{,}7 \cdot \beta) = [\Phi(\beta')]^{N_1} \tag{1-83}$$

der umgerechnete Zuverlässigkeitsindex

$$\beta' \cong -\Phi^{-1}\bigl(\Phi(-\alpha_E \cdot \beta)/N_1\bigr) \tag{1-84}$$

Nach Modifikation der Gleichungen (1-80) und (1-82) mit Hilfe der Gleichungen (1-83) und (1-84) ergibt sich der Kombinationsbeiwert $\psi_0$ als Verhältnis von Begleitwert und Leitwert:

$$\psi_0 = \dfrac{E_{d_i}}{E_d} = \dfrac{F_E^{-1}\bigl\{[\Phi(0{,}4 \cdot \beta')]^{N_1}\bigr\}}{F_E^{-1}\bigl\{[\Phi(\beta')]^{N_1}\bigr\}} = \dfrac{F_E^{-1}\bigl\{[\Phi(0{,}4 \cdot \beta')]^{N_1}\bigr\}}{F_E^{-1}[\Phi(0{,}7 \cdot \beta)]} \tag{1-85}$$

Die Auswertung von Gleichung (1-85) für die verschiedenen Verteilungsfunktionen ist in [DIN 1055-100 – 01], Anhang B, Tabelle B.4 angegeben.

## 1.4 Anwendungsbeispiele

### 1.4.1 Biegebeanspruchter Durchlaufträger

**Charakteristische Werte der unabhängigen Einwirkungen:**

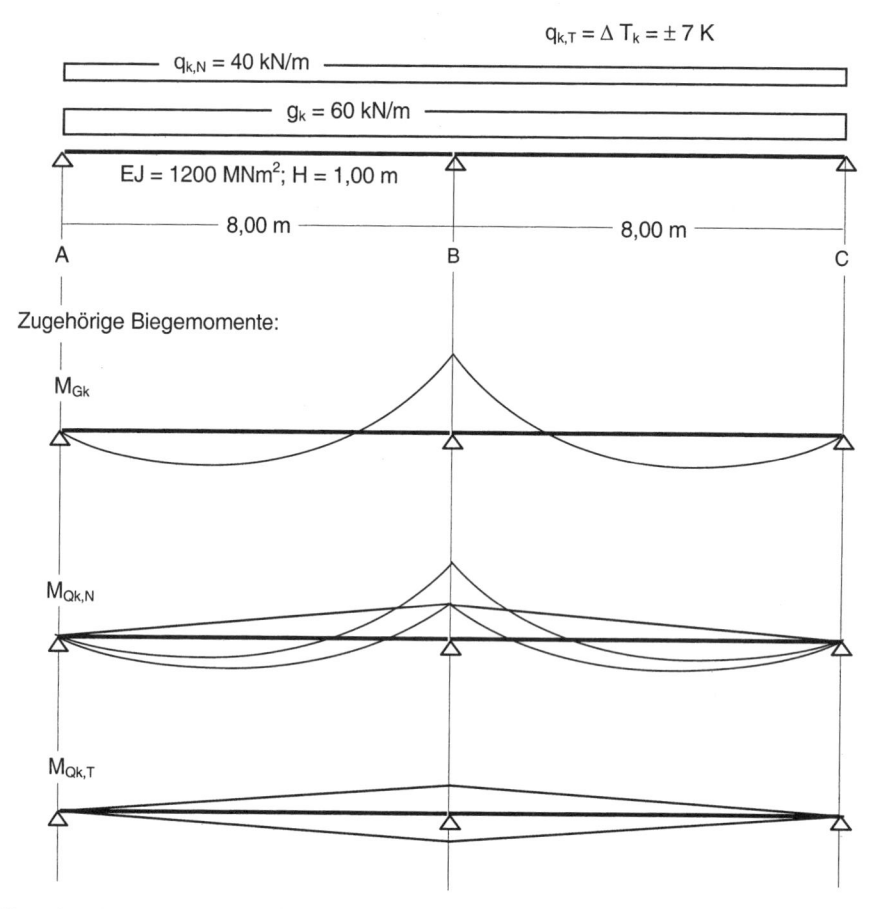

$q_{k,N} = 40$ kN/m

$q_{k,T} = \Delta T_k = \pm 7$ K

$g_k = 60$ kN/m

$EJ = 1200$ MNm²; $H = 1,00$ m

8,00 m — 8,00 m

A — B — C

Zugehörige Biegemomente:

$M_{Gk}$

$M_{Qk,N}$

$M_{Qk,T}$

**Charakteristische Werte der Schnittgrößen**

| | Lastfall | min $M_B$ | A (C) | q | x | max $M_1$ |
|---|---|---|---|---|---|---|
| 1 | $G_k$ | − 480 | 180 | 60 | 3,00 | + 270 |
| 2 | $Q_{k,N,links}$ | − 160 | 140 | 40 | 3,50 | + 245 |
| 3 | $Q_{k,N,rechts}$ | − 160 | − 20 | 0 | | |
| 4 | $Q_{k,N,voll}$ | − 320 | 120 | 40 | 3,00 | + 180 |
| 5 | $Q_{k,T}$ | ± 126 | ± 16 | 0 | | |

Sicherheitskonzept – Anforderungen an Betontragwerke

**Vereinfachte Grundkombination im Grenzzustandes der Tragfähigkeit**

$$E_d = 1{,}35 \cdot \sum_{j\geq 1}^{unf} E_{Gkj} + 1{,}00 \cdot \sum_{j\geq 1}^{fav} E_{Gkj} + E_{Pk} + 1{,}50 \cdot \left( E_{Qk1} + \Psi_{0,Q} \cdot \sum_{i>1}^{unf} E_{Qki} \right) \quad (1\text{-}46) \text{ mit } (1\text{-}41)$$

Bauwerksbezogener größter Kombinationsbeiwert: $\quad \Psi_{0,Qk,N} = 0{,}7$

Vorherrschende Auswirkung: $\quad E_{Qk1} = \text{Max.}\, E_{Qki} \;\text{ oder }\; \text{Min.}\, E_{Qki} \quad (1\text{-}42)$

| | Bemessungswerte | min $M_B$ | A (C) | q | x | max $M_1$ |
|---|---|---|---|---|---|---|
| | *Vereinfachte Grundkombination* | | | | | |
| a | $1{,}35 M_{Gk} + 1{,}50 M_{Qk,N,links} + 1{,}05 M_{Qk,T}$ | – 756 | 470 | 141 | 3,33 | + 782 |
| | $1{,}00 M_{Gk} + 1{,}50 M_{Qk,N,rechts} - 1{,}05 M_{Qk,T}$ | – 852 | 133 | 60 | 2,22 | + 148 |
| b | $1{,}00 M_{Gk} + 1{,}50 M_{Qk,T}$ | – 291 | 204 | 60 | 3,39 | + 346 |
| | $1{,}35 M_{Gk} + 1{,}50 M_{Qk,N,voll} - 1{,}05 M_{Qk,T}$ | – 1260 | 406 | 141 | 2,88 | + 586 |
| | *Lastfall nach DIN 1045 (07.88)* | | | | | |
| a | $1{,}75/1{,}15\; (M_{Gk} + M_{Qk,N,links} + M_{Qk,T})$ | – 782 | 511 | 152 | 3,36 | + 858 |
| | $1{,}75/1{,}15\; (M_{Gk} + M_{Qk,N,rechts} - M_{Qk,T})$ | – 1166 | 220 | 91 | 2,40 | + 264 |
| b | $1{,}75/1{,}15\; (M_{Gk} + M_{Qk,T})$ | – 539 | 298 | 91 | 3,26 | + 486 |
| | $1{,}75/1{,}15\; (M_{Gk} + M_{Qk,N,voll} - M_{Qk,T})$ | – 1409 | 433 | 152 | 2,84 | + 615 |

**Biegemomente für die Auswirkungskombinationen**
(Darstellung der linken Hälfte des Zweifeldträgers)

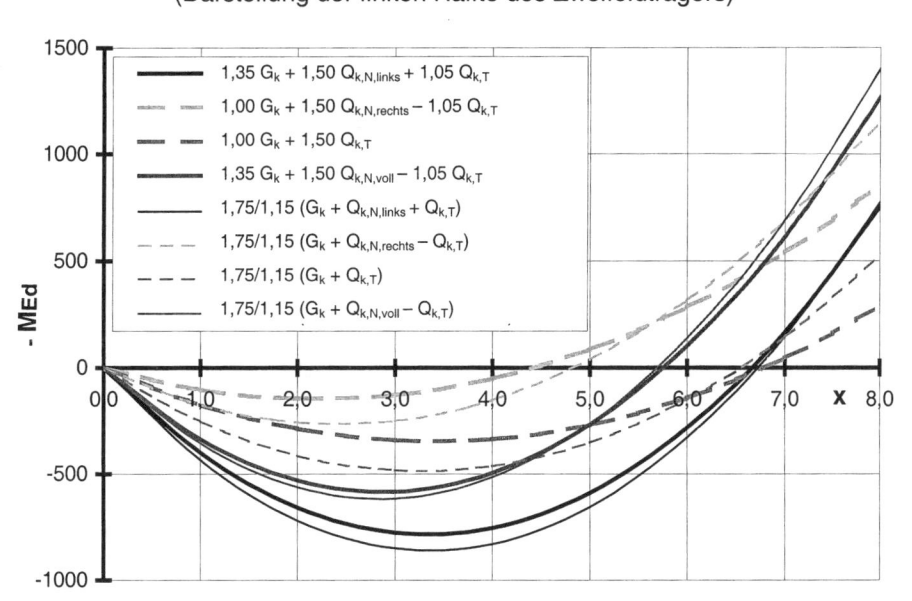

## 1.4.2 Stahlbetonstütze mit Längskraft und Biegemoment

**Beispiel: Lagerhalle aus Stahlbetonfertigteilen**

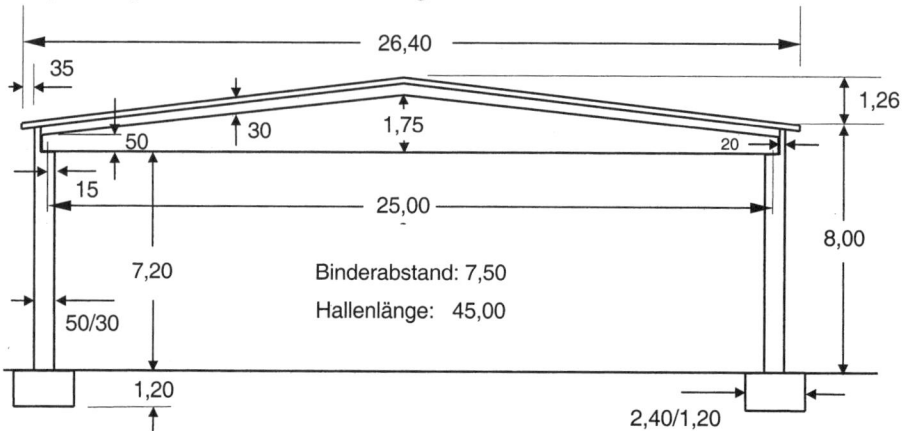

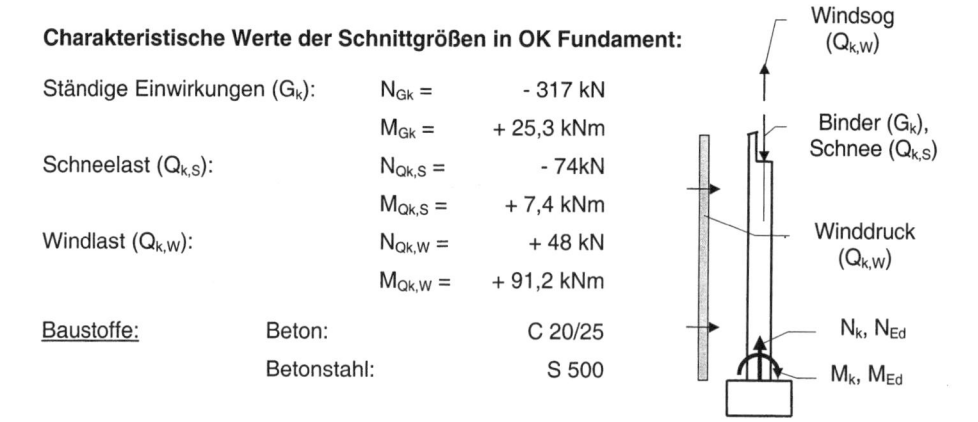

**Charakteristische Werte der Schnittgrößen in OK Fundament:**

Ständige Einwirkungen ($G_k$):   $N_{Gk}$ = − 317 kN
  $M_{Gk}$ = + 25,3 kNm

Schneelast ($Q_{k,S}$):   $N_{Qk,S}$ = − 74 kN
  $M_{Qk,S}$ = + 7,4 kNm

Windlast ($Q_{k,W}$):   $N_{Qk,W}$ = + 48 kN
  $M_{Qk,W}$ = + 91,2 kNm

Baustoffe:   Beton:   C 20/25
  Betonstahl:   S 500

**Schnittgrößen und innere Kräfte im Stahlbetonrechteckquerschnitt**
nach [Grünberg, Klaus – 99]:

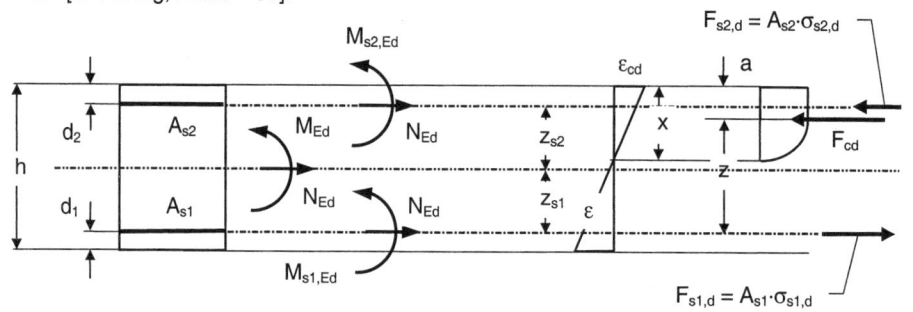

Berechnung mit der vereinfachten Auswirkungskombination nach Gl. (1-46) mit (1-41).

Sicherheitskonzept – Anforderungen an Betontragwerke

**Schnittgrößen nach Theorie 1. Ordnung:**

Transformation der Schnittgrößen in die Schwerachsen der Bewehrungslagen:

$M_{s2} = M + N \cdot z_{s2} \cong M + N \cdot 0{,}4h$

$M_{s1} = M - N \cdot z_{s1} \cong M - N \cdot 0{,}4h$

Die Gleichgewichtsbedingungen im Grenzzustand der Tragfähigkeit liefern:

$A_{s1} = F_{s1,d}/\sigma_{s1,d} \cong (M_{s2,Ed} + F_{cd} \cdot [a - d_2])/(0{,}8 \cdot h \cdot \sigma_{s1,d})$

$A_{s2} = F_{s2,d}/\sigma_{s2,d} \cong (M_{s1,Ed} - F_{cd} \cdot z)/(0{,}8 \cdot h \cdot \sigma_{s2,d})$

a) Biegezugseite

| | | | |
|---|---|---|---|
| $M_{s2,Gk} =$ | $+25{,}3 - 317 \cdot (0{,}4 \cdot 0{,}50)$ | $= -38{,}1$ kNm | (günstig) |
| $M_{s2,Qk,S} =$ | $+7{,}4 - 74 \cdot (0{,}4 \cdot 0{,}50)$ | $= -7{,}4$ kNm | (günstig) |
| $M_{s2,Qk,W} =$ | $+91{,}2 + 48 \cdot (0{,}4 \cdot 0{,}50)$ | $= +100{,}8$ kNm | (vorherrschend) |
| $M_{s2,Ed} =$ | $1{,}00 \cdot M_{s2,Gk} + 1{,}50 \cdot M_{s2,Qk,W}$ | $=$ | **+ 113 kNm** |
| zug $M_{Ed} =$ | $1{,}00 \cdot M_{Gk} + 1{,}50 \cdot M_{Qk,W}$ | $=$ | + 162 kNm |

b) Biegedruckseite

| | | | |
|---|---|---|---|
| $M_{s1,Gk} =$ | $+25{,}3 + 317 \cdot (0{,}4 \cdot 0{,}50)$ | $= +88{,}7$ kNm | (ungünstig) |
| $M_{s1,Qk,S} =$ | $+7{,}4 + 74 \cdot (0{,}4 \cdot 0{,}50)$ | $= +22{,}2$ kNm | (ungünstig) |
| $M_{s1,Qk,W} =$ | $+91{,}2 - 48 \cdot (0{,}4 \cdot 0{,}50)$ | $= +81{,}6$ kNm | (vorherrschend) |
| $M_{s1,Ed} =$ | $1{,}35 \cdot M_{s1,Gk} + 1{,}50 \cdot (M_{s1,Qk,W} + 0{,}7 \cdot M_{s1,Qk,S})$ | $=$ | **+ 265 kNm** |
| zug $M_{Ed} =$ | $1{,}35 \cdot M_{Gk} + 1{,}50 \cdot (M_{Qk,W} + 0{,}7 \cdot M_{Qk,S})$ | $=$ | + 179 kNm |

**Schnittgrößen nach Theorie 2. Ordnung:**

Zusätzliche Ausmitte nach Modellstützenverfahren: $\quad \Delta e = e_a + e_2 \quad = 0{,}254$ m

Transformierte Schnittgrößen 2. Ordnung:

$M^{II}_{s2} = M^{II} + N \cdot z_{s2} \cong (M - N \cdot \Delta e) + N \cdot 0{,}4 \cdot h = M + N \cdot (0{,}4 \cdot h - \Delta e)$

$M^{II}_{s1} = M^{II} - N \cdot z_{s1} \cong (M - N \cdot \Delta e) - N \cdot 0{,}4 \cdot h = M - N \cdot (0{,}4 \cdot h + \Delta e)$

a) Biegezugseite

| | | | |
|---|---|---|---|
| $M^{II}_{s2,Gk} =$ | $+25{,}3 - 317 \cdot (-0{,}054)$ | $= +42{,}4$ kNm | (ungünstig) |
| $M^{II}_{s2,Qk,S} =$ | $+7{,}4 - 74 \cdot (-0{,}054)$ | $= +11{,}4$ kNm | (ungünstig) |
| $M^{II}_{s2,Qk,W} =$ | $+91{,}2 + 48 \cdot (-0{,}054)$ | $= +88{,}6$ kNm | (vorherrschend) |
| $M^{II}_{s2,Ed} =$ | $1{,}35 \cdot M_{s2,Gk} + 1{,}50 \cdot (M_{s2,Qk,W} + 0{,}7 \cdot M_{s1,Qk,S})$ | $=$ | **+ 202 kNm** |

b) Biegedruckseite

| | | | |
|---|---|---|---|
| $M^{II}_{s1,Gk} =$ | $+25{,}3 + 317 \cdot 0{,}454$ | $= +169{,}2$ kNm | (ungünstig) |
| $M^{II}_{s1,Qk,S} =$ | $+7{,}4 + 74 \cdot 0{,}454$ | $= +41{,}0$ kNm | (ungünstig) |
| $M^{II}_{s1,Qk,W} =$ | $+91{,}2 - 48 \cdot 0{,}454$ | $= +69{,}4$ kNm | (vorherrschend) |
| $M^{II}_{s1,Ed} =$ | $1{,}35 \cdot M_{s1,Gk} + 1{,}50 \cdot (M_{s1,Qk,W} + 0{,}7 \cdot M_{s1,Qk,S})$ | $=$ | **+ 376 kNm** |

## Bemessung der Längsbewehrung für die Stütze

mit Hilfe des Bemessungsdiagramms Tafel 4.10 [Grünberg, Klaus – 99]:

Eingabewerte: Bezogene Momente

$m_{s2,Ed} = M_{s2,Ed} / (b \cdot h^2 \cdot f_{cd})$

$m_{s1,Ed} = M_{s1,Ed} / (b \cdot h^2 \cdot f_{cd})$

$\mu_{Ed} = M_{Ed} / (b \cdot h^2 \cdot f_{cd})$

mit $b \cdot h^2 \cdot f_{cd} = 0{,}30 \cdot 0{,}50^2 \cdot 20/1{,}5 = 1{,}00$

**Ergebniswerte:** Mechanischer Bewehrungsgrad tot $\omega$

|  | $m_{s2,Ed}$ | $m_{s1,Ed}$ | $\mu_{Ed}$ | tot $\omega$ |
|---|---|---|---|---|
| Theorie 1. Ordnung | 0,113 |  | 0,162 | 0,28 |
|  |  | 0,265 | 0,179 | (0,25) |
| Theorie 2. Ordnung | 0,202 | 0,376 |  | 0,52 |

**Bemessungsdiagramm** (Tafel 4.10, Ausschnitt)

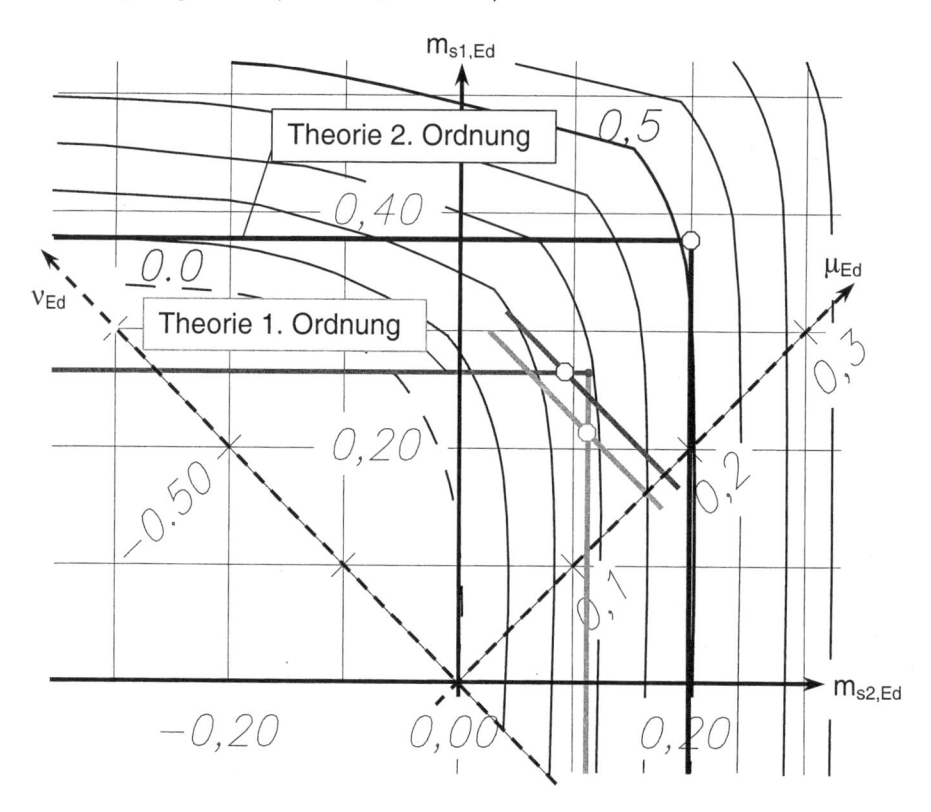

## 2 Betontechnologische Grundlagen und Bauausführung (DIN 1045 – Teile 2 und 3)

Univ.-Prof. Dr.-Ing. Ludger Lohaus, Dipl.-Ing. Holger Höveling

### 2.1 Einführung

Die Einführung der neuen europäischen Normengeneration im Betonbau steht unmittelbar bevor. Das Bild 2.1 gibt einen Überblick über das neue Normenpaket der DIN 1045 (Tragwerke aus Beton, Stahl- und Spannbeton). Die neue Norm besteht aus vier Teilen:

- Bemessung und Konstruktion (DIN 1045-1)
- Beton (DIN EN 206 + DIN 1045-2)
- Bauausführung (DIN 1045-3)
- Überwachung von Fertigteilen (DIN 1045-4)

Der Normentwurf der DIN EN 206-1 wurde von den Mitgliedern des zuständigen CEN-Ausschusses bereits mit einer Gegenstimme verabschiedet. Das Deutsche Institut für Normung e.V. (DIN) ist nun verpflichtet, alle entgegenstehenden Normen innerhalb einer Übergangsfrist zurückzuziehen. Teilweise sind die Regelungen in der DIN EN 206-1 so formuliert, dass national ergänzende Regelungen ermöglicht oder sogar gefordert werden. Diese Deutschen Anwendungsregeln (DAR) zur DIN EN 206-1 werden unter dem Namen DIN 1045-2 veröffentlicht. Das Bundesministerium für Verkehr, Bau- und Wohnungswesen (BMVBW) plant, beide Normen in einem Dokument zusammenzufassen und unter dem Namen „DIN-Fachbericht 100 – Beton" zu veröffentlichen. Dadurch wird die Handhabung der Normentexte vereinfacht, da nicht mehr auf verschiedene sich ergänzende Teile zurückgegriffen werden muss.

Die bauaufsichtliche Einführung des beschriebenen Normenwerks ist für das Jahr 2002 vorgesehen. Dies würde bedeuten, dass ab diesem Zeitpunkt die Regelungen der neuen Norm gelten und angewendet werden dürfen. Selbstverständlich können die bisherigen Normen DIN 1045 und DIN 4227 (beide Ausgabe Juli 1988) nicht zu diesem Zeitpunkt gleichzeitig zurückgezogen werden. Vielmehr wird es eine Übergangsfrist geben, die wahrscheinlich bis Ende 2003 andauert.

| DIN 1045 Tragwerke aus Beton, Stahl- und Spannbeton | | | |
|---|---|---|---|
| DIN 1045-1 Bemessung und Konstruktion | DIN 1045-2 Deutsche Anwendungsregeln zu DIN EN 206-1 | DIN 1045-3 Bauausführung | DIN 1045-4 Ergänzende Regelungen für Herstellung und Überwachung von Fertigteilen |
| | DIN EN 206-1 Beton, Festlegung, Eigenschaften Herstellung und Konformität | | |

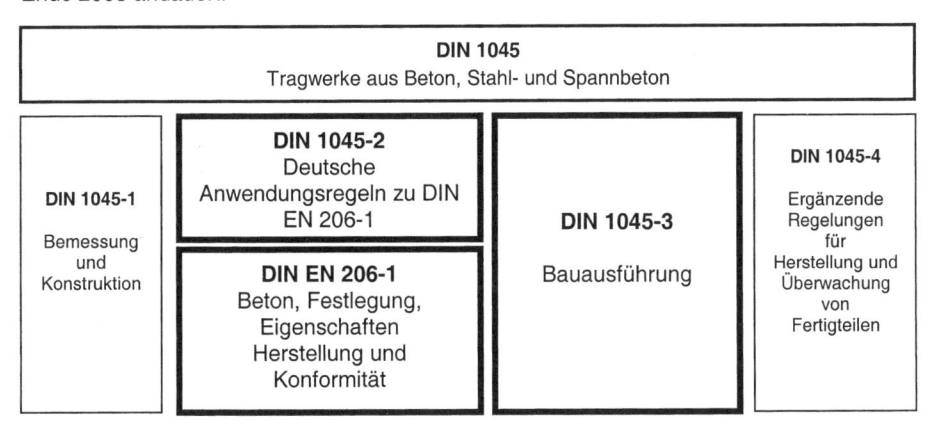

Bild 2.1: Zusammenhang der neuen Normen für den Betonbau [Litzner/Meyer – 00]

## 2.2 Anwendungsbereiche

### 2.2.1 DIN EN 206-1 und DIN 1045-2

Aus den aktuell vorliegenden Fassungen der DIN EN 206-1 und der DIN 1045-2 geht hervor, dass diese europäischen Normen für Beton gelten, der für Ortbetonbauwerke, für vorgefertigte Bauwerke sowie für Fertigteile für Gebäude und Ingenieurbauwerke verwendet werden darf. Der Beton darf als Baustellenbeton, Transportbeton oder Beton in einem Fertigteil hergestellt werden.

Kurz zusammengefasst legen die Normen folgende Anforderungen für den Beton fest:
- Betonausgangsstoffe
- Eigenschaften von Frischbeton und Festbeton sowie ihre Nachweise
- Beschränkungen für die Betonzusammensetzung
- Festlegung des Betons (Mischungszusammensetzung)
- Lieferung von Frischbeton
- Verfahren der Produktionskontrolle
- Konformitätskriterien und Beurteilung der Konformität

Grundsätzlich gilt diese Norm für Beton, der so verdichtet wird, dass – abgesehen von künstlich eingeführten Luftporen – kein nennenswerter Anteil eingeschlossener Luft verbleibt. Weitere Anwendungsgrenzen sind im Bild 2.2 aufgeführt.

Der wesentlichste Unterschied aus betontechnologischer Sicht zur DIN 1045–88 besteht darin, dass in der neuen Norm sowohl der Leichtbeton als auch der Hochfeste Beton mit genormt sind.

| Normen gelten für: | Normen gelten nicht für: |
|---|---|
| • Normalbeton | • Porenbeton |
| • Schwerbeton | • Schaumbeton |
| • Leichtbeton | • Beton mit haufwerksporigem Gefüge |
| | • Beton mit Rohdichten < 800 kg/m³ |
| | • Feuerfesten Beton |
| | • Beton mit porosiertem Zementstein |
| | • Beton mit einem Größtkorn ≤ 4 mm |
| | • Hochfester Beton mit Wärmebehandlung |

**Bild 2.2:** Anwendungsbereiche von DIN EN 206-1 und DIN 1045-2

Betontechnologische Grundlagen und Bauausführung (DIN 1045 Teile 2 und 3)

## 2.2.2 DIN 1045-3

DIN 1045-3 (Bauausführung) gilt für Betonbauwerke, die nach DIN 1045-1 entworfen und bemessen sind sowie für Beton und Betonfertigteile nach DIN EN 206-1 und DIN 1045 Teile 2 und 4.

In dieser Norm werden Anforderungen an die Ausführung von Bauwerken des Hoch- und Ingenieurbaus aus Beton, Stahl- und Spannbeton angegeben. Diese Norm gilt ausdrücklich nicht für die Ausführung von Betonbauteilen des Spezialtiefbaus, wie z. B. Pfahlgründungen, Erd- und Felsanker sowie Schlitzwände.

## 2.3 Formelzeichen

Mit der Einführung der neuen Normengeneration ändern sich einige Begriffe und Formelzeichen. Die Tabelle 2.1 gibt einen Überblick über die neuen Bezeichnungen.

**Tabelle 2.1:** Auswahl der wichtigsten Formelzeichen

| DIN EN 206-1-01 | | DIN 1045–88 |
|---|---|---|
| Abkürzung | Bedeutung | |
| $f_{c,\,cube}$ | Betondruckfestigkeit, geprüft am Würfel | $\beta_W$ |
| $f_{c,\,cyl}$ | Betondruckfestigkeit, geprüft am Zylinder | $\beta_C$ |
| $f_{ck}$ | charakteristische Betondruckfestigkeit | $\beta_{WN}$ |
| $f_{cm,\,28}$ | mittlere Druckfestigkeit des Betons im Alter von 28 Tagen | $\beta_{Wm,\,28}$ |
| $f_{ck,\,EN}$ | charakteristische Betondruckfestigkeit nach DIN EN 206-1–01 | - |
| $f_{ck,\,DIN}$ | charakteristische Betondruckfestigkeit nach DIN 1045–88 | - |
| $f_{c,\,dry}$ | Betondruckfestigkeit von Probekörpern, gelagert nach DIN EN 12390-2–01-06, Anhang NA, oder DIN 1048-5 | - |
| $f_{tm}$ | mittlere Spaltzugfestigkeit von Beton | $\beta_{SZ}$ |
| X ... | Expositionsklasse | - |
| F1 – F6 | Konsistenzklassen, ausgedrückt als Ausbreitmaß | KS, KP, KR, KF |
| C0 – C3 | Konsistenzklassen, ausgedrückt als Verdichtungsmaß | |
| S1 – S5 | Konsistenzklassen, ausgedrückt als Setzmaß | |
| V0 – V4 | Konsistenzklassen, ausgedrückt als Setzzeitmaß (Vébé) | |
| C8/10 – C100/115 | Druckfestigkeitsklassen für Normal- und Schwerbeton | B 5 – B 55 |
| LC8/9 – LC80/88 | Druckfestigkeitsklassen für Leichtbeton | LB 5 – LB 55 |

## 2.4 Klasseneinteilung

### 2.4.1 Expositionsklassen

Von Bauwerken und Bauteilen aus Beton wird gefordert, dass sie während einer bestimmten Lebensdauer die ihnen zugedachten Aufgaben erfüllen. Hierbei ist zu beachten, dass Beton bzw. der eingebettete Stahl durch das umgebende feste, flüssige oder gasförmige Medium durch Korrosion zerstört werden können. Aus diesem Grund ist es wichtig zu wissen, ob schädigende Umweltfaktoren vorliegen, um entsprechende betontechnologische und bautechnische Maßnahmen zu ergreifen.

Die detaillierte Festlegung der Eigenschaften, die ein Beton für die Erfüllung seiner Aufgaben im Bauwerk benötigt, beginnt mit den neuen Expositionsklassen nach DIN EN 206-1, 4.1, die Angaben zu den Umgebungsbedingungen enthalten. Mit Hilfe dieser Klassen soll der Beton bzgl. der Dauerhaftigkeit in Angriffsklassen eingeordnet werden. Schon der Planer und der Konstrukteur müssen daher nicht nur die planmäßigen Beanspruchungen (Lasten, Spannungen, usw.) beachten, sondern auch die Nutzung und Dauerhaftigkeit. Die sich aus diesem Punkt ergebenen Anforderungen fließen mit in die statische Berechnung ein. Um dem Planer und Konstrukteur eine schnell nutzbare und europaweit vergleichbare Basis zu geben, werden in der Norm DIN EN 206-1 sieben Expositionsklassen beschrieben.

Eine Expositionsklasse (engl. Exposure class) ist definiert als eine Klassifizierung der chemischen und physikalischen Umgebungsbedingungen, denen der Beton ausgesetzt werden kann. Grundsätzlich werden drei Gruppen unterschieden:

- Kein Angriffsrisiko
- Bewehrungskorrosion
- Betonangriff

Die Expositionsklasse wird durch den Großbuchstaben X (von Exposition) und einen weiteren Buchstaben gekennzeichnet. Die Tabelle 2.2 gibt einen Überblick über die Festlegungen in der DIN EN 206-1.

Die Expositionsklasse X0 (null) ist Bauteilen ohne Bewehrung oder eingebettetem Metall in nicht betonangreifender Umgebung zugeordnet. Die Bezeichnung 0 deutet darauf hin, dass kein Schadensrisiko besteht. In Deutschland gibt es nur wenige praxisrelevante Anwendungsbereiche für diese Klasse.

Die Expositionsklasse XC (Carbonatisation) „Bewehrungskorrosion, ausgelöst durch Carbonatisierung", kommt bei bewehrtem Beton, der Luft und Feuchtigkeit ausgesetzt ist, zur Anwendung. Die unter dem Begriff Umgebung aufgeführten Feuchtigkeitszustände beziehen sich auf den Zustand innerhalb der Betondeckung. In vielen Fällen geht man von der Annahme aus, dass die Bedingungen in der Betondeckung den Umgebungsbedingungen entsprechen. In diesen Fällen darf die Klasseneinteilung nach der Umgebungsbedingung als gleichwertig angenommen werden.

Bei Chlorideinwirkung auf den erhärteten Beton ist grundsätzlich zwischen natürlicher und künstlicher Einwirkung zu unterscheiden. In der Klasse XD (Deicing-Salts) werden die künstlichen Einwirkungen zusammengefasst. Hierzu zählen freie Chloride in den Betonausgangsstoffen, Tausalze, chloridhaltige Abwässer sowie chlorwasserstoffhaltige Brandgase. Baupraktisch von Bedeutung sind vor allem die Tausalze aus Natriumchlorid, Calciumchlorid und Magnesiumchlorid.

Chloride gehören zu den stark korrosionsfördernden Stoffen, weil sie die Passivschicht auf dem Bewehrungsstahl lokal zerstören. Es kann eine punktuelle Korrosion des Stahls auftreten (Lochfraßkorrosion), ohne dass neben der Lochkorrosionsstelle ein merklicher Flächenabtrag erfolgt. Die Chloride können im nicht carbonatisierten und carbonatisierten Beton den Stahl angreifen. Im carbonatisierten Beton, wo kein passiver Schutz für den Bewehrungsstahl vorhanden ist, verstärkt der Chloridangriff die flächenartige Abtragung der Sauerstoffkorrosion.

Bewehrter Beton, der Chloriden aus dem Meerwasser oder salzhaltiger Seeluft ausgesetzt ist, wird der Expositionsklasse XS (Seawater) zugeordnet. Der Schädigungsmechanismus ist vergleichbar mit dem künstlichen Chloridangriff.

Bauteile aus Beton, welche im durchfeuchteten Zustand Frost-Tauwechseln ausgesetzt sind, können oberflächige Schäden als Folge überwiegend physikalisch bestimmter Prozesse aufweisen und werden in die Klasse XF (Freeze) eingeteilt. Die gleichzeitige Beanspruchung von Auftaumitteln (Chloriden) neben Frost erhöht die Beanspruchung und intensiviert somit eine Zerstörung.

Hinsichtlich des Frostangriffs auf Beton werden unterschieden:

- mäßige oder hohe Wassersättigung
- mit oder ohne Taumittel

## Tabelle 2.2: Expositionsklassen (DIN 1045-2, Tab. 1)

| Klasse | Umgebungsbedingung | Beispiele |
|---|---|---|
| **1 Kein Korrosions- oder Angriffsrisiko** | | |
| X0 | Für Beton ohne Bewehrung oder eingebettetes Metall; alle Umgebungsbedingungen, ausgenommen Frostangriff mit und ohne Taumittel, Verschleiß oder chemischer Angriff | Fundamente ohne Bewehrung<br>Innenbauteile ohne Bewehrung |
| **Bewehrungskorrosion** | | |
| **2 Bewehrungskorrosion, ausgelöst durch Karbonatisierung** | | |
| XC1 | trocken oder ständig nass | Bauteile in Innenräumen mit üblicher Luftfeuchte (einschließlich Küche, Bad und Waschküche in Wohngebäuden)<br>Beton, der ständig in Wasser getaucht ist |
| XC2 | nass, selten trocken | Teile von Wasserbehältern; Gründungsbauteile |
| XC3 | mäßige Feuchte | Bauteile, zu denen Außenluft häufig oder ständig Zugang hat, z.B. offene Hallen, Innenräume mit hoher Luftfeuchtigkeit (in gewerblichen Küchen, Bädern, Wäschereien), in Feuchträumen von Hallenbädern |
| XC4 | wechselnd nass und trocken | Außenbauteile mit direkter Beregnung |
| **3 Bewehrungskorrosion, verursacht durch Chloride, ausgenommen Meerwasser** | | |
| XD1 | mäßige Feuchte | Bauteile im Sprühnebelbereich von Verkehrsflächen, Einzelgaragen |
| XD2 | nass, selten trocken | Solebäder, Schwimmbäder<br>Bauteile, die chloridhaltigen Industrieabwässern ausgesetzt sind |
| XD3 | wechselnd nass und trocken | Teile von Brücken mit häufiger Spritzwasserbeanspruchung<br>Fahrbahnen; Parkdecks |
| **4 Bewehrungskorrosion, verursacht durch Chloride aus Meerwasser** | | |
| XS1 | salzhaltige Luft, aber kein unmittelbarer Kontakt mit Meerwasser | Außenbauteile in Küstennähe |
| XS2 | unter Wasser | Bauteile in Hafenanlagen, die ständig unter Wasser liegen |
| XS3 | Tidebereiche, Spritzwasser- und Sprühnebelbereiche | Kaimauern in Hafenanlagen |
| **Betonangriff** | | |
| **5 Frostangriff mit oder ohne Taumittel** | | |
| XF1 | mäßige Wassersättigung, ohne Taumittel | Außenbauteile;<br>senkrechte Betonoberflächen, die Regen und Frost ausgesetzt sind |
| XF2 | mäßige Wassersättigung, mit Taumittel | Bauteile im Sprühnebel- oder Spritzwasserbereich von taumittelbehandelten Verkehrsflächen, soweit nicht XF4 Betonbauteile im Sprühnebelbereich von Meerwasser |
| XF3 | hohe Wassersättigung, ohne Taumittel | offene Wasserbehälter;<br>Bauteile in der Wasserwechselzone von Süßwasser |
| XF4 | hohe Wassersättigung, mit Taumittel | Verkehrsflächen, die mit Taumitteln behandelt werden z.B. Straßendecken und Brückenplatten; Überwiegend horizontale Bauteile im Spritzwasserbereich von taumittelbehandelten Verkehrsflächen; Räumerlaufbahnen von Kläranlagen; Meerwasserbauteile in der Wasserwechselzone |
| **6 Chemischer Betonangriff** | | |
| XA1 | chemisch schwach angreifende Umgebung nach Tabelle 2.3 | Behälter von Kläranlagen<br>Güllebehälter |
| XA2 | Chemisch mäßig angreifende Umgebung nach Tabelle 2.3 und Meeresbauwerke | Betonbauteile, die mit Meerwasser in Berührung kommen<br>Bauteile in betonangreifenden Böden |
| XA3 | Chemisch stark angreifende Umgebung nach Tabelle 2.3 | Industrieabwasseranlagen mit chemisch angreifenden Abwässern<br>Gärfuttersilos und Futtertische in der Landwirtschaft;<br>Kühltürme mit Rauchgasableitung |
| **7 Betonangriff durch Verschleißbeanspruchung** | | |
| XM1 | mäßige Verschleißbeanspruchung | Industrieböden mit Beanspruchung durch luftbereifte Fahrzeuge |
| XM2 | starke Verschleißbeanspruchung | Industrieböden mit Beanspruchung durch luft- oder vollgummibereifte Gabelstapler |
| XM3 | sehr starke Verschleißbeanspruchung | Industrieböden mit Beanspruchung durch elastomer- oder stahlrollenbereifte Gabelstapler; Beläge von Flächen, die häufig mit Kettenfahrzeugen befahren werden; Wasserbauwerke in geschiebebelasteten Gewässern |

Die Expositionsklasse XA (Acid) kommt zur Anwendung, wenn Beton chemischem Angriff durch natürliche Böden, Grundwasser, Meerwasser oder Abwasser sowie betonangreifenden Bestandteilen aus Gasen ausgesetzt ist. Die Einteilung erfolgt nach den Grenzwerten in Tabelle 2.3.

Liegt eine mechanische Beanspruchung des Betons z. B. durch Fahrzeugverkehr oder Schüttgüter vor, erfolgt eine Zuordnung zur Expositionsklasse XM (Mechanical Abrasion).

**Tabelle 2.3:** Grenzwerte für die Expositionsklassen bei chemischem Angriff durch natürliche Böden und Grundwasser (DIN EN 206-1, Tab. 2)

| Chemisches Merkmal | Prüfverfahren | XA1 | XA2 | XA3 |
|---|---|---|---|---|
| **Grundwasser** | | | | |
| $SO_4^{2-}$ in mg/l | DIN EN 196-2 | $\geq$ 200 und $\leq$ 600 | > 600 und $\leq$ 3000 | > 3000 und $\leq$ 6000 |
| pH-Wert | ISO 4316 | $\leq$ 6,5 und $\geq$ 5,5 | < 5,5 und $\geq$ 4,5 | < 4,5 und $\geq$ 4,0 |
| $CO_2$ in mg/l kalklösend | DIN 4030-2 | $\geq$ 15 und $\leq$ 40 | > 40 und $\leq$ 100 | 100 bis zur Sättigung |
| $NH_4^+$ in mg/l [4)] | ISO 7150-1 oder ISO 7150-2 | $\geq$ 15 und $\leq$ 30 | > 30 und $\leq$ 60 | > 60 und $\leq$ 100 |
| $Mg^{2+}$ in mg/l | ISO 7980 | $\geq$ 300 und $\leq$ 1000 | > 1000 und $\leq$ 3000 | > 3000 bis zur Sättigung |
| **Boden** | | | | |
| $SO_4^{2-}$ in mg/kg [1)] insgesamt | DIN EN 196-2 [2)] | $\geq$ 2000 und $\leq$ 3000 [1)] | > 3000 [3)] und $\leq$ 12000 | > 12000 und $\leq$ 24000 |
| Säuregrad des Bodens | DIN 4030-2 | > 200 °Baumann-Gully | in der Praxis nicht anzutreffen | |

1) Tonböden mit einer Durchlässigkeit von weniger als $10^{-5}$ m/s dürfen in eine niedrigere Klasse eingestuft werden.
2) Das Prüfverfahren beschreibt die Auslaugung von $SO_4^{2-}$ durch Salzsäure; Wasserauslaugung darf stattdessen angewandt werden, wenn am Ort der Verwendung des Betons Erfahrung hierfür vorhanden ist.
3) Falls die Gefahr der Anhäufung von Sulfationen im Beton – zurückzuführen auf wechselndes Trocknen und Durchfeuchten oder kapillares Saugen – besteht, ist der Grenzwert von 3000 mg/kg auf 2000 mg/kg zu vermindern.
4) Gülle kann, unabhängig vom $NH_4^+$-Gehalt, in die Expositionsklasse XA1 eingeordnet werden.

## 2.4.2 Anwendung der Expositionsklassen

Die Herstellung eines planmäßigen Widerstands der Betonbauteile gegen äußere, schädigende Angriffe ist gleichbedeutend mit der Bemessung bzgl. der Dauerhaftigkeit. Diese Bemessung erfolgt in der DIN EN 206-1 durch die Einteilung in eine Expositionsklasse. Hieraus ergeben sich festgelegte Anforderungen an die Betonzusammensetzung.

Es ist also bereits die Aufgabe des Planers, diejenige Expositionsklasse im jeweiligen Bauteil zu berücksichtigen, die die schärfsten Anforderungen stellt. In Bild 2.3 sind einige Bauteile beispielhaft dargestellt, denen die Expositionsklassen zugeordnet wurden. Die maßgebenden Klassen sind fett gedruckt. Weiterhin stehen Bauteilkataloge zur Verfügung, in denen exemplarisch die meisten Bauteile Expositionsklassen zugeordnet sind. Wie später in der Praxis in Zweifelsfällen entschieden wird, ist im Moment noch nicht abzusehen.

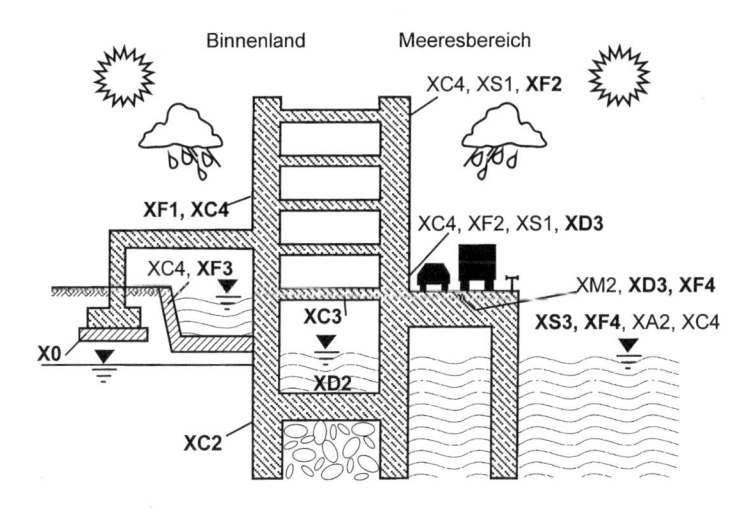

**Bild 2.3:** Anwendungsbeispiele der Expositionsklassen [Grube – 01]

### 2.4.3 Klassen für Frischbeton

Die Klassen für Frischbeton werden in der DIN EN 206-1, 4.2 nach dem eingesetzten Frischbetonprüfverfahren unterteilt. Folgende Klassen werden unterschieden:

- Ausbreitmaßklassen, F1 (steif) bis F6 (sehr fließfähig)
- Verdichtungsmaßklassen, C0 (sehr steif) bis C3 (weich)
- Setzmaß-Klassen (Slump), S1 bis S5
- Setzzeitklassen (Vébé), V0 bis V4

Das bevorzugte Prüfverfahren in Deutschland wird auch in Zukunft die Prüfung des Ausbreitmaßes für plastische bis sehr fließfähige Betone sein. Für sehr steife Betone kommt weiterhin das Verdichtungsmaß zu Anwendung.

In der Tabelle 2.4 sind die Ausbreitmaßklassen der DIN EN 206-1 vergleichend zu den Konsistenzbereichen der DIN 1045–88 dargestellt. Es ist zu erkennen, dass sich die Grenzwerte für die einzelnen Klassen kaum geändert haben. Allerdings gibt es neue Bezeichnungen und die Ausbreitmaßklassen wurden von steifen bis zu sehr fließfähigen Betonen erweitert. Besonders fließfähige Betone können in die Klasse F6 eingeordnet werden. Bei Ausbreitmaßen von über 700 mm ist die DAfStb-Richtlinie „Selbstverdichtender Beton" (in Vorbereitung) [Ri 8 – 01] zu beachten. Bis zu ihrer Einführung bedarf es einer allgemeinen bauaufsichtlichen Zulassung oder einer Zustimmung im Einzelfall.

**Tabelle 2.4:** Ausbreitmaßklassen im Vergleich

| Ausbreitmaß in mm | DIN EN 206-1–01 | | DIN 1045–88 | |
|---|---|---|---|---|
| | Klasse | Konsistenzbezeichnung | Kurzzeichen | Bedeutung |
| ≤ 340 | F1 | steif | - | - |
| 350 bis 410 | F2 | plastisch | KP | plastisch |
| 420 bis 480 | F3 | weich | KR | weich |
| 490 bis 550 | F4 | sehr weich | ~ KF | fließfähig |
| 560 bis 620 | F5 | fließfähig | | |
| ≥630 | F6 | sehr fließfähig | - | - |

Bei den neuen Verdichtungsmaßklassen verhält es sich ähnlich. Hier wurden allerdings neue Grenzwerte der einzelnen Klassen festgelegt, so dass eine einfache Gegenüberstellung der Konsistenzbereiche mit der DIN 1045–88 nicht möglich ist. Die neuen Verdichtungsmaßklassen wurden in den Bereich der sehr weichen Betone ausgedehnt. Der eigentliche Anwendungsbereich liegt aber immer noch bei den steifen Betonen. Bild 2.4 gibt einen Überblick der Verdichtungsmaßklassen im Vergleich zu den Konsistenzklassen nach DIN 1045–88.

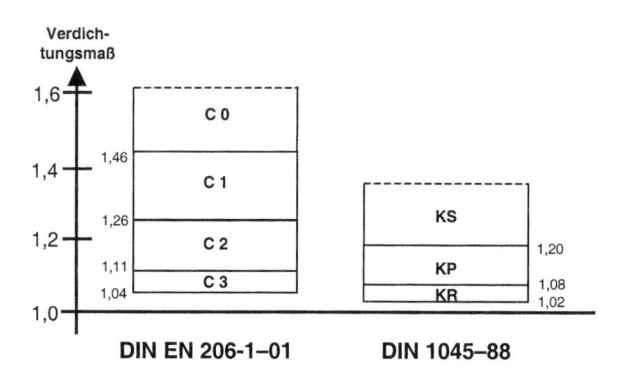

**Bild 2.4:** Verdichtungsmaßklassen im Vergleich

## 2.4.4 Klassen für Festbeton

*2.4.4.1 Rohdichteklassen*

Grundsätzlich werden die Klassen für den Festbeton nach der Rohdichte unterschieden. Die Tabelle 2.5 gibt die unterschiedlichen Betonarten in Abhängigkeit der Rohdichte an.

**Tabelle 2.5:** Einteilung des Betons in Abhängigkeit der Rohdichte (DIN EN 206-1)

| Betonart | Rohdichte in kg/dm³ | beispielhafte Gesteinskörnungen |
|---|---|---|
| Leichtbeton | 0,8 bis 2,0 | Blähschiefer, Blähton, Hüttenbims, Naturbims |
| (Normal)-Beton[1] | > 2,0 bis 2,6 | Sand, Kies, Splitt, Hochofenschlacke |
| Schwerbeton | >2,6 | Eisenerz, Eisengranulat, Schwerspat |

[1] Wenn keine Verwechselungen mit Schwer- oder Leichtbeton möglich sind, wird Normalbeton als „Beton" bezeichnet.

*2.4.4.2 Festigkeitsklassen für Normal- und Schwerbeton*

Die Einteilung des Betons in Festigkeitsklassen wird in der neuen Norm an zwei Prüfgrößen geknüpft. Für die Klassifizierung nach DIN EN 206-1 darf die charakteristische Festigkeit von Zylindern (l = 300 mm, d = 150 mm) nach 28 Tagen ($f_{ck,cyl}$) oder die charakteristische Festigkeit von Würfeln mit einer Kantenlänge von 150 mm ebenfalls nach 28 Tagen ($f_{ck,cube}$) verwendet werden. Die charakteristischen Werte nach DIN EN 206-1 beziehen sich auf eine Wasserlagerung von 28 Tagen.

Wenn nichts anderes vereinbart ist, wird in Deutschland die Druckfestigkeit an Probewürfeln mit einer Kantenlänge von 150 mm ermittelt. Da die neue Prüfnorm für die Druckfestigkeit zur DIN EN 206-1 noch nicht verabschiedet ist, wird nach DIN 1045-2 (Abschnitt 5.5.1.2) die Prüfung an Probewürfeln unter den Lagerungsbedingungen nach DIN 1048-5 durchgeführt. Dies bedeutet eine Wasserlagerung von 7 Tagen mit einer anschließenden Lagerung von 21

# Betontechnologische Grundlagen und Bauausführung (DIN 1045 Teile 2 und 3)

Tagen ($f_{ck,dry}$) im Normalklima bei 20°C / 65 % rel. Feuchte. Die Festigkeiten sind dann nach den Anforderungen der DIN EN 206-1 umzurechnen. Hieraus ergibt sich, dass die Festigkeitsklassen nach der alten und neuen Norm nicht direkt vergleichbar sind.
In der Tabelle 2.6 sind die Festigkeitsklassen für Normal- und Schwerbeton nach DIN EN 206-1 dargestellt. Der Bemessungswert $f_{ck}$ bezieht sich auf die 5%-Fraktile der Grundgesamtheit der zu erwartenden Festigkeiten im Bauwerk.

**Tabelle 2.6:** Festigkeitsklassen für Normal- und Schwerbeton (DIN EN 206-1, 4.3.1)

| Festigkeitsklasse | charakteristische Mindestdruckfestigkeit von Zylindern $f_{ck,cyl}$ in N/mm² | charakteristische Mindestdruckfestigkeit von Würfeln $f_{ck,cube}$ in N/mm² |
|---|---|---|
| C8/10 | 8 | 10 |
| C12/15 | 12 | 15 |
| C16/20 | 16 | 20 |
| C20/25 | 20 | 25 |
| C25/30 | 25 | 30 |
| C30/37 | 30 | 37 |
| C35/45 | 35 | 45 |
| C40/50 | 40 | 50 |
| C45/55 | 45 | 55 |
| C50/60 | 50 | 60 |
| C55/67 | 55 | 67 |
| C60/75 | 60 | 75 |
| C70/85 | 70 | 85 |
| C80/95 | 80 | 95 |
| C90/105 | 90 | 105 |
| C100/115 | 100 | 115 |

Die Festigkeitsklassen C 55/67 bis C 100/115 sind dem hochfesten Beton vorbehalten. Die zwei höchsten Festigkeitsklassen dürfen nur mit Zustimmung der Bauaufsicht verwendet werden. Diese Regelung entspricht der DAfStb-Richtlinie für hochfesten Beton [Ri 2 – 95]. Die Bestimmungen dieser Richtlinie sind in die DIN EN 206-1 eingeflossen. Für hochfeste Betone werden zusätzliche Maßnahmen zur Sicherung der Qualität gefordert (vgl. Abschnitt 2.11).

### 2.4.4.3 Anwendung der Festigkeitsklassen

Da die DIN EN 206-1 abweichende Regelungen zur Probekörpergröße und Lagerung gegenüber der DIN 1045 angibt, werden zur Umrechnung Faktoren festgesetzt. Für die Umrechnung können die Umrechnungsbeiwerte aus Tabelle 2.7 verwendet werden. Bei der Umrechnung der Lagerungsbedingungen spielen zwei Faktoren eine Rolle. Eine verlängerte Wasserlagerung führt zu einem höheren Hydratationsgrad. Durch das permanent gute Angebot an Wasser kann die Hydratation des Zementsteins unter optimalen Bedingungen ablaufen, wodurch die Druckfestigkeit erhöht wird. Festigkeitsmindernd wirkt sich die nahezu vollständige Wassersättigung der Probekörper nach DIN EN 206-1 aus, da die Bruchflächen leichter gegeneinander abgleiten können.

**Tabelle 2.7:** Umrechnungsfaktoren für Betondruckfestigkeiten

| Lagerungsbedingungen | Prüfkörpergröße | Festigkeitsklassen nach DIN 1045–88 und DIN EN 206–01 |
|---|---|---|
| Normalbeton ≤ C50/60<br>$f_{c,cube} = 0{,}92 \cdot f_{c,dry}$ | $f_{c,dry\,(150\,mm)} = 0{,}97 \cdot f_{c,dry\,(100\,mm)}$ | Normalbeton ≤ C50/60<br>$f_{ck,EN} = 0{,}97 \cdot f_{ck,DIN}$ |
| hochfester Normalbeton<br>≥ C55/67<br>$f_{c,cube} = 0{,}95 \cdot f_{c,dry}$ | $f_{c,dry\,(150\,mm)} = 1{,}05 \cdot f_{c,dry\,(200\,mm)}$ | hochfester Normalbeton<br>≥ C55/67<br>$f_{ck,EN} = 1{,}00 \cdot f_{ck,DIN}$ |

Für die Praxis stellt sich die Frage, inwieweit die neuen und die alten Festigkeitsklassen miteinander vergleichbar sind. Die Tabelle 2.8 gibt hierüber einen Überblick. Es ist zu erkennen, dass die alten Festigkeitsklassen in etwa den neuen Klassen nach DIN EN 206-1 zugeordnet werden können.

**Tabelle 2.8:** Gegenüberstellung Festigkeitsklassen DIN EN 206-1–01 und DIN 1045–88

| DIN EN 206–01 | | | | DIN 1045–88 | |
|---|---|---|---|---|---|
| Festigkeits-klasse | $f_{ck,cube}$ | $f_{ck,cyl}$ | Umrechnung in $\beta_{WN200}$ | $\beta_{WN200}$ | Festigkeits-klasse |
| - | N/mm² | N/mm² | N/mm² | N/mm² | - |
| C 8/10 | 10 | 8 | 10,3 | | |
| C 12/15 | 15 | 12 | 15,5 | 15 | B 15 |
| C 16/20 | 20 | 16 | 20,6 | | |
| C 20/25 | 25 | 20 | 25,8 | 25 | B 25 (innen) |
| C 25/30 | 30 | 25 | 30,9 | (32) | B 25 (außen) |
| C 30/37 | 37 | 30 | 38,1 | 35 | B 35 |
| C 35/45 | 45 | 35 | 46,4 | 45 | B 45 |
| C 40/50 | 50 | 40 | 51,5 | | |
| C 45/55 | 55 | 45 | 56,7 | 55 | B 55 |
| C 50/60 | 60 | 50 | 61,9 | | |
| C 55/67 | 67 | 55 | 69,0 | | |

Die Druckfestigkeitsklasse, die Klassenbezeichnung für die Konsistenz, die maßgebenden Expositionsklassen und ggf. die Rohdichteklasse für Leichtbeton ergeben zusammen eine genaue Festlegung des Betons, der damit in seinen wesentlichen Eigenschaften definiert ist.

Im Folgendem soll ein Beispiel für die Bezeichnung eines Betons gegeben werden, der für eine Verkehrsfläche mit Taumitteleinsatz verwendet werden soll:

C 30/37 F4 XC4, XM1, XF4

Dabei bedeuten:

C  Concrete

30/37  Druckfestigkeit in N/mm² (geprüft am Zylinder/Würfel), entspricht in etwa einem B35 nach DIN 1045–88

F4  Ausbreitmaß 490 bis 550 mm (entspricht KF nach DIN 1045–88)

XC4  Außenbauteil, wechselnd feucht und trocken

XM4  mäßige Verschleißbeanspruchung durch luftbereiften Fahrzeugverkehr

XF4  Frostangriff mit Taumittel und hoher Wassersättigung

# Betontechnologische Grundlagen und Bauausführung (DIN 1045 Teile 2 und 3)

### 2.4.4.4 Rohdichteklassen für Leichtbeton

Leichtbeton wird nach der Rohdichte eingeteilt. Die Tabelle 2.9 gibt hierfür die Klasseneinteilung und die festgesetzten Grenzwerte an.

**Tabelle 2.9:** Klasseneinteilung von Leichtbeton nach der Rohdichte (DIN EN 206-1, 4.3.2)

| Rohdichteklasse | D1,0 | D1,2 | D1,4 | D1,6 | D1,8 | D2,0 |
|---|---|---|---|---|---|---|
| Rohdichtebereich in kg/m³ | ≥ 800 und ≤ 1000 | > 1000 und ≤ 1200 | > 1200 und ≤ 1400 | > 1400 und ≤ 1600 | > 1600 und ≤ 1800 | > 1800 und ≤ 2000 |

### 2.4.4.5 Druckfestigkeitsklassen für Leichtbeton

Im Gegensatz zur alten DIN 1045 werden in der DIN EN 206-1 auch Festigkeitsklassen für Leichtbeton angeben (vgl. Tabelle 2.10). Die Klassen LC55/60 bis LC80/88 sind dem hochfesten Leichtbeton vorbehalten und bedürfen besonderer Regelungen. Die beiden höchsten Klassen dürfen nur mit Zustimmung der Bauaufsicht eingesetzt werden.

**Tabelle 2.10:** Druckfestigkeitsklassen für Leichtbeton (DIN EN 206-1, Tab. 8)

| Festigkeitsklasse | charakteristische Mindestdruckfestigkeit von Zylindern $f_{ck,cyl}$ in N/mm² | charakteristische Mindestdruckfestigkeit von Würfeln $f_{ck,cube}$ in N/mm² |
|---|---|---|
| LC8/9 | 8 | 9 |
| LC12/13 | 12 | 13 |
| LC16/18 | 16 | 18 |
| LC20/22 | 20 | 22 |
| LC25/28 | 25 | 28 |
| LC30/33 | 30 | 33 |
| LC35/38 | 35 | 38 |
| LC40/44 | 40 | 44 |
| LC45/50 | 45 | 50 |
| LC50/55 | 50 | 55 |
| LC55/60 | 55 | 60 |
| LC60/66 | 60 | 66 |
| LC70/77 | 70 | 77 |
| LC80/88 | 80 | 88 |

## 2.5 Ausgangsstoffe

### 2.5.1 Zement

Als allgemein geeignet zur Herstellung von Beton gelten Zemente nach DIN EN 197-1 und Sonderzemente nach DIN 1164. Die Tabelle 2.11 gibt einen Überblick über die in der DIN EN 197-1 aufgeführten Normalzemente. Diese Norm legt Anforderungen fest, die Zemente vor dem Verkauf erfüllen müssen. Die Hauptzementarten CEM IV und CEM V sind zwar in der aktuellen Norm aufgeführt, werden in Deutschland bislang aber nicht hergestellt und verwendet.

Für Zemente mit den Sondereigenschaften NW (niedrige Hydratationswärme) und HS (hoher Sulfatwiderstand) sind europäische Normen in Vorbereitung. Für Zemente mit niedrig wirksamen Alkaligehalt (NA) ist hingegen noch keine europäische Norm geplant. Daher sind diese Sonderzemente nach wie vor in der DIN 1164 im Hinblick auf Zusammensetzung, Anforderungen und Konformität festgelegt.

**Tabelle 2.11:** Zementarten nach DIN EN 197-1 und DIN 1164

| Hauptzementarten | Bezeichnung der 27 Produkte (Normalzementarten) | |
|---|---|---|
| CEM I (Portlandzement) | Portlandzement | CEM I |
| CEM II (Portlandkompositzement) | Portlandhüttenzement | CEM II/A-S |
| | | CEM II/B-S |
| | Portlandsilicastaubzement | CEM II/A-D |
| | Portlandpuzzolanzement | CEM II/A-P |
| | | CEM II/B-P |
| | | CEM II/A-Q |
| | | CEM II/B-Q |
| | Portlandflugaschezement | CEM II/A-V |
| | | CEM II/B-V |
| | | CEM II/A-W |
| | | CEM II/B-W |
| | Portlandschieferzement | CEM II/A-T |
| | | CEM II/B-T |
| | Portlandkalksteinzement | CEM II/A-L |
| | | CEM II/B-L |
| | | CEM II/A-LL |
| | | CEM II/B-LL |
| | Portlandkompositzement | CEM II/A-M |
| | | CEM II/B-M |
| CEM III (Hochofenzement) | Hochofenzement | CEM III/A |
| | | CEM III/B |
| | | CEM III/C |
| CEM IV (Puzzolanzement) | Puzzolanzement | CEM IV/A |
| | | CEM IV/B |
| CEM V (Kompositzement) | Kompositzement | CEM V/A |
| | | CEM V/B |

| | | | | | | |
|---|---|---|---|---|---|---|
| A | hoher Portlandzementklinkeranteil | L | Kalkstein | D | Silicastaub | |
| B | geringer Portlandzementklinkeranteil | LL | Kalkstein (mit bes. Anforderungen) | P | Puzzolane (natürlich) | |
| S | Hüttensand | V | Flugasche (kieselsäurereich) | Q | Puzzolane (natürlich getempert) | |
| T | Gebrannter Schiefer | W | Flugasche (kalkreich) | | | |

### 2.5.2 Gesteinskörnung

Mit der Einführung der neuen Norm DIN 4226 „Gesteinskörnungen für Beton und Mörtel" löst der Begriff „Gesteinskörnung" die bisherigen Begriffe „Zuschlag" und „Mineralstoffe" ab. Er ist die deutsche Übersetzung des englischen Begriffs „aggregate". Das Inkrafttreten soll zeitgleich mit der DIN EN 206-1 wahrscheinlich Anfang 2002 geschehen.

Die neue Norm wird aus drei Teilen bestehen:

Teil 1:   Normale und schwere Gesteinskörnungen

Teil 2:   Leichte Gesteinskörnungen

Teil 100: Rezyklierte Gesteinskörnungen

Die Tabelle 2.12 gibt einen Überblick über die wichtigsten Begriffe und Definitionen der neuen Norm.

**Tabelle 2.12:** Definitionen und Begriffe der DIN 4226

| Bezeichnung | Erklärung |
|---|---|
| Korngruppe | Korngruppen werden durch 2 Begrenzungssiebe definiert. "D" als obere Grenze und „d" als untere Grenze |
| Feine Gesteinskörnung | Gesteinskörnung mit einem Korngrößenbereich von $D \leq 4$ mm und $d = 0$, z. B. 0/1, 0/2, 0/4 |
| Grobe Gesteinskörnung | Gesteinskörnung mit einem Korngrößenbereich von $D \geq 4$ mm und $d \geq 2$ mm, z. B. enggestuft (2/8, 8/16, 16/32) oder weitgestuft (4/32) |
| Korngemisch | Gemisch aus feiner und grober Gesteinskörnung, $D \leq 45$ mm und $d = 0$ z. B. 0/32 |
| Feinanteil | Anteil einer Gesteinskörnung, der durch das 0,063 mm-Sieb hindurchgeht. |

D   Siebweite des oberen Begrenzungssiebes der Korngruppe in mm
d   Siebweite des unteren Begrenzungssiebes der Korngruppe in mm

## 2.5.3 Zugabewasser

Bis zum Vorliegen europäischer Normen gilt Zugabewasser als geeignet, welches folgende Bedingungen erfüllt:

Trinkwasser sowie im Allgemeinen in der Natur vorkommendes Wasser, soweit es nicht Bestandteile enthält, die das Erhärten oder andere Eigenschaften des Betons negativ beeinflussen. Im Zweifelsfall ist die Eignung des Wassers vor der Betonherstellung zu untersuchen.

Als geeignet gilt auch Wasser nach der DAfStb-Richtlinie für die Herstellung von Beton unter Verwendung von Restwasser, Restbeton und Restmörtel [Ri 5 – 95].

## 2.5.4 Betonzusatzmittel

Bis zum Vorliegen einer europäischen Norm gelten in Deutschland Betonzusatzmittel als geeignet, die eine bauaufsichtliche Zulassung besitzen.

## 2.5.5 Betonzusatzstoffe

Nach DIN EN 206-1 werden zwei große Gruppen unterschieden:

Typ I   Inerte Stoffe, reagieren nicht mit Wasser oder Zement (Gesteinsmehle, Pigmente)

Typ II  Puzzolanische oder latent hydraulische Stoffe, reaktionsfähig, liefern einen gewissen Beitrag zur Betonerhärtung (Flugasche, Silikastaub)

Die Eignung des Typs I als Zusatzstoff ist gegeben für Gesteinsmehl nach DIN 4226-1, für Pigmente nach DIN EN 12878 und für Zusatzstoffe mit allgemeiner bauaufsichtlicher Zulassung. Der Typ II kann eingesetzt werden, wenn Flugasche nach DIN EN 450, Trass nach DIN 51043 oder wenn eine allgemeine bauaufsichtliche Zulassung für einen Zusatzstoff des Typs II besteht.

## 2.6 Betonzusammensetzung

### 2.6.1 Allgemeines

Die DIN EN 206-1 unterscheidet zwischen den Grundanforderungen an die Betonzusammensetzung und den Anforderungen in Abhängigkeit der Expositionsklasse (vgl. Abschnitt 2.6.7). Zu den Grundanforderungen zählen:

- Wahl des Zements
- Verwendung von Gesteinskörnungen
- Verwendung von Zusatzstoffen und Zusatzmitteln
- Chloridgehalt
- Betontemperatur

Die Anforderungen für die Zusammensetzung des Betons in Abhängigkeit der Expositionsklasse sind konkret auf die Betonzusammensetzung bezogen. Folgende Angaben müssen festgelegt werden:

- zulässige Arten und Klassen von Ausgangsstoffen
- maximaler Wasserzementwert
- Mindestzementgehalt
- Mindestdruckfestigkeitsklasse des Betons
- ggf. Mindestluftgehalt des Betons

### 2.6.2 Zement

Die Auswahl des Zements soll folgende Punkte berücksichtigen:

- Ausführung der Arbeiten
- Endverwendung des Betons
- Nachbehandlungsbedingungen
- Maße des Bauwerkes (Hydratationswärmeentwicklung)
- Umgebungsbedingungen (Expositionsklassen)
- mögliche Reaktivität der Gesteinskörnung

### 2.6.3 Gesteinskörnungen

Bei der Auswahl der Gesteinskörnung muss auf die Ausführung der Arbeiten, die Endverwendung des Betons, die Umgebungstemperaturen und auf ggf. an der Betonoberfläche freiliegende Gesteinskörnungsanteile geachtet werden. Weiterhin gibt es Anforderungen hinsichtlich folgender Punkte:

- Kornzusammensetzung:
  Die Übereinstimmung der Kornzusammensetzung der Gesteinskörnungen mit den Sieblinien wird in den neuen Normen nicht mehr verbindlich vorgeschrieben. Die Sieblinien sind jedoch informativ im Anhang der DIN 1045-2 angegeben. Das Nennmaß des Größtkorns ($D_{max}$) ist unter Berücksichtigung der Betondeckung und der kleinsten Querschnittsmaße auszuwählen.

# Betontechnologische Grundlagen und Bauausführung (DIN 1045 Teile 2 und 3)

- Natürlich zusammengesetzte Gesteinskörnungen:
  Natürlich zusammengesetzte Gesteinskörnungen dürfen nur für Beton der Druckfestigkeitsklasse ≤ C12/15 eingesetzt werden.

- Wiedergewonnene Gesteinskörnungen:
  Aus Restwasser oder Frischbeton wiedergewonnene Gesteinskörnung darf für Beton verwendet werden. Nicht getrennt wiedergewonnene Gesteinskörnung darf mit höchstens 5 % der Gesamtmenge der Gesteinskörnung zugefügt werden. In Deutschland muss zusätzlich die DAfStb-Richtlinie für die Herstellung von Beton unter Verwendung von Restwasser, Restbeton und Restmörtel beachtet werden [Ri 5 – 95].

- Widerstand gegen Alkali-Kieselsäure-Reaktion (AKR):
  Enthält die Gesteinskörnung Arten von Kieselsäure, die empfindlich auf den Angriff von Alkalien reagieren, sind Vorsichtsmaßnahmen zu treffen. Für die Beurteilung und Verwendung der Gesteinskörnung sind Maßnahmen nach der DAfStb-Richtlinie Alkalireaktion im Beton zu verwenden [Ri 4 – 97].

- Rezyklierte Gesteinskörnungen:
  Bei der Verwendung von rezyklierten Gesteinskörnungen ist die DAfStb-Richtlinie Beton mit rezykliertem Zuschlag zu beachten [Ri 3 – 98].

- Leichte Gesteinskörnungen:
  Für die Herstellung von Leichtbeton können als leichte Gesteinskörnungen Blähton und Blähschiefer nach DIN 4226-2 verwendet werden.

## 2.6.4 Zusatzstoffe

Zusatzstoffe des Typs I und des Typs II müssen im Beton in gleicher Menge wie bei den Erstprüfungen verwendet werden. Für den Typ II bestehen zusätzlich folgende Anrechnungsmöglichkeiten:

- auf den Zementgehalt

- auf den Wasserzementwert

- k-Wert-Ansatz für Flugasche und Silikastaub zulässig, der Begriff Wasserzementwert wird durch äquivalenten Wasserzementwert ersetzt

Bei Frost- und Tausalzeinwirkung (Expositionsklassen XF2 und XF4) ist eine Anrechung von Flugasche und Silikastaub nicht erlaubt. Die Zugabe ist aber ohne Anrechnung möglich.

## 2.6.5 Mehlkorngehalt

Der Mehlkorngehalt ist begrenzt. Die Grenzwerte sind in der Tabelle 2.13 in Abhängigkeit der Festigkeitsklasse und der Expositionsklasse angegeben. Für hochfeste Betone sind höhere Mehlkorngehalte zulässig.

**Tabelle 2.13:** Zulässige Mehlkorngehalte (DIN 1045-2, F4.1 und F4.2)

| Beton mit einem Größtkorn der Gesteinskörnung von 16 mm bis 63 mm bis Betonfestigkeitsklassen C50/60 und LC50/55 bei den Expositionsklassen XF und XM ||
|---|---|
| Zementgehalt kg/m³ | Höchstzulässiger Mehlkorngehalt kg/m³ |
| ≤ 300 | 400 |
| ≥ 350 | 450 |
| Beton mit einem Größtkorn der Gesteinskörnung von 16 mm bis 63 mm ab den Betonfestigkeitsklassen C55/67 und LC55/60 bei allen Expositionsklassen ||
| Zementgehalt kg/m³ | Höchstzulässiger Mehlkorngehalt kg/m³ |
| ≤ 400 | 500 |
| 450 | 550 |
| ≥ 500 | 600 |

### 2.6.6 Zusatzmittel

Die maßgebenden Anforderungen an die Verwendung von Zusatzmitteln sind in der Tabelle 2.14 angegeben:

**Tabelle 2.14:** Anforderungen beim Einsatz von Zusatzmitteln

| Zugabemengen |
|---|
| ≥ 2 g/kg Zement |
| (*Ausnahme*: bei Auflösung in einem Teil des Zugabewassers) |
| ≤ 50 g/kg Zement (zusätzlich: empfohlene Höchstdosierung des Zusatzmittelherstellers nicht überschreiten) |
| *sonst*: Nachweis der Leistungsfähigkeit und Dauerhaftigkeit |
| ≤ 60 g/kg Zement    Höchstmenge an Zusatzmittel für Normalbeton |
| ≤ 70 g/kg Zement    verflüssigende Zusatzmittel bei hochfestem Beton |
| ≤ 80 g/kg Zement    für die Höchstmenge an Zusatzmittel bei hochfestem Beton |
| **Anrechnung auf w/z-Wert** |
| ⇒ für flüssige Zusatzmittel mit > 3 l/m³ Beton |
| **Konsistenzklassen** |
| Beton mit einer Konsistenzklasse ≥ F4 (bzw. ≥ S4, V4) |
| ⇒ Herstellung mit Fließmittel |

## 2.6.7 Anforderungen an den Beton in Abhängigkeit der Expositionsklassen

Die Anforderungen der DIN EN 206-1 und der DIN 1045-2 sind in der Tabelle 2.15 in Abhängigkeit der Expositionsklasse zusammengestellt.

**Tabelle 2.15:** Expositionsklassen (Umwelteinwirkungen, „Angriffe") und betontechnische Maßnahmen („Widerstände") [Grube – 01]

| Expositionsklassen (Umwelteinwirkungen, „Angriffe") | | | Betontechnische Maßnahmen („Widerstände") | | | |
|---|---|---|---|---|---|---|
| Klassenbezeichnung | | Einwirkung und Beanspruchung | Max. w/z | | Min. z | mind. Festigkeitsklasse |
| X0 | | kein Betonangriff | keine Anforderung | | keine Anforderung | C8/10 |
| | | **kein Angriff** | | | | |
| XC | 1 | trocken | 0,75 | | 240 | C16/20 |
| | 2 | ständig nass | 0,75 | | 240 | C16/20 |
| | 3 | mäßig feucht | 0,65 | | 260 | C20/25 |
| | 4 | **Carbonatisierung** nass/ trocken | 0,60 | | 280 | C25/30 |
| XD/XS | 1 | mäßig feucht | 0,55 | | 300 | C30/37 |
| | 2 | ständig nass | 0,50 | | 320 | C35/45 |
| | 3 | **Chlorid** nass/ trocken | 0,45 | | 320 | C35/45 |
| XF | 1 | mäßige Wassersättigung; o. T. | 0,60 | | 280 | C25/30 |
| | 2 | mäßige Wassersättigung; m. T. | 0,55 | +LP | 300 | C25/30 |
| | | | 0,50 | | 320 | C35/45 |
| | 3 | hohe Wassersättigung; o. T. | 0,55 | +LP | 300 | C25/30 |
| | | | 0,50 | | 320 | C35/45 |
| | 4 | **Frost ± Salz** hohe Wassersättigung; m. T. | 0,50 | +LP | 320 | C30/37 |
| XA | 1 | schwach angreifend | 0,60 | | 280 | C25/30 |
| | 2 | mäßig angreifend | 0,50 | | 320 | C35/45 |
| | 3 | **Chem. Angriff** stark angreifend | 0,45 | | 320 | C35/45 |
| XM | 1 | mäßiger Verschleiß | 0,55 | | 300 | C30/37 |
| | 2 | starker Verschleiß | 0,45 | | 320 | C35/45 |
| | 3 | **Verschleiß** sehr starker Verschleiß | 0,45 | | 320 | C35/45 |

Abkürzungen: m. = mit; o. = ohne; T= Tausalz

### Zemente:

Auch für die Normalzemente nach DIN EN 197-1 und DIN 1164 werden Anwendungsbereiche angegeben. Im Anhang F 3.1 und F 3.2 der DIN 1045-2 wird die Eignung jedes Normalzements in Abhängigkeit der Expositionsklasse beschrieben. Dies ist bei der Festlegung der Rezeptur zu beachten.

**Betondeckung:**

Im Hinblick auf Korrosionsschutz, Verbundsicherung und Brandschutz muss die geforderte Mindestbetondeckung nach DIN 1045-1 (vgl. Tabelle 2.16) einschließlich des Vorhaltemaßes mit ausreichender Zuverlässigkeit eingehalten werden.

**Tabelle 2.16:** Mindestbetondeckung $c_{min}$ nach DIN 1045-1, Tab. 4 in mm

| | | Durch Carbonatisierung verursachte Korrosion | | | Durch Chloride verursachte Korrosion |
|---|---|---|---|---|---|
| Expositionsklasse | | XC1 | XC2/XC3 | XC4 | XD1, XD2, XD3 XS1, XS2, XS3 |
| Mindestbetondeckung in mm | Betonstahl | 10 | 20 | 25 | 40 |
| | Spannstahl | 20 | 30 | 35 | 50 |

**Leistungsbezogene Entwurfsverfahren:**

Die auf die Expositionsklassen bezogenen Anforderungen dürfen durch leistungsbezogene Entwurfsprüfverfahren für die Dauerhaftigkeit nachgewiesen werden. In Deutschland dürfen sie aber nur im Zusammenhang mit allgemeinen bauaufsichtlichen Zulassungen oder Europäischen Technischen Zulassungen angewendet werden. Dies liegt daran, dass noch nicht für alle Dauerhaftigkeitsfragen genormte und technisch einwandfreie Prüfverfahren zur Verfügung stehen.

In der DIN 1045-2 werden weitergehende Anforderungen für Unterwasserbeton, Beton beim Umgang mit wassergefährdenden Stoffen, Beton für hohe Gebrauchstemperaturen, hochfesten Beton und für Zementmörtel für Fugen angegeben.

Eine Prüfung der Wassereindringtiefe ist nach der neuen Norm nicht mehr vorgesehen. Bei der Einhaltung gewisser Grenzwerte (Bauteildicke ≥ 0,4 m ⇒ w/z ≤ 0,7; Bauteildicke ≤ 0,4 m ⇒ w/z ≤ 0,6; Mindestzementgehalt 280 kg/m³; Mindestfestigkeitsklasse C25/30) spricht man von Beton mit einem hohen Wassereindringwiderstand.

## 2.7 Anforderungen an den Beton

### 2.7.1 Frischbeton

**Konsistenz:**

Die Konsistenz für Beton ist als Setzmaß, Setzzeitmaß (Vébé), Verdichtungsmaß oder als Ausbreitmaß zu ermitteln. Das Ausbreitmaß ist das bevorzugte Prüfverfahren in Deutschland. Die zulässigen Abweichungen von der geforderten Konsistenz sind in der Tabelle 2.17 dargestellt. Ist die Konsistenz zu bestimmen, muss dies zum Zeitpunkt der Verwendung des Betons oder – bei Transportbeton – zum Zeitpunkt der Lieferung geschehen. Bei der Übergabe des Betons kann der Zielbereich der Konsistenz nicht getroffen werden, der Beton aber trotzdem normgerecht sein.

**Tabelle 2.17:** Zulässige Abweichungen für Zielwerte der Konsistenz (DIN EN 206-1, 5.4.1)

| | Setzmaß | | |
|---|---|---|---|
| Bereich der Zielwerte in mm | ≤ 40 | 50 bis 90 | ≥ 100 |
| Abweichung in mm | ± 10 | ± 20 | ± 30 |
| | Setzzeitmaß (Vébé) | | |
| Bereich der Zielwerte in s | ≥ 1,26 | 10 bis 6 | ≤ 5 |
| Abweichung in s | ± 3 | ± 2 | ± 1 |
| | Verdichtungsmaß (Grad der Verdichtbarkeit) | | |
| Bereich der Zielwerte (Grad der Verdichtbarkeit) | ≥ 1,26 | 1,25 bis 1,11 | ≤ 1,10 |
| Abweichung (Grad der Verdichtbarkeit) | ± 0,10 | ± 0,08 | ± 0,05 |
| | Ausbreitmaß | | |
| Bereich der Zielwerte in mm | alle Werte | | |
| Abweichung in mm | ± 30 | | |

**Zementgehalt und Wasserzementwert:**

Kein Einzelwert der ermittelten Wasserzementwerte darf den geforderten Grenzwert um mehr als 0,02 überschreiten. Wird die Ermittlung des Zementgehalts, des Zusatzstoffgehalts oder des Wasserzementwerts des Frischbetons durch Prüfung gefordert, so sind die Prüfverfahren und die Grenzwerte unter den Vertragspartnern abzustimmen.

**Luftgehalt:**

Der Luftgehalt ist als Mindestwert festgelegt. Als oberer Grenzwert gilt der festgelegte Luftgehalt plus 4 % absolut.

### 2.7.2 Festbeton

Die an den Festbeton gestellten Arten der Anforderungen sind im Folgenden zusammen gestellt:

- Festigkeit (Druckfestigkeit, Spaltzugfestigkeit)
- Rohdichte
- Wassereindringwiderstand
- Verschleißwiderstand

Die Prüfverfahren zu den Anforderungen werden in der DIN EN 12390 geregelt.

## 2.8 Festlegung des Betons

### 2.8.1 Allgemeines

Die Verantwortungsbereiche für die Festlegung des Betons sind strikt von einander abgegrenzt. Man unterscheidet zwischen dem Verfasser der Festlegung, dem Hersteller und dem Verwender des Betons. Der Verfasser der Festlegung ist dafür verantwortlich, dass dem Hersteller alle relevanten Eigenschaften des Betons übermittelt werden. Dazu gehören nicht nur Frisch- und Festbetoneigenschaften, sondern auch Anforderungen hinsichtlich Transport, Einbringen, Verdichtung, Nachbehandlung, usw. Der Austausch von Informationen ist maßgebend für das Gelingen der Bauaufgabe und auch von der Norm vorgeschrieben.

DIN 206-1 und DIN 1045-2 unterscheiden weiterhin die Betone in Standardbeton, Beton nach Eigenschaften und Beton nach Zusammensetzung. Diese Unterteilung bezieht sich auf die Art der Festlegung der Mischungszusammensetzung. Der Verfasser der Festlegung hat die Möglichkeit einen Standardbeton auszuwählen, die Eigenschaften des Betons oder die genaue Mischungszusammensetzung vorzugeben. Folgende Grundsätze sollten bei der Festlegung beachtet werden:

- Anwendung des Frisch- und Festbetons
- Nachbehandlungsbedingungen
- Abmessungen des Bauwerks (Wärmeentwicklung)
- Einwirkungen der Umgebung
- ggf. zusätzliche Anforderungen an die Gesteinskörnung aus der Lage im Bauwerk, der Betondeckung und den Mindestquerschnittsmaßen

### 2.8.2 Festlegung für Beton nach Eigenschaften

Beton nach Eigenschaften bezeichnet eine Gruppe von Betonen, für den die geforderten Eigenschaften und zusätzlichen Anforderungen dem Hersteller gegenüber festgelegt sind. Der Hersteller ist damit verantwortlich, dass der Beton im erhärteten Zustand die geforderten Eigenschaften erfüllt. Folgende Festlegungen müssen angegeben werden:

- Anforderung an Übereinstimmung nach DIN EN 206-1
- Druckfestigkeitsklasse
- Expositionsklasse
- Nennwert des Größtkorns der Gesteinskörnung
- Klasse des Chloridgehalts
- ggf. zusätzliche Anforderungen nach DIN EN 206-1, 6.2.3
  – Wassereindringwiderstand
  – Abriebwiderstand
  – verzögertes Ansteifen, usw.

### 2.8.3 Festlegung für Beton nach Zusammensetzung

Unter dieser Bezeichnung werden Betone zusammengefasst, für die die Zusammensetzung und die Ausgangsstoffe dem Hersteller vorgegeben werden. Der Hersteller ist für die Lieferung eines Betons mit der festgelegten Zusammensetzung verantwortlich. Diese Vorgehensweise wird aber nur in speziellen, seltenen Fällen zur Anwendung kommen. Folgende Festlegungen müssen angegeben werden:

- Anforderung an Übereinstimmung nach DIN EN 206-1
- Zementgehalt
- Zementart und Festigkeitsklasse des Zements
- entweder Wasserzementwert oder Konsistenz durch Angabe der Klasse
- maximaler Chloridgehalt der Gesteinskörnung
- bei Leicht- und Schwerbeton Rohdichte der Gesteinskörnung
- Nennwert der Größtkorns
- Art und Menge der Zusatzmittel und Zusatzstoffe
- ggf. zusätzliche Anforderungen nach DIN EN 206-1, 6.3.3

### 2.8.4 Festlegung für Standardbeton

Standardbeton ist ein Beton nach Zusammensetzung, dessen Zusammensetzung in einer am Ort der Verwendung des Betons gültigen Norm vorgegeben ist. Nach DIN 1045-2 wird ein Standardbeton durch folgende Angaben festgelegt:

# Betontechnologische Grundlagen und Bauausführung (DIN 1045 Teile 2 und 3)

- Druckfestigkeitsklasse
- Expositionsklasse
- Nennwert des Größtkorns der Gesteinskörnung
- Konsistenzbezeichnung
- ggf. Festigkeitsentwicklung

Der Standardbeton wurde in die Norm aufgenommen, um den Verwaltungsaufwand bei kleinen unproblematischen Betonieraufgaben gering zu halten. Eine Erstprüfung muss nicht durchgeführt werden. Allerdings sind die Grenzwerte so hoch angesetzt, dass dieser Beton in den meisten Fällen unwirtschaftlich sein wird. Folgende Anwendungsgrenzen werden für solche Betone gegeben:

- Normalbeton für unbewehrte und bewehrte Bauwerke
- Druckfestigkeitsklassen für den Nachweis der Tragfähigkeit ≤ C16/20
- Expositionsklassen X0, XC1, XC2

Weiterhin gibt die DIN 1045-2 genaue Anforderungen für die Betonzusammensetzung:

- Verwendung natürlicher Gesteinskörnungen
- keine Verwendung von Zusatzstoffen
- keine Verwendung von Zusatzmitteln
- Mindestzementgehalte nach Tabelle 2.18
- Zemente nach DIN 1045-2, Anhang 3.1 bis 3.3

**Tabelle 2.18:** Mindestzementgehalte für Standardbeton (DIN 1045-2, Tab. F5)

| Druckfestigkeitsklasse | Mindestzementgehalt in kg/m³ für Konsistenzbezeichnung | | |
|---|---|---|---|
| | steif | plastisch | weich |
| C 8/10 | 210 | 230 | 260 |
| C 12/15 | 270 | 300 | 330 |
| C 16/20 | 290 | 320 | 360 |

## 2.9 Betonherstellung

### 2.9.1 Übersicht der Qualitätskontrolle beim Bauen mit Beton

In den Normen werden eine ganze Reihe Maßnahmen und Anforderungen beschrieben, um die Qualität des Betons sicherzustellen. Das Bild 2.5 gibt einen Überblick der Qualitätssicherung beim Bauen mit Beton. Hierbei muss man strikt zwischen der Betonherstellung (Betonwerk) und der Bauausführung (Betonieren) trennen.

Die Produktionskontrolle bezieht sich nur auf die Betonherstellung im Transportbetonwerk. Die Überwachung hingegen ist von der Baufirma auf der Baustelle durchzuführen, um die geforderten Festigkeiten beim Einbau nachzuweisen. Die Identitätskontrolle soll von der Baufirma durchgeführt werden, wobei die Eigenschaften des gelieferten Betons überprüft werden. Da die Kriterien für die Identitätskontrolle und die Überwachungskriterien identisch sind, werden diese beiden Prüfungen in der Praxis verschmelzen (vgl. Anschnitt 2.10.4).

```
                    Produktionskontrolle                                Überwachung
                      (Betonhersteller)                               (Bauunternehmen)
              DIN EN 206-1–01 und DIN 1045-2–01                       DIN 1045-3–01

         Konformitätskontrolle          Identitätskontrolle
         (z.B. im Transportbetonwerk)   (auf der Baustelle)         Überwachungsklasse 1

                                                                    Überwachungsklasse 2

      Werke mit        Werke ohne                                   Überwachungsklasse 3
     Zertifizierung   Zertifizierung
                                      - z.B. bei vertraglichen
                                        Regelungen
                                      - zur Überprüfung der
      Erstprüfung (Eignungsprüfung)     Lieferung
              (Labor)


           Erstherstellung
          (Labor oder Werk)


           stetige Herstellung
                (Werk)
```

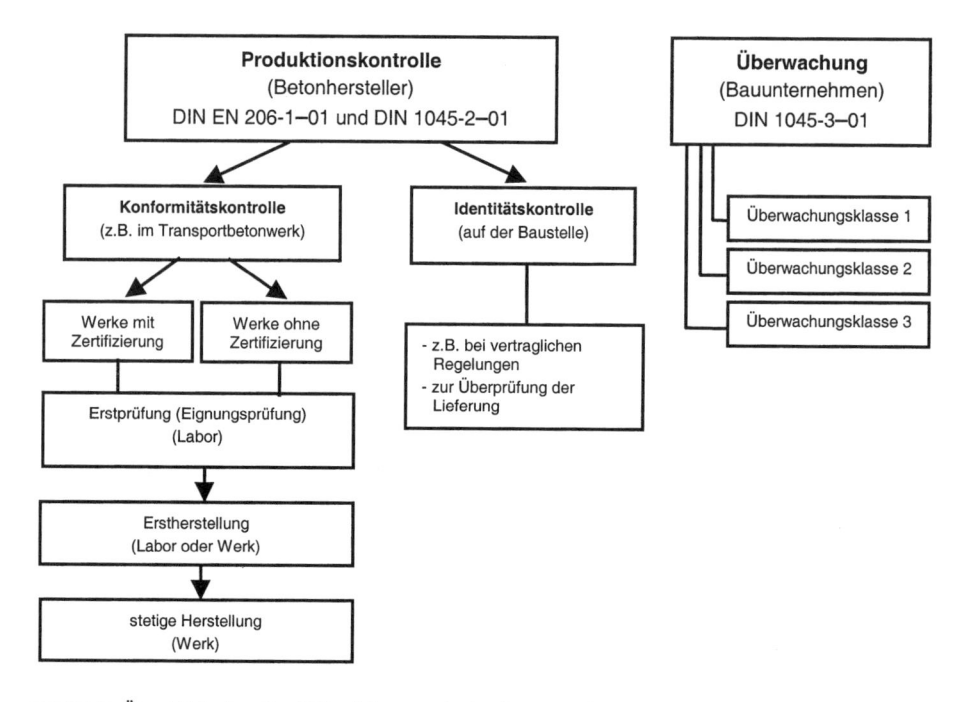

**Bild 2.5:** Überblick der Qualitätssicherung beim Bauen mit Beton

## 2.9.2 Produktionskontrolle

Die Herstellung des Betons muss überwacht werden. Die in diesem Abschnitt beschriebenen Maßnahmen gelten nur für die eigentliche Herstellung des Betons und nicht für die Herstellung von Bauteilen. Die Produktionskontrolle umfasst alle Maßnahmen, die zum Erreichen der festgelegten Konformität (Übereinstimmung) erforderlich sind. Hierzu gehören:

- Baustoffauswahl
- Betonentwurf
- Betonherstellung
- Überwachung und Prüfungen
- Verwendung der Prüfergebnisse
- Überprüfung der für den Transport des Frischbetons verwendeten Einrichtungen
- Konformitätskontrolle nach den angegebenen Bestimmungen

In der DIN EN 206-1 werden Regelungen für die Bewertung, die Überwachung und Zertifizierung der Produktionskontrolle angegeben. Eine Zertifizierung der Produktion kann durch eine Überprüfung festgelegter Kriterien erlangt werden (vgl. DIN EN 206-1, Anhang C).

Im Rahmen der Produktionskontrolle unterscheidet die DIN EN 206-1 bei der Prüfung von Beton zwischen der Konformitäts- und der Identitätskontrolle. Die Konformitätsprüfung ist die eigentliche Kontrolle zur Einstufung in eine Festigkeitsklasse. Im deutschen Sprachgebrauch kann auch der Begriff Übereinstimmungsnachweis gleichbedeutend verwendet werden. Unterschieden wird zwischen der Erstherstellung im Labor und der stetigen Herstellung während der Produktion.

Der Nachweis der Identität ist in der DIN EN 206-1 optional und soll vom Verwender durchgeführt werden. Mit der Identitätsprüfung wird lediglich nachgewiesen, ob der jeweilige Beton

# Betontechnologische Grundlagen und Bauausführung (DIN 1045 Teile 2 und 3)

den Anforderungen entspricht. Dies soll besonders dann erfolgen, wenn Zweifel an der Qualität bestehen oder diese Prüfung vertraglich vereinbart wurde.

Die Identitätskriterien für die Druckfestigkeit entsprechen denen der Überwachungsprüfung der Druckfestigkeit nach DIN 1045-3.

### 2.9.3 Konformitätskontrolle

Die Konformitätskontrolle ist ein wesentlicher Bestandteil der Produktionskontrolle. Sie dient zur Überprüfung, ob der entwickelte Beton alle geforderten Eigenschaften erfüllt. Um eine Überprüfung der Konformität durchführen zu können, werden in der Norm Kriterien festgelegt. In der Tabelle 2.19 sind beispielhaft die Konformitätskriterien für die Druckfestigkeit aufgeführt.

**Tabelle 2.19:** Konformitätskriterien für die Druckfestigkeit von Normalbeton (DIN EN 206-1, Tab. 14)

| Herstellung | Anzahl „n" der Prüfergebnisse für die Druckfestigkeit in der Reihe | Kriterium 1 | Kriterium 2 |
|---|---|---|---|
| | | Mittelwert von „n" Ergebnissen ($f_{cm}$) in N/mm² | Jedes einzelne Prüfergebnis ($f_{ci}$) in N/mm² |
| Erstherstellung | 3 | $\geq f_{ck} + 4$ | $\geq f_{ck} - 4$ |
| stetige Herstellung | 15 | $\geq f_{ck} + 1{,}48\,\sigma$ $\sigma \geq 3\ \text{N/mm}^2$ | $\geq f_{ck} - 4$ |

### 2.9.4 Betonfamilie

Eine Betonfamilie ist eine Gruppe von Betonzusammensetzungen, für die ein verlässlicher Zusammenhang zwischen maßgebenden Eigenschaften festgelegt und dokumentiert wird. Das Verfahren der Betonfamilien hilft dem Betonhersteller, den Aufwand für die Produktionskontrolle zu reduzieren. Folgende grundlegende Voraussetzungen müssen für eine Betonfamilie erfüllt sein:

- Normal- und Schwerbeton:
    - Festigkeitsklasse C8/10 bis einschließlich C50/60

- Leichtbeton
    - Festigkeitsklasse LC8/9 bis einschließlich LC50/55
    - nicht in Betonfamilien, die Normalbeton enthalten
    - mit nachweisbar ähnlichen Zuschlägen darf eine eigene Betonfamilie gebildet werden

Aus betontechnologischer Sicht müssen für die Einordnung in eine Betonfamilie folgende Punkte übereinstimmen:

- gleiche Zementart, Festigkeitsklasse und gleicher Ursprung der Ausgangsstoffe

- nachweisbar ähnliche (gleiche geologische Herkunft, dieselbe Art bzw. gleiche Leistungsfähigkeit im Beton) Zuschläge und Zusatzstoffe des Typs I

- gesamter Bereich der Konsistenzklassen

- Betone mit einem begrenzten Bereich der Festigkeitsklassen

Beim Einsatz von Zusatzstoffen des Typs II und bei Zusatzmitteln, welche die Druckfestigkeit beeinflussen, sind auf jeden Fall getrennte Betonfamilien zu wählen.

## 2.10 Bauausführung

### 2.10.1 Allgemeines

Die Verarbeitung des Betons (Betonieren, Verdichten, Nachbehandeln, usw.) ist in der DIN 1045-3-01 beschrieben.

Um eine einheitliche Verarbeitung des Betons auf der Baustelle zu erreichen, wird die neuen Normengeneration der DIN 1045-3 eingeführt. Hierin sind alle die Bauausführung betreffenden Regelungen zusammengefasst. Folgende Bestandteile der Bauausführung werden durch diese Norm geregelt:

- Dokumentation, Bauleitung:
  Projektbeschreibung, Bautechnische Unterlagen, Aufzeichnungen während der Bauausführung, Bauleitung
- Tätigkeiten zur Herstellung:
  Gerüste, Schalung, Einbauteile, Bewehren, Vorspannen, Betonieren (Betonförderung, Verdichtung, Nachbehandlung, usw.)
- Bauen mit Fertigteilen
- Maßtoleranzen
- Überwachung:
  Überwachung aller Vorgänge bei der Bauausführung

### 2.10.2 Dokumentation, Bauleitung

Folgende Angaben muss eine Projektbeschreibung enthalten:

- Angaben zur Herstellung
  - Bautechnische Unterlagen (Zeichnungen, statische Berechnungen, Baubeschreibung, Angaben zur Vorspannung, Spannprogramm)
  - Qualitätssicherungsplan
  - Vorgehensweise bei Änderung der Festlegungen
- Angaben zur Überwachung
  - Verteilung, Aufbewahrung
  - Vollständigkeit
  - Zugänglichkeit
  - Qualitätssicherungsplan
- Angaben zur erforderlichen Dokumentation
  - bautechnische Unterlagen
  - Aufzeichnungserfordernisse (Bautagebuch)

### 2.10.3 Tätigkeiten zur Herstellung der Bauteile

*2.10.3.1 Transport des Betons*

Bevor der Beton in die Schalung eingebracht werden kann, muss er auf die Baustelle transportiert werden. In Deutschland geschieht dies überwiegend in Mischfahrzeugen oder seltener in Muldenkippern. Letztere sind besonders für den Transport von steifen Betonen geeignet. Frischbeton anderer als steifer Konsistenz darf nur in Mischfahrzeugen zur Verwendungsstelle befördert werden. Unmittelbar vor dem Entladen ist der Beton nochmals durchzumischen, so dass er gleichmäßig übergeben werden kann. Mischfahrzeuge sollten 90 Minuten und Fahrzeuge ohne Rührwerk 45 Minuten nach der Wasserzugabe vollständig entleert sein. Beschleunigtes Erstarren oder Verzögern durch Witterungseinflüsse wie die Außentemperatur soll dabei berücksichtigt werden.

Für eine Verarbeitungszeit größer 3 Stunden gilt die DAfStb-Richtlinie für Beton mit verlängerter Verarbeitbarkeitszeit [Ri 6 – 95]. Bei der Übergabe muss der Beton die geforderte Konsistenz aufweisen. Wird der Beton mit Hilfe von Betonpumpen befördert, müssen die Rohre so verlegt werden, dass der Betonstrom innerhalb der Rohre nicht abreißt. Für das Fördern des Betons durch Pumpen ist die Verwendung von Leichtmetallrohren nicht zulässig.

### 2.10.3.2 Temperatur des Betons

Im Allgemeinen darf die Frischbetontemperatur +30 °C nicht überschreiten. Die DIN 1045-3 setzt Mindest- und Höchstwerte für die zulässigen Luft- und Frischbetontemperaturen (vgl. Tabelle 2.20).

Als Gegenmaßnahme können bei niedrigen Temperaturen Zemente mit einer hohen Wärmeentwicklung eingesetzt oder die Betonbestandteile können angewärmt werden. Am einfachsten und am wirtschaftlichsten erweist sich eine Erwärmung des Anmachwassers. Es darf allerdings nicht über 90°C erwärmt werden. Im Rahmen der Nachbehandlung können auch vor Kälte schützende Maßnahmen durchgeführt werden. Hierzu gehören wärmedämmende Ummantelungen oder poröse Kunststoffplatten. Zu beachten ist, dass die Ausschalfristen bei Frost wegen der verzögerten Erhärtung zu verlängern sind.

Bei hohen Außentemperaturen können die Ausgangsstoffe gekühlt werden, um die maximale Frischbetontemperatur nicht zu überschreiten.

**Tabelle 2.20:** Mindest- und Höchsttemperaturen des Frischbetons (DIN 1045-3, 8.3)

| Lufttemperatur in °C | Mindest- und Höchsttemperaturen des Frischbetons in °C | |
|---|---|---|
| +5 bis –3 | ≥ +5 | allgemein |
| | ≥ +10 | bei Zementgehalt < 240 kg/m³ |
| | | bei Verwendung von NW-Zementen |
| unter –3 | ≥ +10 | anschließend mind. 3 Tage bei dieser Temperatur halten |
| - | ≤ 30 | Diese Temperatur darf im Allgemeinen nicht überschritten werden |

### 2.10.3.3 Betonieren

Die einzelnen Betonierabschnitte sind vor dem Beginn des Betonierens festzulegen. Bei schwierigen oder umfangreichen Betoniervorgängen sind die einzelnen Arbeitsschritte in einem Betonierplan festzuhalten. Arbeitsfugen sind so auszubilden, dass alle dort auftretenden Beanspruchungen aufgenommen werden können und ein ausreichender Verbund zwischen den Betonschichten sichergestellt ist.

### 2.10.3.4 Einbringen und Verdichten

Beim Einbringen in die Schalung, besonders bei starkbewehrten oder engen Stützen- und Wandschalungen, ist darauf zu achten, dass der Beton sich nicht entmischt. Die Schütthöhe ist dabei bauteilabhängig. Bei größeren Schütthöhen ab ca. 1 m sollten Schüttrinnen oder Schüttrohre benutzt werden.

Der wichtigste Vorgang beim Betonieren ist die Frischbetonverdichtung. Die eingesetzte Art der Verdichtung muss auf die Frischbetonkonsistenz abgestimmt werden. Besonders sorgfältig ist die Verdichtung in Ecken, längs der Schalung und in engen Bereichen auszuführen.

## 2.10.3.5 Entschalen

Betonbauteile dürfen erst dann ausgeschalt werden, wenn die Festigkeit des Betons so weit entwickelt ist, dass das Bauteil die Beanspruchungen aufnehmen kann.

Die DIN 1045-3 enthält keine Anhaltswerte mehr für Ausschalfristen. In der Praxis erscheint es sinnvoll, im Einzelfall die erforderlichen Ausschalfristen festzulegen. Dafür sind gegebenenfalls Erhärtungsprüfungen durchzuführen, die den jeweils verwendeten Beton und die Temperatur am Bauwerk berücksichtigen.

## 2.10.3.6 Nachbehandlung

Folgende Verfahren sind sowohl allein als auch in Kombination für die Nachbehandlung nach DIN 1045-3 geeignet:

- Belassen in der Schalung
- Abdecken der Betonoberfläche mit dampfdichten Folien, die an den Kanten und Rändern gegen Durchzug gesichert sind
- Auflegen von wasserspeichernden Abdeckungen unter ständigem Feuchthalten bei gleichzeitigem Verdunstungsschutz
- Aufrechterhalten eines sichtbaren Wasserfilms auf der Betonoberfläche(z. B. durch Besprühen oder Fluten)
- Anwendung von Nachbehandlungsmitteln mit nachgewiesener Eignung

Betone nach den Expositionsklassen X0 und XC1 sind mindestens einen halben Tag nachzubehandeln. Bei mehr als 5 Stunden Verarbeitbarkeitszeit ist die Nachbehandlungsdauer angemessen zu verlängern. Für andere Expositionsklassen als X0 und XC1 muss der Beton so lange nachbehandelt werden, bis die Festigkeit der Oberfläche 50 % der charakteristischen Festigkeit des verwendeten Betons erreicht hat. Diese Forderung ist in Tabelle 2.21 in eine entsprechende Mindestdauer der Nachbehandlung in Abhängigkeit der Oberflächentemperatur des Frischbetons umgesetzt.

**Tabelle 2.21:** Mindestdauer der Nachbehandlung außer Expositionsklassen X0 und XC1 (DIN 1045-3, Tab. 2)

| Oberflächen-temperatur $\Theta$ in °C [e] | Mindestdauer der Nachbehandlung in Tagen [a] | | | |
|---|---|---|---|---|
| | Festigkeitsentwicklung des Betons [c] $r = f_{cm2} / f_{cm28}$ [d] | | | |
| | $r \geq 0{,}50$ | $r \geq 0{,}30$ | $r \geq 0{,}15$ | $r < 0{,}15$ |
| $\Theta \geq 25$ | 1 | 2 | 2 | 3 |
| $25 > \Theta \geq 15$ | 1 | 2 | 4 | 5 |
| $15 > \Theta \geq 10$ | 2 | 4 | 7 | 10 |
| $10 > \Theta \geq 5$ [b] | 3 | 6 | 10 | 15 |

[a] Bei mehr als 5 h Verarbeitbarkeitszeit ist die Nachbehandlungsdauer angemessen zu verlängern.

[b] Bei Temperaturen unter 5°C ist die Nachbehandlungsdauer um die Zeit zu verlängern, während deren die Temperatur unter 5°C lag.

[c] Die Festigkeitsentwicklung des Betons wird durch das Verhältnis der Mittelwerte der Druckfestigkeiten nach 2 Tagen und nach 28 Tagen (ermittelt nach DIN 1048-5) beschrieben, das bei Eignungsprüfung oder auf der Grundlage eines bekannten Verhältnisses von Beton vergleichbarer Zusammensetzung (d.h. gleicher Zement, gleicher w/z-Wert) ermittelt wurde.

[d] Zwischenwerte dürfen eingeschaltet werden.

[e] Anstelle der Oberflächentemperatur des Betons darf die Lufttemperatur angesetzt werden.

## 2.10.4 Überwachung des Betons auf der Baustelle

Die Überwachung muss sicherstellen, dass

- die Bauausführung in Übereinstimmung mit der Norm und den bautechnischen Unterlagen erfolgt;
- die verwendeten Baustoffe und Produkte allen Vorgaben entsprechen.

Im Einzelnen gehören hierzu die Überwachung folgender Arbeitsschritte:

- Überwachung von Gerüsten und Schalungen
- Überwachung des Bewehrens
- Überwachung des Vorspannens
- Überwachung des Betonierens

### 2.10.4.1 Überwachung von Gerüsten und Schalungen

Für die Überwachung von Traggerüsten gelten die Festlegungen nach DIN 4421. Die Bauleitung muss dabei überwachen, ob die Festigkeit zum Ausschalen ausreicht. Die Zeitabschnitte des Ausrüstens und des Ausschalens sowie die Lufttemperatur und Witterungseinflüsse sind aufzuzeichnen (z. B. im Bautagebuch).

### 2.10.4.2 Überwachung des Bewehrens

Folgende Punkte sind vor dem Betonieren zu prüfen:

- Stahlsorte, Anzahl, Durchmesser und Lage der Bewehrung
- Stoß- und Übergreifungslängen
- erforderliche Betondeckung
- Verunreinigungen der Bewehrung
- Sicherung der Bewehrung gegen Verschieben beim Betonieren
- Anordnung der Bewehrung, so dass das Einbringen und Verdichten des Betons nicht behindert wird

### 2.10.4.3 Überwachung des Betonierens

Neben den maßgebenden Frisch- und Festbetoneigenschaften sind für das Betonieren folgende Punkte zu überprüfen und aufzuzeichnen (z. B. Bautagebuch):

- Lufttemperatur (Maximum, Minimum) und Witterungsverhältnisse während des Betonierens einzelner Abschnitte
- Bauabschnitt und Bauteil
- Art und Dauer der Nachbehandlung

Für die Überprüfung der maßgebenden Frisch- und Festbetoneigenschaften wird der Beton in drei Überwachungsklassen eingeteilt (vgl. Tabelle 2.22). Bei mehreren zutreffenden Überwachungsklassen ist die höchste maßgebend.

**Tabelle 2.22:** Überwachungsklassen für den Beton (DIN 1045-3, Tab. 3)

| Gegenstand | Überwachungsklasse 1 | Überwachungsklasse 2 | Überwachungsklasse 3 |
|---|---|---|---|
| Festigkeitsklasse für Normal- und Schwerbeton nach DIN EN 206 | ≤ C25/30 [a] | ≥ C30/37 und ≤ C50/60 | ≥ C55/67 |
| Festigkeitsklasse für Leichtbeton nach DIN EN 206 der Rohdichteklassen | | | |
| ≤ 1,4 | nicht anwendbar | ≤ LC25/28 | ≥ LC30/33 |
| ≥ 1,6 | nicht anwendbar | ≤ LC35/38 | ≥ LC40/44 |
| Expositionsklasse nach DIN EN 206 | X0, XC, XA1, XF1, XF3 | XS, XD, XA, XM [b], ≥ XF2 | - |
| Besondere Eigenschaften [d] | - | • WU-Beton [c]<br>• Unterwasserbeton<br>• Beton für hohe Gebrauchstemperaturen<br>• Strahlenschutzbeton | - |

[a] Spannbeton der Festigkeitsklasse C25/30 ist stets in Überwachungsklasse 2 einzuordnen.

[b] Gilt nicht für übliche Industrieböden.

[c] Beton mit hohem Wassereindringwiderstand darf in die Überwachungsklasse 1 eingeordnet werden, wenn der Baukörper nur zeitweilig aufstauendem Sickerwasser ausgesetzt ist und wenn in der Projektbeschreibung nichts anderes festgelegt ist.

[d] Wird Beton der Überwachungsklassen 2 und 3 eingebaut, muss die Überwachung durch das Bauunternehmen zusätzlich die Anforderungen von Anhang B (Identitätsprüfung) erfüllen und eine Überwachung durch eine dafür anerkannte Überwachungsstelle nach Anhang C (Zertifizierung der Produktionskontrolle) durchgeführt werden.

Umfang und Häufigkeit der durchzuführenden Prüfungen für die maßgebenden Frisch- und Festbetoneigenschaften sind im Anhang A zur DIN 1045-3 aufgeführt. Hier werden der Gegenstand der Prüfung, das Prüfverfahren, die Anforderung und die Häufigkeit in Abhängigkeit der Überwachungsklasse festgelegt. Folgende Punklte sind im Umfang der Prüfung enthalten:

- Lieferschein
- Konsistenz
- Frischbetonrohdichte von Leicht- und Schwerbeton
- Gleichmäßigkeit des Betons
- Druckfestigkeit
- Luftgehalt von Porenbeton
- Verdichtungsgeräte
- Mess- und Laborgeräte

Die Überwachungskriterien für die Druckfestigkeit sind in der Tabelle 2.23 aufgeführt.

**Tabelle 2.23:** Überwachungskriterien für die Druckfestigkeit (DIN 1045-3, Tab. A.3)

| Anzahl „n" der Prüfergebnisse für die Druckfestigkeit des definierten Betonvolumens | Kriterium 1<br>Mittelwert von „n" Ergebnissen ($f_{cm}$)<br>in N/mm² | Kriterium 2<br>Jedes einzelne Prüfergebnis<br>($f_{ci}$)<br>in N/mm² |
|---|---|---|
| 3 - 4 | $\geq f_{ck} + 1$ | $\geq f_{ck} - 4$ |
| 5 - 6 | $\geq f_{ck} + 2$ | $\geq f_{ck} - 4$ |
| n > 6 | $f_{cm} \geq f_{ck} + (1{,}65 + \dfrac{2{,}58}{\sqrt{n}}) \cdot \sigma$ | |
| $f_{ck}$ die charakteristische Druckfestigkeit des verwendeten Betons;<br>σ die Standardabweichung der Stichprobe für n ≥ 35, wobei<br>  σ ≥ 3 N/mm² für Überwachungsklasse 2,<br>  σ ≥ 5 N/mm² für Überwachungsklasse 3.<br>für 6 < n < 35 gilt unabhängig von der Überwachungsklasse: σ = 4 N/mm². | | |

Beim Einbau von Beton der Überwachungsklassen 2 und 3 muss das Bauunternehmen über eine ständige Betonprüfstelle verfügen. Folgende Punkte sind dabei zu beachten:

- Bereitstellung aller Geräte und Einrichtungen für alle in der Norm festgelegten Frisch- und Festbetonprüfungen
- Leitung durch einen in der Betontechnik erfahrenen Fachmann, der die dafür nötigen erweiterten betontechnologischen Kenntnisse durch eine Bescheinigung nachweisen kann
- Fachkräfte auf der Baustelle sind in Abständen von höchstens drei Jahren zu schulen, dies ist in den Aufzeichnungen festzuhalten ist

## 2.11 Anforderungen an hochfesten Beton

Im Gegensatz zu den alten Normen ist der Hochfeste Beton in der DIN EN 206-1 und der DIN 1045-2 genormt. In die neue Norm wurden die Anforderungen der Richtlinie „Hochfester Beton" des DAfStb mit eingearbeitet [Ri 1 – 95]. Unter Hochfestem Beton versteht man nach Norm:

„Beton mit einer Festigkeitsklasse ab C55/67 im Falle von Normal- oder Schwerbeton und einer Festigkeitsklasse ab LC55/60 im Falle von Leichtbeton."

Zu beachten ist, dass die beiden höchsten Festigkeitsklassen nur mit einer Zustimmung im Einzelfall bei der Bauaufsicht angewendet werden dürfen. Hieraus ergeben sich zu den ohnehin erhöhten Maßnahmen für die Verarbeitung und Qualitätssicherung von hochfestem Beton weitere Anforderungen. Der Einsatz von hochfestem Beton und speziell der beiden höchsten Festigkeitsklassen sollte daher gut durchdacht und kalkuliert sein.

Die nachfolgenden Punkte sollen einen Überblick geben, die bei der Verwendung von hochfestem Beton zusätzlich zu normalfestem Beton beachtet werden müssen. Folgende zusätzliche Anforderungen sind für hochfesten Beton zu erfüllen:

- Betonzusammensetzung:
    - Hochfester Ortbeton muss eine Konsistenzklasse F3 oder weicher besitzen.
    - häufigere Kontrollen der Betonausgangsstoffe (Zement, Zusatzmittel, Zusatzstoffe, Gesteinskörnung)
    - häufigere Kontrollen der Mischeinrichtung (Wägeeinrichtungen, Zugabegeräte für Zusatzmittel, Wasserzähler, Mess- und Laboreinrichtung, Mischwerkzeuge, Fahrmischer)
    - häufigere Kontrollen der Herstellung (Wassergehalt der Gesteinskörnungen, Wassergehalt des Frischbetons, Konsistenz des Frischbetons, Druckfestigkeit am Festbeton, Mischanweisung)
    - es sind unbedenkliche Gesteinskörnungen im Hinblick auf eine Alkalireaktion zu verwenden
    - Restwasser darf nicht verwendet werden
    - es dürfen erhöhte Mengen an Zusatzmitteln verwendet werden
    - es dürfen nur Ausgangsstoffe verwendet werden, die bei der Erstherstellung ein gesetzt wurden, das Prinzip der Betonfamilie ist nicht zulässig

- Qualitätssicherung:
    - erhöhte Probenhäufigkeit und schärfere Konformitätskriterien (Erstherstellung) bei der Betonherstellung
    - der Betonhersteller muss mit dem Verarbeiter (Bauunternehmung) einen Qualitätssicherungsplan aufstellen
    - die Führungskräfte auf der Baustelle müssen über Erfahrung bei der Verarbeitung und Nachbehandlung von Hochfestem Beton (mindestens C30/37) verfügen
    - die Arbeitskräfte sind gesondert zu schulen und dies ist zu dokumentieren
    - der Beton ist beim Betonwerk 2 Tage im voraus zu bestellen, damit das Betonwerk alle erforderlichen Prüfungen durchführen kann
    - ein erhöhter Verdichtungsaufwand ist angemessen zu beachten
    - Hochfester Beton wird in die Überwachungsklasse 3 eingeordnet

## 3 Materialkennwerte und Schnittgrößenermittlung

Dipl.-Ing. Malte Kosmahl

### 3.1 Materialkennwerte

Die Einführung der DIN 1045-1 ermöglicht, verbesserte Erkenntnisse zur Idealisierung von Spannungs-Dehnungs-Beziehungen und die sie beschreibenden Parameter heranzuziehen, um die aus Versuchen gewonnenen Ergebnisse auf die im Bauwerk anzutreffenden Gegebenheiten wirklichkeitsnah zu übertragen.

Eine nähere Betrachtung zu den Werkstoffparametern der einzelnen im Stahlbeton- und Spannbetonbau zusammenwirkenden Baustoffe, beziehungsweise die Wahl der zu verwendenden Werkstoffe durch den Ingenieur muss bereits vor der Schnittgrößenermittlung und den Tragfähigkeitsnachweisen erfolgen, da in der DIN 1045-1 auch Verfahren zur Schnittgrößenermittlung zugelassen sind, die nicht mehr unabhängig von der Bemessung eines Bauteils durchgeführt werden können. Bei Verwendung nichtlinearer Berechnungsverfahren wird ein iteratives Vorgehen zwischen Schnittgrößenberechnung und Bemessung erforderlich, insbesondere bei

- linearen Verfahren mit begrenzter Momentenumlagerung,
- nichtlinearen Verfahren und
- Verfahren, die auf der Plastizitätstheorie basieren.

Einzig lineare Verfahrens auf der Basis der Elastizitätstheorie ohne Berücksichtigung einer Momentenumlagerung erfordern keine vorhergehende Festlegung der Baustoffe.

#### 3.1.1 Beton

##### 3.1.1.1 Klassifizierung

Die Klassifizierung der Betongüten erfolgt analog zur [DIN 1045 – 88] über die Druckfestigkeit. Gegenüber den 5 Festigkeitsklassen der [DIN 1045 – 88] und 6 Festigkeitsklassen der [Ri 2 – 95] enthält die DIN 1045-1 15 Festigkeitsklassen einschließlich der hochfesten Betone.

Mit der Einführung der [DIN EN 206-1 – 00] und den zugehörigen Deutschen Anwendungsregeln (DAR) [DIN 1045-2 – 01] ist zur Bestimmung der Betondruckfestigkeit für die Betonsorten nach DIN 1045-1 gegenüber der bisher gültigen Vorschrift eine veränderte Lagerung der Prüfkörper vorgesehen.

Statt einer 7-tägigen Wasserlagerung mit anschließender Lagerung unter Normklima werden die Prüfkörper nun bis zum Prüftermin nach 28 Tagen im Wasser gelagert. Die charakteristische Festigkeit wird an Zylindern d/h = 150/300 mm oder an Würfeln mit einer Kantenlänge von 150 mm ermittelt.

Entsprechend der Klassifizierung der Betone über die charakteristische Zylinderdruckfestigkeit $f_{ck,cyl} = f_{ck}$ bzw. Würfeldruckfestigkeit $f_{ck,cube}$ eines Würfels mit 150 mm Kantenlänge lautet die Bezeichnung allgemein $Cf_{ck,cyl}/f_{ck,cube}$. Die Einteilung nach [DIN 1045 – 88] erfolgt dagegen über die Nennfestigkeit $\beta_{WN}$ mit einem Mindestwert der Druckfestigkeit nach 28 Tagen, gemessen an Würfeln mit einer Kantenlänge von 200 mm.

Die oben genannten Änderungen stellen 2 Parameter dar, die auf die Größe der Druckfestigkeit bei sonst vollkommen gleicher Zusammensetzung der Betonmischungen von maßgeblicher Bedeutung sind.

- Einerseits wird das Ergebnis der Druckfestigkeitsprüfung durch die Form der Probekörper beeinflusst.
- Andererseits haben auch die oben schon erwähnten Lagerungsbedingungen während der Erhärtungsphase des Betons einen deutlichen Einfluss auf die Druckfestigkeit.

Eine Zusammenstellung der Festigkeitsklassen mit allen für die Bemessung zu verwendenden Kennwerten nach [DIN 1045 – 88], [Ri 2 – 95] und DIN 1045-1 enthält die Tabelle 3.1.

### 3.1.1.2 Rechenwert der Betondruckfestigkeit

Der Wert der Betondruckfestigkeit, der für Traglastuntersuchungen angesetzt werden soll, muss sämtliche Unterschiede zwischen dem Verhalten des Betons in Laborprüfungen und im realen Bauwerk erfassen. In der Betonrechenfestigkeit nach [DIN 1045 – 88]:

$$\beta_R = \alpha \cdot \beta \cdot \gamma \cdot \beta_{WN} \tag{3-1}$$

werden durch die Faktoren $\alpha$, $\beta$, $\gamma$ folgende Einflüsse berücksichtigt:

$\alpha = 0{,}85$: Umrechnung von Würfel- auf Prismendruckfestigkeit,

$\beta = 0{,}85$: Dauerlastwirkung am Bauwerk,

$\gamma$: zusätzlicher Sicherheitsbeiwert, bei höheren Festigkeitsklassen

Im Spannbetonbau wird nach [DIN 4227-1 – 88] ein konstantes Verhältnis $\beta_R = 0{,}6 \cdot \beta_{WN}$ für den Nachweis der Biegebruchsicherheit vorausgesetzt, das das Verhältnis zwischen dem globalen Sicherheitsfaktor mit Vorankündigung ($\gamma=1{,}75$) und der Sicherheit gegenüber einem Versagen ohne Vorankündigung ($\gamma=2{,}1$) erfasst.

Nach DIN 1045-1 erfolgt die Berücksichtigung von Langzeitwirkungen und allen anderen ungünstigen Einflüssen auf die Druckfestigkeit durch einen konstanten Abminderungsbeiwert $\alpha$, der in der Regel zu $\alpha = 0{,}85$ gesetzt wird. Bei Kurzzeitbelastung oder in anderen begründeten Fällen dürfen auch höhere Werte $0{,}85 \leq \alpha \leq 1$ angesetzt werden.

Für die Nachweise im Grenzzustand der Tragfähigkeit ist der Bemessungswert der Betondruckfestigkeit $f_{cd}$ für Normalbetone bis zur Festigkeitsklasse C50/60 aus der verminderten charakteristischen Zylinderdruckfestigkeit $\alpha \cdot f_{ck}$ unter Berücksichtigung des Teilsicherheitsbeiwertes für Beton $\gamma_c$ zu berechnen. Bei hochfesten Betonen ab Festigkeitsklasse C 55/67 wird der Teilsicherheitsbeiwert für Beton $\gamma_c$ noch mit dem Faktor $\gamma_c'$ multipliziert.

$$f_{cd} = \alpha \cdot \frac{f_{ck}}{\gamma_c} \qquad \text{bis Festigkeitsklasse C50/60} \tag{3-2}$$

$$f_{cd} = \alpha \cdot \frac{f_{ck}}{\gamma_c \cdot \gamma_c'} \qquad \text{ab Festigkeitsklasse C55/67} \tag{3-3}$$

$$\text{mit } \gamma_c' = \frac{1}{1{,}1 - f_{ck}/500} \geq 1$$

## Materialkennwerte und Schnittgrößenermittlung

**Tabelle 3.1:** Materialkennwerte der Betone

| DIN 1045-1 | C12/15 | C16/20 | C20/25 | C25/30 | C30/37 | C35/45 | C40/50 | C45/55 | C50/60 | C55/67 | C60/75 | C70/85 | C80/95 | C90/105 | C100/115 | Analytische Beziehungen; bzw. Erläuterungen |
|---|---|---|---|---|---|---|---|---|---|---|---|---|---|---|---|---|
| $f_{ck}$ | 12 | 16 | 20 | 25 | 30 | 35 | 40 | 45 | 50 | 55 | 60 | 70 | 80 | 90 | 100 | [N/mm²] |
| $f_{ck,cube}$ | 15 | 20 | 25 | 30 | 37 | 45 | 50 | 55 | 60 | 67 | 75 | 85 | 95 | 105 | 115 | [N/mm²] |
| $f_{cm}$ | 20 | 24 | 28 | 33 | 38 | 43 | 48 | 53 | 58 | 63 | 68 | 78 | 88 | 98 | 108 | $f_{cm} = f_{ck} + 8$ [N/mm²] |
| $\alpha \cdot f_{ck}$ | 10,2 | 13,6 | 17,0 | 21,3 | 25,5 | 29,8 | 34 | 38,3 | 42,5 | 46,75 | 51 | 59,5 | 68,0 | 76,5 | 85,0 | [N/mm²] |
| $f_{ctm}$ | 1,6 | 1,9 | 2,2 | 2,6 | 2,9 | 3,2 | 3,5 | 3,8 | 4,1 | 4,2 | 4,4 | 4,6 | 4,8 | 5 | 5,2 | $f_{ctm} = 0{,}30 \cdot f_{ck}^{(2/3)}$ bis C50/60; $f_{ctm} = 2{,}12 \cdot \ln(1+(f_{cm}/10))$ ab C55/67 |
| $f_{ctk;0,05}$ | 1,1 | 1,3 | 1,5 | 1,8 | 2,0 | 2,2 | 2,5 | 2,7 | 2,9 | 3,0 | 3,1 | 3,2 | 3,4 | 3,5 | 3,7 | $f_{ctk;0,05} = 0{,}7 \cdot f_{ctm}$ |
| $f_{ctk;0,95}$ | 2,0 | 2,5 | 2,9 | 3,3 | 3,8 | 4,2 | 4,6 | 4,9 | 5,3 | 5,5 | 5,7 | 6,0 | 6,3 | 6,6 | 6,8 | $f_{ctk;0,95} = 1{,}3 \cdot f_{ctm}$ |
| $E_{cm}$ | 25,8 | 27,4 | 28,8 | 30,5 | 31,9 | 33,3 | 34,5 | 35,7 | 36,8 | 37,8 | 38,8 | 40,6 | 42,3 | 43,8 | 45,2 | $E_{cm} = 9{,}5 \cdot (f_{ck}+8)^{(1/3)}$ [kN/mm²] |
| $\varepsilon_{c1}$ | -1,8 | -1,9 | -2,1 | -2,2 | -2,3 | -2,4 | -2,5 | -2,55 | -2,6 | -2,65 | -2,7 | -2,8 | -2,9 | -2,95 | -3,0 | in [‰] für Schnittgrößenermittlung |
| $\varepsilon_{c1u}$ | | | | | -3,5 | | | | | -3,4 | -3,3 | -3,2 | -3,1 | -3,0 | -3,0 | |
| $n$ | | | | | 2,0 | | | | | 1,9 | 1,8 | 1,7 | 1,6 | 1,55 | | |
| $\varepsilon_{c2}$ | | | | | -2,0 | | | | | -2,03 | -2,06 | -2,1 | -2,14 | -2,17 | -2,2 | in [‰] für Bemessung mit Parabel-Rechteck Diagramm |
| $\varepsilon_{c2u}$ | | | | | -3,5 | | | | | -3,1 | -2,7 | -2,5 | -2,4 | -2,3 | -2,2 | |
| $\varepsilon_{c3}$ | | | | | -1,35 | | | | | -1,35 | -1,4 | -1,5 | -1,6 | -1,65 | -1,7 | in [‰] für Bemessung mit bilinearer Näherung |
| $\varepsilon_{c3u}$ | | | | | -3,5 | | | | | -3,1 | -2,7 | -2,5 | -2,4 | -2,3 | -2,2 | |

Die Festigkeitsklasse C 12/15 darf nur bei vorwiegend ruhenden Lasten verwendet werden

### 3.1.1.3 Spannungs-Dehnungs-Beziehungen für Beton

**Spannungs-Dehnungs-Beziehungen für die Schnittgrößen- und Verformungsberechnungen**

In DIN 1045-1 sind gegenüber [DIN 1045 – 88] für Beton 2 Spannungs-Dehnungs-Beziehungen angegeben. Für nichtlineare Berechnungen sowie für Untersuchungen nach der Plastizitätstheorie oder für Berechnungen nach Theorie II. Ordnung kann folgende Spannungs-Dehnungs-Beziehung angewendet werden:

$$\frac{\sigma_c}{f_c} = \frac{k \cdot \eta - \eta^2}{1 + (k-2) \cdot \eta} \quad (3\text{-}4)$$

mit $\eta = \dfrac{\varepsilon_c}{\varepsilon_{c1}}$; $\quad \varepsilon_c$ [‰] negativ ansetzen

$k = 1{,}1 \cdot 10^{-3} \cdot E_{cm} \cdot \dfrac{\varepsilon_{c1}}{f_c}$ ; $\quad f_c$ negativ ansetzen.

Die Funktion, Gl. (3-4), ist definiert bis zur Stauchung $\varepsilon_{c1u} = -3{,}5$ ‰ für Normalbeton bis Festigkeitsklasse C50/60. Für höhere Festigkeitsklassen ist $\varepsilon_{c1u}$ geringer und der Tabelle 3.1 zu entnehmen. Es dürfen auch andere idealisierte Spannungs-Dehnungs-Beziehungen verwendet werden, wenn sie mit dem Ansatz nach Gl. (3-4) gleichwertig sind.

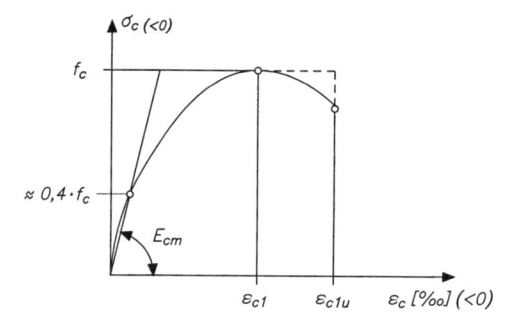

**Bild 3.1:** Spannungsdehnungslinie für Schnittgrößenermittlung und Verformungsberechnungen

Bei nichtlinearen Verfahren der Schnittgrößenermittlung ist für den maßgebenden Wert der Druckfestigkeit $f_c$ der rechnerischen Mittelwert der Betondruckfestigkeit einzusetzen.

$f_{cR} = 0{,}85 \cdot \alpha \cdot f_{ck}$ bis Festigkeitsklasse C50/60
$f_{cR} = 0{,}85 \cdot \alpha \cdot f_{ck}/\gamma_c{'}$ ab Festigkeitsklasse C55/67

Bei Verformungsberechnungen darf für $f_c$ der Mittelwert $f_{cm}$ angenommen werden.

Die Bemessung von Stahlbetonquerschnitten ist i.A. eine Iteration bis zum Erreichen des Gleichgewichts der inneren und äußeren Kräfte, bzw. Momente, d.h. es muss mit Hilfe der obigen nichtlinearen Spannungs-Dehnungs-Beziehungen die Betondruckkraft berechnet und Gleichgewicht hergestellt werden. Zur Bestimmung der resultierenden Betondruckkraft wird der Völligkeitsbeiwert $\alpha_v$ benötigt und für deren Lage im Querschnitt der Beiwert $k_a$. Für die Spannungs-Dehnungs-Beziehung Gl. (3-4) wurden die Beiwerte in [Graubner – 89] abgeleitet.

Für die nichtlineare Beziehung, Gl.(3-4):

Für $|\infty_c| \leq |\infty_{cu}|$: $a_v = \dfrac{k}{k-2} \cdot \left(1 - \dfrac{\ln N}{N-1}\right) - \dfrac{Z_1}{\eta}$

$k_a = 1 - \dfrac{1}{\alpha_v \cdot \eta^2} \cdot \left(k \cdot Z_1 - \dfrac{Z_2}{(k-2)^4}\right)$

(3-5)

Mit: $N = 1 + (k-2) \cdot \eta ; \eta = \varepsilon_c / \varepsilon_{c1}$

$Z_1 = \dfrac{1}{(k-2)^3} \cdot (0{,}5 \cdot N^2 - 2 \cdot N + \ln N + 1{,}5)$

$Z_2 = \dfrac{1}{3} \cdot N^3 - 1{,}5 \cdot N^2 + 3 \cdot N - \ln N - \dfrac{11}{6}$

(3-6)

$\varepsilon_{c1}$, $\eta$ und k siehe Gl. (3-4)

Im folgenden Bild 3.2 sind die Gleichungen (3-5) und (3-6) für Normalbetone ausgewertet.

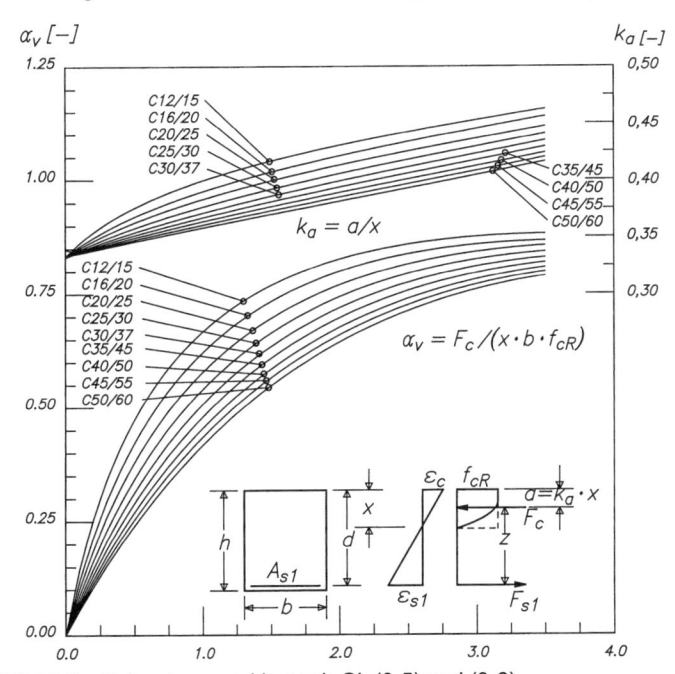

**Bild 3.2:** Beiwerte $\alpha_v$ und $k_a$ nach Gl. (3-5) und (3-6)

In der Gl. (3-4) stellt der Elastizitätsmodul $E_{cm}$ (siehe Bild 3.1) einen Sekantmodul für $\sigma_c = 0{,}4 \cdot f_c$ dar. Für die Berechnung des Sekantenmoduls wird in DIN 1045-1 angegeben:

$E_{cm} = 9{,}5 \cdot 10^3 \cdot f_{cm}^{1/3}$

$f_{cm} = f_{ck} + 8 \ [\text{MN/m}^2]$

(3-7)

## Spannungs-Dehnungs-Beziehungen für die Querschnittsbemessung

Zur Querschnittsbemessung darf weiterhin das nichtlineare Betonverhalten wie in der [DIN 1045 – 88] mit dem Parabel-Rechteck-Diagramm idealisiert werden, das in Bild 4.1 dargestellt ist.

Daneben dürfen auch andere $\sigma$-$\varepsilon$-Linien verwendet werden, sofern sie im Hinblick auf die Verteilung der Druckspannung gleichwertig sind. Hierzu gehören die bilineare Näherung, sowie der Ansatz konstanter Spannungen, dem sogenannten Spannungsblock. (s. Bild 4.3 und Bild 4.4)

### 3.1.1.4 Zugfestigkeit

Eine weitere, in ihrem Betrag allerdings sehr stark streuende Werkstoffkenngröße, stellt die Betonzugfestigkeit dar. Von Bedeutung ist diese Größe für die Nachweise im Grenzzustand der Gebrauchstauglichkeit. Unterschieden wird in DIN 1045-1 zwischen:

| Bezeichnung nach | [DIN 1045 – 88] | DIN 1045-1 |
|---|---|---|
| • zentrische Zugfestigkeit | $\beta_{bZ}$ | $f_{ct}$ |
| • Spaltzugfestigkeit | $\beta_{SpZ}$ | $f_{ct,sp}$ |

Nur die zentrische Zugfestigkeit hat die Bedeutung eines Werkstoffparameters, die anderen Festigkeitswerte dienen Vergleichszwecken, da Biegeversuche bzw. Spaltzugversuche einfacher durchzuführen sind.

Für das Verhältnis dieser beiden Größen untereinander, aber auch zu der Druckfestigkeit als Leitkenngröße lassen sich nur schwer allgemein gültige Algorithmen angeben, weil sich Form, Größe und Festigkeit der Zuschläge, sowie der Wasser/Zement-Wert und die Art der Nachbehandlung sehr unterschiedlich auswirken. Ebenso enthält die Übertragung von Messergebnissen an Probekörpern auf das wirkliche Verhalten im Bauwerk große Ungenauigkeiten.

Zur Abschätzung der zentrischen Zugfestigkeit aus Spalt- bzw. Biegezugfestigkeit darf folgende Umrechnung vorgenommen werden:

$$f_{ct} = 0{,}9 \cdot f_{ct,sp} \tag{3-8}$$

### Zugfestigkeit nach DIN 1045-1

Um für die Bemessungsaufgaben die Zugfestigkeit auch ohne Durchführung von Probebelastungen oder Laboruntersuchungen abschätzen zu können, sind in DIN 1045-1 folgende charakteristische Werte festgelegt:

Mittelwert:
$$f_{ctm} = 0{,}3 \cdot f_{ck}^{2/3} \quad \text{bis C50/60}$$
$$f_{ctm} = 2{,}12 \cdot \ln(1+(f_{cm}/10)) \quad \text{ab C55/67} \tag{3-9}$$

unterer Wert:
$$f_{ct;0,05} = 0{,}7 \cdot f_{ctm} \tag{3-10}$$

oberer Wert:
$$f_{ct;0,95} = 1{,}3 \cdot f_{ctm} \tag{3-11}$$

Materialkennwerte und Schnittgrößenermittlung

Der **Mittelwert** wird unter anderem angesetzt

- zur Berechnung von Tragwerksverformungen,
- zur Berücksichtigung des Mitwirkens des Betons auf Zug bei der Schnittgrößenberechnung
- zur Beschränkung der Rissbildung ohne direkte Berechnung
- bei der Überprüfung der Verschieblichkeit von Tragwerken im Rahmen eines Knicksicherheitsnachweises

Der **untere Wert** ist anzusetzen

- zur Berechnung des Bemessungswertes der Verbundspannungen im Grenzzustand der Tragfähigkeit bei Rippenstählen und
- zur Überprüfung der Betonzugspannung im Querschnitt bei der Ermittlung der Querkrafttragfähigkeit biegebewehrter Bauteile ohne Querkraftbewehrung.

Für Zwang aus abfließender Hydratationswärme im frühen Betonalter ist 50 % des **Mittelwertes** der Zugfestigkeit entsprechend der zu erwartenden Betonfestigkeit zu wählen. Kann nicht ausgeschlossen werden, dass die Rissbildung innerhalb der ersten 28 Tage eintritt, wird ein Mindestwert von $f_{ct,eff}$ = 3 N/mm² für Normalbeton zur Bemessung der Mindestbewehrung vorgeschlagen, um Überfestigkeiten des Betons abzufangen.

### 3.1.2 Betonstahl

Bezüglich den Anforderungen an die zu verwendenden Stahlsorten wird die Klassifizierung nicht allein durch die Zugfestigkeit und Spannung an der Streckgrenze, sondern auch durch das Verformbarkeitsmerkmal Duktilität vorgenommen. Diese Angaben beziehen sich auf allgemeine Anforderungen an:

- die Sicherheit,
- die Dauerhaftigkeit und
- die Gebrauchstauglichkeit.

Die Anforderungen nach DIN 1045-1 gelten für Betonstabstahl und Betonstahlmatten nach den Normen der Reihe DIN 488 und nach Allgemeinen Bauaufsichtlichen Zulassungen. Für in Ringen produzierten Betonstahl gelten die Anforderungen für den Zustand nach dem Richten.

Der Anwendungsbereich ist auf gerippten Betonstahl der Festigkeitsklasse B 500 ($f_{yk}$ =500 MN/m²) begrenzt. Die Stahlsorten BSt 420 S, sowie die glatten und profilierten Bewehrungsdrähte BSt 500 G und BSt 500 P sind nicht mehr in der Norm aufgenommen. Für Betone ab der Festigkeitsklasse C70/85 dürfen nur Betonstähle angewandt werden, wenn in der DIN 488 oder in den jeweiligen Allgemeinen Bauaufsichtlichen Zulassungen deren Verwendung hierfür geregelt ist.

Das Verhältnis der Zugfestigkeit $f_t$ zur Spannung an der Streckgrenze $f_y$ stellt in Verbindung mit der Stahldehnung unter Höchstlast $\varepsilon_u$ ein Maß für die Duktilität, das Verformungsvermögen, des Stahls dar. Forderungen an die Duktilität sind notwendig, da gerade die Schnittgrößenermittlung auf Basis der Plastizitätstheorie oder bei Ausnutzung großer Momentenumlagerungen immer eine ausreichende Verformbarkeit voraussetzt.

Unterschieden werden in der DIN 1045-1 2 Duktilitätsklassen:

- normale Duktilität, gekennzeichnet durch **A** (z.B. B500A)
- hohe Duktilität, gekennzeichnet durch **B** (z.B. B500B).

Die Anforderungen sind wie folgt definiert:

hohe Duktilität: $\varepsilon_{uk} > 50‰$; $(f_t/f_y)_k > 1,08$

normale Duktilität: $\varepsilon_{uk} > 25‰$; $(f_t/f_y)_k > 1,05$

Für Sonderstähle ist die Duktilitätsklasse in einer Allgemeinen Bauaufsichtlichen Zulassung geregelt. Bei fehlender Angabe ist der Stahl als normalduktil einzustufen.

In DIN 1045-1 werden die Betonstähle hauptsächlich durch

- Streckgrenze $f_{yk}$
- Zugfestigkeit $f_{tk}$
- das Verhältnis der Zugfestigkeit zur Streckgrenze $(f_t/f_y)_k$
- das Verhältnis der tatsächlichen zur charakteristischen Streckgrenze $f_y/f_{yk}$
- Gesamtdehnung unter Höchstzugkraft
- Ermüdungsfestigkeit

charakterisiert.

Die wesentlichen Anforderungen an Betonstähle sind in der Tabelle 3.2 zusammengestellt.

**Tabelle 3.2:** Erforderliche Eigenschaften der Betonstähle

| Bezeichnung | BSt 500 SA | BSt 500 MA | BSt 500 SB | BSt 500 MB | Art der Anforderung bzw. Quantilwert p[%] |
|---|---|---|---|---|---|
| Erzeugnisform | Betonstahl | Betonstahlmatten | Betonstahl | Betonstahlmatten | |
| Duktilität | normal | | hoch | | |
| Streckgrenze $f_{yk}$ [N/mm²] | 500 | | | | 5 |
| Zugfestigkeit $f_{tk}$ [N/mm²] | 550 | | | | 5 |
| Verhältnis $(f_t/f_y)_k$ | $\geq 1,05$ | | $\geq 1,08$ | | min. 10 |
| Verhältnis $f_y/f_{yk}$ ($f_y$ – tatsächliche Streckgrenze) | - | | $\leq 1,3$ | | max 10 |
| Stahldehnung bei der Höchstlast $\varepsilon_{uk}$ [‰] | 25 | | 50 | | 10 |
| Ermüdungsfestigkeit (N = 2·10⁶) [N/mm²] | 215 | 100 | 215 | 100 | 10 |

Die erforderlichen Eigenschaften an hochduktilen Bewehrungsstahl werden von den Betonstabstählen BSt 500 S nach DIN 488 und für in Ringen produzierten Betonstahl eingehalten. Betonstahlmatten mit der neu entwickelten Tiefenrippung genügen den Anforderungen an normalduktilen Bewehrungsstahl.

### 3.1.2.1 Spannungs-Dehnungs-Beziehungen für Stahl

**Spannungs-Dehnungs-Beziehung für die Schnittgrößenermittlung**

Für die Ermittlung der Schnittgrößen und Formänderungen darf für den Betonstahl näherungsweise eine bilineare Spannungs-Dehnungs-Beziehung angenommen werden (Bild 3.3). Die zugehörige charakteristische Dehnung unter Höchstlast $\varepsilon_{uk}$ ist der Tabelle 3.2 bzw. Bauaufsichtlichen Zulassungen zu entnehmen.

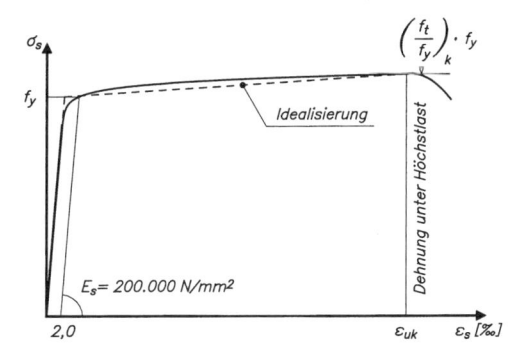

**Bild 3.3:** Spannungsdehnungslinie für Bewehrungsstahl zur Ermittlung von Schnittgrößen mit nichtlinearen Verfahren und für Verformungsberechnungen

Für die Streckgrenze $f_y$ darf der Rechenwert $f_{yR}$ angenommen werden.

Die Materialfestigkeiten für Betonstahl ergeben sich wie folgt:

$f_{yR} = 1{,}1 \cdot f_{yk} = 550$ N/mm²

$f_{tR} = 1{,}08 \cdot f_{yR} = 594$ N/mm²     (für hochduktilen Stahl)

$f_{tR} = 1{,}05 \cdot f_{yR} = 577{,}5$ N/mm²   (für normalduktilen Stahl)

**Spannungs-Dehnungsbeziehung für die Bemessung**

Für die Biegebemessung im Grenzzustand der Tragfähigkeit wird rechnerisch ein idealisiertes bilineares Spannungsdehnungsverhalten angenommen, und zwar idealelastisch bis zur Streckgrenze $f_{yk}$, danach linear ansteigend bis zur charakteristischen Zugfestigkeit $f_{tk,cal}$ und der Dehnung des Betonstahls $\varepsilon_{su}$ Bild 3.4. Die Bemessungswerte ergeben sich schließlich durch Division mit dem Teilsicherheitsbeiwert für Stahl $\gamma_s$.

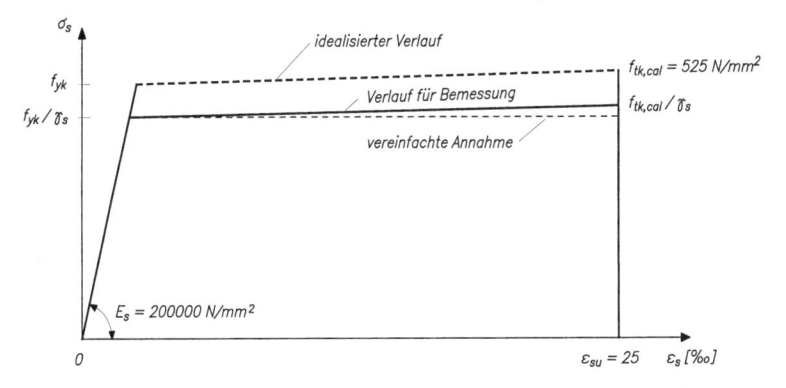

**Bild 3.4:** Spannungs-Dehnungs-Beziehungen nach DIN 1045-1 für die Bemessung

Der Tabelle 3.2 sind die charakteristische Zugfestigkeit $f_{tk}$ = 550 N/mm² und die Grenzdehnungen $\varepsilon_{uk}$ = 25 ‰ für normal duktilen Stahl und $\varepsilon_{uk}$ = 50 ‰ für hochduktilen Stahl zu entnehmen. Bei der Querschnittsbemessung ist die rechnerisch zulässige Stahldehnung auf $\varepsilon_{su}$ = 25 ‰ begrenzt. Sie ist damit von den Duktilitätsklassen unabhängig. Um Verwechslungen zu vermeiden und aus Gründen der Vereinfachung wurde dieser Grenzwert auch für hochduktilen Stahl übernommen. Die Verfestigung kann bei hochduktilem Stahl aus diesem Grund nur bis zum charakteristischen Grenzwert $f_{tk,cal}$ = 525 N/mm² genutzt werden.

## 3.2 Schnittgrößenermittlung

Bei der Schnittgrößenermittlung in Stahl- und Spannbetontragwerken des Hochbaus und des normalen Ingenieurbaus lässt DIN 1045-1 im Grenzzustand der Tragfähigkeit gegenüber der [DIN 1045 – 88] bzw. [DIN 4227-1 – 88] eine weitgehende Berücksichtigung des nichtlinearen Werkstoffverhaltens zu.

Nach [DIN 1045 – 88] ist eine Schnittgrößenermittlung nach der Elastizitätstheorie vorgeschrieben, aber eine Umlagerung von maximal 15 % zulässig.

Bei der Anwendung von DIN 1045-1 sind für die Schnittgrößenermittlung im Grenzzustand der Tragfähigkeit folgende Verfahren alternativ möglich:

- nach der Elastizitätstheorie

- nach der Elastizitätstheorie mit einer begrenzten Momentenumlagerung

- nach der Plastizitätstheorie (Fließgelenktheorie) oder

- auf der Grundlage "wirklichkeitsnaher" Modelle für die Rissbildung und für das nichtlineare Werkstoffverhalten, d.h. Steifigkeiten nach Zustand II.

Durch die damit möglichen und zu erwartenden größeren Abweichungen der rechnerischen Schnittgrößenverteilung von der Elastizitätstheorie gewinnen die Nachweise der Rotationsfähigkeit hoch beanspruchter Bauteilabschnitte und die Nachweise der Gebrauchsfähigkeit an Bedeutung. Dies gilt besonders für die plastischen Verfahren. Im Grenzzustand der Gebrauchsfähigkeit ist i.A. nach der Elastizitätstheorie zu rechnen. Hierbei reicht es im Normalfall aus, von den Steifigkeiten für den ungerissenen Zustand auszugehen. Zeitabhängige Einflüsse wie Kriechen und Schwinden, sollten berücksichtigt werden, sofern sie eine nicht vernachlässigbare Größenordnung überschreiten.

Nichtlineare Verfahren zur Schnittgrößenermittlung dürfen auch im Grenzzustand der Gebrauchstauglichkeit angewandt werden. Eine mögliche Auswirkung der Rissbildung auf die Biege- und Torsionssteifigkeit muss dann aber berücksichtigt werden, sofern ihr Einfluss auf die Schnittgrößen ungünstig ist; wenn dieser Einfluss günstig ist, darf die Rissbildung unberücksichtigt bleiben.

### 3.2.1 Grundlagen der Schnittgrößenermittlung

Im Hinblick auf die Idealisierungen, die einer Schnittgrößenberechnung zugrunde liegen, enthält DIN 1045-1 in etwa die gleichen Regelungen wie [DIN 1045 – 88]. So dürfen bei stab- oder flächenförmigen Bauteilen Verformungen aus Quer- und Normalkräften vernachlässigt werden, wenn sie 10% der Biegeverformungen nicht überschreiten. Schnittgrößen werden auch weiterhin am unverformten System ermittelt, sofern für das Tragwerk keine Stabilitätsuntersuchungen erforderlich werden. Zeitabhängige Verformungen müssen berücksichtigt werden, wenn sie für den untersuchten Grenzzustand von Bedeutung sind, also z.B. bei Vorspannung, Stabilitätsuntersuchungen oder dem Nachweis von Bauteilverformungen. Für die Schnittgrößenberechnung aus Vorspannung ergeben sich einige Neuregelungen, da in DIN 1045-1 keine Unterscheidung zwischen Stahlbeton- und Spannbetontragwerken vorgenommen wird und durchgängig das nichtlineare Werkstoffverhalten berücksichtigt werden darf.

## 3.2.2 Tragwerkseinteilung

Die statischen Nachweise von komplexen Strukturen eines Tragwerks dürfen auch weiterhin durch die Untersuchungen von Teilsystemen erfolgen. Anhand der Bauteilabmessungen kann folgende Einteilung in Teilsysteme vorgenommen werden:

**Tabelle 3.3:** Unterteilung in Tragwerkselemente nach DIN 1045-1, 3

| | |
|---|---|
| Balken | $l/h \geq 2,0$ und $b/h \leq 4,0$ |
| wandartige Träger | $l/h < 2,0$ |
| Platten | $\min b \geq 4 \cdot h$ und $\min l \geq 2 \cdot h$ |
| Platten, einachsig gespannt | $l_x/l_y \geq 2,0$ |
| Stützen | $b/h \leq 4,0$ |
| Wände | $b/h > 4,0$ |
| Wandartiger Träger | $l < 2 \cdot h$ |

## 3.2.3 Mitwirkende Plattenbreite, Lastausbreitung und effektive Stützweite

Wie nach [DIN 1045 – 88] darf auch weiterhin eine näherungsweise Berechnung der mitwirkenden Plattenbreite über die wirksame Stützweite $l_0$, "Abstand der Momenten-Nullpunkte", vorgenommen werden, deren Definition nach DIN 1045-1 im Bild 3.6 dargestellt ist.

Die angegebenen Näherungsformeln zur Ermittlung von $b_{eff}$ in den Gleichungen (3-12) und (3-13) mit den Definitionen nach Bild 3.5 gelten für Biegebeanspruchungen und gleichmäßig verteilten Einwirkungen. Unter einwirkenden Normalkräften ist mit Ausnahme der Lasteinleitungsbereiche die gesamte vorhandene Plattenbreite als mitwirkend anzusetzen.

$$b_{eff} = \sum b_{eff,i} + b_w \qquad (3-12)$$

$$\text{mit} \quad b_{eff,i} = 0,2 \cdot b_i + 0,1 \cdot l_0 \leq \begin{cases} 0,2 \cdot l_0 \\ b_i \end{cases} \qquad (3-13)$$

$b_i$ ist hierbei die tatsächlich vorhandene Gurtbreite. Bei Platten mit veränderlicher Dicke darf die Stegbreite $b_w$ in (3-12) um $b_v$ erhöht werden.

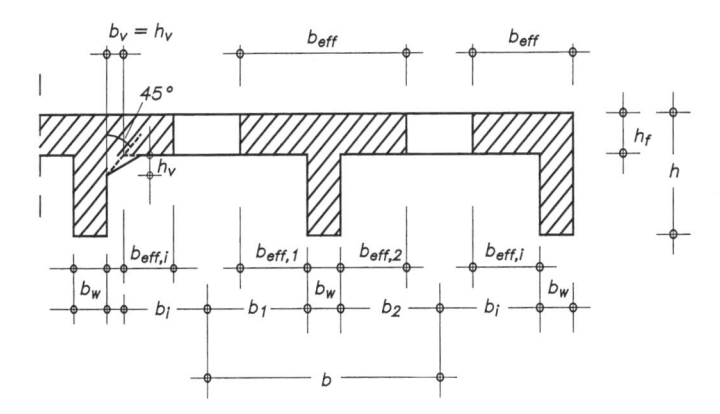

**Bild 3.5:** Ermittlung der Plattenbalkenquerschnitte nach DIN 1045-1

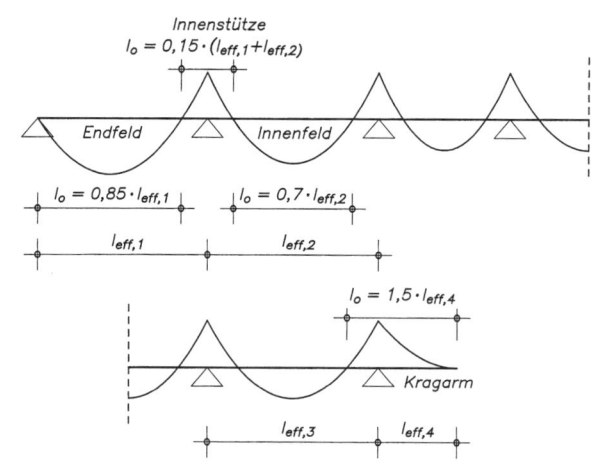

**Bild 3.6:** Angenäherte wirksame Stützweiten $l_0$ zur Berechnung der mitwirkenden Plattenbreite nach DIN 1045-1

Bei statisch unbestimmten Systemen ist die Verteilung der Schnittgrößen von den Steifigkeiten abhängig. Für die Schnittgrößenermittlung von Durchlaufträgern genügt es in der Regel, den Einfluss der unterschiedlichen mitwirkenden Plattenbreiten im Feld- und Stützbereich auf die Steifigkeiten nicht zu berücksichtigen. Die mitwirkende Breite des Feldes kann dann über die gesamte Stützweite angenommen werden.

In konzentrierten Krafteinleitungsbereichen, z.B. aus Vorspannung darf die Zunahme der mitwirkenden Breite mit einem Ausbreitungswinkel der Kräfte von β = 35° angenommen werden. Alternativ darf in der Lasteinleitungszone die wirksame Breite auf der Grundlage der Elastizitätstheorie berechnet werden.

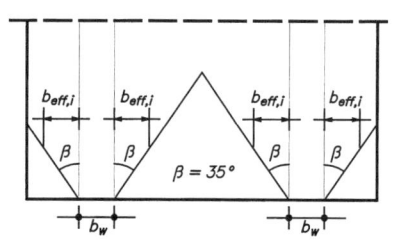

**Bild 3.7:** Lastausbreitungszone konzentriert eingeleiteter Normalkräfte nach DIN 1045-1

### 3.2.4 Rippendecken

Für die Schnittgrößenberechnung von Rippendecken darf gemäß [DIN 1045 – 88] die günstige Wirkung der Drillmomente nicht in Rechnung gestellt werden.

Unter der Voraussetzung, dass folgende Bedingungen eingehalten werden und die Schnittgrößen linear elastisch bzw. linear elastisch mit begrenzter Umlagerung nach Kapitel 3.3.2 berechnet worden sind, dürfen nach der neuen DIN 1045-1 solche Rippendecken für die Schnittgrößenberechnung als drillsteif angenommen werden.

- Rippenabstand: $s_L \leq 150$ cm
- Plattendicke: $h_{Pl} \geq 5$ cm bzw. $s_n/10$
- Rippenmaße: $h_{Ri} \leq 4 \cdot b_{Ri}$
- Querrippenabstand: $s_T \leq 10 \cdot h_0$

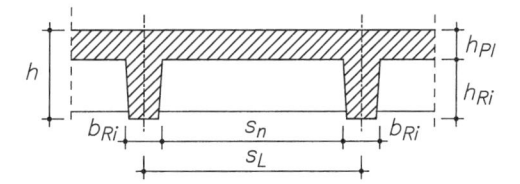

Materialkennwerte und Schnittgrößenermittlung

**Bild 3.8:** Bezeichnungen für Rippen- oder Kassendecken

Auch Decken aus Rippen und Zwischenbauteilen ohne Aufbeton dürfen für die Schnittgrößenberechnung als Vollplatten angesehen werden unter der Voraussetzung, dass Querrippen in einem Abstand $s_T$ angeordnet werden, der die Werte der Tabelle 3.4 nicht überschreitet.

**Tabelle 3.4:** Größter Querrippenabstand $s_T$

| Gebäudeart | Abstand der Längsrippen $s_L$ | |
|---|---|---|
| | $s_L \leq l_{eff} / 8$ | $s_L > l_{eff} / 8$ |
| Wohngebäude | - | 12 · h |
| andere Gebäude | 10 · h | 8 · h |

$s_L$ = Abstand der Längsrippen, $l_{eff}$ = Stützweite

### 3.2.5 Imperfektionen

Ungewollte Ausmitten sowie Maßabweichungen werden nach DIN 1045-1 wie nach [DIN 1045 – 88], durch Schiefstellungen $\alpha_{a1}$ bei den lotrechten aussteifenden Bauteilen berücksichtigt (Bild 3.9). Dabei sind Mindestwerte einzuhalten. Die rechnerischen Schiefstellungen $\alpha_{a1}$ dürfen mit $\alpha_n \leq 1$ abhängig von der Anzahl n der lastabtragenden Stützen verringert werden (siehe Bild 3.9 a: n=2, b: n=3). Stützen gelten als lastabtragend, wenn von ihnen mindestens 70 % des Bemessungswertes der mittleren Längskraft $N_{Ed,n} = F_{Ed}/n$ aufgenommen werden. Hierbei ist $F_{Ed}$ die Summe der Längskräfte aller nebeneinander liegenden lotrechten Bauteile im betrachteten Stockwerk.

Durch die Abminderung mit $\alpha_n$ wird berücksichtigt, dass die tatsächlichen Schiefstellungen zwar in der Größe, nicht aber in der ungünstigsten Kombination wie nach [DIN 1045 – 88] auftreten. Durch die "zufällige" Verteilung der Schiefstellungen im Bauwerk lag der Ansatz in der bisherigen DIIN 1045 –88 erheblich auf der sicheren Seite.

$$\alpha_{a1} = \frac{1}{100 \cdot \sqrt{h_{ges}[m]}} \leq \frac{1}{200} \text{ in Bogenmaß} \quad (3\text{-}14)$$

$$\alpha_n = \sqrt{\frac{1+1/n}{2}} \quad (3\text{-}15)$$

Auswirkungen nach Theorie II. Ordnung dürfen vernachlässigt werden, wenn sie die Tragfähigkeit um weniger als 10 % verringern. Zur Beurteilung kann die Schlankheit herangezogen werden.

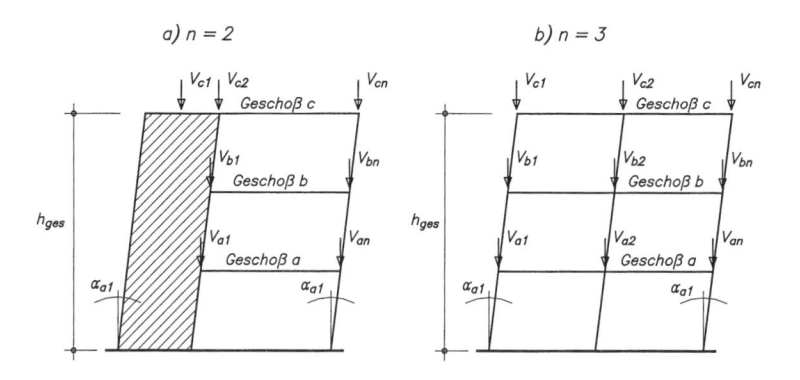

**Bild 3.9:** Geometrische Ersatzimperfektionen

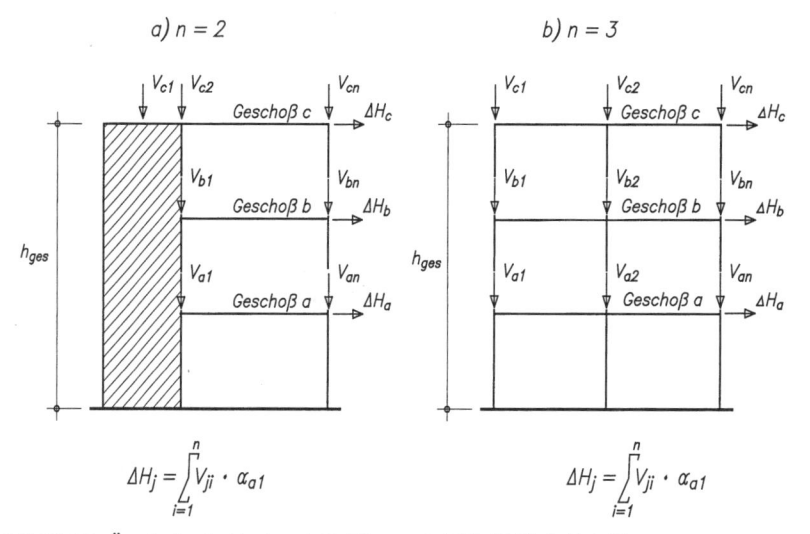

$$\Delta H_j = \int_{i=1}^{n} V_{ji} \cdot \alpha_{a1}$$

**Bild 3.10:** Äquivalente Horizontalkräfte nach DIN 1045-1, 7.2 (6)

Die Schiefstellung des Tragwerkes darf auch alternativ durch die Wirkung äquivalenter Horizontalkräfte berücksichtigt werden, (Bild 3.10).

Waagerecht aussteifende Bauteile erhalten analog zu [DIN 1045 – 88] Zusatzkräfte aus Schiefstellungen $\alpha_{a2}$ der angeschlossenen Bauteile:

$$H_{fd} = (N_{bc} + N_{ba}) \cdot \alpha_{a2} \qquad (3\text{-}16)$$

mit

$\alpha_{a2} = 0{,}008 / \sqrt{2 \cdot k}$ in Bogenmaß

Dabei ist:
k     die Anzahl der auszusteifenden Tragwerksteile im betrachteten Geschoss
$N_{bc}$, $N_{ba}$  der Bemessungswert der Längskraft in Stützen oder Wänden, die jeweils unter Berücksichtigung der Imperfektionen ermittelt wurden und an das lastübertragende Bauteil grenzen

Die Horizontalkräfte $H_{fd}$ werden aus den Bemessungswerten der Längskräfte in den lotrechten Bauteilen ermittelt. Die Kombinationsbeiwerte sind hierbei schon berücksichtigt worden. Aus diesem Grund sind die Horizontalkräfte als eigenständige Einwirkungen anzusehen und dürfen nicht durch Kombinationsbeiwerte abgemindert werden. Bei der Bemessung der vertikal aussteifenden Bauteile brauchen die Horizontalkräfte $H_{fd}$ nicht mit angesetzt zu werden.

### 3.2.6 Vereinfachungen und Mindestmomente

Die Definition des üblichen Hochbaus nach DIN 1045-1, 3.1.1 entspricht der bekannten Definition nach [DIN 1045 – 88]. Hochbauten, die für vorwiegend ruhende, gleichmäßig verteilte Verkehrslasten q ≤ 5,0 kN/m², Einzellasten Q ≤ 7,0 kN und Personenkraftwagen bemessen sind.

Die Unterstützungen durchlaufender Platten und Balken dürfen im üblichen Hochbau als frei drehbar angenommen werden.

Bei biegefester Verbindung von Balken oder Platten mit der Unterstützung kann für das Anschnittsmoment am Auflagerrand bemessen werden.

Bei der Annahme einer frei drehbaren Lagerung durchlaufender Platten und Balken darf das Stützmoment um den Betrag $\Delta M_{Ed}$ reduziert werden, so dass auf diese Weise die Auflagertiefe erfasst wird.

$$\Delta M_{Ed} = C_{Ed} \cdot a / 8 \qquad (3\text{-}17)$$

Es bedeuten $C_{Ed}$: Bemessungswert der Auflagerreaktion

a: Auflagerbreite

Bei Durchlaufträgern wird in DIN 1045-1 darüber hinaus gefordert, den Anschnitt monolithischer Auflager für mindestens 65 % des Volleinspannmomentes zu bemessen. Im Vergleich zur [DIN 1045 – 88] ergeben sich daher für Streckenlasten geringfügig reduzierte Mindestmomente.

**Tabelle 3.5:** Mindeststützmomente

|  | DIN 1045, (15.4.1.2) | DIN 1045-1, 8.2 (5) |
|---|---|---|
| 1. Innenstütze | $q \cdot l_w^2 / 12$ | $(g_d + q_d) \cdot l_n^2 / 12{,}3$ |
| übrige Innenstützen | $q \cdot l_w^2 / 14$ | $(g_d + q_d) \cdot l_n^2 / 18{,}5$ |

$l_w = l_n$ = lichte Stützweite

Für Feldmomente sind in der neuen DIN 1045-1 keine Mindestwerte mehr festgelegt.

Bei Flachdecken sollte ein Mindestwert des Bemessungsmomentes über den Auflagern angenommen werden, um die Gültigkeit der Bemessungsannahmen für den Nachweis der Sicherheit gegen Durchstanzen sicherzustellen. Diese Mindestwerte ergeben sich abhängig von der Größe der aufzunehmenden Querkraft und der Lage der Stütze.

## 3.3 Verfahren zur Schnittgrößenermittlung

### 3.3.1 Übersicht

Die Tabelle 3.6 stellt die zulässigen Verfahren vor und zeigt einige Aspekte ihrer Anwendung. Der Unterschied zwischen den vier in DIN 1045-1 benannten Verfahren besteht hauptsächlich darin, bis zu welchem Grad dem nichtlinearen Werkstoffverhalten und der Rissbildung bei der Schnittgrößenberechnung Rechnung getragen werden darf.

**Tabelle 3.6:** Verfahren zur Schnittgrößenermittlung nach DIN 1045-1

| Methode | Elastizitätstheorie | | Fließgelenktheorie | Physikalisch nichtlineare Verfahren |
|---|---|---|---|---|
| | lineares | | ← nichtlineares Werkstoffverhalten → | |
| | ohne Umlagerung | mit Umlagerung | statische / kinematische Methode | - |
| Kapitel in der DIN 1045-1 | 8.2 | 8.3 | 8.4 | 8.5 |
| Gleichgewicht erfüllt | ja | ja | ja | ja |
| Verträglichkeit erfüllt | ja | ja | nein | ja |
| Superpositionsgesetz | gültig | gültig | ungültig | ungültig |
| Anwendung nach DIN 1045-1 für Tragfähigkeit | ja | ja | ja | ja |
| Anwendung nach DIN 1045-1 für Gebrauchsfähigkeit | ja | nein | nein | ja |
| Nachweis der Rotationsfähigkeit | nein, aber konstruktive Bedingungen nach DIN 1045-1, 8.2 (3) | ja | i.A. ja, alternativ sind konstruktive Bedingungen nach DIN 1045-1 einzuhalten | ja, im Verfahren enthalten |
| Stahlduktilität | normal / hoch | normal / hoch | hoch | normal / hoch |
| Nachweis der Gebrauchsfähigkeit | zusätzlich zu führen | zusätzlich zu führen | zusätzlich zu führen | i.A. im Verfahren enthalten |
| Ansatz für Steifigkeit | nach Zustand I | nach Zustand I | entfällt | "wirklichkeitsnah mit mittleren Werkstoffkennwerten" |
| Werkstoffformulierung | linear elastisch | linear elastisch | plastisch | nichtlinear |
| Rechenaufwand | gering, Tafelwerke oder Programme vorhanden | gering, Tafelwerke oder Programme vorhanden | ohne Rotationsnachweis gering | sehr groß |
| Einfluss der Modellbildung auf die Ergebnisse | gering | gering | gering | groß (FE: Elementtyp, Diskretisierung, Steifigkeitsansatz...) |
| Anwendung im Hochbau | ja | ja | ja | bevorzugt in Sonderfällen (z.B. Umnutzung, Schäden,...) bei Nachrechnungen |

### 3.3.2 Linear elastische Berechnung mit Umlagerung

Der größere Freiraum bei der Umverteilung der Momente nach DIN 1045-1 erfordert i.a. einen zusätzlichen Nachweis der Rotationsfähigkeit, d.h. ausreichende Verdrehfähigkeit in den maximal beanspruchten Querschnitten. Dieser Nachweis kann indirekt durch das Einhalten von Grenzwerten für den Umlagerungsfaktor $\delta$ erbracht werden:

$$\text{gew } \delta = \frac{\text{Biegemoment nach Umlagerung}}{\text{Biegemoment nach E-Theorie}} \geq \text{zul } \delta$$

## Materialkennwerte und Schnittgrößenermittlung

Die Werte für zul δ sind abhängig von der Querschnittsduktilität, d. h. von der Betongüte und der Druckzonenhöhe x/d, sowie der Stahlduktilität.

Die möglichen Auswirkungen einer Momentenumlagerung müssen bei der Bemessung für Biegung und Querkraft, der Verankerungen sowie der Abstufung der Bewehrung berücksichtigt werden. Es sind auch Werte vorh δ < zul δ möglich; dann ist jedoch stets ein Nachweis ausreichender Rotationsfähigkeit zu führen. DIN 1045-1 stellt in Abschnitt 8.4.2 hierfür einen vereinfachten Nachweis der plastischen Rotation zur Verfügung.

Für die Nachweise der Gebrauchsfähigkeit ist i.a. ein zusätzlicher Rechengang nach der Elastizitätstheorie erforderlich. Verformungs-, Spannungs- und Rissbreitennachweise können die Bewehrungsanordnung derart beeinflussen, dass den Umlagerungen beim Tragfähigkeitsnachweis Grenzen gesetzt sind. Bei Momentenumlagerungen von mehr als 15 % sind die Spannungsnachweise im Grenzzustand der Gebrauchstauglichkeit zu führen.

Ein Vergleich der Voraussetzungen für die Momentenumlagerung nach [DIN 1045 – 88] und DIN 1045-1 ist in Tabelle 3.7 zusammengestellt. Die Möglichkeiten, die Bewehrung gegenüber der Elastizitätstheorie umzuverteilen, sind nach DIN 1045-1 sowohl hinsichtlich der Anwendungsfälle als auch hinsichtlich der Umlagerungsgröße wesentlich weiter gefasst, selbst wenn auf einen direkten Nachweis der Rotationsfähigkeit verzichtet wird.

**Tabelle 3.7:** Voraussetzungen zur Schnittgrößenumlagerung bei linear-elastischer Schnittgrößenermittlung

| DIN 1045 – 88 (2.2.4 und 15.1.2) | DIN 1045-1, 8.3 |
|---|---|
| - | ohne Rotationsnachweis |
| üblicher Hochbau: $p \leq 5{,}0$ kN/m², $P \leq 7{,}0$ kN vorwiegend ruhend | Hochbau, normaler Ingenieurbau |
| Durchlaufträger mit konstantem Betonquerschnitt und Stützweiten $\leq 12$ m | Durchlaufträger mit $0{,}5 < l_i/l_{i+1} < 2$ bei Nachbarfeldern, Riegel unverschieblicher Rahmen, allgemein bei vorwiegender Biegebeanspruchung |
| Gleichgewicht ist einzuhalten | Gleichgewicht ist einzuhalten |
| $\delta \geq 0{,}85$ | $\delta = \delta(x/d, \text{Betonfestigkeit}, \text{Stahlduktilität})$ |
| - | mit Rotationsnachweis weitergehendere Umlagerung möglich |
| Einfluss der Umlagerung auf die Querkraft muss nicht berücksichtigt werden | Einfluss der Umlagerung auf Querkraft muss berücksichtigt werden |

Bei verschieblichen Rahmen ist eine Umlagerung im allgemeinen nicht gestattet.

Wird nach der Elastizitätstheorie ohne Umlagerung bemessen (d.h. $\delta = 1{,}0$), so sind folgende Grenzwerte für x/d einzuhalten:

- $x/d \leq 0{,}45$ für Betondruckfestigkeiten bis C 50/60 und
- $x/d \leq 0{,}35$ für höhere Betondruckfestigkeiten.

Wird die durch diese Begrenzungen der Druckzonenhöhe definierte Druckzonenbeanspruchung überschritten, so sind "geeignete konstruktive Maßnahmen" zu treffen. Hierfür ist nach DIN 1045-1, 13.1.1 (5) eine Druckzonenumschnürung durch Bügel $d_s \geq 10$ mm ausreichend. Deren Abstand ist wie folgt begrenzt:

$$s_{bü,längs} \leq \begin{cases} 0,25 \cdot h \\ 20\text{ cm} \end{cases} \text{ für alle Betonfestigkeitsklassen}$$

$$s_{bü,quer} \leq \begin{cases} h \\ 60\text{ cm} \end{cases} \text{ für Betonfestigkeitsklassen bis C50/60}$$

$$s_{bü,quer} \leq \begin{cases} h \\ 40\text{ cm} \end{cases} \text{ für höhere Betonfestigkeitsklassen}$$

### 3.3.2.1 Nachweise der Rotationskapazität durch Einhalten von Grenzwerten

Wird auf einen direkten Nachweis der Rotationsfähigkeit verzichtet, so sind bei Verwendung von hochduktilem Stahl Umlagerungen bis zu 30 %, bei normalduktilem Stahl bis zu 15 % zulässig. Weiterhin werden die Umlagerungsmöglichkeiten durch die Druckzonenhöhe nach der Umlagerung und die Betongüte eingeschränkt.

Für hochduktilen Stahl gilt:

$$\left. \begin{array}{l} \delta \geq 0,64 + 0,8 \cdot \dfrac{x}{d} \\ \delta \geq 0,7 \end{array} \right\} \quad \text{bis C50/60} \tag{3-18}$$

$$\left. \begin{array}{l} \delta \geq 0,72 + 0,8 \cdot \dfrac{x}{d} \\ \delta \geq 0,8 \end{array} \right\} \quad \text{ab C55/67} \tag{3-19}$$

für normalduktilen Stahl gilt:

$$\left. \begin{array}{l} \delta \geq 0,64 + 0,8 \cdot \dfrac{x}{d} \\ \delta \geq 0,85 \end{array} \right\} \quad \text{bis C50/60} \tag{3-20}$$

$\delta = 1,0$ (keine Umlagerung)   ab C55/67

Da die verwendete Stahlsorte eine Obergrenze für die Umlagerung darstellt, hat unterhalb dieser Grenze nur die Druckzonenhöhe Einfluss auf die zulässige Momentenverteilung. Demnach gibt es zu jedem Umlagerungsgrad eine entsprechende Druckzonenhöhe. Wird der zulässige Wert überschritten und soll keine erneute Schnittgrößenberechnung durchgeführt und der gewählte Umlagerungsgrad beibehalten werden, kann die Betondruckzone durch Anordnung von Druckbewehrung entlastet werden. Dies kann unter Verwendung des Allgemeinen Bemessungsdiagramms für Normalbeton bis C50/60 (Bild 3.15) geschehen, das auch die Grenzen für die Momentenumlagerung enthält (Gl. (3-18) und Gl. (3-20)).

Die notwendige Druckbewehrung ist häufig bereits durch die konstruktiv ohnehin erforderliche Bewehrung in der Druckzone vorhanden. Würde sich aus dieser Vorgehensweise jedoch eine unwirtschaftliche Bewehrungsführung ergeben, so kann der Nachweis der plastischen Rotation geführt werden. Soll jedoch auf diesen Nachweis verzichtet werden, muss ein geringerer Umlagerungsgrad gewählt werden.

Aus den Bedingungen, dass die zulässige Momentenumlagerung sowohl von der Betonfestigkeitsklasse als auch der Duktilität der Bewehrung abhängig ist, ergibt sich die Notwendigkeit, bereits vor der Schnittgrößenberechnung die zu verwendenden Baustoffe festzulegen. Nach der Durchführung der Bemessung ist die gewählte Umlagerung zu kontrollieren. Für den Fall, dass der gewählte Momentenumlagerungsgrad die zulässigen Grenzen überschreitet, ist die Schnittgrößenberechnung mit einer reduzierten Umlagerung zu wiederholen.

Es ergibt sich also ein iteratives Vorgehen zwischen Schnittgrößenberechnung und Biegebemessung.

Da die DIN 1045-1 im Prinzip jede Momentenverteilung zulässt, die die Gleichgewichts- und Verträglichkeitsbedingungen erfüllt, sind auch Momentenumlagerungen vom Feld zur Stütze hin möglich. Zum Nachweis der Rotationsfähigkeit im Feldquerschnitt wird in [Zilch/Rogge – 01] dann jedoch die Verwendung des genaueren Verfahrens empfohlen, da die Gleichungen (3-18) und (3-20) auf der Grundlage einer Umlagerung von der Stütze zum Feld hergeleitet wurden.

### 3.3.3 Verfahren nach der Plastizitätstheorie

Die Möglichkeiten der in DIN 1045-1 zugelassenen Verfahren nach der Plastizitätstheorie werden nur kurz vorgestellt.

Zur Berechnung der Schnittgrößen auf Grundlage der Plastizitätstheorie können alternativ das kinematische Verfahren zur Bestimmung des oberen Grenzwerts und das statische Verfahren zur Festlegung des unteren Grenzwerts der Tragfähigkeit angewendet werden. Wegen der zahlreichen Vereinfachungen sind die genannten Verfahren auf Grundlage der Plastizitätstheorie nur für den Grenzzustand der Tragfähigkeit anwendbar.

Bei diesen Verfahren wird ein Versagensmechanismus untersucht, der sich nach Ausbildung einer ausreichenden Anzahl plastischer Gelenke im Grenzzustand der Tragfähigkeit einstellt. Dies erfordert eine ausreichende Duktilität in den zuerst gebildeten plastischen Gelenken. In Stahlbetontragwerken ist die Rotationsfähigkeit begrenzt und muss daher überprüft werden. Die Lage der plastischen Gelenke ist nicht immer sofort erkennbar, da sie auch durch die Bewehrungsführung beeinflusst wird. Eventuell ist ein zweiter Rechengang mit korrigierter Gelenklage durchzuführen. Die Berechnung ohne Einsatz von Computerprogrammen ist daher nur in einfachen Fällen möglich.

#### 3.3.3.1 Vereinfachter Nachweis der Rotationskapazität

Die Grundlage für die Berechnung von Stabtragwerken ist die Fließgelenktheorie, die besonders für überwiegend auf Biegung beanspruchte Systeme geeignet ist. Hierbei wird eine kinematische Gelenkkette angenommen, in deren Gelenken vollplastische Momente wirken. Zu überprüfen ist, ob die plastischen Gelenkverdrehungen im Sinne der angesetzten plastischen Momente erfolgen und ob die Rotationskapazität für die Ausbildung der Verdrehungen ausreicht.

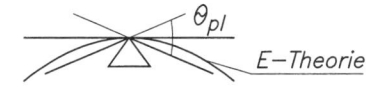

**Bild 3.11:** Winkelverdrehung $\theta_{pl}$ am plastischen Gelenk

Während die Biegelinie, die sich bei einer Momentenverteilung nach der Elastizitätstheorie einstellt, über einer Innenstütze kontinuierlich durchläuft, weist die Biegelinie, die zu den Momenten nach der Umlagerung gehört, einen Knick auf, wie in Bild 3.11 gezeigt. Der durch die Umlagerung entstehende Winkel $\Theta_{erf}$ darf die plastische Verformungsfähigkeit, also die Rotationskapazität des Querschnitts, nicht überfordern. Um diese Bedingungen zu überprüfen, kann der Winkel $\Theta_{erf}$ mit Hilfe des Prinzips der virtuellen Kräfte an einem statisch bestimmten Hauptsystem berechnet werden. Dazu müssen wirklichkeitsnahe Biegesteifigkeiten des Stahlbetonbalkens angesetzt werden, die den gerissenen Zustand II berücksichtigen und aus einer vereinfachten Momenten-Krümmungs-Beziehung ermittelt werden können.

Zur Vereinfachung darf nach DIN 1045-1, 8.5.2 (3) eine trilineare Momenten-Krümmungs-Beziehung verwendet werden.

Es bedeuten:

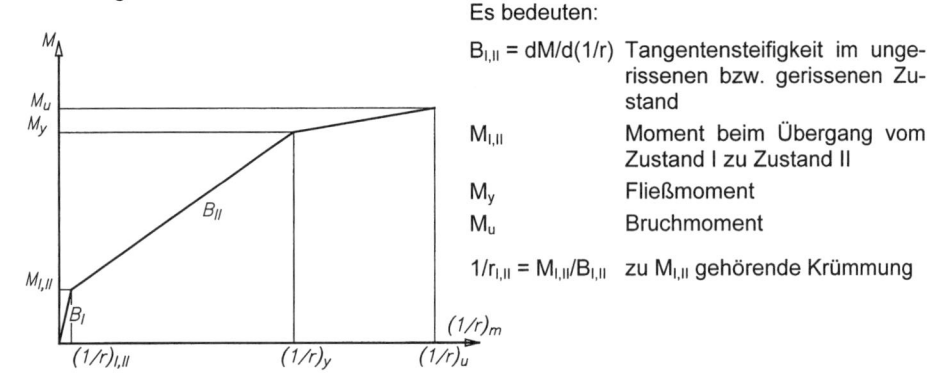

$B_{I,II} = dM/d(1/r)$ Tangentensteifigkeit im ungerissenen bzw. gerissenen Zustand

$M_{I,II}$ Moment beim Übergang vom Zustand I zu Zustand II

$M_y$ Fließmoment

$M_u$ Bruchmoment

$1/r_{I,II} = M_{I,II}/B_{I,II}$ zu $M_{I,II}$ gehörende Krümmung

**Bild 3.12:** Vereinfachte Momenten-Krümmungs-Beziehung nach DIN 1045-1

Die Krümmungen $(1/r)_y$ und $(1/r)_u$ sind unter Berücksichtigung der Mitwirkung des Betons auf Zug zwischen den Rissen zu ermitteln. Für die Berechnung der Momenten-Krümmungs-Beziehung sind die Mittelwerte der Baustofffestigkeiten anzusetzen.

Betonstahl: $f_{yR} = 1{,}1 \cdot f_{yk}$

$f_{tR} = 1{,}08 \cdot f_{yR}$ für hochduktilen Stahl

$f_{tR} = 1{,}05 \cdot f_{yR}$ für normalduktilen Stahl

Beton: $f_{cR} = 0{,}85 \cdot \alpha \cdot f_{ck}$ bis C50/60

$f_{cR} = 0{,}85 \cdot \alpha \cdot f_{ck} / \gamma'$ ab C55/67

Die Mitwirkung des Betons auf Zug kann z.B. entsprechend Bild 3.13 berücksichtigt werden.

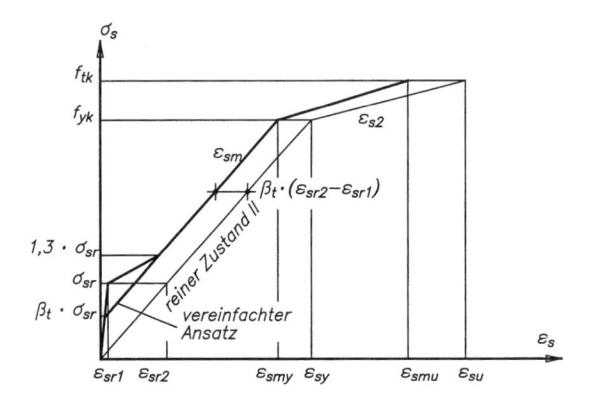

**Bild 3.13:** Mitwirkung des Betons auf Zug zwischen den Rissen

## Materialkennwerte und Schnittgrößenermittlung

Allgemein:

a) ungerissen: $0 < \sigma_s \leq \sigma_{sr}$

$$\varepsilon_{sm} = \varepsilon_{s1} \tag{3-21}$$

b) Rissbildung: $\sigma_{sr} < \sigma_s \leq 1{,}3 \cdot \sigma_{sr}$

$$\varepsilon_{sm} = \varepsilon_{s2} - \frac{\beta_t \cdot (\sigma_s - \sigma_{sr}) + (1{,}3 \cdot \sigma_{sr} - \sigma_s)}{0{,}3 \cdot \sigma_{sr}} \cdot (\varepsilon_{sr2} - \varepsilon_{sr1}) \tag{3-22}$$

c) abgeschlossene Rissbildung:
$1{,}3 \cdot \sigma_{sr} < \sigma_s \leq f_{yk}$

$$\varepsilon_{sm} = \varepsilon_{s2} - \beta_t \cdot (\varepsilon_{sr2} - \varepsilon_{sr1}) \tag{3-23}$$

d) Fließen des Stahls: $f_{yk} < \sigma_s \leq f_{tk}$

$$\varepsilon_{sm} = \varepsilon_{sy} - \beta_t \cdot (\varepsilon_{sr2} - \varepsilon_{sr1}) + 0{,}7 \cdot (1 - 0{,}85 \cdot \frac{\sigma_{sr}}{f_{tk}}) \cdot (\varepsilon_{s2} - \varepsilon_{sy}) \tag{3-24}$$

Vereinfacht:

a) ungerissen: $0 < \sigma_s \leq \beta_t \cdot \sigma_{sr}$

$$\varepsilon_{sm} = \varepsilon_{s1} \tag{3-25}$$

b) Bereich der Rissbildung: $\beta_t \cdot \sigma_{sr} < \sigma_s \leq f_{yk}$

$$\varepsilon_{sm} = \varepsilon_{s2} - \beta_t \cdot (\varepsilon_{sr2} - \varepsilon_{sr1}) \tag{3-26}$$

c) Fließen des Stahls: $f_{yk} < \sigma_s \leq f_{tk}$

$$\varepsilon_{sm} = \varepsilon_{sy} - \beta_t \cdot (\varepsilon_{sr2} - \varepsilon_{sr1}) + 0{,}7 \cdot (1 - 0{,}85 \cdot \frac{\sigma_{sr}}{f_{tk}}) \cdot (\varepsilon_{s2} - \varepsilon_{sy}) \tag{3-27}$$

Es bedeuten:

$\varepsilon_{su} = 25‰$
$\varepsilon_{sy}$   Stahldehnung an der Streckgrenze $f_y$
$\varepsilon_{s1}$   Stahldehnung im ungerissenen Zustand
$\varepsilon_{s2}$   Stahldehnung im gerissenen Zustand im Riss
$\varepsilon_{sr1}$   Stahldehnung im ungerissenen Zustand unter Rissschnittgrößen bei Erreichen von $f_{ctm}$
$\varepsilon_{sr2}$   Stahldehnung im Riss unter Rissschnittgrößen
$\beta_t$   Beiwert zur Berücksichtigung des Einflusses der Belastungsdauer oder einer wiederholten Belastung auf die mittlere Dehnung:
   $\beta_t = 0{,}4$ für eine kurzzeitige Belastung
   $\beta_t = 0{,}25$ für eine andauernde Last oder häufige Lastwechsel
$\sigma_s$   Spannung in der Zugbewehrung, die auf der Grundlage eines gerissenen Querschnitts berechnet wird (Spannung im Riss).
$\sigma_{sr}$   Spannung in der Zugbewehrung, die auf der Grundlage eines gerissenen Querschnitts für eine Einwirkungskombination berechnet wird, die zur Erstrissbildung führt.

Die mögliche plastische Rotation $\theta_{pl,d}$ darf vereinfachend mit dem bilinearen Ansatz nach Bild 3.14 ermittelt werden.

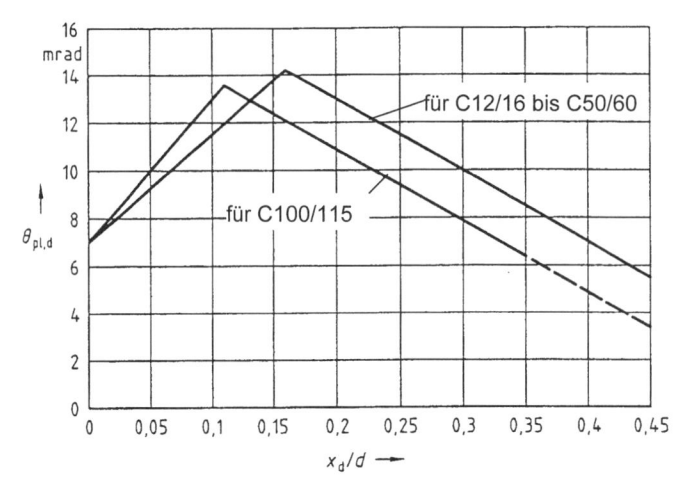

**Bild 3.14:** Grundwerte der zulässigen plastischen Rotation

Die Druckzonenhöhe $x_d$ ist hierbei mit den Bemessungswerten der Baustofffestigkeiten zu ermitteln und kann somit direkt aus der Querschnittsbemessung übernommen werden. Für die Betonfestigkeitsklassen zwischen den Dargestellten C 50/60 und C 100/115 darf linear interpoliert werden. Der abgelesen Wert gilt für eine Schubschlankheit von $\lambda$ = 3,0 und ist für andere Werte von $\lambda$ mit dem Korrekturfaktor $k_\lambda$ zu multiplizieren.

$$k_\lambda = \sqrt{\frac{\lambda}{3}} \quad \text{mit} \quad \lambda = \frac{M_{Ed}}{V_{Ed} \cdot d}$$

### 3.3.4 Nichtlineare Verfahren

Mit nichtlinearen Stoffgesetzen ist zwar die größte Wirklichkeitsnähe zu erreichen, jedoch ist der erforderliche numerische Aufwand sehr groß. Ein geeignete Verfahren ist z.B. die Methode der Finiten Elemente. Es müssen dabei wirksame, im Zustand II iterativ bestimmte Elementsteifigkeiten verwendet werden, die die Schnittgrößenverteilung im nachfolgenden Rechenschritt mitbestimmen. Stahlverfestigung und Betonzugversteifung sowie geometrisch nichtlineares Verhalten können erfasst werden. Die Einwirkungen werden während der Berechnung sukzessive gesteigert, so dass neben Trag- und Rotationsfähigkeit auch die Nachweise der Gebrauchstauglichkeit erfasst werden können.

Gemäß DIN 1045-1sind für Betonstahl näherungsweise bilineare Werkstoff-Kennlinien zu verwenden (Bild 3.3). Für den Beton ist die Parabelfunktion, die mit der Gleichung (3-4) beschrieben wird, einzusetzen. Zur Berücksichtigung der Zugversteifung des Betons im Zustand II, die einen erheblichen Einfluss auf die Steifigkeitsverteilung haben kann, ist ein geeignetes Verfahren zu wählen, das die Spannungs-Dehnungs-Beziehung des Betonstahls modifiziert.

DIN 1045-1 sieht für nichtlineare Berechnungen einen einzigen Teilsicherheitsbeiwert $\gamma_R$ vor, der auf die mit rechnerischen Mittelwerten bestimmte Traglast anzusetzen ist.

Die Ergebnisse einer physikalisch nichtlinearen computergestützten Berechnung werden stärker von der Modellbildung beeinflusst als bei den anderen Verfahren (Elastizitätstheorie, Plastizitätstheorie). Aus diesem Grund sollten Ergebnisse nichtlinearer Rechenprogramme kritisch bewertet werden.

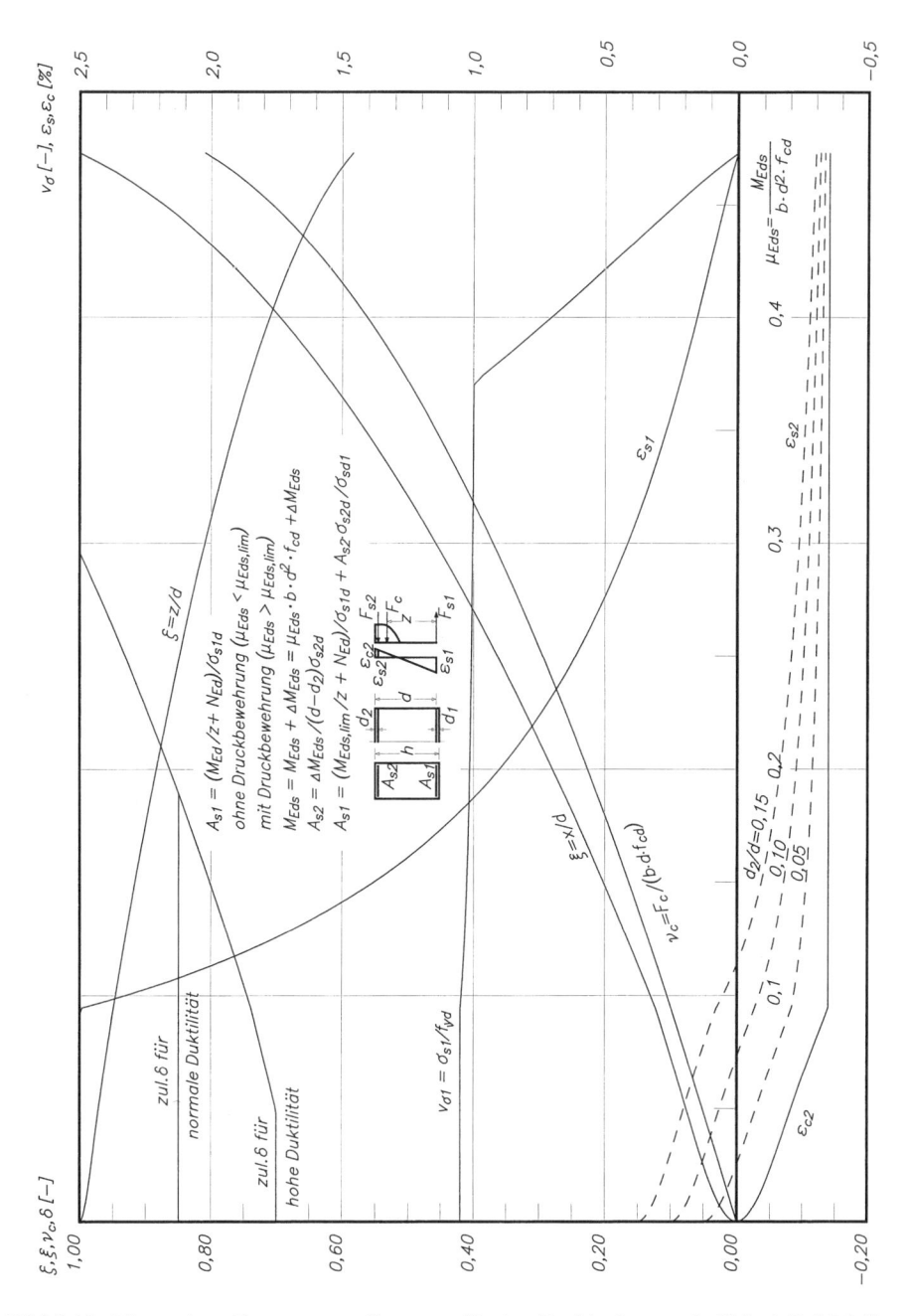

**Bild 3.15:** Allgemeines Bemessungsdiagramm für den Rechteckquerschnitt (vgl. Tafel 4.1)

## 3.4 Beispiel zum Nachweis der Rotationsfähigkeit

Für den im Bild 3.16 dargestellten 2-Feldträger soll das minimale Stützmoment so weit wie möglich umgelagert werden, ohne dass die für die Bemessung maßgebenden Feldmomente größer werden als bei einer Berechnung nach der Elastizitätstheorie.

**System:**

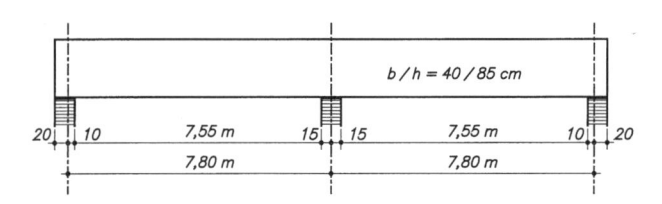

**Bild 3.16:** System und Abmessungen

<u>Auflagertiefe und Stützweite</u>

$a_1 = a_3 = 10$ cm; $a_2 = 15$ cm

$l_{eff,1} = l_{eff,2} = 7{,}55 + 0{,}10 + 0{,}15 = 7{,}80$ m

**Belastung:**

<u>charakteristische Werte der Einwirkungen</u>

ständig: $g_k = 40$ kN/m

veränderlich: $q_k = 24$ kN/m

für beide Felder

Bemessungswerte der Einwirkungen

$g_d = \gamma_G \cdot g_k = 1{,}35 \cdot 40{,}0 = 54{,}0$ kN/m

$q_d = \gamma_Q \cdot q_k = 1{,}50 \cdot 24{,}0 = 36{,}0$ kN/m

$(g_d + q_d) = 90{,}0$ kN/m

**Baustoffe:**

<u>charakteristische Werte der Baustoffkennwerte</u>

Beton C20/25: $f_{ck} = 20$ N/mm$^2$

Betonstahl S500: $f_{yk} = 500$ N/mm$^2$, hochduktil

Bemessungswerte der Baustoffkennwerte

Beton:

$f_{cd} = \alpha \cdot f_{ck} / \gamma_c = 0{,}85 \cdot 20 / 1{,}50 = 11{,}33$ N/mm$^2$

Betonstahl:

$f_{yd} = f_{yk} / \gamma_s = 500 / 1{,}15 \approx 435$ N/mm$^2$

**Schnittgrößen nach Elastizitätstheorie**

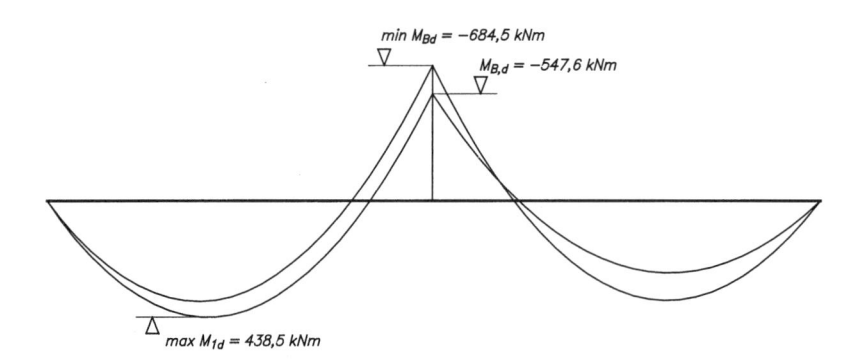

min $M_{Bd} = -684{,}5$ kNm

$M_{B,d} = -547{,}6$ kNm

max $M_{1d} = 438{,}5$ kNm

**Bild 3.17:** Biegemomente nach Elastizitätstheorie

## Materialkennwerte und Schnittgrößenermittlung

**Schnittgrößen mit Momentenumlagerung:**

Die Momentenumlagerung wird durch Abminderung des Stützmoments $M_B$ mit einem gewählten Faktor gew. δ vorgenommen, der größer als der zulässige für die entsprechende Stahlduktilität ist oder für den der vereinfachte Nachweis nicht erbracht werden kann.

Das minimale Stützmoment soll so weit wie möglich umgelagert werden, ohne dass die für die Bemessung maßgebenden Feldmomente größer werden als bei einer Berechnung nach der Elastizitätstheorie.

zugehöriger Umlagerungsgrad: $\delta_B = \dfrac{547{,}6}{684{,}5} - 0{,}80 \rightarrow 20\%$ Umlagerung

Für das Bemessungsmoment an der Stütze B wird eine Momentenausrundung durchgeführt. Dafür wird die Auflagerkraft $B_{Sd,sup}$ benötigt.

| | | |
|---|---|---|
| $\|V_{Sd,Bl}\|$ | = ½ · 90,0 · 7,80 + 547,6/7,8 | = 421,2 kN |
| $\|V_{Sd,Br}\|$ | = ½ · 54,0 · 7,80 + 547,6/7,8 + | = 280,8 kN |
| Auflagerkraft: | $B_{Sd,sup}$ | = 702,0 kN |

Momentenausrundung:

$\Delta M_{Bd}$ = 702,0 · 0,30 / 8 = 26,3 kNm

red $M_{Bd}$ = –547,6 + 26,3 = –521,3 kNm

**Kontrolle der gewählten Umlagerung:**

Querschnittswerte:

b / h / d / $d_1$ / $d_2$ = 40 / 85/ 80 / 5 / 5 cm

$$\mu_{Eds} = \dfrac{521 \cdot 10^{-3}}{0{,}4 \cdot 0{,}8^2 \cdot 11{,}33} = 0{,}180$$

Ablesung:

| | |
|---|---|
| Bezogener innerer Hebelarm | $\zeta = 0{,}897$ |
| Bezogene Druckzonenhöhe | $\xi = 0{,}245$ |
| Beiwert $v_\sigma$: | $v_\sigma = 1{,}018$ |
| zul. Umlagerungsgrad: | zul δ = 0,84 |

Für die gewählte Momentenumlagerung muss ein genauerer Rotationsnachweis geführt werden.

$$A_{s1,erf} = \dfrac{0{,}521}{1{,}018 \cdot 435 \cdot 0{,}897 \cdot 0{,}8} \cdot 10^4 = 16{,}4 \text{ cm}^2$$

gewählt: 3 ⌀ 20 + 4 ⌀ 16= 17,5 cm²

**Bemessung im Grenzzustand der Tragfähigkeit für Biegung:**

Aufgrund der Bemessung für die nach der Umlagerung vorhandenen Schnittgrößen im Grenzzustand der Tragfähigkeit und Wahl einer geeigneten Bewehrungsführung liegen die im folgenden zu berücksichtigenden Steifigkeiten fest.

Die Bemessung in den Feldern erfolgt ebenfalls mit dem Bemessungsdiagramm. Es muss allerdings über die Lage der Dehnungs-Null-Linie die Annahme einer rechteckigen Druckzone überprüft werden

Feld 1:

$$\mu_{Eds} = \frac{0,4385}{0,4 \cdot 0,8^2 \cdot 11,33} = 0,151$$

abgelesen wird: $\omega = 0,1650 \rightarrow v_\sigma = 1,025$

$$A_{s1,erf} = \frac{1}{1,025 \cdot 435} \cdot (0,1650 \cdot 0,40 \cdot 0,80 \cdot 11,33) \cdot 10^4 = 13,4 \text{ cm}^2$$

gewählt: 2 ⌀ 20 + 4 ⌀ 16 = 14,32 cm²

**Bewehrungsführung:**
Die Feldbewehrung wird ohne Staffelung eingelegt. Vereinfachend wird ferner angenommen, dass die gewählte Stützbewehrung im gesamten Bereich der negativen Momente vorhanden ist.

**Nachweis der Rotationskapazität:**
Der Nachweis wird für den Lastfall Volllast geführt, da für diesen die größten Umlagerungen erforderlich sind.
Die konstruktiv vorhandene Bewehrung in der Druckzone wird bei der Aufstellung der Momenten-Krümmungs-Beziehungen auf der sicheren Seite liegend nicht berücksichtigt.
Die Berechnung der Momente $M_{yk}$ und der zugehörigen Krümmung $(1/r)_{cr}$ für den Zustand II erfolgt iterativ.
Für den Betonstahl wird die bilineare Spannungs-Dehnungs-Beziehung (Bild 3.3) und für den Beton die Spannungs-Dehnungs-Beziehung für die Schnittgrößenermittlung (Bild 3.1) verwendet.

**Stütze:**
Ermittlung der trilinearen Momenten-Krümmungs-Beziehung (M-1/r-Diagramm) unter Berücksichtigung des Betons auf Zug.
Zur Berechnung von $M_{yk}$ wird die Stahlspannung $f_{yR}$ angesetzt. Daraus ergibt sich die Stahldehnung zu

$$\varepsilon_{sy} = \frac{f_{yR}}{E_s} = \frac{1,1 \cdot 500}{200000} = 2,75 \text{‰}$$

und mit dem vorhandenen Bewehrungsquerschnitt die Stahlzugkraft zu

$$F_s = A_{s1,prov} \cdot f_{ym} = 17,46 \cdot 10^{-4} \cdot 550 = 0,960 \text{ MN}.$$

Da innerhalb des Querschnitts Gleichgewicht der Kräfte bestehen muss, ist die Betondruckkraft

$$F_c = \alpha_v \cdot b \cdot \xi \cdot d \cdot f_{cR}$$

zu ermitteln, die diese Bedingung erfüllt. Dafür kann man im 1. Schritt die Druckzonenhöhe x schätzen und daraus die Betonstauchung $\varepsilon_{c2}$ berechnen. Unter Verwendung der nichtlineare Beziehung erhält man die Spannungsverteilung in der Druckzone und kann durch Integration die Betondruckkraft und ihren Abstand a vom gedrückten Rand berechnen, so dass nun der Hebelarm der inneren Kräfte

$$z = (d - a) = (1 - k_a \cdot \xi) \cdot d$$

festliegt. Im ersten Rechenschritt wird die Gleichgewichtsbedingung i.A. nicht erfüllt sein, so dass die Druckzonenhöhe iterativ verändert werden muss. Ist eine ausreichende Genauigkeit erreicht, berechnet sich das Moment zu

$$M_y = F_s \cdot z$$

Die Betonstauchung $\varepsilon_c$ wurde durch Iteration ermittelt:

$$\varepsilon_c = 1{,}282 \text{ ‰}$$

Aus Bild 3.2 ergibt sich mit der Betonstauchung $\varepsilon_c$

$$\alpha_v = 0{,}653 \text{ und } k_a = 0{,}393$$

Die Druckzonenhöhe beträgt

$$x = \frac{1{,}282}{1{,}282 + 2{,}75} \cdot 80 = 0{,}318 \cdot 80 = 25{,}4 \text{ cm}$$

der innere Hebelarm

$$z = (1 - 0{,}393 \cdot 0{,}318) \cdot 80 = 70 \text{ cm und}$$

das Moment

$$M_y = 0{,}70 \cdot 0{,}960 = 0{,}672 \text{ MNm}$$

Die Mitwirkung des Betons auf Zug wird mit dem vereinfachten Ansatz erfasst. Dazu wird das Rissmoment des Querschnitts benötigt, das hier näherungsweise mit Betonflächenwerten berechnet wird:

$$M_{cr} = f_{ctm} \cdot \frac{I_c}{z_{b1}} = 2{,}2 \cdot \frac{2{,}0471 \cdot 10^{-2}}{0{,}425} = 0{,}106 \text{ MNm}$$

Mit $\quad I_c = \dfrac{0{,}4 \cdot 0{,}85^3}{12} = 2{,}0471 \cdot 10^{-2} \text{ m}^4 \text{ und } E_c = 28800 \text{ N/mm}^2$

$\Rightarrow \quad EI_c = 589{,}6 \text{ MNm}^2$

Stahldehnung im Zustand I bei Erreichen des Rissmoments:

$$\varepsilon_{sr1} = \frac{f_{ctm}}{E_{cm}} \cdot \frac{z_{s1}}{z_{b1}} = \frac{2{,}2}{28{,}8} \cdot \frac{37{,}5}{42{,}5} = 0{,}0674 \text{ ‰}$$

Krümmung beim Übergang von Zustand I nach Zustand II

$$(1/r)_{I,II} = M_{cr}/EI_c = 0{,}106/589{,}6 = 0{,}180 \cdot 10^{-3} \text{ m}^{-1}$$

Stahlspannung unter dem Rissmoment $M_{cr}$ im Zustand II

$$\sigma_{sr} = \frac{M_{cr}}{z \cdot A_{s1,prov}} = \frac{0{,}106}{0{,}736 \cdot 17{,}5 \cdot 10^{-4}} = 82{,}5 \text{ N/mm}^2$$

$$\text{mit } z = d - \frac{x}{3} = 0{,}8 - \frac{0{,}24}{3} = 0{,}72 \text{ m}$$

bei linearer Betonspannungsverteilung:

$$x/d = \sqrt{\alpha_e \cdot \rho_1 \cdot (2 + \alpha_e \cdot \rho_1)} - \alpha_e \cdot \rho_1$$
$$= \sqrt{6,94 \cdot 0,0055 \cdot (2 + 6,94 \cdot 0,0055)} - 6,94 \cdot 0,0055 = 0,240$$

mit: $\alpha_e = \dfrac{E_s}{E_{cm}} = \dfrac{200}{28,80} = 6,944$ und $\rho_1 = \dfrac{A_{s1,prov}}{b \cdot d} = \dfrac{17,5}{40 \cdot 80} = 0,00547$

Stahldehnung im Zustand II bei Erreichen des Rissmoments:

$$\varepsilon_{sr2} = \dfrac{\sigma_{sr}}{E_s} = \dfrac{82,5}{200000} = 0,413\ ‰$$

Abzugswert $\Delta\varepsilon_{sr}$ zur Berücksichtigung des Betons auf Zug

$$\Delta\varepsilon_{sr} = \beta_t \cdot (\varepsilon_{sr2} - \varepsilon_{sr1}) = 0,25 \cdot (0,413 - 0,0674) = 0,0863\ ‰$$

Stahldehnung unter dem Fließmoment $M_y$

$$\varepsilon_{smy} = \varepsilon_{sy} - \Delta\varepsilon_{sr} = 2,75 - 0,0863 = 2,664\ ‰$$

Aus der so berechneten Stahldehnung ergibt sich abschließend die Krümmung zu:

$$(1/r)_y = \dfrac{\varepsilon_{smy} - \varepsilon_c}{d} = \dfrac{2,664 - (-1,282)}{0,80} \cdot 10^{-3} = 4,932 \cdot 10^{-3}\ m^{-1}$$

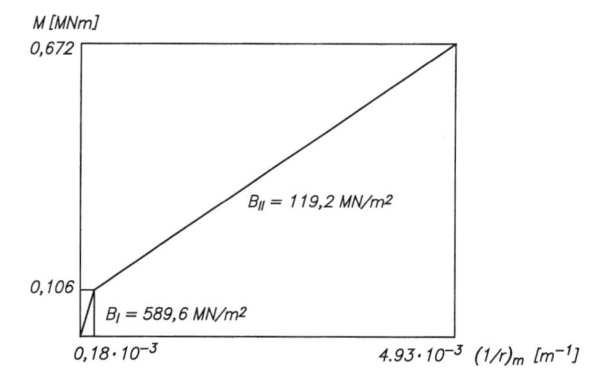

**Bild 3.18:** Momenten-Krümmungs-Beziehung im Stützbereich

Berechnung der Biegesteifigkeit $B_{II}$:

$$B_{II} = \dfrac{M_y - M_{cr}}{(1/r)_y - (1/r)_{I,II}} = \dfrac{0,672 - 0,106}{4,932 - 0,180} \cdot 10^3 = 119,2\ MNm^2$$

## Feld

Die Stahlzugkraft der Bewehrung beträgt:

$$F_s = 14{,}320^{-4} \cdot 550 = 0{,}788 \text{ MN}$$

Das Gleichgewicht der inneren Kräfte wurde iterativ ermittelt:

$$\varepsilon_c = 1{,}085 \text{ ‰}$$

Aus Bild 3.2 ergibt sich mit der Betonstauchung $\varepsilon_c$

$$\alpha_v = 0{,}603 \text{ und } k_a = 0{,}386$$

Die Druckzonenhöhe beträgt:

$$x = \frac{1{,}085}{1{,}085 + 2{,}75} \cdot 80 = 0{,}283 \cdot 80 = 22{,}6 \text{ cm}$$

der innere Hebelarm:

$$z = (1 - 0{,}386 \cdot 0{,}283) \cdot 80 = 71{,}3 \text{ cm und}$$

das Moment

$$M_y = 0{,}713 \cdot 0{,}788 = 0{,}561 \text{ MNm}$$

Die Mitwirkung des Betons auf Zug wird wiederum mit dem vereinfachten Ansatz erfasst. Stahlspannung im Zustand II für das Rissmoment:

$$\sigma_{sr} = \frac{0{,}106}{0{,}741 \cdot 14{,}3 \cdot 10^{-4}} = 99{,}9 \text{ MN/m}^2$$

mit $z = 74{,}1$ cm

bei linearer Betonspannungsverteilung:

$$\alpha_e \cdot \rho_1 = \frac{200}{28{,}8} \cdot \frac{14{,}3}{40 \cdot 80} = 0{,}031$$

$\rightarrow x/d = 0{,}220 \rightarrow x = 17{,}6$ cm

Stahldehnung im Zustand II bei Erreichen des Rissmomentes

$$\varepsilon_{sr2} = \frac{99{,}9}{200000} = 0{,}499 \text{ ‰}$$

Abzugswert $\Delta\varepsilon_{sr}$

$$\Delta\varepsilon_{sr} = \beta_t \cdot (\varepsilon_{sr2} - \varepsilon_{sr1}) = 0{,}25 \cdot (0{,}499 - 0{,}0674) = 0{,}108 \text{ ‰}$$

Stahldehnung unter dem Fließmoment $M_y$

$$\varepsilon_{smy} = \varepsilon_{sy} - \Delta\varepsilon_{sr} = 2{,}75 - 0{,}108 = 2{,}642 \text{ ‰}$$

Die Krümmung ergibt sich zu:

$$(1/r)_y = \frac{2{,}642 - (-1{,}085)}{0{,}80} \cdot 10^{-3} = 4{,}659 \cdot 10^{-3} \text{ m}^{-1}$$

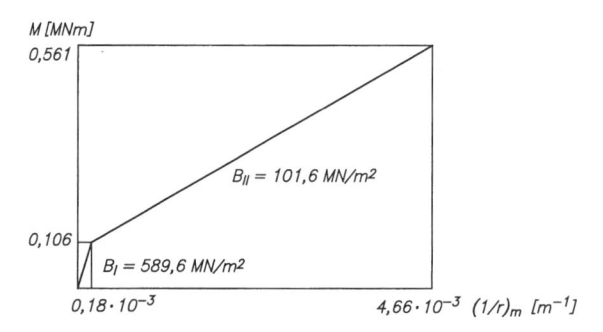

```
M [MNm]
0,561 ─────────────────────────
                              
              B_II = 101,6 MN/m²
0,106 ─────
      B_I = 589,6 MN/m²
     0,18·10⁻³        4,66·10⁻³  (1/r)_m  [m⁻¹]
```

**Bild 3.19:** Momenten-Krümmungs-Beziehung im Feldbereich

Berechnung der Biegesteifigkeit $B_{II}$:

$$B_{II} = \frac{0,561-0,106}{4,659-0,180} = 101,6 \text{ MNm}^2$$

**Überprüfung der Rotationskapazität**

Die Berechnung von $\Theta_{erf}$ erfolgt mit dem Prinzip der virtuellen Kräfte durch Auswertung des Arbeitsintegrals, indem dort, wo die Verdrehung gesucht wird, am statisch bestimmten Hauptsystem ein virtuelles Momentenpaar angesetzt wird.

$$\Theta_{erf} = \int \frac{M}{(E \cdot I)} \cdot \overline{M} \cdot dx$$

Es ist dabei zu berücksichtigen, dass die wirksame Biegesteifigkeit $B_{II}$ über die Balkenlänge nicht konstant ist. So werden beim Durchlaufträger mindestens die Bereiche unterschieden, in denen die Momente unterschiedliche Vorzeichen haben. Bei gestaffelter Bewehrung ist die Steifigkeit für alle Bereiche zu berechnen, in denen die Bewehrung konstant ist, so dass das Arbeitsintegral abschnittsweise auszuwerten ist.

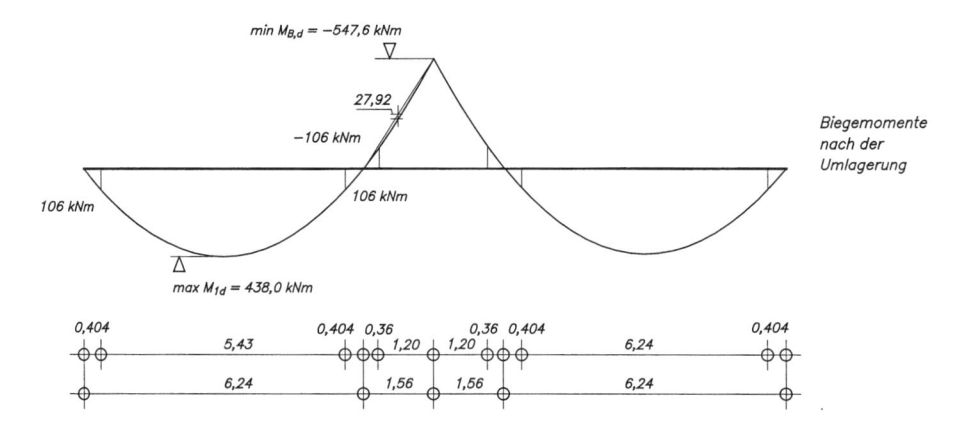

**Bild 3.20:** Biegemomente nach der Umlagerung

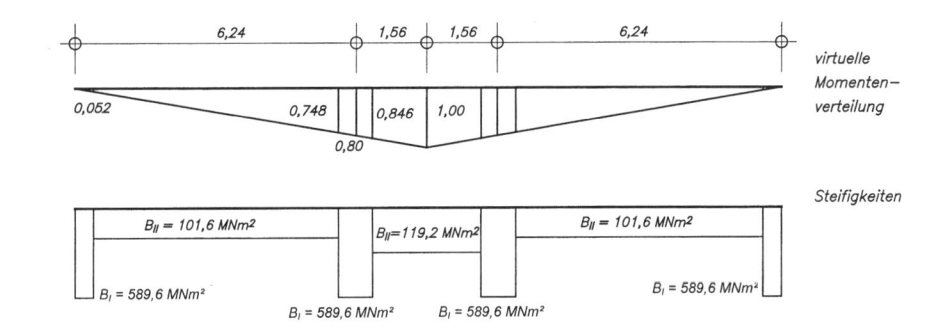

## Materialkennwerte und Schnittgrößenermittlung

**Bild 3.21:** Steifigkeiten und virtuelles Moment

Berechnung des erforderlichen Rotationswinkel

Anhand des oben dargestellten Momentenverlaufs, der Steifigkeitsverteilung und des virtuellen Moments wird der erforderliche Rotationswinkel berechnet.

$$\theta_{erf} \cdot 10^3 = 2 \cdot \left\{ \begin{array}{l} \left(\dfrac{1}{3} \cdot 106 \cdot 0{,}052 + \dfrac{1}{3} \cdot 1{,}84 \cdot 0{,}052\right) \cdot \dfrac{0{,}404}{589{,}6} \\[2mm] + \left(\dfrac{1}{2} \cdot [0{,}052 + 0{,}748] \cdot 106 + \dfrac{1}{3} \cdot [0{,}052 + 0{,}748] \cdot 332\right) \cdot \dfrac{5{,}43}{101{,}6} \\[2mm] + \left(\dfrac{1}{6} \cdot 106 \cdot [2 \cdot 0{,}748 + 0{,}80] + \dfrac{1}{3} \cdot 1{,}84 \cdot [0{,}748 + 0{,}80]\right) \cdot \dfrac{0{,}404}{589{,}6} \\[2mm] - \left(\dfrac{1}{6} \cdot 106 \cdot [0{,}80 + 2 \cdot 0{,}846] - \dfrac{1}{3} \cdot 1{,}46 \cdot [0{,}80 + 0{,}846]\right) \cdot \dfrac{0{,}36}{589{,}6} \\[2mm] - \left(\dfrac{1}{6} \cdot 106 \cdot [2 \cdot 0{,}846 + 1{,}0] + 547{,}6 \cdot [0{,}846 + 2 \cdot 1{,}0]\right) \cdot \dfrac{1{,}20}{119{,}2} \\[2mm] + \left(\dfrac{1}{3} \cdot 16{,}2 \cdot [0{,}846 + 1{,}0]\right) \cdot \dfrac{1{,}20}{119{,}2} \end{array} \right\}$$

$\theta_{erf} \cdot 10^3 = 2 \cdot (7{,}027 - 3{,}020) = 8{,}014$

Der Nachweis, dass die Bedingung $\Theta_{erf} \leq \Theta_{pl,d}$ eingehalten ist, kann abschließend mit Bild 3.14 geführt werden. Für die bezogene Druckzonenhöhe x/d ist von der Bewehrung $A_{s1,prov}$ auszugehen, die an der Stelle des plastischen Moments vorhanden.

Kann der Nachweis nicht erbracht werden, so ist entweder der Umlagerungsgrad zu reduzieren oder es müssen die Steifigkeiten erhöht werden, damit der erforderliche Rotationswinkel kleiner wird. Es ist also ein zweiter Rechengang erforderlich.

Für x/d = $\xi$ = 0,245 ist der Grundwert der zulässigen plastischen Rotation:

$\Theta_{pl,d} = 11{,}5 \cdot 10^{-3}$

Die Schubschlankheit beträgt:

$$\lambda = \frac{M_{Ed}}{V_{Ed} \cdot d} = \frac{0{,}548}{0{,}421 \cdot 0{,}8} = 1{,}627 \quad \Rightarrow \quad k_\lambda = \sqrt{\frac{\lambda}{3}} = \sqrt{\frac{1{,}627}{3}} = 0{,}74$$

$\Theta_{pl,d} = 11{,}5 \cdot 10^{-3} \cdot 0{,}74 = 8{,}5 > 8{,}014$

Damit ist ausreichendes Rotationsvermögen vorhanden und die gewählte Umlagerung zulässig.

# 4 Grenzzustände der Tragfähigkeit für Biegung mit Längskraft

Prof. Dr.-Ing. Jürgen Lierse

## 4.1 Einführung

Die Bestimmungen in DIN 1045-1 gelten für die Bemessung und Konstruktion von Tragwerken des Hoch- und Ingenieurbaus aus unbewehrtem Beton, Stahlbeton oder Spannbeton mit Normal- oder Leichtzuschlägen der Festigkeitsklassen C 12/15 bis C 100/115 bzw. LC 12/13 bis LC 60/66. Der Abschnitt 10.2 der DIN 1045-1 behandelt die Ermittlung von Grenzzuständen der Tragfähigkeit für Biegung mit oder ohne Längskraft bei Platten, Balken und Plattenbalken, aber auch bei Zug- oder Druckgliedern mit im Verbund liegender Bewehrung, bei denen ein Ebenbleiben der Querschnitte angenommen werden kann.

Allgemein ist im **Grenzzustand der Tragfähigkeit** nachzuweisen, dass die Bedingung

$$E_d \leq R_d \tag{4-1}$$

erfüllt ist. Die Variable E steht für die ungünstigste Kombination aller möglichen äußeren Einwirkungen, multipliziert mit ihren jeweiligen Teilsicherheitsbeiwerten, d. h. für die <u>aufzunehmenden</u> Bemessungsschnittgrößen. Der Index d zeigt an, dass es sich um den Grenzzustand (Bemessungszustand) handelt. Die aufzunehmenden Schnittgrößen sind

$$E_d = \sum (\gamma_G \cdot G_k) + \gamma_Q \cdot Q_{k,1} + \sum (\gamma_Q \cdot \psi_o \cdot Q_{k,i}) + \gamma_P \cdot P_k. \tag{4-2}$$

Die Variable R steht für die Bauteilwiderstände, für die inneren Schnittgrößen aus den <u>aufnehmbaren</u> Betondruckkräften sowie den Zug- und/oder Druckkräften der Bewehrung. Diese ergeben sich aus den charakteristischen Materialfestigkeitswerten, der Zylinderdruckfestigkeit des Betons $f_{ck}$ und der Festigkeit des Betonstahls an der Streckgrenze $f_{yk}$ bzw. der 0,1%-Dehngrenze $f_{p0,1k}$ sowie der Zugfestigkeit $f_{pk}$ des Spannstahls, jeweils dividiert durch die entsprechenden Teilsicherheitsbeiwerte

$$R_d = f\left[\alpha \cdot \frac{f_{ck}}{\gamma_c}; \frac{f_{yk}}{\gamma_s}; \frac{f_{tk,cal}}{\gamma_s}; \frac{f_{p0,1k}}{\gamma_s}; \frac{f_{pk}}{\gamma_s}\right]. \tag{4-3}$$

Dieses Kapitel befasst sich vor allem mit der Ermittlung der Bauteilwiderstände $R_d$.

## 4.2 Bemessungsgrundlagen

Einer Bemessung nach DIN 1045-1 für Biegung mit oder ohne Längskraft liegen gem. dortigem Abs. 10.2 die gleichen Annahmen zugrunde, wie nach den bisher üblichen Vorschriften [DIN 1045 – 88] für Stahlbetonbauteile bzw. [DIN 4227-1 – 88] für Spannbetonbauteile:

- Ebenbleiben der Querschnitte,
- vollkommener Verbund zwischen Beton und eingelegter Bewehrung,
- Vernachlässigung der Betonzugfestigkeit,
- Ansatz vereinfachter rechnerischer Spannungs-Dehnungs-Linien für Beton sowie Beton- und Spannstahl zur näherungsweisen Berücksichtigung des elastoplastischen Materialverhaltens, gem. DIN 1045-1, 9.1.6, 9.2.4 und 9.3.3,
- Berücksichtigung der Vordehnung $\varepsilon_p^{(o)}$ bei der Ermittlung der Spannstahlspannung, siehe hierzu auch Kapitel 10.1 in diesem Band.

Änderungen bei der Bemessung gegenüber den zur Zeit noch geltenden Vorschriften ergeben sich vor allem durch die Einführung von Teilsicherheitsbeiwerten und eines einheitlichen Sicherheitskonzeptes für Stahlbeton- und Spannbetonkonstruktionen, aber auch durch die

Einführung höherer Betonfestigkeitsklassen sowie größerer zulässiger Stahldehnungen $\varepsilon_{su}$ im Grenzzustand der Tragfähigkeit für den Beton- sowie Spannstahl. Ungewohnt sind ferner die zahlreichen neuen bzw. geänderten Bezeichnungen, siehe DIN 1045-1, 3.2.

Für die Querschnittsbemessung wird bei der Ermittlung der Betonspannungen ebenso wie bisher nach [DIN 1045 – 88] bzw. [DIN 4227-1 – 88] im Regelfall das Parabel-Rechteck-Diagramm zugrunde gelegt, siehe Bild 4.1.

$$\sigma_c = f_{cd} \cdot \left[1 - \left(1 - \frac{\varepsilon_c}{\varepsilon_{c2}}\right)^n\right]$$

für Betone bis C 50/60
$n = 2$

$$f_{cd} = \alpha \cdot \frac{f_{ck}}{\gamma_c}$$

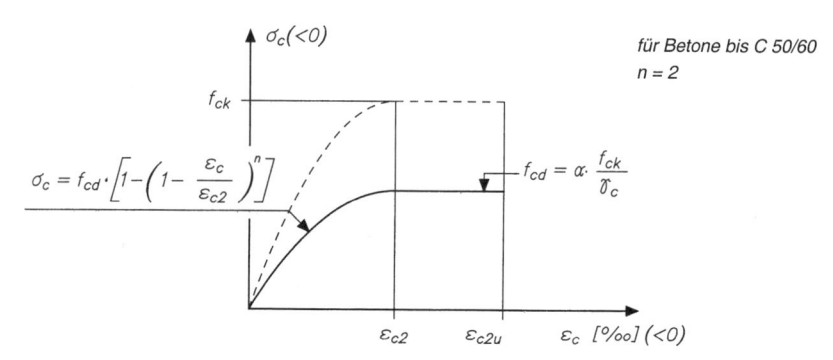

**Bild 4.1:** Rechnerische Spannungsverteilung nach dem Parabel-Rechteck-Diagramm für Beton gem. DIN 1045-1, Bild 23

Der Scheitelwert beträgt anstelle des bisher gewohnten $\beta_R$ jedoch $f_{cd}$, wobei sich der Bemessungswert $f_{cd}$ aus der charakteristischen Zylinderdruckfestigkeit des Betons $f_{ck}$ multipliziert mit dem Abminderungsfaktor $\alpha$ zur Berücksichtigung von Langzeitwirkungen und dividiert durch den Teilsicherheitsbeiwert $\gamma_c$ ergibt. Die maximale Stauchung am Querschnittsrand ist für die Betonfestigkeitsklassen bis C 50/60 bzw. LC 50/55 wie in [DIN 1045 – 88] bzw. in [DIN 4227-1 – 88] auf $\varepsilon_{c2u} = -3,5$ ‰ begrenzt.

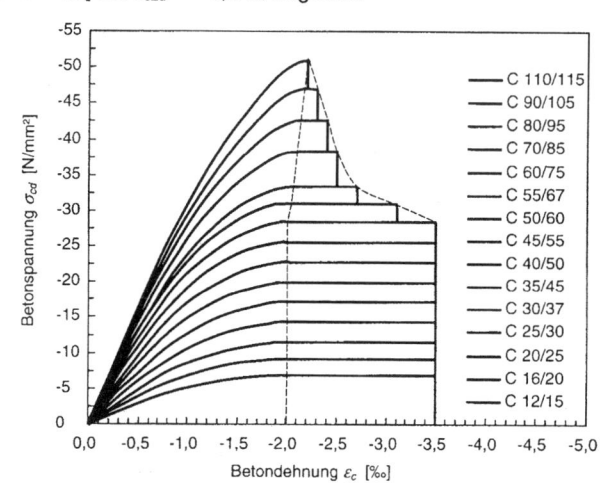

**Bild 4.2:** Rechnerische Spannungs-Dehnungs-Diagramme von normal- und hochfestem Beton nach DIN 1045-1 aus [König u. a. – 01]

Hochfeste Betone ab der Festigkeitsklasse C 55/67 bzw. LC 55/60 zeigen mit steigender Festigkeit ein zunehmend spröderes Materialverhalten. Dem mit steigender Festigkeit abnehmendem Verformungsvermögen wird durch stufenweise Reduktion der Grenzdehnung

## Grenzzustände der Tragfähigkeit für Biegung mit Längskraft

$\varepsilon_{c2u}$ bzw. $\varepsilon_{lc2u}$ Rechnung getragen, siehe Bild 4.2. Die jeweiligen Grenzdehnungen für Normalbeton und Hochleistungsbeton sind in Tabelle 3.1 enthalten oder der Tabelle 9 bzw. für Leichtbeton der Tabelle 10 in DIN 1045-1 zu entnehmen. Da bei der Bemessung aber unterschiedliche Betonbruchstauchungen $\varepsilon_{c2u}$ anzusetzen sind, müssen für jede Betongüte über C 50/60 bzw. LC 50/55 jeweils gesonderte Bemessungshilfen erstellt werden.

Andere $\sigma$-$\varepsilon$-Linien dürfen bei der Querschnittsbemessung verwendet werden, sofern sie im Hinblick auf die Verteilung der Druckspannungen gleichwertig sind, z. B. das bilineare Diagramm, siehe Bild 4.3.

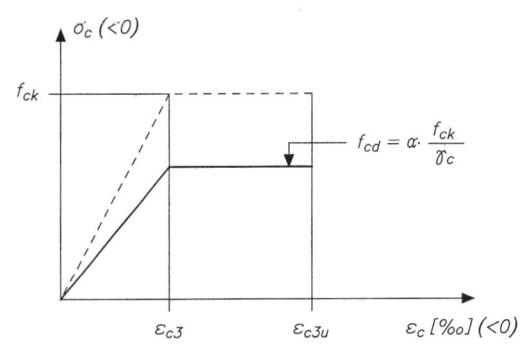

**Bild 4.3:** Idealisierte bilineare Spannungs-Dehnungs-Linie für Beton gem. DIN 1045-1, Bild 24

Schließlich darf wie bisher nach [Grasser – 97] auch mit einer rechteckigen Spannungsverteilung, dem sogenannten Spannungsblock, gerechnet werden, siehe Bild 4.4.

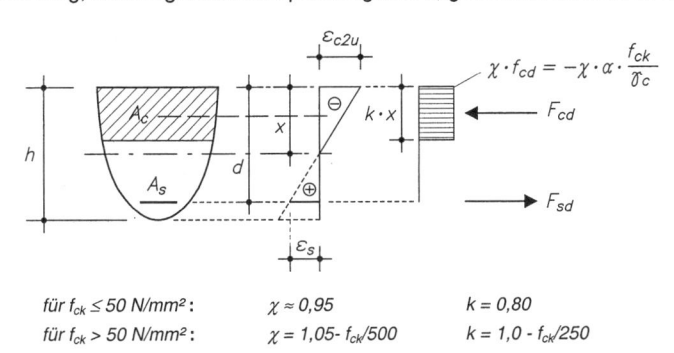

für $f_{ck} \leq 50$ N/mm²:  $\chi \approx 0{,}95$   $k = 0{,}80$
für $f_{ck} > 50$ N/mm²:  $\chi = 1{,}05 - f_{ck}/500$   $k = 1{,}0 - f_{ck}/250$

*Wenn die Querschnittsbreite zum gedrückten Rand hin abnimmt, ist $f_{cd}$ zusätzlich mit dem Faktor 0,9 abzumindern.*

**Bild 4.4:** Rechteckige Spannungsverteilung in der Biegedruckzone gem. DIN 1045-1, Bild 25

Möglich ist aber auch die Verwendung von Spannungs-Dehnungs-Linien nach Bild 3.1, die das Verformungsverhalten des Betons wirklichkeitsnäher beschreiben und für die Schnittgrößenermittlungen, Verformungsberechnungen oder Berechnungen nach der Theorie II. Ordnung vorgesehen sind.

Für den Betonstahl wird rechnerisch ein idealisiertes bilineares Spannungs-Dehnungs-Verhalten angenommen, und zwar idealelastisch bis zur Streckgrenze $f_{yk}$, danach linear um 5 % ansteigend bis zum Erreichen der Grenzdehnung $\varepsilon_{su} = 25$ ‰. Die Bemessungswerte ergeben sich schließlich dividiert durch den Teilsicherheitsbeiwert $\gamma_s$, siehe Bild 4.5.

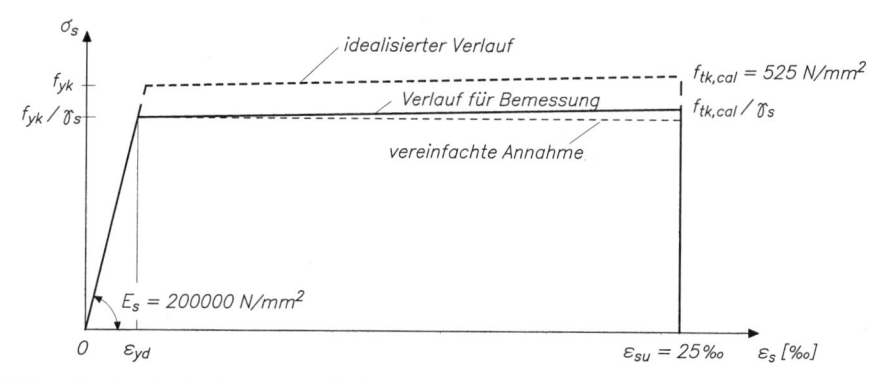

**Bild 4.5:** Rechnerische Spannungs-Dehnungs-Linie für Betonstahl gem. DIN 1045-1, Bild 27

Für den Spannstahl wird rechnerisch ebenfalls eine idealisierte bilineare Spannungs-Dehnungs-Linie angenommen, und zwar linearelastisch bis zur 0,1%-Dehngrenze $f_{p0,1k}$ des Spannstahls und danach linear ansteigend bis zur charakteristischen Zugfestigkeit $f_{pk}$, bei Erreichen der Grenzdehnung $\varepsilon_p^{(0)}$+25 ‰, siehe Bild 4.6. Die für die Bemessung maßgebenden Werte ergeben sich wiederum dividiert durch $\gamma_s$.

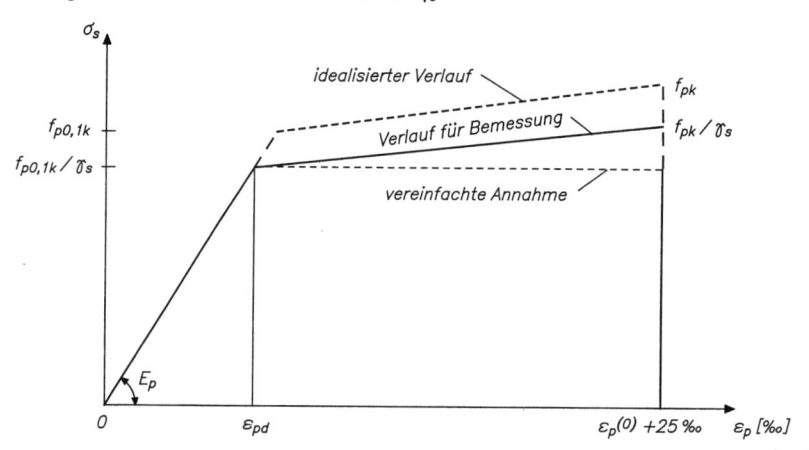

**Bild 4.6:** Rechnerische Spannungs-Dehnungs-Linie für Spannstahl gem. DIN 1045-1, Bild 29

## 4.3 Bemessungshilfsmittel

### 4.3.1 Allgemeines

Bei der Bemessung für Biegung mit oder ohne Längskraft liegen selbst für einfache Rechteckquerschnitte im allgemeinen 6 Unbekannte vor, und zwar
- die Querschnittsabmessungen    h, b,
- die Betonstahlbewehrungen    $A_{s1}$, $A_{s2}$ und
- die Randdehnungen    $\varepsilon_{c1}$, $\varepsilon_{c2}$ oder $\varepsilon_{s1}$, $\varepsilon_{c2}$.

Ist der Querschnitt zusätzlich vorgespannt, kommt der Spannstahlquerschnitt $A_p$ als weitere Unbekannte hinzu.

Für die Bestimmung dieser Unbekannten, d.h. zur Lösung der Bemessungsaufgabe, stehen aber nur zwei Gleichgewichts- und eine Verträglichkeitsbedingung zur Verfügung [Leonhardt/Mönnig – 84] und [Zilch/Rogge – 01]. Man ist folglich gezwungen, für einzelne Unbekannte sinnvolle Annahmen zu treffen oder ggf. die Bemessungsaufgabe iterativ zu lösen. Da aber die Querschnittsabmessungen häufig aus der Vorplanung bekannt sind, ist im allgemeinen nur noch die erforderliche Bewehrung zu ermitteln.

Ohne Bemessungshilfsmittel würde man einen Dehnungszustand gem. Bild 4.7 schätzen, daraus alle für die Bemessung notwendigen Zwischenwerte bestimmen, schließlich die aufnehmbare Bemessungsschnittgröße $R_d$ errechnen und diese mit den Beanspruchungen $E_d$ vergleichen, siehe Gl. (4-1). Durch iteratives Vorgehen ließe sich die Lösung optimieren bis sich schließlich $R_d = E_d$ ergäbe.

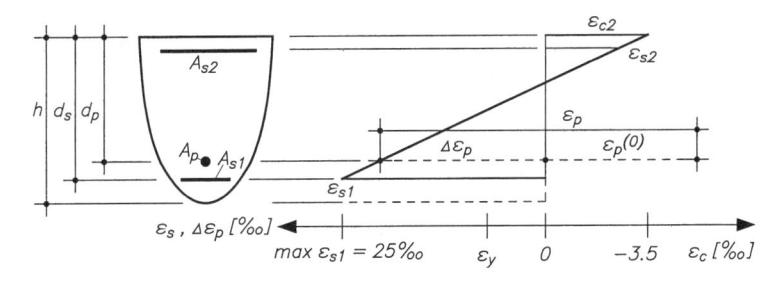

**Bild 4.7:** Dehnungsdiagramm im Grenzzustand der Tragfähigkeit für Biegung mit oder ohne Längskraft.

Zweckmäßigerweise werden aber für einen vorliegenden Querschnitt und gegebene Schnittgrößen zunächst die Randdehnungen mit Hilfe von Bemessungstafeln ermittelt, Hilfswerte abgelesen und damit die erforderlichen Bewehrungen errechnet, so dass die Bedingung $R_d \geq E_d$ erfüllt ist.

Auf der Basis der in Abschnitt 4.2 wiedergegebenen Bemessungsgrundlagen lassen sich für alle Betonfestigkeitsklassen und Stahlsorten sowie für beliebige Querschnitte, insbesondere für rechteckige oder Plattenbalken, Bemessungstafeln erstellen. Da sich durch die neue DIN 1045-1 bei der Bemessung für Biegung mit oder ohne Längskraft gegenüber der bis heute gültigen [DIN 1045 – 88] nichts Grundlegendes geändert hat, sehen die zur neuen DIN 1045-1 kürzlich veröffentlichten Bemessungshilfen [Goris u. a. – 01], [Krings – 01] und [Zilch/Rogge – 01] nahezu genau so aus wie die bisher üblichen, siehe z.B. [Grasser – 97].

Differenzen ergeben sich vor allem aus dem unterschiedlichen Nachweisniveau, denn nunmehr liegt den rechnerischen Tragfähigkeitsnachweisen ein Grenzzustand und nicht wie bisher der Bruchzustand zugrunde. Ferner gilt im Gegensatz zur bisherigen [DIN 1045 – 88] für die Betonfestigkeitsklassen bis C 50/60 jeweils der gleiche Teilsicherheitsbeiwert $\gamma_c$, der ebenso wie der Abminderungsfaktor $\alpha = 0{,}85$ für den Einfluss der Langzeitwirkung in den Bemessungstafeln eingearbeitet ist. Für Hochleistungsbetone jedoch, also ab der Festigkeitsklasse C 55/67 bzw. LC 55/60, gelten nicht mehr analoge Spannungs-Dehnungs-Beziehungen. Zur Berücksichtigung größerer Streuungen bei den Betoneigenschaften ist der Teilsicherheitsbeiwert $\gamma_c$ um den Faktor $\gamma_c'$ zu vergrößern

$$\gamma_c' = \frac{1}{1{,}1 - \dfrac{f_{ck}}{500}} \geq 1{,}0 \ . \qquad f_{ck} \text{ in N/mm}^2 \qquad (4\text{-}4)$$

Beim Leichtbeton geht bei den Festigkeits- und somit auch bei den Bemessungswerten zusätzlich die Rohdichte ein. Auf die Bemessung von Konstruktionsleichtbetonbauteilen wird jedoch an dieser Stelle nicht näher eingegangen, hingewiesen sei aber auf [Schnellenbach – 01].

Da DIN 1045-1 für vorgespannte sowie für nicht vorgespannte Bauteile ein einheitliches Sicherheitskonzept vorsieht, können die gleichen Bemessungshilfen auch bei Nachweisen für Spannbetonbauteile verwendet werden. Für Fertigteilkonstruktionen hingegen ist ein anderer Teilsicherheitsbeiwert $\gamma_c$ vorgesehen, so dass die Bemessungshilfsmittel zunächst nur für Ortbeton-Bauwerke des üblichen Hochbaus gelten.

Da derzeit in Deutschland nur die Stahlsorten BSt 500M und BSt 500S gebräuchlich sind, genügen Bemessungshilfen für die Stahlgüte S 500. Sollen andere Stahlsorten verwendet werden, ist die Kenntnis deren σ-ε-Linie erforderlich, aus der die den Dehnungen zuzuordnenden Stahlspannungen abgelesen werden können, so dass die im folgenden vorgestellten Bemessungstafeln dann auch bei diesen Stahlsorten anwendbar wären.

Im Grenzzustand der Tragfähigkeit ergeben sich abhängig von den äußeren aufzunehmenden Bemessungsschnittgrößen $M_{Ed}$ und $N_{Ed}$ sowie ggf. einer Vorspannung $\gamma_P \cdot P_k$, ebenso wie bisher nach [DIN 1045 – 88] bzw. [DIN 4227-1 – 88] auch, folgende Dehnungsbereiche, siehe Bild 4.8.

**Bereich 1:** Mittiger Zug oder Zug mit kleiner Ausmittigkeit,

**Bereich 2:** Biegung (mit Längskraft) unter voller Ausnutzung der Bewehrung,

**Bereich 3:** Biegung (mit Längskraft) unter Ausnutzung der Bewehrung sowie auch des Betons,

**Bereich 4:** Biegung (mit Längskraft) unter Ausnutzung des Betons, aber mit geringeren Stahlspannungen als $f_{yd} = f_{yk}/\gamma_s$,

**Bereich 5:** Druck mit kleiner Ausmittigkeit oder mittiger Druck.

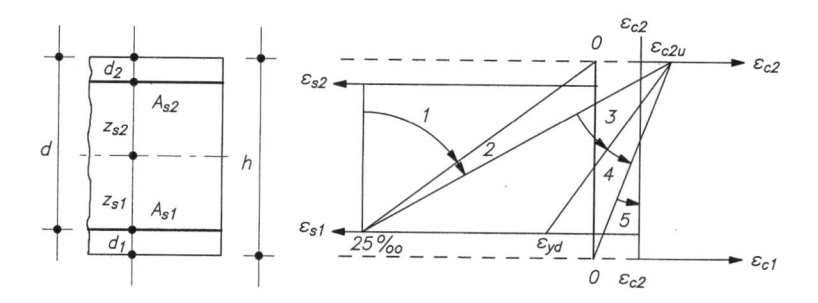

**Bild 4.8:** Rechnerisch mögliche Dehnungsdiagramme im Grenzzustand der Tragfähigkeit

Bei unter zentrischem Druck stehenden Querschnitten ist die Betonstauchung für Betone bis C 50/60 nach DIN 1045-1, 10.2(4) und 10.2(5) genauso wie nach der bisherigen [DIN 1045 – 88] auf $\varepsilon_{c2} = -2{,}0\,‰$ begrenzt (Fall a). Für kleine Ausmitten $e/h \leq 0{,}1$ darf nunmehr für Normalbeton bis C 50/60 die günstige Wirkung des Betonkriechens durch Ansatz von $\varepsilon_{c2} = -2{,}2\,‰$ berücksichtigt werden (Fall b). Somit gelten für den Dehnungsbereich 5 nach Bild 4.8 für den Grenzzustand der Tragfähigkeit

Fall a: $\varepsilon_{c2} \leq -3{,}5 - 0{,}75 \cdot \varepsilon_{c1}$     nach DIN 1045-1, 10.2 (4)     (4-5)

Fall b: $\varepsilon_{c2} \leq -4{,}4 - 1{,}0 \cdot \varepsilon_{c1}$     nach DIN 1045-1, 10.2 (5)     (4-6)

Zur Abdeckung möglicher Ungenauigkeiten bei der Lasteinleitung ist bei der Regelbemessung von Druckgliedern gem. DIN 1045-1, 8.6.3 (9) eine Mindestausmitte anzusetzen

$$M_{Rd} = |N_{Rd}| \cdot \frac{h}{20} \cdot \qquad (4\text{-}7)$$

# Grenzzustände der Tragfähigkeit für Biegung mit Längskraft

Neu ist auch, dass bei vollständig überdrückten Platten von Plattenbalken, Kastenträgern oder ähnlichen gegliederten Querschnitten die Dehnungen in Plattenmitte auf $\varepsilon_{c2}$ gemäß Tabellen 9 bzw. 10 in DIN 1045-1 zu begrenzen sind, d. h. auch für Normalbetone bis C 50/60 auf $\varepsilon_{c2m} = -2,0$ ‰.

Um dieselben Bemessungshilfsmittel für reine Biegung auch im Falle von Biegung mit Längskraft anwenden zu können, wird das aufzunehmende Moment $M_{Ed}$ und die Längskraft $N_{Ed}$ auf den Schwerpunkt der Biegezugbewehrung bezogen. Mit dem Hebelarm nach Bild 4.8 ergibt sich dann

$$M_{Eds} = M_{Ed} - N_{Ed} \cdot z_{s1}. \qquad \text{N als Druckkraft negativ!} \qquad (4\text{-}8)$$

Mit diesem Moment wird schließlich der erforderliche Bewehrungsquerschnitt $A_{s1}$ ermittelt.

Grundsätzlich erhält man bei überwiegender Biegebeanspruchung für Rechteckquerschnitte die geringste Bewehrungsmenge, wenn lediglich Zugbewehrung ($A_{s1}$) angeordnet wird und deren Dehnung $\varepsilon_s \geq \varepsilon_{yd}$ beträgt.

Die Anordnung von Druckbewehrung ist notwendig, wenn die Betondruckzone allein nicht mehr in der Lage ist, die Druckkräfte zu übertragen, d. h. wenn das Grenzmoment $M_{Eds,lim}$ überschritten wird. $M_{Eds,lim}$ ist dabei jenes Biegemoment, das sich bei der maximalen Betonrandstauchung von $\varepsilon_{c2u}$ und der Stahldehnung $\varepsilon_{yd}$ beim Erreichen der Streckgrenze ergibt. Bei Verwendung von BSt 500 und Normalbeton bis C 50/60 stellt sich hierbei eine bezogene Druckzonenhöhe von $\xi = x/d = 0,617$ ein. Wird $\varepsilon_{s1} < \varepsilon_{yd}$, wird also die Stahlstreckgrenze nicht erreicht, ergeben sich unwirtschaftliche Zugbewehrungen. Hierbei handelt es sich in der Regel aber um vorwiegend auf Druck beanspruchte Bauteile, die zweckmäßigerweise symmetrisch bewehrt und entsprechend bemessen werden.

Zur Gewährleistung eines ausreichend duktilen Tragverhaltesn kann das Grenzmoment $M_{Eds,lim}$ nur genutzt werden, wenn besondere konstruktive Maßnahmen vorgesehen sind, beispielsweise eine ausreichende Verbügelung gem. DIN 1045-1, 13.1.1(5). Soll auf konstruktive Maßnahmen verzichtet werden, ist bei Durchlaufträgern oder durchlaufenden Platten die bezogene Druckzonenhöhe bei Normalbeton bis C 50/60 auf $\xi = 0,45$ und bei Hochleistungsbeton, also ab C 55/67, sowie auch bei Leichtbeton auf $\xi = 0,35$ zu begrenzen.

Obgleich die Bemessung für Biegung mit Längskraft im wesentlichen jener nach EC 2 entspricht, können die auf der Basis des EC 2 erstellten Bemessungshilfen, z. B. [Kordina – 92], nur eingeschränkt verwendet werden, weil die Spannungs-Dehnungs-Beziehungen für den Stahl geändert sowie der Bemessungswert für die Betondruckfestigkeit anders definiert worden sind. Mit der bauaufsichtlichen Einführung der DIN 1045-1 werden jedoch weitere Bemessungshilfen zur Verfügung stehen.

## 4.3.2 Allgemeines Bemessungsdiagramm

Bei dem in Tafel 4.1 beigefügten Allgemeinen Bemessungsdiagramm ist für den Beton das Parabel-Rechteck-Diagramm, siehe Bild 4.1, und für den Betonstahl eine Dehnung bis maximal $\varepsilon_{s2u} = 25$ ‰, siehe Bild 4.5, zugrunde gelegt worden. Das Diagramm entspricht daher bis auf die Stahldehnungen dem bisher für den Bruchzustand bekannten Diagramm [Grasser – 97].

Mit dem auf die Schwerachse der Bewehrung $A_{s1}$ bezogenen Bemessungsmoment $M_{Eds}$ wird der dimensionslose Leitwert

$$\mu_{Eds} = \frac{M_{Eds}}{b \cdot d^2 \cdot f_{cd}} \qquad (4\text{-}9)$$

errechnet. Aus dem Allgemeinen Bemessungsdiagramm (Tafel 4.1) können damit die Randdehnungen $\varepsilon_{c2}$ und $\varepsilon_{s1}$ sowie die Bemessungshilfswerte $\Rightarrow |\nu_{cd}| = F_{cd}/(b \cdot d \cdot f_{cd})$, $\xi = x/d$ und $\zeta = z/d$ abgelesen werden, womit sich dann die gesuchten Bewehrungen $A_{s1}$ und $A_{s2}$ ermitteln lassen. Druckbewehrung ist erforderlich, wenn $M_{Eds} > M_{Eds,lim}$ und damit auch $\mu_{Eds} > \mu_{Eds,lim} = 0{,}371$ wird, siehe Abschnitt 4.3.1.

Für einfach bewehrte Querschnitte errechnet sich der erforderliche Stahlquerschnitt mit

$$A_{s1} = \frac{1}{\sigma_{s1}} \cdot \left[ \frac{M_{Eds}}{z} + N_{Ed} \right] \quad (4\text{-}10)$$

wobei $\sigma_{s1} = \varepsilon_{s1} \cdot E_s \leq v_\sigma \cdot f_{yd}$ und $z = \zeta \cdot d$ sind; $v_\sigma$ steht für den Spannungszuwachs oberhalb von $f_{yd}$, siehe Bild 4.5. $N_{Ed}$ ist als Druckkraft negativ anzusetzen.

Ist $\mu_{Eds} > \mu_{Eds,lim}$, dann werden die zu $\mu_{Eds,lim}$ gehörenden Werte $\zeta$, $\varepsilon_{s1}$ und $\varepsilon_{s2}$, welche $z$, $\sigma_{s1}$ und $\sigma_{s2}$ liefern, abgelesen. Die erforderliche Zugbewehrung ergibt sich dann zu

$$A_{s1} = \frac{1}{\sigma_{s1}} \cdot \left[ \frac{M_{Eds,lim}}{z} + \frac{M_{Eds} - M_{Eds,lim}}{d - d_2} + N_{Ed} \right] \quad (4\text{-}11)$$

und die Druckbewehrung zu

$$A_{s2} = \frac{1}{\sigma_{s2}} \cdot \left[ \frac{M_{Eds} - M_{Eds,lim}}{d - d_2} \right]. \quad (4\text{-}12)$$

Der besondere Vorteil des Allgemeinen Bemessungsdiagrammes ist seine lückenlose Gültigkeit für den gesamten Anwendungsbereich, der in vollem Umfang genutzt werden kann, wenn von einer möglichen Momentenumlagerung kein Gebrauch gemacht wird oder ggf. eine ausreichende Verbügelung vorhanden ist, um das im Grenzzustand der Tragfähigkeit erforderliche Rotationsvermögen sicherzustellen, siehe hierzu auch Abschnitte 3.3 und 4.3.1.

### 4.3.3 Dimensionsgebundenes $k_d$-Verfahren

Bei den meisten Bemessungsaufgaben, vor allem in vorwiegend auf Biegung beanspruchten Bauteilen, werden die Stahlspannungen ausgenutzt. Für diesen häufigen Anwendungsfall (Bereiche 2 oder 3 nach Bild 4.8) haben sich dimensionsgebundene Ansätze bewährt, z. B. das bisherige $k_h$-Verfahren, weil damit die Bewehrungen $A_{s1}$ bzw. $A_{s2}$ bequem ermittelt werden können.

Bei diesem Verfahren werden mit $M_{Eds}$ nach der bekannten Gl. (4-13) der Leitwert $k_d$, welcher dem ehemaligen $k_h$ entspricht, errechnet

$$k_d = \frac{d\ [cm]}{\sqrt{\dfrac{M_{Eds}\ [kNm]}{b\ [m]}}} \quad (4\text{-}13)$$

und in Tafel 4.2 über die zur Betonfestigkeitsklasse gehörende $k_d$-Spalte die Hilfswerte $k_s$, $\xi$ und $\zeta$, die Dehnungen $\varepsilon_{c2}$ und $\varepsilon_{s1}$ sowie die Stahlspannung $\sigma_{sd}$ abgelesen. Die erforderliche Bewehrung ergibt sich dann zu

$$\text{erf } A_{s1}\ [cm^2] = k_s \cdot \frac{M_{Eds}\ [kNm]}{d\ [cm]} + \frac{N_{Ed}\ [kN]}{\sigma_{sd}\ [kN/cm^2]}. \quad (4\text{-}14)$$

Werden die $k_d$-Werte kleiner als in Tafel 4.2, ist Druckbewehrung erforderlich. Die Bemessung erfolgt dann nach Tafel 4.3. Dieser Tafel liegt eine bezogene Druckzonenhöhe von $\xi = 0{,}617$ zugrunde, weil bei diesem Dehnungszustand gerade eine Stahldehnung von $\varepsilon_{s1} = 2{,}174\ ‰$ erreicht und infolgedessen die Bewehrungseinlagen noch mit ihrer zulässigen Spannung von $f_{yk}/\gamma_s$ ausgenutzt werden, vgl. Abschnitt 4.3.1. Die Stahlquerschnitte ergeben sich wie bisher zu

## Grenzzustände der Tragfähigkeit für Biegung mit Längskraft

$$\text{erf } A_{s1} \, [\text{cm}^2] = \rho_1 \cdot k_{s1} \cdot \frac{M_{Eds} \, [\text{kNm}]}{d \, [\text{cm}]} + \frac{N_{Ed} \, [\text{kN}]}{\sigma_{sd} \, [\text{kN/cm}^2]}, \qquad (4\text{-}15)$$

$$\text{erf } A_{s2} \, [\text{cm}^2] = \rho_2 \cdot k_{s2} \cdot \frac{M_{Eds} \, [\text{kNm}]}{d \, [\text{cm}]}, \qquad (4\text{-}16)$$

wobei $\rho_1$ und $\rho_2$ die Lage der Druckbewehrung berücksichtigen und den Beitafeln zu entnehmen sind.

Ist zur Sicherstellung ausreichender Rotationsfähigkeit die bezogene Druckzonenhöhe ($\xi = x/d$) bei Normalbetonen bis C 50/60 auf $\xi \leq 0{,}45$ zu begrenzen, wird nach Tafel 4.4 bemessen, wobei sich dann gegenüber Tafel 4.3 geringfügig größere Gesamtbewehrungsquerschnitte ergeben.

Die $k_d$-Tafeln 4.2 bis 4.4 sind jeweils so erstellt, dass $k_s$ stets für den errechneten Leitwert $k_d$ oder den nächst kleineren abgelesen werden kann. Da sich der $k_s$-Wert nur wenig ändert, kann in der Regel auf eine Interpolation verzichtet werden. Das Ergebnis liegt ggf. geringfügig auf der sicheren Seite.

Plattenbalkenquerschnitte lassen sich ebenfalls mit den Tafeln 4.2 bis 4.4 bemessen, solange die Nulllinie in der Platte liegt, d. h. $x = \xi \cdot d \leq h_f$ ist. Mit beigefügter Tafel 4.5 sind jedoch auch Plattenbalken zu bemessen, bei denen die Nulllinie im Steg liegt.

### 4.3.4 Dimensionslose Bemessungstabellen

Im Ausland haben sich die dimensionsgebundenen Verfahren nicht durchsetzen können. Dort werden Bemessungstabellen mit dimensionslosen Beiwerten bevorzugt, siehe Tafel 4.6. Da diese Tafel eigentlich nur eine numerische Aufbereitung des Allgemeinen Bemessungsdiagramms darstellt, werden hier mit dem gleichen Leitwert wie unter 4.3.2, siehe Gl. (4-9), neben dem mechanischen Bewehrungsgrad $\omega$ die bezogene Druckzonenhöhe $\xi$, der bezogene Hebelarm der inneren Kräfte $\zeta$, die Randdehnungen $\varepsilon_{c2}$ und $\varepsilon_{s1}$ sowie der Stahlspannungszuwachs $v_\sigma$ abgelesen und die Stahlspannung mit $\sigma_{s1} = v_\sigma \cdot 500/1{,}15$ sowie schließlich die erforderliche Bewehrung mit

$$A_{s1} = \frac{1}{\sigma_{s1}}(\omega \cdot b \cdot d \cdot f_{cd} + N_{Ed}), \qquad (4\text{-}17)$$

Errechnet. $N_{Ed}$ ist wiederum als Druckkraft negativ einzusetzen.

Nachteilig bei diesem Bemessungsverfahren ist die in der Regel notwendige Interpolation, auf die beim $k_d$-Verfahren hinsichtlich des $k_s$-Wertes verzichtet werden kann, siehe 4.3.3.

Auch für Querschnitte mit Druckbewehrung gibt es z. B. in [Zilch/Rogge – 01] oder [Goris u. a. – 01] Bemessungstabellen, wie in diesem Kapitel Tafel 4.7. Bezüglich der Druckzonenbegrenzung gelten die Ausführungen unter 4.3.1. Der Tafel 4.7 liegt eine bezogene Druckzone von $\xi = 0{,}617$ zugrunde, so dass die Ergebnisse denen der Tafel 4.3 entsprechen. Bei der Bemessung nach Tafel 4.8 wird die Druckzonenhöhe auf $\xi = 0{,}45$ begrenzt, so dass die Ergebnisse mit denen nach Tafel 4.4 übereinstimmen.

Die erforderliche Zugbewehrung errechnet sich mit $\omega_1$

$$A_{s1} = \frac{1}{\sigma_{s1}} \cdot (\omega_1 \cdot b \cdot d \cdot f_{cd} + N_{Ed}) \qquad (4\text{-}18)$$

und die Druckbewehrung mit $\omega_2$

$$A_{s2} = \omega_2 \cdot b \cdot d \cdot \frac{f_{cd}}{\sigma_{s2}}. \qquad (4\text{-}19)$$

Für die Bemessung von Plattenbalkenquerschnitten gibt es ebenfalls bereits dimensionslose Tabellen, z. B. in [Heydel – 01].

## 4.3.5 Interaktionsdiagramme

Für Querschnitte mit überwiegender Längskraftbeanspruchung wird zweckmäßigerweise symmetrische Bewehrung gewählt. Für deren Bemessung eignen sich besonders die sogenannten Interaktionsdiagramme, wie z. B. Tafel 4.9. Mit den bezogenen Schnittgrößen im Grenzzustand der Tragfähigkeit

$$\nu_{Ed} = \frac{N_{Ed}}{b \cdot h \cdot f_{cd}} \qquad \mu_{Ed} = \frac{M_{Ed}}{b \cdot h^2 \cdot f_{cd}} \qquad (4\text{-}20a, b)$$

wird in der Tafel mit dem jeweiligen Randabstand der Bewehrung $d_1/h$ sowie der Stahlsorte S 500 zunächst der mechanische Bewehrungsgrad $\omega_{tot}$ abgelesen. Den geometrischen Bewehrungsgrad erhält man durch Multiplikation mit dem Verhältnis der Bemessungswerte für Beton und Stahl $f_{cd}/f_{yd}$. Schließlich errechnet sich die Gesamtbewehrung zu

$$\text{tot } A_s = A_{s1} + A_{s2} = \omega_{tot} \cdot \frac{b \cdot h}{f_{yd}/f_{cd}}. \qquad (4\text{-}21)$$

Tafel 4.10 enthält ein modifiziertes Interaktionsdiagramm von [Grünberg/Klaus – 01], das vorteilhaft anzuwenden ist, wenn die maßgebenden kritischen Einwirkungskombinationen nicht genau bekannt sind. Als Leitwerte werden die bezogenen Momente um die beiden Bewehrungslagen ermittelt

$$m_{s1,Ed} = \frac{M_{Ed} - N_{Ed} \cdot z_s}{b \cdot h^2 \cdot f_{cd}} \qquad m_{s2,Ed} = \frac{M_{Ed} + N_{Ed} \cdot z_s}{b \cdot h^2 \cdot f_{cd}} \qquad (4\text{-}22a, b)$$

Mit diesen beiden Leitwerten erhält man nach Tafel 4.10 erwartungsgemäß den gleichen mechanischen Bewehrungsgrad wie nach Tafel 4.9 und somit auch die gleiche Bewehrungsmenge.

## 4.3.6 Schiefe Biegung mit Längsdruckkraft

Für den beliebigen Fall des auf schiefe Biegung beanspruchten Rechteckquerschnitts stehen wie nach [DIN 1045 – 88] in [Grasser – 97] auch auf der Grundlage von DIN 1045-1 Bemessungsdiagramme zur Verfügung, siehe [Goris u. a. – 01]. Sie gelten jeweils nur für die angegebene Bewehrungsanordnung, für eine Stahlsorte sowie die jeweiligen Randabstände $d_1/h$ bzw. $b_1/b$. In dem Oktanten für $\nu_{Ed}$ findet man mit den bezogenen Momenten $\mu_1$ und $\mu_2$ wiederum den mechanischen Bewehrungsgrad $\omega_{tot}$.

$$\nu_{Ed} = \frac{N_{Ed}}{b \cdot h \cdot f_{cd}} \qquad \mu_1 = \frac{M_{Ed,1}}{b \cdot h^2 \cdot f_{cd}} \qquad \mu_2 = \frac{M_{Ed,2}}{b \cdot h^2 \cdot f_{cd}} \qquad (4\text{-}23a, b, c)$$

Daraus errechnet sich analog zu dem Formalismus unter 4.3.5, d. h. nach Gl. (4-21) die erforderliche Bewehrung

$$\text{tot } A_s = \omega_{tot} \cdot \frac{b \cdot h}{f_{yd}/f_{cd}}, \qquad (4\text{-}24)$$

die dann aber entsprechend dem vorgegebenen Bewehrungsbild zu verteilen ist.

Grenzzustände der Tragfähigkeit für Biegung mit Längskraft

## 4.4 Anwendungsbeispiele

### 4.4.1 Zugkraft mit geringer Ausmittigkeit

Greift eine Zugkraft innerhalb der Bewehrungslagen an, so wird diese einfach nach dem Hebelgesetz auf die beiden Bewehrungslagen aufgeteilt, denn ein Mitwirken des Betons auf Zug darf nicht angesetzt werden. Bei der Ermittlung der Bewehrung wird ferner angenommen, dass jeweils die Streckgrenze des Betonstahls erreicht wird.

**Beispiel 4.1**

Beton:         C 20/25     $f_{ck}$ = 20 N/mm²
                           $f_{cd}$ = 0,85 · 20 / 1,5 = 11,33 N/mm²

Betonstahl:    S 500       $f_{yk}$ = 500 N/mm²
                           $f_{yd}$ = 500 / 1,15 = 435 N/mm² $\triangleq$ 43,5 kN/cm² *)

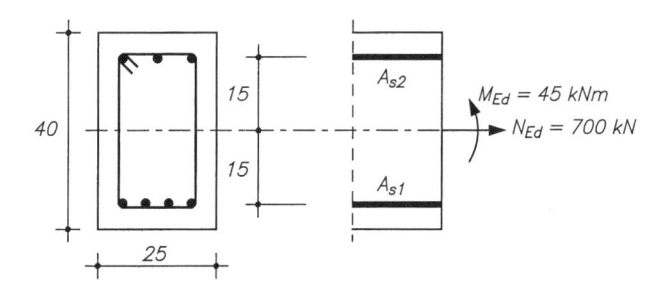

**Bild 4.9:** Abmessungen und Schnittgrößen für einen zugbeanspruchten Querschnitt

Exzentrizität:   $e = \dfrac{M_{Ed}}{N_{Ed}} = \dfrac{45}{700} = 0{,}064$ m

$A_{s1} = \dfrac{700}{43{,}5} \cdot \dfrac{0{,}15 + 0{,}064}{0{,}30} = \underline{11{,}5 \text{ cm}^2}$

$A_{s2} = \dfrac{700}{43{,}5} \cdot \dfrac{0{,}15 - 0{,}064}{0{,}30} = \underline{4{,}6 \text{ cm}^2}$

Wird der Querschnitt symmetrisch bewehrt, kann mit Hilfe des Interaktionsdiagramms nach Tafel 4.9 bemessen werden.

$\nu_{Ed} = \dfrac{0{,}700}{0{,}25 \cdot 0{,}40 \cdot 11{,}33} = +0{,}62$

$\mu_{Ed} = \dfrac{0{,}045}{0{,}25 \cdot 0{,}40^2 \cdot 11{,}33} = 0{,}10$

mit $d_1/h \approx 0{,}10$ ergibt sich aus Tafel 4.9 $\Rightarrow$ $\omega_{tot} = 0{,}82$ und schließlich

$A_{s1} + A_{s2} = 0{,}82 \cdot \dfrac{11{,}33}{435} \cdot 25 \cdot 40 = 21{,}4 \text{ cm}^2$,

d. h. je Seite $\underline{10{,}7 \text{ cm}^2}$.

---

*) Hinweis: Bei Zuggliedern wird empfohlen, auf den geringfügigen Anstieg der Stahlspannung oberhalb der Streckgrenze zu verzichten, weil dieser entsprechend große Stahldehnungen voraussetzt und somit größere Rissbreiten zur Folge haben würde.

## 4.4.2 Mittige Druckkraft

Für zentrische Druckbeanspruchung errechnet sich die Tragfähigkeit aus den Anteilen, die zum einen der Beton, zum anderen die Stahlbewehrung übernimmt. Auf die Berücksichtigung einer Mindestausmitte gem. Gl. (4-7) wird in diesem Beispiel verzichtet.

$$|N_{Rd}| = |F_{cd}| + |F_{sd}| = b \cdot h \cdot f_{cd} + (A_{s1}+A_{s2}) \cdot \sigma_{sd} \tag{4-25}$$

**Beispiel 4.2**

Für den in Bild 4.10 skizzierten Stützenquerschnitt ist die im Grenzzustand der Tragfähigkeit aufnehmbare Bemessungskraft $N_{Rd}$ gesucht. Es handelt sich um eine gedrungene Stütze ohne Knickgefahr.

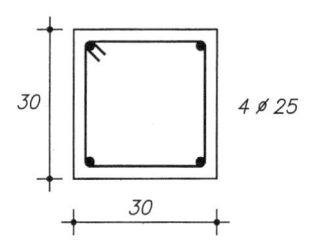

Beton: C 45/55
$f_{cd} = 0{,}85 \cdot 45 / 1{,}5 = 25{,}5 \text{ N/mm}^2$

Betonstahl: S 500
$f_{yd} = 435 \text{ N/mm}^2 \triangleq 43{,}5 \text{ kN/cm}^2$
$4 \varnothing 25 \Rightarrow 19{,}63 \text{ cm}^2$

**Bild 4.10:** Mittig belasteter Stützenquerschnitt

Für eine mittig angreifende Druckkraft gilt, wie in 4.3.1 ausgeführt,

$\varepsilon_{cu} = \varepsilon_{su} = -0{,}0022$

$\sigma_{sd} = \varepsilon_{su} \cdot E_s = -0{,}0022 \cdot 200000 = -440 \text{ N/mm}^2 > -\underline{43{,}5 \text{ kN/cm}^2}$

$N_{Rd} = 0{,}30 \cdot 0{,}30 \cdot 25{,}5 \cdot 10^3 + 19{,}63 \cdot 43{,}5 = 2295 + 854 = 3149 \text{ kN}$.

Nach DIN 1045-1, 13.5.2 (1) wird eine Mindestbewehrung gefordert, siehe Kapitel 13.5.

$\min A_s = 0{,}15 \cdot |N_{Ed}| / f_{yd}$

$= 0{,}15 \cdot 3149 / 43{,}5 = 10{,}9 \text{ cm}^2 < 19{,}63 \text{ cm}^2$

Der geometrische Bewehrungsgrad beträgt

$\rho_L = 19{,}63 / 900 = 0{,}022 < 0{,}09$, Maximalwert nach DIN 1045-1, 13.5.2 (2).

Vergleichsweise sei hier der Nachweis nach der bisher gültigen [DIN 1045 – 88] gegenübergestellt. Für denselben Querschnitt und bei einer vergleichbaren Betongüte B 55 ergibt sich

$\text{zul } N_{alt} = \frac{1}{2{,}1}\left(0{,}30 \cdot 0{,}30 \cdot 30{,}0 \cdot 10^3 + 19{,}63 \cdot 42\right) = 1678 \text{ kN}.$

Der Anteil der ständigen Lasten beträgt im üblichen Hochbau ca. 70 % der Gesamtlast. Damit ergibt sich für die Einwirkungen ein mittlerer Teilsicherheitsbeiwert von

$\gamma_{g+q,m} = 0{,}7 \cdot 1{,}35 + 0{,}30 \cdot 1{,}50 = 1{,}40$

und schließlich eine im Gebrauchszustand und mit der bisherigen [DIN 1045 – 88] vergleichbare Last von

$\text{zul } N_{alt} = 3149 / 1{,}40 = 2249 \text{ kN}$,

d. h. bezogen auf obige 1678 kN eine etwa 34% höhere Tragfähigkeit, insbesondere wegen einer deutlich höheren Ausnutzung des Betons.

## 4.4.3 Beispiele für Biegung mit Längskraft

Der im Bild 4.11 dargestellte Querschnitt soll im folgenden durch verschieden große Biegemomente und Längskräfte beansprucht werden. Damit soll die zweckmäßige Anwendung der diesem Kapitel beigefügten, verschiedenen Bemessungstafeln gezeigt werden.

**Beispiel 4.3**

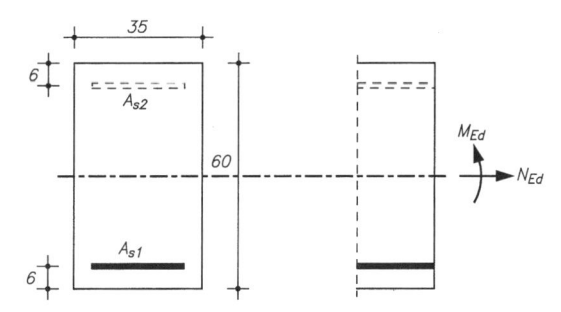

**Bild 4.11:** Querschnitt für verschiedene Beanspruchungen $M_{Ed}$ und $N_{Ed}$

Beton: C 20/25 $f_{ck}$ = 20 N/mm²
$f_{cd}$ = 0,85 · 20 / 1,5 = 11,33 N/mm²

Betonstahl: S 500 $f_{yk}$ = 500 N/mm²
$f_{yd}$ ≤ 500 / 1,15 = 435 N/mm² $\triangleq$ 43,5 kN/cm²

**Fall a:**

Als Schnittgrößen infolge äußerer Einwirkungen sind zunächst gegeben:

$M_g$ = 165 kNm $\quad N_g = 0$
$M_q$ = 78 kNm $\quad N_q = 0$

$M_{Ed}$ = 1,35 · 165 + 1,50 · 78 = 340 kNm $\quad N_{Ed}$ = 0 kN

Nach dem $k_d$-Verfahren (Kap. 4.3.3) erhält man mit Gl. (4-13)

$$k_d = \frac{54}{\sqrt{340/0,35}} = 1,73$$

und aus der Tafel 4.2 die Hilfswerte $\Rightarrow k_s$ = 2,82, $\xi$ = 0,450, $\zeta$ = 0,813 und errechnet

erf $A_{s1}$ = 2,82 · 340 / 54 = <u>17,8 cm²</u>.

Eine Biegebemessung nach der bisher gültigen [DIN 1045 – 88] ergibt für einen vergleichbaren Beton B 25 mit

$M_{g+q}$ = 165 + 78 = 243 kNm

$$k_h = \frac{54}{\sqrt{243/0,35}} = 2,05;$$

aus der entsprechenden Bemessungstafel [Grasser – 97] erhält man $\Rightarrow k_s$ = 4,1 und damit

erf $A_{s1}$ = 4,1 · 243 / 54 = <u>18,5 cm²</u>.

Abhängig vom Verhältnis der ständigen (Eigenlasten) zu den veränderlichen Einwirkungen (Verkehrslasten) ergeben sich wegen der unterschiedlichen Teilsicherheitsbeiwerte in DIN 1045-1 Differenzen bei den erforderlichen Bewehrungsquerschnitten. Für den Fall, dass die gesamten Einwirkungen ständig vorhanden sind und damit $\gamma_F$ = 1,35 gelten würde, wären bereits $A_s$ = 17,0 cm² ausreichend. Handelt es sich dagegen allein um eine Kombination von veränderlichen Einwirkungen und die Eigenlasten hätten nur einen untergeordneten Einfluss, dann wären mit $\gamma_F \approx 1{,}50$ in diesem Fall $A_s \approx 19{,}4$ cm² notwendig. Es zeigt sich also, dass bei überwiegender Verkehrslastbeanspruchung die erforderlichen Stahlquerschnitte nach DIN 1045-1 auch größer als nach der heute noch gültigen [DIN 1045 – 88] werden können.

Das dimensionslose Bemessungsverfahren ergibt für die gleichen Schnittgrößen mit

$$\mu_{Ed} = \frac{0{,}340}{0{,}35 \cdot 0{,}54^2 \cdot 11{,}33} = 0{,}294$$

nach Gl. (4-9) aus Tafel 4.6 $\Rightarrow$ $\omega = 0{,}3610$, $\xi = 0{,}446$, $\zeta = 0{,}815$, $v_\sigma = 1{,}0045$, und die erforderliche Bewehrung wird mit Gl. (4-17) erwartungsgemäß wie nach dem $k_d$-Verfahren

$$\text{erf } A_{s1} = \frac{1}{43{,}7} \cdot 0{,}3610 \cdot 35 \cdot 54 \cdot 1{,}133 = 17{,}7 \text{ cm}^2 \cong 17{,}8 \text{ cm}^2.$$

ermittelt. Da die Stahldehnung hier $\varepsilon_{s1} = 4{,}352$ ‰ beträgt, wird die Stahlspannung mit $v_\sigma \cdot \sigma_{s1} = 1{,}0045 \cdot 435 = 437$ N/mm².

**Fall b:**

Wird das aufzunehmende Biegemoment auf $M_{Ed} = 430$ kNm vergrößert, dann ergeben sich mit

$$k_d = \frac{54}{\sqrt{430/0{,}35}} = 1{,}54 = k_{d,\text{lim}}$$

aus der Bemessungstafel 4.2 die Dehnungen $\varepsilon_{c2} = -3{,}5$ ‰ sowie $\varepsilon_{s1} = 2{,}174$ ‰, ferner die Beiwerte $k_s = 3{,}09$, $\xi = 0{,}617$ sowie $\zeta = 0{,}743$ und daraus der erforderliche Stahlquerschnitt

$$\text{erf } A_{s1} = 3{,}09 \cdot 430 / 54 = \underline{24{,}6 \text{ cm}^2}.$$

Beim dimensionslosen Verfahren findet man in Tafel 4.6 mit

$$\mu_{Ed} = \frac{0{,}430}{0{,}35 \cdot 0{,}54^2 \cdot 11{,}33} = 0{,}371$$

$\omega = 0{,}4994$, $\xi = 0{,}617$, $\zeta = 0{,}743$ sowie $\varepsilon_{s1} = 2{,}174$ ‰ und errechnet ebenfalls

$$\text{erf } A_{s1} = \frac{1}{43{,}5} 0{,}4994 \cdot 35 \cdot 54 \cdot 1{,}133 = \underline{24{,}6 \text{ cm}^2}.$$

Mit $\xi = 0{,}617$ bzw. $\mu_{Ed} = 0{,}371$ handelt es sich beim Fall b um das maximale, ohne Druckbewehrung aufnehmbare Biegemoment des Querschnitts sofern eine ausreichende Duktilität durch geeignete konstruktive Maßnahmen, siehe 4.3.1, sichergestellt wird.

Anderenfalls wäre das Verhältnis $x/d = 0{,}45$ einzuhalten und nach Tafel 4.4 bzw. Tafel 4.8 zu bemessen.

Mit $k_d = 1{,}54$ ergeben sich aus Tafel 4.4, also für $\xi = 0{,}45$, die Hilfswerte $\Rightarrow k_{s1} = 2{,}74$, $k_{s2} = 0{,}50$ sowie für $d_2/d = 0{,}10$ aus der Beitafel $\Rightarrow \rho_1 = 1{,}01$, $\rho_2 = 1{,}03$. Nach Gl. (4-15) bzw. (4-16) errechnet sich damit

$$\text{erf } A_{s1} = 1{,}01 \cdot 2{,}74 \cdot 430 / 54 = \underline{22{,}0 \text{ cm}^2} \text{ und}$$

$$\text{erf } A_{s2} = 1{,}03 \cdot 0{,}50 \cdot 430 / 54 = \underline{4{,}1 \text{ cm}^2},$$

mithin insgesamt $\underline{26{,}1 \text{ cm}^2}$, also etwas mehr als bei $\xi = 0{,}617$ nach Tafel 4.3.

Beim dimensionslosen Bemessungsverfahren erhält man mit $\mu_{Ed} = 0{,}371$ aus Tafel 4.8 $\Rightarrow \omega_1 = 0{,}447$ bzw. $\omega_2 = 0{,}083$ und nach Gln. (4-18) bzw. (4-19)

$$\text{erf } A_{s1} = \frac{1}{43{,}5} 0{,}447 \cdot 35 \cdot 54 \cdot 1{,}133 = \underline{21{,}9 \text{ cm}^2} \approx 22{,}0 \text{ cm}^2 \text{ sowie}$$

$$\text{erf } A_{s2} = \frac{1}{43{,}5} 0{,}083 \cdot 35 \cdot 54 \cdot 1{,}133 = \underline{4{,}1 \text{ cm}^2} \text{ wie zuvor.}$$

**Fall c:**

Das aufzunehmende Biegemoment soll weiter steigen und zusätzlich ist vom Querschnitt noch eine Druckkraft aufzunehmen. Die Bemessungsschnittgrößen lauten in diesem Fall

$M_{Ed}$ = 500 kNm, $N_{Ed}$ = – 600 kN,

$M_{Eds}$ = 500 + 600 · (0,54 – 0,30) = 644 kNm.

Nach dem $k_d$-Verfahren ergibt sich

$$k_d = \frac{54}{\sqrt{644/0,35}} = 1{,}26 < k_{d,lim} = 1{,}54,$$

und damit ist Druckbewehrung erforderlich. Es wird vorausgesetzt, dass eine hinreichende Duktilität gewährleistet ist.

Der Tafel 4.3 ($\xi$ = 0,617) werden für $k_d$ = 1,25 die Hilfswerte $k_{s1}$ = 2,88, $k_{s2}$ = 0,85 sowie für $d_2/d$ = 0,10 der Beitafel $\rho_1$ = 1,01, $\rho_2$ = 1,03 entnommen und nach Gln. (4-15) bzw. (4-16)

erf $A_{s1}$ = 1,01 · 2,88 · 644 / 54 – 600 / 43,5 = 20,9 cm² und

erf $A_{s2}$ = 1,03 · 0,85 · 644 / 54 = 10,4 cm²,

folglich insgesamt 31,3 cm² errechnet.

Mit dem dimensionslosen Bemessungsverfahren ergeben sich für

$$\mu_{Eds} = \frac{0{,}644}{0{,}35 \cdot 0{,}54^2 \cdot 11{,}33} = 0{,}557$$

aus der Tafel 4.7 die mechanischen Bewehrungsgrade $\Rightarrow \omega_1$ = 0,706 bzw. $\omega_2$ = 0,207 und nach Gln. (4-18) bzw. (4-19)

erf $A_{s1}$ = $\frac{1}{43{,}5}$ (0,706 · 35 · 54 · 1,133 – 600) = 20,9 cm² sowie

erf $A_{s2}$ = $\frac{1}{43{,}5}$ 0,207 · 35 · 54 · 1,133 = 10,2 cm²,

mithin 31,1 cm², also bis auf Interpolationsungenauigkeiten erwartungsgemäß das gleiche Ergebnis wie mit dem $k_d$-Verfahren.

Wenn zur Sicherstellung einer ausreichenden Rotationsfähigkeit die bezogene Druckzone auf $\xi$ = 0,45 begrenzt werden muss, ist das am einfachsten durch Erhöhung der Druckbewehrung zu erreichen.

Für $k_d$ = 1,26 entnimmt man dann der Tafel 4.4 für $\xi$ = 0,45 unter $k_d$ = 1,26: $\Rightarrow k_{s1}$ = 2,65 sowie $k_{s2}$ = 1,15 und der Beitafel $\Rightarrow \rho_1$ = 1,01 und $\rho_2$ = 1,03 und errechnet schließlich

erf $A_{s1}$ = 1,01 · 2,65 · 644 / 54 – 600 / 43,5 = 18,1 cm² sowie

erf $A_{s2}$ = 1,03 · 1,15 · 644 / 54 = 14,1 cm²,

also insgesamt 32,2 cm², d. h. nur ca. 4 % mehr Bewehrung als zuvor mit einer bezogenen Druckzonenhöhe von x/d = 0,617.

Vergleichsweise wird der Querschnitt noch unter Anwendung des Interaktionsdiagramms für symmetrische Bewehrungsanordnung bemessen. Es sind die Leitwerte nach Gln. (4-20a, b) erforderlich

$$\nu_{Ed} = -\frac{0{,}600}{0{,}35 \cdot 0{,}60 \cdot 11{,}33} = -0{,}252$$

$$\mu_{Ed} = \frac{0{,}500}{0{,}35 \cdot 0{,}60^2 \cdot 11{,}33} = 0{,}350$$

Mit $d_1/h = 0{,}10$ erhält man aus Tafel 4.9 den Hilfswert $\Rightarrow \omega_{tot} = 0{,}64$ und errechnet nach Gl. (4-21)

$$A_{s1} + A_{s2} = 0{,}64 \cdot \frac{11{,}33}{435} \cdot 35 \cdot 60 = 35{,}0 \text{ cm}^2 ,$$

d. h. je Seite 17,5 cm².

**Fall d:**

Wenn eine erheblich größere Druckkraft, hier z. B. $N_{Ed} = -1060$ kN einwirkt, ergibt sich

$M_{Eds} = 500 + 1060 \cdot (0{,}54 - 0{,}30) = 754{,}4$ kNm.

Beim $k_d$ -Verfahren wird mit

$$k_d = \frac{54}{\sqrt{754/0{,}35}} = 1{,}16 < k_{d,lim} = 1{,}54$$

der Tafel 4.3 $\Rightarrow k_{s1} = 2{,}83$, $k_{s2} = 1{,}08$ (interpoliert) und der Beitafel $\Rightarrow \rho_1 = 1{,}01$ sowie $\rho_2 = 1{,}03$ entnommen und

erf $A_{s1} = 1{,}01 \cdot 2{,}83 \cdot 754 / 54 - 1060 / 43{,}5 = 15{,}5 \text{ cm}^2$ sowie

erf $A_{s2} = 1{,}03 \cdot 1{,}08 \cdot 754 / 54 = 15{,}5 \text{ cm}^2$,

d. h. symmetrische Bewehrung errechnet.

Beim dimensionslosen Bemessungsverfahren wird der Leitwert

$$\mu_{Eds} = \frac{0{,}7544}{0{,}35 \cdot 0{,}54^2 \cdot 11{,}33} = 0{,}652 > 0{,}600.$$

Dieser Wert ist in Tafel 4.7 nicht mehr enthalten, so dass sich für diesen Fall mit jener Tafel keine Bemessung durchführen lässt.

Beim Interaktionsdiagramm ergibt sich für die beiden Leitwerte nach Gln. (4-20a, b)

$$\nu_{Ed} = -\frac{1{,}060}{0{,}35 \cdot 0{,}60 \cdot 11{,}33} = -0{,}446$$

$$\mu_{Ed} = \frac{0{,}500}{0{,}35 \cdot 0{,}60^2 \cdot 11{,}33} = 0{,}350$$

und mit $d_1/h = 0{,}10$ aus Tafel 4.9 ein mechanischer Bewehrungsgrad $\Rightarrow \omega_{tot} = 0{,}57$ und damit

$$A_{s1} + A_{s2} = 0{,}57 \cdot \frac{11{,}33}{435} \cdot 35 \cdot 60 = 31{,}2 \text{ cm}^2 ,$$

d. h. an jeder Seite 15,6 cm² ≈ 15,5 cm², wie zuvor nach dem $k_d$-Verfahren bereits errechnet.

Dieses Ergebnis soll mit Tafel 4.10 kontrolliert werden. Die Leitwerte ergeben sich nach den Gln. (4-22a, b) zu

$$m_{s1,Ed} = \frac{(500 + 1060 \cdot 0{,}24) \cdot 10^{-3}}{0{,}35 \cdot 0{,}60^2 \cdot 11{,}33} = 0{,}528 ,$$

$$m_{s2,Ed} = \frac{(500 - 1060 \cdot 0{,}24) \cdot 10^{-3}}{0{,}35 \cdot 0{,}60^2 \cdot 11{,}33} = 0{,}172 .$$

Aus Tafel 4.10 erhält man erwartungsgemäß ebenfalls $\Rightarrow \omega_{tot} = 0{,}57$ und somit die gleiche statisch erforderliche Bewehrung wie zuvor.

Grenzzustände der Tragfähigkeit für Biegung mit Längskraft

## 4.4.4 Durchlaufende Platte

Hier wird für das in [DBV – 91] enthaltene Beispiel 1 die Bemessung nach DIN 1045-1 durchgeführt. Es handelt sich um eine einachsig gespannte Vollplatte, siehe Bild 4.12.

**Beispiel 4.4**

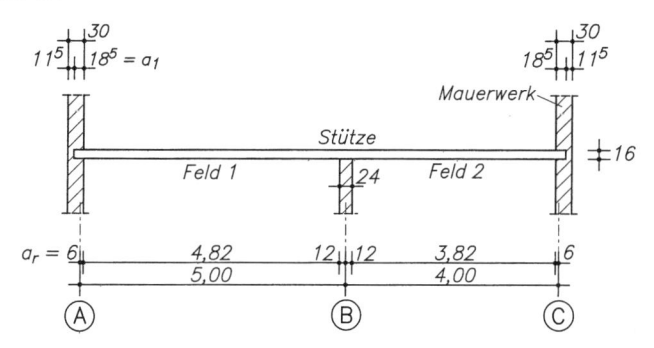

**Bild 4.12:** Durchlaufplatte mit System und Abmessungen nach [DBV – 91]

Gegenüber [DBV – 91] ergeben sich vergleichbare Baustoffe.

Beton:     C 20/25    $f_{ck} = 20$ N/mm²
                               $f_{cd} = 0{,}85 \cdot 20 / 1{,}5 = 11{,}33$ N/mm²

Betonstahl: S 500    $f_{yk} = 500$ N/mm²
                               $f_{yd} \leq 500 / 1{,}15 = 435$ N/mm² $\hat{=}$ 43,5 kN/cm²

Die charakteristischen Werte für die Einwirkungen sind
für die Eigenlasten:    $g_k = 5{,}6$ kN/m²
für die Nutzlasten:    $q_k = 5{,}0$ kN/m².

Die Bemessungswerte der Einwirkungen im Grenzzustand der Tragfähigkeit sind damit nach DIN 1045-1
für die Eigenlasten:    $g_d = 1{,}35 \cdot 5{,}6 = 7{,}56$ kN/m²,
für die Nutzlasten:    $q_d = 1{,}50 \cdot 5{,}0 = 7{,}50$ kN/m².

Die Schnittgrößenermittlung soll linear-elastisch mit begrenzter Momentenumlagerung erfolgen. Dabei ist es im allgemeinen zweckmäßig, die Feldbewehrungen möglichst optimal aus-

**Tabelle 4.1:** Plattenmomente [kNm/m] für die Durchlaufplatte

| Lastfall | $M_1$ | $M_B$ | $M_2$ |
|---|---|---|---|
| Lf. 1: | 32,06 | – 32,87 | 3,15 |
| mit Umlagerung $\delta_1 = 0{,}970$ | 32,47 | $0{,}970 \cdot 32{,}87 =$ -31,88 | 3,38 |
| Lf. 2: | 12,23 | – 26,52 | 18,32 |
| Lf. 3: | 29,37 | – 39,54 | 13,60 |
| mit Umlagerung $\delta_3 = 0{,}806$ | 32,47 | $0{,}806 \cdot 39{,}54 =$ – 31,88 | 16,29 |

zunutzen. Außerdem ist es wirtschaftlich, wenn die Umlagerungen so erfolgen, dass sich für die einzelnen Lastfallkombinationen gleiche Stützmomente ergeben. Durch eine diesbezügliche Iteration erhält man für die Lastfallkombination (Lf. 1) einen Umlagerungsfaktor von $\delta_1 = 0{,}970$, weil dann im Feld 1 eine Betonstahlmatte 150 · 7,5d / 250 · 6,5 (bisher R 589) gerade noch ausreicht, vgl. Tabelle 4.2. Für die Lastfallkombination (Lf. 3) ergeben sich mit $\delta_3 = 0{,}806$ die gleichen Stützmomente wie zuvor und damit im Feld 1 auch die gleichen Feldmomente. Bei der Lastfallkombination (Lf. 2) wurde keine Umlagerung vorgenommen. Bei einer Momentenumlagerung vom Feld zur Stütze sollte ggf. die Rotationskapazität genauer ermittelt werden. Die sich aufgrund der Elastizitätstheorie sowie nach der Momentenumlagerung ergebenden Plattenbiegemomente sind in Tabelle 4.1 zusammengestellt.

Unabhängig von der Art der Ermittlung der Schnittgrößen ergibt sich das Bemessungsmoment über der Stütze durch Ausrundung der Momentenfläche. Maßgebend ist die Lastfallkombination Lf. 1, weil in diesem Fall die Auflagerkraft und damit die Momentenabminderung geringer ist als bei Lf. 3. Die Auflagerkraft an der Mittelstütze errechnet sich für Lf. 1 zu B = 67,12 kN/m, und damit wird das maßgebende Bemessungsmoment im Stützbereich

$$M_B' = -31{,}88 + 67{,}12 \cdot 0{,}24 / 8 = -29{,}87 \text{ kNm}.$$

Bei einer Mindestbetondeckung von 10 mm für Innenräume und einem Vorhaltemaß von weiteren $\Delta h = 10$ mm ergibt sich nom c = 20 mm. Damit wird die statische Nutzhöhe

$$d = 16{,}0 - 2{,}0 - 0{,}4 = 13{,}6 \text{ cm},$$

die der Bemessung in der folgenden Tabelle 4.2 zugrunde gelegt ist.

**Tabelle 4.2:** Ermittlung der Bewehrung

|  | $M_{Ed}$ [kNm/m] | $k_d$ | $k_s$ | $a_s$ [cm²/m] | gewählt | |
|---|---|---|---|---|---|---|
| Feld 1 | 32,47 | 2,39 | 2,46 | 5,87 | R 589 | $\Rightarrow$ 5,89 cm²/m |
| Stütze B | −29,87 | 2,49 | 2,46 | 5,40 | ⌀8/9 cm | $\Rightarrow$ 5,59 cm²/m |
| Feld 2 | 18,32 | 3,18 | 2,30 | 3,10 | R 335 | $\Rightarrow$ 3,35 cm²/m |

Nachweise zur Begrenzung der Rissbreiten sind nach DIN 1045-1, 11.2.1(12) nicht erforderlich, weil die Platte nicht dicker als 200 mm ist. Als Mindestbewehrung ist aber einzulegen

$$\min a_s = \frac{f_{ctm} \cdot h^2 \cdot b}{6 \cdot 0{,}9 \cdot d \cdot f_{yk}} = \frac{2{,}2 \cdot 16^2 \cdot 100}{5{,}4 \cdot 13{,}6 \cdot 500} = 1{,}53 < 3{,}35 \text{ cm}^2/\text{m}$$

Weiteres hierzu siehe im Kapitel 13.4.1.

Hinsichtlich der Grenzzustände der Verformungen wird die Einhaltung zulässiger Durchbiegungen vereinfacht nach DIN 1045-1, 11.3.2 (1) über die Begrenzung der Biegeschlankheit (Verhältnis von Stützweite zu Nutzhöhe) nachgewiesen.

Die erforderliche Biegeschlankheit beträgt $l_i / d \leq 35$, wobei nach DIN 1045-1, 11.3.2 (2) und (4) als Ersatzstützweite für das Endfeld eines Durchlaufsystems $l_i = 0{,}8 \cdot 5{,}0 = 4{,}00$ m anzusetzen ist

$$l_i / d = 4{,}00 / 0{,}136 = 29{,}4 < 35.$$

Die vorhandene Biegeschlankheit würde im Hinblick auf die Begrenzung der Durchbiegung gem. DIN 1045-1, 11.3.2 (3) auch für eine Deckenplatte mit höheren Ansprüchen ausreichen, denn

$$l_i / d = 29{,}4 \text{ ist kleiner als } 150 / 4{,}0 = 37{,}5.$$

## Grenzzustände der Tragfähigkeit für Biegung mit Längskraft

Abschließend wird hier noch der vereinfachte Nachweis der Rotationsfähigkeit nach DIN 1045-1, 8.3 (3) geführt mit

$\delta \geq 0{,}64 + 0{,}80 \cdot x/d$, (4-26)

bzw. es gilt für hochduktilen Stahl (S 500 B) $\delta \geq 0{,}70$
und für normalduktilen Stahl (S 500 A) $\delta \geq 0{,}85$.

**Tabelle 4.3:** Nachweis der Rotationsfähigkeit

| | Bewehrung | x/d | min $\delta$ | | vorh $\delta$ |
|---|---|---|---|---|---|
| Feld 1 | R 589 BSt 500 MA | 0,209 | 0,81 | 0,85 | 31,88 / 32,06 = 0,97 |
| Stütze B | ∅8 / 9cm BSt 500 SB | 0,191 | 0,79 | 0,70 | 31,88 / 39,54 = 0,81 |
| Feld 2 | R 335 BSt 500 MA | 0,116 | 0,73 | 0,85 | 18,32 / 18,32 = 1,00 |

Gegenüber der Bemessung nach [DIN 1045 – 88] einschließlich der Verminderung des Stützmomentes um 15 % ($\delta = 0{,}85$) ergeben sich nach DIN 1045-1 für dieses Beispiel insbesondere über der Mittelstützung deutlich geringere Bewehrungen, und zwar

im Feld 1: 5,87/6,63 = 0,885 ⇒ 88,5 %,

über der Stütze B: 5,40/6,50 = 0,831 ⇒ 83,1 %,

im Feld 2: 3,26/3,48 = 0,937 ⇒ 93,7 %.

### 4.4.5 Rechteckquerschnitt mit Vorspannung

Mit diesem Beispiele soll gezeigt werden, dass die beigefügten Tafeln auch zur Bemessung von vorgespannten Bauteilen verwendet werden können.

**Beispiel 4.5**

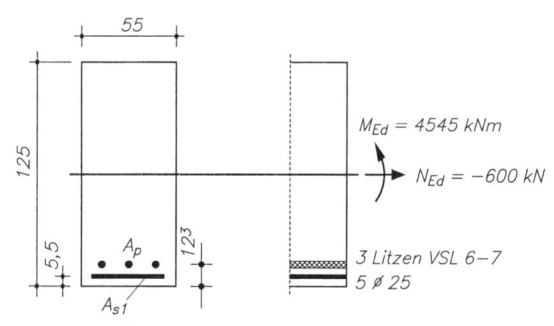

$M_{Ed} = 4545$ kNm
$N_{Ed} = -600$ kN

3 Litzen VSL 6−7
5 ∅ 25

**Bild 4.13:** Abmessungen und Schnittgrößen für einen vorgespannten Querschnitt

Beton: C 35/45 $f_{ck}$ = 35 N/mm²
$f_{cd}$ = 0,85 · 35 / 1,5 = 19,83 N/mm²

Betonstahl: S 500 $f_{yk}$ = 500 N/mm²
$f_{yd}$ ≤ 500 / 1,15 = 435 N/mm² ≙ 43,5 kN/cm²

Spannstahl: St 1570/1770 (derzeitige Bezeichnung)
$f_{p,0,1k}$ = 1500 N/mm²
$f_{pk}$ = 1770 N/mm²
$E_p$ = 195000 N/mm²

Vorspannung: 3 Litzenspannglieder VSL 6-7 mit je 7 · 1,40 = 9,80 cm²

Die Schnittgrößen infolge äußerer Einwirkungen betragen:
$M_g = 1500$ kNm $\qquad M_q = 1680$ kNm
$N_q = -400$ kN

Somit ergeben sich die Bemessungsschnittgrößen zu
$M_{Ed} = 1{,}35 \cdot 1500 + 1{,}50 \cdot 1680 = 4545$ kNm,
$N_{Ed} = -1{,}50 \cdot 400 = -600$ kN.

Die Spannung im Spannstahl $\sigma_{pm0}$ darf gem. DIN 1045-1, 8.7.2(3) unmittelbar nach dem Absetzen der Pressenkraft betragen, vgl. hierzu auch Kapitel 10.1.3.

$\sigma_{pm0} = 0{,}75 \cdot 1770 = 1327$ N/mm² oder
$\qquad\quad\; 0{,}85 \cdot 1500 = \underline{1275\text{ N/mm}^2}$ (maßgebend).

Unter Berücksichtigung von Relaxation, Schwinden und Kriechen mit einem angenommenen 20 % igen Spannkraftverlust ergibt sich eine Spannstahlvordehnung von

$$\varepsilon_{pm\infty}^{(o)} = \frac{0{,}80 \cdot 1275}{195} \cdot 10^{-3} = 5{,}23\; ‰.$$

Hierbei wurde der Einfluss der Betonstauchung vernachlässigt, siehe aber Kapitel 10.3.1.

Der Nachweis im Grenzzustand der Tragfähigkeit wird zunächst in der gewohnten Weise, also analog zu Abschnitt 11 in [DIN 4227-1-88] geführt.

Mit der statischen Nutzhöhe bis zur Spanngliedlage
$d_p = 1{,}25 - 0{,}123 = 1{,}127$ m wird
$M_{Edp} = 4545{,}0 + 600\,(1{,}127 - 1{,}25/2) = 4846{,}2$ kNm und

$$\mu_{Edp} = \frac{4{,}8462}{0{,}55 \cdot 1{,}127^2 \cdot 19{,}83} = 0{,}3498.$$

Aus den Tafeln 4.1 bzw. 4.6 kann hierfür entnommen werden $\Rightarrow \xi = 0{,}565\;\; \zeta = 0{,}765$ sowie die Stahldehnung in Höhe der Spanngliedlage mit $\varepsilon_{s1} \stackrel{\triangle}{=} \Delta\varepsilon_p = 2{,}70\; ‰$.

Der innere Hebelarm $z_p = \zeta \cdot d_p$ errechnet sich demnach zu
$z_p = 0{,}765 \cdot 1{,}127 = 0{,}862$ m,
und die gesamte Spannstahldehnung ergibt sich mit obiger Vordehnung zu
$\varepsilon_{pd\infty} = \varepsilon_{pm\infty}^{(o)} + \Delta\varepsilon_p = 5{,}23 + 2{,}70 = 7{,}93\; ‰.$

Aus Bild 4.6 ist ablesbar, dass der Spannstahl nur voll ausgenutzt wird, wenn die Gesamtdehnung wie in diesem Beispiel über

$$\varepsilon_{pd} = \frac{1500}{1{,}15} \cdot \frac{1}{195} \cdot 10^{-3} = 6{,}69\; ‰\; \text{liegt}.$$

Wird ferner der Anstieg der Spannstahlspannung oberhalb von $\varepsilon_{pd}$ vernachlässigt und somit die "vereinfachte Annahme" zugrunde gelegt, ergibt sich nach Bild 4.6

$$\sigma_p = \frac{1500}{1{,}15} = 1304\; \text{N/mm}^2 \stackrel{\triangle}{=} 130{,}4\; \text{kN/cm}^2.$$

Damit errechnet sich die erforderliche Spannstahlbewehrung zu

$$A_p = \frac{1}{130{,}4} \cdot \left[ \frac{4846{,}2}{0{,}862} - 600 \right] = 38{,}51\; \text{cm}^2 > A_p = 3 \cdot 9{,}80 = 29{,}40\; \text{cm}^2.$$

Zur Gewährleistung der Tragfähigkeit ist daher noch Betonstahlbewehrung erforderlich,

$$A_s = (38{,}51 - 29{,}40) \cdot \frac{0{,}862}{0{,}862 + 0{,}068} \cdot \frac{1500}{500} = \underline{25{,}33\; \text{cm}^2} \approx \underline{24{,}54\; \text{cm}^2}\; (5\,\varnothing\,25)$$

Dieses Ergebnis liegt geringfügig auf der sicheren Seite, weil bei der Errechnung von $A_p$ als statische Nutzhöhe $d_p$ und nicht die gemittelte Schwerpunktlage der Bewehrungen berücksichtigt worden ist.

Wird nach [Grasser u. a. – 96] die Vorspannkraft

$$F_p = 29{,}40 \cdot 130{,}4 = 3833{,}8 \text{ kN}$$

als äußere Einwirkung aufgefasst, dann ergibt sich ein Moment um die Achse der schlaffen Bewehrung von

$$M_{Eds} = 4545{,}0 + 600 \,(1{,}195 - 0{,}625) + 3833{,}8 \cdot 0{,}068 = 5147{,}7 \text{ kNm}$$

und damit ein Leitwert

$$\mu_{Eds} = \frac{5{,}1477}{0{,}55 \cdot 1{,}195^2 \cdot 19{,}83} = 0{,}3305$$

Aus Tafel 4.6 erhält man $\Rightarrow \omega = 0{,}4220$, $\xi = 0{,}523$, $\zeta = 0{,}783$ sowie $\varepsilon_{s1} = 3{,}21$ ‰ und damit wird

$$A_s = \frac{1}{43{,}5} \left[ 0{,}4220 \cdot 0{,}55 \cdot 1{,}195 \cdot 19{,}83 \cdot 10^3 - 3833{,}8 - 600 \right] = \underline{24{,}51 \text{ cm}^2 < 24{,}54 \text{ cm}^2}$$

Die Betonstahlbewehrung kann natürlich auch mit Hilfe des $k_d$-Verfahrens errechnet werden.

$$k_d = \frac{119{,}5}{\sqrt{5147{,}7/0{,}55}} = 1{,}235$$

Aus Tafel 4.2 ergibt sich für diesen Leitwert $\Rightarrow k_s = 2{,}93$, $\xi = 0{,}521$ sowie $\varepsilon_{s1} = 3{,}21$ ‰ und $\zeta = 0{,}783$ ebenso wie nach Tafel 4.6.

$$A_s = 2{,}93 \cdot \frac{5147{,}7}{119{,}5} - \frac{3833{,}8 + 600}{43{,}5} = 24{,}29 \text{ cm}^2 \approx 24{,}51 \text{ cm}^2$$

Insofern ergibt sich bis auf Interpolationsungenauigkeiten der gleiche Bewehrungsquerschnitt wie zuvor berechnet.

Abschließend werden die Ergebnisse durch Gleichgewichtskontrollen überprüft. Aus den oben durchgeführten Bemessungen bzw. durch Iteration ergibt sich für vorgegebenen Einwirkungen das Dehnungsdiagramm in Bild 4.14.

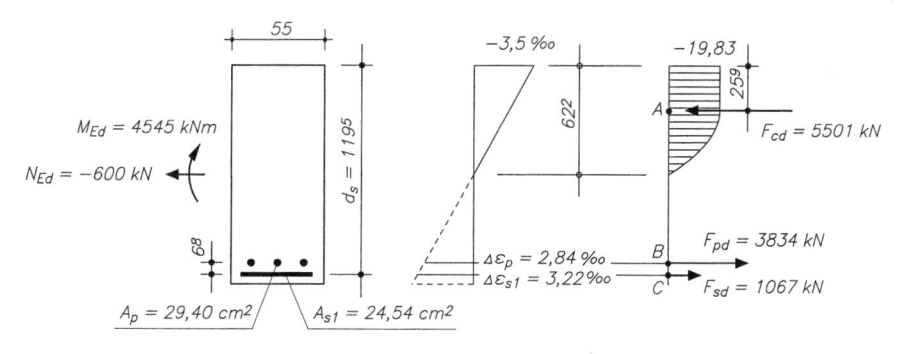

**Bild 4.14:** Dehnungen und innere Schnittkräfte im vorgespannten Querschnitt

Die Druckzonenhöhe beträgt

$$x = \frac{3{,}50}{3{,}22 + 3{,}50} \cdot 1{,}195 = 0{,}521 \cdot 1{,}195 = 0{,}622 \text{ m}.$$

Der Völligkeitsbeiwert kann nach [Zilch/Rogge – 01] mit $\varepsilon_{c2} = -3,5$ ‰ errechnet werden,

$$\alpha_R = 1 + \frac{2}{3 \cdot \varepsilon_{c2}} = 1 - \frac{2}{3 \cdot 3,5} = 0,810.$$

Damit wird die Betondruckkraft

$F_c = \alpha_R \cdot x \cdot b \cdot f_{cd} = 0,810 \cdot 0,622 \cdot 0,55 \cdot 19,83 = 5,501$ MN $\hat{=}$ 5501 kN.

Der Angriffspunkt der Betondruckkraft unterhalb des oberen Querschnittsrandes beträgt $a = k_a \cdot x$, wobei

$$k_a = \frac{\varepsilon_{c2} \cdot (3 \cdot \varepsilon_{c2} + 4) + 2}{2 \cdot \varepsilon_{c2} \cdot (3 \cdot \varepsilon_{c2} + 2)} = \frac{-3,5 \cdot (-3 \cdot 3,5 + 4) + 2}{-2 \cdot 3,5 \cdot (-3 \cdot 3,5 + 2)} = 0,416 \text{ ist.}$$

$a = 0,416 \cdot 0,622 = 0,259$ m

Die Zugkräfte in den Bewehrungen betragen im
Spannstahl:     $F_p = 3833,8$ kN
Betonstahl:     $F_s = 43,5 \cdot 24,54 = 1067,5$ kN.

Letztlich werden noch die beiden Gleichgewichtsbedingungen $\Sigma N = 0$ und $\Sigma M = 0$ überprüft.

**$\Sigma N = 0$:**
$N_{Rd} = 5501 - 3834 - 1067 = \underline{600 \text{ kN}} = N_{Ed}$

**$\Sigma M = 0$:**
$M_{Rd} = 5501 \cdot (0,625 - 0,259) + 3834 \cdot (1,127 - 0,625) + 1067 \cdot (1,195 - 0,625)$
$\phantom{M_{Rd}} = \underline{4546} \approx 4545 = M_{Ed}$

## 4.5 Zusammenfassung

In DIN 1045-1, 10.2 sind die Grenzzustände der Tragfähigkeit für reine Biegung und Biegung mit Längskraft behandelt. Da die Bemessung für Biegung mit Längskraft nach der neuen Norm nahezu auf den gleichen Voraussetzungen basiert wie nach den bis heute gültigen [DIN 1045 – 88] bzw. [DIN 4227-1 – 88], wird sich in der Baupraxis bei der Biegebemessung formal nichts ändern. Änderungen ergeben sich aber durch die Einführung von Teilsicherheitsbeiwerten und eines einheitlichen Sicherheitskonzeptes für nicht vorgespannte und vorgespannte Stahlbetonkonstruktionen, sowie durch die größeren zulässigen Stahldehnungen $\varepsilon_{su}$ im Grenzzustand der Tragfähigkeit. Ungewohnt sind außerdem die zahlreichen neuen und geänderten Bezeichnungen.

Ausgehend von den Bemessungsgrundlagen sowie verschiedenen idealisierten Spannungsdehnungsbeziehungen von Beton und Betonstahl enthält dieser Beitrag einige Bemessungshilfsmittel für Normalbeton bis C 50/60, mit denen der größte Teil der für die Baupraxis relevanten Bemessungsaufgaben für Biegung mit Längskraft lösbar sind.

Anhand mehrerer Beispiele wird die Anwendung des $k_d$-Verfahrens und zweier Interaktionsdiagramme sowie die Handhabung der dimensionslosen Bemessungstabellen gezeigt. Ferner sollten vergleichende Anwendungen die Unterschiede zwischen der alten und der neuen DIN 1045 zeigen. Bei den Anwendungsbeispielen wird deutlich,

- dass alle hier vorgestellten Bemessungsverfahren auf den gleichen Grundlagen beruhen und somit auch zu den gleichen Bewehrungsquerschnitten führen und
- dass auch vorgespannte Querschnitte mit den gleichen Hilfsmitteln bemessen werden können.

Grenzzustände der Tragfähigkeit für Biegung mit Längskraft

## Beton bis C 50/60, alle Stahlfestigkeitsklassen

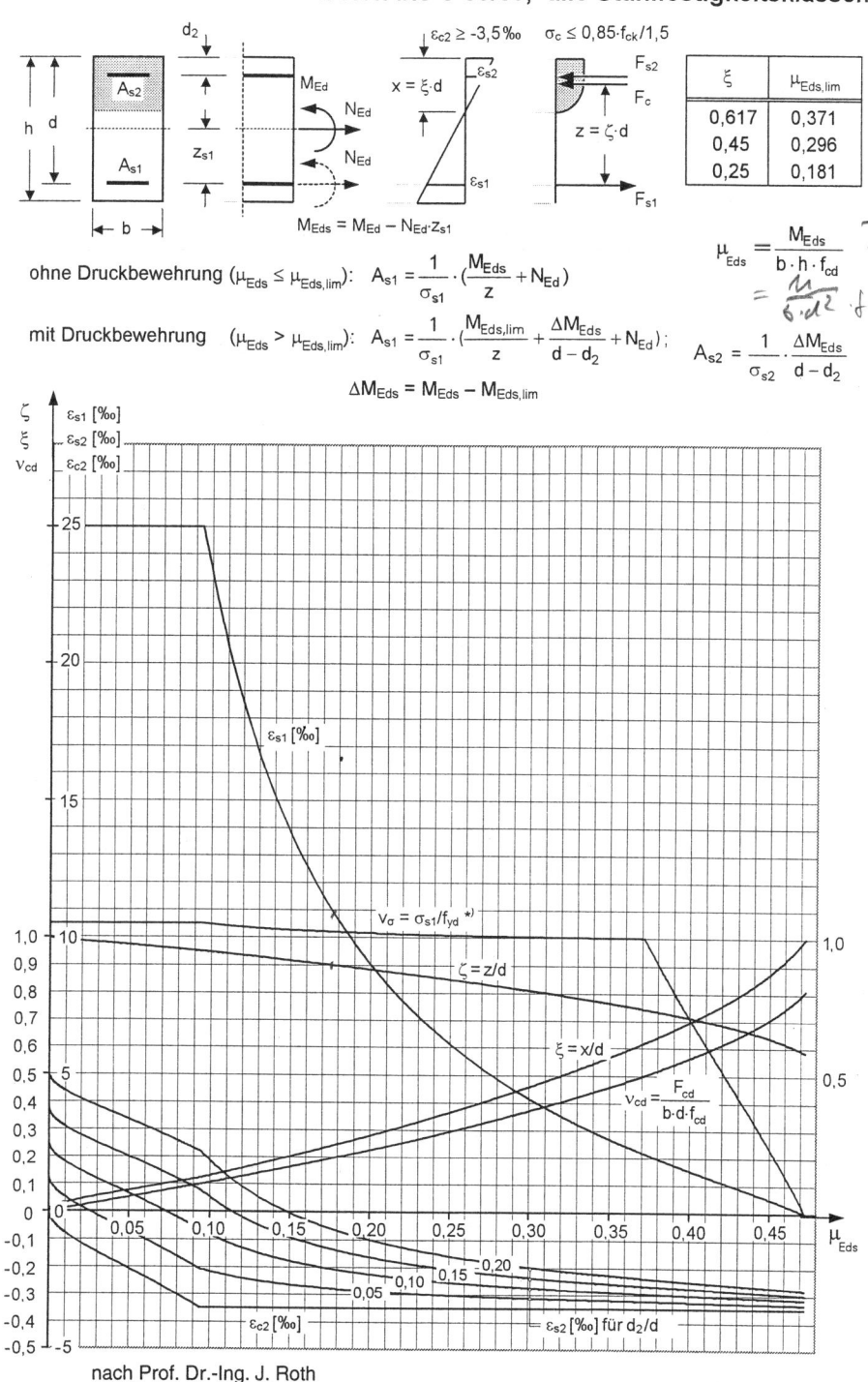

$\varepsilon_{c2} \geq -3,5\text{‰}$  $\sigma_c \leq 0,85 \cdot f_{ck}/1,5$

$x = \xi \cdot d$

$z = \zeta \cdot d$

| $\xi$ | $\mu_{Eds,lim}$ |
|---|---|
| 0,617 | 0,371 |
| 0,45 | 0,296 |
| 0,25 | 0,181 |

$M_{Eds} = M_{Ed} - N_{Ed} \cdot z_{s1}$

ohne Druckbewehrung ($\mu_{Eds} \leq \mu_{Eds,lim}$): $A_{s1} = \dfrac{1}{\sigma_{s1}} \cdot (\dfrac{M_{Eds}}{z} + N_{Ed})$

mit Druckbewehrung ($\mu_{Eds} > \mu_{Eds,lim}$): $A_{s1} = \dfrac{1}{\sigma_{s1}} \cdot (\dfrac{M_{Eds,lim}}{z} + \dfrac{\Delta M_{Eds}}{d - d_2} + N_{Ed})$ ; $A_{s2} = \dfrac{1}{\sigma_{s2}} \cdot \dfrac{\Delta M_{Eds}}{d - d_2}$

$\Delta M_{Eds} = M_{Eds} - M_{Eds,lim}$

$\mu_{Eds} = \dfrac{M_{Eds}}{b \cdot h \cdot f_{cd}}$

nach Prof. Dr.-Ing. J. Roth

**Tafel 4.1:** Allgemeines Bemessungsdiagramm für den Rechteckquerschnitt

## Beton bis C 50/60; Betonstahl S 500

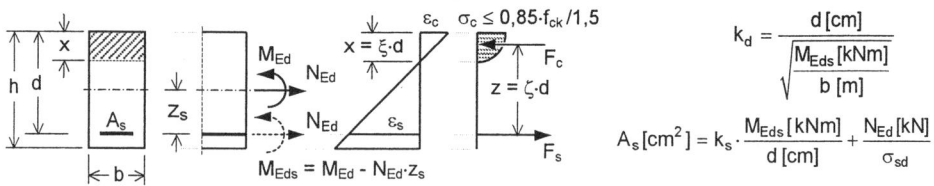

$$k_d = \cfrac{d\,[\text{cm}]}{\sqrt{\cfrac{M_{Eds}\,[\text{kNm}]}{b\,[\text{m}]}}}$$

$$A_s\,[\text{cm}^2] = k_s \cdot \frac{M_{Eds}\,[\text{kNm}]}{d\,[\text{cm}]} + \frac{N_{Ed}\,[\text{kN}]}{\sigma_{sd}}$$

$M_{Eds} = M_{Ed} - N_{Ed} \cdot z_s$

| $k_d$ für Beton der Festigkeitsklasse C... | | | | | | | | $k_s$ | $\xi$ | $\zeta$ | $\varepsilon_{c2}$ ‰ | $\varepsilon_{s1}$ ‰ | $\sigma_{sd}$ kN/cm² |
|---|---|---|---|---|---|---|---|---|---|---|---|---|---|
| 12/15 | 16/20 | 20/25 | 25/30 | 30/37 | 35/45 | 40/50 | 45/55 | 50/60 | | | | | |
| 27,43 | 23,75 | 21,24 | 19,00 | 17,35 | 16,06 | 15,02 | 14,16 | 13,44 | 2,20 | 0,013 | 0,996 | -0,32 | 25,00 | 45,65 |
| 14,02 | 12,14 | 10,86 | 9,71 | 8,87 | 8,21 | 7,68 | 7,24 | 6,87 | 2,21 | 0,026 | 0,991 | -0,66 | 25,00 | 45,65 |
| 9,75 | 8,44 | 7,55 | 6,75 | 6,16 | 5,71 | 5,34 | 5,03 | 4,77 | 2,22 | 0,038 | 0,987 | -0,99 | 25,00 | 45,65 |
| 7,67 | 6,65 | 5,94 | 5,32 | 4,85 | 4,49 | 4,20 | 3,96 | 3,76 | 2,23 | 0,050 | 0,982 | -1,31 | 25,00 | 45,65 |
| 6,48 | 5,61 | 5,02 | 4,49 | 4,10 | 3,79 | 3,55 | 3,34 | 3,17 | 2,24 | 0,061 | 0,978 | -1,62 | 25,00 | 45,65 |
| 5,71 | 4,95 | 4,43 | 3,96 | 3,61 | 3,35 | 3,13 | 2,95 | 2,80 | 2,25 | 0,071 | 0,974 | -1,91 | 25,00 | 45,65 |
| 5,20 | 4,50 | 4,03 | 3,60 | 3,29 | 3,04 | 2,85 | 2,68 | 2,55 | 2,26 | 0,081 | 0,969 | -2,19 | 25,00 | 45,65 |
| 4,82 | 4,17 | 3,73 | 3,34 | 3,05 | 2,82 | 2,64 | 2,49 | 2,36 | 2,27 | 0,090 | 0,965 | -2,47 | 25,00 | 45,65 |
| 4,29 | 3,72 | 3,32 | 2,97 | 2,71 | 2,51 | 2,35 | 2,22 | 2,10 | 2,29 | 0,107 | 0,957 | -3,01 | 25,00 | 45,65 |
| 4,09 | 3,54 | 3,17 | 2,83 | 2,59 | 2,40 | 2,24 | 2,11 | 2,00 | 2,30 | 0,116 | 0,952 | -3,27 | 25,00 | 45,65 |
| 3,87 | 3,35 | 3,00 | 2,68 | 2,45 | 2,26 | 2,12 | 2,00 | 1,89 | 2,32 | 0,128 | 0,947 | -3,50 | 23,77 | 45,53 |
| 3,73 | 3,23 | 2,89 | 2,59 | 2,36 | 2,19 | 2,04 | 1,93 | 1,83 | 2,34 | 0,138 | 0,942 | -3,50 | 21,79 | 45,35 |
| 3,60 | 3,12 | 2,79 | 2,50 | 2,28 | 2,11 | 1,97 | 1,86 | 1,77 | 2,36 | 0,149 | 0,938 | -3,50 | 19,98 | 45,17 |
| 3,48 | 3,02 | 2,70 | 2,41 | 2,20 | 2,04 | 1,91 | 1,80 | 1,71 | 2,38 | 0,160 | 0,933 | -3,50 | 18,34 | 45,02 |
| 3,37 | 2,92 | 2,61 | 2,34 | 2,13 | 1,98 | 1,85 | 1,74 | 1,65 | 2,40 | 0,172 | 0,928 | -3,50 | 16,85 | 44,88 |
| 3,27 | 2,83 | 2,53 | 2,26 | 2,07 | 1,91 | 1,79 | 1,69 | 1,60 | 2,42 | 0,184 | 0,923 | -3,50 | 15,51 | 44,75 |
| 3,08 | 2,67 | 2,39 | 2,14 | 1,95 | 1,80 | 1,69 | 1,59 | 1,51 | 2,46 | 0,209 | 0,913 | -3,50 | 13,21 | 44,53 |
| 3,00 | 2,60 | 2,32 | 2,08 | 1,90 | 1,76 | 1,64 | 1,55 | 1,47 | 2,48 | 0,223 | 0,907 | -3,50 | 12,23 | 44,44 |
| 2,92 | 2,53 | 2,26 | 2,02 | 1,85 | 1,71 | 1,60 | 1,51 | 1,43 | 2,50 | 0,236 | 0,902 | -3,50 | 11,34 | 44,35 |
| 2,85 | 2,47 | 2,21 | 1,98 | 1,80 | 1,67 | 1,56 | 1,47 | 1,40 | 2,52 | 0,250 | 0,896 | -3,50 | 10,50 | 44,27 |
| 2,79 | 2,41 | 2,16 | 1,93 | 1,76 | 1,63 | 1,53 | 1,44 | 1,36 | 2,54 | 0,263 | 0,891 | -3,50 | 9,81 | 44,21 |
| 2,72 | 2,36 | 2,11 | 1,89 | 1,72 | 1,59 | 1,49 | 1,41 | 1,33 | 2,56 | 0,277 | 0,885 | -3,50 | 9,15 | 44,14 |
| 2,67 | 2,31 | 2,07 | 1,85 | 1,69 | 1,56 | 1,46 | 1,38 | 1,31 | 2,58 | 0,290 | 0,879 | -3,50 | 8,55 | 44,09 |
| 2,61 | 2,26 | 2,03 | 1,81 | 1,65 | 1,53 | 1,43 | 1,35 | 1,28 | 2,60 | 0,304 | 0,873 | -3,50 | 8,01 | 44,03 |
| 2,57 | 2,22 | 1,99 | 1,78 | 1,62 | 1,50 | 1,41 | 1,33 | 1,26 | 2,62 | 0,318 | 0,868 | -3,50 | 7,51 | 43,99 |
| 2,52 | 2,18 | 1,95 | 1,75 | 1,59 | 1,48 | 1,38 | 1,30 | 1,23 | 2,64 | 0,332 | 0,862 | -3,50 | 7,05 | 43,94 |
| 2,48 | 2,15 | 1,92 | 1,72 | 1,57 | 1,45 | 1,36 | 1,28 | 1,21 | 2,66 | 0,345 | 0,856 | -3,50 | 6,63 | 43,90 |
| 2,44 | 2,11 | 1,89 | 1,69 | 1,54 | 1,43 | 1,34 | 1,26 | 1,19 | 2,68 | 0,359 | 0,851 | -3,50 | 6,25 | 43,87 |
| 2,40 | 2,08 | 1,86 | 1,66 | 1,52 | 1,41 | 1,32 | 1,24 | 1,18 | 2,70 | 0,373 | 0,845 | -3,50 | 5,89 | 43,83 |
| 2,37 | 2,05 | 1,83 | 1,64 | 1,50 | 1,39 | 1,30 | 1,22 | 1,16 | 2,72 | 0,386 | 0,839 | -3,50 | 5,56 | 43,80 |
| 2,34 | 2,02 | 1,81 | 1,62 | 1,48 | 1,37 | 1,28 | 1,21 | 1,14 | 2,74 | 0,400 | 0,834 | -3,50 | 5,26 | 43,73 |
| 2,30 | 2,00 | 1,79 | 1,60 | 1,46 | 1,35 | 1,26 | 1,19 | 1,13 | 2,76 | 0,413 | 0,828 | -3,50 | 4,98 | 43,75 |
| 2,25 | 1,95 | 1,74 | 1,56 | 1,42 | 1,32 | 1,23 | 1,16 | 1,10 | 2,80 | 0,439 | 0,817 | -3,50 | 4,47 | 43,70 |
| 2,23 | 1,93 | 1,73 | 1,54 | 1,41 | 1,30 | 1,22 | 1,15 | 1,09 | 2,82 | 0,450 | 0,813 | -3,50 | 4,28 | 43,68 |
| 2,20 | 1,91 | 1,70 | 1,52 | 1,39 | 1,29 | 1,21 | 1,14 | 1,08 | 2,84 | 0,465 | 0,807 | -3,50 | 4,03 | 43,65 |
| 2,18 | 1,89 | 1,69 | 1,51 | 1,38 | 1,28 | 1,19 | 1,12 | 1,07 | 2,86 | 0,478 | 0,801 | -3,50 | 3,83 | 43,64 |
| 2,16 | 1,87 | 1,67 | 1,49 | 1,36 | 1,26 | 1,18 | 1,11 | 1,06 | 2,88 | 0,490 | 0,796 | -3,50 | 3,64 | 43,62 |
| 2,14 | 1,85 | 1,66 | 1,48 | 1,35 | 1,25 | 1,17 | 1,10 | 1,05 | 2,90 | 0,503 | 0,791 | -3,50 | 3,46 | 43,60 |
| 2,12 | 1,83 | 1,64 | 1,47 | 1,34 | 1,24 | 1,16 | 1,09 | 1,04 | 2,92 | 0,515 | 0,786 | -3,50 | 3,29 | 43,59 |
| 2,08 | 1,80 | 1,61 | 1,44 | 1,32 | 1,22 | 1,14 | 1,08 | 1,02 | 2,96 | 0,539 | 0,776 | -3,50 | 2,99 | 43,56 |
| 2,05 | 1,78 | 1,59 | 1,42 | 1,30 | 1,20 | 1,12 | 1,06 | 1,01 | 3,00 | 0,563 | 0,766 | -3,50 | 2,72 | 43,53 |
| 2,02 | 1,75 | 1,57 | 1,40 | 1,28 | 1,19 | 1,11 | 1,05 | 0,99 | 3,04 | 0,586 | 0,756 | -3,50 | 2,47 | 43,51 |
| 2,00 | 1,73 | 1,55 | 1,38 | 1,26 | 1,17 | 1,09 | 1,03 | 0,98 | 3,08 | 0,609 | 0,747 | -3,50 | 2,25 | 43,49 |
| 1,99 | 1,72 | 1,54 | 1,38 | 1,26 | 1,17 | 1,09 | 1,03 | 0,98 | 3,09 | 0,617 | 0,743 | -3,50 | 2,174 | 43,48 |

nach Prof. Dr.-Ing. J. Roth

**Tafel 4.2:** Dimensionsgebundene Bemessungstafel für den Rechteckquerschnitt ohne Druckbewehrung ($k_d$-Verfahren)

Grenzzustände der Tragfähigkeit für Biegung mit Längskraft

## Beton bis C 50/60; Betonstahl S 500

$f_{yd} = 434{,}8 \text{ N/mm}^2$

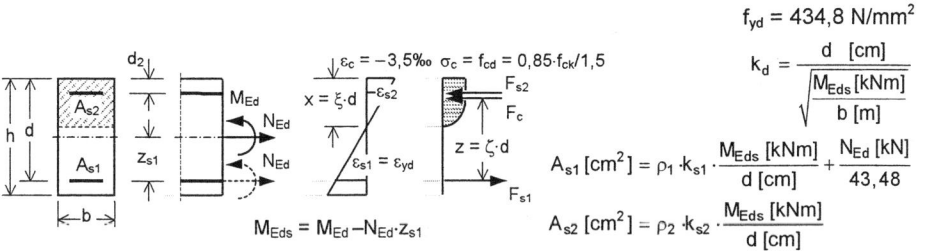

$\varepsilon_c = -3{,}5\text{‰} \quad \sigma_c = f_{cd} = 0{,}85 \cdot f_{ck}/1{,}5$

$x = \xi \cdot d$

$z = \zeta \cdot d$

$\varepsilon_{s1} = \varepsilon_{yd}$

$M_{Eds} = M_{Ed} - N_{Ed} \cdot z_{s1}$

$k_d = \dfrac{d \text{ [cm]}}{\sqrt{\dfrac{M_{Eds} \text{ [kNm]}}{b \text{ [m]}}}}$

$A_{s1} \text{ [cm}^2\text{]} = \rho_1 \cdot k_{s1} \cdot \dfrac{M_{Eds} \text{ [kNm]}}{d \text{ [cm]}} + \dfrac{N_{Ed} \text{ [kN]}}{43{,}48}$

$A_{s2} \text{ [cm}^2\text{]} = \rho_2 \cdot k_{s2} \cdot \dfrac{M_{Eds} \text{ [kNm]}}{d \text{ [cm]}}$

| $k_d$ für Beton C ... | | | | | | | | | $k_{s1}$ | $k_{s2}$ |
|---|---|---|---|---|---|---|---|---|---|---|
| 12/15 | 16/20 | 20/25 | 25/30 | 30/37 | 35/45 | 40/50 | 45/55 | 50/60 | | |
| 1,99 | 1,72 | 1,54 | 1,38 | 1,26 | 1,17 | 1,09 | 1,03 | 0,98 | 3,09 | 0,00 |
| 1,97 | 1,71 | 1,53 | 1,36 | 1,25 | 1,15 | 1,08 | 1,02 | 0,97 | 3,08 | 0,05 |
| 1,95 | 1,69 | 1,51 | 1,35 | 1,23 | 1,14 | 1,07 | 1,01 | 0,96 | 3,07 | 0,10 |
| 1,93 | 1,67 | 1,49 | 1,34 | 1,22 | 1,13 | 1,06 | 1,00 | 0,94 | 3,06 | 0,15 |
| 1,91 | 1,65 | 1,48 | 1,32 | 1,21 | 1,12 | 1,05 | 0,99 | 0,93 | 3,04 | 0,20 |
| 1,89 | 1,63 | 1,46 | 1,31 | 1,19 | 1,10 | 1,03 | 0,97 | 0,92 | 3,03 | 0,25 |
| 1,87 | 1,62 | 1,44 | 1,29 | 1,18 | 1,09 | 1,02 | 0,96 | 0,91 | 3,02 | 0,30 |
| 1,84 | 1,60 | 1,43 | 1,28 | 1,17 | 1,08 | 1,01 | 0,95 | 0,90 | 3,01 | 0,35 |
| 1,82 | 1,58 | 1,41 | 1,26 | 1,15 | 1,07 | 1,00 | 0,94 | 0,89 | 2,99 | 0,40 |
| 1,80 | 1,56 | 1,39 | 1,25 | 1,14 | 1,05 | 0,99 | 0,93 | 0,88 | 2,98 | 0,45 |
| 1,78 | 1,54 | 1,38 | 1,23 | 1,12 | 1,04 | 0,97 | 0,92 | 0,87 | 2,97 | 0,50 |
| 1,75 | 1,52 | 1,36 | 1,22 | 1,11 | 1,03 | 0,96 | 0,91 | 0,86 | 2,96 | 0,55 |
| 1,73 | 1,50 | 1,34 | 1,20 | 1,10 | 1,01 | 0,95 | 0,89 | 0,85 | 2,94 | 0,60 |
| 1,71 | 1,48 | 1,32 | 1,18 | 1,08 | 1,00 | 0,94 | 0,88 | 0,84 | 2,93 | 0,65 |
| 1,68 | 1,46 | 1,30 | 1,17 | 1,07 | 0,99 | 0,92 | 0,87 | 0,83 | 2,92 | 0,70 |
| 1,66 | 1,44 | 1,29 | 1,15 | 1,05 | 0,97 | 0,91 | 0,86 | 0,81 | 2,91 | 0,75 |
| 1,64 | 1,42 | 1,27 | 1,13 | 1,03 | 0,96 | 0,90 | 0,84 | 0,80 | 2,89 | 0,80 |
| 1,61 | 1,40 | 1,25 | 1,12 | 1,02 | 0,94 | 0,88 | 0,83 | 0,79 | 2,88 | 0,85 |
| 1,59 | 1,37 | 1,23 | 1,10 | 1,00 | 0,93 | 0,87 | 0,82 | 0,78 | 2,87 | 0,90 |
| 1,56 | 1,35 | 1,21 | 1,08 | 0,99 | 0,91 | 0,85 | 0,81 | 0,76 | 2,85 | 0,95 |
| 1,54 | 1,33 | 1,19 | 1,06 | 0,97 | 0,90 | 0,84 | 0,79 | 0,75 | 2,84 | 1,00 |
| 1,51 | 1,31 | 1,17 | 1,05 | 0,95 | 0,88 | 0,83 | 0,78 | 0,74 | 2,83 | 1,05 |
| 1,48 | 1,28 | 1,15 | 1,03 | 0,94 | 0,87 | 0,81 | 0,77 | 0,73 | 2,82 | 1,10 |
| 1,45 | 1,26 | 1,13 | 1,01 | 0,92 | 0,85 | 0,80 | 0,75 | 0,71 | 2,80 | 1,15 |
| 1,43 | 1,24 | 1,11 | 0,99 | 0,90 | 0,84 | 0,78 | 0,74 | 0,70 | 2,79 | 1,20 |
| 1,40 | 1,21 | 1,08 | 0,97 | 0,88 | 0,82 | 0,77 | 0,72 | 0,68 | 2,78 | 1,25 |
| 1,37 | 1,19 | 1,06 | 0,95 | 0,87 | 0,80 | 0,75 | 0,71 | 0,67 | 2,77 | 1,30 |
| 1,34 | 1,16 | 1,04 | 0,93 | 0,85 | 0,78 | 0,73 | 0,69 | 0,66 | 2,75 | 1,35 |
| 1,31 | 1,13 | 1,01 | 0,91 | 0,83 | 0,77 | 0,72 | 0,68 | 0,64 | 2,74 | 1,40 |
| 1,28 | 1,11 | 0,99 | 0,89 | 0,81 | 0,75 | 0,70 | 0,66 | 0,63 | 2,73 | 1,45 |

| $\dfrac{d_2}{d}$ | $\rho_1$ für $k_s$ = ... | | | | | | | | | | | | $\rho_2$ |
|---|---|---|---|---|---|---|---|---|---|---|---|---|---|
| | 3,09 | 3,06 | 3,03 | 3,00 | 2,97 | 2,94 | 2,91 | 2,88 | 2,85 | 2,82 | 2,79 | 2,76 | 2,73 | |
| 0,07 | 1,00 | 1,00 | 1,00 | 1,00 | 1,00 | 1,00 | 1,00 | 1,00 | 1,00 | 1,00 | 1,00 | 1,00 | 1,00 |
| 0,08 | 1,00 | 1,00 | 1,00 | 1,00 | 1,00 | 1,00 | 1,00 | 1,00 | 1,00 | 1,00 | 1,01 | 1,01 | 1,01 |
| 0,10 | 1,00 | 1,00 | 1,00 | 1,00 | 1,00 | 1,01 | 1,01 | 1,01 | 1,01 | 1,01 | 1,02 | 1,02 | 1,03 |
| 0,12 | 1,00 | 1,00 | 1,00 | 1,01 | 1,01 | 1,01 | 1,01 | 1,02 | 1,02 | 1,02 | 1,03 | 1,03 | 1,06 |
| 0,14 | 1,00 | 1,00 | 1,01 | 1,01 | 1,01 | 1,02 | 1,02 | 1,02 | 1,03 | 1,03 | 1,04 | 1,04 | 1,08 |
| 0,16 | 1,00 | 1,01 | 1,01 | 1,01 | 1,02 | 1,02 | 1,03 | 1,03 | 1,04 | 1,04 | 1,05 | 1,05 | 1,11 |
| 0,18 | 1,00 | 1,01 | 1,01 | 1,02 | 1,02 | 1,03 | 1,03 | 1,04 | 1,04 | 1,05 | 1,06 | 1,06 | 1,07 | 1,14 |
| 0,20 | 1,00 | 1,01 | 1,01 | 1,02 | 1,03 | 1,03 | 1,04 | 1,05 | 1,05 | 1,06 | 1,07 | 1,08 | 1,09 | 1,15 |
| 0,22 | 1,00 | 1,01 | 1,02 | 1,02 | 1,03 | 1,04 | 1,05 | 1,06 | 1,06 | 1,08 | 1,08 | 1,09 | 1,10 | 1,19 |
| 0,24 | 1,00 | 1,01 | 1,02 | 1,03 | 1,04 | 1,05 | 1,06 | 1,07 | 1,07 | 1,09 | 1,10 | 1,11 | 1,12 | 1,25 |

nach Prof. Dr.-Ing. J. Roth

**Tafel 4.3:** Dimensionsgebundene Bemessungstafel für den Rechteckquerschnitt mit Druckbewehrung (Druckzonenhöhe: x/d = 0,617)

Prof. Dr.-Ing. Jürgen Lierse

## Beton bis C 50/60;  Betonstahl S 500

$$\varepsilon_c = -3,5‰ \quad \sigma_c = f_{cd} = 0,85 \cdot f_{ck}/1,5$$

$$k_d = \frac{d\,[cm]}{\sqrt{\dfrac{M_{Eds}\,[kNm]}{b\,[m]}}}$$

$$\varepsilon_{s1} = 4,278‰$$

$$M_{Eds} = M_{Ed} - N_{Ed} \cdot z_{s1}$$

$$A_{s1}\,[cm^2] = \rho_1 \cdot k_{s1} \cdot \frac{M_{Eds}\,[kNm]}{d\,[cm]} + \frac{N_{Ed}\,[kN]}{43{,}68}$$

$$A_{s2}\,[cm^2] = \rho_2 \cdot k_{s2} \cdot \frac{M_{Eds}\,[kNm]}{d\,[cm]}$$

| $k_d$ für Beton C ... |||||||||| $k_{s1}$ | $k_{s2}$ |
|---|---|---|---|---|---|---|---|---|---|---|
| 12/15 | 16/20 | 20/25 | 25/30 | 30/37 | 35/45 | 40/50 | 45/55 | 50/60 | | |
| 2,23 | 1,93 | 1,73 | 1,54 | 1,41 | 1,30 | 1,22 | 1,15 | 1,09 | 2,82 | 0,00 |
| 2,21 | 1,91 | 1,71 | 1,53 | 1,40 | 1,29 | 1,21 | 1,14 | 1,08 | 2,81 | 0,05 |
| 2,18 | 1,89 | 1,69 | 1,51 | 1,38 | 1,28 | 1,20 | 1,13 | 1,07 | 2,80 | 0,10 |
| 2,16 | 1,87 | 1,67 | 1,50 | 1,37 | 1,26 | 1,18 | 1,12 | 1,06 | 2,80 | 0,15 |
| 2,14 | 1,85 | 1,65 | 1,48 | 1,35 | 1,25 | 1,17 | 1,10 | 1,05 | 2,79 | 0,20 |
| 2,11 | 1,83 | 1,64 | 1,46 | 1,34 | 1,24 | 1,16 | 1,09 | 1,04 | 2,78 | 0,25 |
| 2,09 | 1,81 | 1,62 | 1,45 | 1,32 | 1,22 | 1,14 | 1,08 | 1,02 | 2,77 | 0,30 |
| 2,06 | 1,79 | 1,60 | 1,43 | 1,31 | 1,21 | 1,13 | 1,07 | 1,01 | 2,77 | 0,35 |
| 2,04 | 1,77 | 1,58 | 1,41 | 1,29 | 1,19 | 1,12 | 1,05 | 1,00 | 2,76 | 0,40 |
| 2,02 | 1,75 | 1,56 | 1,40 | 1,27 | 1,18 | 1,10 | 1,04 | 0,99 | 2,75 | 0,45 |
| 1,99 | 1,72 | 1,54 | 1,38 | 1,26 | 1,17 | 1,09 | 1,03 | 0,97 | 2,74 | 0,50 |
| 1,96 | 1,70 | 1,52 | 1,36 | 1,24 | 1,15 | 1,08 | 1,01 | 0,96 | 2,74 | 0,55 |
| 1,94 | 1,68 | 1,50 | 1,34 | 1,23 | 1,14 | 1,06 | 1,00 | 0,95 | 2,73 | 0,60 |
| 1,91 | 1,66 | 1,48 | 1,33 | 1,21 | 1,12 | 1,05 | 0,99 | 0,94 | 2,72 | 0,65 |
| 1,89 | 1,63 | 1,46 | 1,31 | 1,19 | 1,10 | 1,03 | 0,97 | 0,92 | 2,72 | 0,70 |
| 1,86 | 1,61 | 1,44 | 1,29 | 1,18 | 1,09 | 1,02 | 0,96 | 0,91 | 2,71 | 0,75 |
| 1,83 | 1,59 | 1,42 | 1,27 | 1,16 | 1,07 | 1,00 | 0,95 | 0,90 | 2,70 | 0,80 |
| 1,80 | 1,56 | 1,40 | 1,25 | 1,14 | 1,06 | 0,99 | 0,93 | 0,88 | 2,69 | 0,85 |
| 1,78 | 1,54 | 1,38 | 1,23 | 1,12 | 1,04 | 0,97 | 0,92 | 0,87 | 2,69 | 0,90 |
| 1,75 | 1,51 | 1,35 | 1,21 | 1,11 | 1,02 | 0,96 | 0,90 | 0,86 | 2,68 | 0,95 |
| 1,72 | 1,49 | 1,33 | 1,19 | 1,09 | 1,01 | 0,94 | 0,89 | 0,84 | 2,67 | 1,00 |
| 1,69 | 1,46 | 1,31 | 1,17 | 1,07 | 0,99 | 0,93 | 0,87 | 0,83 | 2,67 | 1,05 |
| 1,66 | 1,44 | 1,29 | 1,15 | 1,05 | 0,97 | 0,91 | 0,86 | 0,81 | 2,66 | 1,10 |
| 1,63 | 1,41 | 1,26 | 1,13 | 1,03 | 0,95 | 0,89 | 0,84 | 0,80 | 2,65 | 1,15 |
| 1,60 | 1,38 | 1,24 | 1,11 | 1,01 | 0,94 | 0,88 | 0,83 | 0,78 | 2,64 | 1,20 |
| 1,57 | 1,36 | 1,21 | 1,08 | 0,99 | 0,92 | 0,86 | 0,81 | 0,77 | 2,64 | 1,25 |
| 1,53 | 1,33 | 1,19 | 1,06 | 0,97 | 0,90 | 0,84 | 0,79 | 0,75 | 2,63 | 1,30 |
| 1,50 | 1,30 | 1,16 | 1,04 | 0,95 | 0,88 | 0,82 | 0,77 | 0,73 | 2,62 | 1,35 |
| 1,47 | 1,27 | 1,14 | 1,02 | 0,93 | 0,86 | 0,80 | 0,76 | 0,72 | 2,62 | 1,40 |
| 1,43 | 1,24 | 1,11 | 0,99 | 0,91 | 0,84 | 0,78 | 0,74 | 0,70 | 2,61 | 1,45 |
| 1,40 | 1,21 | 1,08 | 0,97 | 0,88 | 0,82 | 0,76 | 0,72 | 0,68 | 2,60 | 1,50 |

| $\dfrac{d_2}{d}$ | $\rho_1$ für $k_s = ...$ |||||||||||  $\rho_2$ |
|---|---|---|---|---|---|---|---|---|---|---|---|---|
| | 2,82 | 2,80 | 2,78 | 2,76 | 2,74 | 2,72 | 2,70 | 2,68 | 2,66 | 2,64 | 2,62 | 2,60 |
| 0,07 | 1,00 | 1,00 | 1,00 | 1,00 | 1,00 | 1,00 | 1,00 | 1,00 | 1,00 | 1,00 | 1,00 | 1,00 |
| 0,08 | 1,00 | 1,00 | 1,00 | 1,00 | 1,00 | 1,00 | 1,00 | 1,00 | 1,00 | 1,01 | 1,01 | 1,01 |
| 0,10 | 1,00 | 1,00 | 1,00 | 1,00 | 1,01 | 1,01 | 1,01 | 1,01 | 1,01 | 1,02 | 1,02 | 1,03 |
| 0,12 | 1,00 | 1,00 | 1,01 | 1,01 | 1,01 | 1,01 | 1,02 | 1,02 | 1,02 | 1,03 | 1,03 | 1,06 |
| 0,14 | 1,00 | 1,00 | 1,01 | 1,01 | 1,02 | 1,02 | 1,02 | 1,03 | 1,03 | 1,04 | 1,05 | 1,08 |
| 0,16 | 1,00 | 1,00 | 1,01 | 1,02 | 1,02 | 1,03 | 1,03 | 1,04 | 1,04 | 1,05 | 1,06 | 1,11 |
| 0,18 | 1,00 | 1,01 | 1,01 | 1,02 | 1,03 | 1,03 | 1,04 | 1,05 | 1,06 | 1,06 | 1,07 | 1,08 | 1,18 |
| 0,20 | 1,00 | 1,01 | 1,01 | 1,02 | 1,03 | 1,04 | 1,05 | 1,06 | 1,07 | 1,08 | 1,09 | 1,09 | 1,30 |
| 0,22 | 1,00 | 1,01 | 1,02 | 1,03 | 1,04 | 1,05 | 1,06 | 1,07 | 1,08 | 1,09 | 1,10 | 1,11 | 1,45 |
| 0,24 | 1,00 | 1,01 | 1,02 | 1,03 | 1,04 | 1,06 | 1,07 | 1,08 | 1,09 | 1,10 | 1,12 | 1,13 | 1,63 |

nach Prof. Dr.-Ing. J. Roth

**Tafel 4.4:** Dimensionsgebundene Bemessungstafel für den Rechteckquerschnitt mit Druckbewehrung (Begrenzung der Druckzone auf x/d = 0,45)

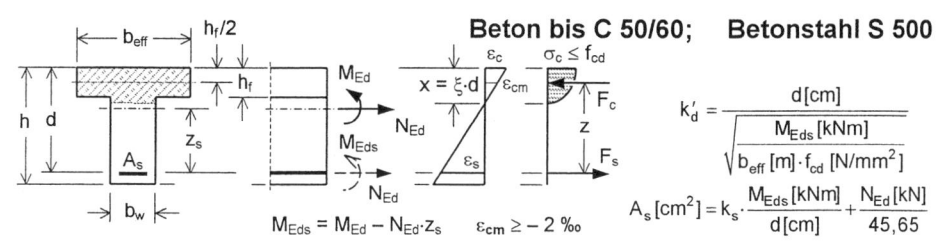

# Grenzzustände der Tragfähigkeit für Biegung mit Längskraft

**Beton bis C 50/60; Betonstahl S 500**

$$k'_d = \frac{d[\text{cm}]}{\sqrt{\frac{M_{Eds}[\text{kNm}]}{b_{eff}[\text{m}] \cdot f_{cd}[\text{N/mm}^2]}}}$$

$$A_s[\text{cm}^2] = k_s \cdot \frac{M_{Eds}[\text{kNm}]}{d[\text{cm}]} + \frac{N_{Ed}[\text{kN}]}{45{,}65}$$

$M_{Eds} = M_{Ed} - N_{Ed} \cdot z_s$   $\varepsilon_{cm} \geq -2\,\%_0$

$\sigma_{sd} = 45{,}65$ N/mm² liegt bei Dehnungen $\varepsilon_s < 25\,\%_0$ und negativem $N_{Ed}$ geringfügig auf der sicheren Seite

| $h_f/d = 0{,}15$ | | | | | $h_f/d = 0{,}20$ | | | | $h_f/d = 0{,}25$ | | | | $h_f/d = 0{,}30$ | | | | $h_f/d=0{,}35$ | | $k_s$ |
|---|---|---|---|---|---|---|---|---|---|---|---|---|---|---|---|---|---|---|---|
| \multicolumn{19}{c}{$k'_d$ für $b_{eff}/b_w = ...$} | |
| 1,5 | 2 | 3 | 5 | 10 | 2 | 3 | 5 | 10 | 2 | 4 | 10 | | 2 | 4 | 10 | | 2 | 10 | |
| 36,56 | 36,56 | 36,56 | 36,56 | 36,56 | 36,56 | 36,56 | 36,56 | 36,56 | 36,56 | 36,56 | 36,56 | | 36,56 | 36,56 | 36,56 | | 36,56 | 36,56 | 2,21 |
| 20,01 | 20,01 | 20,01 | 20,01 | 20,01 | 20,01 | 20,01 | 20,01 | 20,01 | 20,01 | 20,01 | 20,01 | | 20,01 | 20,01 | 20,01 | | 20,01 | 20,01 | 2,23 |
| 14,90 | 14,90 | 14,90 | 14,90 | 14,90 | 14,90 | 14,90 | 14,90 | 14,90 | 14,90 | 14,90 | 14,90 | | 14,90 | 14,90 | 14,90 | | 14,90 | 14,90 | 2,25 |
| 12,57 | 12,57 | 12,57 | 12,57 | 12,57 | 12,57 | 12,57 | 12,57 | 12,57 | 12,57 | 12,57 | 12,57 | | 12,57 | 12,57 | 12,57 | | 12,57 | 12,57 | 2,27 |
| 11,19 | 11,19 | 11,19 | 11,19 | 11,19 | 11,19 | 11,19 | 11,19 | 11,19 | 11,19 | 11,19 | 11,19 | | 11,19 | 11,19 | 11,19 | | 11,19 | 11,19 | 2,29 |
| 10,27 | 10,27 | 10,27 | 10,27 | 10,27 | 10,27 | 10,27 | 10,27 | 10,27 | 10,27 | 10,27 | 10,27 | | 10,27 | 10,27 | 10,27 | | 10,27 | 10,27 | 2,31 |
| 9,90 | 9,90 | 9,90 | 9,90 | 9,90 | 9,90 | 9,90 | 9,90 | 9,90 | 9,90 | 9,90 | 9,90 | | 9,90 | 9,90 | 9,90 | | 9,90 | 9,90 | 2,33 |
| 9,56 | 9,56 | 9,56 | 9,56 | 9,56 | 9,56 | 9,56 | 9,56 | 9,56 | 9,56 | 9,56 | 9,56 | | 9,56 | 9,56 | 9,56 | | 9,56 | 9,56 | 2,35 |
| 9,24 | 9,24 | 9,24 | 9,24 | 9,24 | 9,24 | 9,24 | 9,24 | 9,24 | 9,24 | 9,24 | 9,24 | | 9,24 | 9,24 | 9,24 | | 9,24 | 9,24 | 2,37 |
| 8,95 | 8,95 | 8,95 | 8,96 | 8,96 | 8,94 | 8,94 | 8,94 | 8,94 | 8,94 | 8,94 | 8,94 | | 8,94 | 8,94 | 8,94 | | 8,94 | 8,94 | 2,39 |
| 8,71 | 8,72 | 8,74 | 8,76 | 8,78 | 8,66 | 8,66 | 8,66 | 8,66 | 8,66 | 8,66 | 8,66 | | 8,66 | 8,66 | 8,66 | | 8,66 | 8,66 | 2,41 |
| 8,52 | 8,55 | 8,59 | 8,62 | 8,65 | 8,40 | 8,40 | 8,40 | 8,40 | 8,40 | 8,40 | 8,40 | | 8,40 | 8,40 | 8,40 | | 8,40 | 8,40 | 2,43 |
| 8,34 | 8,38 | 8,43 | 8,48 | 8,53 | 8,15 | 8,15 | 8,15 | 8,15 | 8,15 | 8,15 | 8,15 | | 8,15 | 8,15 | 8,15 | | 8,15 | 8,15 | 2,45 |
| 8,16 | 8,22 | 8,28 | 8,35 | 8,42 | 7,93 | 7,93 | 7,93 | 7,93 | 7,93 | 7,93 | 7,93 | | 7,93 | 7,93 | 7,93 | | 7,93 | 7,93 | 2,47 |
| 7,99 | 8,06 | 8,14 | 8,23 | 8,32 | 7,72 | 7,73 | 7,74 | 7,75 | 7,72 | 7,72 | 7,72 | | 7,72 | 7,72 | 7,72 | | 7,72 | 7,72 | 2,49 |
| 7,83 | 7,91 | 8,01 | 8,12 | 8,23 | 7,58 | 7,60 | 7,61 | 7,63 | 7,53 | 7,53 | 7,53 | | 7,53 | 7,53 | 7,53 | | 7,53 | 7,53 | 2,51 |
| 7,68 | 7,77 | 7,89 | 8,02 | 8,16 | 7,45 | 7,47 | 7,50 | 7,52 | 7,35 | 7,35 | 7,35 | | 7,35 | 7,35 | 7,35 | | 7,35 | 7,35 | 2,53 |
| 7,54 | 7,64 | 7,78 | 7,93 | 8,09 | 7,32 | 7,35 | 7,39 | 7,43 | 7,18 | 7,18 | 7,18 | | 7,18 | 7,18 | 7,18 | | 7,18 | 7,18 | 2,55 |
| 7,40 | 7,52 | 7,68 | 7,85 | | 7,20 | 7,25 | 7,29 | 7,35 | 7,03 | 7,03 | 7,03 | | 7,03 | 7,03 | 7,03 | | 7,03 | 7,03 | 2,57 |
| 7,28 | 7,41 | 7,58 | 7,77 | | 7,09 | 7,15 | 7,21 | 7,28 | 6,91 | 6,92 | 6,93 | | 6,89 | 6,89 | 6,89 | | 6,89 | 6,89 | 2,59 |
| 7,17 | 7,31 | 7,50 | 7,71 | | 6,99 | 7,06 | 7,14 | | 6,80 | 6,82 | 6,84 | | 6,75 | 6,75 | 6,75 | | 6,75 | 6,75 | 2,61 |
| 7,06 | 7,22 | 7,42 | | | 6,90 | 6,98 | 7,07 | | 6,70 | 6,73 | 6,76 | | 6,63 | 6,63 | 6,63 | | 6,63 | 6,63 | 2,63 |
| 6,96 | 7,13 | 7,35 | | | 6,81 | 6,91 | 7,02 | | 6,61 | 6,65 | 6,70 | | 6,51 | 6,51 | 6,51 | | 6,52 | 6,52 | 2,65 |
| 6,87 | 7,05 | 7,29 | | | 6,74 | 6,84 | | | 6,53 | 6,58 | | | 6,42 | 6,42 | 6,42 | | 6,41 | 6,41 | 2,67 |
| 6,79 | 6,98 | | | | 6,66 | 6,78 | | | 6,45 | 6,52 | | | 6,33 | 6,34 | 6,35 | | 6,31 | 6,31 | 2,69 |
| 6,71 | 6,91 | | | | 6,60 | 6,73 | | | 6,38 | 6,47 | | | 6,26 | 6,27 | 6,28 | | 6,21 | 6,21 | 2,71 |
| 6,63 | 6,85 | | | | 6,53 | | | | 6,32 | | | | 6,19 | 6,21 | 6,23 | | 6,12 | 6,12 | 2,73 |
| 6,56 | 6,79 | | | | 6,48 | | | | 6,26 | | | | 6,12 | 6,15 | | | 6,05 | 6,04 | 2,75 |
| 6,50 | | | | | 6,42 | | | | 6,21 | | | | 6,06 | 6,10 | | | 5,98 | 5,98 | 2,77 |
| 6,44 | | | | | | | | | 6,16 | | | | 6,01 | | | | 5,92 | 5,93 | 2,79 |
| | | | | | | | | | | | | | 5,96 | | | | 5,86 | | 2,81 |
| | | | | | | | | | | | | | 5,91 | | | | 5,81 | | 2,83 |
| \multicolumn{19}{l}{Oberhalb der gestrichelten Linie liegt die Nullinie in der Platte} | 5,77 | | 2,85 |
| | | | | | | | | | | | | | | | | | 5,72 | | 2,87 |
| 8,17 | 8,29 | 8,41 | 8,51 | 8,59 | 7,64 | 7,67 | 7,70 | 7,72 | 7,43 | 7,43 | 7,43 | | 7,43 | 7,43 | 7,43 | | 7,43 | 7,43 | $k'_d(\xi=0{,}25)$ |
| 2,47 | 2,46 | 2,45 | 2,45 | 2,44 | 2,50 | 2,50 | 2,50 | 2,49 | 2,52 | 2,52 | 2,52 | | 2,52 | 2,52 | 2,52 | | 2,52 | 2,52 | $k_s(\xi=0{,}25)$ |
| 442,7 | 442,7 | 442,7 | 442,7 | 442,7 | 442,7 | 442,7 | 442,7 | 442,7 | 442,7 | 442,7 | 442,7 | | 442,7 | 442,7 | 442,7 | | 442,7 | 442,7 | $\sigma_s$ [N/mm²] |
| 7,06 | 7,36 | 7,69 | 8,00 | 8,25 | 6,88 | 7,07 | 7,24 | 7,38 | 6,51 | 6,68 | 6,79 | | 6,22 | 6,31 | 6,37 | | 5,99 | 6,06 | $k'_d(\xi=0{,}45)$ |
| 2,63 | 2,60 | 2,57 | 2,53 | 2,51 | 2,64 | 2,61 | 2,58 | 2,56 | 2,68 | 2,64 | 2,62 | | 2,72 | 2,70 | 2,68 | | 2,77 | 2,75 | $k_s(\xi=0{,}45)$ |
| 436,8 | 436,8 | 436,8 | 436,8 | 436,8 | 436,8 | 436,8 | 436,8 | 436,8 | 436,8 | 436,8 | 436,8 | | 436,8 | 436,8 | 436,8 | | 436,8 | 436,8 | $\sigma_s$ [N/mm²] |
| 6,41 | 6,78 | 7,24 | 7,67 | 8,06 | 6,42 | 6,72 | 7,00 | 7,23 | 6,12 | 6,44 | 6,65 | | 5,88 | 6,09 | 6,23 | | 5,68 | 5,91 | $k'_d(\varepsilon_s = \varepsilon_{yd})$ |
| 2,80 | 2,75 | 2,69 | 2,62 | 2,56 | 2,77 | 2,71 | 2,66 | 2,61 | 2,80 | 2,72 | 2,67 | | 2,84 | 2,78 | 2,73 | | 2,89 | 2,80 | $k_s(\varepsilon_s = \varepsilon_{yd})$ |
| 434,8 | 434,8 | 434,8 | 434,8 | 434,8 | 434,8 | 434,8 | 434,8 | 434,8 | 434,8 | 434,8 | 434,8 | | 434,8 | 434,8 | 434,8 | | 434,8 | 434,8 | $\sigma_s$ [N/mm²] |

nach Prof. Dr.-Ing. J. Roth

**Tafel 4.5** Bemessungstafel für den Plattenbalkenquerschnitt unter Einhaltung der Dehnung $\varepsilon_{c2m} = -2{,}0\,\%_0$ in Plattenmitte

## Beton bis C 50/60;  Betonstahl S 500

$$\mu_{Eds} = \frac{M_{Eds}}{b \cdot d^2 \cdot f_{cd}}$$

$$A_s = \frac{1}{v_\sigma \cdot f_{yd}} \cdot (\omega_1 \cdot b \cdot d \cdot f_{cd} + N_{Ed})$$

$M_{Eds} = M_{Ed} - N_{Ed} \cdot z_s$

$f_{yd} = 500/1{,}15 = 434{,}8 \text{ N/mm}^2$

$\sigma_c \leq 0{,}85 \cdot f_{ck}/1{,}5$

$x = \xi \cdot d$

$z = \zeta \cdot d$

| $\mu_{Eds}$ | $\omega_1$ | $\xi$ | $\zeta$ | $\varepsilon_{c2}$ [‰] | $\varepsilon_{s1}$ [‰] | $v_\sigma$ |
|---|---|---|---|---|---|---|
| 0,010 | 0,0101 | 0,030 | 0,990 | -0,773 | 25,000 | 1,050 |
| 0,020 | 0,0203 | 0,044 | 0,985 | -1,146 | 25,000 | 1,050 |
| 0,030 | 0,0306 | 0,055 | 0,980 | -1,464 | 25,000 | 1,050 |
| 0,040 | 0,0410 | 0,066 | 0,976 | -1,763 | 25,000 | 1,050 |
| 0,050 | 0,0515 | 0,076 | 0,971 | -2,060 | 25,000 | 1,050 |
| 0,060 | 0,0621 | 0,086 | 0,967 | -2,365 | 25,000 | 1,050 |
| 0,070 | 0,0728 | 0,097 | 0,962 | -2,682 | 25,000 | 1,050 |
| 0,080 | 0,0836 | 0,107 | 0,956 | -3,009 | 25,000 | 1,050 |
| 0,090 | 0,0946 | 0,118 | 0,951 | -3,349 | 25,000 | 1,050 |
| 0,100 | 0,1057 | 0,131 | 0,946 | -3,500 | 23,294 | 1,046 |
| 0,110 | 0,1170 | 0,145 | 0,940 | -3,500 | 20,709 | 1,041 |
| 0,120 | 0,1285 | 0,159 | 0,934 | -3,500 | 18,552 | 1,036 |
| 0,130 | 0,1401 | 0,173 | 0,928 | -3,500 | 16,726 | 1,032 |
| 0,140 | 0,1518 | 0,188 | 0,922 | -3,500 | 15,159 | 1,028 |
| 0,150 | 0,1638 | 0,202 | 0,916 | -3,500 | 13,799 | 1,025 |
| 0,160 | 0,1759 | 0,217 | 0,910 | -3,500 | 12,608 | 1,023 |
| 0,170 | 0,1882 | 0,232 | 0,903 | -3,500 | 11,555 | 1,021 |
| 0,180 | 0,2007 | 0,248 | 0,897 | -3,500 | 10,617 | 1,018 |
| 0,190 | 0,2134 | 0,264 | 0,890 | -3,500 | 9,777 | 1,017 |
| 0,200 | 0,2263 | 0,280 | 0,884 | -3,500 | 9,019 | 1,015 |
| 0,210 | 0,2395 | 0,296 | 0,877 | -3,500 | 8,332 | 1,013 |
| 0,220 | 0,2529 | 0,312 | 0,870 | -3,500 | 7,706 | 1,012 |
| 0,230 | 0,2665 | 0,329 | 0,863 | -3,500 | 7,132 | 1,011 |
| 0,240 | 0,2804 | 0,346 | 0,856 | -3,500 | 6,605 | 1,010 |
| 0,250 | 0,2946 | 0,364 | 0,849 | -3,500 | 6,118 | 1,009 |
| 0,260 | 0,3091 | 0,382 | 0,841 | -3,500 | 5,667 | 1,008 |
| 0,270 | 0,3239 | 0,400 | 0,834 | -3,500 | 5,247 | 1,007 |
| 0,280 | 0,3391 | 0,419 | 0,826 | -3,500 | 4,856 | 1,006 |
| 0,290 | 0,3546 | 0,438 | 0,818 | -3,500 | 4,490 | 1,005 |
| 0,300 | 0,3706 | 0,458 | 0,810 | -3,500 | 4,146 | 1,004 |
| 0,310 | 0,3869 | 0,478 | 0,801 | -3,500 | 3,823 | 1,004 |
| 0,320 | 0,4038 | 0,499 | 0,793 | -3,500 | 3,517 | 1,003 |
| 0,330 | 0,4211 | 0,520 | 0,784 | -3,500 | 3,228 | 1,002 |
| 0,340 | 0,4391 | 0,542 | 0,774 | -3,500 | 2,953 | 1,002 |
| 0,350 | 0,4576 | 0,565 | 0,765 | -3,500 | 2,692 | 1,001 |
| 0,360 | 0,4768 | 0,589 | 0,755 | -3,500 | 2,442 | 1,001 |
| 0,370 | 0,4968 | 0,614 | 0,745 | -3,500 | 2,203 | 1,000 |
| 0,371 | 0,4994 | 0,617 | 0,743 | -3,500 | **2,174** | 1,000 |
| 0,296 | 0,3643 | **0,450** | 0,813 | -3,500 | 4,278 | 1,005 |
| 0,181 | 0,2024 | **0,250** | 0,896 | -3,500 | 10,500 | 1,018 |

nach Prof. Dr.-Ing. J. Roth

**Tafel 4.6** Bemessungstafel mit dimensionslosen Beiwerten für den Rechteckquerschnitt ohne Druckbewehrung für Biegung mit Längskraft

Grenzzustände der Tragfähigkeit für Biegung mit Längskraft

**Beton bis C 50/60; Betonstahl S 500**

$$\mu_{Eds} = \frac{M_{Eds}}{b \cdot d^2 \cdot f_{cd}}$$

$$A_{s1} = \frac{1}{\sigma_{s1d}} \cdot (\omega_1 \cdot b \cdot d \cdot f_{cd} + N_{Ed})$$

$$A_{s2} = \frac{1}{\sigma_{s2d}} \cdot \omega_2 \cdot b \cdot d \cdot f_{cd}$$

$M_{Eds} = M_{Ed} - N_{Ed} \cdot z_{s1}$

$\varepsilon_{s1} = \varepsilon_{yd} = 2{,}174\ \text{‰};\quad \xi = 0{,}617;\quad \sigma_{s1d} = 434{,}8\ \text{N/mm}^2$

| $\mu_{Eds}$ | $d_2/d = 0{,}05$ $\sigma_{s2d} = -435{,}8$ [N/mm²] | | $d_2/d = 0{,}075$ $\sigma_{s2d} = -435{,}6$ [N/mm²] | | $d_2/d = 0{,}10$ $\sigma_{s2d} = -435{,}5$ [N/mm²] | | $d_2/d = 0{,}125$ $\sigma_{s2d} = -435{,}4$ [N/mm²] | | $d_2/d = 0{,}15$ $\sigma_{s2d} = -435{,}2$ [N/mm²] | | $d_2/d = 0{,}20$ $\sigma_{s2d} = -435{,}0$ [N/mm²] | |
|---|---|---|---|---|---|---|---|---|---|---|---|---|
| | $\omega_1$ | $\omega_2$ | $\omega_1$ | $\omega_2$ | $\omega_1$ | $\omega_2$ | $\omega_1$ | $\omega_2$ | $\omega_1$ | $\omega_2$ | $\omega_1$ | $\omega_2$ |
| 0,371 | 0,499 | 0,000 | 0,499 | 0,000 | 0,499 | 0,000 | 0,499 | 0,000 | 0,499 | 0,000 | 0,499 | 0,000 |
| 0,380 | 0,509 | 0,009 | 0,509 | 0,009 | 0,509 | 0,010 | 0,509 | 0,010 | 0,510 | 0,010 | 0,510 | 0,011 |
| 0,390 | 0,519 | 0,020 | 0,520 | 0,020 | 0,520 | 0,021 | 0,521 | 0,021 | 0,521 | 0,022 | 0,523 | 0,023 |
| 0,400 | 0,530 | 0,030 | 0,530 | 0,031 | 0,531 | 0,032 | 0,532 | 0,033 | 0,533 | 0,034 | 0,535 | 0,036 |
| 0,410 | 0,540 | 0,041 | 0,541 | 0,042 | 0,542 | 0,043 | 0,544 | 0,044 | 0,545 | 0,046 | 0,548 | 0,048 |
| 0,420 | 0,551 | 0,051 | 0,552 | 0,053 | 0,554 | 0,054 | 0,555 | 0,056 | 0,557 | 0,057 | 0,560 | 0,061 |
| 0,430 | 0,561 | 0,062 | 0,563 | 0,064 | 0,565 | 0,065 | 0,567 | 0,067 | 0,569 | 0,069 | 0,573 | 0,073 |
| 0,440 | 0,572 | 0,072 | 0,574 | 0,074 | 0,576 | 0,076 | 0,578 | 0,079 | 0,580 | 0,081 | 0,585 | 0,086 |
| 0,450 | 0,582 | 0,083 | 0,585 | 0,085 | 0,587 | 0,088 | 0,589 | 0,090 | 0,592 | 0,093 | 0,598 | 0,098 |
| 0,460 | 0,593 | 0,093 | 0,595 | 0,096 | 0,598 | 0,099 | 0,601 | 0,101 | 0,604 | 0,104 | 0,610 | 0,111 |
| 0,470 | 0,603 | 0,104 | 0,606 | 0,107 | 0,609 | 0,110 | 0,612 | 0,113 | 0,616 | 0,116 | 0,623 | 0,123 |
| 0,480 | 0,614 | 0,114 | 0,617 | 0,118 | 0,620 | 0,121 | 0,624 | 0,124 | 0,627 | 0,128 | 0,635 | 0,136 |
| 0,490 | 0,624 | 0,125 | 0,628 | 0,128 | 0,631 | 0,132 | 0,635 | 0,136 | 0,639 | 0,140 | 0,648 | 0,148 |
| 0,500 | 0,635 | 0,136 | 0,639 | 0,139 | 0,642 | 0,143 | 0,647 | 0,147 | 0,651 | 0,151 | 0,660 | 0,161 |
| 0,510 | 0,645 | 0,146 | 0,649 | 0,150 | 0,654 | 0,154 | 0,658 | 0,159 | 0,663 | 0,163 | 0,673 | 0,173 |
| 0,520 | 0,656 | 0,157 | 0,660 | 0,161 | 0,665 | 0,165 | 0,669 | 0,170 | 0,674 | 0,175 | 0,685 | 0,186 |
| 0,530 | 0,666 | 0,167 | 0,671 | 0,172 | 0,676 | 0,176 | 0,681 | 0,181 | 0,686 | 0,187 | 0,698 | 0,198 |
| 0,540 | 0,677 | 0,178 | 0,682 | 0,182 | 0,687 | 0,188 | 0,692 | 0,193 | 0,698 | 0,199 | 0,710 | 0,211 |
| 0,550 | 0,688 | 0,188 | 0,693 | 0,193 | 0,698 | 0,199 | 0,704 | 0,204 | 0,710 | 0,210 | 0,723 | 0,223 |
| 0,560 | 0,698 | 0,199 | 0,703 | 0,204 | 0,709 | 0,210 | 0,715 | 0,216 | 0,721 | 0,222 | 0,735 | 0,236 |
| 0,570 | 0,709 | 0,209 | 0,714 | 0,215 | 0,720 | 0,221 | 0,727 | 0,227 | 0,733 | 0,234 | 0,748 | 0,248 |
| 0,580 | 0,719 | 0,220 | 0,725 | 0,226 | 0,731 | 0,232 | 0,738 | 0,239 | 0,745 | 0,246 | 0,760 | 0,261 |
| 0,590 | 0,730 | 0,230 | 0,736 | 0,237 | 0,742 | 0,243 | 0,749 | 0,250 | 0,757 | 0,257 | 0,773 | 0,273 |
| 0,600 | 0,740 | 0,241 | 0,747 | 0,247 | 0,754 | 0,254 | 0,761 | 0,261 | 0,769 | 0,269 | 0,785 | 0,286 |

nach Prof. Dr.-Ing. J. Roth

**Tafel 4.7:** Bemessungstafel mit dimensionslosen Beiwerten für den Rechteckquerschnitt mit Druckbewehrung (x/d = 0,617)

## Beton bis C 50/60; Betonstahl S 500

$$\mu_{Eds} = \frac{M_{Eds}}{b \cdot d^2 \cdot f_{cd}}$$

$$\varepsilon_c = -3{,}5‰ \quad \sigma_c = f_{cd} = 0{,}85 \cdot f_{ck}/1{,}5$$

$$x = 0{,}45 \cdot d$$

$$z = \zeta \cdot d$$

$$\varepsilon_{s1} = 4{,}278‰$$

$$A_{s1} = \frac{1}{\sigma_{s1d}} \cdot (\omega_1 \cdot b \cdot d \cdot f_{cd} + N_{Ed})$$

$$A_{s2} = \frac{1}{\sigma_{s2d}} \cdot \omega_2 \cdot b \cdot d \cdot f_{cd}$$

$$M_{Eds} = M_{Ed} - N_{Ed} \cdot z_{s1}$$

$$\xi = 0{,}450; \quad \sigma_{s1d} = 436{,}8 \text{ N/mm}^2$$

| $\mu_{Eds}$ | $d_2/d = 0{,}05$ $\sigma_{s2d} = -435{,}7$ [N/mm²] | | $d_2/d = 0{,}075$ $\sigma_{s2d} = -435{,}5$ [N/mm²] | | $d_2/d = 0{,}10$ $\sigma_{s2d} = -435{,}3$ [N/mm²] | | $d_2/d = 0{,}125$ $\sigma_{s2d} = -435{,}1$ [N/mm²] | | $d_2/d = 0{,}15$ $\sigma_{s2d} = -434{,}9$ [N/mm²] | | $d_2/d = 0{,}20$ $\sigma_{s2d} = -388{,}9$ [N/mm²] | |
|---|---|---|---|---|---|---|---|---|---|---|---|---|
| | $\omega_1$ | $\omega_2$ | $\omega_1$ | $\omega_2$ | $\omega_1$ | $\omega_2$ | $\omega_1$ | $\omega_2$ | $\omega_1$ | $\omega_2$ | $\omega_1$ | $\omega_2$ |
| 0,296 | 0,364 | 0,000 | 0,364 | 0,000 | 0,364 | 0,000 | 0,364 | 0,000 | 0,364 | 0,000 | 0,364 | 0,000 |
| 0,300 | 0,368 | 0,004 | 0,369 | 0,004 | 0,369 | 0,004 | 0,369 | 0,004 | 0,369 | 0,005 | 0,369 | 0,005 |
| 0,310 | 0,379 | 0,015 | 0,379 | 0,015 | 0,380 | 0,015 | 0,380 | 0,016 | 0,381 | 0,016 | 0,382 | 0,017 |
| 0,320 | 0,389 | 0,025 | 0,390 | 0,026 | 0,391 | 0,027 | 0,392 | 0,027 | 0,392 | 0,028 | 0,394 | 0,030 |
| 0,330 | 0,400 | 0,036 | 0,401 | 0,037 | 0,402 | 0,038 | 0,403 | 0,039 | 0,404 | 0,040 | 0,407 | 0,042 |
| 0,340 | 0,410 | 0,046 | 0,412 | 0,047 | 0,413 | 0,049 | 0,414 | 0,050 | 0,416 | 0,052 | 0,419 | 0,055 |
| 0,350 | 0,421 | 0,057 | 0,423 | 0,058 | 0,424 | 0,060 | 0,426 | 0,062 | 0,428 | 0,063 | 0,432 | 0,067 |
| 0,360 | 0,432 | 0,067 | 0,433 | 0,069 | 0,435 | 0,071 | 0,437 | 0,073 | 0,439 | 0,075 | 0,444 | 0,080 |
| 0,370 | 0,442 | 0,078 | 0,444 | 0,080 | 0,446 | 0,082 | 0,449 | 0,084 | 0,451 | 0,087 | 0,457 | 0,092 |
| 0,380 | 0,453 | 0,088 | 0,455 | 0,091 | 0,458 | 0,093 | 0,460 | 0,096 | 0,463 | 0,099 | 0,469 | 0,105 |
| 0,390 | 0,463 | 0,099 | 0,466 | 0,102 | 0,469 | 0,104 | 0,472 | 0,107 | 0,475 | 0,110 | 0,482 | 0,117 |
| 0,400 | 0,474 | 0,109 | 0,477 | 0,112 | 0,480 | 0,115 | 0,483 | 0,119 | 0,487 | 0,122 | 0,494 | 0,130 |
| 0,410 | 0,484 | 0,120 | 0,487 | 0,123 | 0,491 | 0,127 | 0,494 | 0,130 | 0,498 | 0,134 | 0,507 | 0,142 |
| 0,420 | 0,495 | 0,130 | 0,498 | 0,134 | 0,502 | 0,138 | 0,506 | 0,142 | 0,510 | 0,146 | 0,519 | 0,155 |
| 0,430 | 0,505 | 0,141 | 0,509 | 0,145 | 0,513 | 0,149 | 0,517 | 0,153 | 0,522 | 0,158 | 0,532 | 0,167 |
| 0,440 | 0,516 | 0,151 | 0,520 | 0,156 | 0,524 | 0,160 | 0,529 | 0,164 | 0,534 | 0,169 | 0,544 | 0,180 |
| 0,450 | 0,526 | 0,162 | 0,531 | 0,166 | 0,535 | 0,171 | 0,540 | 0,176 | 0,545 | 0,181 | 0,557 | 0,192 |
| 0,460 | 0,537 | 0,173 | 0,541 | 0,177 | 0,546 | 0,182 | 0,552 | 0,187 | 0,557 | 0,193 | 0,569 | 0,205 |
| 0,470 | 0,547 | 0,183 | 0,552 | 0,188 | 0,558 | 0,193 | 0,563 | 0,199 | 0,569 | 0,205 | 0,582 | 0,217 |
| 0,480 | 0,558 | 0,194 | 0,563 | 0,199 | 0,569 | 0,204 | 0,574 | 0,210 | 0,581 | 0,216 | 0,594 | 0,230 |
| 0,490 | 0,568 | 0,204 | 0,574 | 0,210 | 0,580 | 0,215 | 0,586 | 0,222 | 0,592 | 0,228 | 0,607 | 0,242 |
| 0,500 | 0,579 | 0,215 | 0,585 | 0,220 | 0,591 | 0,227 | 0,597 | 0,233 | 0,604 | 0,240 | 0,619 | 0,255 |
| 0,510 | 0,589 | 0,225 | 0,596 | 0,231 | 0,602 | 0,238 | 0,609 | 0,244 | 0,616 | 0,252 | 0,632 | 0,267 |
| 0,520 | 0,600 | 0,236 | 0,606 | 0,242 | 0,613 | 0,249 | 0,620 | 0,256 | 0,628 | 0,263 | 0,644 | 0,280 |
| 0,530 | 0,610 | 0,246 | 0,617 | 0,253 | 0,624 | 0,260 | 0,632 | 0,267 | 0,639 | 0,275 | 0,657 | 0,292 |
| 0,540 | 0,621 | 0,257 | 0,628 | 0,264 | 0,635 | 0,271 | 0,643 | 0,279 | 0,651 | 0,287 | 0,669 | 0,305 |
| 0,550 | 0,632 | 0,267 | 0,639 | 0,274 | 0,646 | 0,282 | 0,654 | 0,290 | 0,663 | 0,299 | 0,682 | 0,317 |
| 0,560 | 0,642 | 0,278 | 0,650 | 0,285 | 0,658 | 0,293 | 0,666 | 0,302 | 0,675 | 0,310 | 0,694 | 0,330 |
| 0,570 | 0,653 | 0,288 | 0,660 | 0,296 | 0,669 | 0,304 | 0,677 | 0,313 | 0,687 | 0,322 | 0,707 | 0,342 |
| 0,580 | 0,663 | 0,299 | 0,671 | 0,307 | 0,680 | 0,315 | 0,689 | 0,324 | 0,698 | 0,334 | 0,719 | 0,355 |
| 0,590 | 0,674 | 0,309 | 0,682 | 0,318 | 0,691 | 0,327 | 0,700 | 0,336 | 0,710 | 0,346 | 0,732 | 0,367 |
| 0,600 | 0,684 | 0,320 | 0,693 | 0,329 | 0,702 | 0,338 | 0,712 | 0,347 | 0,722 | 0,358 | 0,744 | 0,380 |

nach Prof. Dr.-Ing. J. Roth

**Tafel 4.8:** Bemessungstafel mit dimensionslosen Beiwerten für den Rechteckquerschnitt mit Druckbewehrung (x/d = 0,45)

Grenzzustände der Tragfähigkeit für Biegung mit Längskraft

**Beton bis C 50/60 und Betonstahl S 500**

$d_1/h = d_2/h = 0{,}10$

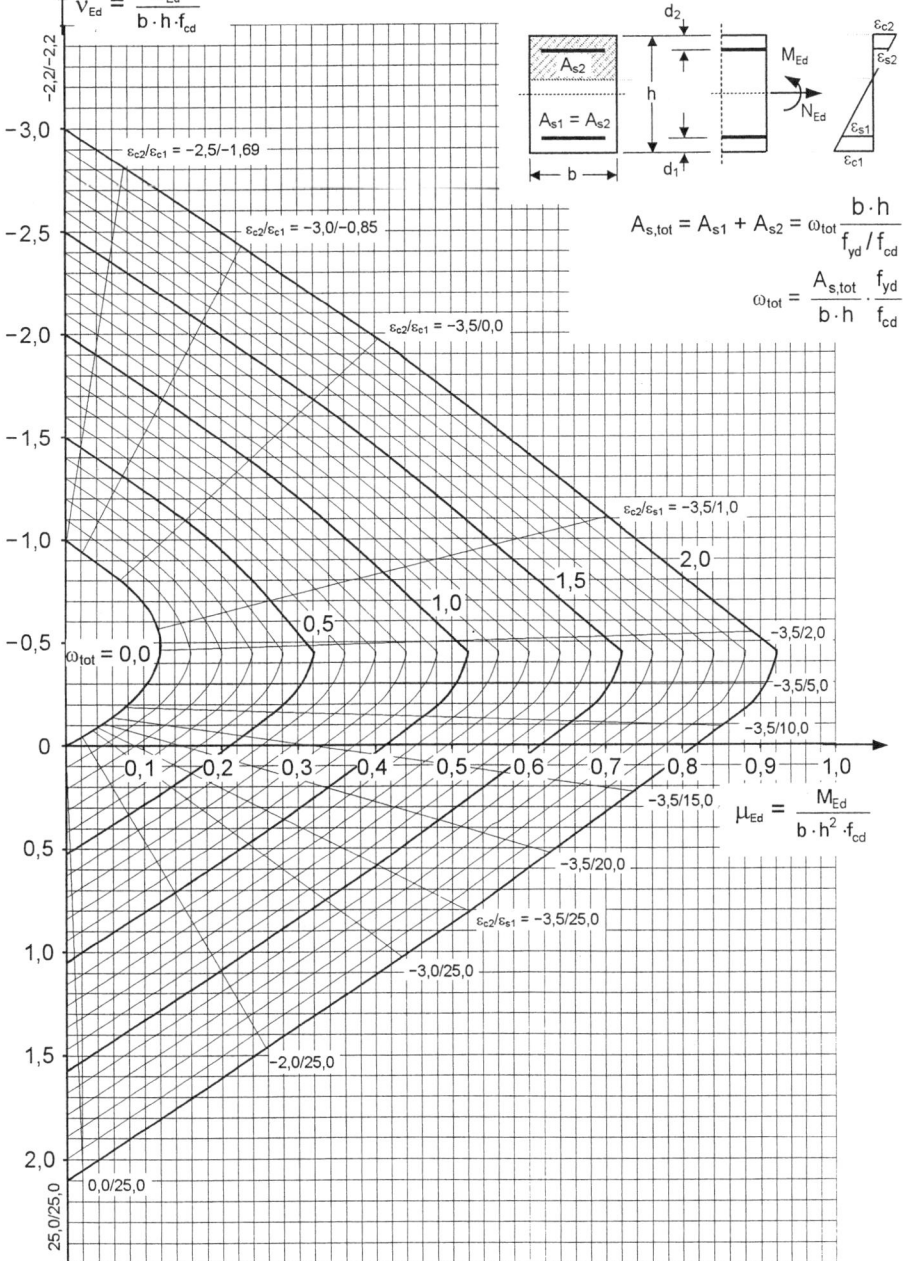

$$\nu_{Ed} = \frac{N_{Ed}}{b \cdot h \cdot f_{cd}}$$

$$A_{s,tot} = A_{s1} + A_{s2} = \omega_{tot} \frac{b \cdot h}{f_{yd}/f_{cd}}$$

$$\omega_{tot} = \frac{A_{s,tot}}{b \cdot h} \cdot \frac{f_{yd}}{f_{cd}}$$

$$\mu_{Ed} = \frac{M_{Ed}}{b \cdot h^2 \cdot f_{cd}}$$

nach Prof. Dr.-Ing. J. Roth

**Tafel 4.9:** Interaktionsdiagramm für den symmetrisch bewehrten Rechteckquerschnitt

Für Betonfestigkeitsklassen
C12/15 – C50/60
BSt 500; $\gamma_s = 1{,}15$
$d_1/h = 0{,}10$

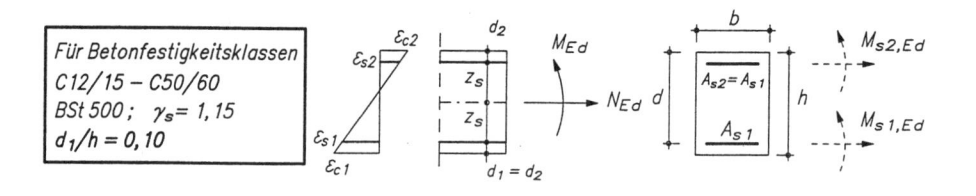

| Betonfestig-keitsklasse C | 12/15 | 16/20 | 20/25 | 25/30 | 30/37 | 35/45 | 40/50 | 45/55 | 50/60 |
|---|---|---|---|---|---|---|---|---|---|
| $f_{cd} = 0{,}85\, f_{ck}/1{,}5\,[MN/m^2]$ | 6,8 | 9,1 | 11,3 | 14,2 | 17,0 | 19,8 | 22,7 | 25,5 | 28,3 |
| $f_{yd}/f_{cd}$ | 63,9 | 48,0 | 38,4 | 30,7 | 25,6 | 21,9 | 19,2 | 17,1 | 15,3 |

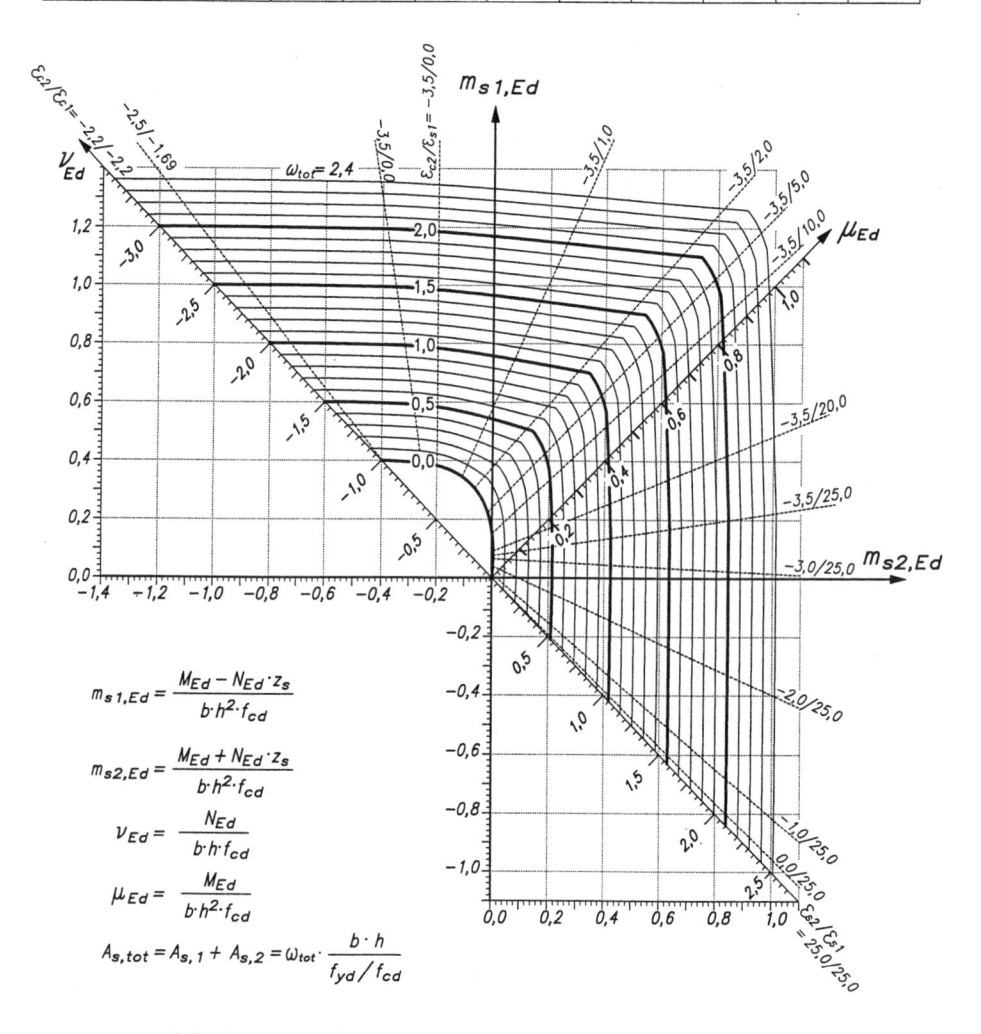

$$m_{s1,Ed} = \frac{M_{Ed} - N_{Ed} \cdot z_s}{b \cdot h^2 \cdot f_{cd}}$$

$$m_{s2,Ed} = \frac{M_{Ed} + N_{Ed} \cdot z_s}{b \cdot h^2 \cdot f_{cd}}$$

$$\nu_{Ed} = \frac{N_{Ed}}{b \cdot h \cdot f_{cd}}$$

$$\mu_{Ed} = \frac{M_{Ed}}{b \cdot h^2 \cdot f_{cd}}$$

$$A_{s,tot} = A_{s,1} + A_{s,2} = \omega_{tot} \cdot \frac{b \cdot h}{f_{yd}/f_{cd}}$$

nach Prof. Dr.-Ing. J. Grünberg und Dipl.-Ing. M. Klaus

**Tafel 4.10:** Interaktionsdiagramm für den symmetrisch bewehrten Rechteckquerschnitt

# 5 Querkraft

Dipl.-Ing. Rainer Wiesner

## 5.1 Einleitung

Die Bemessungsregeln für Querkraft sind für die ungestörten Bereiche von Platten, Balken und vergleichbaren Bauteilen anzuwenden, die nach DIN 1045-1, 10 bemessen werden. In diesen Bauteilen kann von einem Ebenbleiben der Querschnitte ausgegangen werden. Wie bei der Biegebemessung wird damit auch bei der Bemessung für Querkraft nicht mehr zwischen Stahlbeton- und Spannbetonbauteilen unterschieden.

Querkraftbeanspruchungen treten in der Regel in Kombination mit Biegebeanspruchungen auf. Dadurch entstehen im ungerissenen Zustand I über die Querschnittshöhe schiefe Hauptzug- und Hauptdruckspannungen.

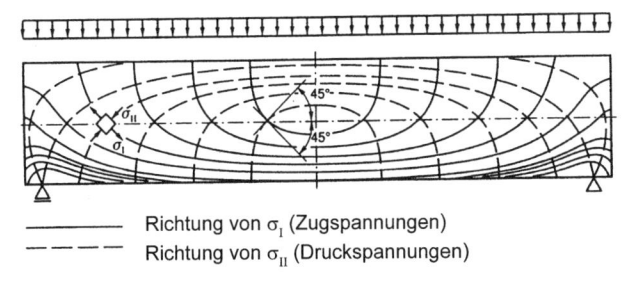

——————— Richtung von $\sigma_I$ (Zugspannungen)
– – – – – Richtung von $\sigma_{II}$ (Druckspannungen)

**Bild 5.1:** Schiefe Hauptspannungen im Zustand I für den Rechteckquerschnitt

Wenn die Hauptzugspannungen $\sigma_I$ die Zugfestigkeit des Beton überschreiten, entstehen Risse rechtwinklig zu $\sigma_I$ und der Querschnitt geht in den gerissenen Zustand II über. Dadurch lagern sich die Hauptzug- und Hauptdruckspannungen um.

Die wirklichkeitsnahe Berechnung von Stahlbetontragwerken unter einer Beanspruchungskombination aus Querkraft und Biegung ist sehr aufwendig, so dass sie für eine praktische Berechnung derzeit nicht brauchbar ist. Die Bemessungsgleichungen für Querkraft sind daher von denen für Biegung entkoppelt, um die praktische Handhabung zu ermöglichen.

Bei **Bauteilen mit erforderlicher Querkraftbewehrung** stellen sich durch das Auftreten von Rissen Tragwirkungen ein, die anschaulich mit Stabwerkmodellen beschrieben werden können. Bei diesen Stabwerkmodellen werden der Druckgurt und die Druckdiagonalen durch die Betontragfähigkeit, der Zuggurt und die Zugstreben durch die Längs- und Querkraftbewehrung gebildet. Als Grundlage dieses Modells dient die von Mörsch entwickelte „klassische Fachwerkanalogie", die vereinfachend davon ausgeht, dass

- Druck- und Zuggurt parallel
- Druckdiagonalen unter einem Winkel von $\Theta = 45°$
- Zugdiagonalen unter einem beliebigen Winkel $\alpha$

verlaufen.

- - - - - - - Druckstreben
─────── Zugstreben

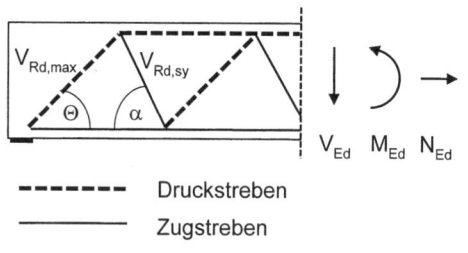

**Bild 5.2:** Vereinfachtes Stabwerkmodell

Versuche und weitere theoretische Überlegungen zeigen jedoch, dass insbesondere bei kleiner bis mittlerer Querkraftbeanspruchung Druckstrebenneigungen $\Theta < 45°$ möglich sind. Dadurch werden die Kräfte in diesem Stabwerk derart verändert, dass sich die Beanspruchungen in den Druckstreben erhöhen und sich die von der Querkraftbewehrung aufzunehmenden Zugstrebenkräfte vermindern. Der Neigungswinkel der Druckstreben $\Theta$ ist also zunächst durch die aufnehmbare Betondruckkraft begrenzt, darf aber außerdem zur Erfüllung der Verträglichkeitsbedingungen in der Schubzone nicht beliebig flach gewählt werden.

Für **Bauteile ohne rechnerisch erforderliche Querkraftbewehrung** stehen bisher keine einheitlichen Bemessungsmodelle zur Verfügung. Die Modelle reichen von reinen Bogen-Zugband-Modellen bis hin zu Kamm- bzw. Zahnmodellen [Zilch/Rogge – 01]. Sie beruhen auf Versuchsbetrachtungen, bei denen ein Rissbild beobachtet wurde, welches einem Kamm ähnelt.

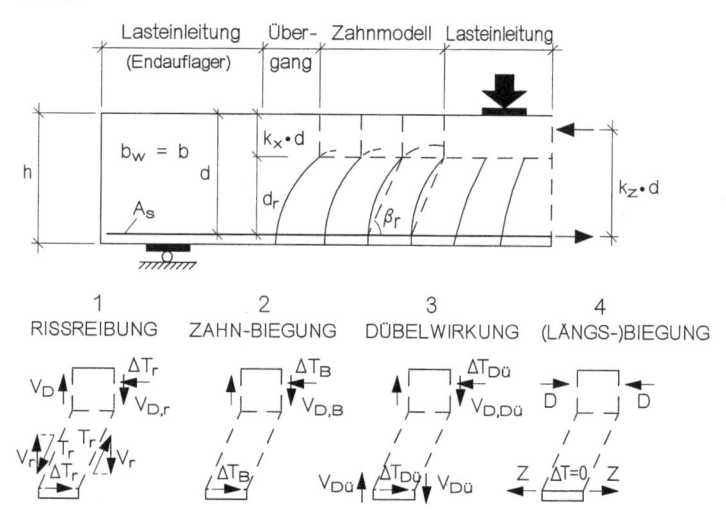

**Bild 5.3:** Zahnmodell, nach [Reineck – 91]

Das Zahn-Modell unter Ansatz von diskreten Rissen nach [Reineck – 90] kann als eines der neuen Modelle angeführt werden. Dabei werden die Einwirkungen durch die in Bild 5.3 dargestellten Traganteile

1. Rissreibung (Kornverzahnung zwischen den Rissen)
2. Biegeeinspannung der Betonzähne
3. Dübeltragwirkung der Längsbewehrung
4. (Längs-) Biegung

aufgenommen.

Querkraft

Der Nachweis der Querkrafttragfähigkeit entspricht damit grundsätzlich den Forderungen der [DIN 1045 – 88] und [DIN 4227-1 – 88]. Bei der Bemessung entfallen jedoch die Einteilungen in Schubbereiche bzw. in Schubzonen bei vorgespannten Bauteilen.

Nach DIN 1045-1, 10.3.1 ist für querkraftbeanspruchte Bauteile der rechnerische Nachweis zu erbringen, dass im Grenzzustand der Tragfähigkeit die aufzunehmende Querkraft $V_{Ed}$ die aufnehmbare Querkraft $V_{Rd}$ nicht überschreitet. Dabei sind die entsprechenden Teilsicherheitsbeiwerte der Einwirkungen und Widerstände nach DIN 1045-1, 5.3.3 zu berücksichtigen.

Es ergibt sich folgende Nachweisform:

$$V_{Ed} \leq V_{Rd} \qquad (5\text{-}1)$$

mit: $V_{Ed}$ = Bemessungswert der einwirkenden Querkraft

$V_{Rd}$ = Bemessungswert der aufnehmbaren Querkraft aus den Widerständen

## 5.2  Bemessungswert der aufnehmbaren Querkraft $V_{Rd}$    DIN 1045-1, 10.3.1 (1)

Der Bemessungswert der aufnehmbaren Querkraft $V_{Rd}$ wird durch die im betrachteten Querschnitt wirkenden Bauteilwiderstände bestimmt. Die aus verschiedenen Versagensmechanismen gebildeten Bauteilwiderstände entsprechen den aufnehmbaren Querkräften $V_{Rd,ct}$, $V_{Rd,sy}$ und $V_{Rd,max}$. Sie sind folgendermaßen definiert:

- $V_{Rd,ct}$

$V_{Rd,ct}$ ist der **Bemessungswert** der aufnehmbaren Querkraft eines Bauteils **ohne Querkraftbewehrung**. Die Querkraftübertragung wird durch die Rissverzahnung, durch die Biegeeinspannung der Betonzähne in der Biegedruckzone unter Ausnutzung der Betonzugfestigkeit sowie durch die Verdübelungswirkung der Längsbewehrung gewährleistet. Ein Versagen tritt durch Überschreiten der Zugfestigkeit in den Einspannungen und über den Ausfall der Rissverzahnung bei zunehmender Rissuferverschiebung auf.

- $V_{Rd,sy}$

$V_{Rd,sy}$ ist der **Bemessungswert** der aufnehmbaren Querkraft eines Querschnitts in einem Bauteil **mit Querkraftbewehrung**. Er gibt damit den Bauteilwiderstand an, der durch die Tragfähigkeit einer vorgegebenen Querkraftbewehrung gebildet wird.

- $V_{Rd,max}$

$V_{Rd,max}$ stellt den **höchsten Bemessungswert für Querkraft** dar, der ohne Versagen der Druckstreben des angenommenen Stabwerkmodells aufgenommen werden kann.

## 5.3 Bemessungswert der einwirkenden Querkraft $V_{Ed}$

Vereinfachend dürfen bei üblichen Hochbauten nach DIN 1045-1, 7.3.2 (5) die maßgebenden Querkräfte $V_{Ed}$ für Vollbelastung aller Felder ermittelt werden, wenn das Stützweitenverhältnis benachbarter Felder mit annähernd gleicher Steifigkeit $0,5 < l_{eff,1}/l_{eff,2} < 2,0$ beträgt. Wird im Rahmen einer linear-elastischen Berechnung eine Momentenumlagerung durchgeführt, sind auch die Auswirkungen auf den Querkraftverlauf durchgängig zu berücksichtigen (DIN 1045-1, 8.3 (2)).

### 5.3.1 Maßgebender Schnitt im Auflagerbereich     DIN 1045-1, 10.3.2 (1)

Wie aus den bisher gültigen Normen bekannt, kann auch nach DIN 1045-1 bei der Ermittlung der maximal zu berücksichtigenden Querkraft in eine indirekte und eine direkte Lagerung unterschieden werden.

- Indirekte Lagerung

Bei einer indirekten Lagerung ist die einwirkende Querkraft $V_{Ed}$ stets am Auflagerrand zu ermitteln.

- Direkte Lagerung

Bei einer direkten Lagerung liegt man im Allgemeinen auf der sicheren Seite, wenn $V_{Ed}$ bei Balken und Platten mit gleichmäßig verteilter Last in einer Entfernung d vom Auflagerrand ermittelt wird. Gegenüber einer indirekten Lagerung darf damit die günstige Wirkung infolge der direkten Einleitung auflagernaher Lasten (vgl. Bild 5.4) bei der Ermittlung der Querkraftbewehrung berücksichtigt werden.

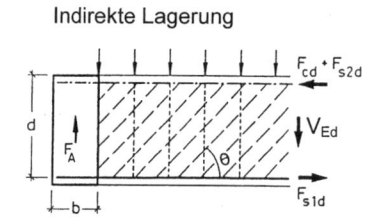

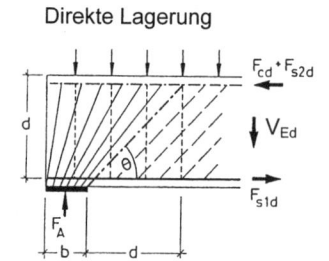

**Bild 5.4:** Verlauf der Druckspannungstrajektorien im Auflagerbereich, nach [Zilch/Rogge – 01]

Eine direkte Auflagerung darf nach DIN 1045-1, 7.3.1 (7) und Bild 5.5 auch angenommen werden, wenn bei monolithischer Verbindung der Bauteile der Abstand der Unterkante des gestützten Bauteils zur Unterkante des stützenden Bauteils größer ist, als die Höhe des gestützten Bauteils.

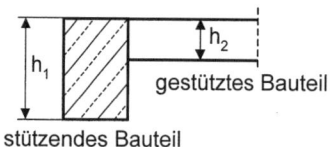

Direkte Lagerung:     $(h_1 - h_2) \geq h_2$
Indirekte Lagerung:   $(h_1 - h_2) < h_2$

**Bild 5.5:** Definition der direkten und indirekten Lagerung

*Hinweis:*
Für den Nachweis des Druckstrebenwiderstands $V_{Rd,max}$ ist jedoch stets die Beanspruchung am Auflagerrand zu verwenden, da die gesamte Auflagerkraft von der Druckstrebe aufgenommen werden muss (DIN 1045-1, 10.3.2 (3)).

## 5.3.2 Konzentrierte Lasten in Auflagernähe    DIN 1045-1, 10.3.2 (2)

Bei auflagernahen, konzentrierten Lasten (Einzellasten) stellt sich wie durch Druckfächerbildung bei direkter Lagerung ein Sprengwerk ein, bei dem sich die zugehörige Druckstrebe ganz oder teilweise direkt auf das Auflager abstützt. Für diesen Teil der Druckstrebenkraft ist keine Bewehrung bzw. lediglich eine reduzierte Querkraftbewehrung zur Abdeckung von Querzugspannungen erforderlich.

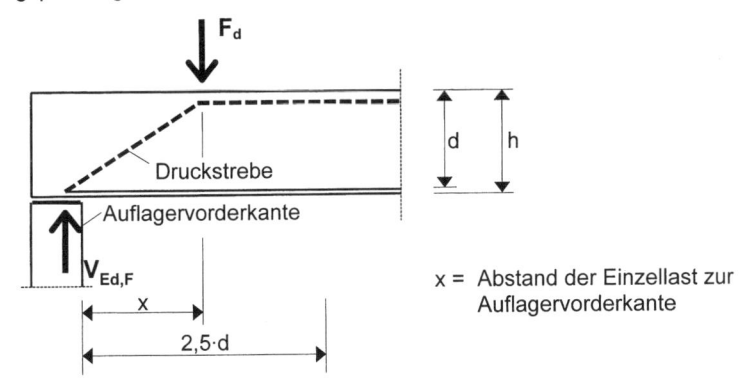

$x$ = Abstand der Einzellast zur Auflagervorderkante

**Bild 5.6:** Auflagernahe Einzellast

Rechnerisch wird der Einfluss von Einzellasten in Auflagernähe durch eine Abminderung des Querkraftanteils der im Abstand $x \leq 2{,}5 \cdot d$ vom Auflagerrand wirkenden Einzellast berücksichtigt.

$$\beta = \frac{x}{2{,}5 \cdot d} \quad \text{mit } \beta \leq 1{,}0 \tag{5-2}$$

Mit Gleichung (5-2), die DIN 1045-1, Gl. 68 entspricht, kann der Querkraftanteil infolge einer auflagernahen Einzellast abgemindert werden. Die Lastanteile aus Gleichstreckenlasten und aus Einzellasten, die nicht in Auflagernähe wirken, müssen wie bisher ohne Abminderung berücksichtigt werden. Beim gleichzeitigen Auftreten von Gleichstreckenlasten und einer auflagernahen Einzellast kann daher folgende Interaktionsgleichung aufgestellt werden:

$$V_{Ed} = V_{Ed,DL} + \beta \cdot V_{Ed,F} \tag{5-3}$$

mit:
$V_{Ed}$   Bemessungswert der einwirkenden Querkraft infolge Gleichlast und Einzellast
$V_{Ed,DL}$   Bemessungswert der einwirkenden Querkraft infolge Gleichlasten (distributed load)
$V_{Ed,F}$   Bemessungswert der einwirkenden Querkraft infolge der auflagernahen Einzellast

*Hinweis:*
Es ist zu beachten, dass der maßgebende Bemessungsschnitt nicht unbedingt im Abstand d zur Auflagervorderkante zu finden ist. Wenn der Abstand einer auflagernahen Einzellast x kleiner als die statische Nutzhöhe d ist, ist stets ein zusätzlicher Bemessungsschnitt im Abstand x zur Auflagervorderkante zu untersuchen.

### 5.3.3 Bauteile mit veränderlicher Querschnittshöhe  DIN 1045-1, 10.3.2 (4)

Im Gegensatz zu Bauteilen mit konstanter Querschnittshöhe, bei denen die Gurtkräfte gemäß Bild 5.2 parallel zur Systemachse verlaufen, treten bei Bauteilen mit veränderlicher Querschnittshöhe zusätzliche Querkraftkomponenten auf. Diese zusätzlichen Kraftkomponenten werden infolge der Neigung der Wirkungsrichtungen der Gurtkräfte zur Systemachse hervorgerufen und können die Größe der aufzunehmenden Querkraft sowohl vergrößern als auch vermindern.

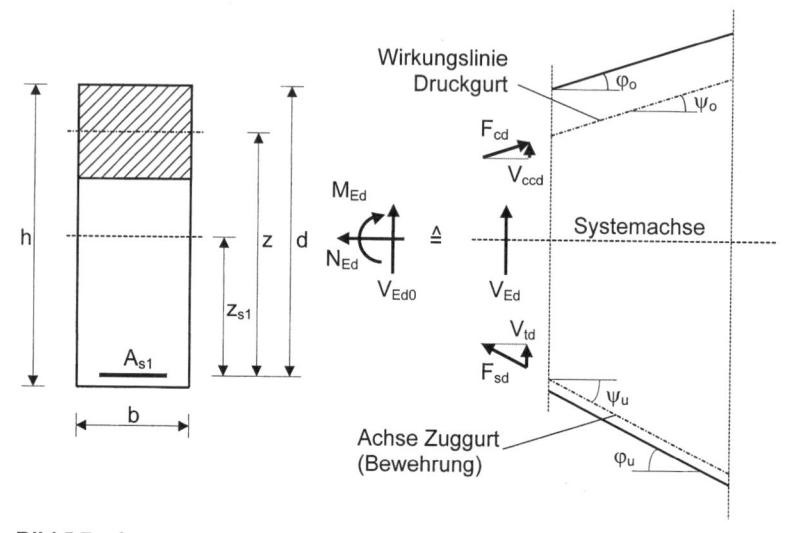

**Bild 5.7:** Querkraftanteile bei veränderlicher Querschnittshöhe (nach DIN 1045-1, Bild 31)

Bild 5.7 zeigt den allgemeinen Fall eines Stahlbetonquerschnitts mit geneigtem Zuggurt und geneigtem Druckgurt ohne Druckbewehrung. Zur Ermittlung der Bemessungsquerkraft $V_{Ed}$ werden die rechtwinklig zur Systemachse wirkenden Komponenten der Druck- und Zuggurtkräfte von dem Grundbemessungswert $V_{Ed0}$ nach Gleichung (5-4) (DIN 1045-1, Gl. 69) abgezogen.

$$V_{Ed} = V_{Ed0} - V_{ccd} - V_{td} \tag{5-4}$$

mit:
- $V_{Ed0}$ Grundbemessungswert der auf den Querschnitt einwirkenden Querkraft (ohne Berücksichtigung des Einflusses einer veränderlichen Bauteilhöhe)
- $V_{ccd}$ Bemessungswert der Querkraftkomponente in der Druckzone
- $V_{td}$ Bemessungswert der Querkraftkomponente in der Zugzone (aus der Betonstahlzugkraft)

Die Kraftkomponenten $V_{ccd}$ und $V_{td}$ ergeben sich mit $(\tan\psi_o + \tan\psi_u)/z \cong (\tan\varphi_o + \tan\psi_u)/d$ nach [Grasser u. a. – 96] näherungsweise zu:

$$V_{ccd} \cong (M_{Eds}/d) \cdot \tan \varphi_o \tag{5-5}$$

$$V_{td} = (M_{Eds}/d + N_{Ed}) \cdot \tan \psi_u \tag{5-6}$$

Hierin ist $M_{Eds} = M_{Ed} - N_{Ed} \cdot z_{s1}$ das auf die Zugbewehrung bezogene Moment.

Die Werte $V_{ccd}$ und $V_{td}$ sind positiv und verkleinern damit die maßgebende Querkraft $V_{Ed}$ gegenüber dem Bemessungswert der Querkraft $V_{Ed0}$, wenn die Trägerhöhe mit zunehmenden Biegemomenten ebenfalls zunimmt. Dieses liegt vor, wenn die Querkraftkomponenten $V_{ccd}$ und $V_{td}$ in Richtung der Querkraft $V_{Ed0}$ zeigen (vgl. Bild 5.7).

## 5.3.4 Beispiel zur Ermittlung der Bemessungsquerkraft $V_{Ed}$

Für den in Bild 5.8 dargestellten Stahlbetonträger mit Rechteckquerschnitt sind die maßgebenden Bemessungsquerkräfte $V_{Ed}$ im Bereich des Auflagers A zu bestimmen.

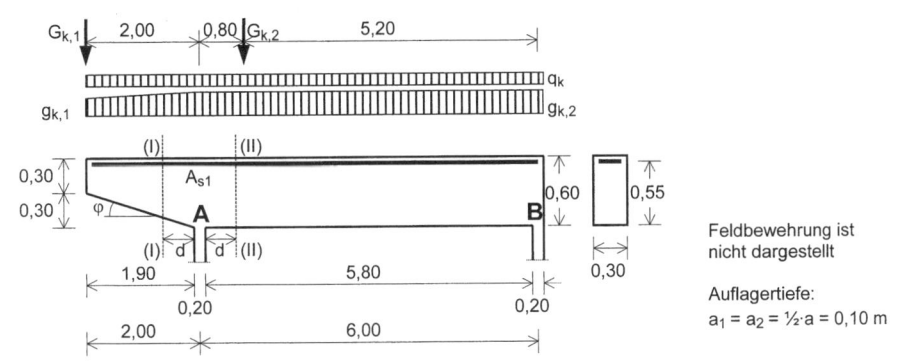

**Bild 5.8:** System und Belastung

### Charakteristische Werte der Einwirkungen

Ständige Einwirkungen: $\quad g_{k,1} = 32{,}3$ kN/m
$\qquad\qquad\qquad\qquad\qquad\; g_{k,2} = 34{,}5$ kN/m

Einzellasten (ständig wirkend): $\quad G_{k,1} = G_{k,2} = 100$ kN

Veränderliche Einwirkung: $\quad q_k = 15$ kN/m

### Teilsicherheitsbeiwerte für die Einwirkungen

Bemessungssituation mit *einer* veränderlichen Einwirkung $Q_{k,1}$:

$$\sum \gamma_{G,j} \cdot G_{k,j} + \gamma_Q \cdot Q_{k,1} \qquad \text{aus [DIN 1055-100 – 01], Gl. 14 und [DIN 1055-100 – 01], Tab. A.3}$$

mit: $\gamma_{G,j} = 1{,}35$ und $\gamma_Q = 1{,}50$ $\hfill$ DIN 1045-1, Tab. 1

### Vorgaben

Baustoffe: $\qquad\quad$ Betonstahl: BSt 500 $\quad$ Beton: C30/37

Statische Nutzhöhe: $\quad d = 55$ cm

### Berechnung der maßgebenden Bemessungsquerkräfte $V_{Ed}$

Es liegt eine direkte Lagerung vor. Soll der günstige Einfluss auflagernaher Lastanteile berücksichtigt werden, sind die einwirkenden Querkräfte jeweils im Abstand d von der Auflagervorderkante und an der Auflagervorderkante zu berechnen.

*Kragarmbereich*

- $V_{Ed}$ für den Nachweis der aufnehmbaren Querkraft mit oder ohne Querkraftbewehrung ($V_{Rd,sy}$ oder $V_{Rd,ct}$)

Die konzentrierte Last $G_{k,1}$ ist nicht auflagernah, da ihr Abstand zum linken Auflagerrand $x_{li} = 2{,}00 - 0{,}10 = 1{,}90$ m $> 2{,}5 \cdot d = 2{,}5 \cdot 0{,}55 = 1{,}375$ m ist.

Maßgebender Bemessungsschnitt (I)-(I) im Abstand d zum Auflagerrand:

$x = d + \tfrac{1}{2} \cdot 0{,}20 = 0{,}55 + 0{,}10 = 0{,}65$ m

Einfluss der Voutung:

$V_{Ed0} = (\gamma_{G,j} \cdot \frac{1}{2} \cdot (g_{k,1}+g_{k,(I)-(II)})+\gamma_Q \cdot q_k) \cdot (2,00-x)+\gamma_G \cdot G_{k,1} = (1,35 \cdot \frac{1}{2} \cdot (32,3+33,9)+1,5 \cdot 15) \cdot 1,35 + 1,35 \cdot 100$
$= 225,7$ kN

$M_{Eds} = -(\gamma_G \cdot g_{k,1}+\gamma_Q \cdot q_k) \cdot \frac{1,35^2}{2} - \gamma_G \cdot ((g_{k,(I)-(II)} - g_{k,1}) \cdot \frac{1,35^2}{6} + G_{k,1} \cdot 1,35) = -243,1$ kNm

$d_{(I)-(I)} = d - \frac{d}{1,90} \cdot 0,30 = 0,463$ m

$\tan \varphi = 30/190 = 0,158$

$V_{ccd} \cong \frac{M_{Eds}}{d_{(I)-(I)}} \cdot \tan \varphi = \frac{243,1}{0,463} \cdot 0,158 \cong 83,0$ kN

$V_{td} = 0$ (Zugzone ist nicht geneigt)

$V_{Ed} = V_{Ed0} - V_{ccd} - V_{td} = 225,7 - 83,0 - 0 = 142,7$ kN

Abminderung infolge der Voutung des Kragarmbereiches: hier ≈ 37%

- $V_{Ed}$ für den Nachweis der aufnehmbaren Querkraft der Druckstrebe ($V_{Rd,max}$)

Nachweis wie oben, jedoch an der Auflagervorderkante (x = 0,10 m)

$V_{Ed} = 263,4 - 108,5 = 154,9$ kN

### Feldbereich

- $V_{Ed}$ für den Nachweis von $V_{Rd,sy}$ oder $V_{Rd,ct}$

Abstand der konzentrierten Last $G_{k,2}$ zum rechten Auflagerrand:

$x_{re} = 0,80 - 0,20/2 = 0,70$ m $< 2,5 \cdot d = 2,5 \cdot 0,55 = 1,375$ m

Die Belastung $G_{k,2}$ ist auflagernah, es darf eine Abminderung mit dem Faktor β nach Gleichung (5-2) vorgenommen werden.

$\beta = \frac{x}{2,5 \cdot d} = \frac{0,70}{2,5 \cdot 0,55} = 0,509$

Der maßgebende Bemessungsschnitt (II)-(II) liegt im Abstand
d = 55 cm vom rechten Auflagerrand des Auflagers A.

Bei gleichzeitiger Wirkung von Gleich- und Einzellasten gilt Gleichung (5-3) mit

$V_{Ed,DL} = 229,6$ kN  (infolge Gleichlasten und Einzellast auf der Kragarmspitze)

$V_{Ed,F} = 117,0$ kN  (infolge *Einzellast im Feldbereich*)

$V_{Ed} = V_{Ed,DL} + \beta \cdot V_{Ed,F} = 229,6 + 117,0 \cdot 0,509 = 289,2$ kN

Einwirkende Querkraft ohne Berücksichtigung der Abminderung

$V_{Ed} = V_{Ed,DL} + V_{Ed,F} = 346,6$ kN

Infolge der auflagernahen Einzellast kann $V_{Ed}$ im maßgebenden Bemessungsschnitt rechts von Auflager A um 16,5% abgemindert werden.

- $V_{Ed}$ für den Nachweis von $V_{Rd,max}$

Die einwirkende Querkraft darf nicht abgemindert werden. Unter Berücksichtigung der Lastanteile aus den Gleichstreckenlasten zwischen der Auflagervorderkante und dem Bemessungsschnitt (II)-(II) ergibt sich $V_{Ed}$ zu

$V_{Ed} = 346,6 + 0,55 \cdot (1,35 \cdot 34,5+1,5 \cdot 15) = 384,6$ kN

Querkraft

## 5.4 Bauliche Durchbildung der Querkraftbewehrung  DIN 1045-1, 13.2.3

Die nach DIN 1045-1 erforderlichen Mindestbewehrungen und die bauliche Durchbildung der Bauteile werden in Abschnitt 13 ausführlich behandelt. An dieser Stelle sollen nur die für die Querkraftbewehrung unmittelbar maßgebenden Abschnitte vorgestellt werden.

Die Anordnung der Querkraftbewehrung innerhalb eines Bauteils soll in einem Winkel von 45° bis 90° zur Schwerachse des Bauteils erfolgen. Die Querkraftbewehrung darf sich aus

- **Bügeln**, die die Längszugbewehrung und die Druckzone umfassen,
- **Schrägstäben** und
- **Querkraftzulagen** (Körbe, Leitern usw.), die ohne Umschließung der Längsbewehrung verlegt sind (siehe Bild 5.9 und DIN 1045-1, Bild 67)

zusammensetzen.

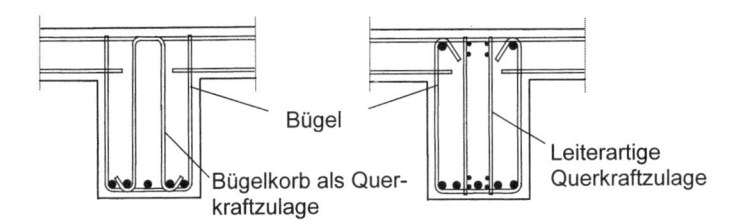

**Bild 5.9:** Beispiele für Kombinationen von Bügeln und Querkraftzulagen

Besteht die Querkraftbewehrung aus einer Kombination von Bügeln mit Schrägstäben oder von Bügeln mit Querkraftzulagen, so müssen mindestens **50%** der erforderlichen Bewehrungen aus Bügeln gebildet werden (DIN 1045-1, 13.2.3 (2)).

### 5.4.1 Mindestquerkraftbewehrung bei Balken

In **Balken und Plattenbalken** ist zur Aufnahme rechnerisch unberücksichtigter Zugwirkungen und zur Absicherung gegen entsprechende Rissbildungen stets eine Mindestquerkraftbewehrung anzuordnen. Die erforderliche Größe dieser Bewehrung steigt mit wachsender Betongüte und abnehmender Stahlfestigkeit an, damit große Schubrisse durch die bei der Rissbildung frei werdenden Zugkräfte vermieden werden.

Nach DIN 1045-1, 13.3.3 (2) ist bei auf der Baustelle betonierten **Vollplatten** infolge des günstigen Einflusses einer möglichen Querverteilung eine Mindestquerkraftbewehrung nur erforderlich, wenn rechnerisch Querkraftbewehrung notwendig wird, oder wenn das Verhältnis b/h ≤ 5 wird.

Der Bewehrungsgrad der Querkraftbewehrung $\rho_w$ bei Balken ergibt sich nach DIN 1045-1, Gl. 151 zu:

$$\rho_w = \frac{A_{sw}}{s_w \cdot b_w \cdot \sin\alpha} \geq \min \rho_w \qquad (5\text{-}7)$$

mit:
- $A_{sw}$  Querschnittsfläche eines Elementes der Querkraftbewehrung je Länge s
- $s_w$  Abstand der Elemente der Querkraftbewehrung in Bauteillängsrichtung
- $b_w$  Stegbreite oder kleinste Breite eines Bauteils innerhalb der statischen Nutzhöhe d
- $\alpha$  Winkel zwischen Querkraftbewehrung und Balkenachse
  (für senkrechte Bügel $\alpha = 90°$ und $\sin\alpha = 1$)

Nach DIN 1045-1, 13.2.3 (5) darf der Bewehrungsgrad der Querkraftbewehrung im Allgemeinen folgende Mindestwerte min $\rho_w$ nicht unterschreiten:

Allgemein: $\quad\quad\quad$ min $\rho_w = 1{,}0 \cdot \rho$ $\quad\quad\quad$ (5-8)

In gegliederten Querschnitten mit vorgespannten Zuggurten sind die Anforderungen an den Mindestwert der Querkraftbewehrung nach Gleichung (5-9) erhöht.

Erhöhte Anforderungen: $\quad$ min $\rho_w = 1{,}6 \cdot \rho$ $\quad\quad\quad$ (5-9)

Die Werte für $\rho$ sind für verschiedene Betonfestigkeitsklassen der Tabelle 5.1 zu entnehmen oder durch folgende Formel zu bestimmen:

$$\rho = 0{,}16 \cdot \frac{f_{ctm}}{f_{yk}} \quad\quad\quad (5\text{-}10)$$

**Tabelle 5.1:** Grundwerte für die Ermittlung der Mindestbewehrung $\quad$ DIN 1045-1, Tabelle 29

| | Charakteristische Betondruckfestigkeit $f_{ck}$ [N/mm²] | | | | | | | | | | | | | |
|---|---|---|---|---|---|---|---|---|---|---|---|---|---|---|
| | 12 | 16 | 20 | 25 | 30 | 35 | 40 | 45 | 50 | 55 | 60 | 70 | 80 | 90 | 100 |
| $\rho$ in [‰] | 0,51 | 0,61 | 0,70 | 0,83 | 0,93 | 1,02 | 1,12 | 1,21 | 1,31 | 1,34 | 1,41 | 1,47 | 1,54 | 1,60 | 1,66 |

Für einen mit Betonstahl BSt 500 und lotrechten Bügeln bewehrten Querschnitt kann die Mindestquerkraftbewehrung $a_{sw}$ nach Tabelle 5.2 ermittelt werden.

**Tabelle 5.2:** Mindestquerkraftbewehrung $a_{sw}$ bei lotrechten Bügeln und Betonstahl BSt 500

| Betonfestigkeits-klasse: | Allgemein | | Erhöhte Anforderungen | |
|---|---|---|---|---|
| | min $\rho_w$ | $a_{sw,min}$ [cm²/m] | min $\rho_w$ | $a_{sw,min}$ [cm²/m] |
| C12/15 | 0,00051 | **0,051·$b_w$[cm]** | 0,000816 | **0,082·$b_w$[cm]** |
| C16/20 | 0,00061 | **0,061·$b_w$[cm]** | 0,000976 | **0,098·$b_w$[cm]** |
| C20/25 | 0,00070 | **0,070·$b_w$[cm]** | 0,001120 | **0,112·$b_w$[cm]** |
| C25/30 | 0,00083 | **0,083·$b_w$[cm]** | 0,001328 | **0,133·$b_w$[cm]** |
| C30/37 | 0,00093 | **0,093·$b_w$[cm]** | 0,001488 | **0,149·$b_w$[cm]** |
| C35/45 | 0,00102 | **0,102·$b_w$[cm]** | 0,001632 | **0,163·$b_w$[cm]** |
| C40/50 | 0,00112 | **0,112·$b_w$[cm]** | 0,001792 | **0,179·$b_w$[cm]** |
| C45/55 | 0,00121 | **0,121·$b_w$[cm]** | 0,001936 | **0,194·$b_w$[cm]** |
| C50/60 | 0,00131 | **0,131·$b_w$[cm]** | 0,002096 | **0,210·$b_w$[cm]** |
| C55/67 | 0,00134 | **0,134·$b_w$[cm]** | 0,002144 | **0,214·$b_w$[cm]** |
| C60/75 | 0,00141 | **0,141·$b_w$[cm]** | 0,002256 | **0,226·$b_w$[cm]** |
| C70/85 | 0,00147 | **0,147·$b_w$[cm]** | 0,002352 | **0,235·$b_w$[cm]** |
| C80/95 | 0,00154 | **0,154·$b_w$[cm]** | 0,002464 | **0,246·$b_w$[cm]** |
| C90/105 | 0,00160 | **0,160·$b_w$[cm]** | 0,002560 | **0,256·$b_w$[cm]** |
| C100/115 | 0,00166 | **0,166·$b_w$[cm]** | 0,002656 | **0,266·$b_w$[cm]** |

$a_{sw,min} = A_{sw}/s$ [cm²/m] $\quad$ Mindestquerschnittsfläche der Bügelbewehrung je m

$b_w$ $\quad\quad$ Stegbreite oder kleinste Breite eines Bauteils innerhalb der statischen Nutzhöhe d

## 5.4.2 Größter Abstand der Querkraftbewehrung

Zur Gewährleistung einer hinreichenden Querkrafttragfähigkeit ist es neben der Einhaltung des Mindestbewehrungsgrads notwendig, den maximalen Stababstand $s_{max}$ der Querkraftbewehrungen zu begrenzen.

Nach DIN 1045-1, 13.2.3 (6) werden die maximalen Stababstände, die in Tabelle 5.3 wiedergegeben sind, in Abhängigkeit der Querkraftausnutzung $V_{Ed}/V_{Rd,max}$ festgelegt.

**Tabelle 5.3:** Größte Längs- und Querabstände $s_{max}$ von Bügelschenkeln und Querkraftzulagen  nach DIN 1045-1, Tabelle 31

| Querkraftausnutzung | Längsabstand | | Querabstand | |
|---|---|---|---|---|
| $V_{Ed}/V_{Rd,max}$ | $\leq$ C50/60 | >C50/60 | $\leq$ C50/60 | >C50/60 |
| $V_{Ed} \leq 0{,}30 \cdot V_{Rd,max}$ | 0,7·h $\leq$ 300 mm | 0,7·h $\leq$ 200 mm | h $\leq$ 800 mm | h $\leq$ 600 mm |
| $0{,}30 \cdot V_{Rd,max} < V_{Ed} \leq 0{,}60 \cdot V_{Rd,max}$ | 0,5·h $\leq$ 300 mm | 0,5·h $\leq$ 200 mm | h $\leq$ 600 mm | h $\leq$ 400 mm |
| $V_{Ed} > 0{,}60 \cdot V_{Rd,max}$ | 0,25·h $\leq$ 200 mm | | | |

mit:
$V_{Ed}$  nach Abschnitt 5.3
$V_{Rd,max}$  nach Gleichung (5-15) bzw. (5-17)

Der Abstand von Schrägstäben in Längsrichtung sollte nach DIN 1045-1, 13.2.3 (7) unabhängig von der Querkraftausnutzung den Wert der Gleichung (5-11) (DIN 1045-1, Gl. 152) nicht überschreiten.

$$s_{max} \leq 0{,}5 \cdot h \cdot (1+\cot\alpha) \qquad (5\text{-}11)$$

Für den maximalen Querabstand von Schrägstäben gelten die Werte der Tabelle 5.3.

## 5.4.3 Einschneiden der Querkraftdeckungslinie  DIN 1045-1, 13.2.3 (9)

Die Querkraftbewehrung ist entlang der Bauteillängsachse so anzuordnen, dass diese an jeder Stelle die Bemessungsquerkraft abdeckt (DIN 1045-1, 13.2.3 (8)).

Jedoch darf bei Tragwerken des üblichen Hochbaus bei der Verteilung der Querkraftbewehrung gemäß DIN 1045-1, Bild 68 verfahren werden und die Querkraftdeckungslinie eingeschnitten werden.

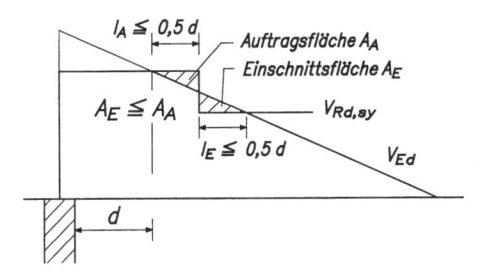

**Bild 5.10:** Zulässiges Einschneiden der Querkraftdeckungslinie bei Tragwerken des üblichen Hochbaus

Damit deckt sich diese Regelung weitgehend mit [DIN 1045 – 88], jedoch mit dem Unterschied, dass die zulässige Einschnittslänge $l_E$ unabhängig vom Querkraftausnutzungsgrad maximal der halben statischen Nutzhöhe d entsprechen darf.

## 5.5 Bauteile ohne rechnerisch erforderliche Querkraftbewehrung

DIN 1045-1, 10.3.3

Jeder Querschnitt, in dem der Bemessungswert der einwirkenden Querkraft $V_{Ed} < V_{Rd,ct}$ ist, erfordert nach DIN 1045-1, 10.3.1 (2) rechnerisch keine Querkraftbewehrung. Jedoch sind zur Sicherstellung eines duktilen Bauteilverhaltens gemäß DIN 1045-1, 5.3.2 (1) und zur Vermeidung übermäßiger Rissbildungen bei Balken und einachsig gespannten Platten mit b/h ≤ 5 die Anforderungen an die in Abschnitt 5.4 beschriebene Mindestquerkraftbewehrung einzuhalten. Der Bemessungswert der Querkrafttragfähigkeit $V_{Rd,ct}$ biegebewehrter Bauteile ohne Querkraftbewehrung kann nach DIN 1045-1 durch die Gleichungen 70 und 72 bestimmt werden, wobei der größere Tragfähigkeitswert maßgebend wird.

Die in allen Fällen gültige Beziehung (5-12) (DIN 1045-1, Gl. 70) ergibt sich in Anlehnung an eine bereits im [CEB 213/214 – 93] veröffentlichte, empirisch abgeleitete Formel zu

$$V_{Rd,ct} = \left[ 0{,}10 \cdot \kappa \cdot \eta_1 \cdot (100 \cdot \rho_l \cdot f_{ck})^{1/3} - 0{,}12 \cdot \sigma_{cd} \right] \cdot b_w \cdot d \tag{5-12}$$

mit

$\eta_1$ = 1 für Normalbeton

$\kappa$ = $1 + \sqrt{\dfrac{200}{d}} \leq 2{,}0$   d in [mm]

$\rho_l$ = $\dfrac{A_{sl}}{b_w \cdot d} \leq 0{,}02$   Längsbewehrungsgrad

$f_{ck}$  charakteristische Zylinderdruckfestigkeit des Betons nach 28 Tagen [N/mm²]

$A_{sl}$  die Fläche der Zugbewehrung, die mindestens um das Maß d über den betrachteten Querschnitt hinausgeführt und dort wirksam verankert wird, siehe Bild 5.11. Bei Vorspannung mit sofortigem Verbund darf die Spannstahlfläche voll auf $A_{sl}$ angerechnet werden.

$\sigma_{cd}$ = $\dfrac{N_{Ed}}{A_c}$   Betonlängsspannung in Höhe des Schwerpunkts des Querschnitts [N/mm²]

$N_{Ed}$  Längskraft im Querschnitt infolge äußerer Einwirkung oder Vorspannung ($N_{Ed}$ < 0 als Längsdruckkraft)

$A_c$  Gesamtfläche des Betonquerschnitts

$b_w$  kleinste Querschnittsbreite innerhalb der Zugzone [mm]

Bei Bestimmung von $\rho_l$ ist damit nur die Bewehrung anrechenbar, die um das Maß (d+$l_{b,net}$) über den betrachteten Schnitt hinausgeführt wird (vgl. Bild 5.11).

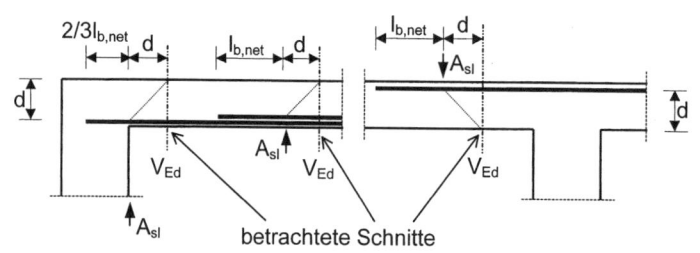

**Bild 5.11:** Definition von $A_{sl}$ zur Ermittlung von $\rho_l$ nach Gleichung (5-12) (DIN 1045-1, Bild 32)

Wenn nachgewiesen wird, dass die Betonzugspannung im Querschnitt im Grenzzustand der Tragfähigkeit stets kleiner ist als $f_{ctk;0,05}/\gamma_c$, darf die Querkrafttragfähigkeit in auflagernahen Bereichen unter vorwiegend ruhenden Beanspruchungen entsprechend Gleichung (5-13) (DIN 1045-1, Gl. 72) berechnet werden (DIN 1045-1, 10.3.3 (2)). Für Querschnitte, die näher als h/2 zur Auflagerkante liegen, kann dieser Nachweis entfallen.

# Querkraft

$$V_{Rd,ct} = \frac{I \cdot b_w}{S} \cdot \sqrt{\left(\frac{f_{ctk;0,05}}{\gamma_c}\right)^2 - \alpha_I \cdot \sigma_{cd} \cdot \frac{f_{ctk;0,05}}{\gamma_c}}$$ (5-13)

Dabei ist:

I   das Flächenmoment 2.Grades des Querschnitts (Trägheitsmoment)
S   das Flächenmoment 1.Grades des Querschnitts bezogen auf dessen Schwerpunkt (statisches Moment)
$\alpha_I$ $= I_x / I_{bpd} \le 1,0$ bei Vorspannung im sofortigen Verbund
    $= 1$ in den übrigen Fällen
$I_x$   der Abstand des betrachteten Querschnitts vom Beginn der Verankerungslänge des Spannglieds
$I_{bpd}$   der obere Bemessungswert der Übertragungslänge des Spanngliedes nach DIN 1045-1, 8.7.6 (6)
$f_{ctk;0,05}$   der untere Quantilwert der Betonzugfestigkeit nach DIN 1045-1, Tab. 9 oder 10, jedoch $f_{ctk;0,05} \le 2,7$ [N/mm²]
$\gamma_c$   Sicherheitsbeiwert für unbewehrten Beton nach DIN 1045-1, 5.3.3 (8)

Vergleichsrechnungen zeigen, dass sich bei Anwendung von Gleichung (5-13) in der Regel eine größere Querkrafttragfähigkeit ergibt [Schön – 01]. Nur bei nicht normalkraftbeanspruchten Bauteilen mit geringen Betonfestigkeiten kann Gleichung (5-12) rechnerisch einen größeren Bauteilwiderstand ergeben. Die Bedingung, dass Gleichung (5-13) lediglich bei Betonzugspannungen kleiner $f_{ctk;0,05}/\gamma_c$ anzuwenden ist, hat zur Folge, dass entweder eine sehr kleine Belastung vorliegt oder Längsdruckspannungen wirken, um die größere Querschnittstragfähigkeit zu aktivieren. Gleichung (5-13) wird daher im wesentlichen nur bei vorgespannten Bauteilen die Querkrafttragfähigkeit bestimmen.

*Hinweis:*
Nach DIN 1045-1, 10.3.1 (4) ist nachzuweisen, dass die zulässige Druckstrebenbeanspruchung $V_{Rd,max}$ in keinem Querschnitt überschritten wird. Für diesen Nachweis werden jedoch nur für Bauteile mit Querkraftbewehrung Bemessungsgleichungen zur Verfügung gestellt. In [Zilch/Rogge – 01] wird ausgeführt, dass diese Beziehungen auch für Bauteile ohne Querkraftbewehrung unter Annahme von senkrechten Zugstreben ($\alpha=90°$) und einem Druckstrebenwinkel $\Theta$ nach Gleichung (5-20) verwendet werden sollen. Nach Meinung des Verfassers scheint der Nachweis der Druckstreben bei Bauteilen ohne Querkraftbewehrung jedoch entbehrlich, da eine Auswertung der Gleichungen (5-12) und (5-17) zeigt, dass der Bemessungswiderstand $V_{Rd,max}$ in üblichen, auch normalkraftbeanspruchten Bauteilen stets größer ist als $V_{Rd,ct}$.

## 5.5.1 Beispiel einer Deckenplatte ohne Querkraftbewehrung

Bemessung für Querkraft nach DIN 1045-1 an der maßgebenden Stelle einer einachsig gespannten, über zwei Felder durchlaufenden Stahlbetondeckenplatte. Es handelt sich um ein Innenbauteil mit normaler Luftfeuchte.

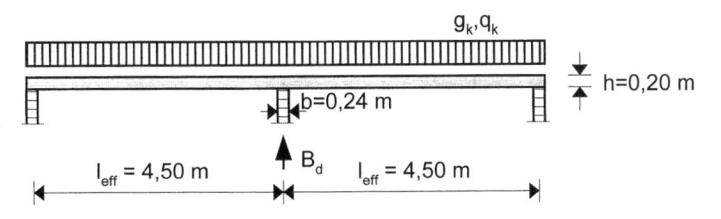

**Bild 5.12:** System und Belastung

## Charakteristische Werte der Einwirkungen

Ständige Einwirkungen:
Eigengewicht: $g_{k,1}$ = 0,20·25,0 = 5,00 kN/m²
Putz und Belag: $g_{k,2}$ = = 1,50 kN/m²

Veränderliche Einwirkungen nach [DIN 1055-3 – 71], Tab. 1, „Büroräume": $q_k$ = 2,00 kN/m²

### Vorgaben

Baustoffe: Betonstahl: BSt 500  Beton: C20/25
Betondeckung (DIN 1045-1, 6.3): $c_{nom} = c_{min} + \Delta h$
  Expositionsklasse XC1 nach DIN 1045-1, Tab. 3 und Tab. 4
  $c_{nom}$ = 1,0 + 1,0 = 2,0 cm
statische Nutzhöhe: $d = h - c_{nom} - \emptyset_l/2 = 20 - 2,0 - \approx 0,5 = 17,5$ cm
wirksame Stützweite: $l_{eff}$ = 4,50 m

Bei der Bemessung für Biegung ergibt sich als Stützbewehrung: $A_{sl,erf}$ = 3,9 cm²/m.
Die erforderliche Feldbewehrung wird nicht gestaffelt.

### Ermittlung der einwirkenden Querkraft $V_{Ed}$ für den Grenzzustand der Tragfähigkeit nach der Elastizitätstheorie an der maßgebenden Stelle

Auflagerkraft $B_d$:

$B_d = 1,25 \cdot l_{eff} \cdot (\gamma_{G,j} \cdot (g_{k,1} + g_{k,2}) + \gamma_Q \cdot q_k) = 1,25 \cdot 4,5 \cdot (1,35 \cdot (5,00+1,50) + 1,50 \cdot 2,00) = 66,2$ kN/m

Berechnung von $V_{Ed}$ im Abstand d vom Auflagerrand der Mittelstützung (direkte Lagerung):

$V_{Ed} = \frac{B_d}{2} - (\gamma_{G,j} \cdot (g_{k,1}+g_{k,2}) + \gamma_Q \cdot q_k) \cdot (\frac{b}{2}+d) = 33,1 - (1,35 \cdot (5,00+1,50) + 1,50 \cdot 2,00) \cdot (\frac{0,24}{2}+0,175)$

$V_{Ed}$ = 29,6 kN/m

### Berechnung der ohne Querkraftbewehrung aufnehmbaren Querkraft $V_{Rd,ct}$

Exemplarische Überprüfung, ob Gleichung (5-13) anwendbar ist.
Das betragsmäßig größte Biegemoment an der Nachweisstelle beträgt: $M_{(VEd)} = -20,6$ kNm/m

$\sigma = \frac{M}{W} = \frac{20,6}{(1,0 \cdot 0,2^2)/6} \cdot 10^{-3} = 3,09$ [N/mm²] $> \frac{f_{ctk;0,05}}{\gamma_c} = \frac{1,5}{1,8} = 0,83$ [N/mm²]

Die Betonspannungen überschreiten damit den zulässigen Wert $f_{ctk;0,05}/\gamma_c$, so dass hier nur Gleichung (5-12) angewendet werden darf.

$\eta_1$ = 1,0

$\kappa = 1 + \sqrt{\frac{200}{d}} = 1 + \sqrt{\frac{200}{175}} = 2,069 > 2,0$

$\rho_l = \frac{A_{sl}}{b_w \cdot d} = \frac{3,9}{100 \cdot 17,5} = 0,0022 = 0,22\% < 2,0\%$   Stützbewehrung $A_{sl}$ = 3,9 cm²/m

$f_{ck}$ = 20 N/mm²   $b_w$ = 1,0 m   d = 0,175 m

$V_{Rd,ct} = \left[0,10 \cdot \kappa \cdot \eta_1 \cdot (100 \cdot \rho_l \cdot f_{ck})^{1/3} - 0,12 \cdot \sigma_{cd}\right] \cdot b_w \cdot d$

$V_{Rd,ct} = \left[0,10 \cdot 2,0 \cdot 1 \cdot (100 \cdot 0,0022 \cdot 20)^{1/3} - 0,12 \cdot 0\right] \cdot 1,0 \cdot 0,175 \cdot 10^3$

$V_{Rd,ct}$ = 57,4 kN/m > 29,6 kN/m = $V_{Ed}$

*Die Deckenplatte ist damit ohne Querkraftbewehrung ausführbar.*

## 5.6 Bauteile mit rechnerisch erforderlicher Querkraftbewehrung

DIN 1045-1, 10.3.4

In Querschnitten, in denen der Bemessungswert der einwirkenden Querkraft $V_{Ed}$ den Bemessungswert der aufnehmbaren Querkraft ohne Querkraftbewehrung $V_{Rd,ct}$ überschreitet, ist eine Querkraftbewehrung vorzusehen (DIN 1045-1, 10.3.1 (3)). Außerdem ist der Nachweis der Druckstrebenbeanspruchung nach DIN 1045-1, 10.3.1 (4) zu führen.

Bei Bauteilen mit rechnerisch erforderlicher Querkraftbewehrung ist nachzuweisen, dass

$$V_{Ed} \leq \begin{cases} V_{Rd,sy} & \text{(Nachweis der Zugstrebe)} \\ V_{Rd,max} & \text{(Nachweis der Druckstrebe)} \end{cases}$$

ist.

Bauteile mit einer Querkraftbewehrung weisen eine erheblich höhere Tragfähigkeit auf, weil die nach Überschreiten der Betonzugfestigkeit frei werdenden Zugkräfte vollständig auf die im Verbund liegende Querkraftbewehrung übertragen werden können, [Zilch/Rogge – 01]. Die Bemessung von Bauteilen mit Querkraftbewehrung erfolgt wie bereits in Abschnitt 5.1 beschrieben auf der Grundlage eines Fachwerkmodells, vgl. Bild 5.13. Die Neigung der Druckstreben ist dabei aus Verträglichkeitsbedingungen zu begrenzen (DIN 1045-1, 10.3.4 (1)).

Der rechnerische Nachweis erfolgt bei Bauteilen mit Querkraftbewehrung über ein Stabwerkmodell, das aus einem Ober- und Untergurt (der Biegedruckzone und -zugzone) besteht, wobei deren Schwerpunktabstand gleich dem Hebelarm der inneren Kräfte z ist. Geneigte Druckstreben und vertikale oder ebenfalls geneigte Zugstreben verbinden die Gurte miteinander. Die Schubzone ergibt sich damit innerhalb der Höhe z und der Breite $b_w$.

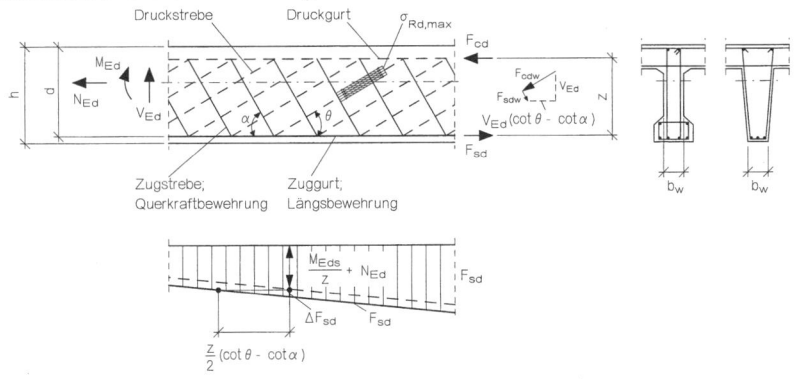

**Bild 5.13:** Fachwerkmodell und Bezeichnungen für querkraftbewehrte Bauteile (vgl. DIN 1045-1, Bild 33)

mit

$\alpha$    Winkel zwischen Querkraftbewehrung und Bauteilachse

$\Theta$    Winkel zwischen Betondruckstreben und Bauteilachse

$F_{sd}$    Bemessungswert der Zugkraft in der Längsbewehrung

$F_{cd}$    Bemessungswert der Betondruckkraft in Richtung der Bauteilachse

$b_w$    kleinste Querschnittsbreite

z    innerer Hebelarm im betrachteten Bauteilabschnitt; beim Nachweis der Querkrafttragfähigkeit darf, abweichend von den Ergebnissen der Biegebemessung, im Allgemeinen näherungsweise der Wert z = 0,9·d angenommen werden, wenn die Bügel nach DIN 1045-1, 12.7 (2) in der Druckzone verankert sind. Andernfalls darf für z kein größerer Wert als $z = d - 2·c_{nom}$ (mit $c_{nom}$ der Längsbewehrung in der Betondruckzone) berücksichtigt werden (DIN 1045-1, 10.3.4 (2)).

$\Delta F_{sd} = 0,5 \cdot |V_{Ed}| \cdot (\cot \Theta - \cot \alpha)$    Zugkraftanteil in der Längsbewehrung infolge Querkraft

Nach DIN 1045-1, 10.3.4 (7) ergibt sich der Bemessungswert $V_{Rd,sy}$ der aufnehmbaren Querkraft nach Erreichen von $f_{yd}$ in der Querkraftbewehrung unter Berücksichtigung des Neigungswinkels $\alpha$ entsprechend DIN 1045-1, Gl. 77 zu

$$V_{Rd,sy} = \frac{A_{sw}}{s_w} \cdot f_{yd} \cdot z \cdot (\cot\Theta + \cot\alpha) \cdot \sin\alpha \tag{5-14}$$

mit

$s_w$  Abstand der geneigten Querkraftbewehrung in Bauteillängsrichtung
$\alpha$  Neigungswinkel der Querkraftbewehrung
$\Theta$  Neigungswinkel der Betondruckstrebe
$f_{yd}$  nach DIN 1045-1, Tab. 11

Der Bemessungswert der maximalen Querkrafttragfähigkeit $V_{Rd,max}$ infolge Erreichens der Betondruckstrebenfestigkeit wird unter Berücksichtigung des Neigungswinkels der Querkraftbewehrung $\alpha$ durch DIN 1045-1, Gl. 78 bestimmt.

$$V_{Rd,max} = b_w \cdot z \cdot \alpha_c \cdot f_{cd} \cdot \frac{(\cot\Theta + \cot\alpha)}{1 + \cot^2\Theta} \tag{5-15}$$

mit

$\alpha_c$  Abminderungswert für die Druckstrebenfestigkeit infolge Querzugbeanspruchung aus der Rissverzahnung und der Bewehrung = $0{,}75 \cdot \eta_1$ ($\eta_1 = 1{,}0$ für Normalbeton)
$f_{cd}$  = $\alpha \cdot f_{ck}/\gamma_c$  (DIN 1045-1, Gl. 67)
und: $\alpha = 0{,}85$ üblicherweise für Normalbeton
$f_{ck}$, $\gamma_c$ für Normalbeton nach DIN 1045-1, Tab. 9 bzw. Tab. 2

Für Bauteile mit Querkraftbewehrung rechtwinklig zur Bauteilachse ($\alpha=90°$) ergeben sich nach DIN 1045-1, 10.3.4 (4) und Gl. 75 folgende Vereinfachungen:

$$V_{Rd,sy} = \frac{A_{sw}}{s_w} \cdot f_{yd} \cdot z \cdot \cot\Theta \tag{5-16}$$

Als Vereinfachung erlaubt DIN 1045-1, 10.3.4 (5) den Ansatz folgender Werte für $\cot\Theta$ in Gleichung (5-16):

reine Biegung:             $\cot\Theta = 1{,}2$   ($\Theta = 40°$)
Biegung und Längsdruck:    $\cot\Theta = 1{,}2$
Biegung und Längszug:      $\cot\Theta = 1{,}0$   ($\Theta = 45°$)

Der Bemessungswert der maximalen Querkrafttragfähigkeit $V_{Rd,max}$ ergibt sich dann nach DIN 1045-1, Gl. 76 zu:

$$V_{Rd,max} = b_w \cdot z \cdot \alpha_c \cdot f_{cd} \cdot \frac{1}{\cot\Theta + \tan\Theta} \tag{5-17}$$

Für die praxisgerechte Anwendung der Bemessungsgleichungen (5-14) und (5-16) ist es sinnvoll, diese in die Gleichungen (5-18) und (5-19) umzuformen und dabei $V_{Rd,sy} = V_{Ed}$ zu setzen, um die erforderliche Querkraftbewehrung $a_{sw,erf}$ bezogen auf die Balkenlängsachse direkt berechnen zu können.

$$a_{sw,erf} = \frac{A_{sw,erf}}{s_w} = \frac{V_{Ed}}{z \cdot f_{yd} \cdot (\cot\Theta + \cot\alpha) \cdot \sin\alpha} \tag{5-18}$$

$$a_{sw,erf} = \frac{A_{sw,erf}}{s_w} = \frac{V_{Ed}}{z \cdot f_{yd} \cdot \cot\Theta} \tag{5-19}$$

# Querkraft

Wie aus Versuchen hervorgegangen ist, stellen sich je nach Belastung unterschiedliche Neigungswinkel ein. Diese Abweichung von der klassischen Fachwerkanalogie ($\Theta = 45°$) ist durch die sich einstellende Bogentragwirkung und die Kraftübertragung der Risse begründet. Je flacher der Winkel $\Theta$ wird, desto geringer wird auch die erforderliche Querkraftbewehrung bei gleichzeitiger Erhöhung der erforderlichen Biegezugbewehrung.

Der Neigungswinkel wird rechnerisch durch Gleichung (5-20) begrenzt (DIN 1045-1, Gl. 73):

$$\cot\Theta = \frac{1,2 - 1,4 \cdot \frac{\sigma_{cd}}{f_{cd}}}{1 - \frac{V_{Rd,c}}{V_{Ed}}} \quad \begin{cases} \geq 0,58 \\ \leq 3,0 \quad \text{für Normalbeton} \\ \leq 2,0 \quad \text{für Leichtbeton} \end{cases} \quad (5\text{-}20)$$

mit

$V_{Rd,c}$ Querkrafttraganteil des Betonquerschnitts mit Querkraftbewehrung (DIN 1045-1, Gl. 74)

$$V_{Rd,c} = \left[\beta_{ct} \cdot 0,10 \cdot \eta_1 \cdot f_{ck}^{1/3} \cdot \left(1 + 1,2 \cdot \frac{\sigma_{cd}}{f_{cd}}\right)\right] \cdot b_w \cdot z \quad (5\text{-}21)$$

$\beta_{ct} = 2,4$ als Rauhigkeitsbeiwert

$\eta_1$, $f_{ck}$, $\sigma_{cd}$, $f_{cd}$, $b_w$ und $z$ siehe Gleichung (5-12)

In $V_{Rd,c}$ wird der im Wesentlichen durch die Rissreibungskräfte entstehende Traganteil des Betonquerschnitts mit Querkraftbewehrung berücksichtigt. Dieser bestimmt die Untergrenze der Druckstrebenneigung. Da der Einfluss der Bauteildicke bei Bauteilen mit Querkraftbewehrung wesentlich geringer ausgeprägt ist, als bei Bauteilen ohne Querkraftbewehrung, muss der Betontraganteil $V_{Rd,c}$ nach Gleichung (5-21) ungleich der Querkrafttragfähigkeit ohne Querkraftbewehrung $V_{Rd,ct}$ nach Gleichung (5-12) sein. In der Regel ist der Betontraganteil $V_{Rd,c}$ rechnerisch größer als die Querkrafttragfähigkeit ohne Querkraftbewehrung $V_{Rd,ct}$. Nur bei dünnen Bauteilen mit hohen Längsbewehrungsgraden können sich die Verhältnisse umkehren, vgl. [Schön – 01].

Drucknormalspannungen führen zu flacheren Druckstrebenwinkeln, wodurch sich auch $V_{Rd,c}$ verringert. In Bauteilen unter Längszugbeanspruchungen sollte nach [Zilch/Rogge – 01] kein Traganteil infolge Rissreibung berücksichtigt werden. Die erforderliche Querkraftbewehrung sollte dann mit $\cot\Theta = 1,0$ ($\theta = 45°$) ermittelt werden.

In Bild 5.14 ist das verwendete Fachwerkmodell dargestellt, bei dem eine konstante von der Druckstrebenneigung $\Theta$ abweichende Schubrissneigung von $\beta_r = 40°$ angenommen wird.

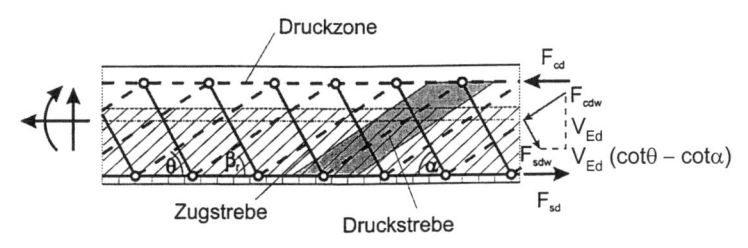

**Bild 5.14:** Fachwerkmodell für die Querkrafttragfähigkeit mit Querkraftbewehrung unter Ansatz der Rissneigung $\beta_r$ [Kliver/Schenck – 00]

Nach [Kliver/Schenck – 00] lassen sich folgende Zusammenhänge für das bei diesem Nachweis verwendete Fachwerkmodell herstellen:

$$V_{Rd,sy} = \frac{A_{sw}}{s_w} \cdot f_{yd} \cdot z \cdot \cot\Theta \quad (5\text{-}22)$$

jedoch auch:

$$V_{Rd,sy} = V_{Rd,w} + V_{Rd,c} \quad (5\text{-}23)$$

$$V_{Rd,sy} = \frac{A_{sw}}{s_w} \cdot f_{yd} \cdot z \cdot \cot\beta_r + V_{Rd,c} \quad (5\text{-}24)$$

Dabei ist
$V_{Rd,w}$    der Querkrafttraganteil der Querkraftbewehrung
$V_{Rd,c}$    der Querkrafttraganteil des Betonquerschnitts

Durch Umformen und Gleichsetzen erhält man die kleinste Druckstrebenneigung zur Sicherstellung des Gleichgewichts zu:

$$\cot\Theta = \frac{V_{Rd,sy} \cdot \cot\beta_r}{V_{Rd,sy} - V_{Rd,c}} \quad (5\text{-}25)$$

Wird für $V_{Rd,sy} = V_{Ed}$ gesetzt und die Gleichung weiter aufgelöst, erhält man:

$$\cot\Theta \leq \frac{\cot\beta_r}{1 - \dfrac{V_{Rd,c}}{V_{Ed}}} \quad (5\text{-}26)$$

Damit entspricht diese Gleichung in Bauteilen ohne Normalkraftbeanspruchung der Beziehung (5-20), wenn die Rissneigung zu $\beta_r = 40°$ ($\cot\beta_r=1{,}2$) angenommen wird.

In *normalkraftfreien Bauteilen* ist der flachste zulässige Druckstrebenneigungswinkel $\theta$ damit direkt durch das Verhältnis von $V_{Rd,c}/V_{Ed}$ und durch die in Beziehung (5-20) angegebenen Grenzwerte definiert. Es lassen sich folgende Bereiche für den Druckstrebenneigungswinkel definieren, die auch in Bild 5.15 grafisch dargestellt sind:

$\dfrac{V_{Rd,c}}{V_{Ed}} < 0{,}6$     $1{,}20 \leq \cot\Theta < 3{,}00$          Hohe Beanspruchung

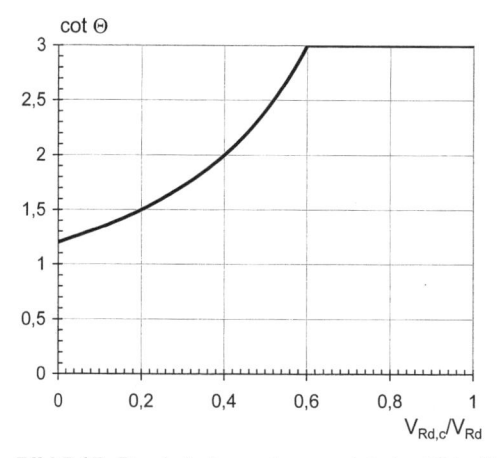

$\dfrac{V_{Rd,c}}{V_{Ed}} \geq 0{,}6$     $\cot\Theta = 3{,}0$          Geringe Beanspruchung

**Bild 5.15:** Druckstrebenneigungswinkel $\cot\Theta$ in Abhängigkeit vom Verhältnis $V_{Rd,c}/V_{Ed}$

Für Nachrechnungen oder wenn der Druckstrebenwiderstand erschöpft ist, dürfen auch steilere Druckstrebenneigungswinkel angenommen werden, jedoch gilt $\cot\Theta \geq 0{,}58$ ($\Theta=60°$).

Querkraft

Die Rissneigung bei Berücksichtigung einer Normalkraft kann durch den Ansatz einer Rissneigung von $\beta_r = 40°$ ohne Normalkrafteinfluss mit folgender Gleichung ermittelt werden:

$$\cot\beta_r = 1{,}2 - 1{,}4 \cdot \frac{\sigma_{cd}}{f_{cd}} \qquad (5\text{-}27)$$

Auf diese Weise erhält man die vollständige Gleichung (5-20) für den Druckstrebenneigungswinkel $\Theta$. Über die bezogene Normalspannung $\sigma_{cd}$ kann nun zusätzlich der Einfluss von Längskräften auf die Neigung der Druckstreben berücksichtigt werden. Bei Längsdruck wird der Winkel flacher, bei Längszug steiler.

Die dargestellten Zusammenhänge verdeutlichen, dass die Grundlage der Bemessungsgleichungen durch ein

**„Fachwerkmodell mit Rissreibung"**

gebildet wird. Gleichung (5-23) zeigt, dass sich der Querkraftwiderstand, wie auch im Standardverfahren nach EC 2 [EC 2-1 – 92], aus einem Traganteil der Querkraftbewehrung und einem Betontraganteil zusammensetzt. Die Bemessungsgleichungen der DIN 1045-1 wurden zur besseren Handhabung jedoch formal auf das Fachwerkmodell nach Bild 5.13 umgestellt, wobei die rechnerische Druckstrebenneigung durch Gleichung (5-20) begrenzt werden muss. Für weitere Informationen zur Ableitung und Verifikation der Bemessungsgleichungen sei auf [Reineck – 01] verwiesen.

### 5.6.1 Beispiel eines Balkens mit Querkraftbewehrung

Bemessung für Querkraft an der maßgebenden Stelle des in Bild 5.16 dargestellten Einfeldträgers.

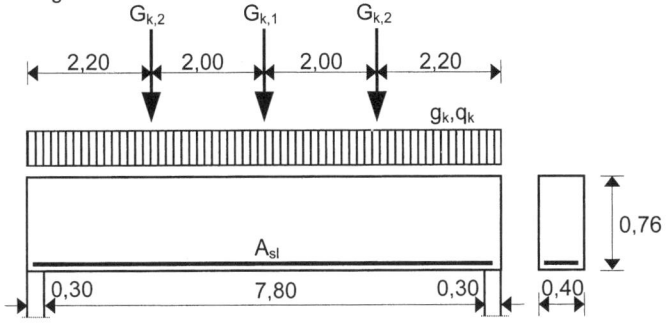

**Bild 5.16:** System und Belastung

**Charakteristische Werte der Einwirkungen**

Ständige Einwirkungen:
Eigengewicht: $g_k = 0{,}40 \cdot 0{,}76 \cdot 25{,}0 = 7{,}6$ kN/m
Einzellasten: $G_{k,1} = 100$ kN    $G_{k,2} = 250$ kN

Veränderliche Einwirkung:
$q_k = 10{,}0$ kN/m

**Vorgaben**

Baustoffe:   Betonstahl: BSt 500   Beton: C30/37
statische Nutzhöhe:   $d = 70$ cm
wirksame Stützweite:   $l_{eff} = l_n + a_1 + a_2 = 7{,}80 + 2 \cdot 0{,}10 = 8{,}00$ m
                mit $a_1 = a_2 = 30/3 = 10$ cm

Als Biegebewehrung ergibt sich in Feldmitte: $A_{sl} = 8 \oslash 28$ (49,3 cm²),
von denen 6 $\oslash$ 28 (36,9 cm²) bis auf die Endauflager geführt und dort verankert werden.

**Ermittlung der einwirkenden Querkraft $V_{Ed}$ für den Grenzzustand der Tragfähigkeit an der maßgebenden Stelle**

- $V_{Ed}$ *für den Nachweis von $V_{Rd,sy}$ oder $V_{Rd,ct}$*

direkte Lagerung $\Rightarrow$ der maßgebende Schnitt liegt im Abstand d vom Auflagerrand
$\Rightarrow x = d + a_1 = 0{,}70 + 0{,}10 = 0{,}80$ m

$$V_{Ed} = \frac{1}{2} \cdot [\gamma_{G,j} \cdot (g_k \cdot l_{eff} + G_{k,1} + 2 \cdot G_{k,2}) + \gamma_Q \cdot q_k \cdot l_{eff}] - (\gamma_{G,j} \cdot g_k + \gamma_Q \cdot q_k) \cdot x$$

$$= \frac{1}{2} \cdot [1{,}35 \cdot (7{,}6 \cdot 8{,}0 + 100 + 2 \cdot 250) + 1{,}50 \cdot 10{,}0 \cdot 8{,}0] - (1{,}35 \cdot 7{,}6 + 1{,}50 \cdot 10{,}0) \cdot 0{,}8$$

$V_{Ed} = 506{,}0 - 20{,}2 = 485{,}8$ kN

- $V_{Ed}$ *für den Nachweis von $V_{Rd,max}$*

Maßgebend ist die Querkraft am Auflagerrand $\Rightarrow x = a_1 = 0{,}10$ m
$V_{Ed} = 506{,}0 - (1{,}35 \cdot 7{,}6 + 1{,}50 \cdot 10{,}0) \cdot 0{,}10$
$V_{Ed} = 506{,}0 - 2{,}5 = 503{,}5$ kN

**Berechnung der ohne Querkraftbewehrung aufnehmbaren Querkraft $V_{Rd,ct}$ mit Gleichung (5-12)**

$\eta_1 = 1{,}0$

$\kappa = 1 + \sqrt{\frac{200}{d}} = 1 + \sqrt{\frac{200}{700}} = 1{,}535 < 2{,}0$

$\rho_l = \frac{A_{sl}}{b_w \cdot d} = \frac{36{,}9}{40 \cdot 70} = 0{,}0132 = 1{,}32\% < 2{,}0\%$    $A_{sl} = 36{,}9$ cm² am Endauflager

$f_{ck} = 30$ N/mm²    $b_w = 0{,}40$ m    $d = 0{,}70$ m

$$V_{Rd,ct} = \left[0{,}10 \cdot \kappa \cdot \eta_1 \cdot (100 \cdot \rho_l \cdot f_{ck})^{1/3} - 0{,}12 \cdot \sigma_{cd}\right] \cdot b_w \cdot d$$

$$V_{Rd,ct} = \left[0{,}10 \cdot 1{,}535 \cdot 1 \cdot (100 \cdot 0{,}0132 \cdot 30)^{1/3}\right] \cdot 0{,}40 \cdot 0{,}70 \cdot 10^3$$

$V_{Rd,ct} = 146{,}5$ kN $< 485{,}8$ kN $= V_{Ed}$

$\Rightarrow$ *es ist Querkraftbewehrung anzuordnen.*

**Nachweis der Druckstrebenbeanspruchung**

Die Querkraftbewehrung soll nur aus lotrechten Bügeln bestehen.

Querkrafttraganteil des Betonquerschnitts

mit    $\eta_1 = 1{,}0$;    $\beta_{ct} = 2{,}4$;    $f_{ck} = 30$ [N/mm²]
$\sigma_{cd} = 0$;    $b_w = 0{,}40$ m;    $z = 0{,}9 \cdot d = 0{,}9 \cdot 0{,}70 = 0{,}63$ m

$$V_{Rd,c} = \left[\eta_1 \cdot \beta_{ct} \cdot 0{,}10 \cdot f_{ck}^{1/3} \cdot \left(1 + 1{,}2 \cdot \frac{\sigma_{cd}}{f_{cd}}\right)\right] \cdot b_w \cdot z = [1{,}0 \cdot 2{,}4 \cdot 0{,}10 \cdot 30^{1/3} \cdot (1+0)] \cdot 0{,}40 \cdot 0{,}63 \cdot 10^3$$

$= 187{,}9$ KN

Neigungswinkel $\Theta$ der Druckstreben    $V_{Ed}$ im Nachweisschnitt für die Querkraftbewehrung

$$\cot\Theta = \frac{1{,}2 - 1{,}4 \cdot \sigma_{cd}/f_{cd}}{1 - V_{Rd,c}/V_{Ed}} = \frac{1{,}2 - 0}{1 - 187{,}9/485{,}8} = 1{,}96 \begin{cases} < 3{,}0 \\ > 0{,}58 \end{cases} \Rightarrow \Theta = 27{,}1°$$

Querkraft

Mit $\alpha_c = 0{,}75 \cdot \eta_1 = 0{,}75 \cdot 1{,}0 = 0{,}75$
$f_{cd} = 0{,}85 \cdot f_{ck}/\gamma_c = 0{,}85 \cdot 30/1{,}5 = 17{,}00 \ [\text{N/mm}^2]$

ergibt sich die Tragfähigkeit der Druckstreben $V_{Rd,max}$ zu:

$$V_{Rd,max} = b_w \cdot z \cdot \alpha_c \cdot f_{cd} \cdot \frac{1}{\cot\Theta + \tan\Theta} = 0{,}40 \cdot 0{,}63 \cdot 0{,}75 \cdot 17{,}00 \cdot \frac{1}{1{,}96 + 1/1{,}96} \cdot 10^3$$

$V_{Rd,max}$ = 1300,7 kN > 503,5 kN = $V_{Ed}$

$\Rightarrow$ *Der Nachweis der Druckstrebe ist damit erfüllt.*

**Berechnung der erforderlichen Querkraftbewehrung:**
*Fall A:*

Berechnung mit der vereinfachten Beziehung $\cot\Theta = 1{,}2$.

mit: $f_{yd} = f_{yk}/\gamma_s = 50/1{,}15 = 43{,}5 \ \text{kN/cm}^2$
$z = 0{,}9 \cdot d = 0{,}9 \cdot 0{,}70 = 0{,}63 \ \text{m}$

$$a_{sw,erf} = \frac{A_{sw,erf}}{s_w} = \frac{V_{Ed}}{z \cdot f_{yd} \cdot \cot\Theta} = \frac{485{,}8}{0{,}63 \cdot 43{,}5 \cdot 1{,}2} = 14{,}8 \ \text{cm}^2/\text{m}$$

*Fall B:*

Es wird der oben berechnete Druckstrebenneigungswinkel $\cot\Theta = 1{,}96$ verwendet.

$$a_{sw,erf} = \frac{A_{sw,erf}}{s_w} = \frac{485{,}8}{0{,}63 \cdot 43{,}5 \cdot 1{,}96} = 9{,}1 \ \text{cm}^2/\text{m}$$

Deutlich erkennbar wird der große Unterschied in der erforderlichen Querkraftbewehrung. Bei Anwendung des Druckstrebenneigungswinkels nach Gleichung (5-20), der stets für die Ermittlung der Druckstrebentragfähigkeit zu verwenden ist, kann eine wirtschaftlichere Querkraftbewehrung vorgesehen werden.

**Bewehrungswahl**

Es wird eine 2-schnittige Bügelbewehrung angeordnet.

gewählt: **Bügel $\varnothing$ 10, s = 15 cm**
$a_{sw,vorh}$ = 10,5 cm²/m > 9,1 cm²/m

**Überprüfung der Mindestquerkraftbewehrung**

Bei der gewählten lotrechten Querkraftbewehrung und Betonstahl BSt 500 kann die Mindestquerkraftbewehrung nach Tabelle 5.2 für allgemeine Anforderungen ermittelt werden.

C30/37: $a_{sw} = 0{,}093 \cdot 40$
$a_{sw}$ = **3,72 cm²/m** < **10,5 cm²/m**

Die Anforderungen an die Mindestquerkraftbewehrung sind damit eingehalten.

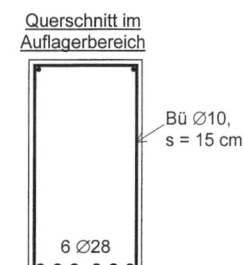

## Begrenzung des Bügelabstandes

Der maximale Bügelabstand ist von der Querkraftausnutzung $V_{Ed}/V_{Rd,max}$ abhängig:

$$\frac{V_{Ed}}{V_{Rd,max}} = \frac{485{,}8}{1300{,}7} = 0{,}373$$

$\Rightarrow 0{,}30 \cdot V_{Rd,max} < V_{Ed} \leq 0{,}60 \cdot V_{Rd,max}$ nach Tabelle 5.3

Maximaler Abstand der Querkraftbewehrung in **Längsrichtung**:

$s_{max} = 0{,}5 \cdot h \leq 300$ mm $\Rightarrow$ $s_{max} = 30$ cm $> s_{vorh} = 15$ cm

Maximaler Abstand der Querkraftbewehrung in **Querrichtung**:

$s_{max} = h \leq 600$ mm $\Rightarrow$ $s_{max} = 60$ cm $> s_{vorh} = 28$ cm

$\Rightarrow$ *Die gewählte zweischnittige Bügelbewehrung ist ausreichend.*

## 5.7  Schubkräfte zwischen Balkensteg und Gurten    DIN 1045-1, 10.3.5

Die Schubbeanspruchung in den Anschnittsflächen von Gurten profilierter Balken und Plattenbalken kann analog zur Querkraftbemessung von Balkenstegen an einem Stabwerkmodell nachgewiesen werden. Dabei wird der Gurt als ein System aus Zug- und Druckpfosten aufgefasst, das die Beanspruchungen aufnehmen muss, die aus der Verteilung der im Querschnitt wirkenden Biegedruck- bzw. Biegezugkräfte hervorgerufen werden.

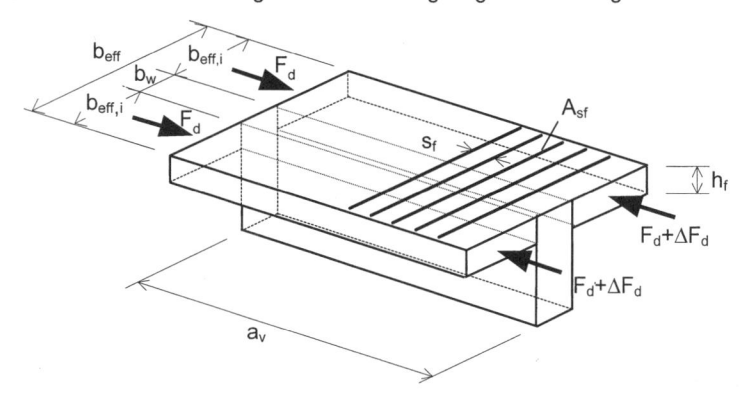

**Bild 5.17:** Anschluss zwischen Gurten und Steg (vgl. DIN 1045-1, Bild 34)

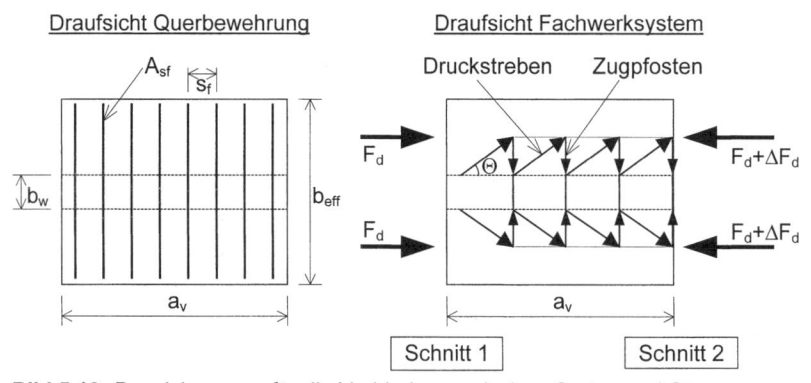

**Bild 5.18:** Bezeichnungen für die Verbindung zwischen Gurten und Steg

# Querkraft

$b_{eff}$ bei Plattenbalken in der Druckzone: $b_{eff,i}$ nach DIN 1045-1, 7.3.1 (2)

$h_f$ Höhe des Flansches (Gurtes) in der Anschnittsfläche zwischen Steg und Gurten (siehe auch Bild 5.19)

Die Bemessung in den Anschnittsflächen erfolgt im Grenzzustand der Tragfähigkeit durch den Vergleich der einwirkenden Längsschubbeanspruchung mit den Bemessungswerten des Widerstandes der Querkraftbewehrung und der Druckstrebenbeanspruchung.

Entsprechend Abschnitt 5.6 zu gleichfalls nachzuweisen, dass

$$V_{Ed} \leq \begin{cases} V_{Rd,sy} \\ V_{Rd,max} \end{cases} \quad (5\text{-}28)$$

ist.

Der Bemessungswert der einwirkenden Längsschubkraft darf nach DIN 1045-1, Gl. 82 zu

$$V_{Ed} = \Delta F_d \quad (5\text{-}29)$$

ermittelt werden.

mit

$\Delta F_d$ Längskraftzuwachs der jenseits der in Bild 5.19 dargestellten Anschnittsflächen (A)-(A) bzw. (B)-(B) liegenden Bereiche der Druck- bzw. Zuggurte innerhalb der Länge $a_v$

Bei der Berechnung der Beanspruchungen und der Bemessung der erforderlichen Bewehrung darf die Abschnittslänge $a_v$ nur so groß werden, dass die im Anschnitt zwischen Steg und Gurt wirkende Längsschubkraft mit einem konstanten Wert angenommen werden kann.

Für die Länge $a_v$ darf nach DIN 1045-1, 10.3.5 (2) höchstens der halbe Abstand zwischen Momentennullpunkt und Momentenhöchstwert gewählt werden. Bei nennenswerten Einzellasten sollten außerdem die jeweiligen Abschnittslängen nicht über die Querkraftsprünge hinausgehen. In den in Abschnitt 5.6 vorgestellten Bemessungsgleichungen sind nach DIN 1045-1, 10.3.5 (3) folgende Modifikationen vorzusehen:

- $b_w = h_f$ und $z = a_v$

Für $\sigma_{cd}$ darf die mittlere Betonlängsspannung im anzuschließenden Gurtabschnitt mit der Länge $a_v$ angesetzt werden.

Als Näherung ist es zudem gestattet, den Neigungswinkel der Druckstreben zu

$\cot \Theta = 1{,}0$ ($\Theta = 45°$) in Zuggurten und

$\cot \Theta = 1{,}2$ ($\Theta = 40°$) in Druckgurten anzunehmen.

Damit ergeben sich folgende Bemessungsgleichungen für Bauteile mit Bewehrungen, die die Anschnittsflächen zwischen Steg und Gurten senkrecht durchdringen.

- *Bestimmung des Druckstrebenwinkels $\cot \Theta$ mit Gleichung (5-20):*

$$\cot\Theta = \frac{1{,}2 - 1{,}4 \cdot \frac{\sigma_{cd}}{f_{cd}}}{1 - \frac{V_{Rd,c}}{V_{Ed}}} \quad \begin{cases} \geq 0{,}58 \\ \leq 3{,}0 \quad \text{für Normalbeton} \\ \leq 2{,}0 \quad \text{für Leichtbeton} \end{cases}$$

und aus Gleichung (5-21):

$$V_{Rd,c} = \left[\beta_{ct} \cdot 0{,}10 \cdot \eta_1 \cdot f_{ck}^{1/3} \cdot \left(1 + 1{,}2 \cdot \frac{\sigma_{cd}}{f_{cd}}\right)\right] \cdot h_f \cdot a_v \quad (5\text{-}30)$$

- *Nachweis der Druckstreben $V_{Rd,max}$ aus Gleichung (5-17):*

$$V_{Rd,max} = h_f \cdot a_v \cdot \alpha_c \cdot f_{cd} \cdot \frac{1}{\cot\Theta + \tan\Theta} \quad (5\text{-}31)$$

- Nachweis der Zugpfosten $V_{Rd,sy}$ in Druck- und Zuggurten aus Gleichung (5-16):

$$V_{Rd,sy} = \frac{A_{sf}}{s_f} \cdot f_{yd} \cdot a_v \cdot \cot\Theta \qquad (5\text{-}32)$$

oder aus Gleichung (5-19):

$$a_{sf,erf} = \frac{A_{sf,erf}}{s_f} = \frac{V_{Ed}}{a_v \cdot f_{yd} \cdot \cot\Theta} \qquad (5\text{-}33)$$

Zur Ermittlung des Längskraftzuwachses $\Delta F_d$ ist die Berechnung der Längskraftanteile $F_d$ an den Enden des Bereiches $a_v$ (Schnitt 1 und Schnitt 2 in Bild 5.18) notwendig. Diese können wie bisher mit den in Bild 5.19 verwendeten Bezeichnungen berechnet werden.

$A_{cf}$ Fläche der Biegedruckzone jenseits des Schnittes (A)-(A)

$A_{cc}$ Gesamte Querschnittsfläche in der Biegedruckzone

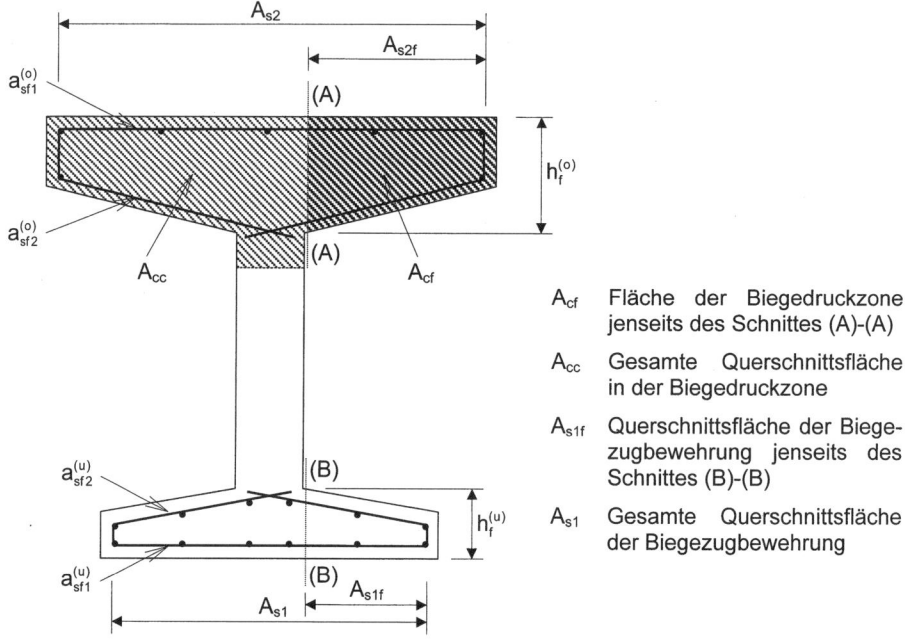

$A_{s1f}$ Querschnittsfläche der Biegezugbewehrung jenseits des Schnittes (B)-(B)

$A_{s1}$ Gesamte Querschnittsfläche der Biegezugbewehrung

**Bild 5.19:** Bezeichnungen zur Ermittlung der Längskraftanteile bei profilierten Balken und Plattenbalken

- Für die Bemessung der Anschnittsflächen bei **Druckgurten** ergibt sich:

$$F_d = \frac{A_{cf}}{A_{cc}} \cdot F_{cd} + F_{s2fd} \qquad (5\text{-}34)$$

mit

$F_{cd}$ gesamte Betondruckkraft in der Biegedruckzone

$F_{s2fd}$ in dem jenseits des Schnittes (A)-(A) wirkende Kraft der Druckbewehrung

- Für die Bemessung der Anschnittsflächen bei **Zuggurten** ergibt sich:

$$F_d = \frac{A_{s1f}}{A_{s1}} \cdot F_{s1d} \qquad (5\text{-}35)$$

mit

$F_{s1d}$ gesamte Zugkraft der Bewehrung

Der Längskraftzuwachs $\Delta F_d$ errechnet sich aus der Differenz der Längskräfte im Gurt zwischen den Schnitten 1 und 2 (Bild 5.18) nach Gleichung (5-36).

$$\Delta F_d = F_{d,1} - F_{d,2} \tag{5-36}$$

mit
$F_{d,1}$  Längskraftanteile der jenseits der in Bild 5.19 dargestellten Anschnittsflächen (A)-(A) bzw. (B)-(B) liegenden Bereiche der Druck- bzw. Zuggurte im Schnitt 1 (Bild 5.18)
$F_{d,2}$  Längskraftanteile der jenseits der in Bild 5.19 dargestellten Anschnittsflächen (A)-(A) bzw. (B)-(B) liegenden Bereiche der Druck- bzw. Zuggurte im Schnitt 2 (Bild 5.18)

Die nach Gleichung (5-32) oder (5-33) berechnete Anschlussbewehrung $a_{sf,erf}$ sollte bei überwiegender Längsschubbeanspruchung in den Anschnittsflächen möglichst gleichmäßig auf die Gurtober- und Gurtunterseite verteilt werden.

Sofern kein genauerer Nachweis geführt wird, ist bei kombinierter Beanspruchung durch Längsschub und Plattenbiegung quer zum Steg der größere der beiden erforderlichen Stahlquerschnitte anzuordnen. Dabei sind Biegedruckzone und Biegezugzone getrennt unter Ansatz von jeweils der Hälfte der für die Schubbeanspruchung erforderlichen Querkraftbewehrung zu betrachten (DIN 1045-1, 10.3.5 (4)).

Bei derartigen Beanspruchungen ergibt sich somit eine zweisträngige Anschlussbewehrung, wobei die Einhaltung des Mindestbewehrungsgrades gemäß DIN 1045-1 zu beachten ist.

- auf der Seite der Zugzone der Querbiegung:

$$a_{sf1,erf} \geq 0{,}5 \cdot a_{sf,erf} \tag{5-37}$$

- auf der Seite der Druckzone der Querbiegung:

$$a_{sf2,erf} = 0{,}5 \cdot a_{sf,erf} \tag{5-38}$$

mit
$a_{sfi,erf}$ = erforderliche Bewehrung
$a_{sf,erf}$ = Bewehrung infolge Längsschub

Dipl.-Ing. Rainer Wiesner

## 5.7.1 Beispiel zum Anschluss der Schubkräfte zwischen Balkensteg und Gurt

Bemessung für Schubkräfte zwischen Balkensteg und Gurten des in Bild 5.20 dargestellten zweifeldrigen, durchlaufenden Plattenbalkens.

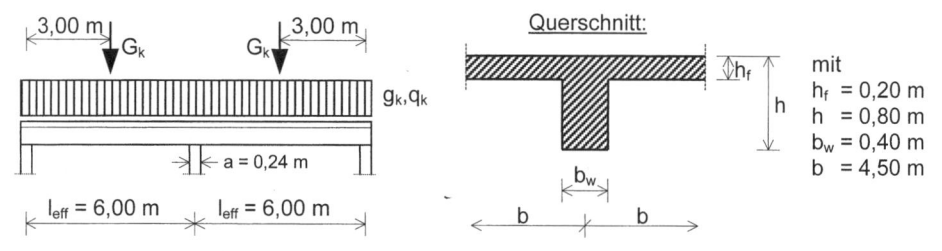

mit
$h_f$ = 0,20 m
$h$ = 0,80 m
$b_w$ = 0,40 m
$b$ = 4,50 m

**Bild 5.20:** System und Belastung

### Charakteristische Werte der Einwirkungen
Ständige Einwirkungen:  $g_k$ = 40 kN/m
Einzellasten (ständig wirkend):  $G_k$ = 350 kN
Veränderliche Einwirkungen:  $q_k$ = 10 kN/m

### Vorgaben
Baustoffe:  Betonstahl: BSt 500  Beton: C30/37
Statische Nutzhöhe:  d = 75 cm

*Mitwirkende Plattenbreite $b_{eff}$ nach DIN 1045-1, 7.3.1 (2):*

$l_0$ = 0,85·$l_{eff}$ = 0,85·6,00 = 5,10 m
$b_i$ = 0,5·(4,50 − 0,40) = 2,05 m
$b_{eff,i}$ = 0,2·$b_i$+0,1·$l_0$ = 0,2·2,05 + 0,1·5,10 = 0,92 m   ≤ 0,2·$l_0$ = 0,2·5,10 = 1,02 m
 ≤ $b_i$ = 2,05 m

$b_{eff}$ = Σ $b_{eff,i}$ + $b_w$ = 2·0,92 + 0,40 = **2,24 m**

### Ermittlung der Schnittgrößen für das maximale Feld- und Stützmoment nach der Elastizitätstheorie ohne Momentenumlagerung

*Maximales Feldmoment:*  maßgebende Laststellung:

$A_d$ = 0,375·$\gamma_{G,1}$·$g_k$·$l_{eff}$+0,438·$\gamma_Q$·$q_k$·$l_{eff}$+0,3125·$\gamma_{G,2}$·$G_k$
 = 0,375·1,35·40·6,0+0,438·1,50·10·6,0
 +0,3125·1,35·350 = 308,5 kN

$M_{Ed,F}$ = A·3,00−($\gamma_{G,1}$·$g_k$+$\gamma_Q$·$q_k$)·$\frac{3,00^2}{2}$ =308,5·3,00−(1,35·40+1,50·10)·$\frac{3,00^2}{2}$ = **615 kNm**

*Maximales Stützmoment:*  maßgebende Laststellung:

$B_d$ = 1,25·($\gamma_{G,1}$·$g_k$+$\gamma_Q$·$q_k$)·$l_{eff}$+1,375·$\gamma_{G,2}$·$G_k$
 = 1,25·(1,35·40+1,50·10)·6,0+1,375·1,35·350 = 1167,2 kN

$M_{Ed,B}$ = −0,125·($\gamma_{G,1}$·$g_k$+$\gamma_Q$·$q_k$)·$l_{eff}^2$ −0,1875·$\gamma_{G,2}$·$G_k$·$l_{eff}$
 = −0,125·(1,35·40+1,50·10)·6,0² −0,1875·1,35·350·6,0 = −842,1 kNm

Reduzierung des Bemessungswertes des Stützmoments nach DIN 1045-1, 7.3.2(2) u. Gl. 11:

$M_{Ed,B,red}$ = $M_{Ed,B}$+$B_d$·$\frac{a}{8}$ = −842,1+1167,2·$\frac{0,24}{8}$ = **−807,1 kNm**

## Bemessung der erforderlichen Bewehrung zum Anschluss des Druckgurtes im Feldbereich

*Nachweis für den Bemessungswert des maximalen Feldmoments*

$$k_d = \frac{d}{\sqrt{\frac{M_{Ed,F}}{b_{eff}}}} = \frac{75}{\sqrt{\frac{615}{2,24}}} = 4,53 \quad \rightarrow \quad k_s = 2,24$$

Höhe der Druckzone: $\quad x = \xi \cdot d = 0,061 \cdot 75 = 4,6$ cm $< h_f = 20$ cm

Hebelarm der inneren Kräfte: $\quad z = \zeta \cdot d = 0,978 \cdot 75 = 73,3$ cm

Beanspruchung der Druckzone: $\quad F_{cd} = 615/0,733 = 839,0$ kN

erforderliche Biegebewehrung: $\quad A_{s1F,erf} = 2,24 \cdot \frac{615}{75} = 18,4$ cm²

gewählt: **6 ⌀ 20** mit $A_{s,vorh} = 18,8$ cm² $> 18,4$ cm²

*Schubbeanspruchungen zwischen Steg und Gurt im Feldbereich*

Nach DIN 1045-1, 10.3.5 (2) ist das Bauteil für den Nachweis der Schubkräfte zwischen Steg und Gurt mindestens in die im Bild 5.21 dargestellten Bereiche ① bis ④ zu unterteilen. Die Beanspruchungen sind in Tabelle 5.4 zusammengefasst.

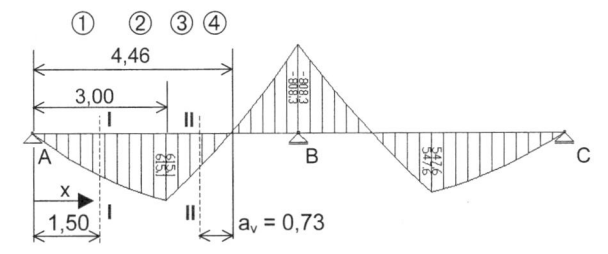

**Bild 5.21:** Momentenverlauf bei Ermittlung des maximalen Feldmoments

Da die Querschnittsabmessungen konstant über die Trägerlänge sind, kann der Bereich mit der maximalen Schubbeanspruchung aus dem Verhältnis von $(F_{cd,i} - F_{cd,i-1})/a_{v,i}$ bestimmt werden (Vereinfachung zu Gleichung (5-36)).

**Tabelle 5.4:** Schubbeanspruchungen zwischen Steg und Gurten im Feldbereich

| Schnitt | $M_{Ed}$ [kNm] | z [m] | $F_{cd}$ [kN] |
|---|---|---|---|
| Auflager A | 0 | | 0 |
| Schnitt I-I | 385,1 | 0,736 | 523,2 |
| Max. Feldmoment | 615,0 | 0,733 | 839,0 |
| Schnitt II-II | 325,8 | 0,740 | 440,3 |
| Momentennullpunkt | 0 | | 0 |

| Bereich | $(F_{cd,i} - F_{cd,i-1})$ [kN] | $a_v$ [m] | $(F_{cd,i} - F_{cd,i-1})/a_{v,i}$ [kN/m] |
|---|---|---|---|
| ① | 523,2 | 1,50 | 348,8 |
| ② | 315,8 | 1,50 | 210,5 |
| ③ | 398,7 | 0,73 | 546,2 |
| ④ | 440,3 | 0,73 | **603,2** |

Für das gesamte Bauteil soll eine konstante Anschlussbewehrung gewählt werden; der Bereich ④ ist für die Bemessung maßgebend.

*Nachweis der Druckstrebenbeanspruchung*

Einwirkende Querkraft $V_{Ed,F}$ im maßgebenden Bereich ④:

$$\frac{A_{cf}}{A_{cc}} = 0{,}5 \cdot \frac{(b_{eff} - b_w)}{b_{eff}} = 0{,}5 \cdot \frac{(2{,}24 - 0{,}40)}{2{,}24} = 0{,}411$$

$F_{s2fd} = 0$ \qquad (keine Druckbewehrung vorhanden)

$$F_{d,(II-II)} = \frac{A_{cf}}{A_{cc}} \cdot F_{cd,(II-II)} + F_{s2fd} = 0{,}411 \cdot 440{,}3 = 181{,}0 \text{ kN}$$

$V_{Ed,F} = \Delta F_{d,F} = F_{d,(II-II)} - 0 = 181{,}0$ kN

Querkrafttraganteil des Betonquerschnitts:

$$V_{Rd,c} = \left[\beta_{ct} \cdot 0{,}10 \cdot \eta_1 \cdot f_{ck}^{1/3} \cdot \left(1 + 1{,}2 \cdot \frac{\sigma_{cd}}{f_{cd}}\right)\right] \cdot h_f \cdot a_v = [2{,}4 \cdot 0{,}10 \cdot 1{,}0 \cdot 30^{1/3}] \cdot 0{,}2 \cdot 0{,}73 \cdot 10^3 = 108{,}9 \text{ kN}$$

Druckstrebenneigungswinkel:

$$\cot\Theta = \frac{1{,}2 - 1{,}4 \cdot \sigma_{cd}/f_{cd}}{1 - V_{Rd,c}/V_{Ed}} = \frac{1{,}2}{1 - 108{,}9/181{,}0} = 3{,}01 > 3{,}0$$

Berechnung von $V_{Rd,max}$:

$$V_{Rd,max} = h_f \cdot a_v \cdot \alpha_c \cdot f_{cd} \cdot \frac{1}{\cot\Theta + \tan\Theta} = 0{,}20 \cdot 0{,}73 \cdot 0{,}75 \cdot 17{,}0 \cdot \frac{1}{3{,}0 + 1/3{,}0} \cdot 10^3$$

$V_{Rd,max} = 558{,}5$ kN $> 181{,}0$ kN $= V_{Ed,F}$

*Berechnung der erforderlichen Anschlussbewehrung*

$$a_{sf,erf} = \frac{A_{sf,erf}}{s_f} = \frac{V_{Ed}}{a_v \cdot f_{yd} \cdot \cot\Theta} = \frac{181{,}0}{0{,}73 \cdot 43{,}5 \cdot 3{,}0} = 1{,}90 \text{ cm}^2/\text{m}$$

## Bemessung der erforderlichen Bewehrung zum Anschluss des Zuggurtes im Stützbereich

Nachweis für den Bemessungswert des maximalen Stützmoments

$$k_d = \frac{d}{\sqrt{\frac{M_{Ed,B,red}}{b_w}}} = \frac{75}{\sqrt{\frac{807{,}1}{0{,}40}}} = 1{,}67 \qquad \rightarrow \quad k_s = 2{,}59$$

Höhe der Druckzone: \qquad $x = \xi \cdot d = 0{,}297 \cdot 75 = 22{,}3$ cm
Hebelarm der inneren Kräfte: \qquad $z = \zeta \cdot d = 0{,}876 \cdot 75 = 65{,}7$ cm
Beanspruchung der Druckzone: \qquad $F_{s1d,B} = 807{,}1/0{,}657 = 1228{,}5$ kN
erforderliche Biegebewehrung: \qquad $A_{s1B,erf} = 2{,}59 \cdot \frac{807{,}1}{75} = 27{,}9$ cm$^2$

gewählt: **6 ⌀ 20+2·3 ⌀ 14 (in die Platte ausgelagert)** mit $A_{s,vorh} = 28{,}1$ cm$^2 > 27{,}9$ cm$^2$

Querkraft

*Schubbeanspruchungen zwischen Steg und Gurt im Stützbereich*

Der Bereich zwischen Momentennullpunkt und Momentenmaximum ist, wie Bild 5.22 zeigt, in zwei Bereiche zu unterteilen. Die Beanspruchungen sind Tabelle 5.5 zu entnehmen.

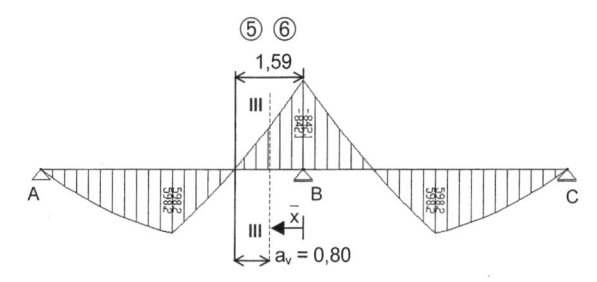

**Bild 5.22:** Momentenverlauf bei Ermittlung des maximalen Stützmoments

**Tabelle 5.5:** Schubbeanspruchungen zwischen Steg und Gurten im Stützbereich

| Schnitt | $M_{Ed}$ [kNm] | z [m] | $F_{s1d}$ [kN] |
|---|---|---|---|
| Momentennullpunkt | 0 | | 0 |
| Schnitt III-III | -397,3 | 0,706 | 562,7 |
| Auflager B | -807,1 | 0,657 | 1228,5 |

| Bereich | $(F_{s1d,i} - F_{s1d,i-1})$ [kN] | $a_v$ [m] | $(F_{s1d,i} - F_{s1d,i-1})/a_{v,i}$ [kN/m] |
|---|---|---|---|
| ⑤ | 562,7 | 0,80 | 703,4 |
| ⑥ | 665,8 | 0,80 | **832,2** |

*Nachweis der Druckstrebenbeanspruchung*

Einwirkende Querkraft $V_{Ed,B}$ im maßgebenden Bereich ⑥:

$A_{s1f} = A_{s1f,B} = A_{s1f,(III-III)} = 4{,}6$ cm²     in die Platte ausgelagert: je Seite 3∅14
$A_{s1} = A_{s1,B} = A_{s1,(III-III)} = 28{,}1$ cm²

$$\Delta F_{d,B} = F_{d,B} - F_{d,(III-III)} = \frac{A_{s1f,B}}{A_{s1,B}} \cdot F_{s1d,B} - \frac{A_{s1f,(III-III)}}{A_{s1,(III-III)}} \cdot F_{s1d,(III-III)} = \frac{4{,}6}{28{,}1} \cdot (1228{,}5 - 562{,}7) = 109{,}0 \text{ kN}$$

$V_{Ed,B} = \Delta F_{d,B} = \mathbf{109{,}0 \text{ kN}}$

Querkrafttraganteil des Betonquerschnitts:

$$V_{Rd,c} = \left[\beta_{ct} \cdot 0{,}10 \cdot \eta_1 \cdot f_{ck}^{1/3} \cdot \left(1 + 1{,}2 \cdot \frac{\sigma_{cd}}{f_{cd}}\right)\right] \cdot h_f \cdot a_v = [2{,}4 \cdot 0{,}10 \cdot 1{,}0 \cdot 30^{1/3}] \cdot 0{,}20 \cdot 0{,}80 \cdot 10^3 = 119{,}3 \text{ kN}$$

Druckstrebenneigungswinkel:

$$\cot\Theta = \frac{1{,}2 - 1{,}4 \cdot \sigma_{cd}/f_{cd}}{1 - V_{Rd,c}/V_{Ed}} = \frac{1{,}2}{1 - 119{,}3/109{,}0} = -12{,}7 \rightarrow \cot\Theta = 3{,}0$$

Berechnung von $V_{Rd,max}$:

$$V_{Rd,max} = h_f \cdot a_v \cdot \alpha_c \cdot f_{cd} \cdot \frac{1}{\cot\Theta + \tan\Theta} = 0{,}20 \cdot 0{,}80 \cdot 0{,}75 \cdot 17{,}0 \cdot \frac{1}{3 + 1/3} \cdot 10^3$$

$V_{Rd,max} = \mathbf{612{,}0 \text{ kN} > 109{,}0 \text{ kN}} = V_{Ed,B}$

*Berechnung der erforderlichen Anschlussbewehrung*

$$a_{sf,erf} = \frac{A_{sf,erf}}{s_f} = \frac{V_{Ed}}{a_v \cdot f_{yd} \cdot \cot\Theta} = \frac{109{,}0}{0{,}80 \cdot 43{,}5 \cdot 3{,}0} = \mathbf{1{,}04 \ cm^2/m}$$

**Bewehrungsanordnung**

*Obere Bewehrung*

| | | |
|---|---|---|
| aus Längsschub: | $a_{sf1,erf}$ = 0,5·1,90 = 0,95 cm²/m | Feldbereich ist maßgebend |
| aus Plattenbiegung: | $a_{sf1,erf}$ **= 3,60 cm²/m** | Nebenrechnung nicht dargestellt |
| aus Mindestbewehrung: | $a_{sf1,erf}$ ≥ 2,52 cm²/m | DIN 1045-1, 13.1.1 (1) |

Maßgebend ist $a_{sf1,erf}$ aus der Plattenbiegung.

gewählt: **Lagermatte R377 A**   mit $a_{s,vorh}$ = 3,78 cm²/m > 3,60 cm²/m

*Untere Bewehrung*

nur aus Längsschub:
im Feldbereich:   $a_{sf2,erf}$ = 0,5·1,90 **= 0,95 cm²/m**
im Stützbereich:  $a_{sf2,erf}$ = 0,5·1,04 = 0,52 cm²/m
gewählt:  **⌀ 6 / s = 30 cm**     mit $a_{s,vorh}$ = 0,94 cm²/m ≅ 0,95 cm²/m

# 6 Torsion

Dipl.-Ing. Michael Hansen

## 6.1 Allgemeines

### 6.1.1 Gleichgewichts- und Verträglichkeitstorsion

Der Grenzzustand der Tragfähigkeit eines Bauteils für Torsion muss, wie auch bislang in [DIN 1045 – 88], nur nachgewiesen werden, wenn die Torsionsbeanspruchungen für das statische Gleichgewicht notwendig sind („Last- oder Gleichgewichtstorsion"). Ein Nachweis im Grenzzustand der Tragfähigkeit ist im Allgemeinen nicht erforderlich, wenn in statisch unbestimmten Tragwerken Torsion lediglich aus Verträglichkeitsbedingungen auftritt und die Standsicherheit des Tragwerks nicht nur von der Torsionstragfähigkeit abhängt („Zwang- oder Verträglichkeitstorsion"). Ergibt sich eine Verträglichkeitstorsion aus statisch unbestimmter Lagerung aus Vorspannung, sollte diese im Brückenbau oder bei ungewöhnlichen Hochbauten nicht vernachlässigt werden. Ein Nachweis im Grenzzustand der Gebrauchstauglichkeit kann jedoch immer notwendig werden, um eine übermäßige Rissbildung infolge Torsion, die durch die monolithische Verbindung der Bauteile auftritt, zu vermeiden (DIN 1045-1, 10.4.1 (1) und (2)).

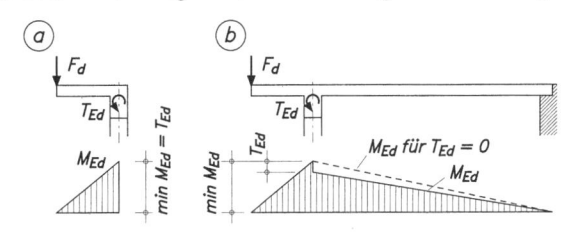

**Bild 6.1:** a) Gleichgewichtstorsion
b) Verträglichkeitstorsion

### 6.1.2 Wölbkrafttorsion

Bei dünnwandigen Bauteilen mit offenen, nicht wölbfreien Querschnitten, wie I-Querschnitten oder zweistegigen Plattenbalken sollten die Spannungen, die sich aus behinderter Querschnittsverwölbung (Wölbkrafttorsionsspannungen) ergeben, bei der Bemessung berücksichtigt werden, wenn diese maßgebend werden können. Für den Nachweis im Grenzzustand der Tragfähigkeit ist es im Allgemeinen zulässig, Spannungen aus behinderter Querschnittsverwölbung zu vernachlässigen.

### 6.1.3 Anordnung der Torsionsbewehrung

Als Bewehrung für einen torsionsbeanspruchten Balken ist eine wendelartige Bewehrung in Richtung der Zugspannungstrajektorien, die rechtwinklig zu den sich einstellenden Rissen (Rissbild vgl. Bild 6.2) steht, am wirkungsvollsten. Diese Bewehrung ist für eine Beschränkung der Rissbreiten am besten geeignet, hat jedoch für die Praxis keine Bedeutung. Sie verliert bei Torsionsmomenten mit wechselnden Vorzeichen ihre Wirksamkeit und die Gefahr einer Verwechslung der Orientierung beim Einbau kann nicht ausgeschlossen werden. Als Torsionsbewehrung sind daher ausschließlich Längsstäbe mit orthogonal dazu stehenden Bügeln anzuordnen (DIN 1045-1, 13.2.4 (1)).

## 6.2 Tragverhalten und Bemessungsmodell

Gekrümmte oder durch querkrafterzeugende, außerhalb des Schubmittelpunktes angreifende Lasten beanspruchte Bauteile mit Voll- oder Kastenquerschnitten werden im Wesentlichen durch die „St. Venant'sche Torsion" beansprucht. In diesen Bauteilen stellt sich ein geschlossener umlaufender Schubfluss ein.

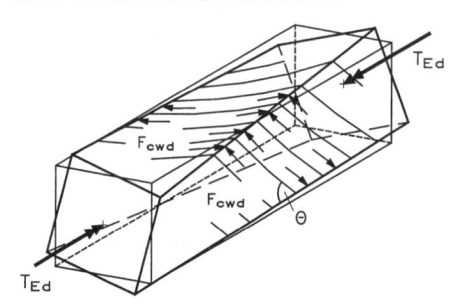

**Bild 6.2:** Verlauf der Risse und Betondruckstreben in einem Rechteckquerschnitt bei reiner Torsionsbeanspruchung

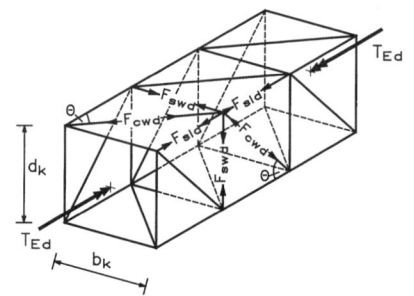

**Bild 6.3:** Räumlicher Fachwerkhohlkasten für reine Torsion bei orthogonaler Bewehrung

Im Bruchzustand treten in einem Bauteil mit rechteckigem Vollquerschnitt bei reiner Torsionsbeanspruchung $T_{Ed}$ wendelartig umlaufende Risse unter einem Winkel $\Theta \cong 45°$ auf (vgl. Bild 6.2). In den parallel zu den Rissen verlaufenden Druckstreben wirken Druckstrebenkräfte $F_{cwd}$, die entlang der Kanten über Eck ihre Richtung ändern müssen. Die dabei entstehenden, nach außen wirkenden Umlenkkräfte müssen von in engem Abstand angeordneten Bügeln oder von steifen Eckstäben aufgenommen werden, damit ein Absprengen der Eckbereiche des Bauteils verhindert wird. In DIN 1045-1 werden diese Beanspruchungen sowohl durch die Anforderungen an eine Mindestbewehrung als auch durch eine Reduzierung der zulässigen Druckstrebenbeanspruchung berücksichtigt.

Beim Übergang vom Zustand I in den gerissenen Zustand II bildet sich in einem torsionsbeanspruchten Bauteil mit Voll- oder Kastenquerschnitt ein inneres Tragsystem. Dieses Tragsystem kann analog zum Tragsystem für Querkraftbeanspruchungen vereinfacht anhand der Modellvorstellung eines „Fachwerks mit einfachen Strebenzügen" beschrieben werden kann. Zur Darstellung des Tragverhaltens bei Torsionsbeanspruchungen ist in Erweiterung des Modells für Querkraft jedoch von einem räumlichen Fachwerkkasten (vgl. Bild 6.3) auszugehen.

Dieses Modell weist eine ausreichende Genauigkeit auf, wenn die Bügelbewehrung wie beim Querkraftmodell in einem entsprechend engen Abstand angeordnet wird, damit jeder Riss von mehreren Bügeln gekreuzt wird. Dadurch können sich Netzfachwerke, sog. „Fachwerke mit mehrfachen Strebenzügen", ausbilden. Zur Verringerung der Schrägrissbreiten ist eine Verteilung der Torsionslängsbewehrung über den Umfang vorteilhaft; bei kleineren Bauteilabmessungen reicht in der Regel eine Konzentration der Torsionslängsbewehrung in den Bauteilecken aus (DIN 1045-1, 13.2.4 (2) und (3)).

Die Übereinstimmung des Modells mit dem realen Tragverhalten findet sich auch in den zu beobachtenden Versagensmechanismen wieder *(Primärbrucharten)* (vgl. auch Bild 6.4):

- *klassischer Torsionsbruch* bei Stahlbetonbalken mit mäßigem Bewehrungsgrad;
- *schlagartiger Torsionsbruch* bei unterbewehrten Stahlbetonquerschnitten;
- *Druckbruch der Diagonalen* bei überbewehrten Stahlbetonbalken;
- *teilweiser Torsionszugbruch* bei Querschnitten in Längs- und Querrichtung mit unterschiedlicher Bewehrung.

# Torsion

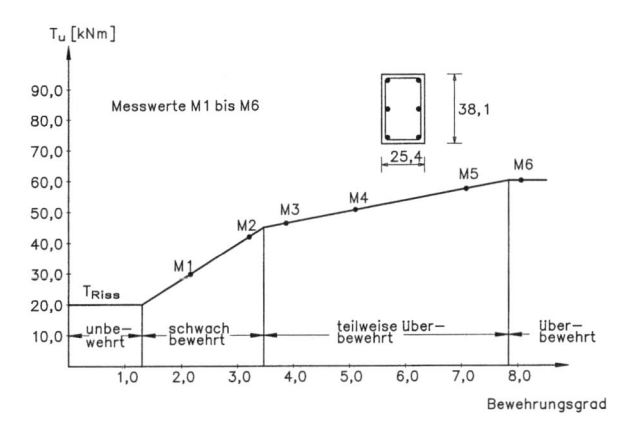

**Bild 6.4:** Einfluss des Bewehrungsgrades auf die Torsionstragfähigkeit (nach [Teutsch – 79])

Neben diesen *primären* Versagensmechanismen gibt es die *sekundären Brucharten,* welche durch die Einhaltung von konstruktiven Regeln (vgl. 6.2.2) vermieden werden können.

## 6.2.1 Querschnittsabmessungen für den Torsionswiderstand

Bei der Berechnung des Torsionswiderstandes ist neben der Querschnittsform auch die Querschnittsart zu berücksichtigen. Die im Stahl- und Spannbetonbau am häufigsten verwendeten und daher hier behandelten Querschnittsarten sind

- Vollquerschnitte,
- Hohlquerschnitte und
- (offene) Querschnitte mit komplexer Form (z. B. T oder I-Querschnitte).

Das in Bild 6.3 dargestellte Bemessungsmodell, bei dem die Torsionstragfähigkeit unter Annahme eines dünnwandigen, geschlossenen Querschnitts berechnet wird, ist sowohl für Voll- als auch für Hohlquerschnitte gleichermaßen anwendbar.

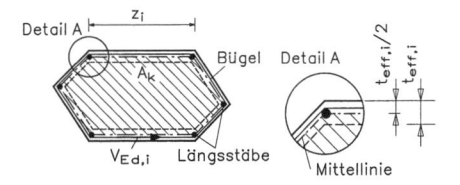

**Bild 6.5:** Benennungen und Modellbildung bei Torsion (DIN 1045-1, Bild 36 a))

Um die Abmessungen des Fachwerkhohlkastens festzulegen, die für eine Berechnung des Torsionswiderstandes notwendig sind, ist eine Definition der

- effektiven Wanddicke $t_{eff}$ des Fachwerkhohlkastens und der
- durch die Mittellinien der Wände eingeschlossenen Querschnittsfläche $A_k$ erforderlich.

Die Wanddicke $t_{eff}$ wird als der doppelte Abstand von der Mittellinie zur Außenfläche definiert, wobei die Mittellinie durch die Mittelachsen der Längsbewehrung verläuft. Bei Hohlquerschnitten darf die Ersatzwanddicke die tatsächliche Wanddicke nicht überschreiten.

Bei Voll- und Hohlquerschnitten können die Querschnittswerte $t_{eff}$ und $A_k$ nach Bild 6.5 und Bild 6.7 bestimmt werden. Querschnitte mit komplexer Form (z. B. T-Querschnitte) sind zur Ermittlung der Torsionstragfähigkeit in Teilquerschnitte aufzuteilen, von denen jeder als gleichwertiger dünnwandiger Querschnitt zu betrachten ist. Die Torsionstragfähigkeit des Gesamtquerschnitts ergibt sich dann als Summe der Tragfähigkeiten der Einzelquerschnitte. Die Aufteilung des angreifenden Torsionsmomentes auf die einzelnen Querschnittsteile darf im Allgemeinen im Verhältnis der Steifigkeiten der ungerissenen Querschnitte erfolgen.

Bei nicht rechteckigen Querschnitten kann die St. Venant'sche Torsionssteifigkeit durch Zerlegung in rechteckige Teilquerschnitte und Addieren der Teilsteifigkeiten ermittelt werden (DIN 1045-1, 10.4.1 (3) und (4)).

Bei der Bestimmung des Torsionträgheitsmoments $I_T$ reicht es aus von den Betonquerschnittswerten ohne Berücksichtigung der Bewehrung auszugehen, da Versuchsergebnisse gezeigt haben, dass die Torsionssteifigkeit in ungerissenen Querschnitten durch die Anordnung von Bewehrung nicht erkennbar beeinflusst wird.

### 6.2.2 Bauliche Durchbildung

Die bereits beschriebenen *primären* Brucharten können durch das mechanische Modell erfasst werden. Bei den *sekundären* Brucharten (s. u.) ist dies hingegen nicht möglich. Ihr Auftreten muss durch das Einhalten von konstruktiven Regeln vermieden werden. Diese Regeln sind für **alle** torsionsbeanspruchten Bauteile, also auch jene bei denen die Berücksichtigung von Torsion im Grenzzustand der Tragfähigkeit nicht erforderlich ist (vgl. Abs. 6.1), einzuhalten.

Bei Bauteilen, für die kein Nachweis für Torsion im Grenzzustand der Tragfähigkeit geführt werden muss, ist zur Vermeidung einer übermäßigen Rissbildung eine Mindestbewehrung aus Bügeln und Längsbewehrung erforderlich. Werden dabei die Anforderungen an die

- Begrenzung der Rissbildung,
- Mindestbewehrung (analog zu den Anforderungen für Querkraftbewehrung) und an die
- Bewehrungsanordnung der Torsionsbewehrung

eingehalten, so ist dieses im Allgemeinen ausreichend.

Folgende sekundäre Brucharten werden unterschieden:

- Der *Torsionstrennbruch* tritt bei weitmaschig bewehrten Bauteilen auf. Kreuzt ein sich einstellender Schrägriss nur die Längsbewehrung, kann sich das Fachwerk nicht ausbilden, d. h. es herrscht kein Gleichgewicht in der Rissfläche und der Balken versagt.

- Der *Kantenbruch* tritt auf, wenn bei zu großen Bügelabständen die Kräfte aus der Umlenkung der Betonstrebe nicht von den Bügeln aufgenommen werden können. Die im Grenzzustand der Tragfähigkeit bis zur Fließgrenze beanspruchten Längsstäbe erhalten dann einen zusätzlichen Biegeanteil. Der Versagensfall ist durch ein Abplatzen der Kanten und durch Ausbrechen der Ecklängsstäbe gekennzeichnet.

- Als *Verankerungsbruch* bezeichnet man das „Schlupfen" der Bügel infolge der kontinuierlich wirkenden Zugkraft.

Wie bereits aus [DIN 1045 – 88] bekannt, muss zur Aufnahme der Torsionsbeanspruchungen eine Torsionsbewehrung grundsätzlich aus Bügeln und aus einer Längsbewehrung bestehen, die innerhalb des Hohlquerschnitts bzw. des Ersatzhohlkastens anzuordnen ist.

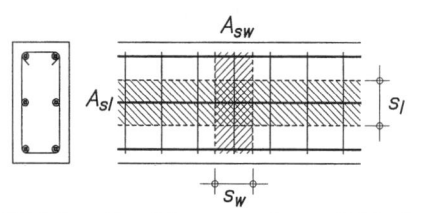

**Bild 6.6:** Bezeichnungen eines mit Bügeln und Längsstäben bewehrten Rechteckquerschnitts

**Torsionsbügelbewehrung**

- Torsionsbügel sollten einen Winkel von 90° mit der Bauteilachse bilden. Zur Vermeidung des Verankerungsbruchs sollen die Bügel durch Übergreifen nach DIN 1045-1, Bild 56 g) und h) geschlossen sein (DIN 1045-1, 13.2.4 (1)).

- Die Versagensform des Kantenbruchs wird durch die Begrenzung des Bügelabstandes vermieden. Beim Torsionstrennbruch ist die Bruchfläche infolge der Rissneigung räumlich und der Riss führt bei reiner Torsion über alle vier Seiten (bei überwiegender Biegung auch über drei Seiten). Der einzuhaltende Größtabstand ist daher eine Funktion des Balkenumfangs. Als Torsionsbügelabstand in Längsrichtung ist $s_w \leq u_k/8$ einzuhalten, wobei zusätzlich die Anforderungen hinsichtlich des zulässigen Längsabstands $s_{max}$ aufeinanderfolgender Bügel nach DIN 1045-1, Tab. 31 einzuhalten sind (DIN 1045-1, 13.2.4 (2)).

**Torsionslängsbewehrung**

- Bei polygonal berandeten Querschnitten muss mindestens in jeder Ecke ein Längsstab angeordnet werden, um die Druckstrebenkräfte $F_{cwd}$ sicher in die Bügel einzutragen und um ein Abplatzen der Betondeckung im Eckbereich zu verhindern. Zur Verminderung der Schrägrissbreiten ist der Abstand der Längsstäbe mit $s_l \leq 350$ mm zu begrenzen (DIN 1045-1, 13.2.4 (3)).

Um dem Entstehen eines Kantenbruchs entgegenzuwirken ist es zudem empfehlenswert, den Durchmesser der Eckstäbe zu begrenzen auf $\varnothing_{Längs,Eck} \geq s_l/16$ [Teutsch – 79].

## 6.3 Reine Torsionsbeanspruchung

### 6.3.1 Bemessungsverfahren

Zur Gewährleistung ausreichender Sicherheit gegenüber Torsionsbeanspruchungen im Grenzzustand der Tragfähigkeit muss das aufzunehmende Torsionsmoment $T_{Ed}$ kleiner als der vorhandene Bauteilwiderstand für Torsionsbeanspruchungen $T_{Rd}$ sein.

Da Torsionsbeanspruchungen jedoch nur gemeinsam von Druckstreben und Torsionsbewehrung aufgenommen werden können, ist der vorhandene Bauteilwiderstand nach DIN 1045-1 durch die aufnehmbaren Torsionsmomente

$T_{Rd,max}$     Bemessungswert des maximal aufnehmbaren Torsionsmoments (Tragfähigkeit der Betondruckstreben),

$T_{Rd,sy}$     Bemessungswert des durch die Bewehrung aufnehmbaren Torsionsmoments (Tragfähigkeit der Torsionsbewehrung)

charakterisiert. Der Nachweis für Torsion ist erfüllt, wenn die Bedingungen (6-1) und (6-2) eingehalten werden.

$$T_{Ed} \leq T_{Rd,max} \quad \text{(Nachweis der Betondruckstreben)} \quad (6\text{-}1)$$

$$T_{Ed} \leq T_{Rd,sy} \quad \text{(Nachweis der Torsionsbewehrung)} \quad (6\text{-}2)$$

Beim Nachweis der Torsionsbewehrung ist der Bemessungswert des aufnehmbaren Torsionsmoments sowohl für die vorhandene Bügel- als auch für die Längsbewehrung zu ermitteln. Der kleinere dieser beiden Widerstände ist maßgebend (DIN 1045-1, 10.4.2 (3)).

### 6.3.2 Torsionstragfähigkeit

Die Torsionstragfähigkeit eines Querschnitts wird unter der Annahme eines dünnwandigen, geschlossenen Querschnitts (Hohlkasten bzw. Ersatzhohlkasten) berechnet. Die Bemessungsgleichungen für Torsion können durch Ausnutzung der Gleichgewichtsbedingungen anhand des in Bild 6.7 dargestellten räumlichen Fachwerkmodells berechnet werden.

Es wird davon ausgegangen, dass der Beton durch schräge Druckkräfte über die Stegfläche des fiktiven Fachwerkkastens gleichmäßig beansprucht wird und dass die Torsionsbügel- und Torsionslängsbewehrung stets ihre rechnerische Streckgrenze erreicht.

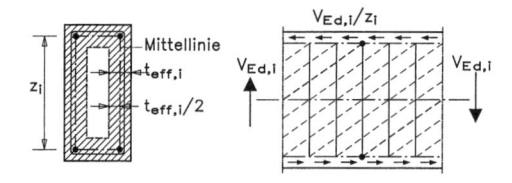

**Bild 6.7:** Definition des Ersatzhohlkastens und Fachwerkmodell einer Ersatzwand (DIN 1045-1, Bild 36 b))

Die Neigung der Druckstreben Θ ist nach DIN 1045-1, 10.3.4 (3) zu begrenzen. Bei kombinierten Beanspruchungen ist für die Nachweise der Querkraft und der Torsion ein einheitlicher Druckstrebenwinkel zu wählen!

Der Druckstrebenneigungswinkel Θ wird wie bei der Querkraftbemessung in Abhängigkeit der Belastung und des Betontraganteils ermittelt. Dazu wird für die kombinierte Beanspruchung aus Querkraft und Torsion zunächst eine auf die Wände des Ersatzhohlkastens bezogene Schubkraft bestimmt. Diese ermittelt sich zum einen aus der Schubkraft infolge der Torsionsbeanspruchung, zum anderen aus jener infolge der Querkraftbeanspruchung.

Die Schubkraft infolge Torsion in einer Wand des Ersatzhohlkastenquerschnitts kann nach Gleichung (6-3) berechnet werden.

$$V_{Ed,T} = \tau_t \cdot t_{eff} \cdot z_i = \frac{T_{Ed} \cdot z_i}{2 \cdot A_k} \qquad (6\text{-}3)$$
DIN 1045-1, (89)

$A_k$ die durch die Mittellinien der Wände eingeschlossene Fläche (vgl. Bild 6.5)

$\tau_t$ Schubfluss $V_{Ed}/z_i$ (vgl. Bild 6.7) ? $V_{Ed}$

$z_i$ die Höhe der Wand, definiert durch den Abstand der Schnittpunkte der Wandmittellinie mit den Mittellinien der angrenzenden Wänden (vgl. Bild 6.7)
*Anmerkung: $z_i$ ist hier nicht der innere Hebelarm, vgl. Gleichung (6-5)*

Unter Berücksichtigung des Einflusses der einwirkenden Querkraft auf die Wand des Ersatzhohlkastenquerschnitts wird mit Gleichung (6-4) anschließend die gesamte Schubkraft in der Wand berechnet.

$$V_{Ed,T+V} = V_{Ed,T} + \frac{V_{Ed} \cdot t_{eff}}{b_w} \qquad (6\text{-}4)$$
DIN 1045-1, (90)

$V_{Ed}$ der Bemessungswert der einwirkenden Querkraft

$t_{eff}$ die effektive Dicke der Wand; $t_{eff}$ ist gleich dem doppeltem Abstand von der Mittellinie zur Außenfläche, aber nicht größer als die vorhandene Wanddicke

Analog zur Bestimmung des Druckstrebenneigungswinkels bei der Querkraftbemessung wird nun der Betontraganteil nach Gleichung (6-5) berechnet. Dazu ist jedoch anstelle der Breite $b_w$ die Dicke der Wand $t_{eff}$ einzusetzen.

$$V_{Rd,c} = \beta_{ct} \cdot 0{,}10 \cdot \eta_1 \cdot f_{ck}^{1/3} \cdot \left(1 + 1{,}2 \cdot \frac{\sigma_{cd}}{f_{cd}}\right) \cdot t_{eff} \cdot z \qquad (6\text{-}5)$$
vgl. DIN 1045-1, (74)

z = 0,9 · d, wenn Bügel nach DIN 1045-1, 12.7 verankert sind;
= d − 2 · $c_{nom}$ in den anderen Fällen

weitere Beiwerte siehe Gleichung (5-21) auf Seite 149

# Torsion

Der Druckstrebenneigungswinkel wird berechnet mit

$$\cot\Theta = \frac{1{,}2 - 1{,}4 \cdot \frac{\sigma_{cd}}{f_{cd}}}{1 - \frac{V_{Rd,c}}{V_{Ed,T+V}}} \begin{cases} \geq 0{,}58 \\ \leq 3{,}0 \quad \text{für Normalbeton} \\ \leq 2{,}0 \quad \text{für Leichtbeton} \end{cases} \qquad \text{(6-6)} \\ \text{DIN 1045-1, (73)}$$

Mit diesem Winkel ist der Nachweis sowohl für Querkraft als auch für Torsion zu führen. Allerdings darf bei der allgemeinen Ermittlung der Torsionsbewehrung auch vereinfachend mit einem Druckstrebenneigungswinkel $\Theta = 45°$ gerechnet werden. Die somit berechnete Torsionsbewehrung ist anschließend mit der nach DIN 1045-1, 10.3.4 ermittelten Querkraftbewehrung zu addieren (DIN 1045-1, 10.4.2 (2)).

### Bemessungswiderstand der Betondruckstreben $T_{Rd,max}$

Im Grenzzustand der Tragfähigkeit ist der Bemessungswert des maximal aufnehmbaren Torsionsmoments des Querschnitts oder eines jeden Teilquerschnitts bei alleiniger Torsionsbeanspruchung nach Gleichung (6-7) zu bestimmen:

$$T_{Rd,max} = \frac{\alpha_{c,red} \cdot f_{cd} \cdot 2 \cdot A_k \cdot t_{eff}}{\cot\theta + \tan\theta} \qquad \text{(6-7)} \\ \text{DIN 1045-1, (93)}$$

$\alpha_{c,red}$    Abminderungsbeiwert für die Druckstrebenfestigkeit
       $= 0{,}7 \cdot \alpha_c$    im allgemeinen Fall mit $\alpha_c$ nach Abschnitt 5.6
       $= \alpha_c$    bei Kastenquerschnitten mit Bewehrung an den Innen- und Außenseiten

$f_{cd}$    Bemessungswert der Betondruckfestigkeit

$A_k$    Kernquerschnitt nach Bild 6.5

$t_{eff}$    die geringste Wandstärke des Nachweisquerschnitts nach Bild 6.5 bzw. Bild 6.7

$\Theta$    Druckstrebenneigungswinkel

Analog zum Nachweis der Betondruckstreben für Querkraftbeanspruchungen muss auch für Torsionsbeanspruchungen die Betondruckfestigkeit $f_{cd}$ durch den Wirksamkeitsfaktor $\alpha_{c,red}$ abgemindert werden. Die Größe des Wirksamkeitsfaktor $\alpha_{c,red}$ ist von der Querschnittsform und von der Anordnung der Torsionsbewehrung abhängig.

### Bemessungswiderstand der Torsionsbewehrung $T_{Rd,sy}$

Zur Aufnahme der Torsionsbeanspruchungen ist aus Gleichgewichtsgründen eine Torsionsbügel- und eine Torsionslängsbewehrung erforderlich. Der maßgebende Bemessungswiderstand wird durch das Fließen der Bewehrung beschränkt und ist durch den geringeren Widerstand dieser beiden Bewehrungen festgelegt. Das rechnerisch aufnehmbare Torsionsmoment wird für die Bügelbewehrung nach Gleichung (6-8) und für die Längsbewehrung nach Gleichung (6-9) bestimmt.

$$T_{Rd,sy} = \frac{A_{sw}}{s_w} \cdot f_{yd} \cdot 2A_k \cdot \cot\Theta \qquad \text{(6-8)} \\ \text{DIN 1045-1, (91)}$$

$$T_{Rd,sy} = \frac{A_{sl}}{u_k} \cdot f_{yd} \cdot 2A_k \cdot \tan\Theta \qquad \text{(6-9)} \\ \text{DIN 1045-1, (92)}$$

Für die praxisgerechte Anwendung der Bemessungsgleichungen (6-8) und (6-9) ist es sinnvoll, diese in die Gleichungen (6-10) und (6-11) zu überführen und dabei $T_{Rd,sy} = T_{Ed}$ zu setzen, um die erforderliche Torsionsbügel- und Torsionslängsbewehrung direkt berechnen zu können.

$$a_{sw,erf} = \frac{A_{sw,erf}}{s_w} = \frac{T_{Ed}}{2 \cdot A_k \cdot f_{yd}} \cdot \tan\Theta \quad \quad (6\text{-}10)$$

$$a_{sl,erf} = \frac{A_{sl,erf}}{u_k} = \frac{T_{Ed}}{2 \cdot A_k \cdot f_{yd}} \cdot \cot\Theta \quad \quad (6\text{-}11)$$

## 6.4 Kombinierte Beanspruchungen

In der Regel wird eine Torsionsbeanspruchung zumindest von einer Biege- und Querkraftbeanspruchung überlagert. Da das komplexe Tragverhalten bei kombinierten Beanspruchungen rechnerisch schwierig zu erfassen ist, wird der Bemessung nach DIN 1045-1 kein konsistentes Bemessungsmodell zu Grunde gelegt (vgl. [DIN 1045 – 88]). Die praktische Querschnittsbemessung bei kombinierten Beanspruchungen wird auf die getrennten Bemessungen für Biegung, Längskraft, Querkraft und Torsion zurückgeführt. Zur Erfassung von ungünstigen Überlagerungszuständen sind zusätzliche empirische bzw. halbempirische Interaktionsregeln definiert, welche die erforderliche Sicherheit gewährleisten aber zwangsläufig Vereinfachungen beinhalten, damit die Vorteile einer getrennten Bemessung nicht verloren gehen. In DIN 1045-1 sind vereinfachte Interaktionsregeln für die Beanspruchungszustände „Torsion mit Biegung und/oder mit Längskräften" und für „Torsion mit Querkraft" enthalten.

In Bauteilen, die durch Torsion mit gleichzeitig auftretender Querkraft beansprucht werden, ist eine Interaktion der Beanspruchungen in der Schubzone des Querschnitts notwendig. Voraussetzung für die Gültigkeit der in DIN 1045-1 angegebenen Interaktionsbedingungen ist eine einheitliche Wahl des Druckstrebenwinkels $\Theta$ in den getrennten Bemessungen für Querkraft und für reine Torsion. Dies führt zu einem einheitlichen inneren Tragsystem (Fachwerkmodell) und das Superpositionsgesetz darf auf den Zustand II angewendet werden.

- *Nachweisgrenzen*

Wenn eine Mindestbügelbewehrung nach DIN 1045-1 angeordnet wird, ist keine zusätzliche Bewehrung bei Bauteilen mit kleinen Querkraft- und Torsionsbeanspruchungen erforderlich. Für einen näherungsweise rechteckigen Vollquerschnitt mit der Stegbreite $b_w$ gelten die Beanspruchungen $T_{Ed}$ und $V_{Ed}$ als klein, wenn sie die Bedingungen (6-12) und (6-13) genügen.

$$T_{Ed} \leq \frac{V_{Ed} \cdot b_w}{4,5} \quad \quad (6\text{-}12)$$
$$\text{DIN 1045-1, (87)}$$

$$V_{Ed} \cdot \left[1 + \frac{4,5 \cdot T_{Ed}}{V_{Ed} \cdot b_w}\right] \leq V_{Rd,ct} \quad \quad (6\text{-}13)$$
$$\text{DIN 1045-1, (88)}$$

- *Erforderliche Längsbewehrung $A_{sl,erf}$*

In der Biegezugzone ist die nach Gleichung (6-11) bestimmte Torsionslängsbewehrung $a_{sl,erf}$ zur erforderlichen Biegelängsbewehrung, die zur Aufnahme der Beanspruchungen aus Biegung, Längskräften und Querkräften dient, zu addieren. In Druckgurten darf die Torsionslängsbewehrung entsprechend den vorhandenen Druckkräften abgemindert werden. Dort kann auf die rechnerisch erforderliche Torsionslängsbewehrung verzichtet werden, wenn die Torsionszugspannungen im selben Schnitt stets kleiner sind als die Biegedruck- oder Längsdruckspannungen (DIN 1045-1, 10.4.2 (3)).

# Torsion

- *Zulässige Hauptdruckspannungen*

Die Überlagerung von Torsionsbeanspruchungen mit weiteren Beanspruchungen, die aus einem großen Biegemoment entstehen, können besonders bei Hohlkastenträgern zu kritischen Hauptdruckspannungen im Betonquerschnitt führen. Die Notwendigkeit eines Nachweises für Torsion mit Biegedruck wird nach [Feix – 93] von der einwirkenden Torsionsbeanspruchung $\tau_{Ed}$ abhängig gemacht. Obwohl DIN 1045-1 einen derartigen Nachweis nicht vorsieht, sollte dieses nach Meinung des Verfassers nicht außer Acht gelassen werden (vgl. auch [Grasser u. a. – 96]).

- *Erforderliche Bügelbewehrung $a_{sw,erf}$*

Die Bügelbewehrung wird durch Addition der erforderlichen Bügelbewehrungen für Querkraft und für reine Torsion ermittelt. Für ausschließlich senkrecht zur Bauteilachse angeordnete Bügelbewehrung ergibt sich bei einem einheitlichen Druckstrebenwinkel $\Theta$ die erforderliche Gesamtbügelbewehrung je Längeneinheit $a_{sw,erf}$ mit Gleichung (6-14). Dabei sind die unterschiedlichen Schnittigkeiten der Bügel zu berücksichtigen.

$$a_{sw,erf} = \frac{A_{sw,erf}}{s_w} = \frac{V_{Ed}}{z \cdot f_{yd}} \cdot \tan\Theta + 2 \cdot \frac{T_{Ed}}{2 \cdot A_k \cdot f_{yd}} \cdot \tan\Theta = \left(\frac{V_{Ed}}{z} + \frac{T_{Ed}}{A_k}\right) \cdot \frac{\tan\Theta}{f_{yd}} \qquad (6\text{-}14)$$

vgl. (5-19), S. 148 und (6-10), S. 170

- *Zulässige Beanspruchung der Betondruckstreben*

Zur Interaktion der kombinierten Beanspruchungen in den Betondruckstreben ist für Vollquerschnitte die Bedingung (6-15) einzuhalten, die einer Kreisgleichung entspricht.

$$\left[\frac{T_{Ed}}{T_{Rd,max}}\right]^2 + \left[\frac{V_{Ed}}{V_{Rd,max}}\right]^2 \leq 1 \qquad (6\text{-}15)$$

DIN 1045-1, (94)

$T_{Rd,max}$ nach Gleichung (6-7)

$V_{Rd,max}$ nach Gleichung (5-15) bzw. (5-17) auf Seite 148

Hierbei ist der Neigungswinkel der Druckstreben unter Berücksichtigung der kombinierten Beanspruchung nach Gleichung (6-6) mit $V_{Ed} = V_{Ed,T+V}$ nach Gleichung (6-4) zu berechnen.

Die Bedingung (6-15) ist nicht allgemein gültig und sollte nur als Interaktionsregel für Kompaktquerschnitte verwendet werden. Bei diesen Querschnitten werden die Schubbeanspruchungen für Querkraft und Torsion an unterschiedlichen Druckstrebenbreiten ermittelt. Zur Berechnung der Spannungen aus der Querkraftbeanspruchung wird dabei die gesamte Stegbreite $b_w$ berücksichtigt, für die Torsionsschubbeanspruchung hingegen wird lediglich die äußere Schale des Ersatzhohlkastens der Breite $t_{eff}$ angesetzt.

Im Gegensatz dazu ergibt sich die maßgebende Druckstrebenbeanspruchung in Hohlkastenquerschnitten im stärker beanspruchten Steg aus der Summe der Schubspannungen aus Torsion und Querkraft, die jeweils für die gleiche Wanddicke bestimmt werden. Daher findet für diese Querschnitte eine Superposition der Beanspruchungen nach der Interaktionsregel (6-16) statt, damit die Tragfähigkeit der Druckstreben nicht überschätzt wird.

$$\frac{T_{Ed}}{T_{Rd,max}} + \frac{V_{Ed}}{V_{Rd,max}} \leq 1 \qquad (6\text{-}16)$$

DIN 1045-1, (95)

## 6.5 Beispiel eines Balkens mit Torsionsbeanspruchung

Für die Überdachung einer Verladerampe in einem Industriebetrieb sind im maßgebenden Bemessungsschnitt (Bereich A) die Nachweise für Biegung, Querkraft und Torsion im Grenzzustand der Tragfähigkeit zu erbringen und die erforderlichen Bügel- und Längsbewehrungen zu berechnen. Die geometrischen Abmessungen des an beiden Seiten biege- und torsionssteif eingespannten 1,5 m auskragenden Plattenbalkens sind Bild 6.8 zu entnehmen.

Das Bauteil wird beansprucht durch

- sein Eigengewicht $g_{k,1}$
- ein Zusatzeigengewicht $g_{k,2}$ = 2,0 kN/m²
- eine aufgehende Wand $g_{k,3}$ = 30,0 kN/m
- eine angehängte Laufkatze $Q_k$ = 50,0 kN

Baustoffe: Betonstahl: BSt 500
Beton: C30/37; XC4

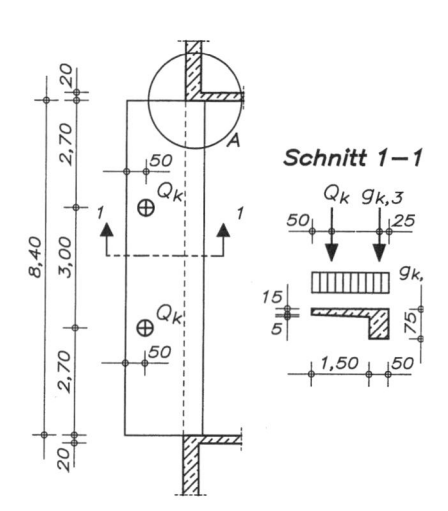

Balkengeometrie: b/h/d = 50/75/68 [cm]
$l_n$ = 8,40 m; $a_i$ = 0,10 m; $l_{eff}$ = 8,60 m

**Bild 6.8:** System und Bauteilabmessunge

### 6.5.1 Einwirkungen

**Charakteristische Werte der Einwirkungen**

Ständige Einwirkungen:

$g_{k,1}$ = 25,0·(0,75·0,5+0,15·1,5+½·0,05·1,50) = 9,375+5,625+0,94 = 15,94 kN/m
$g_{k,2}$ = 2,0·2 = 4,00 kN/m
$g_{k,3}$ = 30,00 kN/m
$\Sigma g_k$ = 49,94 kN/m

Veränderliche Einwirkung: $Q_k$ = 50,00 kN

**Bemessungswerte der Einwirkungen**

$g_d$ = 1,35 · 49,94 = 67,42 kN/m
$Q_d$ = 1,50 · 50,00 = 75,00 kN

### 6.5.2 Schnittgrößen im Grenzzustand der Tragfähigkeit

**Bemessungswert des Hauptträger-Biegemoments im Anschnitt und in Feldmitte**

Für die unterstützende Konstruktion wird die Lastausbreitung der Einzellasten in Längsrichtung vernachlässigt. Die Schnittgrößen für direkt belastete Kragplatte werden mit einer Lastverteilung für Einzellasten nach [Grasser/Thielen – 91] berechnet.

$$M_{Ed,S} = -\frac{1}{12} \cdot (67{,}42 \cdot 8{,}40^2) - 75{,}00 \cdot 2{,}70 \cdot (1 - \frac{2{,}70}{8{,}40}) = -396{,}4 - 137{,}4 = \mathbf{-533{,}8 \text{ kNm}}$$

$$M_{Ed,F} = \frac{1}{24} \cdot (67{,}42 \cdot 8{,}60^2) + 75{,}00 \cdot \frac{2{,}80^2}{8{,}60} = 207{,}8 + 68{,}4 = \mathbf{276{,}2 \text{ kNm}}$$

Torsion

**Bemessungswert des Biegemoments der Kragplatte im Anschnitt**

$$m_{Ed,K} = -1,35 \cdot \left(\frac{5,625 \cdot 1,5}{2} + \frac{0,94 \cdot 1,5}{3} + \frac{2,0 \cdot 1,5^2}{2}\right) - 1,5 \cdot \frac{50 \cdot 1,0}{1,5 \cdot 1,0} = -9,4 - 50,0 = \mathbf{-59,4\ kNm}$$

**Bemessungswert der Querkräfte**  DIN 1045-1, 10.3.2

- $V_{Ed}$ für die Nachweise $V_{Ed} \leq V_{Rd,sy}$ und $V_{Ed} \leq V_{Rd,ct}$

  Bei direkter Lagerung und gleichmäßig verteilter Last darf der Bemessungswert $V_{Ed}$ abgemindert werden (DIN 1045-1, 10.3.2 (1)). Der maßgebende Schnitt liegt im Abstand d vom Auflagerrand.

  $V_{Ed} = \frac{1}{2} \cdot (67,42 \cdot 8,60) - 67,42 \cdot (0,69 + 0,10) + 75 =$  **311,6 kN**

- $V_{Ed}$ für den Nachweis der Druckstrebe ($V_{Ed} \leq V_{Rd,max}$)

  Für den Nachweis der Druckstrebe darf die Querkraft nach DIN 1045-1, 10.3.2 (3) nicht abgemindert werden. Der maßgebende Schnitt liegt am Anschnitt.

  $V_{Ed\,(max)} = \frac{1}{2} \cdot (67,42 \cdot 8,40) + 75 =$  **358,2 kN**

**Bemessungswert des Torsionsmoments am Anschnitt**

Streckentorsionsmoment infolge ständiger Einwirkungen

$T_{Ed,g} = 1,35 \cdot [(5,625 + 2 \cdot 1,50) \cdot (1,50/2 + 0,25) + 0,94 \cdot (1,50/3 + 0,25)] = 12,6$ kNm/m

Torsionsmoment am Anschnitt

$T_{Ed} = 12,6 \cdot 8,40/2 + 75 \cdot (1,00 + 0,25) =$  **146,6 kNm**

### 6.5.3 Nachweise im Grenzzustand der Tragfähigkeit

**Biegebemessung**

Die Biegebewehrung wird für den Hauptträger im Stützbereich mit der Druckzonenbreite b = 50 cm und im Feldbereich unter Berücksichtigung der schiefen Biegung ermittelt. Für die Bemessung des Kragarmes wird als statische Nutzhöhe d = 15 cm angesetzt. Im Folgenden werden nur die Ergebnisse wiedergegeben:

Erforderliche Biegebewehrung

Stützbereich:   $A_{s1o,erf} = 18,7$ cm$^2$

Feldbereich:   $A_{s1u,erf} = 8,9$ cm$^2$

Kragarm:   $a_{s1o,erf} = 9,7$ cm$^2$/m

**Querkraft- und Torsionsbemessung**

- *Nachweisgrenzen*

Für einen näherungsweise rechteckigen Vollquerschnitt ist außer einer Mindestbewehrung keine Querkraft- und Torsionsbewehrung erforderlich, wenn die Bedingungen nach DIN 1045-1, (87) und (88) (vgl. Gleichung (6-12) und (6-13) auf Seite 170) eingehalten werden:

$$\frac{V_{Ed} \cdot b_w}{4,5} = \frac{311,6 \cdot 0,5}{4,5} = 34,6 < 146,6\ \text{kNm} = T_{Ed}$$

Da bereits diese erste Bedingung nicht eingehalten wird, ist eine Berechnung der zweiten Bedingung entbehrlich. Der rechnerische Nachweis für Querkraft und Torsion ist nach DIN 1045-1, 10.4.1 (6) notwendig.

- *Bestimmung des Ersatzhohlkastens zur Torsionsbemessung*

Die Wanddicke ergibt sich aus dem doppelten Abstand von der Mittellinie zur Außenfläche

$t_{eff} = 2 \cdot (c_{nom} + \varnothing_{Bü} + \frac{1}{2} \cdot \varnothing_{Lä}) = 2 \cdot (4{,}0 + 1{,}4 + 0{,}5 \cdot 2{,}5) = 13{,}3$ cm $= 0{,}133$ m

Der Kernquerschnitt wird ermittelt zu:

$A_k = (b_w - t_{eff}) \cdot (h - t_{eff}) = (0{,}50 - 0{,}133) \cdot (0{,}75 - 0{,}133) = 0{,}23$ m²

- *Wahl der Schub- und Torsionsbewehrung*

Es wird ausschließlich lotrechte Bügelbewehrung verwendet.

- *Berechnung des Druckstrebenneigung*

Der Neigungswinkel der Druckstreben berechnet sich nach

$$\cot\Theta = \frac{1{,}2 - 1{,}4 \cdot \frac{\sigma_{cd}}{f_{cd}}}{1 - \frac{V_{Rd,c}}{V_{Ed,T+V}}} \quad \begin{cases} \geq 0{,}58 \\ \leq 3{,}0 \quad \text{für Normalbeton} \\ \leq 2{,}0 \quad \text{für Leichtbeton} \end{cases} \qquad \text{(6-6) siehe Seite 169}$$

$$V_{Ed,T} = \frac{T_{Ed} \cdot z}{2 \cdot A_k} = \frac{146{,}6 \cdot (0{,}75 - 0{,}133)}{2 \cdot 0{,}23} = 196{,}6 \text{ kN} \qquad \text{(6-3) siehe Seite 168}$$

$$V_{Ed,T+V} = V_{Ed,T} + \frac{V_{Ed} \cdot t_{eff}}{b_w} = 196{,}6 + \frac{311{,}6 \cdot 0{,}133}{0{,}5} = 279{,}5 \text{ kN} \qquad \text{(6-4) siehe Seite 168}$$

$$V_{Rd,c} = \beta_{ct} \cdot 0{,}10 \cdot \eta_1 \cdot f_{ck}^{1/3} \cdot \left(1 + 1{,}2 \cdot \frac{\sigma_{cd}}{f_{cd}}\right) \cdot t_{eff} \cdot z \qquad \text{(6-5) siehe Seite 168}$$

$\beta_{ct} = 2{,}4;$   $z \approx 0{,}9 \cdot d = 0{,}9 \cdot 0{,}68 = 0{,}61$ m

$V_{Rd,c} = 2{,}4 \cdot 0{,}10 \cdot 1{,}0 \cdot 30^{1/3} \cdot 0{,}133 \cdot 0{,}61 \cdot 10^3 = 60{,}5$ kN

Somit kann der Druckstrebenneigungswinkel berechnet werden:

$$\cot\Theta = \frac{1{,}2}{1 - \frac{60{,}5}{279{,}5}} = 1{,}53 \implies \Theta = 33{,}2° \qquad 0{,}58 \leq 1{,}53 = \cot\Theta \leq 3{,}0$$

- *Nachweis der Betondruckstreben*

*infolge Querkraft*

$$V_{Rd,max} = \frac{b_w \cdot z \cdot \alpha_c \cdot f_{cd}}{\cot\Theta + \tan\Theta} \qquad \text{(5-17) siehe Seite 148}$$

$b_w = 0{,}50$ m ;  $z = 0{,}61$ m ;  $\alpha_c = 0{,}75 \cdot \eta_1 = 0{,}75 \cdot 1{,}0 = 0{,}75$ ;  $f_{cd} = 17$ MN/m²

$$V_{Rd,max} = \frac{0{,}50 \cdot 0{,}61 \cdot 0{,}75 \cdot 17{,}0}{1{,}53 + 1/1{,}53} \cdot 10^3 = 1780{,}9 \text{ kN} \geq 358{,}2 \text{ kN} = V_{Ed(max)}$$

# Torsion

*infolge Torsion*

$$T_{Rd,max} = \frac{\alpha_{c,red} \cdot f_{cd} \cdot 2 \cdot A_k \cdot t_{eff}}{\cot\theta + \tan\theta} \qquad (6\text{-}7) \text{ siehe Seite 169}$$

$$T_{Rd,max} = \frac{(0,7 \cdot 0,75) \cdot 17,0 \cdot 2 \cdot 0,23 \cdot 0,133 \cdot 10^3}{1,53 + 1/1,53} = 250,1 \text{ kN} \geq 146,6 \text{ kN} = T_{Ed}$$

*Interaktion für Torsion und Querkraft*

Druckstrebenbeanspruchungen in den Seitenwänden des Ersatzhohlkastens

$$\left[\frac{T_{Ed}}{T_{Rd,max}}\right]^2 + \left[\frac{V_{Ed}}{V_{Rd,max}}\right]^2 = \left[\frac{0,147}{0,250}\right]^2 + \left[\frac{0,358}{1,781}\right]^2 = 0,39 \leq 1,0 \qquad (6\text{-}15) \text{ siehe Seite 171}$$

- *Ermittlung der erforderlichen Bewehrung*

*Bügelbewehrung*

Die Anteile aus Torsion und Querkraft werden addiert.

*infolge Querkraft*

$$a_{sw,erf} = \frac{A_{sw,erf}}{s} = \frac{V_{Ed}}{f_{yd} \cdot z \cdot \cot\Theta} = \frac{311,6}{43,5 \cdot 0,61 \cdot 1,53} = 7,7 \text{ cm}^2/\text{m} \qquad \text{vgl. (6-14) siehe Seite 171}$$

*infolge Torsion (je Seitenwand, daher 2-facher Wert)*

$$a_{sw,erf} = \frac{A_{sw,erf}}{s} = 2 \cdot \frac{T_{Ed}}{f_{yd} \cdot A_k \cdot 2 \cdot \cot\Theta} = 2 \cdot \frac{146,6}{43,5 \cdot 2 \cdot 0,23 \cdot 1,53} = 9,6 \text{ cm}^2/\text{m}$$

Insgesamt ergibt sich eine Bügelbewehrung von

$$a_{sw,erf} = 7,7 + 9,6 = 17,3 \text{ cm}^2/\text{m}$$

gewählt: **Bügel $\varnothing$ 14, zweischnittig, s = 15 cm**

$a_{sw,vorh} = 20,5 \text{ cm}^2/\text{m} > 17,3 \text{ cm}^2/\text{m} = a_{sw,erf}$

*Längsbewehrung*

$$a_{sl,erf} = \frac{A_{sl,erf}}{u_k} = \frac{T_{Ed} \cdot \cot\Theta}{2 \cdot A_k \cdot f_{yd}} = \frac{146,6 \cdot 1,53}{2 \cdot 0,23 \cdot 43,5} = 11,2 \text{ cm}^2/\text{m} \qquad (6\text{-}11) \text{ siehe Seite 170}$$

gewählt: $\varnothing$ **14, s = 13,5 cm** $\quad a_{sl,vorh} = 11,4 \text{ cm}^2/\text{m} > 11,2 \text{ cm}^2/\text{m} = a_{sl,erf}$

Im Bereich der Biegedruckzone kann auf eine Torsionslängsbewehrung verzichtet werden, wenn die Biegedruckspannungen größer als die Torsionszugspannungen sind. Dies wird hier nicht weiter verfolgt.

In Zuggurten wird die Torsionslängsbewehrung zur Biegelängsbewehrung hinzuaddiert.

Längsbewehrung an der Balkenoberseite (Einspannung):

$\Sigma \mathbf{A_{s1o,erf}} = A_{s1o,erf} + a_{sl,erf} \cdot (b_w - t_{eff}) = 18,7 + 11,2 \cdot (0,5 - 0,133) = \mathbf{22,8 \text{ cm}^2}$

gewählt: **5$\varnothing$25**

$\Sigma A_{s1o,vorh} = 24,5 \text{ cm}^2 > 22,8 \text{ cm}^2 = \Sigma A_{s1o,erf}$

Längsbewehrung an der Balkenunterseite:

gewählt: **4$\varnothing$20**

$A_{s1u,vorh} = 12,6 \text{ cm}^2 > 8,9 \text{ cm}^2 = A_{s1u,erf}$

## 6.5.4 Bauliche Durchbildung

### Mindestbewehrung

Die Mindestquerbewehrung beträgt bei einer Betongüte C 30/37

$a_{sw,min} = 1{,}0 \cdot 0{,}093\% \cdot b_w = 0{,}093 \cdot 50 = 4{,}7$ cm²/m    DIN 1045-1, 13.2.3 (5)

$a_{sw,min} = 4{,}7 < 20{,}5$ cm²/m $= a_{sw,vorh}$    vgl. Tabelle 5.2 auf Seite 142

### Maximale Abstände der Bewehrung

- Maximale Abstände der Bügelbewehrung in Längsrichtung (DIN 1045-1, 13.2.4 (2)):

1) $s_{max,längs} \leq \dfrac{u_k}{8} = \dfrac{2 \cdot (b_w - t_{eff}) + 2 \cdot (h - t_{eff})}{8} = \dfrac{2 \cdot (0{,}5 - 0{,}133) + 2 \cdot (0{,}75 - 0{,}133)}{8} = 0{,}25$ m

2) Für ein Verhältnis $\dfrac{V_{Ed}}{V_{Rd,max}} = \dfrac{311{,}6}{1780{,}9} = 0{,}175 < 0{,}30$    DIN 1045-1, Tab. 31

   – Maximaler Abstand der Bügelbewehrung in Längsrichtung:

   $s_{max,längs} \leq 0{,}7 \cdot h = 0{,}7 \cdot 0{,}75 = 0{,}525$ m $\leq 300$ mm $= 0{,}30$ m

   **$s_{vorh,längs} = 0{,}15$ m $< 0{,}25$ m $= s_{max,längs}$**

   – Maximaler Abstand der Bügelbewehrung in Querrichtung:

   $s_{max,quer} \leq h = \underline{0{,}75\ \text{m}} < 0{,}80$ m

   $s_{vorh,quer} = b_w - 2 \cdot c_{nom} - 2 \cdot \varnothing_{Bü} / 2 = 0{,}50 - 2 \cdot 0{,}04 - 2 \cdot 0{,}014 / 2 = 0{,}41$ m

   **$s_{vorh,quer} = 0{,}41$ m $< 0{,}75$ m $= s_{max,quer}$**

- Maximaler Abstand der Torsionslängsbewehrung:

  max $s_l \leq 0{,}35$ m    DIN 1045-1, 13.2.4 (3)

  **vorh $s_l = 0{,}135$ m $< 0{,}35$ m $=$ max $s_l$**

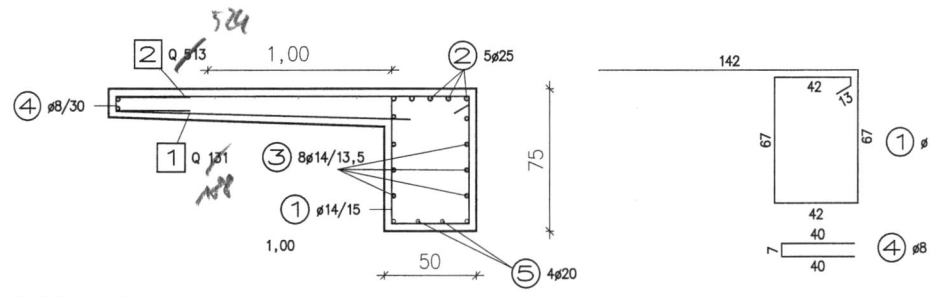

**Bild 6.9:** Bewehrungsskizze

# 7 Durchstanzen

Dipl.-Ing. Michael Hansen

## 7.1 Allgemeines

Punktförmig gestützte und linienförmig gelagerte Platten sind im heutigen Hoch- und Tiefbau die am häufigsten verwendeten Konstruktionselemente für Deckentragsysteme. Die punktförmig gestützte Platte, im Folgenden Flachdecke genannt, entspricht dabei in konstruktiver Hinsicht der konventionellen Platte, wobei die als Auflager dienenden Unterzüge bzw. Wände durch Stützen ersetzt werden. Durch die Reduktion der linienförmigen Auflager auf punktförmige Stützen ergeben sich in statischer Hinsicht erhebliche Veränderungen. Bei linienförmig gelagerten Platten sind die aufzunehmenden Querkraftbeanspruchungen im Normalfall klein und der Tragwiderstand der Deckenkonstruktion wird durch die Biegetragfähigkeit bestimmt. Die punktförmige Lagerung auf einzelnen Stützen führt neben einer erhöhten Plattenbiegebeanspruchung zusätzlich zu einer sehr hohen Querkraftbeanspruchung der Deckenkonstruktion. Diese hohe Querkraftbeanspruchung ist vielfach für den Tragwiderstand und die erforderliche Dicke der gesamten Konstruktion maßgebend. Bei einer Begrenzung der Tragfähigkeit durch die aufnehmbare Querkraftbeanspruchung stellt sich im Gegensatz zu einem Biegeversagen ein sprödes Bruchversagen ein. Das Versagen der Konstruktion erfolgt damit plötzlich und ohne Vorankündigung durch eine starke Zunahme der Deformationen. Um die Tragfähigkeit zu erhöhen und die Durchbiegungen einer Flachdecke zu verringern kann diese vorgespannt werden (üblicherweise mit Litzen ohne Verbund) oder es können Stützenkopfverstärkungen angeordnet werden.

Bei punktförmig gestützten Platten und durch Einzellasten beanspruchte Fundamente treten die maximalen Momenten- und Querkraftbeanspruchungen als Kombination am selben Ort auf. Sie sind aus diesem Grund rechnerisch nur schwierig in einem geschlossenen Modell zu erfassen. Daher werden für die Bemessung solcher Platten im Grenzzustand der Tragfähigkeit in den meisten nationalen und internationalen Normenwerken getrennte Nachweise für die Biege- und die Querkrafttragfähigkeit geführt. Da das Durchstanzversagen einen Sonderfall der Querkraftbeanspruchung von plattenförmigen Bauteilen darstellt, werden dementsprechend die Nachweise in Analogie und mit Ergänzungen zu den Nachweisen zur Querkrafttragfähigkeit geführt (DIN 1045-1, 10.5.1 (1)).

## 7.2 Bruchvorgang beim Durchstanzen

Der Bruchvorgang beim Versagen infolge Durchstanzen läuft nach [Schaidt u. a. – 70] in drei Phasen ab.

### a) Tragfähigkeitserschöpfung
Die Tragfähigkeit der Platte ist erschöpft, wenn die schrägen Betondruckstreben $D_b$ der Druckkegelschale versagen. Eine vollständige Druckzerstörung tritt jedoch nicht ein, da sich die Druckstreben mit beginnender Zerstörung der Kraftaufnahme entziehen. Die Lastabtragung erfolgt ab diesem Zeitpunkt verstärkt über den um den Stützenanschluss vorhandenen Druckring. Dieser hat sich in der stark eingeschnürten Betondruckzone durch die radial und tangential wirkenden Druckbeanspruchungen gebildet.

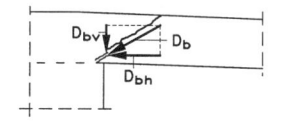

### b) Kraftumlagerung
Der Druckring kann nur noch die Biegedruckkräfte, bisher als Horizontalkomponente $D_{bh}$ der Druckstrebenkräfte wirksam, aufnehmen.

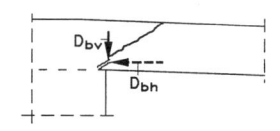

### c) Abschervorgang

Die Querkräfte, bisher als Vertikalkomponente $D_{bv}$ der Druckstrebenkräfte wirksam, müssen aus Gleichgewichtsgründen unverändert bleiben. Sie bewirken damit den für das Durchstanzen charakteristischen Abschervorgang.

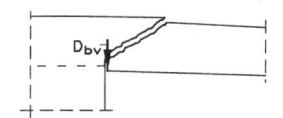

Demzufolge tritt erst nach dem primären Versagen der schrägen Betondruckstreben und der damit einhergehenden Tragfähigkeitserschöpfung des Bauteils das für das Durchstanzen typische Herausschieben des Durchstanzkegels auf. Die Tragfähigkeit der Konstruktion ist vornehmlich vom Widerstand der Platte gegen einen Biegedruckbruch abhängig und somit von der Plattenschlankheit, die über das Momenten-Querkraft-Verhältnis die Neigung der Betondruckstrebenkraft beeinflusst.

## 7.3 Grundsätze und Regeln der Bemessung

Die in diesem Abschnitt behandelten Grundsätze und Regeln für die Durchstanznachweise ergänzen die in DIN 1045-1, 10.3 dargestellten Querkraftnachweise.

Sie gelten nach DIN 1045-1, 10.5.1 (1) für:

- Platten, deren Biegebewehrung nach DIN 1045-1, 10.2 ermittelt wurde,
- Fundamente,
- Rippendecken mit einem Vollquerschnitt im Bereich der Lasteinleitungsfläche, sofern der Vollquerschnitt mindestens um das Maß 1,5·d über den kritischen Rundschnitt hinausreicht (dies entspricht einem Abstand von 3·d vom Rand der Lasteinleitungsfläche).

Durchstanzen kann durch konzentrierte Lasten oder Auflagerreaktionen hervorgerufen werden, die auf einer relativ kleinen Lasteinleitungsfläche $A_{load}$ wirken (DIN 1045-1, 10.5.1 (2)). Der Nachweis gegen ein Versagen auf Durchstanzen ist durch einen Vergleich der Bemessungswerte der einwirkenden Querkräfte $v_{Ed}$ mit den vom Bauteil aufnehmbaren Bemessungswerten der Bauteilwiderstände $v_{Rd}$ zu führen. Obwohl die Nachweisschnitte bei den Nachweisen für Querkraft (1,0·d vom Auflagerrand bei direkter Lagerung) und Durchstanzen (1,5·d vom Auflagerrand) nicht identisch sind, findet durch die Einführung eines äußeren Rundschnitts ein fließender Übergang zwischen den Nachweisen für linienförmig und punktgestützte Platten statt. Im Folgenden sollen die in Bild 7.1 dargestellten Nachweisschnitte kurz erläutert werden. In Abschnitt 7.5 wird auf diese Nachweisschnitte ausführlich eingegangen.

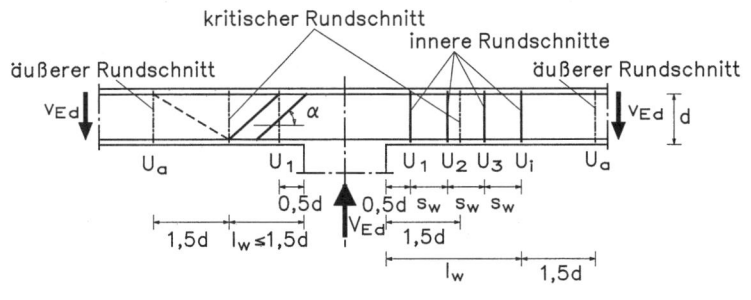

**Bild 7.1:** Nachweisschnitte für den Nachweis der Sicherheit gegen Durchstanzen

- Die Tragfähigkeit von Bauteilen ohne rechnerisch erforderliche Durchstanzbewehrung ist in einem *kritischen Rundschnitt* im Abstand 1,5·d von der Lasteinleitungsfläche (Stützenrand) nachzuweisen (DIN 1045-1, 10.5.3 (6)).
- Die Tragfähigkeit der Betondruckstrebe ist für Bauteile mit Durchstanzbewehrung im *kritischen Rundschnitt* nachzuweisen (DIN 1045-1, 10.5.3 (7) a)).

Durchstanzen

- Die Dimensionierung einer rechnerisch erforderlichen Durchstanzbewehrung ist in *jedem inneren Rundschnitt* (vgl. Bild 7.1) mit der jeweils in diesem Schnitt vorhandenen Bewehrung zu führen. Diese Vorgehensweise ist durch die in den bauaufsichtlichen Zulassungen geregelten Berechnungsverfahren für Bewehrungselemente (z. B. Dübelleisten) bekannt (DIN 1045-1, 10.5.3 (7) b)).

- Der Übergang zwischen der Durchstanz- und Querkrafttragfähigkeit ist für Bauteile mit Durchstanzbewehrung in einem *äußeren Rundschnitt* im Abstand 1,5·d von der letzten Bewehrungsreihe zu überprüfen (DIN 1045-1, 10.5.3 (7) c)). Außerhalb der definierten Schnitte muss das Bauteil die Anforderungen nach DIN 1045-1, 10.3 erfüllen (DIN 1045-1, 10.5.1 (4)).

Das in Bild 7.2 dargestellte Bemessungsmodell wird für den Nachweis der Sicherheit gegen Durchstanzen nach DIN 1045-1 zu Grunde gelegt (DIN 1045-1, 10.5.1 (3)). Der für den Durchstanznachweis maßgebende kritische Rundschnitt ist bei diesem Bemessungsmodell unter einer Neigung des Bruchkegels von $\beta_r = 33{,}7°$ anzunehmen.

Eine Stützenkopfverstärkung, Durchstanzbewehrung oder eine andere Art von Schubsicherung muss zur Tragfähigkeitserhöhung vorgesehen werden, falls die Dicke einer Platte oder eines Fundaments allein nicht genügt, um eine ausreichende Durchstanztragfähigkeit sicherzustellen. Eine erforderliche Durchstanzbewehrung ist auf den betrachteten Umfang gleichmäßig verteilt anzuordnen (DIN 1045-1, 10.5.5 (2)).

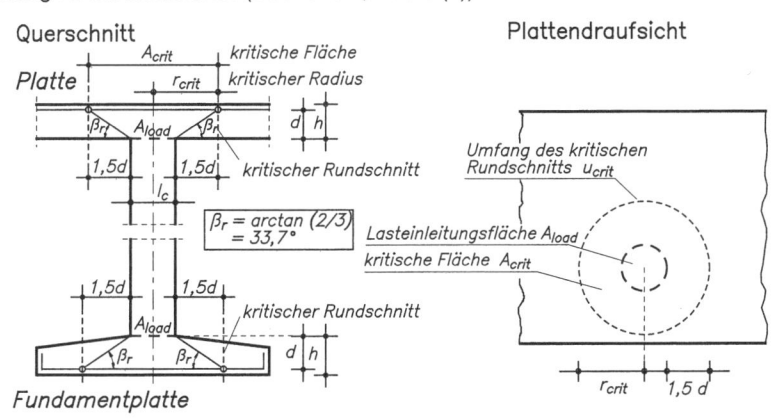

Bild 7.2: Bemessungsmodell für den Nachweis der Sicherheit gegen Durchstanzen (nach DIN 1045-1, Bild 37)

## 7.4 Schnittgrößen in punktförmig gestützten Platten

### 7.4.1 Ermittlung der Biegeschnittgrößen

Zur Ermittlung der Biegeschnittgrößen in punktförmig gestützten Platten stehen für eine Handrechnung Näherungslösungen nach [Grasser/Thielen – 91] zur Verfügung. Für die Schnittgrößenermittlung von komplizierteren bzw. unregelmäßig punktgestützten Platten sowie von elastisch gebetteten Fundamentplatten werden heutzutage in der Regel Finite-Elemente-Programme verwendet, die auf der Elastizitätstheorie basieren. Bei Anwendung dieser FE-Programme ist eine ausreichende Leistungsfähigkeit der verwendeten Flächenelemente erforderlich, damit wirklichkeitsnahe Schnittgrößen berechnet werden können. Durch den großen Gradienten der Biegemomente ist bei der Modellierung der Stützbereiche besondere Aufmerksamkeit erforderlich, da infolge einer zu groben Elementwahl große Abweichungen zu den auftretenden Schnittgrößen entstehen können.

## 7.4.2 Ermittlung der maßgebenden Querkraft

In DIN 1045-1 sind keine Angaben zur Ermittlung der für den Nachweis gegen Durchstanzen maßgebenden Querkraft $V_{Ed}$ enthalten. Für die Schnittgrößenermittlung sind jedoch Näherungsverfahren oder Bemessungshilfen auf Grundlage geeigneter vereinfachter Annahmen zulässig, wenn diese ein der DIN 1045-1 entsprechendes Zuverlässigkeitsniveau aufweisen (DIN 1045-1, 7.3 und 8.1 (1)).

Daher wird für eine Handrechnung empfohlen, die aufzunehmenden Querkräfte $V_{Ed}$ näherungsweise, wie bisher entsprechend der gültigen Vorschriften zulässig, für Vollbelastung der Felder ohne Berücksichtigung einer Durchlaufwirkung oder Einspannung zu bestimmen ([DIN 1045 – 88], 15.6 (1) und [Grasser/Thielen – 91], 3.6.1.1). Unter diesen Voraussetzungen sind die aufzunehmenden Querkräfte am ersten Innenauflager um 10 %, bei Innenstützen von Flachdecken mit nur zwei Feldern und bei „inneren Eckstützen" um 20 % zu vergrößern.

Bei Anwendung eines FE-Programms entsprechen die an den einzelnen Stützungen ermittelten Auflagerreaktionen der gesamten aufzunehmenden Querkraft $V_{Ed}$ und können daher direkt für den Nachweis zur Sicherheit gegen Durchstanzen verwendet werden. Eine wirklichkeitsnahe Modellierung des Stützenbereichs mit Erfassung der Biegebeanspruchungen zwischen Stütze und Platte sowie eine Querkraftermittlung entlang des kritischen Rundschnitts ermöglicht zudem eine direkte Berechnung der je Längeneinheit aufzunehmenden Querkraft $v_{Ed}$, ohne dass ein Erhöhungsbeiwert $\beta$ nach Abschnitt 7.6.3 zur Berücksichtigung von Lastausmitten einzurechnen ist.

## 7.5 Lasteinleitung und Nachweisschnitte

Als Lasteinleitungsfläche einer Platte $A_{load}$ wird die Querschnittsfläche am Übergang zu einem anschließenden Bauteil (z. B. Wand oder Stütze) bezeichnet, die durch eine konzentrierte Belastung oder durch eine Auflagerreaktion auf einer relativ kleinen Fläche beansprucht wird (vgl. Bild 7.2). Bei Platten mit Stützenkopfverstärkungen finden differenziertere Betrachtungen statt (siehe Abschnitt 7.5.5). Der maßgebende Bemessungsschnitt für den Nachweis der Sicherheit gegen Durchstanzen ist durch den kritischen Rundschnitt festgelegt. Der kritische Rundschnitt umgibt die Lasteinleitungsfläche in einem Abstand von 1,5·d. Seine Länge wird durch die Form der Lasteinleitungsfläche, durch Öffnungen, durch freie Plattenränder und durch Stützenkopfverstärkungen beeinflusst. Weitere Rundschnitte innerhalb und außerhalb der kritischen Fläche sind affin zum kritischen Rundschnitt anzunehmen (DIN 1045-1, 10.5.2 (5)).

Die Länge des kritischen Rundschnitts entspricht dem kritischen Umfang $u_{crit}$ und die kritische Fläche $A_{crit}$ ist die Plattenfläche innerhalb des kritischen Rundschnitts (DIN 1045-1, 10.5.2 (3) und (4)). Durch den kritischen Umfang und die Nutzhöhe d wird der kritische Querschnitt beschrieben. Dieser kritische Querschnitt verläuft bei Platten mit konstanter Dicke senkrecht zur Mittelebene der Fläche. Bei Platten mit veränderlicher Dicke hingegen wird der Querschnitt senkrecht zur auf Zug beanspruchten Oberfläche angenommen.

Die Grundsätze und Regeln für die Durchstanznachweise nach DIN 1045-1, 10.5 sind Ergänzungen der Querkraftnachweise nach DIN 1045,1, 10.3 (DIN 1045-1, 10.5.1 (1)). Wenn die für die Durchstanznachweise getroffenen Annahmen (siehe z. B. Abmessungen nach Abschnitt 7.5.1) nicht eingehalten werden, sollte anstelle eines Nachweises auf Durchstanzen ein Querkraftnachweis geführt werden,

## 7.5.1 Standardfälle

Beim Nachweis der Sicherheit gegen Durchstanzen können für Platten mit konstanter Dicke die Lasteinleitungsflächen $A_{load}$ nach DIN 1045-1, 10.5.2 (1) als Standardfälle bezeichnet werden,

- welche die zulässigen Abmessungen nach Bild 7.3 einhalten,
- deren Lasteinleitungsfläche sich nicht in der Nähe anderer konzentrierter Lasten befindet, die zu einer Überschneidung benachbarter Rundschnitte führen können,
- deren Lasteinleitungsfläche sich nicht in einem Bereich befindet, der durch zusätzliche wesentliche Querkräfte beansprucht wird,
- bei denen keine Besonderheiten, wie bspw. ausgedehnte Lasteinleitungsflächen, Öffnungen oder die Nähe eines freien Randes, vorliegen.

Die kritischen Rundschnitte umschließen in allen Standardfällen die Lasteinleitungsfläche in einem festgelegten Abstand von 1,5·d, wobei einspringende Ecken nicht berücksichtigt werden.

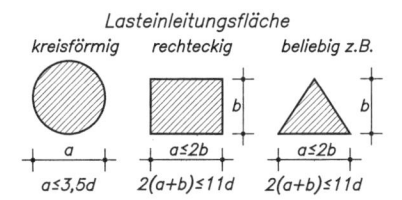

**Bild 7.3:** Lasteinleitungsflächen der Standardfälle

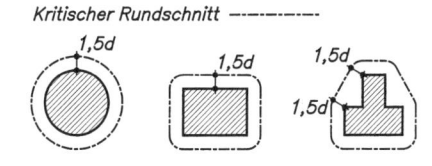

**Bild 7.4:** Kritischer Rundschnitt im Standardfall (vgl. DIN 1045-1, Bild 39)

## 7.5.2 Ausgedehnte Auflagerflächen

Lasteinleitungsflächen, die nicht den Standardfällen in Bild 7.3 entsprechen, werden als ausgedehnte Auflagerflächen bezeichnet. Bei diesen Auflagerflächen entspricht das Tragverhalten der Flachdecke lediglich in den Eckbereichen dem einer punktförmig gestützten Platte. Die restlichen Bereiche entsprechen in ihrem Tragverhalten eher dem einer linienförmig gelagerten Platte. Der gesamte Durchstanzwiderstand einer Flachdecke bei ausgedehnten Auflagerflächen setzt sich somit aus einem Anteil des Durchstanzwiderstands der Eckbereiche und aus einem Anteil des „normalen" Querkraftwiderstandes für die verbleibenden Bereiche zusammen. Vereinfachend darf daher für den Durchstanznachweis nur die in Bild 7.5 dargestellte Länge des kritischen Rundschnitts in Ansatz gebracht werden, wenn kein genauerer Nachweis geführt wird (DIN 1045-1, 10.5.2 (2)).

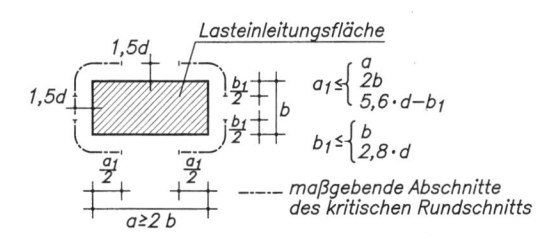

**Bild 7.5:** Ausgedehnte Auflagerflächen (vgl. DIN 1045-1, Bild 38)

## 7.5.3 Einfluss von Öffnungen

Wenn die kürzeste Entfernung zwischen dem Rand der Lasteinleitungsfläche und dem Rand der Öffnung das Maß 6·d unterschreitet, ist die Länge des kritischen Rundschnitts infolge von benachbarten Deckenöffnungen zu reduzieren (DIN 1045-1, 10.5.2 (6)). Durch den Einfluss einer Öffnung ist der Teil des kritischen Rundschnitts, welcher der Öffnung zugewandt ist, als unwirksam zu betrachten, da er in einem „Lastschatten" der Öffnung liegt. Diese unwirksame Länge x wird durch den Abstand zwischen den beiden Geraden beschrieben, die von den Ecken der Öffnung bzw. bei runden Öffnungen tangential bis zum Mittelpunkt der Lasteinleitungsfläche gezogen sind.

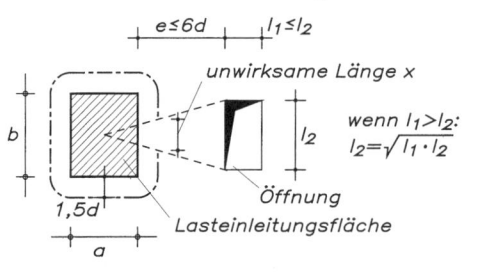

**Bild 7.6:** Kritischer Rundschnitt in der Nähe von Öffnungen (vgl. DIN 1045-1, Bild 40)

mit $e \leq 6d$, $l_1 \leq l_2$, wenn $l_1 > l_2$: $l_2 = \sqrt{l_1 \cdot l_2}$

## 7.5.4 Einfluss von freien Rändern

Bei Lasteinleitungsflächen, die sich in der Nähe von freien Rändern befinden, ist die Länge des kritischen Rundschnitts nach Bild 7.7 zu bestimmen, sofern dieser einen Umfang ergibt, der kleiner als derjenige nach Bild 7.4 (Standardfall) oder Bild 7.6 (Öffnungen) ist (DIN 1045-1, 10.5.2 (7)). Der Einfluss des freien Randes darf vernachlässigt werden, wenn die Lasteinleitungsfläche $A_{load}$ einen Randabstand von mehr als $c = 3 \cdot d$ hat. In diesem Fall kann die aufnehmbare Querkraft mit einem kritischen Rundschnitt nach Bild 7.4 für den Standardfall bestimmt werden (DIN 1045-1, 10.5.2 (8)).

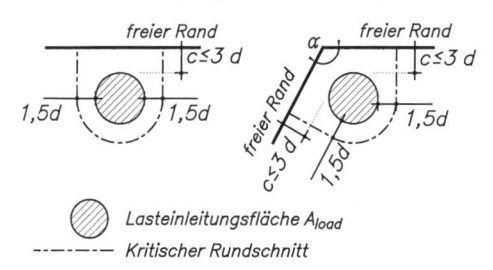

**Bild 7.7:** Kritischer Rundschnitt in der Nähe von freien Rändern (vgl. DIN 1045-1, Bild 41)

Als konstruktive Randbewehrung entlang eines freien Randes ist bei Lasteinleitungsflächen, die sich nahe an einem freien Rand oder einer Ecke befinden (Randabstand kleiner als d) stets eine Randbewehrung nach DIN 1045-1, 13.3.2, Bild 71 entlang des freien Randes mit einem Steckbügelabstand $s_w \leq 100$ mm vorzusehen (DIN 1045-1, 10.5.2 (9) und 13.3.2 (10)).

## 7.5.5 Platten mit veränderlicher Dicke

Wenn Platten mit Stützenkopfverstärkungen ausgebildet werden, dann ist der zu untersuchende kritische Rundschnitt von den Abmessungen der Stützenkopfverstärkung abhängig. Bei kleinen Stützenkopfverstärkungen stellt sich der Durchstanzkegel ausgehend vom Rand der Stützenkopfverstärkung in der Platte ein. Eine große Stützenkopfverstärkung führt dagegen zu einem vom Stützenrand ausgehenden Bruchkegel. Diesem Bruchverhalten entsprechend werden in DIN 1045-1 zwei Bereiche definiert, die von den Abmessungen der Stützenkopfverstärkung abhängig sind (DIN 1045-1, 10.5.2 (10) und (11)).

Die Bemessungsverfahren für die Nachweise der Sicherheit gegen Durchstanzen nach Abschnitt 7.6 sind sowohl innerhalb, als auch außerhalb der Stützenkopfverstärkung anwendbar. Für den Nachweis innerhalb der Stützenkopfverstärkung ist lediglich anstelle der Plattennutzhöhe d die Nutzhöhe $d_H$ nach Bild 7.9 anzusetzen (DIN 1045-1, 10.5.2 (13)).

Durchstanzen

- *Bereich 1: „kleine Stützenkopfverstärkung" mit $l_H \leq 1{,}5 \cdot h_H$*

Bei Platten mit $l_H \leq 1{,}5 \cdot h_H$ wird eine Unterscheidung zwischen abgestuften und schrägen Stützenkopfverstärkungen vorgenommen. Bei Stützen mit abgestufter Stützenkopfverstärkung ist die gesamte Fläche der Stützenkopfverstärkung als Lasteinzugsfläche anzusetzen (DIN 1045-1, 10.5.2 (10)). Der Durchstanznachweis ist bei Platten mit schräger Stützenkopfverstärkung und $l_H \leq 1{,}5 \cdot h_H$ nur außerhalb der Stützenkopfverstärkung zu führen. Der zur Berechnung des kritischen Rundschnitts maßgebende Abstand $r_{crit}$ kann dabei entsprechend Bild 7.8 mit Gleichung (7-1) bzw. (7-2) bestimmt werden.

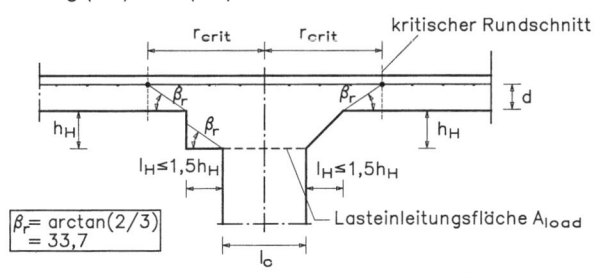

**Bild 7.8:** Platte mit einer Stützenkopfverstärkung mit $l_H \leq 1{,}5 \cdot h_H$ (vgl. DIN 1045-1, Bild 42)

- Runde Stützenkopfverstärkungen:

$$r_{crit} = 1{,}5 \cdot d + l_H + 0{,}5 \cdot l_c \qquad (7\text{-}1)$$
DIN 1045-1, (96)

    d   statische Nutzhöhe der Platte

    $l_H$   Abstand des Stützenrands vom Rand der Stützenkopfverstärkung

    $l_c$   Durchmesser einer Lasteinzugsfläche mit Kreisquerschnitt

- Rechteckige Stützenkopfverstärkungen:

$$r_{crit} = \min \begin{cases} 1{,}5 \cdot d + 0{,}56 \cdot \sqrt{b_c \cdot h_c} \\ 1{,}5 \cdot d + 0{,}64 \cdot b_c \end{cases} \qquad (7\text{-}2)$$
DIN 1045-1, (97)

der kleinere Wert aus Gleichung (7-2) mit den Gesamtabmessungen $b_c$ und $h_c$ im Grundriss (mit $b_c \leq h_c$) ist maßgebend

- *Bereich 2: „große Stützenkopfverstärkung" mit $l_H > 1{,}5 \cdot h_H$*

Bei Platten mit Stützenkopfverstärkungen $l_H > 1{,}5 \cdot h_H$ sollten zwei kritische Rundschnitte untersucht werden (DIN 1045-1, 10.5.2 (11)). Dabei liegt der Erste im Bereich der Stützenkopfverstärkung im Abstand $r_{crit,in}$ zum Stützenmittelpunkt. Der Zweite befindet sich in der Platte und weist zum Stützenmittelpunkt einen Abstand $r_{crit,ex}$ auf.

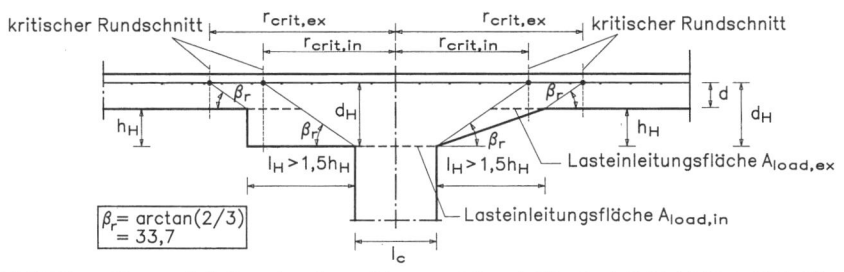

**Bild 7.9:** Platte mit Stützenkopfverstärkung mit $l_H > 1{,}5 \cdot h_H$ (vgl. DIN 1045-1, Bild 43)

Die Abstände der beiden kritischen Rundschnitte vom Mittelpunkt der Stützenquerschnittsfläche können nach DIN 1045-1, 10.5.2 (12) mit den Gleichungen (7-3) und (7-4) bestimmt werden.

Für den kritischen Rundschnitt innerhalb der Stützenkopfverstärkung gilt:

$$r_{crit,in} = 1{,}5 \cdot (d + h_H) + 0{,}5 \cdot l_c \qquad (7\text{-}3)$$
$$\text{DIN 1045-1, (99)}$$

Für den kritischen Rundschnitt in der Platte ergibt sich:

$$r_{crit,ex} = 1{,}5 \cdot d + l_H + 0{,}5 \cdot l_c \qquad (7\text{-}4)$$
$$\text{DIN 1045-1, (98)}$$

### 7.5.6 Nachweisschnitte der Bewehrung

Für die Berechnung des Tragwiderstandes der Zugstreben, die durch die eingelegte bzw. erforderliche Durchstanzbewehrung gebildet werden, sind weitere Nachweisschnitte notwendig.

Die Tragfähigkeit der Zugstreben des Durchstanzmodells ist beginnend im Abstand 0,5·d vom Stützenrand in mehreren Rundschnitten mit dem jeweiligen Radius $r_{w,i}$ nachzuweisen. Der Abstand der einzelnen Rundschnitte ist nach DIN 1045-1, 10.5.5 (2) und (3) dabei in Abhängigkeit von der Art der verwendeten Durchstanzbewehrung zu bestimmen (siehe auch Abschnitt 7.6.4).

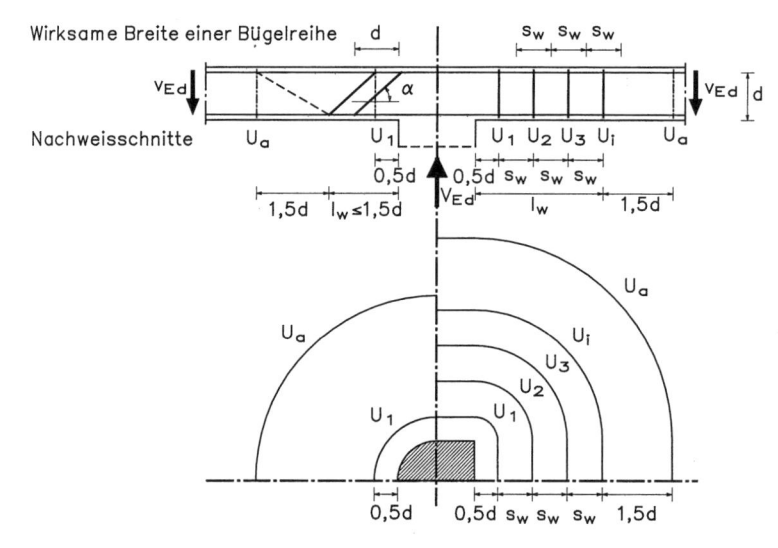

**Bild 7.10:** Nachweisschnitte der Durchstanzbewehrung (vgl. DIN 1045-1, Bild 45)

## 7.6 Bemessungsverfahren für den Durchstanznachweis

### 7.6.1 Allgemeines

Für die zuvor definierten Nachweisschnitte werden in DIN 1045-1 vier Bauteilwiderstände für den Nachweis der Durchstanztragfähigkeit angegeben. Diese Bauteilwiderstände werden jeder für sich der einwirkenden Querkraft gegenübergestellt:

$$v_{Ed} \leq \begin{cases} v_{Rd,ct} \\ v_{Rd,max} \\ v_{Rd,sy} \\ v_{Rd,ct,a} \end{cases} \qquad (7\text{-}5)$$
DIN 1045-1, (101)–(104)

Die auf die Länge des Nachweisschnitts bezogenen Bemessungswerte der Querkrafttragfähigkeit sind (DIN 1045-1, 10.5.3 (1)):

$v_{Rd,ct}$  Bemessungswert der Querkrafttragfähigkeit längs des kritischen Rundschnitts einer Platte ohne Durchstanzbewehrung

$v_{Rd,max}$  Bemessungswert der maximalen Querkrafttragfähigkeit längs des kritischen Rundschnitts (Tragfähigkeit der Betondruckstreben)

$v_{Rd,sy,i}$  Bemessungswert der Querkrafttragfähigkeit mit Durchstanzbewehrung längs eines inneren Nachweisschnitts i (Tragfähigkeit der Durchstanzbewehrung)

$v_{Rd,ct,a}$  Bemessungswert der Querkrafttragfähigkeit längs des äußeren Rundschnitts außerhalb des durchstanzbewehrten Bereichs

### 7.6.2 Bemessungswert der aufzunehmenden Querkraft

Der Bemessungswert der aufzunehmenden Querkraft je Längeneinheit $v_{Ed}$ im betrachteten Nachweisschnitt berechnet sich zu:

$$v_{Ed} = \frac{\beta \cdot V_{Ed}}{u} \qquad (7\text{-}6)$$
DIN 1045-1, (100)

$V_{Ed}$  Bemessungswert der gesamten aufzunehmenden Querkraft
$u$  Umfang des betrachteten Rundschnitts nach Bild 7.10
$\beta$  Beiwert zur Berücksichtigung der Auswirkung von Momenten in der Lasteinleitungsfläche nach Bild 7.11

Eine Ermittlung der aufzunehmenden Querkraft mit einem Näherungsverfahren oder mit einer in der Praxis üblichen FE-Modellierung berücksichtigt nicht die Auswirkungen von zusätzlichen Lastausmitten bzw. die Übertragung von Biegemomenten zwischen Platte und Stütze. Dieses entspricht einem ausmittigen Lastangriff der Stützenlast und führt zu einer nicht rotationssymmetrischen Biegebeanspruchung des kritischen Rundschnitts. Kleine Lastausmitten resultieren z. B. bei Flach- und Pilzdecken aus unterschiedlichen Belastungen oder Stützweiten der Deckenfelder.

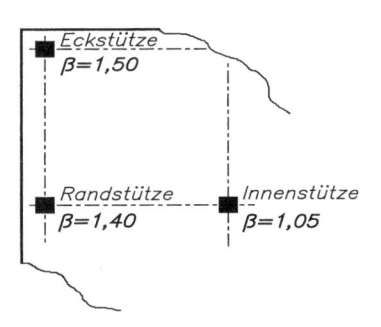

**Bild 7.11:** Näherungswerte für den Beiwert β (nach DIN 1045-1, Bild 44)

Eckstütze β=1,50
Randstütze β=1,40
Innenstütze β=1,05

Wenn Decken und Stützen zur Aussteifung eines Gebäudes herangezogen werden und die somit angenommenen Stockwerkrahmen zur Aufnahme der Horizontalkräfte („verschiebliche Systeme") dienen, muss mit großen Lastausmitten gerechnet werden.

Wenn technisch keine Lastausmitte möglich ist (z. B. bei Pendelstützen) darf $\beta = 1{,}0$ gesetzt werden [Zilch/Rogge – 01]. Ansonsten sind die Auswirkungen von kleinen Lastausmitten in Platten und Fundamenten vereinfachend durch Erhöhung von $V_{Ed}$ mit dem Beiwert $\beta$ nach Bild 7.11 zu erfassen. Die Werte $\beta$ wurden näherungsweise für einen regelmäßigen Grundriss hergeleitet. Bei sehr unterschiedlichen Feldspannweiten oder nicht rotationssymmetrischer Belastung sollten diese Werte deshalb erhöht werden. Nach [Grasser/Thielen – 91] darf von einer rotationssymmetrischen Biegebeanspruchung ausgegangen werden, falls sich die Feldspannweiten um nicht mehr als 33 % unterscheiden.

Der Bemessungswert der aufzunehmenden Querkraft darf in einigen Fällen abgemindert werden. Diese Abminderungen werden im Folgenden mit $\Delta V_{Ed}$ bezeichnet.

- In Fundamentplatten darf die aufzunehmende Querkraft für den Durchstanznachweis um die innerhalb der kritischen Fläche $A_{crit}$ wirkende Resultierende aus der Bodenpressung abgemindert werden. Für die Abminderung darf jedoch höchstens 50 % von $A_{crit}$ nach Bild 7.11 in Ansatz gebracht werden (DIN 1045-1, 10.5.3 (4)).

$$\Delta V_{Ed} \leq 0{,}50 \cdot A_{crit} \cdot \sigma_m$$

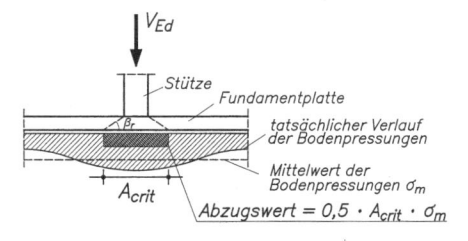

**Bild 7.12:** Abzugswert aus den Bodenpressungen

- In vorgespannten Bauteilen darf die Querkraftkomponente $V_{pd}$ von geneigten Spanngliedern, die parallel zu $V_{Ed}$ wirkt und innerhalb der betrachteten Rundschnitte liegt, berücksichtigt werden (DIN 1045-1, 10.5.3 (5)). Die Berücksichtigung dieser Kraftkomponente $V_{pd}$ führt bei üblicher Spanngliedführung zu einer Verringerung der aufzunehmenden Querkraft ($\Delta V_{Ed} = V_{pd}$).

Demgegenüber bestimmt sich für punktgestützte Deckenlatten die Größe der gesamten aufzunehmenden Querkraft direkt aus den angreifenden Auflagerreaktionen oder Einzellasten (ohne Abzug der innerhalb der kritischen Fläche wirkenden Lasten). Eine Reduzierung der einwirkenden Querkraft bei „auflagernahen Einzellasten" nach DIN 1045-1, 10.3.2 ist nicht zulässig (DIN 1045-1, 10.5.3 (3)).

### 7.6.3 Platten oder Fundamente ohne Durchstanzbewehrung

Platten oder Fundamente können **ohne** Durchstanzbewehrung ausgeführt werden, wenn im kritischen Rundschnitt die Bedingung (7-7) eingehalten wird (DIN 1045-1, 10.5.3 (6)).

$$v_{Ed} \leq v_{Rd,ct} \qquad \qquad (7\text{-}7)$$
$$\text{DIN 1045-1, (101)}$$

Übersteigt die aufzunehmende Querkraft je Längeneinheit $v_{Ed}$ die Querkrafttragfähigkeit der Platte ohne Durchstanzbewehrung, sollte eine Durchstanzbewehrung oder eine andere Sicherung gegen Durchstanzen (z. B. Dübelleisten) vorgesehen werden.

Der Bemessungswiderstand einer Platte ohne Durchstanzbewehrung $v_{Rd,ct}$ kann vergleichbar einer Platte mit kontinuierlicher Lagerung nach Gleichung (7-8) berechnet werden.

Der Bemessungswert des Bauteilwiderstandes wurde entsprechend dem Nachweis der Querkrafttragfähigkeit mit kleinen Modifikationen aus dem Model Code 90 [CEB 213/214 – 93] übernommen. Das zu Grunde liegende Konzept baut auf semi-empirischen Ansätzen auf und wurde anhand von Versuchsergebnissen kalibriert. Aufgrund des mehraxialen Spannungszustandes im Durchstanzbereich konnte der Vorfaktor gegenüber dem Nachweis der Querkrafttragfähigkeit von 0,10 auf 0,14 erhöht werden.

$$v_{Rd,ct} = \left[0,14 \cdot \eta_1 \cdot \kappa \cdot (100 \cdot \rho_l \cdot f_{ck})^{1/3} - 0,12 \cdot \sigma_{cd}\right] \cdot d \qquad (7\text{-}8)$$
DIN 1045-1, (105)

$$\kappa = 1 + \sqrt{\frac{200}{d \,[mm]}} \leq 2,0 \qquad (7\text{-}9)$$
DIN 1045-1, (106)

$\eta_1$ = 1,0 für Normalbeton
für Leichtbeton nach DIN 1045-1, Tabelle 10

d = mittlere Nutzhöhe mit $(d_x+d_y)/2$; $d_x$ und $d_y$ sind die Nutzhöhen der Platte in x- und y-Richtung im betrachteten Rundschnitt

$\rho_l$ = mittlerer Längsbewehrungsgrad innerhalb des betrachteten Rundschnitts

$$\rho_l = \sqrt{\rho_{lx} \cdot \rho_{ly}} \leq \begin{cases} 0,40 \cdot \dfrac{f_{cd}}{f_{yd}} \\ 0,02 \end{cases}$$

$\rho_{lx}$ und $\rho_{ly}$ sind die geometrischen Längsbewehrungsgrade in x- bzw. y-Richtung, der im Verbund liegenden und außerhalb des betrachteten Rundschnitts verankerten Zugbewehrung

$\sigma_{cd}$ = Bemessungswert der Betondruckspannung innerhalb des betrachteten Rundschnitts mit

$$\sigma_{cd} = \frac{\sigma_{cd,x} + \sigma_{cd,y}}{2} \quad [N/mm^2]$$

$\sigma_{cd,x}$ und $\sigma_{cd,y}$ sind die Bemessungswerte der Betonnormalspannungen innerhalb des betrachteten Rundschnitts in x- bzw. y-Richtung:

$$\sigma_{cd,x} = \frac{N_{Ed,x}}{A_{c,x}} \quad \text{und} \quad \sigma_{cd,y} = \frac{N_{Ed,y}}{A_{c,y}}$$

wobei $N_{Ed,x}$ bzw. $N_{Ed,y}$ die mittleren Längskräfte in den Querschnitten $A_{c,x}$ und $A_{c,y}$ durch den kritischen Rundschnitt infolge Last oder Vorspannung ($N_{Ed}<0$ als Druckbeanspruchung) sind.

### 7.6.4 Platten oder Fundamente mit Durchstanzbewehrung

In durchstanzgefährdeten Platten ist eine Durchstanzbewehrung anzuordnen, falls die aufzunehmende Querkraftbeanspruchung $v_{Ed}$ größer als der Bemessungswiderstand $v_{Rd,ct}$ ist.

Nach DIN 1045-1, 13.3.1 müssen Platten mit einer Durchstanzbewehrung eine Mindestdicke von 20 cm aufweisen. Ihre Tragfähigkeit wird durch ein räumliches Fachwerk nachgewiesen. Die Zugstreben dieses Modells werden von der Durchstanzbewehrung unter Berücksichtigung eines aus Versuchen ermittelten Betontraganteils gebildet. Der Nachweis der Zugstreben muss in mehreren Schnitten mit festgelegten Abständen geführt werden.

- *Druckstrebentragfähigkeit*

Der Nachweis der Druckstrebentragfähigkeit $v_{Ed} \leq v_{Rd,max}$ ist im kritischen Rundschnitt zu führen. Der Bauteilwiderstand wird jedoch mangels eines geeigneten mechanischen Bemessungsmodells für Bauteile mit Durchstanzbewehrung vereinfachend festgelegt. Dies geschieht nach Gleichung (7-10) in Abhängigkeit von der Tragfähigkeit von Bauteilen ohne Durchstanzbewehrung (DIN 1045-1, 10.5.5 (1)). Der Vorfaktor wurde empirisch anhand von Versuchsauswertungen ermittelt.

$$v_{Rd,max} = 1,5 \cdot v_{Rd,ct} \qquad (7\text{-}10)$$
DIN 1045-1, (107)

- *Durchstanzbewehrung rechtwinklig zur Plattenebene*

Zur Ermittlung des Bemessungswiderstands einer Platte mit Durchstanzbewehrung findet die nach der Lage der Bewehrungsreihe getrennte Berechnung entsprechend den Gleichungen (7-11) und (7-12) statt [DIN 1045-1, 10.5.5 (2)].

Bei der ersten Bewehrungsreihe im Abstand 0,5·d vom Stützenrand beträgt der Bemessungswert der Querkrafttragfähigkeit mit Durchstanzbewehrung

$$v_{Rd,sy} = v_{Rd,c} + \frac{\kappa_s \cdot A_{sw} \cdot f_{yd}}{u} \qquad (7\text{-}11)$$
DIN 1045-1, (108)

Für die weiteren Bewehrungsreihen mit gegenseitigen Abständen $s_w \leq 0{,}75 \cdot d$ wird $v_{Rd,sy}$ mit Gleichung (7-12) bestimmt.

$$v_{Rd,sy} = v_{Rd,c} + \frac{\kappa_s \cdot A_{sw} \cdot f_{yd} \cdot d}{u \cdot s_w} \qquad (7\text{-}12)$$
DIN 1045-1, (109)

$v_{Rd,c}$    Betontraganteil $v_{Rd,c} = v_{Rd,ct}$ nach Gleichung (7-8)

$\kappa_s \cdot A_{sw} \cdot f_{yd}$    Bemessungskraft der Durchstanzbewehrung in Richtung der aufzunehmenden Querkraft für jede Reihe der Querkraftbewehrung

$u$    Umfang des Nachweisschnittes

$s_w$    wirksame Breite einer Bewehrungsreihe nach Bild 7.10 mit $s_w \leq 0{,}75 \cdot d$

$\kappa_s$    Beiwert zur Berücksichtigung des Einflusses der Bauteilhöhe auf die Wirksamkeit der Bewehrung mit

$$\kappa_s = 0{,}7 + 0{,}3 \cdot \frac{d[mm] - 400}{400} \quad \begin{cases} \geq 0{,}7 \\ \leq 1{,}0 \end{cases} \qquad (7\text{-}13)$$
DIN 1045-1, (110)

In der Bemessungspraxis ist eine direkte Berechnung der erforderlichen Durchstanzbewehrung üblich. Durch die Umformung der Gleichungen (7-11) bzw. (7-12) und dem Einsetzen von $v_{Rd,sy} = v_{Ed}$ kann die innerhalb des betrachteten Rundschnitte erforderliche Durchstanzbewehrung berechnet werden. Für die erste Bewehrungsreihe im Abstand 0,5·d vom Stützenrand ergibt sich die erforderliche Bewehrung nach Gleichung (7-14).

$$A_{sw,erf} = \frac{(v_{Ed} - v_{Rd,c}) \cdot u}{\kappa_s \cdot f_{yd}} \qquad (7\text{-}14)$$

Bei den weiteren Bewehrungsreihen mit gegenseitigen Abständen $s_w \leq 0{,}75 \cdot d$ beträgt die erforderliche Bewehrung:

$$A_{sw,erf} = \frac{(v_{Ed} - v_{Rd,c}) \cdot u \cdot s_w}{\kappa_s \cdot f_{yd} \cdot d} \qquad (7\text{-}15)$$

Diese erforderliche Bewehrung ist gleichmäßig auf den betrachteten Umfang zu verteilen (DIN 1045-1, 10.5.5 (2)).

Durchstanzen

- *Schrägstäbe als Durchstanzbewehrung*

Schrägstäbe sind generell mit einer Neigung von 45°≤ α ≤ 60° gegen die Plattenebene auszuführen (DIN 1045-1, 10.5.5 (3)). Sofern ausschließlich Schrägstäbe als Durchstanzbewehrung eingesetzt werden, dürfen diese nur im Bereich von 1,5·d um die Stütze angeordnet werden (siehe Bild 7.15). Die erforderliche Bewehrung ist in einem Schnitt im Abstand 0,5·d von Stützenrand nach Gleichung (7-16) nachzuweisen.

$$V_{Rd,sy} = V_{Rd,c} + \frac{1,3 \cdot A_s \cdot \sin\alpha \cdot f_{yd}}{u} \qquad (7\text{-}16)$$
DIN 1045-1, (111)

$1,3 \cdot A_s \cdot \sin\alpha \cdot f_{yd}$  Bemessungskraft der Durchstanzbewehrung in Richtung der aufzunehmenden Querkraft

α  Winkel der geneigten Durchstanzbewehrung gegen die Plattenebene

- *Übergangsbereich*

Für den Übergang vom durchstanzbewehrten zum nicht durchstanzbewehrten Bereich ist die Querkrafttragfähigkeit ohne Durchstanzbewehrung unter Berücksichtigung des Bewehrungsgrades der Biegezugbewehrung zu ermitteln. Diese Querkrafttragfähigkeit $v_{Rd,ct,a}$ wird im äußeren Rundschnitt, der im Abstand 1,5·d von der letzten Bewehrungsreihe liegt, nach Gleichung (7-17) bestimmt (vgl. Bild 7.10).

$$v_{Rd,ct,a} = \kappa_a \cdot v_{Rd,ct} \qquad (7\text{-}17)$$
DIN 1045-1, (112)

$v_{Rd,ct}$  Tragfähigkeit ohne Durchstanzbewehrung nach Gleichung (7-8) unter Berücksichtigung des Längsbewehrungsgrades $\rho_l$ im äußeren Rundschnitt

$\kappa_a$  Beiwert zur Berücksichtigung des Übergangs zum Plattenbereich mit der Querkrafttragfähigkeit nach DIN 1045-1, 10.3.3

$$\kappa_a = 1 - \frac{0,29 \cdot l_w}{3,5 \cdot d} \geq 0,71 \qquad (7\text{-}18)$$
DIN 1045-1, (113)

Dabei ist $l_w$ nach Bild 7.10 die Breite des Bereiches mit Durchstanzbewehrung außerhalb der Lasteinleitungsfläche.

### 7.6.5 Mindestbemessungsmomente

Zusätzlich zur eigentlichen Schnittgrößenermittlung wird die Einhaltung von Mindestbemessungsmomenten $m_{Ed,x}$ und $m_{Ed,y}$ für Platten-Stützen-Verbindungen gefordert. Damit wird die Gültigkeit der in Abschnitt 7.6.3 und 7.6.4 verwendeten Bemessungsannahmen für den Nachweis der Sicherheit gegen Durchstanzen sichergestellt (DIN 1045-1, 10.5.6).

Diese Plattenbemessungsmomente werden maßgebend, sofern eine Schnittgrößenermittlung nicht größere Werte ergibt. Sie berechnen sich durch Multiplikation der aufzunehmenden Querkraft $V_{Ed}$ mit einem aus der Plattentheorie abgeleiteten Momentenbeiwert η nach Tabelle 7.1 zu

$$m_{Ed,x} \geq \eta_x \cdot V_{Ed} \quad \text{und} \quad m_{Ed,y} \geq \eta_y \cdot V_{Ed} \qquad (7\text{-}19)$$
DIN 1045-1, (115)

Somit sind in Analogie zu den Regeln für die Biegebemessung Bewehrungen erforderlich, die außerhalb der kritischen Fläche $A_{crit}$ verankert werden müssen. Diese Mindestmomente sollten jeweils in einem Bereich mit der in Tabelle 7.1 und Bild 7.13 angegebenen Verteilungsbreite angesetzt werden.

**Tabelle 7.1:** Momentenbeiwerte η und Verteilungsbreiten der Momente
(vgl. DIN 1045-1, Tabelle 14)

| Lage der Stütze | η für $m_{Ed,x}$ | | | η für $m_{Ed,y}$ | | |
|---|---|---|---|---|---|---|
| | Platten-oberseite | Platten-unterseite | mitwirkende Plattenbreite | Platten-oberseite | Platten-unterseite | mitwirkende Plattenbreite |
| Innenstütze | 0,125 | 0 | $0,3 \cdot l_y$ | 0,125 | 0 | $0,3 \cdot l_x$ |
| Randstütze, Plattenrand parallel zur x-Achse | 0,25 | 0 | $0,15 \cdot l_y$ | 0,125 | 0,125 | (je m Plattenbreite) |
| Randstütze, Plattenrand parallel zur y-Achse | 0,125 | 0,125 | (je m Plattenbreite) | 0,25 | 0 | $0,15 \cdot l_x$ |
| Eckstütze | 0,5 | 0,5 | (je m Plattenbreite) | 0,5 | 0,5 | (je m Plattenbreite) |

Die zur Ermittlung der aufnehmbaren Biegemomente notwendigen Bezeichnungen für die Anwendung der Tabelle 7.1 sind Bild 7.13 zu entnehmen.

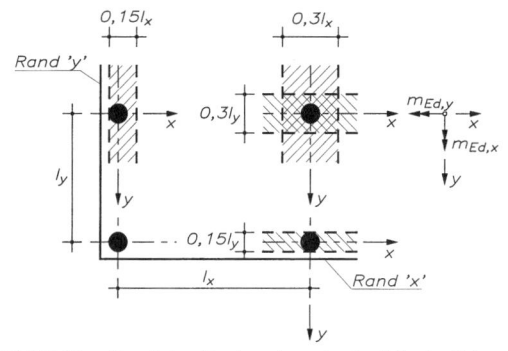

**Bild 7.13:** Bereiche für den Ansatz der Mindestbiegemomente $m_{Ed,x}$ und $m_{Ed,y}$
(vgl. DIN 1045-1, Bild 46)

## 7.7 Bauliche Durchbildung

### 7.7.1 Mindestplattendicke

Damit eine wirksame Verankerung der Bewehrungselemente möglich ist, sollte bei einer erforderlichen Durchstanzbewehrung die Mindestplattendicke min h = 20 cm nicht unterschritten werden (DIN 1045-1, 13.3.1).

### 7.7.2 Mindestdurchstanzbewehrung

In Platten mit Durchstanz- oder Querkraftbewehrung ist für die erforderliche Durchstanzbewehrung der inneren Rundschnitte ein Mindestquerkraftbewehrungsgrad $\rho_w$ nach Gleichung (7-20) bzw. (7-21) einzuhalten (DIN 1045-1, 10.5.5 (5) und 13.2.3 (5)).

$$\rho_w = \frac{A_{sw}}{s_w \cdot u} \geq \min \rho_w \qquad (7\text{-}20)$$

DIN 1045-1, (114)

bzw. bei geneigter Durchstanzbewehrung

$$\rho_w = \frac{A_{sw} \cdot \sin\alpha}{s_w \cdot u} \geq \min \rho_w \qquad (7\text{-}21)$$

### 7.7.3 Anordnung und Durchmesser der Durchstanzbewehrung

Die Stabdurchmesser der Durchstanzbewehrung sind in Abhängigkeit von der mittleren Nutzhöhe d = $(d_x + d_y)/2$ nach Gleichung (7-22) zu wählen (DIN 1045-1, 13.3.3 (6)).

$$d_s \leq 0{,}05 \cdot d \quad \text{mit d in [mm]} \qquad \begin{array}{r}(7\text{-}22)\\ \text{DIN 1045-1, (154)}\end{array}$$

Eine aus vertikalen Bügelschenkeln bestehende Durchstanzbewehrung ist nach Bild 7.14 anzuordnen (DIN 1045-1, 13.3.3 (5)). Für den Fall dass rechnerisch nur eine Bewehrungsreihe erforderlich ist, sollte stets eine zweite Reihe mit der Mindestbewehrung im Abstand $s_w = 0{,}75 \cdot d$ angeordnet werden (DIN 1045-1, 13.3.3 (7)). Entlang der inneren Rundschnitte dürfen die Abstände der Durchstanzbewehrung das Maß $1{,}5 \cdot d$ nicht überschreiten.

Wenn ausschließlich Schrägstäbe eingesetzt werden, so sind diese nach Bild 7.15 im Bereich $1{,}5 \cdot d$ um die Stütze herum anzuordnen (DIN 1045-1, 10.5.5 (3)).

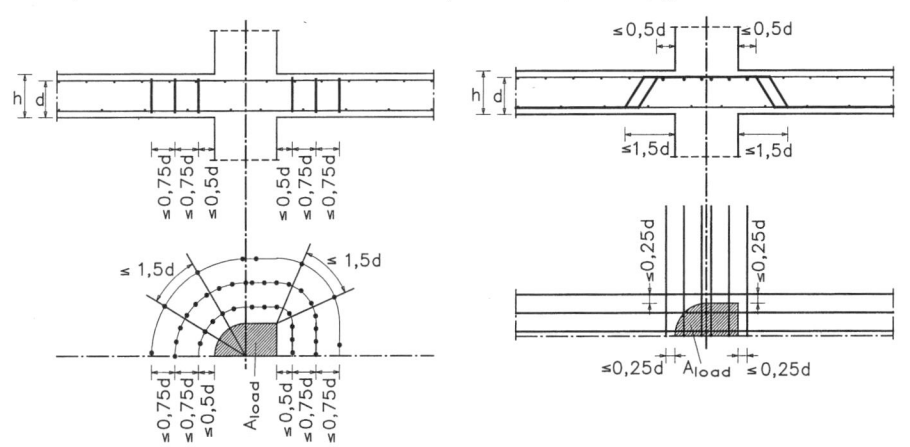

**Bild 7.14:** Durchstanzbewehrung mit vertikalen Bügelschenkeln (vgl. DIN 1045-1, Bild 72 a))

**Bild 7.15:** Durchstanzbewehrung mit Schrägstäben (vgl. DIN 1045-1, Bild 72 b))

### 7.7.4 Mindestbiegebewehrung

Anforderungen hinsichtlich einer Mindestbiegebewehrung durchstanzgefährdeter Platten, wie dies z. B. in [DIN 1045 – 88], 22.4 (5) mit einem Bewehrungsgehalt von 0,5 % angegeben ist, werden in DIN 1045-1 nicht formuliert. Hier gilt die Mindestbewehrung zur Sicherstellung eines duktilen Bauteilverhaltens (DIN 1045-1, 13.1.1 (1)).

### 7.7.5 Untere Bewehrung in den Stützbereichen

Als Maßnahme zur Verhinderung eines fortschreitenden Einsturzes („progressive collapse") von Stockwerkbauten sollte stets ein Teil der unteren Bewehrung (Feldbewehrung) über die Stützenstreifen hinweggeführt und dort verankert werden. Die Anordnung einer durchgehenden unteren Bewehrung führt zu einer wirksamen Verbesserung des Bruchverhaltens, da eine untere Bewehrung im Bruchzustand gegenüber einer oberen Bewehrung nicht so leicht aus dem Beton herausgezogen werden kann und sich zusätzlich eine „Dübelwirkung" des Betonstahls einstellt. Die hierzu erforderliche Bewehrung muss mindestens die Querschnittsfläche nach Gleichung (7-23) aufweisen und ist im Bereich der Lasteinleitungsfläche anzuordnen. Die Längsstäbe sind vom Stützenanschnitt mit dem Grundmaß der Verankerungslänge zuzüglich der Nutzhöhe d zu verankern.

$$A_s \geq \frac{V_{Ed}}{f_{yk}}$$ (7-23)
DIN 1045-1, (153)

In Gleichung (7-23) ist keine Abminderung von $V_{Ed}$ zulässig (DIN 1045-1, 13.3.2 (12)).

## 7.8 Beispiel zur Durchstanzbemessung

Für die in Bild 7.16 dargestellte, horizontal ausgesteifte Flachdecke eines Bürogebäudes ist der Nachweis der Sicherheit gegen Durchstanzen zu erbringen. Dafür ist die maximal beanspruchte Innenstütze ① („innere Eckstütze") zu untersuchen.

Abmessungen:
$l_{eff,x}$ = 8,0 m
$l_{eff,y}$ = 6,5 m

Expositionsklasse XC1:
$c_{min} + \Delta c$ = 1,0 + 1,0 = 2,0 cm

Annahme:
Längsbewehrung ⌀20
Durchstanzbewehrung ⌀10

$d_x$ = 30−(2,0+1,0+2,0/2)=26 cm
$d_y$ = $d_x$−2,0 = 24 cm

$h/d_x/d_y$ = 30/26/24 [cm]

Baustoffe:
Betonstahl BSt500
Beton C30/37

Auf die Nachweise im Grenzzustand der Gebrauchstauglichkeit wird in diesem Beispiel nicht eingegangen.

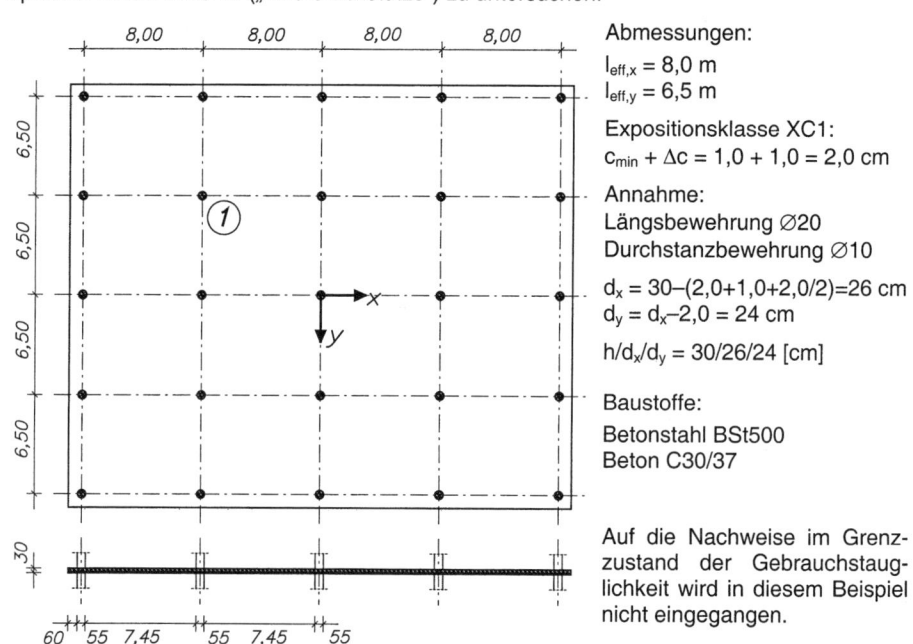

Bild 7.16: System und Bauteilabmessungen

### 7.8.1 Einwirkungen

**Charakteristische Werte der Einwirkungen**

Ständige Einwirkungen:

| | | | | |
|---|---|---|---|---|
| Eigengewicht: | $g_{k,1}$ | = 0,30·25,0 | = 7,50 kN/m² | |
| Putz und Belag | $g_{k,2}$ | = | = 1,50 kN/m² | |
| | $g_k$ | =7,50 + 1,50 | = 9,00 kN/m² | |

Veränderliche Einwirkungen:

| | | | | |
|---|---|---|---|---|
| Verkehrslast | $q_{k,1}$ | = | = 2,00 kN/m² | DIN 1055, Teil 3, Tab. 1 |
| Trennwandzuschlag | $q_{k,2}$ | = | = 1,25 kN/m² | DIN 1055, Teil 3, 4 |
| | $q_k$ | = 2,00 + 1,25 | = 3,25 kN/m² | |

Durchstanzen

**Bemessungswerte der Einwirkungen**

$g_d = 1{,}35 \cdot 9{,}00 = 12{,}15$ kN/m²
$q_d = 1{,}50 \cdot 3{,}25 = \underline{4{,}88 \text{ kN/m}^2}$
$g_d + q_d = \phantom{xxxxxx} 17{,}03$ kN/m²

### 7.8.2 Schnittgrößen im Grenzzustand der Tragfähigkeit

Die aufzunehmenden Querkräfte werden mit der in Kapitel 7.4.2 beschriebenen Näherung berechnet. Die Biegeschnittgrößen hingegen werden mit dem Näherungsverfahren mit Ersatzdurchlaufträgern nach [Grasser/Thielen – 91] ermittelt. Für den Nachweis der Sicherheit gegen Durchstanzen ist in diesem Beispiel die Berechnung der Schnittgrößen für den Gurtstreifen im Stützbereich ausreichend.

**Bemessungswert der aufzunehmenden Querkraft**

$V_{Ed} = 17{,}03 \cdot 8{,}0 \cdot 6{,}5 \cdot 1{,}2 = \mathbf{1062{,}7 \text{ kN}}$      (20 % Erhöhung, da „innere Eckstütze")

**Bemessungswerte der Stützmomente**

|  | x-Richtung $m_{Ed,Sx}$ [kNm/m] | y-Richtung $m_{Ed,Sy}$ [kNm/m] |  |
|---|---|---|---|
| innerer Gurtstreifen | –254,1 | –167,7 | Berechnung mit Hilfe des Beton-Kalender 1998, Teil 1, S.434/435, Nebenrechnung hier nicht dargestellt. |
| äußerer Gurtstreifen | –169,4 | –111,8 |  |

### 7.8.3 Nachweise im Grenzzustand der Tragfähigkeit für Biegung

**Berechnung und Verteilung der Biegelängsbewehrung**

innerer Gurtstreifen:  x-Richtung: $a_{sx,erf} = 25{,}6$ cm²/m    $b_{x,iG} = 0{,}2 \cdot 6{,}50 = 1{,}30$ m
y-Richtung: $a_{sy,erf} = 17{,}5$ cm²/m    $b_{y,iG} = 0{,}2 \cdot 8{,}00 = 1{,}60$ m

*Mindestbemessungsmoment $m_{Ed,§}$ in x- und y-Richtung:*          Abschnitt 7.6.5

$m_{Ed,§} = -0{,}125 \cdot 1062{,}7 = -132{,}8$ kNm/m          (7-19)

innerer Gurtstreifen:   $m_{Ed,§} = -132{,}8$ kNm/m   < –254,1 kNm/m = $m_{Ed,Sx}$
                                                 < –167,7 kNm/m = $m_{Ed,Sy}$

äußerer Gurtstreifen:   $m_{Ed,§} = -132{,}8$ kNm/m   < –169,4 kNm/m = $m_{Ed,Sx}$
                                                 > –111,8 kNm/m = $m_{Ed,Sy}$

Im Bereich des äußeren Gurtstreifens in y-Richtung wird das Mindestbemessungsmoment maßgebend. Diese ist auf einer Breite $b_x$ bzw. $b_y$ nach Tabelle 7.1 abzudecken.

$b_x = 0{,}3 \cdot l_y = 0{,}3 \cdot 6{,}50 = 1{,}95$ m   >   1,30 m = $b_{x,iG}$
$b_y = 0{,}3 \cdot l_x = 0{,}3 \cdot 8{,}00 = 2{,}40$ m   >   1,60 m = $b_{y,iG}$

Diese Breiten sind größer als die Breite des inneren Gurtstreifens.

Um das Mindestbemessungsmoment abzudecken und um einen einheitlichen Bewehrungsgehalt $\rho_l$ innerhalb des äußeren Rundschnitts zu erlangen, wird die für den inneren Gurtstreifen berechnete Bewehrung auf einer Breite von 2,40 m eingelegt.

Durchmesser des äußeren Rundschnitts (vgl. Bild 7.17):

$d(u_a) = l_c + 2 \cdot (l_w + 1{,}5 \cdot d) = 0{,}55 + 2 \cdot 0{,}875 = 2{,}30$ m   <   2,40 m

Dipl.-Ing. Michael Hansen

## 7.8.4 Nachweis der Sicherheit gegen Durchstanzen

Innere Eckstütze mit $V_{Ed} = 1062{,}7$ kN

- Mittlere statische Nutzhöhe: $d = \dfrac{d_x + d_y}{2} = \dfrac{26 + 24}{2} = 25{,}0$ cm

- Kritischer Rundschnitt: $u_{crit} = 2 \cdot \pi \cdot (0{,}5 \cdot l_c + 1{,}5 \cdot d) = 2 \cdot \pi \cdot (55/2 + 1{,}5 \cdot 25{,}0) = 408$ cm

- Aufzunehmende Querkraft $v_{Ed}$ je Längeneinheit

$$v_{Ed} = \frac{\beta \cdot V_{Ed}}{u} = \frac{1{,}05 \cdot 1062{,}7}{4{,}08} = 273{,}5 \text{ kN/m} \qquad \text{(7-7) siehe Seite 186}$$

- Bemessungswiderstand der Platte ohne Durchstanzbewehrung

$$v_{Rd,ct} = \left[0{,}14 \cdot \eta_1 \cdot \kappa \cdot (100 \cdot \rho_l \cdot f_{ck})^{1/3} - 0{,}12 \cdot \sigma_{cd}\right] \cdot d \qquad \text{(7-8) siehe Seite 187}$$

$\eta_1 = 1{,}0$ für Normalbeton

$d = (d_x + d_y)/2 = 25$ cm

$$\kappa = 1 + \sqrt{\frac{200}{d\,[mm]}} = 1 + \sqrt{\frac{200}{250}} = 1{,}89 \le 2{,}0 \qquad \text{(7-9) siehe Seite 187}$$

$$\rho_l = \sqrt{0{,}0099 \cdot 0{,}0073} = 0{,}0085 \le \begin{cases} 0{,}0156 = 0{,}40 \cdot \dfrac{17}{435} \\ 0{,}02 \end{cases} \qquad \begin{array}{l} \rho_{lx} = 25{,}6/(26 \cdot 100) = 0{,}0099 \\ \rho_{ly} = 17{,}5/(24 \cdot 100) = 0{,}0073 \end{array}$$

$$v_{Rd,ct} = \left[0{,}14 \cdot 1{,}0 \cdot 1{,}89 \cdot (100 \cdot 0{,}0085 \cdot 30)^{1/3}\right] \cdot 0{,}25 \cdot 10^3 = 194{,}7 \text{ kN/m} < 273{,}5 \text{ kN/m} = v_{Ed}$$

⇨ Es ist Durchstanzbewehrung anzuordnen.

- Maximal zulässiger Bemessungswert mit Durchstanzbewehrung

$v_{Rd,max} = 1{,}5 \cdot v_{Rd,ct} = 292{,}1$ kN/m $> 273{,}5$ kN/m $= v_{Ed}$ \qquad (7-10) siehe Seite 187

- Berechnung der erforderlichen Durchstanzbewehrung

Die Durchstanzbewehrung von Flachdecken wird heutzutage zumeist mit Dübelleisten ausgeführt. Dies hat gerade im Hinblick auf den Einbau der Bewehrung große Vorteile. Da Dübelleisten nicht Bestandteil der Normen sind, sondern durch Zulassungen geregelt werden (z. B. [Halfen – 01] bzw. Zulassungen nach DIN 1045-1 ab Frühjahr 2002), soll hier eine nach DIN 1045-1 geregelte Durchstanzbewehrung (Bügel oder Schrägstäbe) verwendet werden.

Die mögliche Anordnung von Schrägstäben soll zunächst überprüft werden:

Äußerer Rundschnitt: $2 \cdot 1{,}5 \cdot d = 3 \cdot 25$ cm $= 75$ cm

Länge des äußeren Rundschnitts:

$u_a = 2 \cdot \pi \cdot (0{,}5 \cdot l_c + 2 \cdot 1{,}5 \cdot d) = 2 \cdot \pi \cdot (0{,}5 \cdot 0{,}55 + 3 \cdot 0{,}25) = 6{,}44$ m

$$v_{Ed} = \frac{1{,}05 \cdot 1062{,}7}{6{,}44} = 173{,}3 \text{ kN/m}$$

$v_{Rd,ct,a} = \kappa_a \cdot v_{Rd,ct}$ \qquad (7-17) siehe Seite 189

$$\kappa_a = 1 - \frac{0{,}29 \cdot l_w}{3{,}5 \cdot d} = 1 - \frac{0{,}29 \cdot 1{,}5}{3{,}5} = 0{,}876 \qquad \begin{array}{l} \text{DIN 1045-1, Bild 45} \\ \text{vgl. Bild 7.10} \end{array}$$

mit $l_w = 1{,}5 \cdot d$

Durchstanzen

$v_{Rd,ct,a} = 0{,}876 \cdot 194{,}7 = 170{,}6$ kN/m

$v_{Rd,ct,a} = \mathbf{170{,}6}$ **kN/m** $<$ **173,3 kN/m** $= v_{Ed}$

Die für einen Einbau vorteilhafteren Schrägstäbe können hier nicht verwendet werden, da diese bei ausschließlichem Einsatz nur in einem Bereich von $l_w \leq 1{,}5 \cdot d$ um die Stütze herum angeordnet werden dürfen (DIN 1045-1, 10.5.5 (3)). Die Querkrafttragfähigkeit $v_{Rd,ct,a}$ längs des äußeren Rundschnitts, der wiederum im Abstand $1{,}5 \cdot d$ von der äußeren Bewehrungslage anzusetzen ist, unterschreitet allerdings die in diesem Abstand vorhandene Bemessungsquerkraft $v_{Ed}$.

*Anmerkung:* Eine Erhöhung des Längsbewehrungsgrades auf $\rho_l = 0{,}0089$ (ca. 2,5 cm²/m mehr Biegelängsbewehrung) würde die Querkrafttragfähigkeit im äußeren Rundschnitt bereits soweit erhöhen, dass auch der Einbau von Schrägstäben zulässig wäre.

Drei Bügelreihen werden angeordnet. Die erste Bügelreihe befindet sich im Abstand $0{,}5 \cdot d$ vom Stützenrand, alle weiteren haben einen gegenseitigen Abstand von $s_w = 0{,}75 \cdot d$.

*Nachweise für den inneren Rundschnitt* $(v_{Ed} \leq v_{Rd,sy})$

Zunächst werden die Abstände von Stützenrand und die Umfänge der Rundschnitte berechnet. Entsprechend werden die in den Rundschnitten vorhandenen Querkräfte $v_{Ed}$ ermittelt.

| i [–] | Abstand vom Stützenrand [cm] | Radius $r_i$ [m] | Umfang $u_i$ [m] | $v_{Ed,i}$ [KN/m] |
|---|---|---|---|---|
| 1 | 12,5 | 0,40 | 2,51 | 444,6 |
| 2 | 31,25 | 0,59 | 3,71 | 300,8 |
| 3 | 50 | 0,78 | 4,90 | 227,7 |

Stütze: $\varnothing$ 55 cm, Nutzhöhe d = 25 cm

Beiwert zur Berücksichtigung der Bauteilhöhe:

$\kappa_s = 0{,}7 + 0{,}3 \cdot \dfrac{250-400}{400} = 0{,}588 \quad \begin{cases} \geq 0{,}7 \\ \leq 1{,}0 \end{cases} \Rightarrow \kappa_s = 0{,}7$  (7-13) siehe Seite 188
$d = d_m = 250$ mm

Bewehrung der ersten Bügelreihe:

$A_{sw,erf} = \dfrac{(v_{Ed} - v_{Rd,c}) \cdot u}{\kappa_s \cdot f_{yd}} = \dfrac{(444{,}6 - 194{,}7) \cdot 2{,}51}{0{,}7 \cdot 43{,}5} =$ 20,6 cm²  (7-14) siehe Seite 188

Bewehrung der weiteren Bügelreihen:

$A_{sw,erf} = \dfrac{(v_{Ed,i} - v_{Rd,c}) \cdot u \cdot s_w}{\kappa_s \cdot f_{yd} \cdot d}$ mit $s_w = 0{,}75 \cdot d$  (7-15) siehe Seite 188

2. Reihe: $A_{sw,erf} = \dfrac{(300{,}8 - 194{,}7) \cdot 3{,}71 \cdot 0{,}75}{0{,}7 \cdot 43{,}5} =$ 9,7 cm²

3. Reihe: $A_{sw,erf} = \dfrac{(227{,}7 - 194{,}7) \cdot 4{,}90 \cdot 0{,}75}{0{,}7 \cdot 43{,}5} =$ 4,0 cm²

Gewählte Durchstanzbewehrung mit $d_{s,vorh} \leq 0{,}05 \cdot d = 0{,}05 \cdot 250 = 12{,}5$ mm nach (7-22)

| i [–] | $A_{sw,erf}$ [cm²] | gewählt [–] | zul Abstand $\leq 1{,}5 \cdot d$ [cm] | vorh. Abstand (u/Anzahl)[cm] | $A_{sw,vorh}$ [cm²] | $\rho_w$ [–] | $\rho_{w,min}$ (7-20) [–] |
|---|---|---|---|---|---|---|---|
| 1 | 20,6 | 24$\varnothing$12 | 37,5 | 10,5 | 27,1 | 0,0058 | > 0,00093 |
| 2 | 9,7 | 16$\varnothing$10 | 37,5 | 23,2 | 12,6 | 0,0018 | > 0,00093 |
| 3 | 4,0 | 16$\varnothing$10 | 37,5 | 30,6 | 12,6 | 0,0013 | > 0,00093 |

Nachweis für den äußeren Rundschnitt ($v_{Ed} \leq v_{Rd,ct,a}$)

$v_{Rd,ct,a} = \kappa_a \cdot v_{Rd,ct}$ (7-17) siehe Seite 189

Die für die Bestimmung von $\kappa_a$ erforderliche Länge $l_w$ ergibt sich nach DIN 1045-1, Bild 45 zu    siehe Bild 7.17

$l_w = (0,5 + 2 \cdot 0,75) \cdot d = 2,0 \cdot d$

$\kappa_a = 1 - \dfrac{0,29 \cdot l_w}{3,5 \cdot d} = 1 - \dfrac{0,29 \cdot 2,0}{3,5} = 0,834 \geq 0,71$    (7-18) siehe Seite 189

$v_{Rd,ct,a} = 0,834 \cdot 194,7 = 162,4$ kN/m

Der Umfang des äußeren Rundschnitts beträgt
$u_a = 2 \cdot \pi \cdot (l_c/2 + l_w + 1,5 \cdot d) = 2 \cdot \pi \cdot [0,55/2 + (2,0 + 1,5) \cdot 0,25] = 7,23$ m

$v_{Ed} = \dfrac{1,05 \cdot 1062,7}{7,23} = 154,3$ kN/m

$v_{Rd,ct,a} = 162,4$ kN/m $> 154,3$ kN/m $= v_{Ed}$

Damit ist die Querkrafttragfähigkeit am Übergang vom durchstanzbewehrten zum nicht durchstanzbewehrten Bereich im äußeren Rundschnitt nachgewiesen.

### 7.8.5 Bauliche Durchbildung

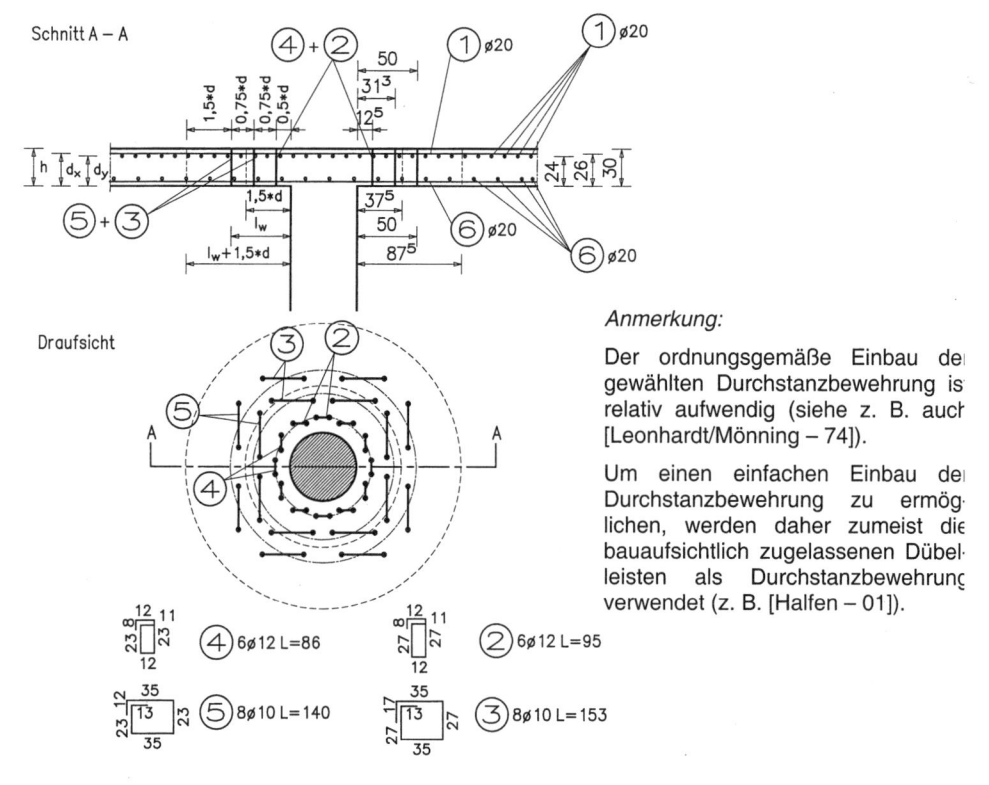

**Bild 7.17:** Bewehrungsskizze

*Anmerkung:*

Der ordnungsgemäße Einbau der gewählten Durchstanzbewehrung ist relativ aufwendig (siehe z. B. auch [Leonhardt/Mönning – 74]).

Um einen einfachen Einbau der Durchstanzbewehrung zu ermöglichen, werden daher zumeist die bauaufsichtlich zugelassenen Dübelleisten als Durchstanzbewehrung verwendet (z. B. [Halfen – 01]).

# 8. Stabförmige Bauteile mit Längsdruck

Prof. i. R. Dr.-Ing. J. Roth

## 8.1 Allgemeines

Für Stabilitätsnachweise stabförmiger Bauteile sind die Abschnitte 7: „Grundlagen zur Ermittlung der Schnittgrößen", 8.5: „Nichtlineare Verfahren" und 8.6: „Stabförmige Bauteile und Wände unter Längsdruck" der Neufassung von DIN 1045-1 von besonderer Bedeutung. Deren Inhalt ist mit dem der Abschnitte 15.8: „Räumliche Steifigkeit und Stabilität" und 17.4: „Nachweis der Knicksicherheit" von [DIN 1045 – 88] vergleichbar. Außer den Angaben zu Stabilitätsnachweisen für stabförmige Bauteile und Wände enthält die neue Vorschrift ein einfaches Näherungsverfahren für den Nachweis der Kippsicherheit schlanker Träger.

Die Berücksichtigung der Theorie II. Ordnung wird dann als erforderlich angesehen, wenn durch die Tragwerksverformungen die Tragfähigkeit um mehr als 10 % verringert wird. Das gilt für jede Richtung, in der ein Stabilitätsversagen eintreten kann.

Da die Verminderung der Tragfähigkeit erst beurteilt werden kann, nachdem ein Nachweis geführt worden ist, wird wie nach der bisher gültigen Norm [DIN 1045 – 88] die Schlankheit als Kriterium für die Notwendigkeit eines Nachweises nach Theorie II. Ordnung verwendet.

Es ist nachzuweisen, daß in den kritischen Querschnitten im Grenzzustand der Tragfähigkeit die Bemessungswerte der Einwirkungen nach Theorie II. Ordnung nicht die Bemessungswerte der Tragfähigkeit überschreiten und daß sowohl örtlich, als auch für das Gesamttragwerk, das statische Gleichgewicht gesichert ist.

Bei den Bemessungswerten der Einwirkungen sind Maßungenauigkeiten und Ungenauigkeiten hinsichtlich der Größe und Lage von Längskräften zu berücksichtigen, was durch den Ansatz geometrischer Imperfektionen erfolgen kann.

Sofern nichtlineare Verfahren angewandt werden, sind plastische Gelenke in Bauteilen unter Längsdruck unzulässig.

Die Formänderungen dürfen auf der Grundlage von Mittelwerten der Baustoffkennwerte wie $E_{cm}/\gamma_c$ und $f_{ctm}/\gamma_c$ ermittelt werden. Für die Ermittlung der Grenztragfähigkeit sind aber die Bemessungswerte, z.B. $f_{cd} = \alpha \cdot f_{ck}/\gamma_c$, maßgebend.

## 8.2 Einteilung der Tragwerke

Tragwerke oder Teile davon sind je nach Vorhandensein aussteifender Bauteile als ausgesteift oder nicht ausgesteift anzusehen. Ausgesteifte Tragwerke gelten nur dann zugleich als unverschieblich, wenn die aussteifenden Bauteile alle auf das Tragwerk einwirkenden horizontalen Lasten aufnehmen und in die Gründung weiterleiten können.

Die Steifigkeit aussteifender Bauteile wird nach der Neufassung DIN 1045-1 ähnlich beurteilt wie nach der bisherigen Norm [DIN 1045 – 88]. Zusätzlich zum Nachweis der Seitensteifigkeit in Richtung der Grundrißachsen ist im allgemeinen aber auch die Verdrehungssteifigkeit zu untersuchen. Tragwerke dürfen als ausgesteift angesehen werden, wenn lotrechte Bauteile wie Wandscheiben oder Treppenhauskerne den folgenden Bedingungen genügen:

a) Bei annähernd symmetrisch im Bauwerksgrundriß angeordneten aussteifenden Bauteilen sind sowohl die Verschiebungen in den Achsenrichtungen als auch die Verdrehungen um die vertikale Bauwerksachse vernachlässigbar klein, wenn für die Seitensteifigkeit gilt:

$$\frac{1}{h_{ges}} \cdot \sqrt{\frac{E_{cm} \cdot I_c}{F_{Ed}}} \quad \begin{array}{l} \geq 1/(0{,}2+0{,}1 \cdot m) \\ \geq 1/0{,}6 \end{array} \quad \begin{array}{l} \text{für } m \leq 3 \\ \text{für } m \geq 4 \end{array} \tag{8-1}$$

b) Bei nicht annähernd symmetrisch angeordneten aussteifenden Bauteilen muß zusätzlich zur Seitensteifigkeit die Verdrehungssteifigkeit nachgewiesen werden, die auf der Wölbsteifigkeit $E_{cm} \cdot I_\omega$ und der St. Venant'schen Torsionssteifigkeit $G_{cm} \cdot I_T$ beruht:

$$\frac{1}{h_{ges}} \cdot \sqrt{\frac{E_{cm} \cdot I_\omega}{\sum_j F_{Ed,j} \cdot r_j^2}} + \frac{1}{2{,}28} \cdot \sqrt{\frac{G_{cm} \cdot I_T}{\sum_j F_{Ed,j} \cdot r_j^2}} \quad \begin{array}{l} \geq 1/(0{,}2+0{,}1 \cdot m) \\ \geq 1/0{,}6 \end{array} \quad \begin{array}{l} \text{für } m \leq 3 \\ \text{für } m \geq 4 \end{array} \tag{8-2}$$

In den Gleichungen (8-1) und (8-2) bedeutet:

$h_{ges}$ die Gebäudehöhe über der Einspannebene für die vertikalen aussteifenden Bauteile,

$E_{cm} \cdot I_c$ die Summe der Nennbiegesteifigkeiten aller vertikalen aussteifenden Bauteile in der betrachteten Richtung. Weil die Trägheitsmomente der vollen Betonquerschnitte eingehen, sollte die Betonzugspannung unter der maßgebenden Einwirkungskombination den mittleren Wert der Zugfestigkeit $f_{ctm}$ nicht überschreiten.

$E_{cm} \cdot I_\omega$ die Summe der Nennwölbsteifigkeiten aller gegen Verdrehen aussteifenden Bauteile,

$G_{cm} \cdot I_T$ die Summe der Nenntorsionssteifigkeiten nach de St. Venant aller gegen Verdrehen aussteifenden Bauteile,

$F_{Ed}$ die Summe der mit $\gamma_F = 1{,}0$ ermittelten Bemessungswerte aller Vertikallasten des Gebäudes (der Sicherheitsbeiwert $\gamma_F > 1$ ist in den zulässigen Grenzwerten enthalten),

$F_{Ed,j}$ den Bemessungswert der Vertikallast der Stütze j, ebenfalls mit $\gamma_F = 1{,}0$ ermittelt,

$r_j$ den Abstand des Schubmittelpunktes der Stütze j vom Schubmittelpunkt des Gesamtsystems vertikal aussteifender Bauteile,

m die Anzahl der Geschosse.

Sind die Gleichungen (8-1) und (8-2) erfüllt, vergrößern sich die Biegemomente der lotrechten aussteifenden Bauteile durch den Einfluß der Verformungen um höchstens 10 %, und eine Bemessung nach Theorie I. Ordnung reicht aus. Dabei können die Auswirkungen von Imperfektionen durch die horizontalen Abtriebskräfte berücksichtigt werden, die aus einer Schiefstellung des Gesamttragwerks resultierenden. Bauteile, die Abtriebskräfte von auszusteifenden auf lotrechte aussteifende Bauteile übertragen, sind für eine zusätzliche Horizontalkraft zu bemessen.

Ist die Steifigkeit der aussteifenden Bauteile über die Höhe veränderlich, kann mit einer – beispielsweise über die Kopfauslenkung ermittelten – wirksamen Ersatzsteifigkeit $E_{cm} \cdot I_{c,eff}$ gerechnet werden.

Die Gleichung (8-1) entspricht dem Reziprokwert der als Labilitätszahl bezeichneten Größe

$$\alpha = h \cdot \sqrt{\frac{N}{E_b \cdot I}} \quad \begin{array}{l} \leq 0{,}6 \\ \leq 0{,}2 + 0{,}1 \cdot n \end{array} \quad \begin{array}{l} \text{für } n \geq 4 \\ \text{für } 1 \leq n \leq 4 \end{array}, \tag{8-3}$$

die nach [DIN 1045 – 88] verwendet wird.

Druckglieder als Teil eines Gesamttragwerks können zur Durchführung eines Stabilitätsnachweises als aus dem Zusammenhang herausgelöst gedachte Einzelstäbe betrachtet werden.

## 8.3 Imperfektionen

Bei der Schnittgrößenermittlung am Tragwerk als Ganzem ist zur Berücksichtigung von Imperfektionen mit einer Schiefstellung um den Winkel im Bogenmaß

$$\alpha_{a1} = \frac{1}{100 \cdot \sqrt{h_{ges}\,[m]}} \leq 1/200 \qquad (8\text{-}4)$$

zu rechnen, wobei $h_{ges}$ die Gesamthöhe des Tragwerks ist. Sind mehrere lastabtragende Bauteile nebeneinander vorhandenen, werden sie unterschiedlich gerichtete Imperfektionen aufweisen. Bei einer Anzahl n lastabtragender Bauteile darf die Schiefstellung $\alpha_{a1}$ deshalb mit dem Faktor

$$\alpha_n = \sqrt{\frac{(1+1/n)}{2}} \qquad (8\text{-}5)$$

abgemindert werden. Als lastabtragend gelten solche Bauteile, die mindestens 70 % der mittleren Längskraft

$N_{Ed,m} = F_{Ed}/n$

abtragen. Darin ist $F_{Ed}$ die Summe der Bemessungswerte aller Längskräfte der nebeneinander angeordneten lotrechten Bauteile eines Geschosses.

Werden einzelne Druckglieder betrachtet, ist in Gleichung (8-4) die Gesamthöhe $h_{ges}$ durch die Länge $l_{col}$ des Druckgliedes zwischen den ideellen Einspannstellen zu ersetzen:

$$\alpha_{a1} = \frac{1}{100 \cdot \sqrt{l_{col}\,[m]}} \,. \qquad (8\text{-}6)$$

Bei Stabilitätsnachweisen wird mit $\alpha_{a1}$ zur Vergrößerung der Lastausmitte der Längskräfte eine geometrische Ersatzimperfektion, die ungewollte Zusatzausmitte

$$e_a = \alpha_{a1} \cdot l_0/2 \qquad (8\text{-}7)$$

bestimmt. Sofern ein Einzeldruckglied aussteifendes Bauteil in einem größeren System ist, soll auch untersucht werden, ob sich bei Ansatz der Schiefstellung des gesamten Tragwerks entsprechend den Gleichungen (8-4) und (8-5) eine größere Zusatzausmitte $e_a$ ergibt als für den Einzelstab nach Gleichung (8-6).

## 8.4 Nachweise für Einzeldruckglieder

### 8.4.1 Ersatzlängen

In DIN 1045-1 wird zur Ermittlung der Ersatzlänge auf das Heft 525, DAfStb, verwiesen. Selbstverständlich können alle in der Literatur abgegebenen Hilfsmittel verwendet werden, so auch die aus Heft 220, DAfStb, [Kordina/Quast – 79] bekannten Nomogramme für regelmäßige Rahmensysteme, Bild 8.1. Abhängig von den Einspannverhältnissen

$$k = \frac{\sum (E_{cm} \cdot I_{col}/l_{col})}{\sum (\alpha \cdot E_{cm} \cdot I_b/l_{eff})} \qquad (8\text{-}8)$$

an den Stabenden wird der Beiwert $\beta$ abgelesen, der mit der Länge $l_{col}$ eines Druckstabes die Ersatzlänge zu $l_0 = \beta \cdot l_{col}$ ergibt. In Gleichung (8-8) bedeutet

$E_{cm}$   den Elastizitätsmodul des Betons,

$I_{col}$, $I_b$   die Trägheitsmomente der Betonquerschnitte von Stützen und Riegeln,

$l_{col}$   die Stützenlängen zwischen den ideellen Einspannstellen,

$l_{eff}$   die wirksamen Stützweiten der Riegel,

$\alpha$   einen Beiwert zur Berücksichtigung der Einspannung an den abliegenden Riegelenden und zwar gilt

$\alpha = 1,0$ bei starrer oder elastischer Einspannung,
$\alpha = 0,5$ bei freier Drehbarkeit und
$\alpha = 0$ bei freiem Stabende (Kragarm).

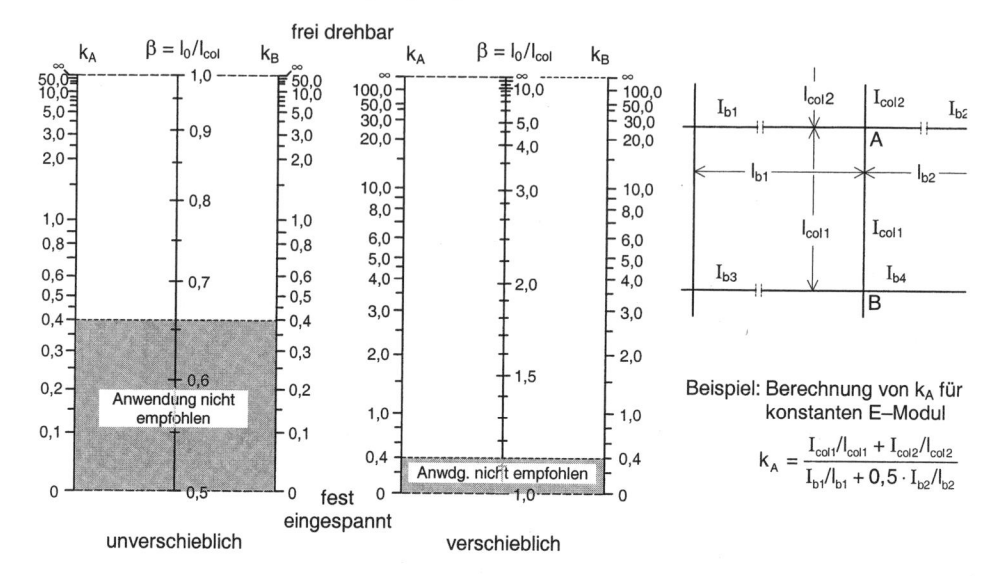

**Bild 8.1:** Nomogramm zur Ermittlung der Ersatzlänge $l_0$, nach [Kordina/Quast – 79].

### 8.4.2 Stabschlankheit

Der Schlankheitsgrad errechnet sich mit der Ersatzlänge $l_0$ und dem Trägheitsradius i zu

$\lambda = l_0/i$.

Einzeldruckglieder, deren Schlankheit den größeren der beiden Werte nach Gleichung (8-9) überschreitet,

$$\lambda = 25; \quad \lambda = \frac{16}{\sqrt{\nu_{Ed}}} \tag{8-9}$$

gelten als schlank. Der zweite Wert in Gleichung (8-9) mit

$$\nu_{Ed} = \frac{N_{Ed}}{A_c \cdot f_{cd}} \tag{8-10}$$

wird für $|\nu_{Ed}| < 0,41$ maßgebend. In Gleichung (8-10) bedeutet

$N_{Ed}$ den Bemessungswert der Längskraft des Druckgliedes,
$A_c$ die Querschnittsfläche,
$f_{cd}$ den Bemessungswert der Betondruckfestigkeit.

Diese Grenzwerte entsprechen sinngemäß den Regelungen nach [DIN 1045 – 88]. Stäbe mit $\lambda \leq 25$, nach [DIN 1045 – 88]: $\lambda \leq 20$, sind so gedrungen, daß sie keinen Stabilitätsnachweis erfordern. Nach der zweiten Bedingung in Gleichung (8-9) ist bei kleinen vorhandenen Normalkräften, in der Formulierung von [DIN 1045 – 88] bei bezogenen Lastausmitten e/d ≥ 3,5 · λ/70, d.h. bei überwiegender Biegebeanspruchung, ein Stabilitätsnachweis entbehrlich, weil dann die Theorie II. Ordnung nur geringen Einfluß hat.

In unverschieblichen Tragwerken gelten für Einzeldruckglieder ohne Querlasten hinsichtlich der Momentenverteilung längs der Stabachse andere Grenzschlankheiten als nach Gleichung (8-9), denn bei veränderlichem Momentenverlauf und besonders bei einem Wechsel des Momentenvorzeichens werden die für die Bemessung maßgebenden Biegemomente erst ab größeren Schlankheiten von der Theorie II. Ordnung beeinflußt. Abhängig vom Momentenverlauf ist in solchen Fällen der Verformungseinfluß erst ab Schlankheiten von

$$\lambda_{crit} = 25 \cdot (2 - e_{01}/e_{02}) \qquad (8\text{-}11)$$

zu berücksichtigen. Darin sind $e_{01}$ und $e_{02}$ die planmäßigen Lastausmitten nach Theorie I. Ordnung an den Stabenden, wobei $|e_{02}| \geq |e_{01}|$ gilt. Für $e_{01} = e_{02}$ ist $\lambda_{crit} = 25$ anzunehmen[1].

Die Gleichung (8-11) führt zu der Darstellung rechts in Bild 8.2.

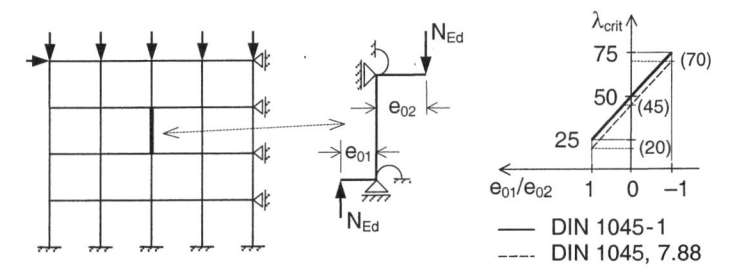

**Bild 8.2:** Grenzschlankheiten von Druckgliedern unverschieblicher Rahmentragwerke, nach DIN 1045-1.

Zum Vergleich zeigt Bild 8.2 auch die Regelung nach Heft 220, DAfStb, [Kordina/Quast – 79], wonach die kritische Schlankheit $\lambda_{crit} = 20$ für das Verhältnis der Endausmitten $e_{01}/e_{02} = 1$ beträgt und $\lambda_{crit} = 70$ für das Verhältnis $e_{01}/e_{02} = -1$.

Werden die ohne Nachweis nach Theorie II. Ordnung zulässigen Grenzschlankheiten nach Gleichung (8-11) ausgenutzt, sollte die Bemessung an den Stabenden mindestens für

$$M_{Rd} = |N_{Ed}| \cdot h/20 \quad \text{und} \quad N_{Rd} = |N_{Ed}|$$

mit h gleich Querschnittshöhe erfolgen, weil sich eine zu geringe Steifigkeit der Endeinspannung vergrößernd auf die Knicklänge auswirkt.

Die entsprechende Regelung in Heft 220, DAfStb, [Kordina/Quast – 79] sieht die Bemessung für Mindestmomente $M \geq |N| \cdot 0,1 \cdot d$ dann vor, wenn der Schlankheitsbereich $\lambda > 45$ ohne Stabilitätsnachweis ausgenutzt wird.

### 8.4.3 Lastausmitten

Die gesamte Lastausmitte im maßgebenden Schnitt eines Druckgliedes setzt sich zusammen aus

$$e_{tot} = e_1 + e_2, \qquad (8\text{-}12)$$

$$e_1 = e_0 + e_a. \qquad (8\text{-}13)$$

---

[1] Nach Meinung des Verfassers wäre für biegesteif angeschlossene Innenstützen $\lambda_{crit} = 50$ zulässig, da dieser Wert schon dann gilt, wenn die Endausmitte $e_{01}$ gleich Null ist, die vernachlässigten Endausmitten von Innenstützen aber normalerweise sogar wechselndes Vorzeichen aufweisen.

Dabei ist

$e_0 = M_{Ed,0}/N_{Ed}$ die Lastausmitte nach Theorie I. Ordnung,
$M_{Ed,0}$ der Bemessungswert des aufzunehmenden Biegemomentes nach Theorie I. Ordnung,
$N_{Ed}$ der Bemessungswert der aufzunehmenden Normalkraft,
$e_a$ die ungewollte, zusätzliche Lastausmitte nach Gleichung (8-7),
$e_2$ die Lastausmitte nach Theorie II. Ordnung einschließlich von Kriechauswirkungen.

Bei längs des Druckgliedes linear veränderlicher Lastausmitte nach Theorie I. Ordnung ist für $e_0$ der größere der beiden Werte

$$e_0 = 0{,}6 \cdot e_{02} + 0{,}4 \cdot e_{01} \quad \text{und} \quad e_0 = 0{,}4 \cdot e_{02} \qquad (8\text{-}14)$$

anzusetzen, wobei $|e_{02}| \geq |e_{01}|$ gilt, Bild 8.3. Auch diese Regelung ist unmittelbar mit der entsprechenden nach Heft 220, DAfStb, [Kordina/Quast – 79] vergleichbar.

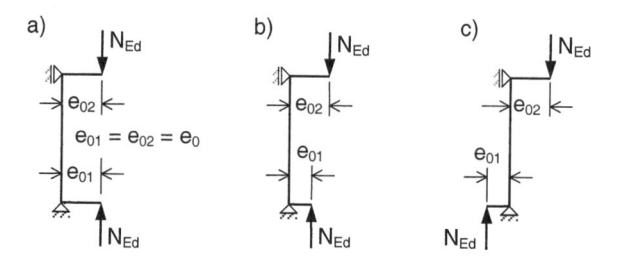

**Bild 8.3:** Lastausmitten nach Theorie I. Ordnung, nach DIN 1045-1.

Die Zusatzausmitte $e_a = \alpha_{a1} \cdot l_0/2$ entspricht der ungewollten Lastausmitte $e_v = s_K/300$ nach [DIN 1045 – 88] zur Berücksichtigung von Imperfektionen, die bei Druckgliedern Zusatzmomente verursachen und deshalb mit dem Sicherheitsbeiwert allein nicht ausreichend berücksichtigt werden.

Kriechverformungen dürfen nach DIN 1045-1 in der Regel vernachlässigt werden, wenn die Stützen an beiden Enden monolithisch mit horizontalen lastabtragenden Bauteilen verbunden sind, da ihr Einfluß dann gering ist. Bei Rand- und Eckstützen verlaufen die Lastausmitten und damit die möglichen Kriechverformungen nicht affin zur Knickfigur. Sie erhöhen daher auch nicht die Knickgefahr. Bei Innenstützen ist die Lastausmitte ohnehin gering. Die meistens vernachlässigte, tatsächlich aber vorhandene Endeinspannung wirkt sich auf die Kriechverformungen wie auf die Verformungen insgesamt günstig aus.

Bei Druckgliedern verschieblicher Tragwerke dürfen die Kriechverformungen dann vernachlässigt werden, wenn die Schlankheit $\lambda < 50$ und zugleich die bezogene Lastausmitte $e_0/h > 2$ ist. Sofern bei größeren Schlankheiten die Kriechverformungen erfaßt werden sollen, können sie nach [Kordina/Quast – 01] durch eine Vergrößerung der Zusatzausmitte $e_2$, der Stabverformung also, mit dem Faktor

$$K_c = 1 + \frac{M_{Ed,0}}{M_{Ed,1}} \qquad (8\text{-}15)$$

abgeschätzt werden. Dabei ist $M_{Ed,0}$ der Bemessungswert des Momentes unter den kriecherzeugenden ständigen Einwirkungen und $M_{Ed,1}$ der Bemessungswert des Momentes unter ständigen und veränderlichen Einwirkungen einschließlich der Imperfektionen. Statt einer Vergrößerung der Lastausmitte ist auch eine Vergrößerung der Ersatzlänge gemäß

$$l_{0,c} = l_0 \cdot \sqrt{K_c} \qquad (8\text{-}16)$$

möglich. Letzteres kann bei der Verwendung von Hilfsmitteln für den Stabilitätsnachweis zweckmäßiger sein.

Möglich ist es jedoch auch, zur Berechnung der Kriechverformungen nach Heft 220, DAfStb, [Kordina/Quast – 79] vorzugehen und dabei Kriechzahlen nach DIN 1045-1 zu verwenden.

### 8.4.4 Modellstützenverfahren

Das Modellstützenverfahren gilt für Druckglieder mit rechteckigem oder rundem Querschnitt und einer bezogenen Lastausmitte nach Theorie I. Ordnung von $e_0/h \geq 0{,}1$, wobei h die Bauteildicke ist. Nach den Ergebnissen genauerer Untersuchungen [Kordina/Quast – 01] ergeben sich bei kleineren bezogenen Lastausmitten $0 \leq e_0/h \leq 0{,}1$ Fehler zur sicheren Seite hin, u. U. also eine unwirtschaftliche Bemessung. Das Verfahren ist dann zwar anwendbar, aber weniger gut geeignet. In der neuen DIN 1045-1 wird auf das noch ausstehende Heft 525, DAfStb, verwiesen.

Eine Begrenzung der Schlankheit entsprechend [DIN 1045 – 88] auf $\lambda = 200$ wird nicht angegeben. Gleichwohl sollten allzu schlanke Druckglieder vermieden werden.

Die Modellstütze ist definiert als eine am Fuß eingespannte, am Kopf freie Kragstütze, deren Länge l gleich der halben Ersatzlänge $l_0$ ist, Bild 8.4. Sie weist unter der Wirkung von Längskräften und Biegemomenten eine einfach gekrümmte Biegelinie auf, wobei das größte Moment am Stützenfuß vorhanden ist.

Das entspricht gerade dem halben Ersatzstab nach [DIN 1045 – 88] und Heft 220, DAfStb, [Kordina/Quast – 79], der an beiden Enden gelenkig gelagert ist, und dessen Länge mit der Knick- oder Ersatzlänge übereinstimmt.

Der Stabilitätsnachweis, die Bemessung unter Berücksichtigung der Stabverformungen, wird für den kritischen Schnitt A - A am Fuß der Modellstütze durchgeführt.

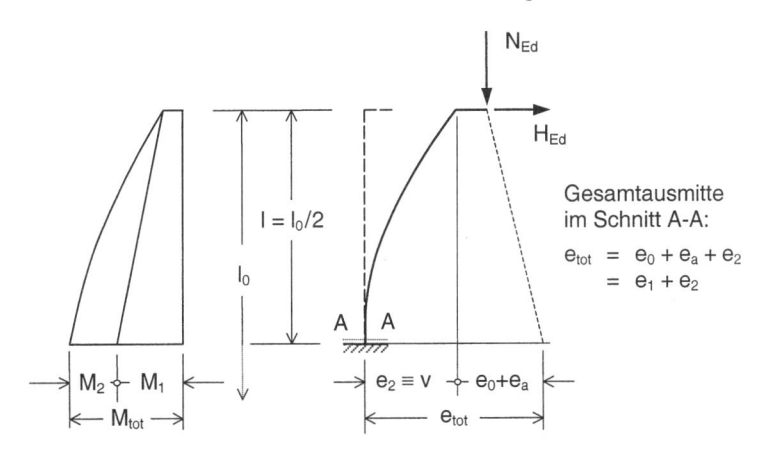

**Bild 8.4:** Modellstütze, nach DIN 1045-1.

Die zur Berechnung des Momentes nach Theorie II. Ordnung benötigte Stabausbiegung v, die mit der Zusatzausmitte $e_2$ identisch ist, kann nach DIN 1045-1 näherungsweise zu

$$e_2 = K_1 \cdot \frac{1}{r} \cdot \frac{l_0^2}{10} \qquad (8\text{-}17)$$

ermittelt werden. Darin bedeutet

$l_0$ die Ersatzlänge der Stütze,

1/r die Krümmung im maßgebenden Schnitt A - A,

$K_1$ einen Beiwert, der den Übergang vom Grenzzustand der Tragfähigkeit für Biegung mit Normalkraft zum Stabilitätsnachweis allmählicher gestalten soll:

$K_1 = \lambda/10 - 2,5$ für $25 \leq \lambda \leq 35$, (8-18)

$K_1 = 1,0$ für $\lambda > 35$.

Die Krümmung (1/r) darf zu

$$\frac{1}{r} = K_2 \cdot 2 \cdot \frac{\varepsilon_{yd}}{0,9 \cdot d}$$ (8-19)

mit

$$K_2 = \frac{N_{ud} - N_{Ed}}{N_{ud} - N_{bal}} \leq 1$$ (8-20)

berechnet werden. Dabei ist

$K_2$ ein Korrekturfaktor für die angenommene Stahldehnung, der berücksichtigt, daß im allgemeinen nicht, wie in Bild 8.5, beide Bewehrungslagen die Streckgrenze erreichen. Die Annahme $K_2 = 1$ liegt immer auf der sicheren Seite, kann aber zu einer unwirtschaftlichen Bewehrung führen,

$\varepsilon_{yd} = f_{yd}/E_s$ der Bemessungswert der Stahldehnung an der Streckgrenze,

d die Nutzhöhe des Querschnitts in der Richtung, in der Stabilitätsversagen zu erwarten ist,

$N_{Ed}$ der Bemessungswert der aufzunehmenden Längskraft,

$N_{ud} = -(f_{cd} \cdot A_c + f_{yd} \cdot A_{s,tot})$ der Bemessungswert der Grenztragfähigkeit des nur durch zentrischen Druck beanspruchten Querschnitts,

$N_{bal}$ die Längsdruckkraft, die zur Grenztragfähigkeit des Querschnitts für Momente gehört. Sie darf näherungsweise zu $N_{bal} = -(0,4 \cdot f_{cd} \cdot A_c)$ angenommen werden.

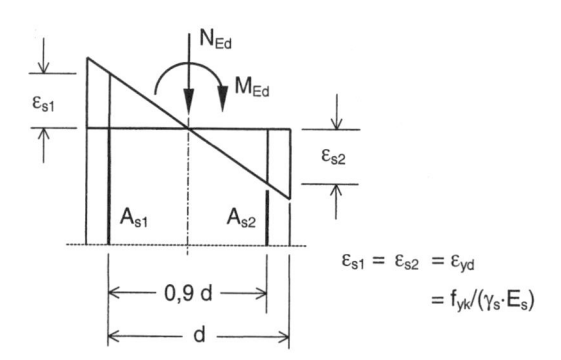

Bild 8.5: Annahme der Dehnungen beim Modellstützenverfahren.

Der Faktor $l_0^2/10$ in Gleichung (8-17) ergibt sich bei Berechnung der Kopfauslenkung der Stütze mit Hilfe des Arbeitssatzes aus der Annahme eines parabelförmigen Krümmungsverlaufs längs der Stabachse, Bild 8.6.

Mit zunehmender Ausnutzung eines Querschnittes durch Normalkräfte nimmt das gleichzeitig aufnehmbare Biegemoment und damit die Krümmung ab, was aus einem M-N-Interaktionsdiagramm ersichtlich ist.

## Stabförmige Bauteile mit Längsdruck

Das Bild 8.7 zeigt für einen symmetrisch bewehrten Rechteckquerschnitt den Verlauf des zusammen mit einer Normalkraft aufnehmbaren Momentes $\mu_{Rd} = M_{Rd}/(A_c \cdot h \cdot f_{cd})$ und der zugehörigen Krümmung $(1/r) \cdot h$ als bezogene Größen. Statt der Normalkraft $N_{Rd}$ ist das Verhältnis $\nu$ der Normalkraft zum Bemessungswert $N_{ud}$ bei zentrischem Druck aufgetragen: $\nu = N_{Rd}/N_{ud} = \nu_{Rd}/\nu_{ud}$.

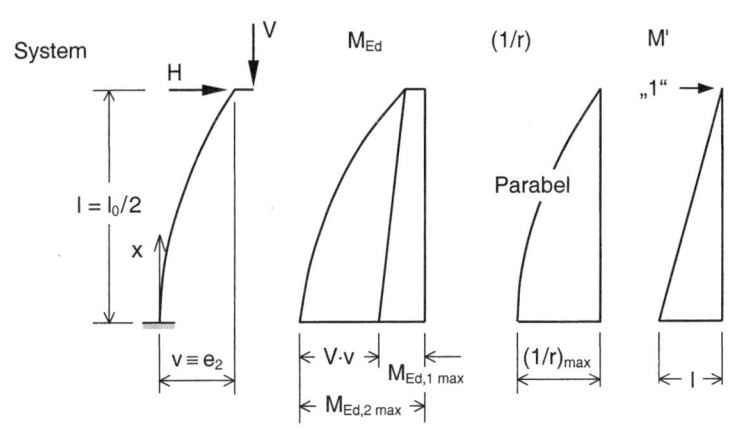

$M_{Ed,1\,max}$ = maximales Moment nach Theorie I. Ordnung
$M_{Ed,2\,max}$ = maximales Moment nach Theorie II. Ordnung

**Bild 8.6:** Kopfauslenkung der Modellstütze.

Die gestrichelten Kurven zeigen die tatsächlichen Verläufe für eine auf $\varepsilon_s \leq \varepsilon_{yd}$ begrenzte Stahldehnung in beiden Bewehrungslagen. Das Moment $M_{Rd}$ ist das zugleich mit der Normalkraft $N_{Rd}$ vom Querschnitt aufnehmbare Biegemoment. Die dem Maximalwert des Biegemomentes zugeordnete Normalkraft wird $N_{bal}$ (balance) genannt. Für $K_2 < 1$, hängt die Grenztragfähigkeit $N_{ud}$ von dem zunächst noch unbekannten Bewehrungsquerschnitt $A_{s,tot}$ ab, die Berechnung läuft mithin auf eine Iteration hinaus.

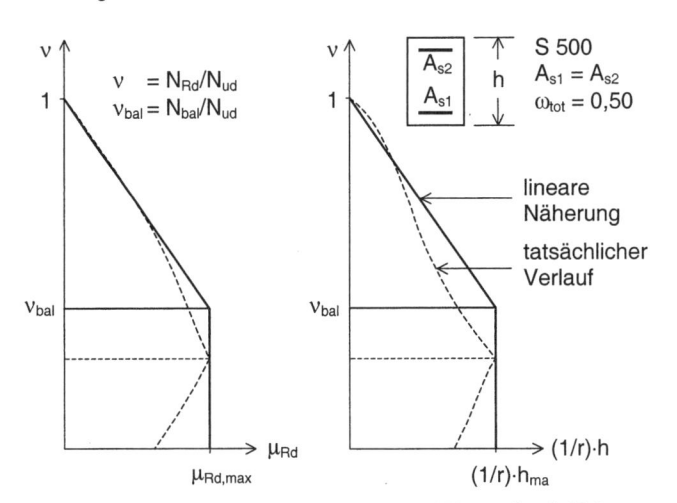

**Bild 8.7:** Interaktion Normalkraft-Biegemoment und Normalkraft-Krümmung, entsprechend [Litzner – 96].

Das iterative Vorgehen läßt sich mit Nomogrammen vermeiden, die von Kordina und Quast entwickelt wurden [Kordina/Quast – 01], siehe Anlagen 2 und 3. Es handelt sich um zwei verschiedene Nomogramme für den gleichen Anwendungsbereich, von denen im Einzelfall, je nach den aktuellen Eingangsparametern, eines oder auch beide anwendbar sind. Nach den verwendeten Parametern, der bezogenen Lastausmitte $e_1/h$ nach Theorie I. Ordnung oder dem bezogenen Moment $\mu_{Sd}$, wurden die Bezeichnungen e/h-Diagramm und μ-Nomogramm gewählt. Ihre Handhabung ist aus der schematischen Darstellung in jedem Nomogramm ersichtlich. Zu beachten ist, daß für die Nomogramme derzeit noch wie nach [EC 2-1 – 92], Eurocode 2, $f_{cd} = f_{ck}/\gamma_c$ als Bemessungswert der Betondruckfestigkeit gilt.

**Beispiel 8.1: Modellstützenverfahren**

Untersucht wird eine Innenstütze aus der Beispielsammlung des Deutschen Beton-Vereins [DBV – 91] zur Bemessung nach [DIN 1045 – 88], die auch in der Neufassung der Beispielsammlung [DBV – 94] zur Bemessung nach [EC 2-1 – 92], Eurocode 2, behandelt wird. Zum Vergleich erfolgt hier die Bemessung auch nach [DIN 1045 – 88].

System und Querschnitt:

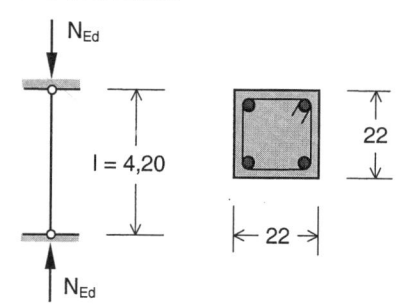

Baustoffe:

Beton C 35/45

Betonstahl BSt 500

$d_1 = d_2 \approx 2{,}0 + 0{,}6 + 1{,}6/2$
$= 3{,}4$ cm

$d_1/h = 3{,}4 / 22 \approx 0{,}15$

Ersatzlänge: $l_0 = 4{,}20$ m

Schlankheit: $\lambda = 4{,}20 / (0{,}289 \cdot 0{,}22) = 66$

Belastung (nach [DBV – 91]): Es sind Lasten aufzunehmen aus:

einer Dachdecke: $g = 5{,}25$ kN/m², 
$q = s = 0{,}75$ kN/m²,

einer Geschoßdecke: $g = 6{,}50$ kN/m²,
$q = 5{,}00$ kN/m²

und aus Stützeneigengewicht: $g = 8{,}8$ kN

Die Lasteinzugsfläche beträgt $A = 5{,}00 \cdot 6{,}00 = 30{,}00$ m²

$G_v = (5{,}25 + 6{,}50) \cdot 30{,}00 + 8{,}8 = 361{,}3$ kN

$Q_v = (0{,}75 + 5{,}00) \cdot 30{,}00 \quad = 22{,}5 + 150{,}0 = 172{,}5$ kN

**Bemessung nach [DIN 1045 – 88]:**

Grenzschlankheit: grenz $\lambda = 45 < 66$

Nachweis nach der vereinfachten Methode für $\lambda \leq 70$. Kriechverformungen sind für ein unverschiebliches System mit $\lambda < 70$ nicht zu berücksichtigen.

$e/d = 0; \quad f = 0{,}22 \cdot (66-20)/100 \cdot \sqrt{0{,}10+0} = 0{,}032$ m

Stabförmige Bauteile mit Längsdruck

Schnittgrößen:

N = − 361,3 − 172,5 = − 533,8 kN
M = 533,8·0,032  =  17,1 kNm

$n = -0,534/(0,22^2 \cdot 27) = -0,41$
$m = 0,0171/(0,22^3 \cdot 27) = 0,060$  → $\omega_{01} = \omega_{02} = 0,115$;  $\mu_{01} = \mu_{02} = 0,62\%$

$A_{s1} + A_{s2} = 2 \cdot 0,0062 \cdot 22^2 = \underline{6,00 \text{ cm}^2}$

Gewählt:  $\underline{4 \varnothing 14 \text{ mit } A_{s,tot} = 6,16 \text{ cm}^2} > 6,00 \text{ cm}^2$

**Bemessung nach DIN 1045-1:**

Es ist offensichtlich, daß für die Bemessung nur die Kombination mit der veränderlichen Einwirkung auf der Geschoßdecke als Leitwert $Q_1$ in Frage kommt. Unter der Voraussetzung, daß der Standort unterhalb von NN+1000 m liegt, ist dann der Kombinationsbeiwert für die Schneelast auf der Dachdecke als Begleitwert mit $\psi_{0,2} = 0,5$ einzuführen, [DIN 1055-100 − 01]. Kriechverformungen brauchen wie nach DIN 1045 nicht berücksichtigt zu werden.

$N_{Ed} = -1,35 \cdot 361,3 - 1,5 \cdot 150,0 - 1,5 \cdot 0,5 \cdot 22,5 = -729,6$ kN

$\lambda_{grenz} = \underline{25}$ oder $16/\sqrt{0,7296/(0,22^2 \cdot 0,85 \cdot 35/1,5)} = 18,4$  →  25 < 66

$\lambda_{crit} = 25 \cdot (2-0) \triangleq 25 < 66$ (siehe Fußnote [1])  →  Es ist ein Stabilitätsnachweis zu führen.

$e_{tot} = e_0 + e_a + e_2$  mit  $e_0 = 0$

$\alpha_{a1} = 1/(100 \cdot \sqrt{4,20}) = 1/205$  →  $e_a = \alpha_{a1} \cdot l_0/2 = 1/205 \cdot 4,20/2 = 0,0102$ m

$e_2 = K_1 \cdot l_0^2/10 \cdot 1/r$

   $K_1 = 1,0$ wegen $\lambda > 35$

   $(1/r) = 1,0 \cdot (2 \cdot 2,174 \cdot 10^{-3})/\{0,9 \cdot (0,22-0,034)\} = 26,0 \cdot 10^{-3}$ m$^{-1}$

$e_2 = 1,0 \cdot 4,20^2/10 \cdot 26,0 \cdot 10^{-3} = 0,0459$ m

$e_{tot} = 0 + 0,0102 + 0,0459 = 0,0561$ m

$M_{Ed,tot} = |N_{Ed}| \cdot e_{tot} = 729,6 \cdot 0,0561 = 40,9$ kNm

$\nu_{Ed} = -0,7296/(0,22^2 \cdot 19,83) = -0,76$
$\mu_{Ed} = 0,0409/(0,22^3 \cdot 19,83) = 0,194$  →  $\omega_{tot} = 0,38$

$\rho_{tot} = \omega_{tot}/(f_{yd}/f_{cd}) = 0,38/(434,8/19,83) = 1,73\% < \rho_{tot,max} = 9\%$

$A_{s,tot} = 0,0173 \cdot 22^2 = \underline{8,39 \text{ cm}^2}$

Der erforderliche Bewehrungsquerschnitt hat sich nach DIN 1045-1 zunächst größer als nach [DIN 1045 − 88] ergeben, was aber in der zu ungünstigen Annahme $K_2 = 1,0$ begründet ist. Nachfolgend wird die Bemessung unter iterativer Verbesserung von $K_2$ wiederholt. Weil dabei der Stahlquerschnitt eingeht, wird die Bewehrung vorläufig bewußt kleiner als nach der zu ungünstigen Bemessung gewählt.

Gewählt:  $\underline{4 \varnothing 16 \text{ mit } A_{s,tot} = 8,04 \text{ cm}^2}$

$N_{ud} = -(0,22^2 \cdot 19,83 + 8,04 \cdot 10^{-4} \cdot 434,8) \cdot 10^3 = -1.309,5$ kN
$N_{bal} = -0,4 \cdot 0,22^2 \cdot 19,83 \cdot 10^3 = -384,0$ kN
$K_2 = (1.309,5 - 729,6)/(1.309,5 - 384,0) = 0,627 < 1$

$(1/r) = 0{,}627 \cdot 26{,}0 \cdot 10^{-3} = 16{,}3 \cdot 10^{-3}$ m$^{-1}$

$e_2 = 1{,}0 \cdot 4{,}20^2/10 \cdot 16{,}3 \cdot 10^{-3} = 0{,}0287$ m

$e_{tot} = 0 + 0{,}0102 + 0{,}0287 \quad = 0{,}0389$ m

$M_{Ed,tot} = 729{,}6 \cdot 0{,}0389 = 28{,}4$ kNm

$\mu_{Sd} = 0{,}0284 / (0{,}22^3 \cdot 19{,}83) = 0{,}134$

$\nu_{Sd} = -0{,}76$ $\quad\quad\quad\quad\quad\quad\quad\quad \rightarrow \omega_{tot} = 0{,}18, \quad \rho_{tot} = 0{,}82$ %

$\underline{A_{s,tot} = 0{,}0082 \cdot 22^2 = 3{,}97 \text{ cm}^2}$

Dieser Stahlquerschnitt soll mit der Mindestbewehrung nach DIN 1045-1 verglichen werden:[2]

$A_{s,min} = (0{,}15 \cdot 0{,}7296 / 434{,}8) \cdot 10^4 = \underline{2{,}52 \text{ cm}^2} < 3{,}97 \quad\quad$ nicht maßgebend

Bei der Bewehrungswahl ist der Mindeststabdurchmesser von $\varnothing_{min} = 12$ mm zu beachten. Weil mit Rücksicht darauf die einzulegende Bewehrung nicht weiter verringert werden kann, erübrigt sich ein weiterer Iterationsschritt.

Gewählt: $\underline{4 \varnothing 12 \text{ mit } A_{s,tot} = 4{,}52 \text{ cm}^2} > 3{,}97$ cm$^2$

Bemessung mit Hilfe von Nomogrammen:

Anwendung eines *e/h-Diagramms*:

$f_{cd} = 35/1{,}5 = 23{,}33$ N/mm$^2$

$e_1 = e_0 + e_a = 0 + 0{,}0102 = 0{,}0102$ m

$e_1/h = 0{,}0102 / 0{,}22 = 0{,}046$

$l_0/h = 4{,}20 / 0{,}22 = 19{,}1$

$\nu_{Ed} = -\dfrac{0{,}7296}{0{,}22^2 \cdot 23{,}33} = -0{,}65 \quad\quad \rightarrow \omega_{tot} = 0{,}15, \quad \rho_{tot} = 0{,}15/(434{,}8/23{,}33) = 0{,}805$ %

$A_{s,tot} = 0{,}00805 \cdot 22^2 = \underline{3{,}90 \text{ cm}^2} < 4 \varnothing 12 = 4{,}52 \text{ cm}^2 > A_{s,min} = 2{,}54$ cm$^2$

Die Bemessung mit dem e/h-Diagramm hat eine etwas geringere erforderliche Bewehrung ergeben als die vorhergehende Bemessung ohne Hilfsmittel, weil dort die Iteration vorzeitig abgebrochen wurde. Wegen des einzuhaltenden Mindeststabdurchmessers ist die Differenz aber ohne praktische Bedeutung.

Anwendung eines *µ-Nomogramms*:

$M_{Ed,1} = 729{,}6 \cdot 0{,}0102 = 7{,}44$ kNm

$\mu_{ed,1} = 0{,}00744 / (0{,}22^3 \cdot 23{,}33) = 0{,}030$

$\nu_{Ed} = -0{,}65; \quad l_0/h = 19{,}1 \quad\quad\quad \rightarrow$ Es ist keine Ablesung möglich.

Bei den vorliegenden Parametern ist das µ-Nomogramm ungeeignet.

---

[2] In DIN 1045-1, Juli 2001, ist die Abhängigkeit vom Betonquerschnitt $A_{s,min} = 0{,}003 \cdot A_c$, anders als in vorhergehenden Entwürfen und in [EC 2-1 – 92], Eurocode 2, nicht mehr enthalten.

## 8.4.5 Genauere Stabilitätsnachweise

Für genauere Nachweise nach Theorie II. Ordnung dürfen wie generell bei nichtlinearen Verfahren der Schnittgrößenermittlung zur Berechnung der Verformungen Mittelwerte der Baustoffestigkeiten wie folgt verwendet werden:

$f_{yR} = 1{,}1 \cdot f_{yk}$, (8-21)

$f_{tR} = 1{,}08 \cdot f_{yR}$ für hochduktilen Stahl,

$f_{tR} = 1{,}05 \cdot f_{yR}$ für normal duktilen Stahl,

$f_{p0,1R} = 1{,}1 \cdot f_{pk}$,

$f_{pR} = 1{,}1 \cdot f_{pk}$,

$f_{cR} = 0{,}85 \cdot \alpha \cdot f_{ck}$ für Beton bis C 50/60,

$f_{cR} = 0{,}85 \cdot \alpha \cdot f_{ck}/\gamma_c'$ für Beton ab C 55/67.

Für Normalbeton ist mit $\alpha = 0{,}85$ zu rechnen; unter Kurzzeitbelastungen sind aber auch höhere Werte $\alpha \leq 1$ zulässig. Davon kann bei Stabilitätsuntersuchungen ausgegangen werden, weil die größten Auslenkungen nur kurze Zeit wirken. Der Bemessungswert des Tragwiderstandes soll mit einem einheitlichen Teilsicherheitsbeiwert $\gamma_R = 1{,}3$ für Beton und Stahl, für die außergewöhnliche Bemessungssituation $\gamma_R = 1{,}1$, ermittelt werden.

Statt dessen dürfen für Stabilitätsnachweise zur Ermittlung der Verformungen auch Bemessungswerte verwendet werden, die auf den Mittelwerten der Baustoffkennwerte beruhen, z.B. $f_{ctm}/\gamma_c$, $f_{cm}/\gamma_c$ mit $f_{cm} = f_{ck}+8$ [N/mm²]. Für den Nachweis der Grenztragfähigkeit sind jedoch die ‚normalen' Bemessungswerte wie $f_{cd} = \alpha \cdot f_{ck}/\gamma_c$ maßgebend. Weil zwar für die Verformungen die mittleren Baustoffkennwerte längs eines Stabes maßgebend sind, die Bemessung aber von einer Schwachstelle im Bemessungsquerschnitt ausgeht, sollte hier von einem Lastdauerbeiwert $\alpha > 0{,}85$ abgesehen werden.

Die Zugversteifung, das Mitwirken des Betons zwischen den Rissen auf Zug, darf auf der sicheren Seite liegend vernachlässigt werden. Erfahrungsgemäß ist der Einfluß bei Stabilitätsnachweisen üblicher Druckglieder ohnehin bedeutungslos.

Die Spannungs-Dehnungs-Linien sind gemäß DIN 1045-1, 8.5.1.(3) für Beton nach Bild 8.8 und für Stahl nach Bild 8.9 anzunehmen, nach 8.6.1 (7) bei Stabilitätsnachweisen mit Bemessungswerten der Festigkeiten.

$$\sigma_c = \frac{k \cdot \eta - \eta^2}{1 + (k-2) \cdot \eta} \cdot \frac{f_{cm}}{\gamma_c}$$

$$\eta = \frac{\varepsilon_c}{\varepsilon_{c1}}$$

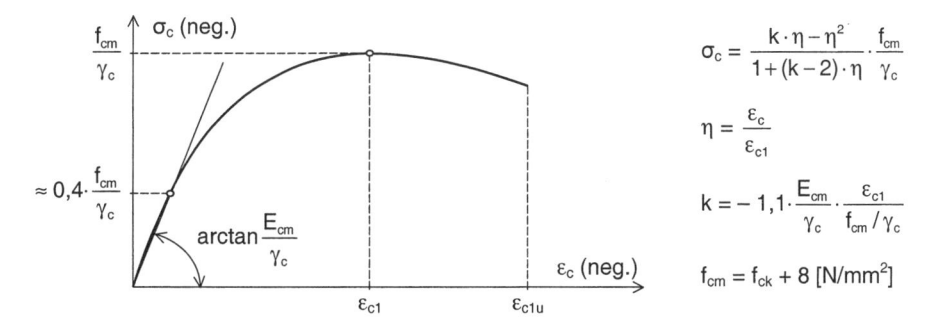

$$k = -1{,}1 \cdot \frac{E_{cm}}{\gamma_c} \cdot \frac{\varepsilon_{c1}}{f_{cm}/\gamma_c}$$

$$f_{cm} = f_{ck} + 8 \text{ [N/mm}^2\text{]}$$

**Bild 8.8:** Spannungs-Dehnungs-Linie für Beton nach DIN 1045-1 mit den Baustoffkennwerten für Stabilitätsnachweise.

Zur Bestimmung von Größe und Lage der Betondruckkraft werden der Völligkeitsbeiwert $\alpha_v$ und der Beiwert $k_a = a/x$ für den Randabstand benötigt, die sich aus der Integration von $\sigma_c$ über $\varepsilon_c$ ergeben. Setzt man $\eta = \varepsilon_c/\varepsilon_{c1}$ in die Gleichung für $\sigma_c$ ein, läßt sich diese umformen in

$$\sigma_c = \frac{\frac{k}{\varepsilon_{c1}} \cdot \varepsilon_c - \frac{1}{\varepsilon_{c1}^2} \cdot \varepsilon_c^2}{1 + \frac{k-2}{\varepsilon_{c1}} \cdot \varepsilon_c} \cdot f_{cm} = \frac{A \cdot \varepsilon_c + B \cdot \varepsilon_c^2}{1 + C \cdot \varepsilon_c} \cdot f_{cm} \quad \text{mit} \quad A = \frac{k}{\varepsilon_{c1}}, \; B = -\frac{1}{\varepsilon_{c1}^2}, \; C = \frac{k-2}{\varepsilon_{c1}}.$$

Für den Rechteckquerschnitt folgt daraus

$F_{cd} = -\alpha_v \cdot b \cdot x \; f_{cm}/\gamma_c$ und  (8-22)

$a = k_a \cdot x$.  (8-23)

mit

$$\alpha_v = \frac{B}{2 \cdot C} \cdot \varepsilon_c + \frac{1}{C} \cdot \left(A - \frac{B}{C}\right) - \frac{1}{C^2} \cdot \left(A - \frac{B}{C}\right) \cdot \ln(C \cdot \varepsilon_c + 1) \cdot \frac{1}{\varepsilon_c},$$  (8-24)

$$k_a = 1 - \frac{1}{\alpha_v} \cdot \left[\frac{B}{3 \cdot C} \cdot \varepsilon_c + \frac{1}{2 \cdot C} \cdot \left(A - \frac{B}{C}\right) - \frac{1}{C^2} \cdot \left(A - \frac{B}{C}\right) \cdot \frac{1}{\varepsilon_c} + \frac{1}{C^3} \cdot \left(A - \frac{B}{C}\right) \cdot \ln(C \cdot \varepsilon_c + 1) \cdot \frac{1}{\varepsilon_c^2}\right].$$  (8-25)

Für den Betonstahl ist nach DIN 1045-1, 9.2.3 (2) eine bilinear vereinfachte Spannungs-Dehnungs-Linie zulässig, Bild 8.9. Als Rechenwert der Streckgrenze darf der Mittelwert $f_y = f_{Rd}$ nach Gleichung (8-21) angenommen werden und gemäß 8.6.1 (7) als zugehöriger Bemessungswert $f_{Rd}/\gamma_s$. Die Verfestigung oberhalb der Streckgrenze ist bei der Ermittlung von Schnittgrößen generell zu berücksichtigen, für Stabilitätsberechnungen jedoch bedeutungslos.

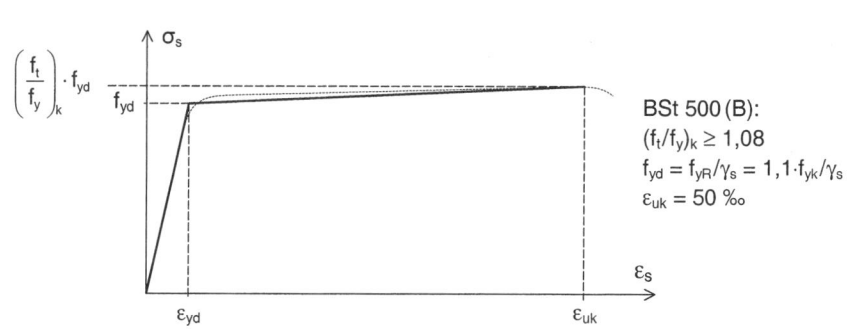

BSt 500 (B):
$(f_t/f_y)_k \geq 1{,}08$
$f_{yd} = f_{yR}/\gamma_s = 1{,}1 \cdot f_{yk}/\gamma_s$
$\varepsilon_{uk} = 50\,\text{‰}$

**Bild 8.9:** Spannungs-Dehnungs-Linie für hoch duktilen Betonstahl BSt 500 (B) nach DIN 1045-1, Bild 26, für die Berechnung der Verformungen.

Zur Berechnung der Verformungen eines Druckstabes wird die Momenten-Krümmungs-Linie, also der Zusammenhang zwischen Schnittgrößen und Stabkrümmungen, benötigt. Nach DIN 1045-1 ist eine trilineare Näherung zulässig, Bild 8.10. Bis zum Erreichen der Betonzugfestigkeit ist der ungerissene Zustand I mit der Biegesteifigkeit $B_I$ maßgebend, anschließend der gerissene Zustand II mit der Biegesteifigkeit $B_{II}$. Am Übergang vom Zustand I in den Zustand II wirkt das Rißmoment $M_{I,II}$ mit der zugehörigen Krümmung $(1/r)_{I,II}$. Der Bereich oberhalb der Streckgrenze von $M_y$ bis zum Erreichen des rechnerischen Bruchzustandes bei $M_u$ wird für Stabilitätsnachweise nicht ausgenutzt.

Mit den Querschnittswerten des reinen Betonquerschnitts und $\sigma_{ct} = f_{ctm}/\gamma_c$ beträgt das Rißmoment $M_{I,II}$

$$M_{I,II} = W_c \cdot \left(\frac{f_{ctm}}{\gamma_c} - \frac{N_{Ed}}{A_c}\right).$$  (8-26)

Die Verwendung idealer Querschnittswerte unter Einbeziehen der Bewehrung ist möglich.

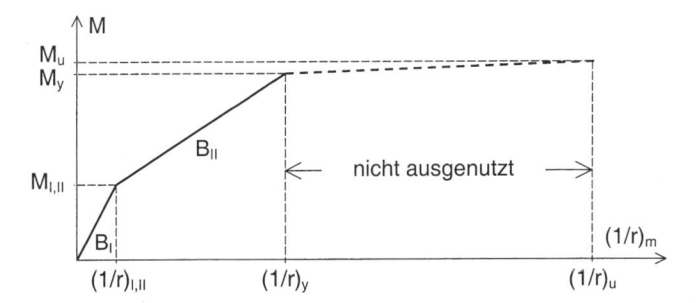

**Bild 8.10:** Vereinfachte Momenten-Krümmungs-Linie nach DIN 1045-1, Bild 10.

Eine Momenten-Krümmungs-Linie gilt jeweils für einen einschließlich der Bewehrung und der Baustoffestigkeiten vorgegebenen Querschnitt und eine gegebene Normalkraft. Für einen Punkt der Linie ist der Dehnungszustand iterativ so zu ermitteln, daß zwischen der aufzunehmenden Normalkraft $N_{Ed}$ und den inneren Kräften Gleichgewicht besteht.

Mit $F_{cd}$ als Druck und $F_{s1}$ und $F_{s2}$ als Zug positiv gilt

$$N_{Ed} = N_{Rd} = -F_{cd} + F_{s1,d} + F_{s2,d}.$$

Das aufnehmbare Moment $M_{Rd}$ beträgt

$$M_{Rd} = F_{cd} \cdot (h/2 - a) + F_{s1} \cdot (h/2 - d_1) - F_{s2} \cdot (h/2 - d_2)$$

und die Krümmung ergibt sich zu

$$(1/r) = \frac{\varepsilon_{s1} - \varepsilon_{c2}}{d} = \frac{\varepsilon_{s1} - \varepsilon_{c2}}{h - d_1}. \tag{8-27}$$

**Beipiel 8.2: Genauerer Stabilitätsnachweis**

Für die aussteifende Stütze eines rahmenartigen Tragwerks wird ein genauerer Nachweis geführt. Untersucht wird die Lastkombination mit Wind als maßgebender veränderlicher Einwirkung.

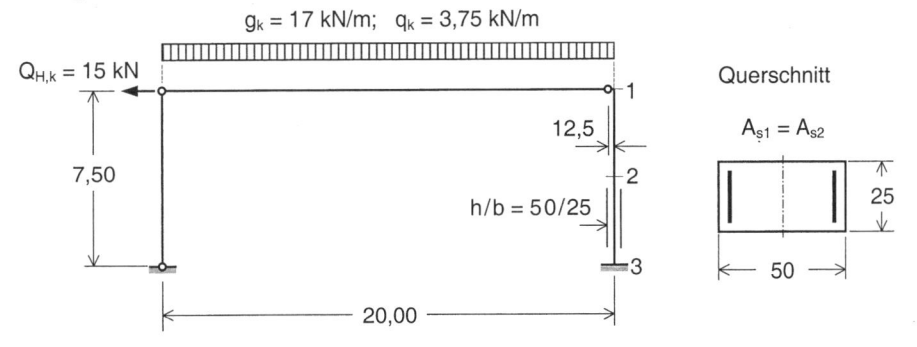

Baustoffe: Beton C 25/30 und Betonstahl BSt 500

$d_1 = d_2 = 2{,}0 + 1{,}5 + 0{,}6 + {\sim}2{,}0/2 = 5{,}1$ cm; $\quad d_1/h = 5{,}1/50 \approx 0{,}10$

Belastung nach Skizze.

Kombinationsbeiwert für Schnee: $\psi_0 = 0{,}5$ nach [DIN 1055-100 – 01], Tabelle A.2.

Schiefstellung des Tragwerks als Ganzes nach DIN 1045-1, 7.2 (4):

$$\alpha_{a1} = \frac{1}{100 \cdot \sqrt{7{,}50}} = \frac{1}{274}$$

Ungewollte Lastausmitte: $e_a = 7{,}50/274 = 0{,}027$ m

Schnittgrößen:

$N_{Ed} \approx -(1{,}35 \cdot 17{,}0 + 0{,}5 \cdot 1{,}5 \cdot 3{,}75) \cdot 20{,}00/2 = -257{,}6$ kN

$M_{Ed,1} = 257{,}6 \cdot (0{,}125 + 0{,}027)$ $= 39{,}2$ kNm

$M_{Ed,2} = 257{,}6 \cdot (0{,}125 + 0{,}027) + (257{,}6/274 + 1{,}5 \cdot 15{,}0) \cdot 3{,}75 = 127{,}1$ kNm

$M_{Ed,3} = 257{,}6 \cdot (0{,}125 + 0{,}027) + (257{,}6/274 + 1{,}5 \cdot 15{,}0) \cdot 7{,}50 = 215{,}0$ kNm

Aufgrund einer Bemessung nach dem Modellstützenverfahren wird eine Bewehrung von $A_{s,vorh} = 2 \times (2\varnothing 20 + 2\varnothing 25) = 2 \times 16{,}1 = 32{,}2$ cm² angeordnet, die mit einem genaueren Stabilitätsnachweis überprüft werden soll.

Momenten-Krümmungs-Linie:

Im Zustand I wird die Bewehrung einbezogen und mit dem ideellen Querschnitt gerechnet.

$\alpha_E = E_s/E_{cm} = 200.000/30.500 = 6{,}557$

$A_i = 0{,}25 \cdot 0{,}50 + (6{,}557 - 1) \cdot 0{,}00322 = 0{,}1429$ m²

$I_i = 0{,}25 \cdot 0{,}50^3/12 + (6{,}557 - 1) \cdot 0{,}00322 \cdot (0{,}50/2 - 0{,}05)^2 = 3{,}320 \cdot 10^{-3}$ m⁴

$$\sigma_{ct} = \frac{-0{,}2576}{0{,}1429} + \frac{M_{I,II} \cdot 0{,}25}{0{,}003320} \stackrel{!}{=} \frac{f_{ctm}}{\gamma_c} = \frac{2{,}6}{1{,}5} = 1{,}733 \text{ N/mm}^2 \quad \text{(DIN 1045-1, 8.6.1 (7); Tab. 9)}$$

$\rightarrow M_{I,II} = 0{,}04696$ MNm $= 46{,}96$ kNm

$$\sigma_{cc} = \frac{-0{,}2576}{0{,}1429} - \frac{0{,}04696 \cdot 0{,}25}{0{,}003320} = -5{,}339 \text{ N/mm}^2$$

$(\varepsilon_{ct})_{I,II} = \dfrac{f_{ctm}/\gamma_c}{E_{cm}/\gamma_c} = \dfrac{2{,}6/1{,}5}{30.500/1{,}5} = 0{,}0852$ ‰;  $(\varepsilon_{cc})_{I,II} = \dfrac{\sigma_{cc}}{E_{cm}/\gamma_c} = \dfrac{-5{,}339}{30.500/1{,}5} = -0{,}2626$ ‰

$(1/r)_{I,II} = (0{,}0852 - (-0{,}2626)) \cdot 10^{-3}/0{,}50 = 0{,}696 \cdot 10^{-3}$ m⁻¹

Der Zustand II wird mit EXCEL untersucht. Zur gewählten Stahldehnung $\varepsilon_{s1}$ wird die zugehörige Betonstauchung $\varepsilon_{c2}$ iterativ so ermittelt, daß das Gleichgewicht $\Sigma N = 0$ gewahrt ist.

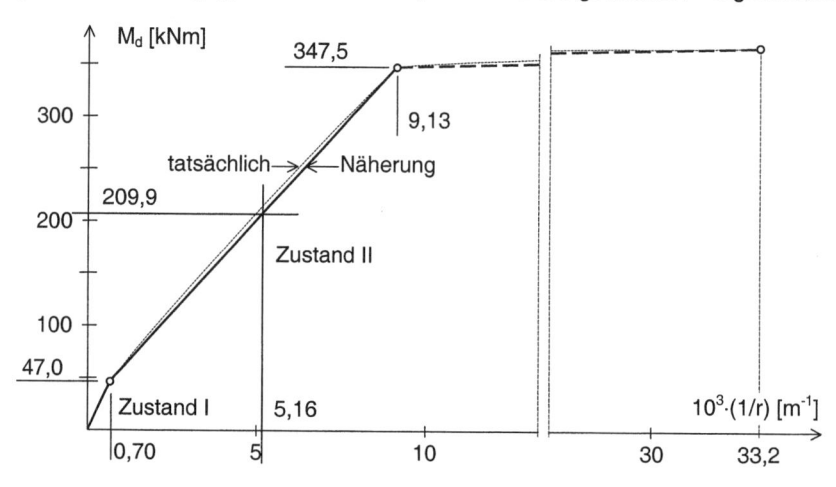

Die Spannungs-Dehnungs-Linie der Bewehrung wird nach DIN 1045-1, 9.2.3 vereinfachend bilinear mit dem Mittelwert der Streckgrenze

$f_y = f_{yR} = 1,1 \cdot f_{yk} = 1,1 \cdot 500 = 550 \text{ N/mm}^2$

angenommen. Oberhalb der Streckgrenze ist nach DIN 1045-1, 8.5.1 (4) für hochduktilen Betonstahl mit Verfestigung auf

$f_{tR} = 1,08 \cdot f_{yR} = 1,188 \cdot f_{yk} = 594 \text{ N/mm}^2$

zu rechnen. Dieser Bereich wird der Vollständigkeit halber auch ermittelt, ist hier allerdings nicht von Bedeutung.

Die zulässige Durchbiegung der aussteifenden Stütze beträgt, wenn die Streckgrenze nicht überschritten werden soll

$$v_{zul} = \frac{347,5 - 215,0}{2 \cdot 257,6} = 0,257 \text{ m}.$$

Mit der Annahme einer parabelförmigen Biegelinie ergeben sich damit Momente nach Theorie II. Ordnung zu

$M_{Ed,1} = 39,2 + 0 = 39,2 \text{ kNm}$
$M_{Ed,2} = 127,1 + 257,6 \cdot 0,257/7,50 \cdot 3,75 + 257,6 \cdot 0,75 \cdot 0,257 = 209,9 \text{ kNm}$
$M_{Ed,3} = 215,0 + 2 \cdot 257,6 \cdot 1,00 \cdot 0,257 = 347,5 \text{ kNm}$

Dazu liest man die Krümmungen

$(1/r)_1 = 0,58 \cdot 10^{-3} \text{ m}^{-1}$,

$(1/r)_2 = 5,16 \cdot 10^{-3} \text{ m}^{-1}$,

$(1/r)_3 = 9,13 \cdot 10^{-3} \text{ m}^{-1}$

ab und ermittelt mit den virtuellen Momenten $M' = 0$; 3,75 und 7,50 an den Punkten 1 bis 3 die Durchbiegung zu

$v = 3,75/6 \cdot (3,75 \cdot (0,58 + 4 \cdot 5,16 + 9,13) + 7,50 \cdot (5,16 + 2 \cdot 9,13)) \cdot 10^{-3} = 0,181 \text{ m} < 0,257 \text{ m}$

Wiederholte Berechnung führt auf die Durchbiegung

$v = 0,147 \text{ m}$

und das Moment nach Theorie II. Ordnung an der Einspannstelle

$M_{Ed,3} = 215,0 + 2 \cdot 257,6 \cdot 1,00 \cdot 0,147 = 290,7 \text{ kNm}$.

Zur Bemessung mit einem Interaktionsdiagramm sind die Bemessungswerte der Baustoffestigkeiten wie $f_{cd} = \alpha \cdot f_{ck}/\gamma_c$ zu verwenden, DIN 1045-1, 8.6.1 (7). Der Lastdauerbeiwert wird zu $\alpha = 0,85$ angesetzt.

$\mu_{Ed} = \dfrac{0,2907}{0,25 \cdot 0,50^2 \cdot 14,167} = 0,328 \qquad \rightarrow \quad \omega_{tot} = 0,68;$

$\nu_{Ed} = \dfrac{-0,2576}{0,25 \cdot 0,50 \cdot 14,167} = -0,14 \qquad \rho_{tot} = 0,68 \cdot 14,167/434,8 = 2,22 \text{ ‰}$

$A_s = 0,0222 \cdot 25 \cdot 50 = \underline{27,7 \text{ cm}^2}$

Gegenüber der nach dem Modellstützenverfahren gewählten Bewehrung von 32,2 cm² hat sich mit 27,7 cm² ein etwas geringerer Querschnitt ergeben. Es ist jedoch abzuwägen, ob die Ersparnis den erhöhten Aufwand rechtfertigt. Für eine normale Hochbaustütze reicht die Bemessung nach dem Modellstützenverfahren aus.

Weil der Abstand $d_1 = d_2 = 0{,}1 \cdot h$ hier nicht ganz eingehalten ist, wird die Bewehrung etwas reichlich gewählt.

Gewählt: $6 \varnothing 25 = 29{,}5 \text{ cm}^2 > 27{,}7 \text{ cm}^2$

## 8.5 Rechteckige Druckglieder mit zweiachsiger Lastausmitte

Nach DIN 1045-1 gelten die gleichen Bedingungen für getrennte Nachweise in den beiden Achsenrichtungen wie nach [DIN 1045 – 88], Bild 8.11.

Ist eine der beiden Bedingungen

$(e_{0z}/h) / (e_{0y}/b) \leq 0{,}2$    oder    $(e_{0y}/b) / (e_{0z}/h) \leq 0{,}2$

erfüllt, liegt der Angriffspunkt der Normalkraft $N_{Ed}$ in Achsennähe innerhalb der schraffierten Bereiche. In Richtung der beiden Hauptachsen sind getrennte Nachweise zulässig, wobei jeweils die Zusatzausmitte zu berücksichtigen ist.

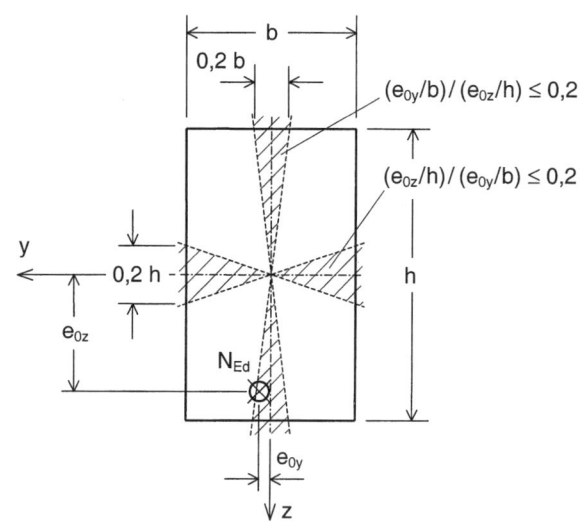

Bild 8.11: Voraussetzungen für getrennte Nachweise in den beiden Hauptachsenrichtungen, nach DIN 1045-1.

Beträgt die Lastausmitte in Richtung der längeren Querschnittsseite, in Bild 8.12 ist das die z-Richtung, $e \geq 0{,}2 \cdot h$, sind wie nach [DIN 1045 – 88] getrennte Nachweise nur dann zulässig, wenn für die schwächere Richtung die wirksame Breite abgemindert wird. Damit soll das sogenannte „Seitwärtsknicken", die Steifigkeitsminderung für den Nachweis in Richtung der kleineren Querschnittsseite durch das Aufreißen infolge der Biegewirkung in Richtung der größeren Seite, berücksichtigt werden.

Die reduzierte Querschnittsbreite $h_{red}$ wird unter der Annahme einer linearen Spannungsverteilung zu

$$h_{red} = \left( \frac{1}{2} + \frac{1}{12 \cdot \left( \dfrac{e_{0z} + e_{az}}{h} \right)} \right) \cdot h \leq h \qquad (8\text{-}28)$$

ermittelt. Dabei ist

h    die größere Querschnittsseite,

$e_{0z}$ die Lastausmitte nach Theorie I. Ordnung in z-Richtung, der Richtung von h,
$e_{az}$ die Zusatzausmitte in z-Richtung nach Gleichung (8-7).

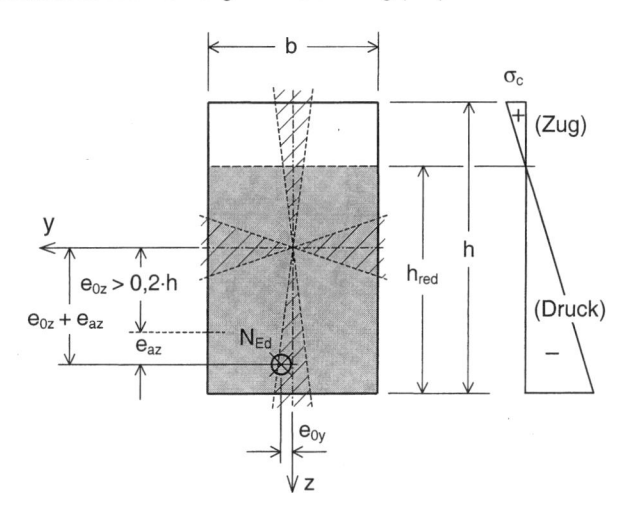

**Bild 8.12:** Wirksame Breite $h_{red}$ für die y-Richtung bei $e_{0z} > 0{,}2 \cdot h$ in z-Richtung, nach DIN 1045-1.

## 8.6 Druckglieder aus unbewehrtem Beton

Druckglieder aus unbewehrtem Beton sind unabhängig vom Schlankheitsgrad $\lambda$ als schlank anzusehen. Für Verhältnisse $l_{col}/h < 2{,}5$ ist jedoch eine Schnittgrößenermittlung nach Theorie I. Ordnung ausreichend.

Die Schlankheit unbewehrter Wände oder Einzeldruckglieder aus Ortbeton sollte im allgemeinen der Wert $\lambda = 85$ nicht überschreiten.

Die aufnehmbare Längsdruckkraft einer Stütze oder Wand aus unbewehrtem Beton darf näherungsweise zu

$$N_{Rd} = -b \cdot h \cdot f_{cd} \cdot \varphi \quad \text{mit} \quad 0 \leq \varphi = 1{,}14 \cdot (1 - 2 \cdot \frac{e_{tot}}{h}) - 0{,}02 \cdot \frac{l_0}{h} \leq 1 - 2 \cdot \frac{e_{tot}}{h}$$

berechnet werden. Dabei ist:

$N_{Rd}$ der Bemessungswert der aufnehmbaren Längsdruckkraft,

b, h  Breite und Höhe des Querschnitts,

$\varphi$ ein Beiwert zur Berücksichtigung der Theorie II. Ordnung auf die Tragfähigkeit unbewehrter Druckglieder unverschieblicher Tragwerke,

$e_{tot} = e_0 + e_a + e_\varphi$ die Gesamtausmitte,

$e_0$ die Lastausmitte nach Theorie I. Ordnung infolge horizontaler Windeinwirkungen und je nach Erfordernis unter Berücksichtigung der Einspannmomente anschließender Decken,

$e_a$ die ungewollte Lastausmitte infolge geometrischer Imperfektionen, die bei Fehlen genauerer Angaben zu $e_a = 0{,}5 \cdot l_0/200$ angenommen werden darf,

$e_\varphi$ die Kriechausmitte, die im allgemeinen vernachlässigt werden darf.

Wegen weiterer Einzelheiten wird in DIN 1045-1 auf das angekündigte Heft 525, DAfStb, verwiesen.

## 8.7 Seitliches Ausweichen schlanker Träger

Die Kippsicherheit schlanker Träger, ihre Sicherheit gegen seitliches Ausweichen, ist nachzuweisen. Sie darf als ausreichend angesehen werden, wenn die Abmessungen der Bedingung

$$b = \sqrt[4]{\left(\frac{l_{0t}}{50}\right)^3 \cdot h} \qquad (8\text{-}29)$$

genügen. Darin bedeutet:

b  Breite des Druckgurtes,
h  Trägerhöhe,
$l_{0t}$  Länge des Druckgurtes zwischen den seitlichen Abstützungen.

Schlanke Fertigträger sind auch während des Anhebens, des Transportes und der Montage ausreichend gegen seitliches Ausweichen zu sichern.

Beim Nachweis für den Endzustand ist auch eine ungewollt ausmittige Lagerung zu berücksichtigen. Die Auflagerkonstruktion muß in der Lage sein, Torsionsmomente aus dem Träger aufzunehmen. Sofern keine genaueren Angaben vorliegen, ist sie für ein Torsionsmoment von der Größe

$$T_{Ed} = V_{Ed} \cdot l_{eff}/300$$

zu bemessen. Dabei ist:

$l_{eff}$  die Stützweite des Trägers,
$V_{Ed}$  der Bemessungswert der Auflagerkraft des Trägers senkrecht zur Trägerachse.

Imperfektionen sind in geeigneter Weise durch den Ansatz geometrischer Ersatzimperfektionen zu berücksichtigen.

## 8.8 Anlagen

1. Interaktionsdiagramm
2. e/h-Diagramm
3. µ-Nomogramm

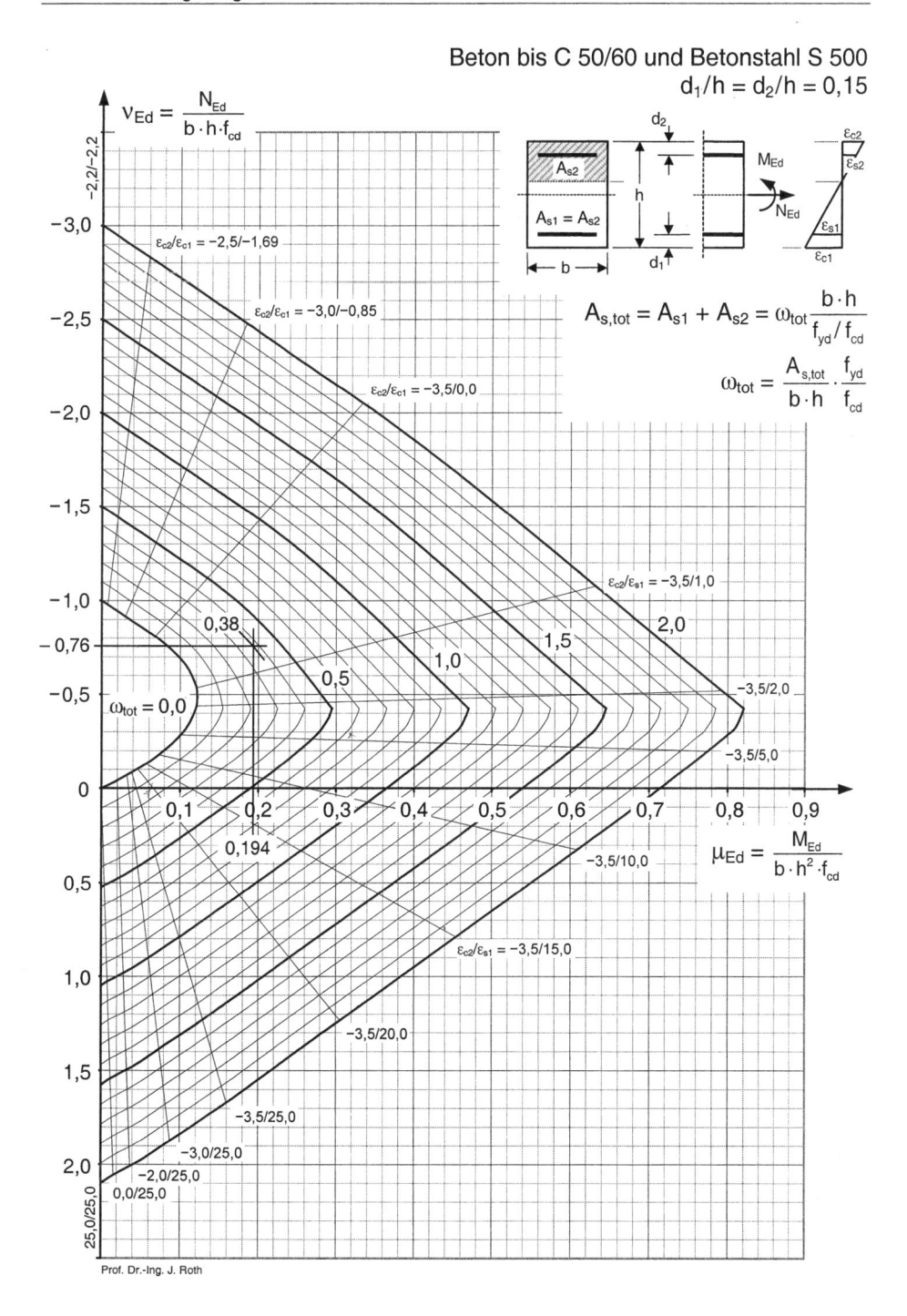

Prof. i. R. Dr.-Ing. Jürgen Roth

Beton bis C 50/60 und Betonstahl S 500
$d_1/h = d_2/h = 0{,}15$

$$\nu_{Ed} = \frac{N_{Ed}}{b \cdot h \cdot f_{cd}}$$

$$A_{s,tot} = A_{s1} + A_{s2} = \omega_{tot}\frac{b \cdot h}{f_{yd}/f_{cd}}$$

$$\omega_{tot} = \frac{A_{s,tot}}{b \cdot h} \cdot \frac{f_{yd}}{f_{cd}}$$

$$\mu_{Ed} = \frac{M_{Ed}}{b \cdot h^2 \cdot f_{cd}}$$

**Anlage 1** zum Beispiel 8.1: Interaktionsdiagramm

Prof. i. R. Dr.-Ing. Jürgen Roth

e/h-Diagramm
## R2 – 1 5

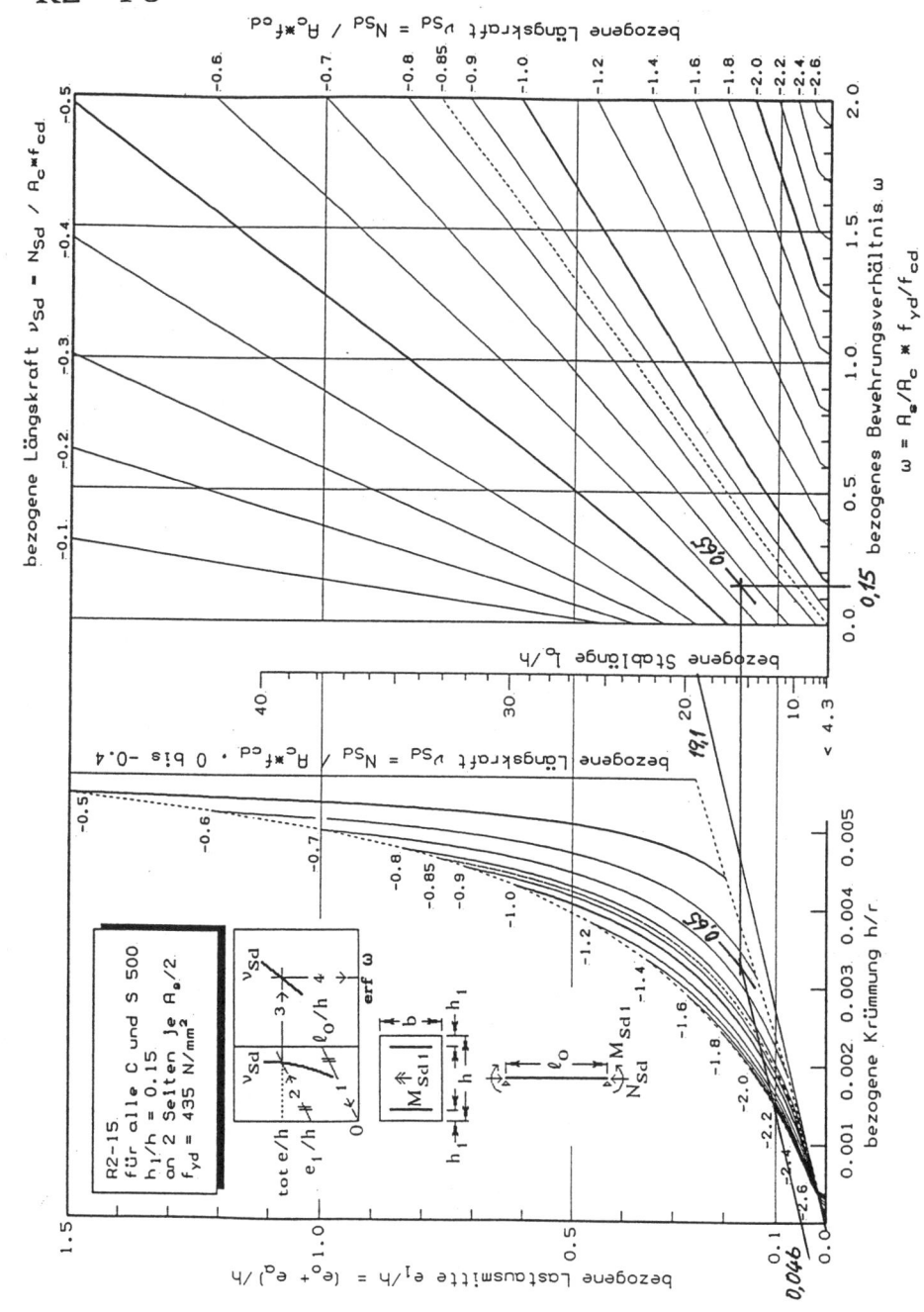

**Anlage 2** zum Beispiel 8.1: e/h-Diagramm, nach [Kordina, Quast – 01]

Stabförmige Bauteile mit Längsdruck

µ-Nomogramm
## R2 – 15

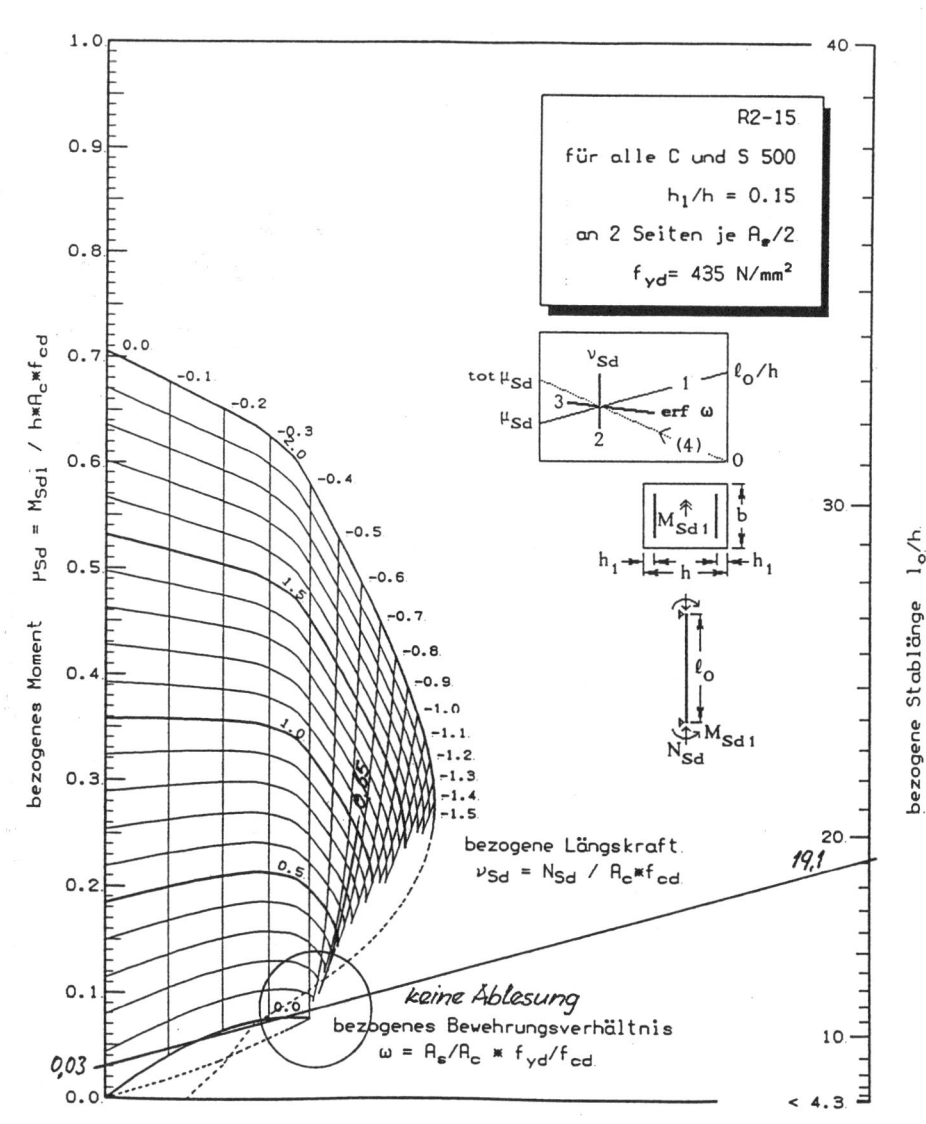

$A_s = \dfrac{\omega}{f_{yd}/f_{cd}} A_c$

| Betonfestig-keitsklasse C | 16/20 | 20/25 | 25/30 | 30/37 | 35/45 | 40/50 | 45/55 | 50/60 |
|---|---|---|---|---|---|---|---|---|
| $f_{yd}/f_{cd}$ | 40.8 | 32.6 | 26.1 | 21.7 | 18.6 | 16.3 | 14.5 | 13.0 |

R2-15
für alle C und S 500
$h_1/h = 0.15$
an 2 Seiten je $A_s/2$
$f_{yd} = 435$ N/mm²

bezogenes Moment $\mu_{Sd} = M_{Sd1} / h*A_c*f_{cd}$

bezogene Längskraft
$\nu_{Sd} = N_{Sd} / A_c*f_{cd}$

keine Ablesung

bezogenes Bewehrungsverhältnis
$\omega = A_s/A_c * f_{yd}/f_{cd}$

bezogene Stablänge $l_0/h$

**Anlage 3** zum Beispiel 8.1: µ-Nomogramm, nach [Kordina, Quast – 01]

# 9 Dauerhaftigkeit und Gebrauchstauglichkeit

Dipl.-Ing. Joachim Göhlmann

## 9.1 Allgemeines

Für die Bemessung von Bauwerken werden in DIN 1045-1 zwei unterschiedliche Grenzzustände definiert, bei deren Überschreitung das Tragwerk die Anforderungen an Standsicherheit, Nutzung und Dauerhaftigkeit nicht mehr erfüllt:

- Grenzzustände der Tragfähigkeit
- Grenzzustände der Gebrauchstauglichkeit

Mit den Nachweisen im Grenzzustand der Gebrauchstauglichkeit sollen die geplante Nutzungsfunktion eines Bauwerkes sichergestellt werden. Insbesondere sollen dabei eine übermäßige Mikrorissbildung im Beton sowie nichtelastische Verformungen von Beton- und Spannstahl sowie Risse im Beton, die die Dauerhaftigkeit sowie das Aussehen beeinträchtigen können, ausgeschlossen werden. Des weiteren sind Verformungen und Durchbiegungen, die eine Nutzung des Bauteils selbst oder eines angrenzenden Bauteils beeinträchtigen, wie z.B. leichte Trennwände, Fassadenelemente, Haustechnische Anlagen, etc. zu begrenzen.

Die Nachweise, dass ein Tragwerk die Anforderungen im Grenzzustand der Gebrauchstauglichkeit erfüllt, erfolgen dabei durch

- Begrenzung der Spannungen,
- Begrenzung der Rissbreite und
- durch Begrenzung der Verformungen.

Weiterhin muss eine angemessene Dauerhaftigkeit eines Tragwerkes gewährleistet werden. Diese Anforderung gilt als erfüllt, wenn

- die Nachweise in den Grenzzuständen der Tragfähigkeit und den Grenzzuständen der Gebrauchstauglichkeit erfüllt sind,
- die allgemeinen Bewehrungsregeln nach DIN 1045-1, Abschnitt 12 eingehalten werden,
- die Anforderungen an Zusammensetzung und Eigenschaften des Betons nach DIN 1045-2 sowie hinsichtlich der Bauausführung nach DIN 1045-3 und
- die Anforderungen der Expositionsklassen bzgl. Mindestbetonfestigkeit und Betondeckung erfüllt sind.

## 9.2 Dauerhaftigkeit

### 9.2.1 Expositionsklassen, Mindestbetonfestigkeit

Die Einflüsse der Umgebungsbedingungen auf die Dauerhaftigkeit eines Bauteils werden nach DIN 1045-1 in chemische, wie z.B. aggressiven Wässern, Böden oder Gasen, und physikalische Angriffe, wie z.B. Abnutzung und Verschleiß oder Frost-Tausalz-Wechselwirkung eingeteilt.

Wie bereits in Kapitel 2 eingehend erläutert, ist jedes Bauteil in Abhängigkeit von den Umgebungsbedingungen, denen das Bauteil unmittelbar ausgesetzt ist, zu klassifizieren. Dabei wird zwischen **Bewehrungskorrosion** und **Betonangriff** unterschieden. Sowohl für die Bewehrungskorrosion (Tabelle 9.1) als auch für den Betonangriff (Tabelle 9.2) ist die **Expositionsklasse** zu bestimmen und die höhere der zugehörigen **Mindestbetonfestigkeitsklasse** der Bemessung zugrunde zu legen.

Für Bauteile mit Vorspannung in nachträglichem Verbund oder ohne Verbund darf abweichend von den Angaben in Tabelle 9.1 und 9.2 keine kleinere Festigkeitsklasse als C 25/30 für Normalbeton und LC 25/28 für Leichtbeton gewählt werden. Bauteile mit Vorspannung im sofortigen Verbund dürfen keine kleinere Festigkeitsklasse als C 30/37 und LC 30/33 aufweisen (DIN 1045-1, 6.2).

**Tabelle 9.1:** Expositionsklassen für Bewehrungskorrosion

| | 1 | 2 | 3 | 4 |
|---|---|---|---|---|
| Ursache der Bewehrungskorrosion | | Beschreibung der Umgebung | Beispiele für die Zuordnung von Expositionsklassen | Mindestbetonfestigkeitsklasse |
| 1 Kein Angriffsrisiko | X 0 | Kein Angriffsrisiko | Bauteile ohne Bewehrung in nicht betonangreifender Umgebung, z. B. Fundamente ohne Bewehrung ohne Frost, Innenbauteile ohne Bewehrung | C 12/15 LC 12/13 |
| 2 Karbonatisierungsinduzierte Korrosion | XC 1 | Trocken oder ständig nass | Bauteile in Innenräumen mit normaler Luftfeuchte (einschließlich Küche, Bad und Waschküche in Wohngebäuden) | C 16/20 LC 16/18 |
| | XC 2 | Nass, selten trocken | Teile von Wasserbehältern; Gründungsbauteile | C 16/20 LC 16/18 |
| | XC 3 | Mäßige Feuchte | Bauteile, zu denen die Außenluft häufig oder ständig Zugang hat, z. B. offene Hallen; Innenräume mit hoher Luftfeuchte, z. B. in gewerblichen Küchen, Bädern, Wäschereien, in Feuchträumen von Hallenbädern und in Viehställen | C 20/25 LC 20/22 |
| | XC 4 | Wechselnd nass und trocken | Außenbauteile mit direkter Beregnung; Bauteile in Wasserwechselzonen | C 25/30 LC 25/28 |
| 3 Chloridinduzierte Korrosion | XD 1 | Mäßige Feuchte | Bauteile im Sprühnebelbereich von Verkehrsflächen; Einzelgaragen | C 30/37 LC 30/33 |
| | XD 2 | Nass, selten trocken | Schwimmbecken und Solebäder; Bauteile, die chloridhaltigen Industriewässern ausgesetzt sind | C 35/45 LC 35/38 |
| | XD 3 | Wechselnd nass und trocken | Bauteile im Spritzwasserbereich von taumittelbehandelten Straßen; direkt befahrene Parkdecks [a] | C 35/45 LC 35/38 |
| 4 Chloridinduzierte Korrosion aus Meerwasser | XS 1 | Salzhaltige Luft, kein unmittelbarer Kontakt mit Meerwasser | Außenbauteile in Küstennähe | C 30/37 LC 30/33 |
| | XS 2 | Unter Wasser | Bauteile in Hafenanlagen, die ständig unter Wasser liegen | C 35/45 LC 35/38 |
| | XS 3 | Tidebereiche, Spritzwasser- und Sprühnebelbereiche | Kaimauern in Hafenanlagen | C 35/45 LC 35/38 |

[a] Ausführung nur mit zusätzlichem Oberflächenschutzsystem für den Beton

## Dauerhaftigkeit und Gebrauchstauglichkeit

**Tabelle 9.2:** Expositionsklassen für Betonangriff

| | | 1 | 2 | 3 | 4 |
|---|---|---|---|---|---|
| | Art des Betonangriffs | | Beschreibung der Umgebung | Beispiele für die Zuordnung von Expositionsklassen | Mindestbetonfestigkeitsklasse |
| 1 | Kein Angriffsrisiko | X 0 | Kein Angriffsrisiko | Bauteile ohne Bewehrung in nicht betonangreifender Umgebung, z.B. Fundamente ohne Bewehrung ohne Frost, Innenbauteile ohne Bewehrung | C 12/15 LC 12/13 |
| 2 | Angriff durch aggresive chemische Umgebung[a] | XA 1 | Chemisch schwach angreifende Umgebung | Behälter von Kläranlagen; Güllebehälter | C 25/30 LC 25/28 |
| | | XA 2 | Chemisch mäßig angreifende Umgebung und Meeresbauwerke | Bauteile, die mit Meerwasser in Berührung kommen; Bauteile in betonangreifenden Böden | C 35/45 LC 35/38 |
| | | XA 3[b] | Chemisch stark angreifende Umgebung | Industrieabwasseranlagen mit chemisch angreifenden Abwässern; Gärfuttersilos und Futtertische der Landwirtschaft; Kühltürme mit Rauchgasableitung | C 35/45 LC 35/38 |
| 3 | Frost-Tauwechselangriff | XF 1 | Mäßige Wassersättigung ohne Taumittel | Außenbauteile | C 25/30 LC 25/28 |
| | | XF 2 | Mäßige Wassersättigung mit Taumittel oder Meerwasser | Bauteile im Sprühnebel- oder Spritzwasserbereich bei geneigten oder vertikalen taumittelbeanspruchten Flächen, soweit nicht XF 4; Bauteile im Sprühnebelbereich von Meerwasser | C 25/30 LC 25/28 |
| | | XF 3 | Hohe Wassersättigung ohne Taumittel | Offene Wasserbehälter; Bauteile in der Wasserwechselzone von Süßwasser | C 25/30 LC 25/28 |
| | | XF 4 | Hohe Wassersättigung mit Taumittel oder Meerwasser | Bauteile, die mit Tausalz behandelt werden; überwiegend horizontale Bauteile im Spritzwasserbereich von taumittelbehandelten Verkehrsflächen; direkt befahrene Parkdecks[c]; Bauteile in der Wasserwechselzone von Meerwasser; Räumerlaufbahnen von Kläranlagen | C 30/37 LC 30/33 |
| 4 | Verschleißangriff | XM 1 | Mäßige Verschleißbeanspruchung | Bauteile von Industrieanlagen mit Beanspruchung durch luftbereifte Fahrzeuge | C 30/37 LC 30/33 |
| | | XM 2 | Schwere Verschleißbeanspruchung | Bauteile von Industrieanlagen mit Beanspruchung durch luft- oder vollgummibereifte Gabelstapler | C 30/37 LC 30/33 |
| | | XM 3 | Extreme Verschleißbeanspruchung | Bauteile von Industrieanlagen mit Beanspruchung durch elastomer- oder stahlrollenbereifte Gabelstapler; Wasserbauwerke in geschiebebelasteten Gewässern, z. B. Tosbecken; Bauteile die häufig mit Kettenfahrzeugen befahren werden | C 35/45 LC 35/38 |

[a] Grenzwerte für die Umgebungsklassen bei chemischem Angriff siehe DIN 1045-2
[b] Bei chemischem Angriff der Expositionsklassen XA 3 oder stärker sind Schutzmaßnahmen für den Beton vorzusehen (siehe DIN 1045-2)
[c] Ausführung nur mit zusätzlichem Oberflächenschutzsystem für den Beton

## 9.2.2 Betondeckung

Durch eine Mindestbetondeckung $c_{min}$ soll Folgendes sichergestellt werden:

- Schutz der Bewehrung gegen Korrosion,
- sichere Übertragung von Verbundkräften

Dabei darf die Mindestbetondeckung in Abhängigkeit der maßgebenden Expositionsklasse nach Tabelle 9.1 (Bewehrungskorrosion) nicht kleiner als der entsprechende Wert nach Tabelle 9.3 festgelegt werden, siehe auch Kapitel 2.

**Tabelle 9.3:** Mindestbetondeckung $c_{min}$ und Vorhaltemaß $\Delta c$

| Expositionsklsse | Mindestbetondeckung $c_{min}$ [mm] [1)2)] | | Vorhaltemaß $\Delta c$ [mm] |
|---|---|---|---|
| | Betonstahl | Spannglieder im sofortigen Verbund und im nachträglichen Verbund [3)] | |
| XC 1 | 10 | 20 | 10 |
| XC 2 | 20 | 30 | |
| XC 3 | 20 | 30 | |
| XC 4 | 25 | 35 | |
| XD 1 | | | |
| XD 2 | 40 | 50 | 15 |
| XD 3 [4)] | | | |
| XS 1 | | | |
| XS 2 | 40 | 50 | |
| XS 3 | | | |

[1)] Die Werte dürfen für Bauteile, deren Betonfestigkeit um 2 Festigkeitsklassen höher liegt, als nach Tabelle 1 erforderlich ist, um 5 mm vermindert werden. Für Bauteile der Umgebungsklasse XC 1 ist diese Abminderung nicht zulässig

[2)] Wird Ortbeton kraftschlüssig mit einem Fertigteil verbunden, dürfen die Werte an der Fuge zugewandten Rändern auf 5 mm im Fertigteil und auf 10 mm im Ortbeton verringert werden. Die Bedingung zur Sicherstellung des Verbundes müssen eingehalten werden, sofern die Bewehrung im Bauzustand ausgenutzt wird.

[3)] Die Mindestbetondeckung bezieht sich auf die Oberfläche des Hüllrohrs.

[4)] Im Einzelfall können zusätzlich besondere Maßnahmen für den Korrosionsschutz notwendig sein.

Die Mindestbetondeckung sollte zur sicheren Übertragung der Verbundkräfte und zur Gewährleistung einer ausreichenden Verdichtung nicht kleiner als der Durchmesser der gewählten Längsbewehrung $d_s$ sein. Für $d_s$ ist dabei der Durchmesser des Bewehrungsstahls oder des Hüllrohres bzw. bei Stabbündeln der Vergleichsdurchmesser $d_{sv}$ einzusetzen.

Zusätzlich ist die Mindestbetondeckung zur Berücksichtigung unplanmäßiger Abweichungen mit dem Vorhaltemaß $\Delta c$ zu beaufschlagen. Das Nennmaß der Betondeckung $c_{nom}$ setzt sich somit zusammen aus:

$$c_{nom} = c_{min} + \Delta c \tag{9-1}$$

Die Werte für das Vorhaltemaß $\Delta c$ können Tabelle 9.3 entnommen werden. Sie dürfen abgemindert werden, wenn dies durch eine entsprechende Qualitätskontrolle bei Planung, Entwurf, Herstellung und Bauausführung gerechtfertigt werden kann. Für Spannbetonbauteile gelten weitere Anforderungen hinsichtlich der Mindestbetondeckung und Mindestabstände der Spannglieder untereinander. Diese können Tabelle 9.4 entnommen werden.

**Tabelle 9.4:** Zusätzliche Anforderungen für die Mindestbetondeckung von Spanngliedern

|  | nachträglicher Verbund | | sofortiger Verbund | |
|---|---|---|---|---|
| Betondeckung | $c_{min} = \varnothing$ | | $c_{min} = 2{,}5 \cdot \varnothing_N$ | für Litzen |
|  |  | | $c_{min} = 3{,}0 \cdot \varnothing_N$ | für gerippte Drähte |
| lichter Abstand | $a_{min} = 0{,}8 \cdot \varnothing$ | ≥ 40 mm waagerecht | $a_{min} = \varnothing$ | ≥ 20 mm waagerecht |
|  |  | ≥ 50 mm senkrecht |  | ≥ 10 mm senkrecht |
| Mit: | $\varnothing$ = Außendurchmesser des Hüllrohres | | | |
|  | $\varnothing_N$ = Nenndurchmesser der Litze bzw. des Drahtes | | | |

## 9.3 Spannungsbegrenzungen

Die Berücksichtigung plastischen Verformungsvermögens kann zu einer gegenüber den bisher verwendeten Verfahren deutlich wirtschaftlicheren Bemessung von Bauteilen im Grenzzustand der Tragfähigkeit führen. Dies bedeutet jedoch auch gleichzeitig eine zunehmende Abweichung der Schnittgrößenverteilung gegenüber der weitgehend elastisch verbleibenden Verteilung im Grenzzustand der Gebrauchstauglichkeit. Daher sind bei Ausnutzung der erweiterten Berechnungsmöglichkeiten nach DIN 1045-1 zusätzliche Nachweise insbesondere zur Begrenzung der Spannungen im Beton und in der Bewehrung sowie im Spannstahl zu führen (DIN 1045-1, 11.1). Gegebenfalls sind Bau- und Endzustände getrennt zu untersuchen.

Die Spannungsnachweise dürfen für nicht vorgespannte Bauteile des üblichen Hochbaus, die nach DIN 1045-1, Abschnitt 10, bemessen werden im allgemeinem entfallen, wenn

- die Schnittgrößen nach Elastizitätstheorie ermittelt und im Grenzzustand der Tragfähigkeit um nicht mehr als 15 % umgelagert werden und
- die bauliche Durchbildung nach DIN 1045, Abschnitt 13, durchgeführt wird und insbesondere die Festlegung für die Mindestbewehrung zur Sicherstellung eines duktilen Bauteilverhaltens gemäß DIN 1045-1, Abschnitt 5, eingehalten sind.

### 9.3.1 Begrenzung der Betondruckspannungen

Für eine dauerhaft oder häufig einwirkende Betondruckspannung im Bereich von $\sigma_c > 0{,}4 \, f_{cm}$ kann das Betongefüge eine verstärkte Mikrorissbildung aufweisen, die zu einem überproportionalen Anstieg der Kriechverformungen führen kann [Zilch/Rogge – 01]. Daher sollte für Bauteile, deren Tragfähigkeit, Gebrauchstauglichkeit oder Dauerhaftigkeit durch übergroße Langzeitverformungen wesentlich beeinflusst wird, dieser Lastbereich vermieden werden. Nach DIN 1045-1, 11.1.2 (2) sind daher die Betonspannungen unter der *quasi-ständigen Einwirkungskombination* auf

$$\sigma_c \leq 0{,}45 \, f_{ck} \qquad (9\text{-}2)$$

zu begrenzen. Wird der Grenzwert der Betonspannungen nicht eingehalten, sind die Kriechverformungen durch einen genaueren Nachweis unter Berücksichtigung der nichtlinearen Kriechanteile nachzuweisen.

Bei kurzzeitiger Beanspruchung im Bereich $\sigma_c > 0{,}6 \, f_{cm}$ können Längsrisse aufgrund einer Überschreitung der aufnehmbaren Querzugspannungen entstehen, wobei nicht von einem vollständigen Schließen der Risse bei Reduzierung der Betondruckspannungen ausgegangen werden kann. Daher können diese Risse insbesondere bei Umgebungsbedingungen mit Chlorideinwirkungen (Expositionsklasse XD, XS) oder unter Frost-Tausalz-Wechsel (Expositionsklasse XF) zu einer Beeinträchtigung der Dauerhaftigkeit führen.

Daher sollten für Bauteile, die den entsprechenden Umgebungsbedingungen ausgesetzt sind, die Betondruckspannungen unter der *seltenen Einwirkungskombination* begrenzt werden auf:

$$\sigma_c \leq 0{,}6 \, f_{ck} \qquad (9\text{-}3)$$

### 9.3.2 Begrenzung der Betonstahlspannungen

Zur Vermeidung von zu breiten und offenen Rissen ist das Überschreiten der Streckgrenze des Betonstahls zu verhindern. Die Betonstahlspannung soll daher unter *der seltenen Einwirkungskombination* folgenden Wert nicht überschreiten:

$$\sigma_s \leq 0{,}8 \, f_{yk} \qquad (9\text{-}4)$$

Bei ausschließlich aus *Zwang* hervorgerufenen Stahlspannungen darf die Streckgrenze in der Bewehrung erreicht werden. Der Grenzwert der Stahlspannung ergibt sich dann zu:

$$\sigma_s \leq 1{,}0 \, f_{yk} \qquad (9\text{-}5)$$

### 9.3.3 Begrenzung der Spannstahlspannungen

Zur Begrenzung der Gefahr einer Spannungsrisskorrosion sind die Mittelwerte der Spannstahlspannungen unter der *quasi-ständigen Einwirkungskombination* nach Abzug aller Spannkraftverluste auf den Wert

$$\sigma_p \leq 0{,}65 \, f_{pk} \qquad (9\text{-}6)$$

zu begrenzen.

Zur Begrenzung nichtelastischer Stahldehnungen ist unter der *seltenen Einwirkungskombination* zusätzlich nachzuweisen, dass die Mittelwerte der Spannstahlspannungen zu keinem Zeitpunkt nach Absetzen der Spannpresse bzw. Lösen der Verankerung die folgenden Bereiche überschreitet:

$$\sigma_p \leq \min \begin{Bmatrix} 0{,}9 \, f_{p0{,}1k} \\ 0{,}8 \, f_{pk} \end{Bmatrix} \qquad (9\text{-}7)$$

Eine Zusammenstellung der Spannungsgrenzwerte wird in Tabelle 10.1 gegeben.

## 9.4 Rissbreitenbegrenzung

### 9.4.1 Grundlagen der Bemessung

In Betontragwerken ist eine Rissbildung durch die Wirkung von Zug-, Biege-, Querkraft- oder Torsionsbeanspruchungen aus direkten Einwirkungen infolge äußerer Lasten oder indirekten Einwirkungen aus innerem Zwang aufgrund der geringen Betonzugfestigkeit nahezu unvermeidbar. Daher sind die Rissbreiten so zu begrenzen, dass

- die Bewehrung für eine ausreichende Dauerhaftigkeit des Tragwerks geschützt wird,
- eine ordnungsgemäße Nutzung des Tragwerks zu gewährleisten ist
- und deutlich sichtbare Risse vermieden werden (Ästhetik).

Zur Bestimmung eines geforderten Nachweisniveaus sind alle Bauteile in Abhängigkeit von der Expositionsklasse und bei Spannbetonbauteilen von der Art der Vorspannung in *Mindestanforderungsklassen A bis F* nach Tabelle 9.5 einzuteilen. Die Anforderungen an die Begrenzung der Rissbreite und der Dekompression können dann in Abhängigkeit von der Mindestanforderungsklasse der Tabelle 9.6 entnommen werden. Ebenfalls kann der **Rechenwert der Rissbreite** $w_k$ nach Tabelle 9.6 festgelegt werden.

Werden höhere Anforderungen an Bauteile gestellt, wie z.B. Wasserundurchlässigkeit, können strengere Begrenzungen erforderlich werden.

Tabelle 9.5: Mindestanforderungsklassen in Abhängigkeit von der Expositionsklasse

| Expositionsklsse | Vorspannung | | | Stahlbeton-bauteile |
|---|---|---|---|---|
| | mit nachträg-lichem Verbund | mit sofortigem Verbund | ohne Verbund | |
| XC 1 | D | D | F | F |
| XC 2, XC 3, XC 4 | C [1] | C | E | E |
| XD 1, XD 2, XD 3 [2] <br> XS 1, XS 2, XS 3 | C [1] | B | E | E |

[1] Anforderungsklasse D, wenn der Korrosionsschutz anderweitig sichergestellt wird
[2] Im Einzelfall können zusätzlich besondere Maßnahmen für den Korrosionsschutz notwendig sein

Tabelle 9.6: Anforderungen an die Begrenzung der Rissbreite und der Dekompression

| Anforderungsklasse | Einwirkungskombination für den Nachweis der | | Rechenwert der Rissbreite $w_k$ [mm] |
|---|---|---|---|
| | Dekompression | Rissbreiten-beschränkung | |
| A | selten | | 0,2 |
| B | häufig | selten | 0,2 |
| C | quasi-ständig | häufig | 0,2 |
| D | | häufig | 0,2 |
| E | | quasi-ständig | 0,3 |
| F | | quasi-ständig | 0,4 |

Beim Nachweis zur Begrenzung der Rissbreite ist grundsätzlich zwischen Last- und Zwangeinwirkungen zu unterscheiden. Beanspruchungen infolge innerem Zwang werden durch die Rissbildung deutlich verringert, so dass eine ausreichend dimensionierte Mindestbewehrung für eine Verteilung der gesamten Bauteilverformung auf mehrere Risse mit entsprechend kleineren Rissbreiten sorgt. Die Mindestbewehrung ist dabei so zu dimensionieren, dass ein Fließen der Bewehrung und damit verbunden ein unbegrenztes Aufklaffen der Risse vermieden wird. Diese Bedingung ist auch für kombinierte Beanspruchungen aus Last und Zwang einzuhalten [König/Tue – 96].

## 9.4.2 Mindestbewehrung

### 9.4.2.1 Allgemeines

Für alle Bauteile, die durch Zugspannungen infolge Zwangeinwirkungen beansprucht werden können, ist eine ausreichende Mindestbewehrung zur Begrenzung der Rissbreiten einzulegen. Dabei ist die Mindestbewehrung unter Berücksichtigung der Anforderungen an die Rissbreitenbegrenzung für die Schnittgrößenkombination zu bemessen, die im Bauteil zur Erstrissbildung führt.

Die Größe der Mindestbewehrung wird aus der Bedingung festgelegt, dass sie die bei Entstehen eines Risses in der Betonzugzone freiwerdende Kraft aufnehmen muss, ohne dass dabei die Streckgrenze des Betonstahls überschritten wird.

Hintergrund dieser Anforderung ist die Überlegung, dass sich der erste Riss an der schwächsten Stelle des Bauteils bildet, sobald die Rissschnittgröße des Betonquerschnitts erreicht ist. Durch die Begrenzung der Breite des Risses auf den zulässigen Wert, wirkt sich dieser eine Riss auf die Größe des einwirkenden Zwangs nur unwesentlich aus. Es verbleibt demnach eine Beanspruchung annähernd in Höhe der Rissschnittgröße, die im Riss allein durch den Stahl aufgenommen werden muss und mit zunehmender Entfernung vom Riss über Verbund anteilig wieder in den Beton eingeleitet wird.

Die Rissbildung schreitet somit weiter fort, bis der einwirkende Zwang durch die Verformung der ungerissenen Bereiche und die Verformung in den Rissen kompensiert worden ist. Dieser Mechanismus kann sich nur dann ausbilden, wenn die Bewehrung im ersten Riss die Streckgrenze nicht erreicht, da andernfalls die Steifigkeit des Bauteils im Riss gegen Null geht und die gesamte aufgezwungene Verformung in einem einzelnen, weit klaffenden Riss abgebaut wird [König/Tue – 96].

Nach DIN 1045-1 ist in vorgespannten Bauteilen eine Mindestbewehrung zur Rissbreitenbegrenzung nicht in Bereichen erforderlich, in denen im Beton unter der seltenen Einwirkungskombination und unter den maßgebenden charakteristischen Werten der Vorspannung Betondruckspannungen am Querschnittsrand auftreten, die dem Betrag nach größer als 1 N/mm² sind.

Die Mindestbewehrung sollte bei profilierten Querschnitten wie Hohlkästen oder Plattenbalken für jeden Teilquerschnitt (Gurte und Stege) einzeln nachgewiesen werden.

### 9.4.2.2 Berechnung der Mindestbewehrung

Wird der Nachweis zur Begrenzung der Rissbreite nicht durch eine genauere Berechnung durchgeführt, kann der erforderliche Mindestbewehrungsquerschnitt nach Gleichung (9-8) ermittelt werden. Eine im Verbund liegende Spannstahlbewehrung darf anteilig mit $\xi_1 \cdot A_p$ auf die erforderliche Mindestbewehrung angerechnet werden. Dies gilt jedoch nur in einem quadratischen Bereich mit 30 cm Kantenlänge um das jeweilige Spannglied. Der Beiwert $\xi_1$ berücksichtigt das unterschiedliche Verbundverhalten von Beton- und Spannstahl.

$$A_s + \xi_1 \cdot A_p = k_c \cdot k \cdot f_{ct,eff} \cdot \frac{A_{ct}}{\sigma_s} \qquad (9\text{-}8)$$

Dabei ist:

$A_{ct}$  Betonzugzone im ungerissenen Zustand bei der Erstrissbildung

$f_{ct,eff}$  wirksame Zugfestigkeit des Betons zum betrachteten Zeitpunkt

Der häufig für die Rissbildung maßgebende Zwang aus dem Abließen der Hydratationswärme entsteht zu einem Zeitpunkt, an dem die Betonzugfestigkeit noch nicht voll entwickelt ist. In diesen Fällen darf, sofern kein genauerer Nachweis erfolgt, die Betonzugfestigkeit zu $f_{ct,eff} = 0{,}5 \cdot f_{ctm}$ gesetzt werden. Wenn der Zeitpunkt der Rissbildung nicht mit Sicherheit innerhalb der ersten 28 Tage festgelegt werden kann, sollte mindestens eine Zugfestigkeit von 3 N/mm² für Normalbeton und 2,5 N/mm² für Leichtbeton angenommen werden.

k    Wird ein Bauteil durch inneren Zwang beansprucht, darf die Betonzugfestigkeit abgemindert werden. Hierbei geht man davon aus, dass die Rissschnittgröße durch das Vorhandensein nichtlinear über den Querschnitt verteilter Eigenspannungen, die in der Berechnung üblicherweise nicht erfasst werden, deutlich herabgesetzt wird. Bei äußerem Zwang ist diese Reduzierung nicht zulässig. Hier ist die volle wirksame Zugfestigkeit anzusetzen.

Zugspannungen infolge innerem Zwang (z.B. Hydratationswärme):

k = 0,8          für h ≤ 300 mm

k = 0,5          für h ≥ 800 mm

Zwischenwerte dürfen interpoliert werden. Dabei ist für h der kleinere Wert von Höhe oder Breite des Querschnitts oder Teilquerschnitts zu setzen.

Zugspannungen infolge äußerem Zwang (z. B. Stützensenkung):

k = 1,0

$\sigma_s$    Zulässige Spannung in der Betonstahlbewehrung. Diese ist auf $\sigma_s \leq f_{yk}$ zu begrenzen, um eine Verteilung der Zugkräfte auf mehrere kleine Risse zu ermöglichen. Zur Begrenzung der Rissbreite auf einen zulässigen Wert ist jedoch häufig eine stärkere Beschränkung der Stahlspannungen erforderlich. Dies kann in Abhängigkeit vom Grenzdurchmesser nach Tabelle 9.8 erfolgen.

$k_c$    Beiwert zur Berücksichtigung des Einflusses der Spannungsverteilung innerhalb der Zugzone $A_{ct}$ vor der Erstrissbildung sowie der Änderung des inneren Hebelarmes beim Übergang in den Zustand II:

$$k_c = 0,4 \cdot \left[ 1 + \frac{\sigma_c}{k_1 \cdot f_{ct,eff}} \right] \leq 1 \qquad (9\text{-}9)$$

Darin sind:

$\sigma_c$    die Betonspannung in Höhe der Schwerlinie des Querschnitts oder Teilquerschnitts im ungerissenen Zustand unter der Einwirkungskombination, die am Gesamtquerschnitt zur Erstrissbildung führt ($\sigma_c < 0$ bei Druckspannungen).

$k_1$    = 1,5 · h/h'          für Drucknormalkraft

     = 2/3               für Zugnormalkraft

h    Höhe des Querschnitts oder Teilquerschnitts

h'    = h                 für h < 1,0 m

     = 1,0 m            für h ≥ 1,0 m

Die beiden bekannten Grenzwerte für reine Biegung ($\sigma_c = 0$) und zentrischen Zug ($\sigma_c \geq f_{ctm}$) können unter Ansatz der Rissschnittgrößen aus dem Kräftegleichgewicht im Riss bei Übergang in den gerissenen Zustand hergeleitet werden:

Für zentrischen Zug:

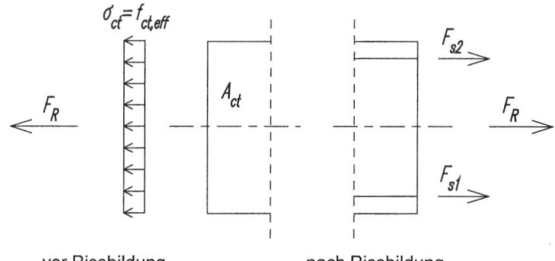

vor Rissbildung      nach Rissbildung

$A_s \cdot \sigma_s = k \cdot f_{ct,eff} \cdot A_{ct}$      (9-10)

$A_s = k \cdot A_{ct} \cdot f_{ct,eff} / \sigma_s$      (9-11)

$\rightarrow k_c = 1{,}0$

Für reine Biegung:

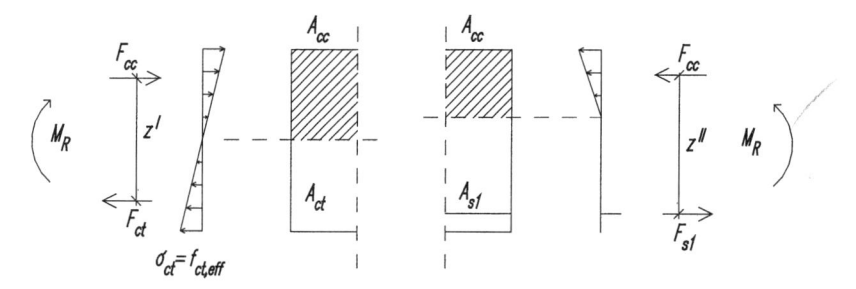

vor Rissbildung      nach Rissbildung

$F_{s1} \cdot z^{II} = 0{,}5 \cdot k \cdot f_{ct,eff} \cdot A_{ct} \cdot z^{I}$      mit:   $z^{I} / z^{II} \approx 0{,}8$      (9-12)

$A_s = F_{s1} / \sigma_{s1} = 0{,}4 \cdot k \cdot f_{ct,eff} \cdot A_{ct} / \sigma_{s1}$      (9-13)

$\rightarrow k_c = 0{,}4$

Handelt es sich bei dem vorliegenden Bauteil um ein Spannbetonbauteil, darf in einem Quadrat von 300 mm Seitenlänge um ein Spannglied die in diesem Bereich erforderliche Mindestbewehrung um den Betrag $\xi_1 \cdot A_p$ verringert werden:

$A_p$    Querschnittsfläche des Spanngliedes

$\xi_1$    das Verhältnis der Verbundsteifigkeiten von Spannstahl und Betonstahl unter Berücksichtigung der unterschiedlichen Durchmesser:

$$\xi_1 = \sqrt{\xi \cdot \frac{d_s}{d_p}} \qquad (9\text{-}14)$$

$\xi$    Verhältnis der mittleren Verbundsteifigkeit von Spannstahl zu Betonstahl nach Tabelle 9.7

**Tabelle 9.7:** Verbundsteifigkeit $\xi$ von Spannstahl zu Betonstahl

|  | Spannglieder im sofortigen Verbund | Spannglieder im nachträglichen Verbund | |
|---|---|---|---|
|  |  | bis C 50/60 | ab C 55/67 |
| glatte Stäbe | - | 0,3 | 0,15 |
| Litzen | 0,6 | 0,5 | 0,25 |
| profilierte Stäbe | 0,7 | 0,6 | 0,30 |
| gerippte Stäbe | 0,8 | 0,7 | 0,35 |

$d_s$    der größte vorhandene Stabdurchmesser der Betonstahlbewehrung

$d_p$    der äquivalente Durchmesser der Spannstahlbewehrung:

$d_p = 1{,}6 \cdot \sqrt{A_p}$    für Bündelspannglieder

$d_p = 1{,}2 \cdot d_{Draht}$    für Einzellitzen mit 3 Drähten

$d_p = 1{,}75 \cdot d_{Draht}$    für Einzellitzen mit 7 Drähten

### 9.4.3 Berechnung der Rissbreite

*9.4.3.1 Allgemeines*

Die rechnerische Ermittlung der Rissbreite unter Last- und Zwangbeanspruchung erfolgt auf Grundlage des Nachweiskonzepts nach [König/Tue – 96]. Dieses basiert auf rein mechanischen Zusammenhängen und kann sowohl für Stahlbeton- als auch für Spannbetonbauteile angewendet werden. Darüber hinaus können mit diesem Verfahren Rissbreiten in Bauteilen aus hochfestem Beton zuverlässiger abgeschätzt werden. Zur besseren Übersichtlichkeit wird das neue Berechnungsverfahren für eine reine Betonstahlbewehrung erläutert. Eine zusätzliche vorhandene Spannstahlbewehrung wird durch den Ansatz eines effektiven Bewehrungsgrades eff$\rho$ berücksichtigt.

Die mittlere Rissbreite $w_m$ infolge Last- und Zwangbeanspruchung ergibt sich aus der Integration der mittleren Beton- und Stahldehnung über die Schlupflänge s entsprechend der

Verträglichkeitsbedingung zu:

$$w_m = s \cdot (\varepsilon_{sm} - \varepsilon_{cm}) \qquad (9\text{-}15)$$

Um die Rissbreite bestimmen zu können, muss zum einen die Schlupflänge s aus der zur Übertragung der Verbundkräfte in den Beton erforderlichen Eintragungslänge und zum anderen die mittlere Dehnung berechnet werden. Bei der Berechnung der Rissbreite ist dabei grundsätzlich zwischen dem Zustand der *Einzelrissbildung* und dem Zustand der *abgeschlossenen Rissbildung* zu unterscheiden [König/Tue – 96]. Zur Erläuterung der Rissbildung wird zunächst ein einfacher Zugstab, Bild 9.1, betrachtet. Bei Erhöhung der Belastung von null bis zur Bruchlast durchläuft dieser Zugstab drei Phasen.

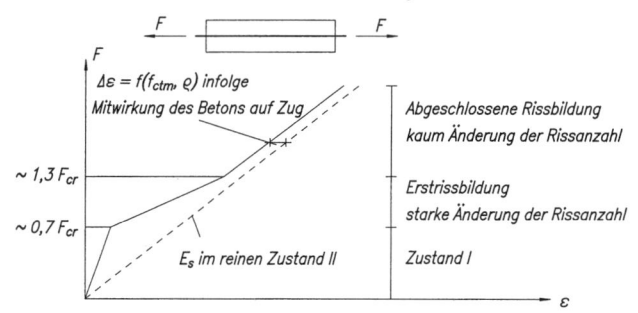

**Bild 9.1:** Rissbildungsprozess in einem Zugstab

*Bereich I (Zustand I):*

Die Betonspannungen liegen an jeder Stelle des Bauteils unterhalb der Betonzugfestigkeit. Die Steifigkeit des Bauteils ist unabhängig von der Belastungshöhe und kann durch den ideellen Querschnitt bestimmt werden. Dehnungsunterschiede zwischen Stahl und Beton treten nicht auf.

*Bereich II (Einzelrissbildung):*

Sowie an einer Stelle des Bauteils die Betonzugfestigkeit überschritten wird, entsteht der erste Riss. Aus Gleichgewichtsgründen müssen sich die Spannungen im Stahl erhöhen, während die Spannungen im Beton an den Rissufern auf null zurückgehen, Bild 9.2.

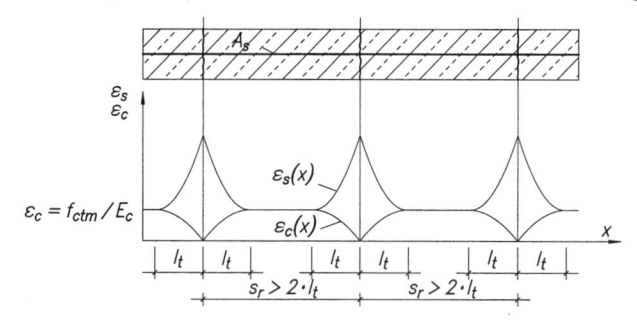

**Bild 9.2:** Einzelriss

Die Länge zur Einleitung der freiwerdenden Betonspannung in den Stahl wird als Eintragungslänge $l_t$ definiert. Die Dehnungsunterschiede zwischen Beton und Stahl im Bereich der Eintragungslänge werden allgemein hin als Schlupf bezeichnet. Die Eintragungslänge $l_t$ kann über die Bedingung gleicher Beton- und Stahldehnungen am Ende der Eintragungslänge bestimmt werde.

## Dauerhaftigkeit und Gebrauchstauglichkeit

Aus den Dehnungsunterschieden im Bereich der zweifachen Eintragungslänge beidseitig des Risses ergibt sich die Rissbreite zu:

$$w = 2 \cdot l_t \cdot (\varepsilon_{sm} - \varepsilon_{cm}) \qquad (9\text{-}16)$$

Bei weiterer Lastzunahme nimmt die Rissanzahl weiter zu. Dabei verbleibt zunächst der Bereich zwischen zwei Rissen im Zustand I (ungestörter Bereich). Durch die fortschreitende Rissbildung wird eine reine Zwangeinwirkung reduziert, so dass in diesem Zwischenstadium der Prozess der Rissbildung zum Stehen kommen kann.

### Bereich III (Abgeschlossene Rissbildung):

Ab einem bestimmten Lastniveau ändert sich die Rissanzahl nur noch sehr gering. Das Rissbild ist somit näherungsweise abgeschlossen, Bild 9.3. An keiner Stelle des Bauteils wird mehr die Zugfestigkeit des Betons erreicht. Eine Lastzunahme führt dann nicht zu neuen Rissen, sondern vielmehr zu einer Aufweitung der vorhandenen Risse. Der Rissabstand zwischen zwei Rissen ist dabei so gering, dass kein ungestörter Bereich verbleibt. In dem Fall der abgeschlossenen Rissbildung sind entlang der gesamten Stablänge Dehnungsunterschiede zwischen Stahl und Beton vorhanden.

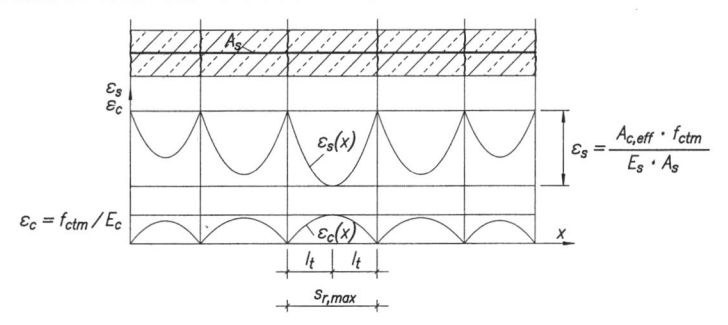

**Bild 9.3:** Abgeschlossene Rissbildung

Die Eintragungslänge und damit verbunden der Rissabstand können nicht mehr über die Verträglichkeitsbedingungen wie bei der Erstrissbildung sondern nur noch über geeignete **Modellvorstellungen** bestimmt werden:

$$w = s_r \cdot (\varepsilon_{sm} - \varepsilon_{cm}) \qquad (9\text{-}17)$$

In DIN 1045-1 wird formell nicht zwischen den Zuständen der Erstrissbildung und der abgeschlossenen Rissbildung unterschieden. Durch einschränkende Bedingungen wird jedoch für die Herleitung der in der DIN 1045-1 verwendeten Formel zur Begrenzung der Rissbreite die unterschiedlichen Randbedingungen berücksichtigt.

### 9.4.3.2 Berechnungsverfahren nach DIN 1045-1

Die Begrenzung der Rissbreite darf durch eine direkte Berechnung nachgewiesen werden. Für den **Rechenwert der Rissbreite** gilt:

$$w_k = s_{r,max} \cdot (\varepsilon_{sm} - \varepsilon_{cm}) \qquad (9\text{-}18)$$

Hierin sind:

$w_k$    Rechenwert der Rissbreite

$s_{r,max}$    maximaler Rissabstand bei abgeschlossenem Rissbild

$\varepsilon_{sm}$  mittlere Dehnung der Bewehrung unter Berücksichtigung der Mitwirkung des Betons auf Zug zwischen den Rissen

$\varepsilon_{cm}$  mittlere Dehnung des Betons zwischen den Rissen

Der **maximale Rissabstand** kann wie folgt ermittelt werden:

$$s_{r,max} = \frac{d_s}{3,6 \cdot \text{eff}\rho} \leq \frac{\sigma_s \cdot d_s}{3,6 \cdot f_{ct,eff}} \tag{9-19}$$

Dabei ist:

$d_s$  Stabdurchmesser des Betonstahls.

$\text{eff}\,\rho$  der effektive Bewehrungsgrad unter Berücksichtigung der unterschiedlichen Verbundsteifigkeiten

$$\text{eff}\rho = \frac{A_s + \xi_1^2 \cdot A_p}{A_{c,eff}} \tag{9-20}$$

$\sigma_s$  Stahlspannung im Riss. Bei Bauteilen mit im Verbund liegenden Spanngliedern ist die Stahlspannung für die maßgebende Einwirkungskombination unter Berücksichtigung des unterschiedlichen Verbundverhaltens von Bewehrungsstahl und Spannstahl mit folgender Gleichung zu berechnen:

$$\sigma_s = \sigma_{s2} + 0,4 \cdot f_{ct,eff} \cdot \left( \frac{1}{\text{eff}\rho} - \frac{1}{\rho_{tot}} \right) \tag{9-21}$$

$\sigma_{s2}$  Spannung im Bewehrungsstahl bzw. Spannungszuwachs im Spannstahl im Zustand II für die maßgebende Einwirkungskombination unter Annahme eines starren Verbunds

$\rho_{tot}$  effektiver geometrischer Bewehrungsgrad

$$\rho_{tot} = \frac{A_s + A_p}{A_{c,eff}} \tag{9-22}$$

$A_{c,eff}$  Wirkungsbereich der Bewehrung nach Bild 9.4:

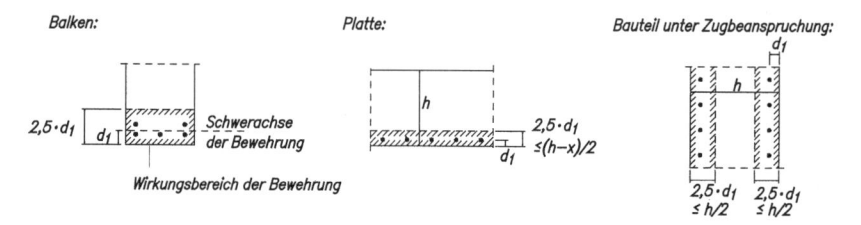

Bild 9.4: Wirkungsbereich der Bewehrung

Die Differenz der **mittleren Dehnungen** von Beton und Betonstahl darf wie folgt berechnet werden:

$$\varepsilon_{sm} - \varepsilon_{cm} = \frac{\sigma_s - 0{,}4 \cdot \frac{f_{ct,eff}}{eff\rho} \cdot (1 + \alpha_e \cdot eff\rho)}{E_s} \geq 0{,}6 \cdot \frac{\sigma_s}{E_s} \qquad (9\text{-}23)$$

Dabei ist:

$\alpha_e$ das Verhältnis der Elastizitätsmoduli: $\alpha_e = E_s / E_{cm}$

Wenn Bauteile nur im Bauteil selbst hervorgerufenem Zwang ausgesetzt sind, darf ($\varepsilon_{sm} - \varepsilon_{cm}$) unter Ansatz von $\sigma_s = \sigma_{sr}$ ermittelt werden. Dabei ist $\sigma_{sr}$ diejenige Spannung in der Zugbewehrung, die auf der Grundlage eines gerissenen Querschnitts für eine Einwirkungskombination berechnet wird, die zur Erstrissbildung führt [Zilch/Rogge – 01].

Wenn die Rissbreiten für Beanspruchungen berechnet werden, bei denen die Zugspannungen aus einer Kombination von Zwang und Lasten herrühren, dürfen ebenfalls die Gleichungen verwendet werden. Jedoch sollte die Dehnung infolge Belastung, die auf Grundlage eines gerissenen Querschnitts berechnet wurde, um den Wert infolge Zwang erhöht werden. Überschreitet hingegen die resultierende Zwangdehnung 0,8 ‰ nicht, kann nach DIN 1045-1, 11.2.4 (7) die Rissbreite für den größeren Wert der Spannung aus Zwang oder Lastbeanspruchung ermittelt werden.

### 9.4.3.3 Maximaler Rissabstand $s_{r,max}$

**Einzelrissbildung**

Die im Riss freigesetzte Betonzugspannung muss innerhalb der **Einleitungslänge $l_t$** über Verbundbedingungen an den Stahl übertragen werden. Über die mittlere Verbundspannung und die zur Kraftübertragung benötigte Verbundfläche lässt sich die am Ende der Eintragungslänge in den Beton eingeleitete Kraft $F_c$ ermitteln:

$$F_c = \tau_{sm} \cdot l_t \cdot U_s \qquad (9\text{-}24)$$

Im Zustand der Einzelrissbildung besteht am Ende der Eintragungslänge kein Dehnungsunterschied mehr zwischen Stahl und Beton. Mit dem Hooke'schen Gesetz erhält man durch Gleichsetzen:

$$\varepsilon_{s1} = \varepsilon_c \Leftrightarrow \frac{F_{s1}}{E_s \cdot A_s} = \frac{F_c}{E_c \cdot A_{c,eff}} \qquad (9\text{-}25)$$

Die Stahlzugkraft im Riss muss der Summe der Beton- und Stahlzugkräfte entsprechen.

$$F_s = \sigma_s \cdot A_s = F_{s1} + F_c \qquad (9\text{-}26)$$

Durch Einsetzen und Umformen nach $l_t$ ergibt sich die Eintragungslänge bei Einzelrissbildung zu:

$$l_t = \frac{\sigma_s \cdot A_s}{\tau_{sm} \cdot U_s} \cdot \left( \frac{1}{1 + \alpha_E \cdot \rho_{eff}} \right) \qquad (9\text{-}27)$$

## Abgeschlossene Rissbildung

Ein neuer Riss kann sich im Zustand der abgeschlossenen Rissbildung zwischen zwei bestehenden Rissen nur dann ausbilden, wenn der Abstand groß genug ist, um die Rissschnittgröße $F_{cr}$ über Verbundspannungen in den Beton einzuleiten. Somit erhält man zwei Grenzwerte für den möglichen Rissabstand $s_r$.

- Bei abgeschlossenem Rissbild kann der Abstand benachbarter Risse höchstens die doppelte Eintragungslänge betragen. Wenn der Abstand größer wäre, würde sich zwischen den Rissen ein Neuer bilden, da die Betonzugfestigkeit erneut erreicht würde (maximaler Rissabstand).
- Analog ergibt sich der zweite Grenzwert. Ein neuer Riss kann sich zwischen zwei bestehenden Rissen nur bilden, wenn erneut die Betonzugfestigkeit erreicht wird. Bildet sich dieser Riss aus, beträgt der Rissabstand mindestens die einfache Eintragungslänge (minimaler Rissabstand).

Formal ausgedrückt erhält man:

$$l_t \leq s_r \leq 2 \cdot l_t \tag{9-28}$$

In der vorliegenden Norm wird der ungünstigste Wert für die Berechnung angesetzt:

$$s_{r,max} = 2 \cdot l_t \tag{9-29}$$

Bei diesem ungünstig gewählten Wert, wird die Risszugkraft $F_{cr}$ zwischen zwei bestehenden Rissen annähernd erneut erreicht. Die Eintragungslänge berechnet sich dann in Abhängigkeit von der wirksamen Zugfestigkeit zum Zeitpunkt $f_{ct,eff}$ zu:

$$l_t = \frac{F_{cr}}{\tau_{sm} \cdot U_s} \tag{9-30}$$

$$l_t = \frac{f_{ct,eff} \cdot A_{c,eff} \cdot d_s}{\tau_{sm} \cdot 4 \cdot A_s} \tag{9-31}$$

In der DIN 1045-1 wird für die mittlere Verbundspannung unabhängig vom Zustand der Rissbildung ein konstanter Wert vorgesehen:

$$\tau_{sm} = 1{,}8 \cdot f_{ct,eff} \tag{9-32}$$

Durch Einsetzen der Gleichung (9-32) in (9-27) bzw. (9-31) folgt schließlich mit (9-35) die rechnerische Beziehung für den maximalen Rissabstand $s_{r,max}$:

$$s_{r,max} = 2 \cdot l_t = 2 \cdot \frac{f_{ct,eff} \cdot A_{c,eff} \cdot d_s}{1{,}8 \cdot f_{ct,eff} \cdot 4 \cdot A_s} = \frac{d_s}{3{,}6 \cdot \rho_{eff}} \tag{9-33}$$

$$s_{r,max} = 2 \cdot l_t = 2 \cdot \frac{\sigma_s \cdot d_s}{4 \cdot 1{,}8 \cdot f_{ct,eff}} = \frac{\sigma_s \cdot d_s}{3{,}6 \cdot f_{ct,eff}} \tag{9-34}$$

$$\Rightarrow \quad s_{r,max} = \frac{d_s}{3{,}6 \cdot \rho_{eff}} \leq \frac{\sigma_s \cdot d_s}{3{,}6 \cdot f_{ct,eff}} \tag{9-35}$$

### 9.4.3.4 Mittlere Dehnungen

Die mittleren Beton- und Stahldehnungen ($\varepsilon_{sm} - \varepsilon_{cm}$) sind unter Berücksichtigung der Mitwirkung des Betons zwischen den Rissen auf Zug zu ermitteln. Für den Zustand der abgeschlossenen Rissbildung werden bei Annahme des größtmöglichen Rissabstandes $s_{r,max} = 2 \cdot l_t$ die mittleren Dehnungen unter Berücksichtigung des Völligkeitsbeiwertes $\beta_t$ zur Erfassung der über die Länge $l_t$ gemittelten Betonspannungen und der Risszugkraft $F_{cr}$ mit den Gleichungen (9-36) und (9-37) ermittelt:

$$\varepsilon_{sm} - \varepsilon_{s2} = \beta_t \cdot \frac{F_{cr}}{A_s \cdot E_s} \quad (9\text{-}36)$$

$$\varepsilon_{cm} = \beta_t \cdot \frac{F_{cr}}{A_{ct} \cdot E_{c,eff}} \quad (9\text{-}37)$$

$\varepsilon_{s2}$ bezeichnet hier die "nackte" Stahldehnung. Der Völligkeitsbeiwert wird in DIN 1045-1 zu $\beta_t = 0{,}4$ angenommen. Dieser Wert wurde aus Versuchen unter wiederholter oder dauerhafter Belastung für den Zustand der abgeschlossenen Rissbildung ermittelt und berücksichtigt den Einfluss der Dauerlast auf die Verschlechterung des Verbunds [Zilch/Rogge – 01]. Die Differenz der mittleren Dehnungen kann somit wie folgt ausgedrückt werden:

$$\varepsilon_{sm} - \varepsilon_{cm} = \varepsilon_{s2} - \beta_t \cdot \frac{F_{cr}}{A_s \cdot E_s} - \beta_t \cdot \frac{F_{cr}}{A_{c,eff} \cdot E_{c,eff}} \quad (9\text{-}38)$$

$$= \frac{\sigma_s}{E_s} - 0{,}4 \cdot \frac{F_{cr}}{A_s \cdot E_s} \cdot \left(1 + \frac{A_s \cdot E_s}{A_{c,eff} \cdot E_{c,eff}}\right) \quad (9\text{-}39)$$

$$= \frac{\sigma_s}{E_s} - 0{,}4 \cdot \frac{f_{ct,eff} \cdot A_{c,eff}}{A_s \cdot E_s} \cdot \left(1 + \alpha_E \cdot \text{eff}\rho\right) \quad (9\text{-}40)$$

$$\Rightarrow \quad \varepsilon_{sm} - \varepsilon_{cm} = \frac{\sigma_s - 0{,}4 \cdot \frac{f_{ct,eff}}{\text{eff}\rho} \cdot (1 + \alpha_E \cdot \text{eff}\rho)}{E_s} \geq 0{,}6 \cdot \frac{\sigma_s}{E_s} \quad (9\text{-}41)$$

Die einschränkende Bedingung ergibt sich nach [Tue/Pierson – 01] aus der Betrachtung der Einzelrissbildung durch Einsetzen einer aus der Rissschnittgröße resultierenden Stahlspannung $\sigma_s$ und näherungsweise $(1 + \alpha E \cdot \text{eff}\rho) \approx 1{,}0$ zu:

$$\varepsilon_{sm} - \varepsilon_{cm} = \frac{F_{cr}}{A_s \cdot E_s} - 0{,}4 \cdot \frac{F_{cr}}{A_s \cdot E_s} \cdot (1 + \alpha_e \cdot \text{eff}\rho) \quad (9\text{-}42)$$

$$\varepsilon_{sm} - \varepsilon_{cm} \approx 0{,}6 \cdot \frac{F_{cr}}{A_s \cdot E_s} = 0{,}6 \cdot \frac{\sigma_s}{E_s} \quad (9\text{-}43)$$

## 9.4.4 Begrenzung der Rissbreite ohne direkte Berechnung (Vereinfachter Nachweis)

Die allgemeine Formel zur Berechnung der Rissbreite kann durch vereinfachende Annahmen auf ein einfaches Nachweiskonzept zurückgeführt werden. Dabei werden die Rissbreiten auf ein zulässiges Maß begrenzt, wenn in Abhängigkeit von der Stahlspannung folgende Konstruktionsregeln für die Wahl und Anordnung der erforderlichen Bewehrung eingehalten werden:

- Bei einer Rissbildung infolge überwiegend *indirekter Einwirkungen (Zwang)* die *Grenzdurchmesser* nach Tabelle 9.8 eingehalten sind.

- Bei Rissen infolge überwiegend *direkter Einwirkungen (Lastbeanspruchung)* entweder die *Grenzdurchmesser* nach Tabelle 9.8. oder die *Stababstände* nach Tabelle 9.9 eingehalten sind.

*Grenzdurchmesser*

Die Zusammenhänge zwischen Stabdurchmesser, Rissbreite, Stahlspannung und Bewehrungsgrad ergeben sich aus der Bestimmungsgleichung zur Begrenzung der Rissbreite für das abgeschlossene Rissbild zu:

$$d_s = \frac{3{,}6 \, w_k \cdot E_s \cdot \text{eff}\rho}{\sigma_s - 0{,}4 \cdot \frac{f_{ct,eff}}{\text{eff}\rho} \cdot (1 + \alpha_e \text{eff}\rho)} \tag{9-44}$$

Durch Berücksichtigung des geringst möglichen Bewehrungsgrades zur Aufnahme der Rissschnittgröße $\text{eff}\rho = f_{ct,eff} / \sigma_s$ (Mindestbewehrungsgrad) kann der *zulässige Stabdurchmesser* in Abhängigkeit von Rissbreite und Stahlspannung angegeben werden:

$$d_s = \frac{3{,}6 \, w_k \cdot E_s \cdot f_{ct,eff}}{\sigma_s - 0{,}4 \cdot \frac{f_{ct,eff}}{f_{ct,eff}/\sigma_s}} = 6 \cdot w_k \cdot E_s \cdot \frac{f_{ct,eff}}{\sigma_s^2} \tag{9-45}$$

**Tabelle 9.8:** Grenzdurchmesser $d_s^*$ zur Rissbreitenbegrenzung

| Stahlspannung $\sigma_s$ [N/mm²] | Grenzdurchmesser der Stäbe [mm] in Abhängigkeit vom Rechenwert der Rissbreite $w_k$ | | |
|---|---|---|---|
| | $w_k = 0{,}4$ mm | $w_k = 0{,}3$ mm | $w_k = 0{,}2$ mm |
| 160 | 56 | 42 | 28 |
| 200 | 36 | 28 | 18 |
| 240 | 25 | 19 | 13 |
| 280 | 18 | 14 | 9 |
| 320 | 14 | 11 | 7 |
| 360 | 11 | 8 | 6 |
| 400 | 9 | 7 | 5 |
| 450 | 7 | 5 | 4 |

Die in Tabelle 9.8 aufgeführten Grenzdurchmesser basieren auf dem Ansatz einer wirksamen Betonzugfestigkeit von $f_{cto} = 3$ MN/m². Bei Anwendung der Tabelle 9.8 muss deshalb eine **Modifizierung** nach Gleichung (9-46) bzw. (9-47) vorgenommen werden, sofern die Betonzugfestigkeit zum Zeitpunkt der Rissbildung kleiner als $f_{cto}$ ist. Für eine größere Zugfestigkeit liegen die Angaben auf der sicheren Seite.

## Dauerhaftigkeit und Gebrauchstauglichkeit

Modifizierung der Grenzdurchmesser für Lastbeanspruchung:

$$d_s = d_s^* \cdot \frac{\sigma_s \cdot A_s}{4 \cdot (h-d) \cdot b \cdot f_{ct0}} \geq d_s^* \tag{9-46}$$

Modifizierung der Grenzdurchmesser für Zwangbeanspruchung:

$$d_s = d_s^* \cdot \frac{k_c \cdot k \cdot h_t}{4 \cdot (h-d)} \cdot \frac{f_{ct,eff}}{f_{ct0}} \geq d_s^* \cdot \frac{f_{ct,eff}}{f_{ct0}} \tag{9-47}$$

$h_t$    Höhe der Zugzone für die betrachtete Stahllage im Querschnitt vor Beginn der Rissbildung, bei zentrischem Zwang $h_t = 0,5 \cdot h$

### Grenzabstände

Alternativ kann der Nachweis der Rissbreitenbegrenzung bei *überwiegender Lastbeanspruchung* über die Einhaltung von Stababständen geführt werden. Ausgehend vom abgeschlossenen Rissbild kann für die Bestimmungsgleichung des effektiven Bewehrungsgrades eff$\rho$ durch die Bewehrungsmenge $a_s$ bezogen auf den Stababstand ausgedrückt werden.

$$\text{eff}\rho = \frac{a_s}{h_{eff}} \quad \text{mit:} \quad a_s = \frac{\pi \cdot d_s^2}{4 \cdot s} \tag{9-48}$$

Die Bedingung für den *zulässigen Stababstand* kann daraus wie folgt formuliert werden:

$$s = \frac{3,6 \cdot \pi \cdot f_{ct,eff} \cdot w_k^2 \cdot E_s^2}{d_1 \cdot \sigma_s^3} \tag{9-49}$$

Für die Ermittlung der zulässigen Stababstände nach Tabelle 9.9 wurde eine einlagige Bewehrung mit $d_1 = 4$ cm angesetzt. Bei einer mehrlagigen Bewehrung werden daher die zulässigen Stababstände zu groß ermittelt. Für solche Bauteile sollte daher der vereinfachte Nachweis zur Beschränkung der Rissbreite über die Einhaltung der zulässigen Grenzdurchmesser nach Tabelle 9.8 geführt werden [Tue/Pierson – 01].

**Tabelle 9.9:** Höchstwerte der Stababstände zur Rissbreitenbegrenzung

| Stahlspannung $\sigma_s$ [N/mm²] | Grenzwert der Stababstände [mm] in Abhängigkeit vom Rechenwert der Rissbreite $w_k$ | | |
|---|---|---|---|
| | $w_k = 0,4$ mm | $w_k = 0,3$ mm | $w_k = 0,2$ mm |
| 160 | 300 | 300 | 200 |
| 200 | 300 | 250 | 150 |
| 240 | 250 | 200 | 100 |
| 280 | 200 | 150 | 50 |
| 320 | 150 | 100 | - |
| 360 | 100 | 50 | - |

Dipl.-Ing. Joachim Göhlmann

## 9.5 Beispiel zur Rissbreitenbegrenzung an einer Winkelstützmauer

Die Stahlbetonwand der im Querschnitt abgebildeten Winkelstützmauer wird auf das bereits erstellte Fundament betoniert. Es muss mit Zwang infolge Hydratationswärmeentwicklung gerechnet werden.

Für die Zwangbeanspruchung in horizontaler Richtung ist die erforderliche Mindestlängsbewehrung zu ermitteln. Des weiteren ist für die erdseitige vertikale Biegebewehrung der Nachweis zur Rissbreitenbegrenzung zu führen. Das Wandeigengewicht wird vernachlässigt.

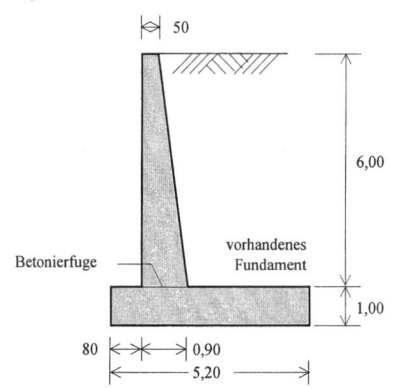

Umgebungsklasse: XC 4
Mindestbetonfestigkeitsklasse C25/30

Betondeckung: $c_{nom} = 25 + 15 = 40$ mm

Baustoffe: Beton C 30/37
$f_{ctm} = 2{,}9$ N/mm²
Betonstahl BSt 500 S

Einwirkungen: $M_{gk} = 195$ kNm/m
(am Wandfuß) $M_{qk} = 54$ kNm/m

*Bestimmung der horizontalen Mindestbewehrung*

Die Winkelstützmauer ist in die Mindestanforderungsklasse E nach Tabelle 9.5 einzuordnen. Für Bauteile der Anforderungsklasse E ist ein Rechenwert der Rissbreite von $w_k = 0{,}3$ mm (Tabelle 9.6) einzuhalten. Der Nachweis wird am Wandfuß geführt.

Für Stahlbetonbauteile folgt aus Gleichung (9-8):

$$A_s = k_c \cdot k \cdot f_{ct,eff} \cdot \frac{A_{ct}}{\sigma_s}$$

mit:

$k_c$    Beiwert zur Berücksichtigung der Spannungsverteilung

$$k_c = 0{,}4 \cdot \left[1 + \frac{\sigma_c}{k_1 \cdot f_{ct,eff}}\right] \leq 1$$

$k_1 = 2/3$    für reinen Zug

$\sigma_c = f_{ct,eff}$

$\rightarrow k_c = 1$

$k$    Beiwert zur Berücksichtigung nichtlinear verteilter Eigenspannungen

$k = 0{,}5$    für $h \geq 800$ mm

$A_{ct}$    Fläche der Betonzugzone

$A_{ct} = 0{,}9 / 2 \cdot 1 = 0{,}45$ m²

$f_{ct,eff}$    wirksame Zugfestigkeit

$f_{ct,eff} = 0{,}5 \cdot 3{,}0$ N/mm² $= 1{,}5$ N/mm²

Dauerhaftigkeit und Gebrauchstauglichkeit

$\sigma_s$  Durchmesserabhängige zulässige Stahlspannung nach Tabelle 9.8
gewählter Stabdurchmesser: $d_s = 14$ mm,    $d_1 \approx 47$ mm

$$d_s = d_s^* \cdot \frac{k_c \cdot k \cdot h_t}{4 \cdot (h-d)} \cdot \frac{f_{ct,eff}}{f_{ct0}} \geq d_s^* \cdot \frac{f_{ct,eff}}{f_{ct0}}$$

$$d_s^* = d_s \cdot \frac{4 \cdot (h-d)}{k_c \cdot k \cdot h_t} \cdot \frac{f_{ct0}}{f_{ct,eff}} \leq d_s^* \cdot \frac{f_{ct0}}{f_{ct,eff}}$$

$$d_s^* = 14 \cdot \frac{4 \cdot 47}{1 \cdot 0,5 \cdot 450} \cdot \frac{3}{1,5} = 23,4 \approx 23 \text{ mm} \leq 20 \cdot \frac{3}{1,5}$$

Die zulässige Stahlspannung für $d_s = 14$ mm ist für $d_s^* = 23$ mm abzulesen.

Aus Tabelle 9.8: $\sigma_s = 240 - 40 / 9 \cdot 4 = 222$ N/mm²

Mindestbewehrung:

$$a_{s1} = a_{s2} = 1 \cdot 0,5 \cdot 1,5 \cdot \frac{0,45}{222} \cdot 10^4 = 15,2 \text{ cm}^2/\text{m}$$

gewählt:    horizontal je Seite $\varnothing$ 14/10 cm = 15,39 cm²/m

### *Auswertung der Rissformel nach DIN 1045-1*

Die an der Wandinnen- und außenseite zur Aufnahme des zentrischen Zwangs erforderliche horizontale Bewehrung kann direkt aus der Rissformel nach Gl. (9-18) für das abgeschlossene Rissbild hergeleitet werden:

$\Rightarrow \quad a_{s1} = a_{s2} = -B \cdot C + \sqrt{(B \cdot C)^2 + B\left(1 - 2 \cdot d_{1,2}/(h \cdot k)\right)}$

mit:  $B = \dfrac{2,5 \cdot d_s \cdot d_{1,2} \cdot b^2 \cdot k \cdot f_{ct,eff} \cdot h}{3,6 \cdot E_s \cdot w_k \cdot 2}$

$C = \dfrac{E_s}{E_{cm}} \cdot \dfrac{1}{2,5 \cdot b \cdot h \cdot k}$

Auswertung für $f_{ct,eff} = 1,5$ N/mm² und $w_k = 0,3$ mm:

$B = \dfrac{2,5 \cdot 14 \cdot 47 \cdot 1000^2 \cdot 0,5 \cdot 1,5 \cdot 900}{3,6 \cdot 200000 \cdot 0,3 \cdot 2} = 2570313$

$C = \dfrac{200000}{31900} \cdot \dfrac{1}{2,5 \cdot 1000 \cdot 900 \cdot 0,5} = 5,57 \cdot 10^{-6}$

$a_{s1} = a_{s2} = -2570313 \cdot 5,57 \cdot 10^{-6}$
$\pm \sqrt{\left(2570313 \cdot 5,57 \cdot 10^{-6}\right)^2 + 2570313\left(1 - 2 \cdot 47/(900 \cdot 0,5)\right)}$

$a_{s1} = a_{s2} = 1412$ mm²/m

$a_{s1} = a_{s2} = 14,1$ cm²/m $\leq 15,2$ cm²/m (Mindestbewehrung)

## Nachweis der Rissbreitenbeschränkung unter Gebrauchslast

Für die vertikale, erdseitige Biegebewehrung ist der Nachweis der Rissbreite unter Einwirkung der quasi-ständigen Lasten zu führen, siehe Tabelle 9.6. Der Nachweis wird durch die Überprüfung des gewählten Stababstandes erbracht.

Bewehrung aus Grenzzustand der Tragfähigkeit:

gewählt: $a_{s1} = \varnothing\ 12/10\ cm = 11{,}31\ cm^2/m$

Hebelarm der inneren Kräfte: $z \approx 0{,}82\ m$

Schnittgrößen unter Gebrauchslast:

$$E_{d,perm} = E\left(\sum_{j \geq 1} G_{k,j} \oplus \sum_{i \geq 1} \psi_{2,i} \cdot Q_{k,i}\right)$$

$M_{Ed} = 195 + 0{,}3 \cdot 54 = 211\ kNm/m$ \hspace{2em} mit: $\psi_{2,i} = 0{,}3$

Betonstahlspannungen im Zustand II:

$$\sigma_s = \frac{211 \cdot 10^{-3}}{0{,}82 \cdot 11{,}31 \cdot 10^{-4}} = 228\ N/mm^2$$

aus Tabelle 9.9 interpoliert:

$s = 250 - 50/40 \cdot 28 = 215\ mm \geq 100\ mm = s_{vorh.}$

Der Rissbreitennachweis ist erfüllt.

Alternativ erfolgt die Nachweisführung durch die Begrenzung des Stabdurchmessers:

$d_s^*\ (\sigma_s = 228\ N/mm^2) \approx 22\ mm$ \hspace{2em} Tabelle 9.8

$d_s^* \geq 12\ mm = d_{s,vorh.}$

## Berechnung der Rissbreite

Exemplarisch soll der Rechenwert der Rissbreite für die gewählte Bewehrung nach Gleichung (9-18) ermittelt werden.

$$w_k = s_{r,max} \cdot (\varepsilon_{sm} - \varepsilon_{cm})$$

Differenz der mittleren Dehnungen von Beton und Betonstahl:

$$\varepsilon_{sm} - \varepsilon_{cm} = \frac{\sigma_s - 0{,}4 \cdot \frac{f_{ct,eff}}{eff\rho} \cdot (1 + \alpha_e \cdot eff\rho)}{E_s} \geq 0{,}6 \cdot \frac{\sigma_s}{E_s}$$

mit: $\sigma_s = 228\ N/mm^2$, \hspace{2em} $d_1 = 6{,}7\ cm$

$$eff\rho = \frac{A_s}{A_{c,eff}} = \frac{11{,}31 \cdot 10^{-4}}{2{,}5 \cdot 0{,}067 \cdot 1} = 0{,}0068$$

$$\alpha_e = \frac{E_s}{E_{cm}} = \frac{200000}{31900} = 6{,}27$$

$$\varepsilon_{sm} - \varepsilon_{cm} = \frac{228 - 0{,}4 \cdot \frac{3{,}0}{0{,}0068} \cdot (1 + 6{,}27 \cdot 0{,}0068)}{200000} = 2{,}2 \cdot 10^{-4}$$

$$\leq 0{,}6 \cdot \frac{228}{200000} = 6{,}84 \cdot 10^{-4}$$

Maximaler Rissabstand:

$$s_{r,max} = \frac{d_s}{3{,}6 \cdot \rho_{eff}} \leq \frac{\sigma_s \cdot d_s}{3{,}6 \cdot f_{ct,eff}}$$

$$s_{r,max} = \frac{12}{3{,}6 \cdot 0{,}0068} = 490{,}2 \text{ mm} \geq \frac{228 \cdot 12}{3{,}6 \cdot 3{,}0} = 253{,}3 \text{ mm}$$

Rechenwert der Rissbreite:

$$w_k = s_{r,max} \cdot (\varepsilon_{sm} - \varepsilon_{cm}) = 253{,}3 \cdot 6{,}84 \cdot 10^{-4} = 0{,}18 \text{ mm} \leq 0{,}3 \text{ mm}$$

## 9.6 Begrenzung der Verformungen

### 9.6.1 Allgemeines

Die Verformungen eines Tragwerks müssen so begrenzt werden, dass die ordnungsgemäße Funktion und das Erscheinungsbild des Bauteils selbst oder angrenzender Bauteile nicht beeinträchtigt werden.

Der Nachweis der Verformungen kann erfolgen

- durch Einhaltung von Konstruktionsregeln (Begrenzung der Biegeschlankheit) sowie
- durch einen rechnerischen Nachweis der Verformungen unter Berücksichtigung des nichtlinearen Materialverhaltens und des zeitabhängigen Betonverhaltens (direkter Nachweis).

In DIN 1045-1 werden die vertikalen Verformungen von biegebeanspruchten Bauteilen unterschieden in

- **Durchhang:** vertikale Bauteilverformung bezogen auf die Verbindungslinie der Unterstützungspunkte
- **Durchbiegung:** vertikale Bauteilverformung bezogen auf die Systemlinie des Bauteils (z.B. bei Schalungsüberhöhungen bezogen auf die überhöhte Lage)

Die angegebenen Verformungsgrenzen stellen im allgemeinen hinreichende Gebrauchseigenschaften sicher.

Die Gebrauchstauglichkeit eines Bauteils gilt demnach als gewährleistet, wenn der *Durchhang unter der quasi–ständigen Einwirkungskombination auf 1 / 250* begrenzt wird. Die berechnete Gesamtverformung kann durch Überhöhung ganz oder teilweise ausgeglichen werden. Im Hinblick auf Schäden angrenzender Bauteile (z.B. leichte Trennwände) sind schärfere Begrenzungen auf 1 / 500 der Stützweite einzuhalten.

### 9.6.2 Nachweis ohne direkte Berechnung

Für biegebeanspruchte Bauteile des üblichen Hochbaus darf die Einhaltung der zulässigen Verformungen vereinfachend durch eine *Begrenzung der Biegeschlankheit $l_i/d$* nachgewiesen werden. Auf eine genaue Berechnung kann daher verzichtet werden, wenn die Biegeschlankheit folgende Grenzwerte nicht überschreitet:

$l_i / d \leq 35$ für normale Anforderungen

$l_i / d \leq 150 / l_i$ höhere Anforderungen

$l_i = \alpha \cdot l_{eff}$  Ersatzstützweite, welche der Stützweite eines Einfeldträgers entspricht, der in Feldmitte die gleiche Durchbiegung aufweist wie das betrachtete Bauteil, wenn gleichmäßig verteilte Last einwirkt. Die $\alpha$-Werte sind in Tabelle 9.11 für häufig vorkommende Anwendungsfälle angegeben.

Bei vierseitig gelagerten Platten ist die kleinere Stützweite, bei dreiseitig gelagerten Platten ist die Stützweite parallel zum freien Rand und bei Flachdecken ist die größere Stützweite anzusetzen. Die Zeilen 2 und 3 der Tabelle 9.11 gelten für Rand- und Innenfelder von durchlaufenden Bauteilen, wenn

$$0{,}8 < l_{eff,1} / l_{eff,2} < 1{,}25 \hspace{4cm} (9\text{-}50)$$

eingehalten wird. Werden diese Anwendungsgrenzen nicht eingehalten, so kann der $\alpha$-Wert nach [Grasser/Thielen – 91] zutreffender ermittelt werden.

**Tabelle 9.11:** Beiwerte $\alpha$ zur Bestimmung der Ersatzstützweite

| Statisches System | $\alpha = l_i / l_{eff}$ |
|---|---|
| Einfeldträger ($l_{eff}$) | 1,00 |
| Träger eingespannt-gelenkig ($l_{eff}$) | 0,80 |
| Träger beidseitig eingespannt ($l_{eff}$) | 0,60 |
| Flachdecke ($l_{eff}$) | Innenfeld: 0,70 (0,60 ab C 30/37)<br>Randfeld: 0,90 (0,80 ab C 30/37) |
| Kragträger ($l_{eff}$) | 2,40 |

### 9.6.3 Rechnerischer Nachweis

In DIN 1045-1 ist kein rechnerisches Verfahren zum Nachweis von Bauteilverformungen enthalten. Eine Abschätzung der zu erwartenden Durchbiegungen kann mit dem Verfahren nach Eurocode 2, Teil 1-1, Anhang 4 durchgeführt werden. Dabei handelt es sich jedoch um ein Näherungsverfahren, welches für einen rechnerischen Nachweis der Verformungsbegrenzung auf angegebene Grenzwerte geeignet ist. Sind im Einzelfall die tatsächlich zu erwartenden Verformungen von Bedeutung, sollten genauere Berechnungen durchgeführt werden.

# 10 Vorgespannte Tragwerke

Prof.- Dr.-Ing. Jürgen Grünberg

## 10.1 Vorspannung von Stahlbetonbauteilen

### 10.1.1 Vorspannung als Einwirkung

Vorspannung durch Spannglieder kann als eine **Einwirkung** aus Verankerungs- und Umlenkkräften oder als einwirkende Schnittgrößen betrachtet werden.

Bei statisch bestimmt gelagerten Tragwerken ergeben sich keine resultierenden Schnittgrößen am Verbundquerschnitt. Zwischen der Vorspannkraft im Spannstahl und den Reaktions-Schnittgrößen am Betonquerschnitt stellt sich ein **Eigenspannungszustand** ein.

Durch die Vorspannung wird eine exzentrische Druckkraft $N_{cp}^{(0)}$ eingeleitet, mit dem zugehörigen Biegemoment $M_{cp}^{(0)}$:

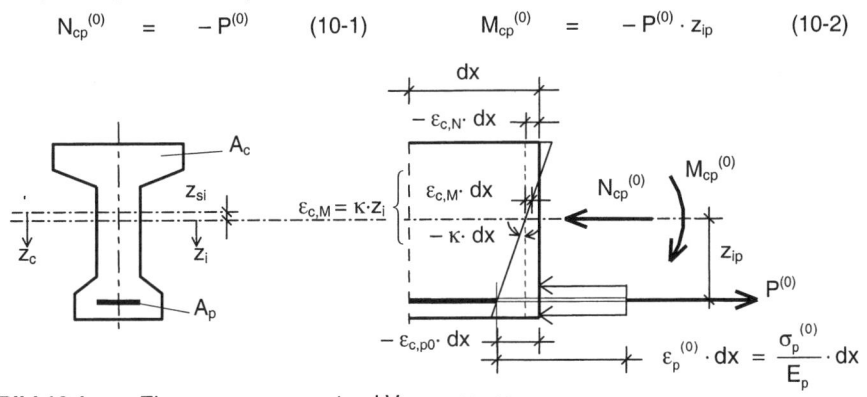

$$N_{cp}^{(0)} = -P^{(0)} \quad (10\text{-}1) \qquad M_{cp}^{(0)} = -P^{(0)} \cdot z_{ip} \quad (10\text{-}2)$$

**Bild 10.1:** Eigenspannungszustand Vorspannung

### 10.1.2 Vorspannung als Widerstand

Alternativ zu 10.1.1 kann Vorspannung als **Dehnungszustand** erfasst werden (Vordehnung $\varepsilon_p^{(0)}$ mit entsprechender Vorverkrümmung $\kappa^{(0)}$). Die Vordehnung $\varepsilon_p^{(0)}$ wird beim Querschnittswiderstand berücksichtigt und ist auf den **Spannbettzustand** bezogen.

Als Spannbettzustand wird der Spannungs- und Dehnungszustand im Spannstahl bezeichnet, der dem spannungsfreien Betonquerschnitt entspricht, zu einem beliebigen Zeitpunkt t unter Berücksichtigung zeitabhängiger Verformungen des Spannstahls und des Betons, siehe DIN 1045-1, 8.7.1 (3):

$$\varepsilon_p^{(0)} = \frac{P^{(0)}}{E_p \cdot A_p} \quad (10\text{-}3) \qquad \kappa^{(0)} = \left(\frac{1}{r}\right)_0 = \frac{M_{cp}^{(0)}}{E_c \cdot I_i} \quad (10\text{-}4)$$

### 10.1.3 Auswirkungen einer Vorspannung

Die Wirkung der Vorspannung wird zunächst durch die Vorspannkraft $P_{m,0}$ unmittelbar nach dem Spannen unter Berücksichtigung der Wirkungen infolge von Spanngliedreibung, Verankerungsschlupf oder planmäßigen Nachlass- und Wiederanspannvorgängen und elastischen Verformungen des Betons beim Aufbringen der Vorspannung definiert.

Die Vorspannkraft ist dabei die Spanngliedkraft nach Abschluss der Spannarbeiten (Zeitpunkt t = $t_0$). Die zum Zeitpunkt t > $t_0$ wirkende Vorspannkraft $P_{m,t}$ enthält zusätzlich die Verluste infolge Kriechen und Schwinden des Betons sowie Relaxation des Spannstahls. Der Mittelwert der Vorspannkraft $P_{m,t}$ hängt von der Art der Vorspannung ab.

a) **Vorspannung mit sofortigem Verbund** (Herstellung im Spannbett)

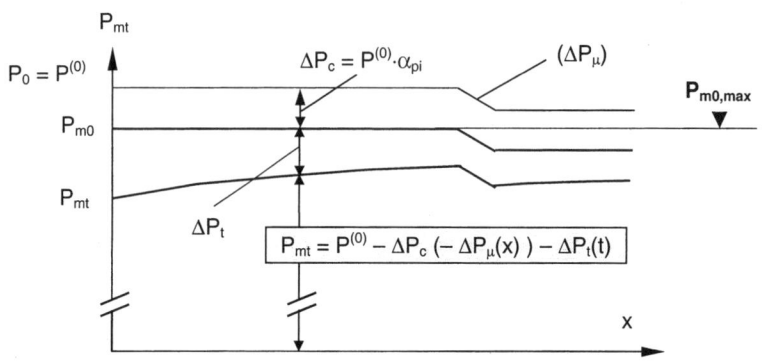

**Bild 10.2:** Mittelwert der Vorspannkraft bei Vorspannung mit sofortigem Verbund

$P^{(0)} \leq A_p \begin{cases} 0{,}80 \cdot f_{pk} \\ 0{,}90 \cdot f_{p0,1k} \end{cases}$ Verankerungskraft der Spanndrähte im Spannbett

$\Delta P_c = P^{(0)} \cdot \alpha_{pi}$  Spannkraftverlust durch elastische Verformung des Betons bei der Spannkraftübertragung auf das Bauteil

$P_{m0} = \leq A_p \begin{cases} 0{,}75 \cdot f_{pk} \\ 0{,}85 \cdot f_{p0,1k} \end{cases}$ Mittelwert der Vorspannkraft zum Zeitpunkt t = 0, unmittelbar nach dem Lösen der Spannbettverankerung:

$$P_{m0} = P^{(0)} - \Delta P_c = P^{(0)} \cdot (1 - \alpha_{pi}) \quad (10\text{-}5)$$

$\alpha_{pi} = \alpha_p \cdot \dfrac{A_p}{A_i} \cdot \left(1 + \dfrac{A_i}{I_i} \cdot z_{ip}^2 \right)$ Steifigkeitsverhältnis (Spannstahl- / Verbundquerschnitt) (10-6)

$\alpha_p = \dfrac{E_p}{E_{cm}}$ Verhältnis der Elastizitätsmoduli von Spannstahl und Beton

b) **Vorspannung ohne Verbund bzw. mit nachträglichem Verbund** (Herstellung am Bauteil)

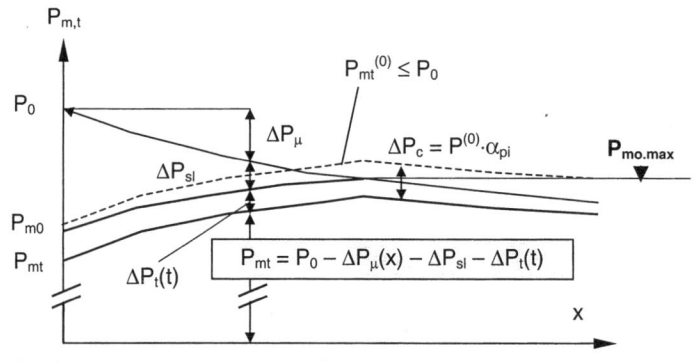

**Bild 10.3:** Mittelwert der Vorspannkraft bei Vorspannung ohne Verbund

Vorgespannte Tragwerke

$P_0 \leq A_p \begin{cases} 0{,}80 \cdot f_{pk} \\ 0{,}90 \cdot f_{p0,1k} \end{cases}$  Pressenkraft am Spannende beim Spannvorgang

$P_{m0} \leq A_p \begin{cases} 0{,}75 \cdot f_{pk} \\ 0{,}85 \cdot f_{p0,1k} \end{cases}$  Mittelwert der Vorspannkraft unmittelbar nach dem Absetzen der Pressenkraft auf den Anker

$P_{mt}^{(0)} = P_{mt} / (1 - \alpha_{pi})$  **Dekompressionskraft** (oder fiktive Spannbettkraft)

## 10.1.4 Spannkraftverluste
### Spannkraftverlust aus Reibung:

$$\Delta P_\mu = P_0 \cdot \left(1 - e^{-\mu \cdot (\theta + k \cdot x)}\right) \ (+ \Delta P_{sl}) \qquad (10\text{-}7)$$

$\Theta$    Summe der planmäßigen Umlenkwinkel (Beträge!) über die Länge x

k    ungewollter Umlenkwinkel je Längeneinheit

$\mu$    Reibungsbeiwert zwischen Spannglied und Hüllrohr

$\Delta P_{sl}$    Spannkraftverlust aus Ankerschlupf (abhängig von der Art der Verankerung)

### Spannkraftverluste infolge Kriechen, Schwinden und Relaxation:

$\Delta P_t = A_p \cdot \Delta \sigma_{p,c+s+r} \ (+ \Delta P_{ir}) \qquad (10\text{-}8)$

$\Delta P_{ir}$    Kurzzeitrelaxation des Spannstahls bei Vorspannung mit sofortigem Verbund

Die zeitabhängigen Verluste zur Zeit $t \to \infty$ dürfen für einsträngige Vorspannung mit Verbund wie folgt berechnet werden:

$$\Delta \sigma_{p,c+s+r} = \frac{\varepsilon_{cs\infty} \cdot E_p + \Delta \sigma_{pr} + \alpha_p \cdot \varphi(\infty, t_0) \cdot (\sigma_{cg} + \sigma_{cp0})}{1 + \alpha_{pc} \cdot [1 + 0{,}8 \cdot \varphi(\infty, t_0)]} \qquad (10\text{-}9)$$

$\Delta \sigma_{p,c+s+r}$    Verringerung der Spannstahlspannung infolge Kriechen, Schwinden und Relaxation, nach der Spannungsübertragung auf den Beton

$\varepsilon_{cs\infty}$    Endschwindmaß des Betons (nach DIN 1045-1, 9.1.4)

$\Delta \sigma_{pr} (\sigma_{p0} / f_{pk})$    Spannungsänderung im Spannstahl infolge Relaxation

$\sigma_{p0} = \sigma_{pg0} - 0{,}3 \cdot \sigma_{p,c+s+r}$    Ausgangsspannung zur Bestimmung von $\Delta \sigma_{pr}$, im Allgemeinen iterativ zu ermitteln

$\sigma_{p0} \approx 0{,}95 \cdot \sigma_{pg0}$    für übliche Hochbauten

$\sigma_{pg0} \approx P_{m0} / A_p$    anfängliche Spannstahlspannung aus Vorspannung und ständigen Einwirkungen

$\varphi(\infty, t_0)$    Endkriechzahl des Betons (nach DIN 1045-1, 9.1.4)

$\sigma_{cg}$    Betonspannung in Höhe der Spannglieder unter der **quasi-ständigen Einwirkungskombination**, d. h. mit den zeitlichen Mittelwerten der Einwirkungen, siehe [DIN 1055-100 – 01], 6.2 (5) (ohne Vorspannung),

$\sigma_{cp0}$    Anfangswert der Betonspannung in Höhe der Spannglieder infolge Vorspannung ($P_{m0}$)

$\alpha_{pc} = \dfrac{E_p \cdot A_p}{E_{cm} \cdot A_c} \cdot \left(1 + \dfrac{A_c}{I_c} \cdot z_{cp}^2\right)$    Steifigkeitsverhältnis (Spannstahl- / reiner Betonquerschnitt)    (10-10)

$P_{mt} = P_{m0} - \Delta P_t$      Mittelwert der Vorspannkraft nach Eintreten aller Spannkraftverluste zum Zeitpunkt t

$P_{m\infty} = P_{m0} - \Delta P_{\infty}$      desgleichen nach Eintreten aller Spannkraftverluste für $t \to \infty$

Gleichung (10-9) darf auch bei Vorspannung ohne Verbund angewendet werden, wenn gemittelte Betondehnungen angesetzt werden, und zwar bei externen Spanngliedern im Bereich gerader Abschnitte zwischen den Verankerungs- bzw. Umlenkpunkten, bei internen Spanngliedern über ihre Gesamtlänge.

### 10.1.5 Schnittgrößen infolge statisch bestimmter Wirkung bei Vorspannung ohne Verbund

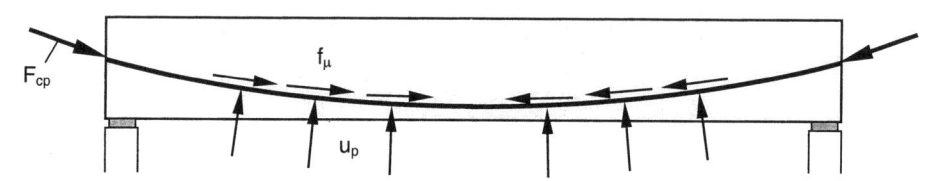

**Bild 10.4:**      Vorspannung mit internen Spanngliedern

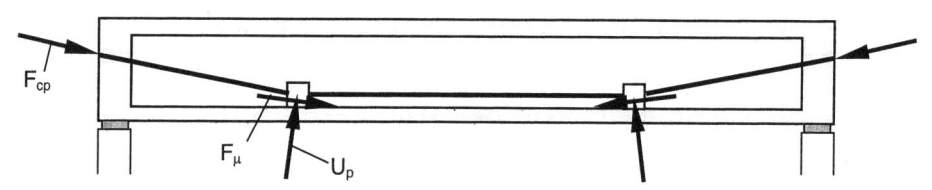

**Bild 10.5:**      Externe Vorspannung

Die Vorspannkraft $P_{mt}$ wirkt (bei einsträngiger Vorspannung) als Zugkraft im Spannstahl, die im Beton Reaktionskräfte hervorruft, nämlich Verankerungskräfte $F_{cp}$, Umlenkkräfte $u_p$ ($U_p$) und Reibungskräfte $f_\mu$ ($F_\mu$). Aus diesen Reaktionskräften entstehen Schnittgrößen im Beton:

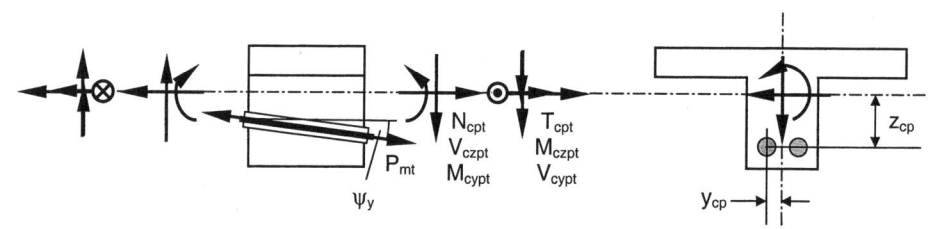

**Bild 10.6:**      Schnittgrößen infolge statisch bestimmter Wirkung der Vorspannung

Bei statisch bestimmten Tragwerken stehen die Schnittgrößen im Spannstahl und im Beton miteinander im Gleichgewicht und bilden folgenden Eigenspannungszustand:

Spannstahlquerschnitt:

$F_{pt} = P_{mt}$      (10-11)

Betonquerschnitt:

$N_{cpt} = -P_{mt}$      (10-12)      $M_{czpt} = P_{mt} \cdot y_{cp}$      (10-13)

$M_{cypt} = -P_{mt} \cdot z_{cp}$      (10-14)      $V_{cypt} = -P_{mt} \cdot \sin \psi_z$      (10-15)

$V_{czpt} = -P_{mt} \cdot \sin \psi_y$      (10-16)      $T_{cpt} = V_{cypt} \cdot z_{cp} - V_{czpt} \cdot y_{cp}$      (10-17)

## 10.1.6 Vorspannung statisch unbestimmter Stahlbetontragwerke

Die **statisch bestimmte Wirkung** einer Vorspannung ($P_{dir}$) kann alternativ nach 10.1.1 oder 10.1.2 erfasst werden. Beide Verfahren führen zum gleichen Bemessungsergebnis.

Beim Nachweis der Biegetragfähigkeit sowie erweist sich jedoch das Verfahren nach 10.1.2 als zweckmäßiger, da der Spannstahl Bestandteil des Querschnittswiderstands ist.

Durch die **Vorverkrümmung** infolge Vorspannung ($1/r_0$) kann der Spannbetonquerschnitt ein größeres Biegemoment im ungerissenen Zustand aufnehmen als ein Stahlbetonquerschnitt mit gleicher Biegetragfähigkeit (siehe Bild 10.7).

Beim Erreichen des **Rissmoments** $M_{I,II}$ (Biegemoment am Verbundquerschnitt, bei dem am Biegezugrand die Betonzugfestigkeit überschritten wird) fällt die Biegesteifigkeit des ungerissenen Zustandes $B_I$ rapide ab auf die Biegesteifigkeit des gerissenen Zustandes $B_{II}$. Nach Erreichen der **Fließmoments** $M_y$ erhöht sich die Biegetragfähigkeit bis zum **Bruchmoment** $M_u$ nur noch geringfügig, während die Verkrümmung noch beträchtlich zunehmen kann. In diesem Fall tritt ein **Biegezugbruch mit Vorankündigung** ein.

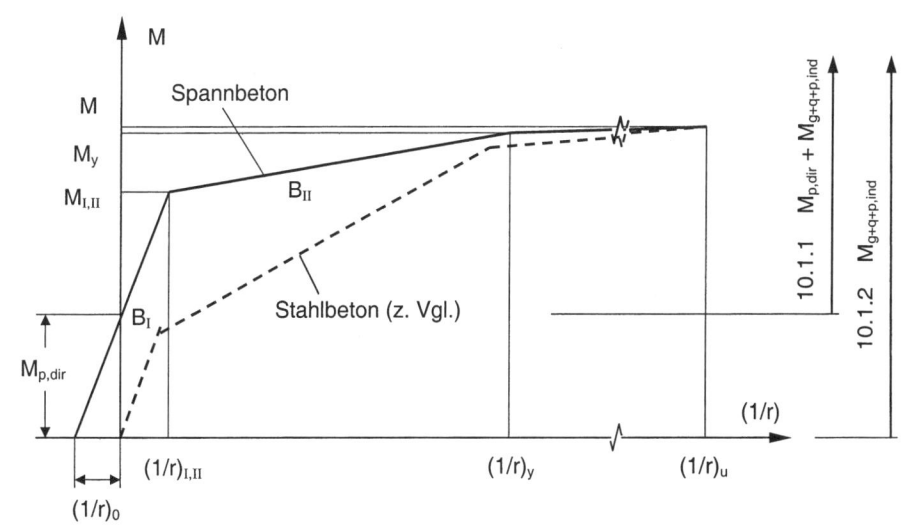

**Bild 10.7**: Vereinfachte Momenten-Verkrümmungs-Beziehung für Spannbetonquerschnitte

Die **statisch unbestimmte Wirkung** einer Vorspannung ($P_{ind}$ bzw. $M_{p,ind}$) ist grundsätzlich bei den Einwirkungen zu berücksichtigen, analog einer Einwirkung aus Zwang. Es entsteht ein **Eigenspannungszustand am Tragwerk**, bei dem die Auflagerkräfte miteinander im Gleichgewicht stehen.

Bei nichtlinearer Schnittgrößenberechnung sowie bei der Ermittlung der erforderlichen Rotation bei Verfahren nach der Plastizitätstheorie ist das Verfahren nach 10.1.2 zweckmäßig. Dabei entfällt allerdings die Ermittlung der statisch unbestimmten Schnittgrößen infolge Vorspannung, da sie sich nicht getrennt von den Lastschnittgrößen ausweisen lassen.

Bild 10.7 veranschaulicht die alternativen Ansätze nach 10.1.1 bzw. 10.1.2 für die statisch bestimmte Wirkung $M_{p,dir}$ im Zusammenhang mit der statisch unbestimmten Wirkung $M_{p,ind}$.

## 10.2 Grenzzustand der Gebrauchstauglichkeit

### 10.2.1 Charakteristische Werte der Vorspannung

Allgemein wird auf der Einwirkungsseite der zeitabhängige Mittelwert der Vorspannkraft $P_{mt}$ als charakteristischer Wert angesetzt:

$$P_{tk} = P_{m,t} \tag{10-18}$$

Für die Nachweise im *Grenzzustand der Gebrauchstauglichkeit* sind jedoch die Auswirkungen einer Vorspannung mit den möglichen Streuungen zu berücksichtigen.

Daher werden ein unterer und ein oberer charakteristischer Wert der Vorspannung festgelegt:

$$P_{tk,inf} = r_{inf} \cdot P_{m,t} \tag{10-19}$$

$$P_{tk,sup} = r_{sup} \cdot P_{m,t} \tag{10-20}$$

Die Streubeiwerte dürfen im Allgemeinen wie folgt angesetzt werden:

$r_{inf} = 0{,}95$ bzw. $r_{sup} = 1{,}05$ bei Vorspannung mit sofortigem oder ohne Verbund

$r_{inf} = 0{,}9$ bzw. $r_{sup} = 1{,}1$ bei Vorspannung mit nachträglichem Verbund

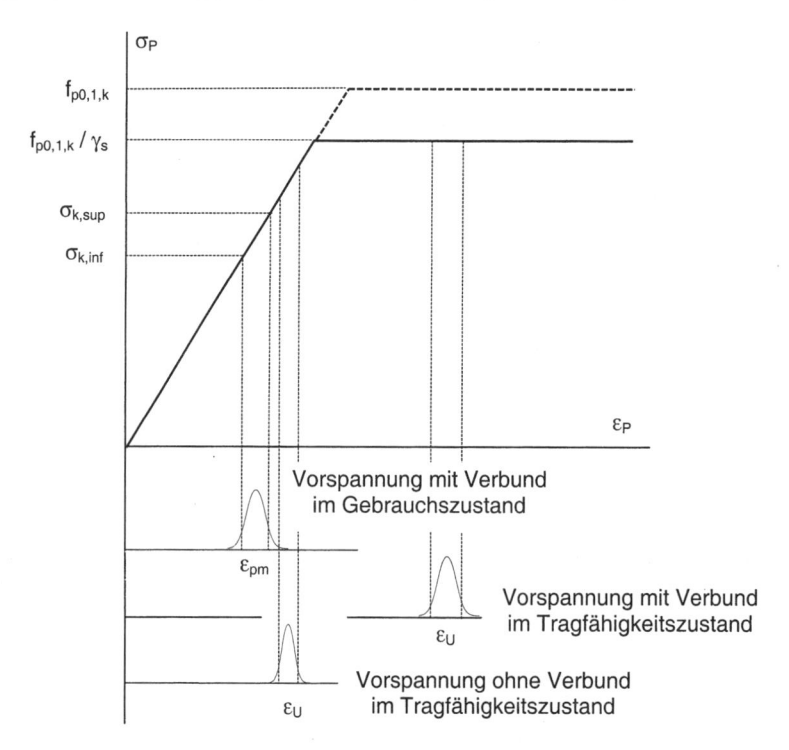

**Bild 10.8**: Zusammenhang zwischen Streuung der Spannstahldehnung $\varepsilon_P$ und der für die Bestimmung der Vorspannkraft maßgebenden Spannstahlspannung $\sigma_P$

Vorgespannte Tragwerke

Die **unteren und oberen charakteristischen Werte** der Vorspannung, $P_{k,inf}$ und $P_{k,sup}$ werden in solchen Bemessungssituationen maßgebend, in denen die Tragwirkung sehr empfindlich auf den Einfluss der Vorspannung reagiert. Das ist der Fall, wenn die Auswirkungen infolge Vorspannung und äußerer Belastung dem Betrag nach etwa gleich groß sind. Dann hat die Vorspannung einen dominierenden Streuungseinfluss gegenüber der Eigenlast, also in den folgenden Fällen:

- Nachweis der Begrenzung der Rissbreite [1],
- Nachweis des Grenzzustands der Dekompression,
- Verhinderung des Öffnens von Fugen (z.B. bei der Segmentbauweise im Brücken- oder Hochbau).

Für andere Bemessungssituationen im Grenzzustand der Gebrauchstauglichkeit reicht in der Regel ein Nachweis auf der Grundlage des **Mittelwerts $P_{m,t}$** aus, z.B. für

- die Begrenzung der Betondruckspannungen,
- die Begrenzung der Spannstahlspannungen.

Die Spannungen sind je nach Beanspruchung mit den Querschnittswerten des ungerissenen Zustands I oder des gerissenen Zustands II zu berechnen. Vom Zustand I darf nur dann ausgegangen werden, wenn die **Betonzugspannungen** $\sigma_{ct}$ unter der **seltenen Kombination** den Mittelwert der Betonzugfestigkeit $f_{ctm}$ nicht überschreiten.

Tafel 10.1: Grenzwerte der Spannungen unter Gebrauchsbedingungen

| a) | **Betondruckspannungen** | | |
|---|---|---|---|
| | bei quasi-ständiger Kombination, zur Vermeidung von überproportionalen Kriechverformungen | $\sigma_c$ | $\leq 0{,}45 \cdot f_{ck}$ |
| | bei seltener Kombination, zur Vermeidung von Längsrissen | $\sigma_c$ | $\leq 0{,}60 \cdot f_{ck}$ |
| b) | **Spannstahlspannungen** | | |
| | Verankerung im Spannbett ($P^{(0)}_{max}$) bzw. Pressenkraft beim Anspannen ($P_{0,max}$) | $\sigma_{0,max}$ | $\leq 0{,}80 \cdot f_{pk}$ oder $\leq 0{,}90 \cdot f_{p0,1k}$ |
| | Überspannen bei Dehnungsbehinderung durch Reibung ($P_{0,max}$) | $\sigma_{0,max}$ | $\leq 0{,}95 \cdot f_{p0,1k}$ |
| | unmittelbar nach dem Spannen (Spannen mit nachträglichem Verbund) oder nach dem Lösen der Verankerung (Spannen mit sofortigem Verbund) – $P_{m0}$ | $\sigma_{pm0}$ | $\leq 0{,}75 \cdot f_{pk}$ oder $\leq 0{,}85 \cdot f_{p0,1k}$ |
| | Bei quasi-ständiger Kombination, für $t \to \infty$, zur Begrenzung der Spannstahlrelaxation ($P_{m\infty}$) | $\sigma_{pm\infty}$ | $\leq 0{,}65 \cdot f_{pk}$ |
| | bei seltener Kombination, zu jedem Zeitpunkt, zur Vermeidung von nichtelastischen Verformungen ($P_{mt}$) | $\sigma_{pmt}$ | $\leq 0{,}80 \cdot f_{pk}$ oder $\leq 0{,}90 \cdot f_{p0,1k}$ |
| c) | **Betonstahlspannungen** | | |
| | bei seltener Kombination, zur Vermeidung von nichtelastischen Verformungen | $\sigma_s$ | $\leq 0{,}80 \cdot f_{yk}$ |
| | wie vor, jedoch bei ausschließlicher Zwangbeanspruchung | $\sigma_s$ | $\leq f_{yk}$ |

---

[1] In DIN 1045-1 fehlt hier allerdings die konkrete Angabe.

## 10.2.2 Zeitabhängige Verformungen des Betons

• **Schwinden des Betons**

Unter Schwinden versteht man die Verkürzung des Betons während des Austrocknens, unabhängig von den Beanspruchungen im Querschnitt. Das **Endschwindmaß** $\varepsilon_{cs\infty}$ setzt sich aus den Anteilen **Schrumpfdehnung** und **Trocknungsschwinddehnung** zusammen und darf für die Zeit $t \to \infty$ wie folgt berechnet werden:

$$\varepsilon_{cs\infty} = \varepsilon_{cas\infty} + \varepsilon_{cds\infty} \qquad (10\text{-}21)$$

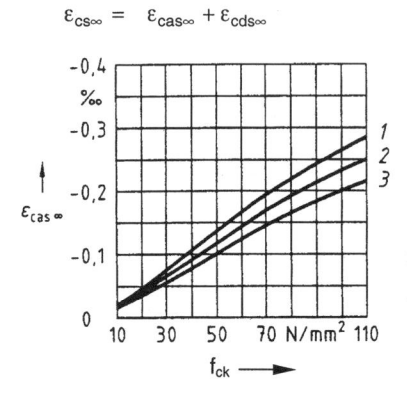

1 Festigkeitsklasse des Zements 32,5
2 Festigkeitsklasse des Zements 32,5R; 42,5
3 Festigkeitsklasse des Zements 42,5R; 52,5

**Bild 10.9:** Schrumpfdehnung $\varepsilon_{cas}$ nach DIN 1045-1, Bild 20

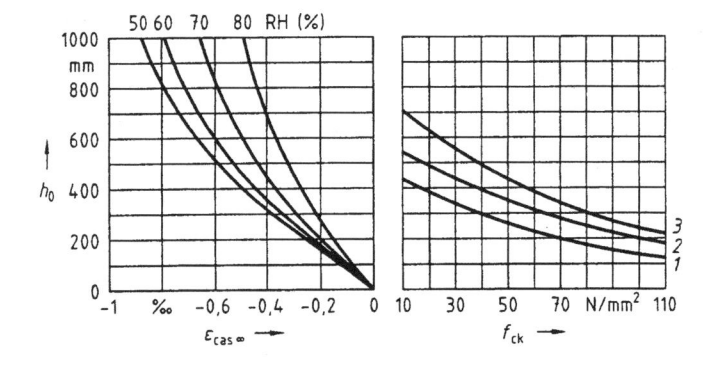

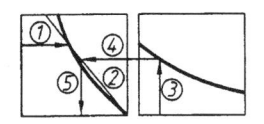

1 Festigkeitsklasse des Zements 32,5
2 Festigkeitsklasse des Zements 32,5R; 42,5
3 Festigkeitsklasse des Zements 42,5R; 52,5

**Bild 10.10:** Trocknungsschwinddehnung $\varepsilon_{cds}$ nach DIN 1045-1, Bild 21

Die Bilder 10.9 und 10.10 zeigen, dass das Endschwindmaß abhängt von

- der wirksamen Bauteildicke $h_0 = 2 \cdot A_c / u$,
- der relativen Luftfeuchte RH [%, ]
- der Betonfestigkeitsklasse ($f_{ck}$)
- und der Zementart (CEM).

## Vorgespannte Tragwerke

Der **zeitliche Verlauf des Schwindens** darf nach [EC 2-1 – 92] wie folgt angesetzt werden:

$$\varepsilon_{cs}(t,t_s) = \varepsilon_{cs\infty} \cdot \beta_s(t-t_s) \qquad (10\text{-}22)$$

mit dem Betonalter $t_s$ zu Beginn des Schwindens und dem **Beiwert für die zeitliche Entwicklung des Schwindens**:

$$\beta_s(t-t_s) = \left(\frac{t-t_s}{0{,}035 \cdot h_0^2 + t - t_s}\right)^{0{,}5} \qquad (10\text{-}23)$$

Werden die Schwindverkürzungen am Bauteil behindert, ergeben sich Zwangbeanspruchungen, jedoch erst ab dem Zeitpunkt $t_0$ des Beginns der Behinderung.
Für den Spannkraftverlust sind daher nur die Schwindverkürzungen nach der Verankerung der Spannglieder (Zeitpunkt $t_0$) wirksam. Für die Zeit $t \to \infty$ betragen sie:

$$\varepsilon_{cs}(\infty,t_0) = \varepsilon_{cs\infty} - \varepsilon_{cs}(t_0,t_s) = \varepsilon_{cs\infty} \cdot [1-\beta_s(t_0-t_s)] \qquad (10\text{-}24)$$

- **Kriechen des Betons**

Unter Kriechen versteht man die Zunahme der Verformung des Betons unter Beanspruchungen, die dauernd („quasi-ständig") wirken. Wenn die Betonspannungen die Spannungsgrenze

$$\sigma_c \leq 0{,}45\, f_{ck}$$

nicht überschreiten, darf das Kriechen als lineare Vergrößerung der elastischen Dehnungen berechnet werden:

$$\varepsilon_{cc}(\infty,t_0) = \varphi(\infty,t_0) \cdot \frac{\sigma_c}{E_{c0}} \qquad (10\text{-}25)$$

$\sigma_c$ \qquad kriecherzeugende Betonspannung (zeitlich konstant)

$E_{c0} = 1{,}1 \cdot E_{cm}$ \qquad Tangentenmodul für $\sigma_c = 0$ (Näherung)

Die Endkriechzahl $\varphi(\infty,t_0)$ wird nach DIN 1045-1, Bild 18 und 19 bestimmt, und zwar abhängig von

- der relativen Luftfeuchte RH [%],
- der wirksamen Bauteildicke $h_0 = 2\,A_c / u$,
- der Betonfestigkeitsklasse,
- dem Betonalter $t_0$ bei Belastungsbeginn und
- der Zementart (CEM).

Der **zeitliche Verlauf des Kriechens** darf nach [EC 2-1 – 92] mit dem folgenden Produktansatz berechnet werden (t, $t_0$ in Tagen):

$$\varphi(t,t_0) = \varphi(\infty,t_0) \cdot \beta_c(t-t_0), \qquad (10\text{-}26)$$

$$\beta_c(t-t_0) = \left(\frac{t-t_0}{\beta_H + t - t_0}\right)^{0{,}3} \quad \text{Beiwert für die zeitliche Entwicklung des Kriechens}$$

$$\beta_H = 1{,}5 \cdot \left[1+(0{,}012 \cdot RH)^{18}\right] \cdot h_0 + 250 \leq 1500$$

253

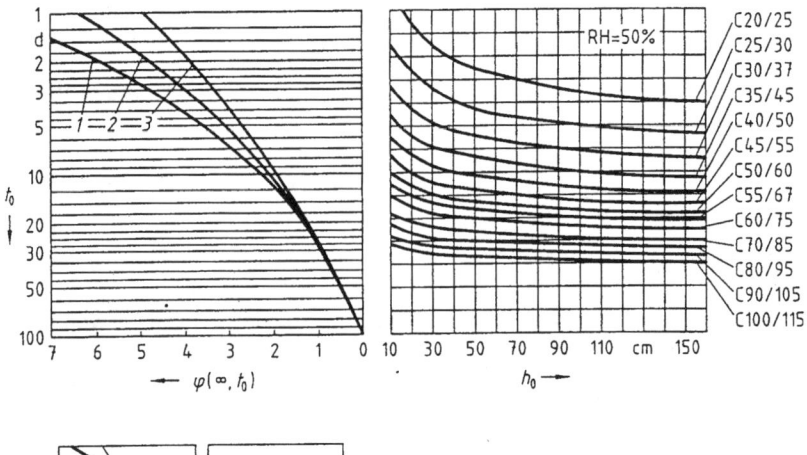

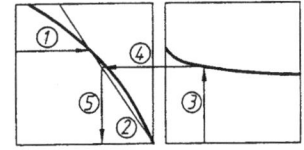

1 Festigkeitsklasse des Zements 32,5
2 Festigkeitsklasse des Zements 32,5R; 42,5
3 Festigkeitsklasse des Zements 42,5R; 52,5

**Bild 10.11:** Endkriechzahl $\varphi\,(\infty, t_0)$ für Normalbeton und für trockene Umgebungsbedingungen (innen, RH = 50 %) nach DIN 1045-1, Bild 18

1 Festigkeitsklasse des Zements 32,5
2 Festigkeitsklasse des Zements 32,5R; 42,5
3 Festigkeitsklasse des Zements 42,5R; 52,5

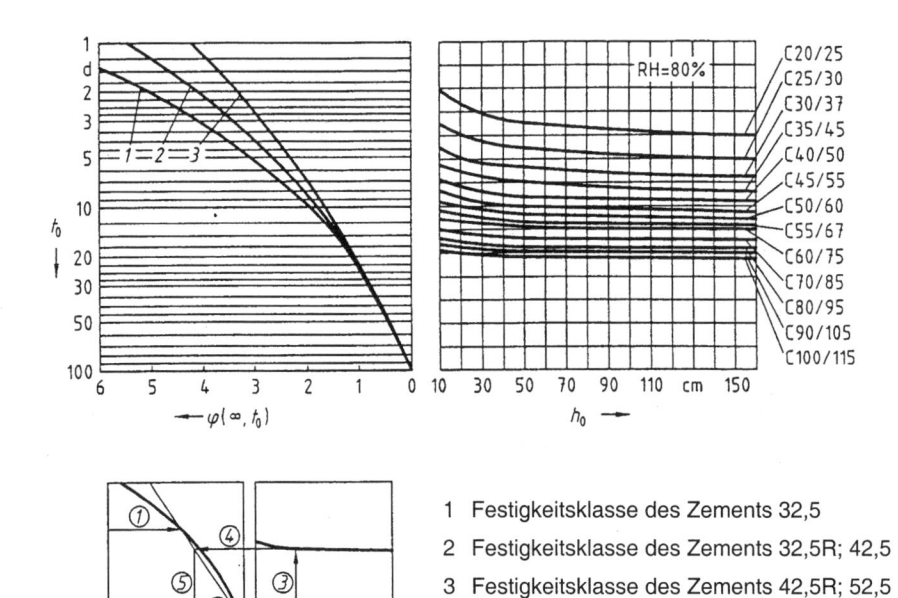

**Bild 10.12:** Endkriechzahl $\varphi\,(\infty, t_0)$ für Normalbeton und für feuchte Umgebungsbedingungen (außen, RH = 80 %) nach DIN 1045-1, Bild 19

## 10.2.3 Grenzzustand der Rissbildung / Dekompression

Die Rissbreiten sind so zu beschränken, dass die ordnungsgemäße Nutzung, das Erscheinungsbild und insbesondere die Dauerhaftigkeit des Tragwerks als Folge der Rissbildung nicht beeinträchtigt werden. Der **Korrosionsschutz** ist ein zentrales Kriterium für die **Dauerhaftigkeit** und wird durch die folgenden Maßnahmen sichergestellt werden:

- Anforderungen an die **Mindestbetondeckung** (siehe DIN 1045-1, Tabelle 4)
- Nachweis der **Dekompression** (siehe DIN 1045-1, Tabelle 18)
- **Begrenzung der Rissbreiten** $w_k$ (siehe DIN 1045-1, Tabelle 18)

Beim Nachweis der Begrenzung der Rissbreite ist zu unterscheiden zwischen

- dem Zustand der **Einzelrissbildung** und
- dem Zustand der **abgeschlossenen Rissbildung**.

Die in DIN 1045-1, 11.2 angegebenen Nachweisverfahren dürfen näherungsweise sowohl für Einzelrissbildung als auch für abgeschlossenen Rissbildung angewendet werden, sofern die zur Verteilung der Risse erforderliche Mindestbewehrung nach Abschnitt 11.2.2 vorhanden ist.

Die Anforderungen an die **Dauerhaftigkeit** und das Erscheinungsbild gelten als erfüllt, wenn für das betrachtete Bauteil

- die Begrenzung der Rissbreite und die Dekompression nach Tafel 10.3
- in seiner Mindestanforderungsklasse nach Tafel 10.2

nachgewiesen wird.

Die Mindestanforderungsklasse für ein Bauwerk hängt von seiner Expositionsklasse ab. Durch die Expositionsklasse (siehe DIN 1045-1, Tabelle 3) werden die aggressiven Einwirkungen aus der Umgebung des Bauwerks erfasst. In Tafel 10.2 sind daraus resultierenden Anforderungen an den Korrosionsschutz in Form von Mindestanforderungsklassen festgelegt.

**Tafel 10.2:** Mindestanforderungsklassen (nach DIN 1045-1, Tabelle 19)

| Expositionsklasse Bewehrungskorrosion | Vorspannung | | | Stahlbetonbauteile |
|---|---|---|---|---|
| | mit nachträglichem Verbund | mit sofortigem Verbund | ohne Verbund | |
| XC 1 | D | D | F | F |
| XC 2, XC 3, XC 4 | C [1] | C | E | E |
| XD 1, XD 2, XD 3 [2]<br>XS 1, XS 2, XS 3 | C [1] | B | E | E |

| XC | Bewehrungskorrosion durch Karbonatisierung |
|---|---|
| XD | Bewehrungskorrosion durch Chloride (insbesondere Tausalz) |
| XS | Bewehrungskorrosion durch Chloride aus dem Meerwasser |

[1] Anforderungsklasse D, wenn der Korrosionsschutz anderweitig sichergestellt wird

[2] Im Einzelfall können zusätzlich besondere Maßnahmen für den Korrosionsschutz notwendig sein

**Tafel 10.3:** Anforderungen an die Begrenzung der Rissbreite und die Dekompression (nach DIN 1045-1, Tabelle 18)

| Anforderungsklasse | Einwirkungskombination für den Nachweis der | | Regelwert der Rissbreite $w_k$ [mm] |
|---|---|---|---|
| | Dekompression | Rissbreitenbegrenzung | |
| A | | selten | 0,2 |
| B | häufig | selten | 0,2 |
| C | quasi-ständig | häufig | 0,2 |
| D | | häufig | 0,2 |
| E | | quasi-ständig | 0,3 |
| F | | quasi-ständig | 0,4 |

In Bild 10.13 werden die Prozesse der Rissbildung in Spannbeton- und Stahlbetonquerschnitten anhand der Spannungsdehnungslinien des Spannstahls bzw. des Betonstahls veranschaulicht.

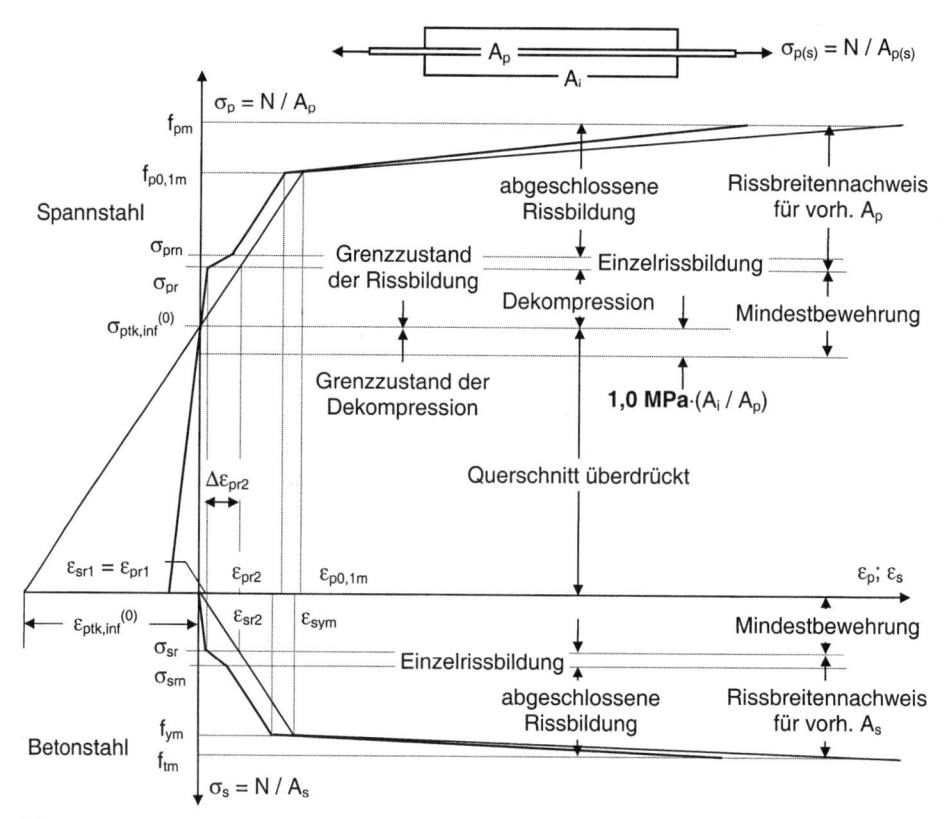

**Bild 10.13:** Spannungsdehnungslinien für Spannstahl und Betonstahl im Zustand II

## Vorgespannte Tragwerke

Im **Grenzzustand der Dekompression** steht der Betonquerschnitt unter der maßgebenden Einwirkungskombination unter Druckspannungen, und zwar im Bauzustand am Rand der infolge Vorspannung vorgedrückten Zugzone, im Endzustand vollständig.

In den Anforderungsklassen B und C führen die Bedingungen für den Grenzzustand der Dekompression dazu, dass der Nachweis der Rissbreitenbegrenzung von der **Einzelrissbildung** ausgeht. In den Anforderungsklassen D, E und F kann für den Nachweis der Rissbreitenbeschränkung die **abgeschlossene Rissbildung** maßgebend werden.

Zur Aufnahme von **Zwangbeanspruchungen und Eigenspannungen** ist eine Mindestbewehrung anzuordnen, die unter Berücksichtigung der Anforderungen an die Rissbreitenbegrenzung für die Einwirkungskombination zu bemessen ist, die im Bauteil zur Erstrissbildung führt (im Allgemeinen also für die Rissschnittgröße [2]).

Für Bauteile mit Vorspannung im Verbund ist eine **Mindestbewehrung** nur in den Tragwerksbereichen erforderlich, in denen unter der seltenen Kombination und unter den maßgebenden charakteristischen Werten der Vorspannung am Querschnittsrand mindestens die folgende Betondruckspannung auftritt:

$\sigma_c \geq -1,0$ MPa

Nach [DIN 1045-1 –01], 11.2.2 ergibt sich der folgende **Mindestbewehrungsquerschnitt**:

$$A_s = k_c \cdot k \cdot f_{ct,eff} \cdot A_{ct} / \sigma_s \; (-\xi_1 \cdot A_p) \qquad (10\text{-}27)$$

$A_s$    Querschnittsfläche der Betonstahlbewehrung in der Zugzone $A_{ct}$, die überwiegend am gezogenen Querschnittsrand angeordnet wird.
Ein angemessener Anteil ist so über die Zugzone zu verteilen, dass die Bildung breiter Sammelrisse vermieden wird.

$k_c$    Beiwert zur Berücksichtigung des Einflusses der Spannungsverteilung innerhalb der Zugzone $A_{ct}$ vor der Erstrissbildung sowie Änderung des inneren Hebelarms beim Übergang in den Zustand II.

$k$    Beiwert zur Berücksichtigung von nichtlinear verteilten Eigenspannungen.

$f_{ct,eff}$    Wirksame Betonzugfestigkeit zum betrachteten Zeitpunkt, d.h. Mittelwert $f_{ctm}$ für die erwartete Festigkeitsklasse ($f_{ck}$) bei Erstrissbildung.

$A_{ct}$    Querschnittsfläche der Betonzugzone vor Beginn der Erstrissbildung.

$\sigma_s$    Zulässige Stahlspannung in der Mindestbewehrung unmittelbar nach der Erstrissbildung nach DIN 1045-1, Tabelle 20 (Grenzdurchmesser d*).

**In einem Quadrat von 300 mm Seitenlänge um ein Spannglied darf die in diesem Bereich erforderliche Mindestbewehrung um den Betrag $\xi_1 \cdot A_p$ verringert werden.**

$\xi_1 = \sqrt{\xi \cdot \dfrac{d_s}{d_p}}$    Verhältnis der Verbundfestigkeiten von Spannstahl und Betonstahl unter Berücksichtigung der unterschiedlichen Durchmesser.

$d_s$    größter Durchmesser der gerippten Betonstahlbewehrung.
$d_p$    äquivalenter Durchmesser der Spannstahlbewehrung.
$\xi$    Verhältnis der Verbundfestigkeiten von Spannstahl und Betonrippenstahl nach DIN 1045-1, Tabelle 15).

$A_p$    Querschnittsfläche des Spannstahls eines Spannglieds im Verbund

Nach DIN 1045-1, 11.2.3 wird die **Begrenzung der Rissbreiten** nachgewiesen

---

[2] Bei Bauteilen ohne Vorspannung und bei Bauteilen mit Vorspannung ohne Verbund darf die Mindestbewehrung für die nachgewiesene Zwangschnittgröße bemessen werden, wenn diese kleiner ist als die Rissschnittgröße.

- bei überwiegender **Zwangbeanspruchung** durch Einhalten der Grenzdurchmesser $d_s^*$ nach DIN 1045-1, Tabelle 20,

- bei überwiegender **Lastbeanspruchung** entweder durch Einhalten der Grenzdurchmesser $d_s^*$ nach DIN 1045-1, Tabelle 20 **oder** der Stababstände s nach DIN 1045-1, Tabelle 21.

Die in den Tabellen angegebenen Betonstahlspannungen $\sigma_s$ sind für den gerissenen Querschnitt (Zustand II) und für die maßgebende Einwirkungskombination zu berechnen (bei Vorspannung mit dem zugehörigen charakteristischen Wert der Vorspannung). Dabei darf von linearelastischem Verhalten ausgegangen werden. Das Kriechen des Betons darf näherungsweise durch eine Abminderung des Elastizitätsmoduls für Beton erfasst werden (z. B. $E_{c,eff} = E_s/\alpha_e$ bzw. $E_p/\alpha_p$ mit $\alpha_e$ bzw. $\alpha_p = 10$ bis 15), siehe [Graubner – 01].

Die Spannungen im Zustand II können entweder durch Gleichgewichtsiteration im Querschnitt oder mit Hilfe von Nomogrammen [Bieger/Bertram – 81], [Hochreither – 82] berechnet werden.

### Besonderheiten bei Spannbetonbauteilen

Bei Bauteilen mit im Verbund liegenden Spanngliedern ist die Stahlspannung für die maßgebende Einwirkungskombination unter Berücksichtigung des unterschiedlichen Verbundverhaltens von Betonstahl und Spannstahl wie folgt zu berechnen:

$$\sigma_{sII} = \sigma_{s2} + 0{,}4 \cdot f_{ct,eff} \cdot \left( \frac{1}{eff\,\rho} - \frac{1}{\rho_{tot}} \right) \qquad (10\text{-}28)$$

$\sigma_{sII}$ Betonstahlspannung im Riss (Zustand II)

$\sigma_{s2}$ Spannung im Betonstahl bzw. Spannungszuwachs im Spannstahl ($\Delta\sigma_{pII}$) im Zustand II für die maßgebende Einwirkungskombination, unter Annahme eines starren (idealen) Verbunds.

$$eff\,\rho = \frac{A_s + \xi_1^2 \cdot A_p}{A_{c,eff}} \qquad \text{Effektiver Bewehrungsgrad unter Berücksichtigung der unterschiedlichen Verbundsteifigkeiten} \qquad (10\text{-}29)$$

$\xi_1$ Verhältnis der Verbundsteifigkeiten (s.o.)

$$\rho_{tot} = \frac{A_s + A_p}{A_{c,eff}} \qquad \text{Geometrischer Bewehrungsgrad} \qquad (10\text{-}30)$$

$A_{c,eff}$ Wirkungsbereich der Bewehrung nach Bild 10.14:

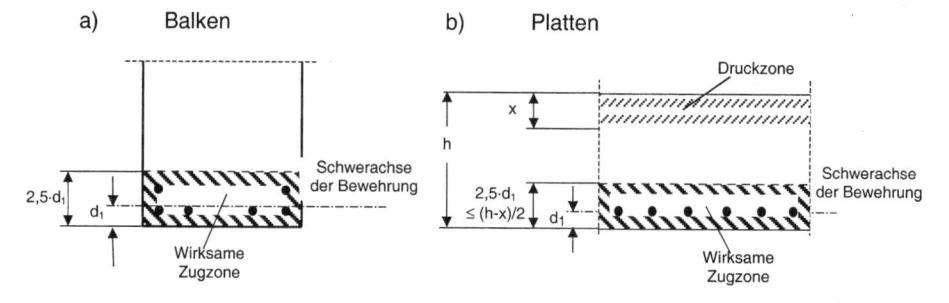

a) Balken    b) Platten

**Bild 10.14:** Wirkungsbereich der Betonstahlbewehrung

Nach DIN 1045-1, 11.2.4 darf die Begrenzung der Rissbreiten $w_k$ auch durch eine direkte Berechnung in Abhängigkeit vom maximalen Rissabstand $s_{r,max}$ bei abgeschlossener Rissbildung und den mittleren Dehnungen der Bewehrung $\varepsilon_{sm}$ und des Betons $\varepsilon_{cm}$ zwischen den Rissen nachgewiesen werden.

## 10.3 Grenzzustand der Tragfähigkeit

Nach DIN 1045-1, 8.7.5 darf der Bemessungswert der Vorspannung

$$P_{td} = \gamma_P \cdot P_{m,t} \qquad (10\text{-}31)$$

generell mit dem Teilsicherheitsbeiwert $\gamma_P = 1{,}00$ berechnet werden.

Ausnahme: Wenn bei Vorspannung ohne Verbund die Schnittgrößen mit einem nichtlinearen Verfahren ermittelt werden, müssen bei Berücksichtigung des Spannungszuwachses im Spannstahl die zugehörigen Bemessungswerte $\Delta\sigma_{pd}$ mit den Teilsicherheitsbeiwerten $\gamma_{P,sup} = 1{,}20$ bzw. $\gamma_{P,inf} = 0{,}83$ berechnet werden.

### 10.3.1 Auswirkungen einer Vorspannung im Verbund bei Beanspruchung durch Biegung und Längskraft

Für den Nachweis der Grenztragfähigkeit gelten nach DIN 1045-1 jeweils **bilineare** Spannungs-Dehnungs-Linien, sowohl für Zug- als auch für Druckbeanspruchungen:

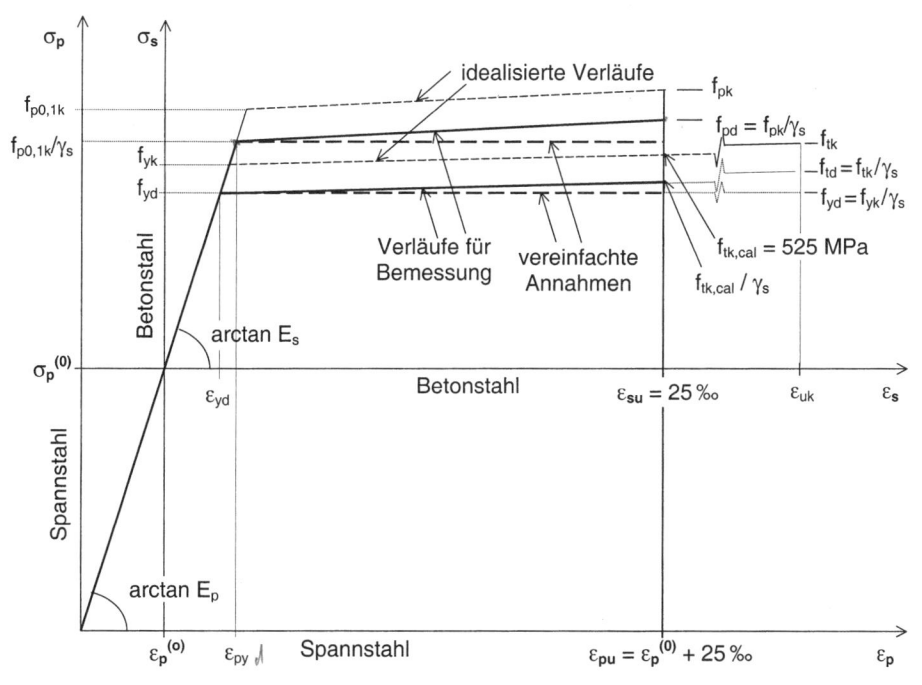

**Bild 10.15**: Spannungs-Dehnungslinien des Betonstahls und des Spannstahls

Die Spannstahldehnung $\varepsilon_p$ setzt sich zusammen aus der Vordehnung $\varepsilon_p^{(0)}$ und der zusätzlichen Dehnung $\Delta\varepsilon_p$, die der Spannstahl im Verbund mit dem Beton erfährt:

$$\varepsilon_p = \varepsilon_p^{(0)} + \Delta\varepsilon_p = \varepsilon_p^{(0)} + \varepsilon_{cp} \qquad (10\text{-}32)$$

$\varepsilon_{cp}$ ist die Betondehnung in der Spannstahlfaser, auch im gerissenen Zustand.

Daher ist auch die Grenzdehnung des Spannstahls $\varepsilon_{pu}$ um die Vordehnung $\varepsilon_p^{(0)}$ größer als die Grenzdehnung des Betonstahls $\varepsilon_{su}$, so dass für Bewehrungsstäbe aller Art die Grenzdehnung $\varepsilon_{csu} = \varepsilon_{cpu} = 25\ ‰$ im Verbund mit dem Beton in der Biegezugzone ausgenutzt werden kann (siehe Bilder 10.15 und 10.16).

Da im *Grenzzustand der Tragfähigkeit* der Bemessungswert der Spannstahlspannung $f_{p0,1k} / \gamma_s$ erreicht wird, wirkt sich die Streuung der Spannstahldehnung $\varepsilon_{ptd}$ im Allgemeinen nicht auf die Spannstahlspannung aus, so dass der Ansatz von $\gamma_p = 1{,}00$ erlaubt ist.

Aus dem bilinearen Ansatz für die Spannungsdehnungslinie nach Bild 10.15 ergibt sich die **Beanspruchung** des Spannstahls (siehe auch Bild 10.16):

$$\sigma_{ptd} = E_p \cdot \varepsilon_{ptd} = E_p \cdot \left(\varepsilon_{pmt}^{(0)} + \Delta\varepsilon_{ptd}\right) \leq \sigma_{p,Rd} \tag{10-33}$$

Die **Beanspruchbarkeit** des Spannstahls $\sigma_{p,Rd}$ lässt sich Bild 10.15 wie folgt entnehmen:

$$\sigma_{p,Rd} = \frac{f_{p0,1k}}{\gamma_s} + \frac{f_{pk} - f_{p0,1k}}{\gamma_s} \cdot \frac{\varepsilon_{ptd} - \varepsilon_{pyd}}{\varepsilon_{pu} - \varepsilon_{pyd}} \tag{10-34}$$

$\varepsilon_{pyd} = \dfrac{f_{p0,1k}}{\gamma_s \cdot E_p}$  Bemessungswert der „Fließdehnung" des Spannstahls

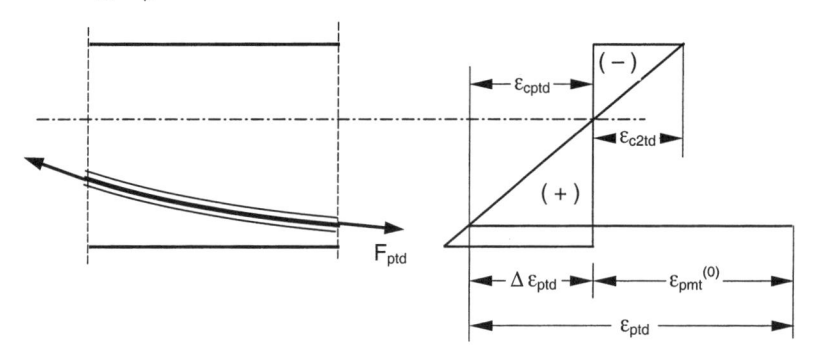

**Bild 10.16:** Dehnungszustand im Spannbetonquerschnitt (einsträngige Vorspannung)

Die statisch bestimmte Wirkung der Vorspannung wird in der Regel nach Abschnitt 10.1.2 dem Bauteilwiderstand zugeordnet, und zwar in Form der den Dekompressionskräften $P_{mt}^{(0)}$ äquivalenten Vordehnungen $\varepsilon_{pmt}^{(0)}$. Analog zu Gleichung (10-3) und unter Heranziehung von Gleichung (10-6) bzw. (10-10) ergibt sich

$$\varepsilon_{pmt}^{(0)} = \frac{P_{mt}^{(0)}}{E_p \cdot A_p} = \frac{P_{mt}}{E_p \cdot A_p \cdot (1 - \alpha_{pi})} \approx \frac{P_{mt}}{E_p \cdot A_p} \cdot (1 + \alpha_{pc}) \tag{10-35}$$

Alternativ kann die Vordehnung $\varepsilon_{pmt}^{(0)}$ auch mit Hilfe der Spannungen im Grenzzustand der Gebrauchstauglichkeit berechnet werden (vgl. Bild 10.1):

$$\varepsilon_{pmt}^{(0)} = \frac{\sigma_{p,pmt+g1}}{E_p} - \frac{\sigma_{cp,pmt+g1}}{E_{cm}} \tag{10-36}$$

Mit $\alpha_p = E_p / E_{cm}$ ergibt sich die Dekompressionskraft zum Zeitpunkt t:

$$P_{mt}^{(0)} = E_p \cdot A_p \cdot \varepsilon_{pmt}^{(0)} = A_p \cdot \left(\sigma_{p,pmt+g1} - \alpha_p \cdot \sigma_{cp,pmt+g1}\right) \tag{10-37}$$

## 10.3.2 Auswirkungen einer Vorspannung bei Beanspruchung durch Querkraft

In DIN 1045-1, 10.3 werden für Stahlbetonbauteile und Spannbetonbauteile die gleichen Bemessungswerte der Querkrafttragfähigkeit ($V_{Rd,ct}$; $V_{Rd,sy}$; $V_{Rd,max}$) angegeben.

Beim Nachweis der Querkrafttragfähigkeit darf im Allgemeinen der Hebelarm der inneren Kräfte $z = 0{,}9 \cdot d$ angenommen werden, jedoch kein größerer Wert als $z = d - 2 \cdot c_{nom}$. Dabei wird bei Bauteilen mit geneigten Spanngliedern vorausgesetzt, dass in der vorgedrückten Zugzone eine Längsbewehrung aus Betonstahl vorhanden ist, die für die Aufnahme der Längszugkräfte infolge Querkraft ausreichend ist (DIN 1045-1, 10.3.4 (2) ).

Da Spannglieder aufgrund ihrer horizontalen oder schwach geneigten Lage keinen nennenswerten Beitrag zur Querkrafttragfähigkeit leisten, wird die statisch bestimmte Wirkung der Vorspannung in der Regel nach Abschnitt 10.1.1 den Einwirkungen zugeordnet. Daher wird der **Bemessungswert der einwirkenden Querkraft** $V_{Ed}$ durch die Querkraftanteile $V_{pd}$ infolge Neigung der Spannglieder beeinflusst:

$$V_{Ed} = V_{Ed0} + V_{pd} \leq V_{Rd} \qquad (10\text{-}38)$$

$V_{Ed0}$     Bemessungswert der auf den Querschnitt einwirkenden Querkraft infolge von Lasten, Zwang und der statisch unbestimmten Wirkung der Vorspannung

$V_{pd}$     Querkraftkomponente der Spannstahlkraft im Grenzzustand der Tragfähigkeit (einschließlich der statisch bestimmten Wirkung der Vorspannung)

Bei einachsiger Biegung um die y-Achse gilt (siehe Bild 10.17):

$$V_{pd} = -F_{ptd} \cdot \sin\psi_y \qquad (10\text{-}39)$$

mit    $P_{mt} \leq F_{ptd} = E_p \cdot A_p \cdot \varepsilon_{ptd} = E_p \cdot A_p \cdot \left(\varepsilon_{ptd}^{(0)} + \Delta\varepsilon_{ptd}\right) \leq F_{p,max} = A_p \cdot f_{p0,1k}/\gamma_s$

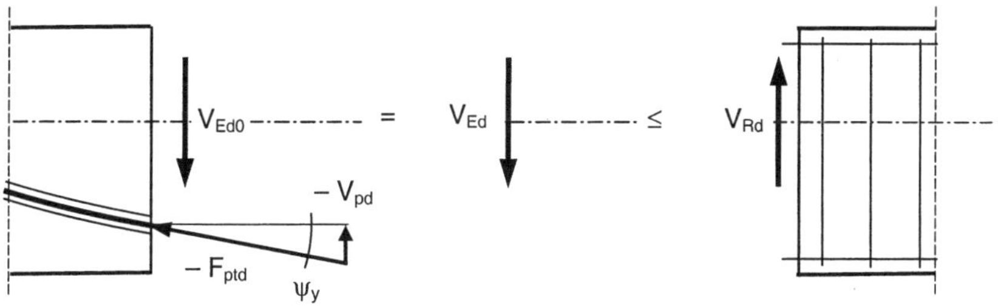

**Bild 10.17**:    Auf einen Querschnitt einwirkende Querkräfte

Bei **Vorspannung im Verbund** dürfen in der Regel zwei Grenzfälle betrachtet werden:

**Fall 1:**    Die Spannstahlspannung erreicht den Querschnittswiderstand nicht ($\sigma_{ptd} < f_{p0,1k}/\gamma_s$)

Dann wird der Spannungszuwachs im Spannstahl nicht angesetzt:

$$V_{pd} = -P_{mt} \cdot \sin\psi_y \qquad (10\text{-}40)$$

Fall 1 tritt in der Regel in Bereichen ein, in denen Biegerisse nicht zu erwarten sind. Daher darf Fall1 in der Regel in der Nähe von Endauflagern angenommen werden.

**Fall 2:**    Der Querschnittswiderstand des Spannstahls wird erreicht ($\sigma_{ptd} = f_{p0,1k}/\gamma_s$)

$$V_{pd} = -F_{p,max} \cdot \sin\psi_y = A_p \cdot f_{p0,1k}/\gamma_s \cdot \sin\psi_y \qquad (10\text{-}41)$$

Fall 2 tritt in der Regel in Bereichen ein, in denen sich Schubrisse aus Biegerissen entwickeln. Insbesondere darf Fall 2 bei geneigten Spanngliedern im Bereich von Stützmomenten angenommen werden.

## 10.3.3 Verankerungsbereiche bei Spanngliedern mit nachträglichem Verbund oder ohne Verbund

Die im Verankerungsbereich erforderliche Spaltzug- und Zusatzbewehrung ist der allgemeinen bauaufsichtlichen Zulassung für das Spannverfahren zu entnehmen. Der Nachweis der Kraftaufnahme und -weiterleitung ist mit einem geeigneten Verfahren (z. B. mit einem Stabwerkmodell) zu führen, siehe DIN 1045-1, 8.7.7.

## 10.3.4 Verankerungsbereiche bei Spanngliedern mit sofortigem Verbund

Folgende geometrische Größen sind zu unterscheiden:

1. **Übertragungslänge $l_{bp}$**,
   über die die Spannkraft ($P_{mt}$ gemäß Bild 10.2) eines Spanngliedes mit sofortigem Verbund voll auf den Beton übertragen wird,

2. **Eintragungslänge $l_{p,eff}$**,
   innerhalb der die Betonspannung allmählich in eine lineare Verteilung über den Betonquerschnitt übergeht (siehe Bilder 10.18 und 10.19),

3. **Verankerungslänge $l_{ba}$**,
   innerhalb der die maximale Spanngliedkraft im Grenzzustand der Tragfähigkeit ($F_{p,max} = A_p \cdot f_{p0,1k} / \gamma_s$) vollständig in den Beton eingeleitet ist (siehe Bild 10.19).

Die Bereiche beeinflussen sich gegenseitig.

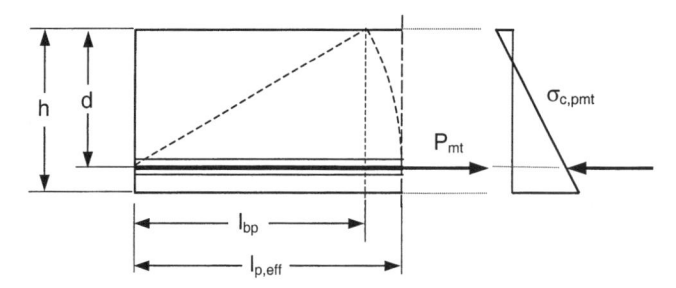

**Bild 10.18:** Übertragung der Vorspannung mit sofortigem Verbund

Es darf angenommen werden, dass die Vorspannung durch eine **konstante Verbundspannung $f_{bp}$** in den Beton eingetragen wird. Die Übertragungslänge $l_{bp}$ darf nach DIN 1045-1, 8.7.6 wie folgt ermittelt werden:

$$l_{bp} = \alpha_1 \cdot \frac{A_p}{\pi \cdot d_p} \cdot \frac{\sigma_{pm0}}{f_{bp} \cdot \eta_1} \qquad (10\text{-}42)$$

$\alpha_1$ = 1,0 bei stufenweisem Eintragen der Vorspannung
  = 1,25 bei schlagartigem Eintragen der Vorspannung

$A_p$; $d_p$  Nennquerschnitt; Nenndurchmesser der Litze oder des Drahtes

$\sigma_{pm0} = P_{m0} / A_p$  Mittelwert der Spannung im Spannstahl nach der Spannkraftübertragung auf den Beton (siehe 10.1.3)

$\eta_1$ = 1,0 für Normalbeton; ≤ 1,0 für Leichtbeton

Unter Beachtung der in DIN 1045-1, 8.7.6 genannten Einschränkungen sind dort in Tabelle 7 Verbundspannungen $f_{bp}$ für Litzen und Drähte im sofortigen Verbund angegeben.

## Vorgespannte Tragwerke

Es darf angenommen werden, dass die auf den Beton übertragene Vorspannkraft innerhalb der Übertragungslänge $l_{bp}$ linear vom Bauteilende her zunimmt. Der Bemessungswert $l_{bpd}$ ist mit $0{,}8\,l_{bp}$ oder $1{,}2\,l_{bp}$ anzunehmen; es gilt der ungünstigere Wert für die betrachtete Wirkung.

Für rechteckige Querschnitte und gerade Spannglieder nahe der Unterseite des Querschnittes kann die Eintragungslänge wie folgt festgelegt werden (vgl. Bild 10.19):

$$l_{p,eff} = \sqrt{l_{bpd}^2 + d^2} \qquad (10\text{-}43)$$

In biegebeanspruchten Bauteilen wird die Verankerung der vorgespannten Bewehrung durch Rissbildung entscheidend beeinflusst.

a) Der Verankerungsbereich ($x \leq l_{bpd}$) darf als ungerissen angesehen werden, wenn unter Berücksichtigung der maßgebenden Vorspannkraft gilt:

$$\sigma_{Ed} \leq f_{ctk;0{,}05}$$

In diesem Fall darf die Verankerung innerhalb der Länge $l_{bpd}$ ohne weiteren Nachweis als gegeben angesehen werden (Bild 10.19a). Die Verankerungslänge ergibt sich zu

$$l_{ba} = l_{bpd} + \frac{A_p}{\pi \cdot d_p} \cdot \frac{\sigma_{pd} - \sigma_{pmt}}{f_{bp} \cdot \eta_1 \cdot \eta_p} \qquad (10\text{-}44)$$

$\eta_p = 0{,}5$    für Litzen und profilierte Drähte bzw.
$\eta_p = 0{,}7$    für gerippte Drähte

Der zusätzliche Divisor $\eta_p$ berücksichtigt die **schlechteren Verbundbedingungen außerhalb der Übertragungslänge** $x > l_{bpd}$ bzw. **im gerissenen Bereich** $x > l_r$.

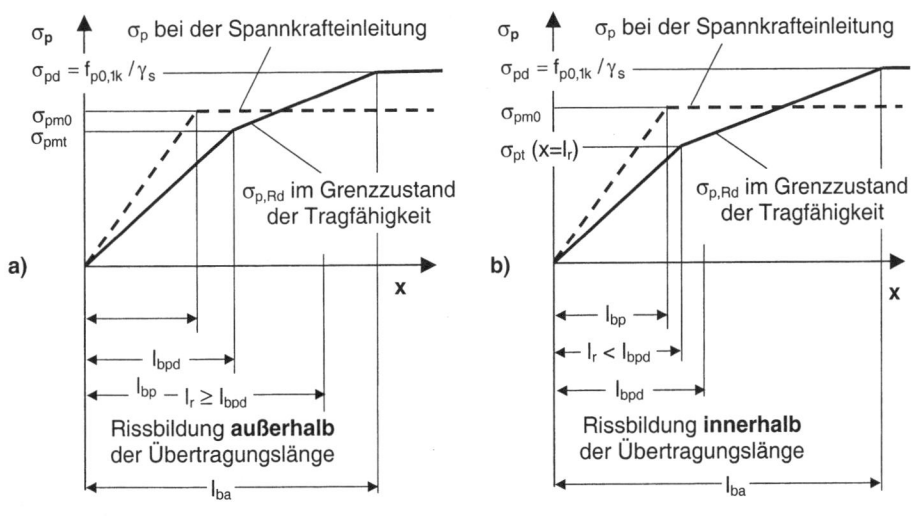

**Bild 10.19**: Verlauf der Spannstahlspannungen im Verankerungsbereich von Spanngliedern mit sofortigem Verbund (DIN 1045-1, Bild 17)

b) Bei Rissbildung innerhalb des Verankerungsbereichs vergrößert sich die Verankerungslänge gegenüber Gleichung (10.42) wie folgt (siehe Bild 10.19b):

$$l_{ba} = l_r + \frac{A_p}{\pi \cdot d_p} \cdot \frac{\sigma_{pd} - \sigma_{pt}(x=l_r)}{f_{bp} \cdot \eta_1 \cdot \eta_p} \qquad (10\text{-}45)$$

In diesem Fall muss wegen $\sigma_{Ed} > f_{ctk;0,05}$ an jeder Stelle x innerhalb der Verankerungslänge $l_{ba}$ der Nachweis der Tragfähigkeit wie folgt geführt werden:

$$F_{Ed}(x) \leq F_{Rd}(x) \qquad (10\text{-}46)$$

mit

$$F_{Ed}(x) = \frac{M_{Ed}(x)}{z} + \frac{1}{2} \cdot V_{Ed}(x) \cdot (\cot\theta - \cot\alpha) \qquad (10\text{-}47)$$

z     Hebelarm der inneren Kräfte,
x     Entfernung von Auflagermitte,
θ     Neigungswinkel der Betondruckstreben gegen die Bauteilachse; bei Bauteilen ohne Querkraftbewehrung gilt cot θ = 3,0 und cot α = 0.
α     Neigungswinkel der Querkraftbewehrung gegen die Bauteilachse

$$F_{Rd}(x) = F_{p,Rd}(x) + F_{s,Rd}(x) = A_p \cdot \sigma_{p,Rd}(x) + A_s \cdot \sigma_{s,Rd}(x) \qquad (10\text{-}48)$$

$F_{p,Rd}$   aufnehmbare Zugkraft der Spannstahlbewehrung
$F_{s,Rd}$   aufnehmbare Zugkraft der Betonstahlbewehrung

Die vom Spannstahl aufnehmbare Zugspannung $\sigma_{p,Rd}$ ist nach Bild 10.19 zu ermitteln.

## 10.4 Anwendungsbeispiel

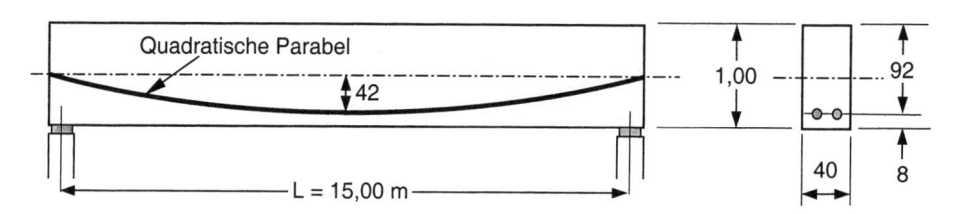

**Statisches System und Belastung:**

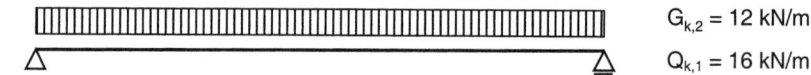

$G_{k,1}$ = 10 kN/m
$G_{k,2}$ = 12 kN/m
$Q_{k,1}$ = 16 kN/m

| Baustoffe: | Beton | C 35/45 | $f_{ck}$ | = | 35 MPa |
| | | | $f_{ctm}$ | = | 3,2 MPa |
| | | | $E_{cm}$ | = | 33.300 MPa |
| | Spannstahl | St 1570 / 1770 | $f_{p0,1k}$ | = | 1500 MPa |
| | | | $f_{pk}$ | = | 1770 MPa |
| | | | $E_p$ | = | 195.000 MPa |
| | | $\alpha_p = E_p / E_{cm}$ | | = 195 / 33,3 = | **5,86** |
| | Betonstahl | BSt 500 | $f_{yk}$ | = | 500 MPa |
| | | | $E_s$ | = | 200.000 MPa |

## Vorgespannte Tragwerke

**Querschnittswerte:**

Betonquerschnitt: $A_c = $    $0{,}40 \cdot 1{,}00 = $    **0,40 m²**

$I_c = $    $0{,}40 \cdot 1{,}00^3/12 = $    **0,0333 m⁴**

Spannstahl:    2 Spannglieder, mit je 5 Litzen:    $A_p = 2 \cdot 5 \cdot 1{,}4 = $    **14,0 cm²**

Es wird Vorspannung mit nachträglichem Verbund gewählt.

Verbundquerschnitt:    $A_{ci} = $    $0{,}40 + 5{,}86 \cdot 0{,}00140$    $=$    **0,408 m²**

$z_{ci} = 0{,}42 \cdot 5{,}86 \cdot 0{,}00140 / 0{,}408$    $=$    **0,0084 m**

$I_{ci} \cong 0{,}0333 + 0{,}42^2 \cdot 5{,}86 \cdot 0{,}00140 = $    **0,0347 m⁴**

**Zulässige Vorspannung** (unmittelbar nach dem Vorspannen):

$\sigma_{p,Pm0}$    $\leq 0{,}75 \, f_{pk}$    $=$    $0{,}75 \cdot 1770 = $    **1327 MPa**

bzw.    $\leq 0{,}85 \, f_{p0,1k}$    $=$    $0{,}85 \cdot 1500 = $    **1275 MPa**

Die Auswirkung des Eigengewichts auf die Spanngliedkraft wird der Vorspannung zugerechnet und daher nicht gesondert betrachtet.

**Anfängliche Vorspannung** (Zeitpunkt t=0), gewählt:

$\sigma_{p,Pm0} = $    $0{,}65 \, f_{pk}$    $=$    $0{,}65 \cdot 1770 = $    **1151 MPa**

**Charakteristischer Wert der Vorspannung in Feldmitte:**

Zum Zeitpunkt t=0 ist die anfängliche mittlere Vorspannkraft anzusetzen:

$P_{m0}(x=0) = $    $\sigma_{p,Pm0} \cdot A_p = $    $115{,}1 \cdot 14{,}0 = $    **1611 kN**

**Spannkraftverluste infolge Reibung und Verankerungsschlupf:**

Reibungsbeiwert (nach Zulassung):    $\mu = $    0,19

Ungewollter Umlenkwinkel (nach Zulassung):    $k = $    0,005

Planmäßiger Umlenkwinkel:    $\theta = 4 \cdot 0{,}42 / 15{,}0 = $    0,112

$\Delta P_\mu(x) = $    $F_{p,Pm0}(x=x_A) \cdot [1 - e^{-\mu(\theta+k \cdot x)}] = $

$F_{p,Pm0}(x=0) \cdot [e^{+\mu(\theta+k \cdot x)} - 1]$

$\Delta P_\mu(x) \cong $    $1611 \cdot [0{,}19 \cdot (0{,}112 + 0{,}005 \cdot 15{,}0/2)] = 46$ kN

Erforderliche Vorspannung an der Spannpresse:

$P_{m0}(x=x_A) = $    $1611 + 46 = $    **1657 kN**

$\sigma_{p,Pm0}(x=x_A) = $    $10 \cdot 1657 / 14{,}0 = $    **1183 MPa**    $< 0{,}85 \, f_{p0,1k} = 1275$ MPa

Gewählt wird **wechselseitige Vorspannung von jeweils 2 Spanngliedern**, so dass ein konstanter Verlauf von $F_{p,Pm0}$ über den ganzen Träger angenommen werden darf.

**Schnittgrößen infolge Vorspannung im Zeitpunkt t = 0:**

$F_{p,Pm0} = $    $P_{m0}$    **1611 kN**

$N_{c,Pm0} = $    $-P_{m0}$    $=$    **− 1611 kN**

$M_{cy,Pm0}(x=0) = $    $-1611 \cdot 0{,}42$    $=$    **− 676,6 kNm**

$V_{cz,Pm0}(x=x_A) = $    $-1611 \cdot (4 \cdot 0{,}42 / 15{,}0)$    $=$    **− 180,4 kN**

Vertikale Umlenkkraft:

$u_{cz,Pm0} = $    $-8 \cdot 676{,}6 / 15{,}0^2$    $=$    **− 24,1 kN/m**

**Spannkraftverluste durch zeitabhängige Verformungen:**
**Vorwerte:**

Wirksame Bauteildicke:

$h_0 = 2 A_c / u = 2 \cdot 0{,}40 / [2 \cdot (0{,}40 + 1{,}00)] \cdot 1000 =$ **286 mm**

Festigkeitsentwicklung nach [DIN EN 206-1 – 01], 7.2, Tabelle 12:

bei normalerhärtendem Zement:  $f_{cm,2} / f_{cm,28} \cong$   0,4

$f_{cm,2} \cong 0{,}4 \cdot (f_{ck} + 8\text{ MPa}) =$   $0{,}4 \cdot (35 + 8\text{ MPa}) =$   17 MPa

Mindestbetondruckfestigkeit nach DIN 1045-1, 8.7.2:

Teilvorspannen (30%) nach 2 Tagen mit   $f_{cm,2} =$   17 MPa

Volles Vorspannen (100%)   $f_{cm,j} =$   34 MPa

$f_{cm,j} / f_{cm,28} =$   $34 / (35 + 8) =$   0,79

Festigkeitsentwicklung [CEB 213/214 – 93]:  $\hat{f}_c(t_e) = f_c(t_e) / f_c(28) = e^{\left(s \cdot \left(1 - \sqrt{28/t_e}\right)\right)}$

Daraus folgt:  $s = \ln(\hat{f}_{c,2}) / (1 - \sqrt{28/2}) = \ln(0{,}4) / (1 - \sqrt{14}) =$   0,3342

Damit lässt sich der Zeitpunkt für das volle Vorspannen wie folgt annähern:

$$t_0 = t_j = \frac{28}{\left(1 - \frac{1}{s} \cdot \ln(\hat{f}_{c,j})\right)^2} = \frac{28}{\left(1 - \frac{\ln(0{,}79)}{0{,}3342}\right)^2} =$$   **10 Tage**

Bauteil mit feuchten Umgebungsbedingungen (Außenluft, **RH = 80%**)

a) **Schwinden**, Mittelwerte nach DIN 1045-1, 9.1.4

Schrumpfdehnung $\varepsilon_{cas\infty}$ nach Bild 10.9:   $\varepsilon_{cas\infty} \cong$   – 0,08 ‰

Trocknungsschwinddehnung $\varepsilon_{cds\infty}$ ($f_{ck}$; CEM; RH; $h_0$):

Ablesung aus Diagramm (Bild 10):   $\varepsilon_{cs\infty} \cong$   – 0,28 ‰

$\varepsilon_{cs\infty} =$   $\varepsilon_{cas\infty} + \varepsilon_{cds\infty} =$   – 0,08 ‰ – 0,28 ‰ =   –0,36 ‰

Beiwert für die zeitliche Entwicklung des Schwindens bis zur Herstellung des Verbunds zum Zeitpunkt $t_0 - t_s = 10$ Tage nach dem Betonieren, siehe Gleichung (10-23):

$$\beta_s(t_0 - t_s) = \left(\frac{t_0 - t_s}{0{,}035 \cdot h_0^2 + t_0 - t_s}\right)^{0{,}5} = \left(\frac{10}{0{,}035 \cdot 286^2 + 10}\right)^{0{,}5} =$$   0,059

Am Bauteil wirksame Schwindverkürzung, siehe Gleichung (10-24):

$\varepsilon_{cs}(\infty, t_0) =$   $\varepsilon_{cs\infty} \cdot [1 - \beta_s(t_0 - t_s)] =$   $-0{,}36 \cdot (1 - 0{,}059) \cong$   **– 0,34 ‰**

b) **Kriechen**, Mittelwerte nach DIN 1045-1, 9.1.4:

Belastungsalter beim vollen Vorspannen:   $t_0 =$   14 Tage

Ablesung aus Diagramm (Bild 10.12):   $\varphi(\infty, t_0) =$   **2,0**

c) **Relaxation des Spannstahls** (nach Zulassung)

Litzen mit niedriger Relaxation:   $\varphi_p(\infty) =$   **5,0 %**

**Schnittgrößen aus äußeren Einwirkungen** (charakteristische Werte):

| | | | |
|---|---|---|---|
| Konstruktionseigengewicht: | $G_{k,1} =$ | $25,0 \cdot 0,40 =$ | 10,0 kN/m |
| | $V_{Gk,1}$ (x=L/2) = | $10,0 \cdot 15,0 / 2 =$ | **75 kN** |
| | $M_{Gk1}$ (x=0) = | $10,0 \cdot 15,0^2 / 8 =$ | **281 kNm** |
| Ständige Ausbaulast: | $G_{k,2} =$ | | 12,0 kN/m |
| | $V_{Gk,2}$ (x=L/2) = | $12,0 \cdot 15,0 / 2 =$ | **90 kN** |
| | $M_{Gk2}$ (x=0) = | $12,0 \cdot 15,0^2 / 8 =$ | **337,5 kNm** |
| Nutzlast: | $Q_{k,1} =$ | | 16,0 kN/m |
| | $V_{Gk,1}$ (x=L/2) = | $16,0 \cdot 15,0 / 2 =$ | **120 kN** |
| | $M_{Qk1}$ (x=0) = | $16,0 \cdot 15,0^2 / 8 =$ | **450 kNm** |

Kombinationsbeiwerte nach [DIN 1055-100 – 01], Anhang A1:

| | | |
|---|---|---|
| für den charakteristischen Wert | $\psi_0 =$ | 0,7 |
| für den häufigen Wert | $\psi_1 =$ | 0,5 |
| für den quasi-ständigen Wert | $\psi_2 =$ | 0,3 |

### Grenzzustand der Gebrauchstauglichkeit (SLS):

Mit Hilfe der Streubeiwerte nach [DIN 1045-1 – 01], 8.7.4 sind obere und untere charakteristische Werte der Vorspannkraft anzusetzen:

| | | | |
|---|---|---|---|
| $P_{0k,sup} =$ | $r_{sup} \cdot P_{m,0} =$ | $1,1 \cdot 1611 =$ | 1772 kN |
| $P_{0k,inf} =$ | $r_{inf} \cdot P_{m,0} =$ | $0,9 \cdot 1611 =$ | 1450 kN |

Schnittgrößen infolge Vorspannung:  $r_{sup}$ – bzw. $r_{inf}$ - fach

Für den Nachweis der **Begrenzung der Rissbreiten und der Dekompression** wird die **Anforderungsklasse C** nach [DIN 1045-1 – 01], 11.2.1 zugrunde gelegt.

### Spannungsnachweis (SLS):

siehe folgende Seite

**Spannkraftverlust** zur Kontrolle nach Gleichung (10-9):

$$\Delta\sigma_{p,c+s+r} = \frac{\varepsilon_{cs\infty} \cdot E_p + \alpha_p \cdot \varphi(\infty,t_0) \cdot \sigma_{cp,g+p0} + \Delta\sigma_{pr}}{1+\alpha_p \cdot \dfrac{A_p(+A_s)}{A_c} \cdot \left(1+\dfrac{A_c}{I_c} \cdot z_{cp}^2\right) \cdot [1+0,8 \cdot \varphi(\infty,t_0)]}$$

$$\Delta\sigma_{p,c+s+r} = \frac{-0,34 \cdot 195 - 5,86 \cdot 2,00 \cdot 3,42 - \approx 0,05 \cdot 0,95 \cdot 1183}{1+5,86 \cdot \dfrac{0,0014}{0,40} \cdot \left(1+\dfrac{0,40}{0,0333} \cdot 0,42^2\right) \cdot [1+0,8 \cdot 2,00]}$$

$$\Delta\sigma_{p,c+s+r} = \frac{-66,3 - 40,1 - \approx 56,2}{1+0,166} = -\frac{162,6}{1,166} = -139 \text{ MPa}$$

$r_\infty =$   $(1151 - 139) / 1151$   $=$   **0,879**
(q.e.d.)

**Vorspannung zur Zeit t → ∞:**   $P_{m\infty} = r_\infty \cdot P_{m0} =$   $0,879 \cdot 1611 =$   **1416 kN**

Prof. Dr.-Ing. Jürgen Grünberg

## Nachweis der Spannungen
### im Grenzzustand der Gebrauchstauglichkeit

| Feldmitte (x = 0) | | Beton | | | Spannstahl | – |
|---|---|---|---|---|---|---|
| Charakteristische Festigkeit | $f_{ck}$ bzw. $f_{pk}$ | 35 | | | 1770 | |
| | $f_{p0,1k}$ | | | | 1500 | |
| E-Moduli $E_{cm}$; $\alpha_p = E_p/E_{cm}$; $E_p$ [MPa] | | 33300 | | 5,86 | 195000 | |
| $\varepsilon_{cs\infty}$ [‰] ; $\varphi(\infty,t_0)$ ; $\chi$ ; $\varphi_p(\infty)$ | | –0,34 | 2,00 | 0,8 | 0,05 | |
| Querschnitt [m²] bzw. [cm²] | | 0,400 | | | 14,0 | |
| Trägheitsmoment [m⁴] | | 0,0333 | | | | |
| Faser, offener Querschnitt | | –0,500 | 0,500 | 0,420 | 0,420 | |
| Beanspruchung | | Spannungen [MPa] | | | | Grenzwerte |
| $P_{m0}$ [MN] | 1,611 | | | | 1151 | <u>1275</u> |
| $N_{c,Pm0}$ [MN] | –1,611 | –4,03 | –4,03 | –4,03 | | |
| $M_{cy,Pm0}$ [MNm] | –0,677 | 10,16 | –10,16 | –8,53 | | |
| $(P_{m0})$ | | 6,13 | –14,19 | –12,56 | <u>1151</u> | <u>1275</u> |
| $(r_\infty = P_{m\infty}/P_{m0})$ [%] | 87,9% | 5,39 | –12,47 | –11,04 | 1012 | |
| $M_{y,Gk1}$ | 0,281 | –4,22 | 4,22 | 3,54 | | |
| Verbundquerschnitt [m²] | | 0,408 | | | | |
| Trägheitsmoment [m⁴] | | 0,0347 | | | | |
| Faser, Verbundquerschnitt | | –0,508 | 0,492 | 0,412 | 0,412 | |
| Beanspruchung | | | | | | |
| $M_{y,Gk2}$ | 0,337 | –4,93 | 4,78 | 4,00 | 23 | |
| max $M_{y,Qk1}$ | 0,450 | –6,59 | 6,38 | 5,34 | 31 | |
| Einwirkungskombinationen | | Spannungen [MPa] | | | | Grenzwerte |
| $E_{Gk1} + E_{Gk2} + 0,3 \cdot \max E_{Qk1} + E_{Pm0}$ | kriecherzeugend | –5,00 | –3,28 | –3,41 | 1184 | |
| $E_{Gk1} + E_{Gk2} + E_{Pm\infty}$ | Vordehnung | –3,76 | –3,47 | –3,50 | 1035 | |
| $E_{Gk1} + 1,1 \cdot E_{Pm0}$ | selten | 2,53 | <u>–11,39</u> | –10,27 | 1266 | <u>–1,0 / –21,0</u> |
| $E_{Gk1} + E_{Gk2} + \max E_{Qk1} + 0,9 \cdot E_{Pm\infty}$ | selten | <u>–10,89</u> | 4,16 | 2,95 | 965 | <u>–21,0 / –1,0</u> |
| $E_{Gk1} + E_{Gk2} + \max E_{Qk1} + E_{Pm0}$ | selten | –9,61 | 1,19 | 0,33 | 1206 | 1350 |
| $E_{Gk1} + E_{Gk2} + 0,5 \cdot \max E_{Qk1} + 0,9 \cdot E_{Pm\infty}$ | häufig | –7,60 | 0,97 | 0,28 | 950 | $w_k$ |
| $E_{Gk1} + E_{Gk2} + 0,3 \cdot \max E_{Qk1} + 0,9 \cdot E_{Pm\infty}$ | quasi-ständig | <u>–6,28</u> | <u>–0,31</u> | –0,79 | 943 | <u>–15,7 / 0,0</u> |
| $E_{Gk1} + E_{Gk2} + 0,3 \cdot \max E_{Qk1} + E_{Pm\infty}$ | quasi-ständig | –5,74 | –1,56 | –1,89 | 1045 | <u>1150</u> |

## Vorgespannte Tragwerke

**Mindestbewehrung für ein duktiles Bauteilverhalten**

Rissmoment nach [DIN 1045-1 – 01], 13.1.1:

| | | | |
|---|---|---|---|
| $M_{cr} =$ | $f_{ctm} \cdot (b \cdot h^2 / 6) = 3200 \cdot 0{,}40 \cdot 1{,}00^2 / 6 = 213$ kNm | | |
| $A_{s,min} =$ | $M_{cr} / (0{,}9 \cdot d \cdot f_{yk}) =$ | $213 / (0{,}9 \cdot 0{,}95 \cdot 50) =$ | **5,0 cm²** |

Anrechnung von einem Drittel der Spannglieder:

Fiktive Spannbettspannung zum Zeitpunkt t = 0:

| | | | |
|---|---|---|---|
| $\sigma_p^{(0)} =$ | $\sigma_{p0} - \alpha_p \cdot \sigma_{cp0} =$ | $1184 + 5{,}86 \cdot 3{,}41 =$ | 1204 MPa |

Möglicher Spannungszuwachs zum Zeitpunkt t = 0:

| | | | |
|---|---|---|---|
| $\Delta\sigma_p =$ | $f_{p0,1k} - \sigma_p^{(0)}$ | $1500 - 1204 =$ | ≈ 300 MPa |
| | | | ≤ $f_{yk} = 500$ MPa |
| $\Delta A_p =$ | $(14{,}0$ cm² $/ 3) \cdot 300 / 500$ | $=$ | **2,8 cm²** |
| **Gewählt** (konstruktiv): | unten | $3 \varnothing 12$ = | **3,4 cm²** |
| | seitlich | $2 \varnothing 8$ = | **1,0 cm²** |

**Mindestbewehrung für die Rissbreitenbegrenzung**

Nach DIN 1045-1, 11.2.2 ist die Mindestbewehrung zur Aufnahme von Zwangeinwirkungen und Eigenspannungen anzuordnen, – also auch hier, obgleich bei einem statisch bestimmten Träger **keine Zwangbeanspruchung** entstehen kann, sehr wohl **aber Eigenspannungen**. Bei vorgespannten Tragwerken ist die Rissschnittgröße maßgebend.

Eine Mindestbewehrung ist nicht in Bereichen erforderlich, in denen unter der seltenen Kombination die Beträge der Betondruckspannungen über 1,0 MPa liegen.

| | | |
|---|---|---|
| Zugzone: | $\sigma_{c,rare} = +4{,}16$ MPa | $> -1{,}0$ MPa |
| Druckzone: | $\sigma_{c,rare} = +2{,}53$ MPa | $> -1{,}0$ MPa |

Sowohl unten als auch oben ist also eine **Mindestbewehrung erforderlich**.

Wirksame Vorspannkraft:

| | | | |
|---|---|---|---|
| $r_{inf} F_{p\infty} =$ | $r_{inf} \cdot r_\infty \cdot F_{p,Pm0} =$ | $0{,}9 \cdot 0{,}879 \cdot 1611 =$ | 1274 kN |
| $\sigma_{c,Ncp\infty} =$ | $- 0{,}9\ F_{p\infty} / A_c =$ | $- 1{,}274 / (0{,}40 \cdot 1{,}00) =$ | $- 3{,}19$ MPa |
| $n =$ | $\sigma_{c,Ncp\infty} / f_{ctm} =$ | $- 3{,}19 / 3{,}2 =$ | $- 1{,}00$ |
| $k_c =$ | $0{,}4 \cdot (1 + n/1{,}5) =$ | $0{,}4 \cdot (1 - 1{,}00 / 1{,}5) =$ | **0,13** |
| $0{,}30 < b = 0{,}40$ m $< 0{,}80$: | | $k = 0{,}8 - 0{,}3 \cdot 0{,}10 / 0{,}50 =$ | **0,74** |

Stabdurchmesser (Rippenstahl), gewählt: $\quad d_s = 12$ mm

Grenzdurchmesser für $(k_c \cdot k \cdot h_t) < 4 \cdot (h - d)$:

| | | | |
|---|---|---|---|
| $d_s^* =$ | $d_s \cdot (f_{ct,0} / f_{ct,eff}) =$ | $12 \cdot (3{,}0 / 3{,}2) =$ | **11,2 mm** |

Rechenwert der Rissbreite für Anforderungsklasse C: $\quad$ **$w_k = 0{,}20$ mm**

Stahlspannung nach DIN 1045-1, Tabelle 20: $\quad \sigma_s = 258$ MPa

Äquivalenter Durchmesser für ein Litzenspannglied (nachträglicher Verbund):

| | | | |
|---|---|---|---|
| $A_{p,1} =$ | $5 \cdot 140$ mm² | $=$ | 700 mm² |
| $d_p =$ | $1{,}6 \cdot \sqrt{700}$ | $=$ | 42 mm |

Verhältnis der Verbundfestigkeiten nach DIN 1045-1, Tabelle 15
(für 7-Draht-Litze mit nachträglichem Verbund): $\xi = 0{,}5$

Korrekturfaktor der Verbundspannung:

$\xi_1 =$ $(\xi \cdot d_s / d_p)^{0{,}5} =$ $(0{,}5 \cdot 12 / 42)^{0{,}5} =$ **0,378**

Betonzugzone vor Beginn der Erstrissbildung:

$A_{ct} =$ $b \cdot z_{unten} \cdot f_{ctm} / (f_{ctm} - \sigma_{c,Ncp\infty}) =$

$0{,}40 \cdot 0{,}50 \cdot 3{,}2 / (3{,}2 + 3{,}19)$ $=$ **0,1002 m²**

**Erforderlicher Betonstahlquerschnitt in der Zugzone** nach Gleichung (10-27):

$A_s =$ $k_c \cdot k \cdot f_{ctm} \cdot A_{ct} / \sigma_s$ $- \xi_1 \cdot A_p =$

$A_s =$ $0{,}13 \cdot 0{,}74 \cdot 3{,}2 \cdot 1002 / 258 - 0{,}378 \cdot 14{,}0$

$=$ $1{,}20$ $-5{,}29$ **< 0**

Die Begrenzung der Einzelrissbreite ist in der Zugzone bereits durch die vorhandenen Spannglieder gewährleistet.

**Erforderlicher Betonstahlquerschnitt in der Druckzone:**

$A_s =$ $k_c \cdot k \cdot f_{ctm} \cdot A_{ct} / \sigma_s =$

$A_s =$ $0{,}13 \cdot 0{,}74 \cdot 3{,}2 \cdot 1002 / 258$ $=$ **1,20 cm²**

| gewählt: | **Balkenunterseite** | 3 ⌀ 12 | = | 3,39 cm² |
|---|---|---|---|---|
| | **Seitenflächen** | ⌀ 8, s = 15 cm | = | 3,35 cm²/m |
| | **Balkenoberseite** | 3 ⌀ 8 | = | 1,5 cm² |
| | **zweischnittige Bügel** | ⌀ 8, s = 20 cm | = | 5,0 cm²/m |

**Begrenzung der Rissbreite ohne direkte Berechnung** (Anforderungsklasse C)

Dekompressionskraft für die häufige Kombination nach Gleichung (10-37):

$F_{p\infty}^{(0)} = A_p \cdot (\sigma_{p,frequ} - \alpha_p \cdot \sigma_{cp,frequ}) = 14{,}0 \cdot (95{,}0 - 5{,}86 \cdot 0{,}028) =$ **1328 kN**

$N_{Ed} = -F_{p\infty}^{(0)}$

Effektive Nutzhöhe der Bewehrung ($A_s + A_p$):

$d_{s+p} = \dfrac{A_s \cdot d_s + A_p \cdot d_p}{A_s + A_p} = \dfrac{3{,}4 \cdot 0{,}95 + 14{,}0 \cdot 0{,}92}{3{,}4 + 14{,}0} = \dfrac{16{,}11}{17{,}4} =$ **0,926 m**

Bemessungsmoment für die häufige Kombination:

$M_{s1,Ed} =$ $281 + 337 + 0{,}5 \cdot 450 + 1328 \cdot (0{,}926 - 0{,}92) =$ **851 kNm**

Vorwerte für die Berechnung des Zustands II:

$\eta =$ $M_{s1,Ed} / (N_{Ed} \cdot d) =$ $851 / (-1328 \cdot 0{,}926) =$ **0,6920**

$\alpha_p \cdot \rho_{s+p} =$ $\alpha_p \cdot A_{s+p} / (b \cdot d) =$ $5{,}86 \cdot 17{,}4 / (40 \cdot 92{,}6) =$ **0,02751**

## Vorgespannte Tragwerke

**Iterative Berechnung der Spannungen im Zustand II:**

Aus den Gleichgewichtsbedingungen im Querschnitt ($N_{Ed} = N_{Rd}$ und $M_{Ed} = M_{Rd}$) ergibt sich eine kubische Gleichung für die bezogene Nulllinie $k_x$, die iterativ nach dem Newton'schen Verfahren gelöst werden kann:

$$f(k_x) = k_x^3 - 3 \cdot (1+\eta) \cdot k_x^2 + 6 \cdot \alpha_p \cdot \rho_{s+p} \cdot \eta \cdot (1-k_x) = 0$$

| $N_{Ed}$ [kN] | $M_{s1,Ed}$ [kNm] |  | $k_x = x/d$ | $f(k_x)$ | $f'(k_x)$ |
|---|---|---|---|---|---|
| 1328 | 851 |  | 0,9577 | 0,0261 | 1,0178 |
| h [m] | d [m] | $\eta$ | 0,9320 | -0,0007 | 0,8723 |
| 1,00 | 0,926 | -0,6920 | 0,9329 | 0,0001 | 0,8771 |
| $E_{cm}$ [MPa] | b [m] |  | 0,9327 | 0,0000 | 0,8764 |
| 33300 | 0,40 |  | 0,9328 | 0,0000 | 0,8765 |
| $E_p$ [MPa] | $A_{s+p}$ [cm2] | $\alpha_p \cdot \rho_{s+p}$ | 0,9328 | 0,0000 | 0,8765 |
| 195000 | 17,40 | 0,02751 | 0,9328 | 0,0000 | 0,8765 |
| $\sigma_{co}$ [MPa] | $\sigma_{cu}$ [MPa] |  | x [m] | $\sigma_{c2d}$ [MPa] | $\sigma_{s1d}$ [MPa] |
| -7,60 | 0,97 |  | 0,864 | -7,72 | 3,26 |

**Spannungen im Grenzzustand der Rissbildung:**

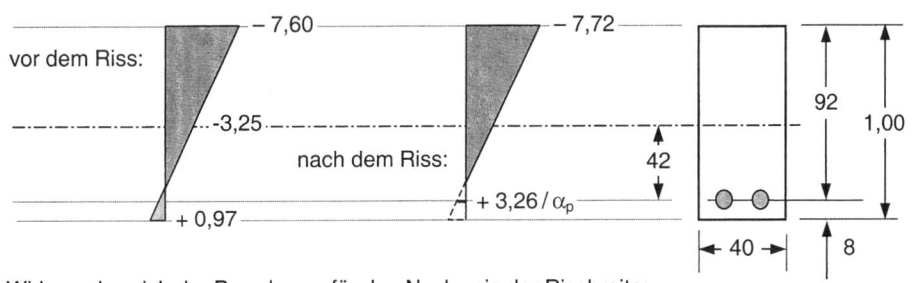

vor dem Riss: −7,60 / −3,25 / +0,97

nach dem Riss: −7,72 / 42 / +3,26 / $\alpha_p$

92 / 1,00 / 40 / 8

Wirkungsbereich der Bewehrung für den Nachweis der Rissbreite:
(für d ist der Schwerpunkt der Betonstahlbewehrung in der Zugzone einzusetzen)

$A_{c,eff} = 2{,}5 \cdot b \cdot (h - d_s) = 2{,}5 \cdot 40 \cdot (100 - 95) =$ **500 cm²**

Es wird angenommen, dass der gesamte Bewehrungsquerschnitt $A_{s+p}$ innerhalb des Wirkungsbereichs $A_{c,eff}$ liegt.

Größter Betonstahldurchmesser innerhalb von $A_{c,eff}$: $d_s = 12$ mm

Vergleichsdurchmesser des Spannstahls für ein Spannglied:

$A_{p,1} = 5 \cdot 140 \text{ mm}^2 = 700 \text{ mm}^2$

$d_p = 1{,}6 \cdot \sqrt{700} = 42$ mm

Verhältnis der Verbundfestigkeiten (7-Draht-Litze, s.o.): $\xi = 0{,}5$

Korrekturfaktor der Verbundspannung:

$\xi_1 = (0{,}5 \cdot 12 / 42)^{0,5} = 0{,}378$

Bewehrungsgrade nach den Gleichungen (10-29) und (10-30):

$$\text{eff } \rho = \frac{A_s + \xi_1^2 \cdot A_p}{A_{c,eff}} = \frac{3{,}4 + 0{,}378^2 \cdot 14{,}0}{500} = 0{,}0108$$

$$\rho_{tot} = \frac{A_s + A_p}{A_{c,eff}} = \frac{3{,}4 + 14{,}0}{500} = 0{,}0348$$

Effektive Betonstahlspannung im gerissenen Zustand, bei unterschiedlichem Verbund von Betonstahl und Spannstahl nach Gleichung (10-28):

$$\sigma_{sII} = \sigma_{s1d} + 0{,}4 \cdot f_{ctm} \cdot \left(\frac{1}{\text{eff } \rho} - \frac{1}{\rho_{tot}}\right) =$$

$$3{,}26 + 0{,}4 \cdot 3{,}2 \cdot \left(\frac{1}{0{,}0108} - \frac{1}{0{,}0348}\right) = \quad 3 + 82 = \quad \textbf{85 MPa}$$

**Grenzdurchmesser** nach DIN 1045-1, Tabelle 20
für $w_k = 0{,}2$ mm und $\sigma_s \leq 160$ MPa: $\quad\quad\quad\quad\quad\quad\quad\quad$ **$d_s^* = 28$ mm**

Mit der Wahl von **$d_s = 12$ mm** (< 28) ist die Begrenzung der Rissbreite nachgewiesen.

### Grenzzustand der Tragfähigkeit (ULS):

**Beanspruchung durch Biegung:**

Bemessungsmoment: $\quad M_{Ed} = \quad \gamma_G \cdot (M_{Gk1} + M_{Gk2}) + \gamma_Q \cdot M_{Qk1} =$

$\quad\quad\quad\quad\quad\quad\quad\quad\quad\quad 1{,}35 \cdot (281 + 337{,}5) + 1{,}50 \cdot 450 = \quad$ **1510 kNm**

Bemessungswert der Betondruckfestigkeit:

$\quad f_{cd} = \quad \alpha \cdot f_{ck} / \gamma_c = \quad\quad\quad\quad 0{,}85 \cdot 35 / 1{,}50 = \quad\quad$ 19,83 MPa

**Allgemeines Bemessungsdiagramm:**

$\quad \mu_{s1,Ed} = \mu_{Ed} = \quad M_{Ed} / (b \cdot d^2 \cdot f_{cd}) = \quad 1{,}510 / (0{,}40 \cdot 0{,}92^2 \cdot 19{,}83) = \quad$ **0,225**

## Vorgespannte Tragwerke

Zusätzliche Spannstahldehnung: $\varepsilon_{s1d} = \Delta\varepsilon_{pd} =$     7,42 ‰

Bezogener Hebelarm der inneren Kräfte:     $\zeta =$     0,87

**Vordehnung** nach Gleichung (10-36), Spannungen aus der Nachweistabelle:

$$\varepsilon_{pm\infty}^{(0)} = \frac{\sigma_{p,pm\infty+g1+g2}}{E_p} - \frac{\sigma_{cp,pm\infty+g1+g2}}{E_{cm}} = \frac{1035}{195} - \frac{-3{,}50}{33{,}3} = 5{,}31 + 0{,}11 = \quad 5{,}42\ ‰$$

**Bemessungswert der Biegetragfähigkeit**:

$\varepsilon_{p\smile d} =$     $\varepsilon_{pm\infty}^{(0)} + \Delta\varepsilon_{pd} =$     $5{,}42 + 7{,}42 =$     12,84 ‰

$\varepsilon_{pyd} =$     $f_{p0,1k}/\gamma_s/E_s =$     $1500/1{,}15/195 =$     6,69 ‰

$\sigma_{p,Rd} = \dfrac{1500}{1{,}15} + \dfrac{1770-1500}{1{,}15} \cdot \dfrac{12{,}84 - 6{,}69}{5{,}42 + 25 - 6{,}69} = 1304 + 61 =$     1365 MPa

$M_{Rd} = A_p \cdot \sigma_{p,Rd} \cdot \zeta \cdot d =$     $14{,}0 \cdot 136{,}5 \cdot 0{,}87 \cdot 0{,}92$     =     **1530 kNm**
                                                                                                            (> $M_{Ed}$ = 1510 kNm)

**Beanspruchung durch Querkraft:**

Spanngliedneigung am Auflager:     $\sin\psi_y \approx \tan\psi_y = 4 \cdot 0{,}42/15{,}0 =$     0,112

Nach den Gleichungen (10-38) bis (10-40) ergibt sich die Bemessungsquerkraft in der Auflagerachse:

$V_{Ed}(L/2) =$     $V_{Ed0}$     + $V_{pd}$ =

                 $\gamma_G \cdot (V_{Gk1} + V_{Gk2}) + \gamma_Q \cdot V_{Qk1}$     $- P_{m\infty} \cdot \sin\psi_y =$

                 $1{,}35 \cdot (75 + 90) + 1{,}50 \cdot 120$     $- 1416 \cdot 0{,}112 =$

                 223     + 180     − 159     =     244 kN

Maßgebender Bemessungsschnitt:

$x =$     $L/2 - b_A/2 - d =$     $15{,}0/2 - \approx\!0{,}40/2 - 0{,}95 =$     6,35 m

Da alle Einwirkungen als Gleichstreckenlasten auf den Beton wirken – einschließlich der konstanten Umlenkkraft infolge Vorspannung –, lässt sich der für die Ermittlung der Querkraftbewehrung maßgebende Bemessungswert der Querkraft wie folgt berechnen:

$V_{Ed}(x) =$     $V_{Ed}(L/2) \cdot x/(L/2) =$     $244 \cdot 6{,}35/(15{,}0/2) =$     **207 kN**

**Bemessungswert der Querkrafttragfähigkeit ohne rechnerisch erforderliche Querkraftbewehrung** (nach DIN 1045-1, 10.3.3):

$V_{Rd,ct} = \left[\eta_1 \cdot 0{,}10 \cdot \kappa \cdot (100 \cdot \rho_l \cdot f_{ck})^{1/3} - 0{,}12 \cdot \sigma_{cd}\right] \cdot b_w \cdot d$

$\kappa =$     $1 + (200/920)^{0,5}$     =     1,47 (< 2,0)

$A_{sl} =$     (3 ⌀ 12, siehe Mindestbewehrung)=3,39 cm²

$\rho_l =$     $A_{sl}/(b_w\ d) =$     $3{,}39/(40 \cdot 95) =$     0,00089

$\sigma_{c,pm\infty} =$     $P_{m\infty}/(b_w \cdot h) =$     $-1{,}416/(0{,}40 \cdot 1{,}00) =$     − 3,54 MPa

$V_{Rd,ct} = [1{,}0 \cdot 0{,}10 \cdot 1{,}47 \cdot (0{,}089 \cdot 35)^{1/3} + 0{,}12 \cdot 3{,}54] \cdot 0{,}40 \cdot 0{,}95 \cdot 10^3 =$

                 81,6     +     161,4     =     **243 kN**
                                                                                                (< $V_{Ed}$ = 207 kN)

→     **Es ist keine Querkraftbewehrung erforderlich!**

# 11 Ermüdung

Dipl.-Ing. Michael Hansen

## 11.1 Einleitung

Bei einem Bauteil, das zeitlich veränderlichen Belastung (zyklischen Belastung) ausgesetzt wird, kann nach einer bestimmten Lastspielzahl ein Bruchversagen auftreten. Dieses Versagen kann auftreten, obwohl die Obergrenze der bis zu diesem Zeitpunkt ertragenen Beanspruchung deutlich unterhalb der Bruchfestigkeit des Baustoffes liegt. Dieser Festigkeitsabfall bei wiederholter Beanspruchung wird als Baustoffermüdung bezeichnet.

In der ersten Hälfte des zwanzigsten Jahrhunderts wurde davon ausgegangen, dass Ermüdungsprobleme bei Stahlbetontragwerken nicht auftreten können. Die Verwendung höherwertiger Baustoffe und die verbesserte Ausnutzung der Baustofffestigkeiten führten dazu, dass der Anteil des Eigengewichtes an der Beanspruchung kleiner, und damit der Anteil der teilweise dynamisch wirkenden Verkehrslasten größer wird. Dies macht eine genauere Betrachtung des Ermüdungsverhaltens erforderlich.

Zahlreiche Laborversuche dokumentieren, dass auch Stahlbetonkonstruktionen durch Ermüdung versagen können. Bei einem Stahlbetontragwerk ändern sich die Beanspruchungen durch Rissbildung, Verformungen und Spannungsumlagerungen während der Nutzungsdauer. Das Ermüdungsversagen bei Bauteilen aus Stahlbeton kann wie das Versagen unter ruhender Belastung durch die Ermüdung der Bewehrung oder durch die Ermüdung des Betons ausgelöst werden. Bei biegebeanspruchten Bauteilen ist in der Regel das Ermüdungsverhalten der Bewehrung maßgebend.

Nachweise gegen Ermüdungsversagen der Betonkonstruktionen wurden in den Deutschen Normen bislang lediglich für Kranbahnen und Brücken verlangt. In den neuen europäischen Normen hingegen kommt der Bemessung der Betonkonstruktionen gegen Ermüdungsbruch ein höherer Stellenwert zu, als es bisher in den nationalen Normenwerken der Fall war. Im europäischen Normenwerk CEB-FIP Model Code 1990 [CEB 213/214 – 93] ist der heutige Wissensstand umfangreicher als in den nationalen Normen dokumentiert. Daraus entstanden die Nachweisalgorithmen zur Ermüdungsbemessung in DIN 1045-1.

## 11.2 Allgemeines

### 11.2.1 Festigkeitsbereiche

Die ersten systematischen Versuche zur Erforschung des Ermüdungsverhaltens wurden von *Wöhler* [Wöhler – 1870] Mitte des 19. Jahrhunderts für metallische Werkstoffe des Maschinenbaus durchgeführt. Bis heute ist die Wöhlerkurve eine grundlegende Größe zur Beschreibung des Ermüdungsverhaltens eines Werkstoffes. Sie zeigt im Allgemeinen für einen sinusförmigen, zyklischen Belastungsverlauf die Abhängigkeit der ertragenen Lastspielzahl von dem einwirkenden Spannungsniveau.

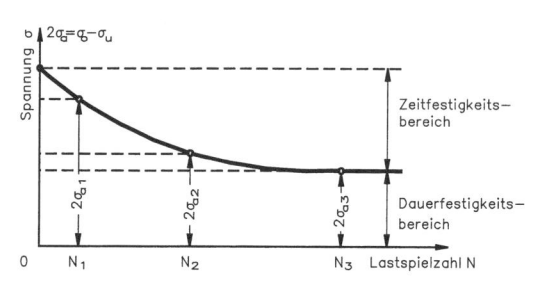

Die Wöhlerlinien (Lebensdauerlinien) können im gesamten Bereich der Lastspielzahlen in zwei wesentliche Ermüdungsfestigkeitsbereiche unterteilt werden: in den Zeitfestigkeitsbereich, der durch die nur endlich oft zu ertragenden Lastwechsel gekennzeichnet ist, und in den Dauerschwingfestigkeitsbereich. Der Zeitfestigkeitsbereich wird teilweise auch als Ermüdungsfestigkeitsbereich (finite fatigue life) bezeichnet. Bei bekannter Lastspielzahl lassen sich durch die experimentell ermittelten Werte der Wöhlerlinie und geeignete Schadensakkumulations-Hypothesen (siehe Abschnitt 11.3.4) Aussagen über den Widerstand eines Baustoffs gegen Ermüden machen.

Bild 11.1: Schematische Darstellung der Wöhlerlinie

Gewöhnlich wird innerhalb des Zeitfestigkeitsbereichs noch der Bereich mit hohen Beanspruchungen und entsprechend niedrigen Bruchlastspielzahlen gesondert betrachtet. Als Grenzen dieses Zeitfestigkeitsbereichs werden die Bruchlastspielzahlen $N_1 = 10^2$ und $N_3 = 10^5$ gewählt (vgl. Bild 11.2). Der Übergang von dem Bereich der Kurzzeitfestigkeit (low cycle fatigue) in den Bereich der Langzeitfestigkeit (high cycle fatigue) findet bei $N_2 = 10^4$ Lastwechsel statt ([König/Danielewicz – 94]).

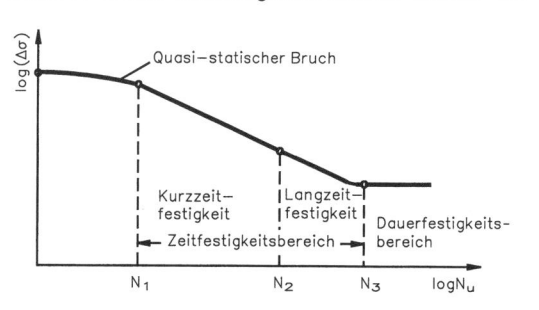

Die Kurzzeitfestigkeit hat für eine Bemessung kaum eine Bedeutung, da durch die Nachweise im Grenzzustand der Gebrauchstauglichkeit die Höhe der zulässigen Beanspruchungen bereits

Bild 11.2: Ermüdungsfestigkeitsbereiche

derart beschränkt wird, dass große Spannungsschwingbreiten, die zum Versagen nach weniger als $10^4$ Lastspielen führen würden, kaum auftreten können. Wesentlich wichtiger sind hier die Bereiche der Langzeitfestigkeit und der Dauerfestigkeit.

Die Dauerfestigkeit (fatigue limit oder endurance limit), oftmals auch als Dauerschwingfestigkeit bezeichnet, beschreibt die Höhe der Beanspruchung, die theoretisch unendlich oft aufgebracht werden kann, ohne zum Versagen des Baustoffs (Bauteils) zu führen. Nach DIN 50100 und DIN 488 gilt als Dauerschwingfestigkeit des Beton- und Spannstahls die Schwingbreite der Spannungen, die 2 Millionen mal ohne Bruch ertragen werden kann (Quasidauerschwingfestigkeit). In Wirklichkeit treten bei Schwingungen unterhalb der Dauerschwingfestigkeit die Brüche noch nach einer höheren Anzahl von Lastspielen auf. Die Lastspielzahl von $2 \cdot 10^6$ hat jedoch wegen der begrenzten Versuchsdurchführungszeiten Einzug in die Norm gefunden.

Die Dauerfestigkeit eines Werkstoffs wird durch das asymptotische Auslaufen der Wöhlerlinie bei sehr hohen Schwingzahlen gekennzeichnet. Eine Begrenzung der Beanspruchung auf die Werte, die im Dauerfestigkeitsbereich liegen, liefert zwar eine sichere aber auch sehr unwirtschaftliche Bemessung. Eine Verbesserung hinsichtlich höherer Materialausnutzung wird erreicht, indem auf den Wöhlerlinienverlauf im Zeitfestigkeitsbereich zurückgegriffen wird.

Eine wirtschaftliche Bemessung lässt sich über einen Betriebsfestigkeitsnachweis erreichen. Unter dem Begriff der Betriebsfestigkeit wird die Ermüdungsfestigkeit eines Bauteils unter Betriebsbedingungen, d. h. unter wirklichkeitsnahen Beanspruchungen verstanden. Der Verlauf einer veränderlichen zyklischen Belastung unter Betriebsbedingungen ist dadurch gekennzeichnet, dass unterschiedlich große Amplituden (Schwingbreiten) auftreten und die Anzahl der Lastspiele mit maximaler Schwingbreite nur einen Teil aller Lastspiele ausmacht. Da unter Betrieb somit auch Schwingbreiten mit niedrigen Amplituden auftreten, ist die Betriebsfestigkeit immer größer als die den gleichen Lastspielzahlen zugehörige Ermüdungsfestigkeit.

Beim Betriebsfestigkeitsnachweis können Schwingbreiten zugelassen werden, die weit über der Dauerschwingfestigkeit liegen. Je nach Völligkeit des Beanspruchungskollektivs können durch einen Betriebsfestigkeitsnachweis bis zu 1000-fach höhere Schwingspielzahlen als jene zugelassen werden, die sich für die maximalen Spannungsschwingbreiten aus den Wöhlerlinien ergeben.

Eine experimentelle Ermittlung der Betriebsfestigkeit scheitert im Bauwesen an der Höhe der Versuchskosten. Diese Vorgehensweise ist auch nicht sinnvoll, da es kaum Bauwerke mit identischen Beanspruchungsverläufen bezüglich der Amplitude und deren Auftretenshäufigkeit gibt.

Die Betriebsfestigkeit lässt sich aber alternativ mittels eines geeigneten Modells zur Schadensberechnung aus „gewöhnlichen" Wöhlerlinien ableiten. Das Ergebnis wird in Form von Betriebsfestigkeitslinien dargestellt. Sie zeigen die den maximalen Schwingbreiten eines definierten Beanspruchungskollektivs zugehörigen Bruchlastspielzahlen.

### 11.2.2 Versagensart

In den meisten Schadensfällen, zu denen die Baustoffermüdung einen wesentlichen Beitrag geleistet hat, wurde eine progressive Beeinträchtigung der Gebrauchstauglichkeit des Bauteils beobachtet. Ein Bruch kündigt sich durch Veränderung des Rissbildes, durch Wachsen der Rissbreite und durch vergrößerte Durchbiegung frühzeitig an. Daher gibt es in der Praxis kaum Stahlbetonbauten, bei denen die Ermüdung der Baustoffe zum Einsturz geführt hat. Bei zahlreichen Schadensfällen an ausgeführten Bauwerken treten die Schäden sowohl im unbewehrten Beton, in Stahlbetonbauteilen als auch in Spannbetonbauteilen auf. In nahezu allen Fällen ist die Ermüdung nicht allein für die beobachteten Schäden verantwortlich. Als besonders gefährlich erweist sich die Kombination von Ermüdung und Korrosion auf das Tragverhalten der Konstruktion.

## 11.3 Grundlagen

Bauteile, die häufigen Spannungsänderungen (Schwingbreiten) aufgrund einer zeitlich veränderlichen (zyklischen) Belastung ausgesetzt sind, können durch Materialermüdung versagen (z. B. Brücken, befahrene Plattentragwerke, Kranbahnen und meerestechnische Konstruktionen).

### 11.3.1 Belastung

Ein Ermüdungsnachweis für Stahlbeton- und Spannbetonkonstruktionen ist nur dann aussagekräftig, wenn die Spannungszuwächse des Spannstahls und des Betonstahls aus veränderlicher äußerer Last wirklichkeitsnah bestimmt werden.

Obwohl die Ermüdungsfestigkeit der Baustoffe und der sie beeinflussenden Faktoren sehr genau untersucht wurde, wird auf der Lastseite mit einer groben Abschätzung der wirklich auftretenden Einwirkungen vorgegangen. Die Ursache hierfür liegt im großen Aufwand, mit dem die Messungen und Beobachtungen verbunden sind. Nur in wenigen Fällen liegen analytische Beschreibungen der Einwirkungsseite vor. Hierzu gehören beispielsweise die Kranbahnkollektive der DIN 15518 oder die Verkehrslastkollektive für Brücken des DIN-Fachberichtes „Einwirkungen auf Brücken". Der Entwurf der [EDIN 1055-10 – 00] befasst sich mit Einwirkungen infolge Krane und Maschinen und enthält einen Abschnitt über die Ermittlung schädigungsäquivalenter Ermüdungslasten.

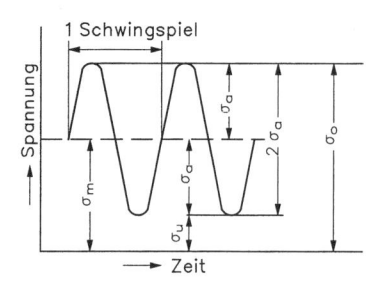

**Bild 11.3:** Zyklische Belastung

Zyklische Einwirkungen und die daraus resultierenden Spannungen lassen sich durch ihren zeitlichen Verlauf darstellen. Für den einfachsten Fall einer konstanten Schwingbreite und eines konstanten Lastspiels mit sinusförmigem Verlauf ist in Bild 11.3 ein Spannungs-Zeit-Diagramm dargestellt.

Der in dem Zeitraum zwischen zwei Spannungsnulldurchgängen liegende Spannungsverlauf wird als Schwingspiel bezeichnet. Oft wird auch die Frequenz f als Anzahl der Schwingspiele pro Zeiteinheit [1/s] als beschreibendes Merkmal angegeben.

### 11.3.2 Lebensdauerschaubilder

Ein Lebensdauerschaubild gibt die zu erwartende Lebensdauer bzw. die ertragbare Lastspielzahl in Abhängigkeit der aufgebrachten Beanspruchung bzw. Spannung wieder.

Die Ermüdungsfestigkeit wird durch die Wöhlerlinie (S-N-Kurve) beschrieben, in der die Lastspielzahl N als Abzisse und die Spannungsschwingbreite $\Delta\sigma$ als Ordinate aufgetragen ist. Diese beschreibt aber lediglich für den Fall des Zugversuchs an einem glatten Probekörper mit gleichmäßig verteilten Spannungen die Ermüdungsfestigkeit des Materials. In allen anderen Fällen gehen auch die jeweiligen Systemeigenschaften in die Untersuchung mit ein.

Bei Kenntnis der in Wirklichkeit auftretenden Spannungsschwingbreite $\Delta\sigma$ gestattet die Wöhlerlinie eine Aussage über die ertragbare Lastspielzahl N. Wird diese durch die Lastspielzahl je Zeiteinheit (z. B. Jahre) dividiert, erhält man die voraussichtliche Lebensdauer des betrachteten Bauteils (Baustoffs).

Abgesehen von den zufälligen Streuungen können eine Vielzahl von Faktoren den Verlauf der Wöhlerkurven systematisch beeinflussen. Neben dem Werkstoff selber sind dies vor allem:

- die Geometrie und die Oberflächenbeschaffenheit des Bauteils bzw. des Probekörpers;
- die Beanspruchungsart (Normalkraft, Biegung, Torsion);
- der Beanspruchungsbereich (Zugschwell-, Druckschwell- oder Wechselbeanspruchung);
- die Größe der (konstanten) Bezugsspannung (Ober-, Mittel- oder Unterspannung);
- die Eigenspannungen im Bauteil oder im Probekörper;
- die Belastungsfrequenz;
- die Umgebungseinflüsse (Temperatur, Korrosion).

Für die Häufigkeitsverteilung der Schwingbreite im Zeitfestigkeits- und im Dauerfestigkeitsbereich kann genügend genau eine logarithmische Normalverteilung angenommen werden. Bei der Bestimmung des Ermüdungsverhaltens von Werkstoffen können die Bruchlastspielzahlen bei logarithmischer Auftragung auch ausreichend genau als normalverteilt angenommen werden.

## 11.3.2.1 Wöhler

Die Wöhlerkurve beschreibt den Zusammenhang zwischen Lastspielzahl und Spannungsschwingbreite, wobei diese Spannungsschwingbreite den Unterschied der maximalen und minimalen Spannung in einem vollen Belastungszyklus bezeichnet. Zumeist wird die Abhängigkeit der Spannungsschwingbreite $\Delta\sigma$ von der Lastspielzahl N in einem doppeltlogarithmischen Maßstab dargestellt.

Einen wesentlichen Einfluss auf den Verlauf der Lebensdauerlinie von Beton hat die Art und Größe der (konstanten) Bezugsspannung. Während bei den für Betonstahl durchzuführenden Wöhlerversuchen die Oberspannung $\sigma_o$ konstant gehalten wird, ist die überwiegende Zahl der Wöhlerkurven für Beton bei konstanter Unterspannung $\sigma_u$ ermittelt worden.

Um die Wöhlerlinien analytisch beschreiben zu können, schlug *Wöhler* für den Bereich der Zeitfestigkeit bei metallischen Werkstoffen den Ansatz nach Gleichung (11-1) vor.

$$\Delta\sigma = a - b \cdot \log N \qquad (11\text{-}1)$$

Die Ermüdungsfestigkeit wird damit im halblogarithmischen Maßstab als Gerade abgebildet. Als untere Begrenzung wird eine Horizontale mit dem Wert der Dauerschwingfestigkeit festgelegt. Diese Gleichung besitzt jedoch keine Gültigkeit für den Kurzzeitfestigkeitsbereich.

*Basquin* entwickelte einen genaueren Ansatz, der heutzutage überwiegend verwendet wird. Statt der halblogarithmischen Beschreibung stellt *Basquin* die Ermüdungsfestigkeit durch eine Gerade im doppeltlogarithmischen Maßstab, wie in Gleichung (11-2) beschrieben, dar.

$$\log \Delta\sigma = a - b \cdot \log N \qquad (11\text{-}2)$$

Wird die von *Basquin* entwickelte Gleichung in einer Potenzfunktion dargestellt, ergibt sich der Ansatz Gleichung (11-3).

$$N \cdot \Delta\sigma^k = C \qquad (11\text{-}3)$$

N    Bruchschwingspielzahl  
$\Delta\sigma$    Spannungsschwingbreite  
k    Neigung der Wöhlerlinie im doppeltlogarithmischen Maßstab  
C    Konstante

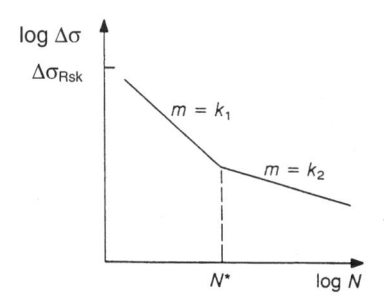

**Bild 11.4:** Abschnittsweise Definition der Wöhlerlinie (vgl. DIN 1045-1, Bild 52)

Neuere Versuche haben gezeigt, dass der idealisierte Ansatz der Dauerfestigkeit durch eine Horizontale nicht gerechtfertigt ist. Auch im sogenannten Dauerfestigkeitsbereich können noch Brüche auftreten. Dieses Verhalten lässt sich nach [Haibach – 70] durch eine abschnittsweise Definition der Wöhlerlinie beschreiben. Dementsprechend werden die Wöhlerlinien des Betonstahls und des Spannstahl in DIN 1045-1 wie folgt festgelegt (Bild 11.4):

$$N \leq N^* : \quad \Delta\sigma_{Rsk} = \Delta\sigma_{Rsk}(N^*) \cdot \left[\frac{N^*}{N}\right]^{\frac{1}{k1}} \qquad (11\text{-}4)$$

$$N \geq N^* : \quad \Delta\sigma_{Rsk} = \Delta\sigma_{Rsk}(N^*) \cdot \left[\frac{N^*}{N}\right]^{\frac{1}{k2}} \qquad (11\text{-}5)$$

bzw.

$$N \leq N^* : \quad \log[\Delta\sigma_{Rsk}] = \log[\Delta\sigma_{Rsk}(N^*)] + \frac{1}{k_1} \cdot \log\left[\frac{N^*}{N}\right] \quad (11\text{-}6)$$

$$N \geq N^* : \quad \log[\Delta\sigma_{Rsk}] = \log[\Delta\sigma_{Rsk}(N^*)] + \frac{1}{k_2} \cdot \log\left[\frac{N^*}{N}\right] \quad (11\text{-}7)$$

Beispiel: Betonstahl, gerade oder gebogen:

$N = 10^4$: $\quad \Delta\sigma_{Rsk} = 195 \cdot (10^6/10^4)^{1/5} \;\; = 195 \cdot 100^{1/5} \quad = 490$ MPa $\approx f_{yk}$
$N = 10^6$: $\quad \Delta\sigma_{Rsk} \qquad\qquad\qquad\qquad\qquad\qquad\qquad\qquad\quad\; = 195$ MPa
$N = 10^8$: $\quad \Delta\sigma_{Rsk} = 195 \cdot (10^6/10^8)^{1/9} \;\; = 195 \cdot 0{,}01^{1/9} \quad = 117$ MPa
$N = 10^{10}$: $\Delta\sigma_{Rsk} = 195 \cdot (10^6/10^{10})^{1/9} = 195 \cdot 0{,}0001^{1/9} = 70$ MPa (vgl. Abs. 11.4.6.1, S. 294)

*11.3.2.2 Smith und Goodman*

Die Dauerschwingfestigkeit wird oft in Form von Schaubildern dargestellt, aus denen sich die Zusammenhänge zwischen den Schwingbreiten der Spannungen und der Mittelspannung beim Stahl bzw. der Unterspannung beim Beton erkennen lassen. Am stärksten haben sich im deutschsprachigen Raum die Dauerschwingfestigkeits-Schaubilder nach *Smith* durchgesetzt.

Bei solchen Schaubildern wird im Gegensatz zur Wöhlerlinie auch der Zusammenhang zwischen ertragbarer Spannungsamplitude und Mittelspannung dargestellt. Dabei ergibt sich für jede Lastspielzahl N eine eigene Kurve. Da in vielen Normen von einer Dauerfestigkeit für metallische Werkstoffe bei $N = 2 \cdot 10^6$ ausgegangen wird, werden die Smith-Diagramme meist als Dauerfestigkeitsschaubilder bei eben dieser Lastspielzahl dargestellt. Sobald in ein Diagramm Kurven für verschiedene Werte N eingetragen werden, lässt sich zudem auch das Verhalten im Zeitfestigkeitsbereich ablesen.

Eine weitere Darstellungsform der Dauerschwingfestigkeit sind die Diagramme nach *Goodman*. In ihnen werden die zu gleichen Bruchlastspielzahlen gehörigen Oberspannungen über vorgegebene Unterspannungen aufgetragen.

### 11.3.3 Material

Bei gebrochenen Beton- und Spannstählen kann die Versagensursache anhand der Analyse der Bruchfläche meistens eindeutig identifiziert werden. Die unter zyklischen Beanspruchungen entstandene Bruchfläche des Stahls weist einen glatten, mondförmigen Dauerschwingfestigkeitsanriss und einen meist grobkörnigen Gewaltbruchbereich auf.

Wesentlich schwieriger ist die richtige Deutung der Ursachen, die zum Bruch des Betons führen. Die Oberfläche eines unter wiederholter Zugbeanspruchung entstandenen Risses im Beton ist nicht unmittelbar von dem Rissbild einer Kurzzeitbelastung zu unterscheiden. Bei zyklisch druckbeanspruchten Bauteilen kommt es selten vor, dass für das Versagen allein die Ermüdung des Betons verantwortlich ist. Neben Karbonatisierung und Chlorideinwirkung ist sie nur eine der wesentlichen Ursachen, welche die Gebrauchstauglichkeit eines Bauteils einschränken.

*11.3.3.1 Betonstahl*

Die Vorgänge, die in einem zyklisch beanspruchten, metallischen Werkstoff stattfinden, sind weitgehend geklärt. Dabei kann eine Unterteilung in drei wesentliche, den Bruchvorgang beschreibende Phasen durchgeführt werden (siehe Bild 11.5). Die erste Phase umfasst nach [Yokobori – 55] die Belastungsdauer vom Beginn bis zum sogenannten gesättigten Zustand der Verfestigung bzw. Entfestigung. Während der zweiten Phase werden Mikrorisse infolge der Häufungen von Versetzungen geformt. In der dritten Phase werden die Mikrorisse durch andere Mechanismen weitergetrieben bis der Bruch des Probekörpers eintritt.

# Ermüdung

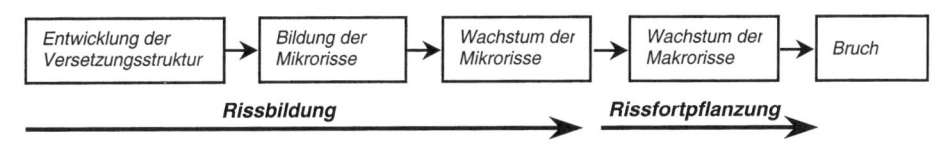

```
[Entwicklung der      ] → [Bildung der  ] → [Wachstum der ] → [Wachstum der ] → [Bruch]
[Versetzungsstruktur  ]   [Mikrorisse   ]   [Mikrorisse   ]   [Makrorisse   ]
                          ─── Rissbildung ───              ─── Rissfortpflanzung ───→
```

**Bild 11.5:** Phasen im Ermüdungsprozess

Bei Annahme einer Dauerfestigkeit verläuft die Wöhlerlinie ab $10^6$ bis $10^7$ Schwingspielen horizontal. In zahlreichen Literaturstellen wurde bestätigt, dass Betonstähle einen echten Dauerfestigkeitsbereich bei etwa $10^6 < N < 10^7$ aufweisen. Abweichend von dieser Angabe wird in [König/Danielewicz – 94] beschrieben, dass auch bei Versuchen im Bereich jenseits von $10^7$ Lastspielen immer noch Brüche bei sinkender Ermüdungsfestigkeit mit steigender Lastspielzahl auftreten können. Für Prüfzwecke (z. B. in DIN 488, Teil 3) wird die Grenzlastspielzahl zwischen Zeit- und Dauerfestigkeitsbereich konstant bei $N = 2 \cdot 10^6$ angenommen.

Der Knick der Wöhlerlinie wird in der DIN 1045-1 bei der Bruchschwingzahl $N^*$ festgelegt und liegt für den Stahl bei $N^*=10^6$. Eine Ausnahme von diesem Wert bilden geschweißte Verbindungen und Betonstahlkopplungen mit einem Knickpunkt bei $N^*=10^7$. Des Weiteren gilt für geschweißte Stäbe und Kopplungen die angegebene Wöhlerlinie nur bis zu einer Spannungsschwingbreite von $\Delta\sigma_{Rsk} = 380$ N/mm² ($N^*=0{,}036 \cdot 10^6$), darüber hinaus gilt die Linie für gerade und gebogene Stäbe (vgl. Tabelle 11.1).

**Tabelle 11.1:** Parameter der Wöhlerlinie für Betonstahl (vgl. DIN 1045-1, Tab. 16)

| Betonstahl | $N^*$ | Spannungsexponent | | $\Delta\sigma_{Rsk}$ bei $N^*$ Zyklen in N/mm² |
|---|---|---|---|---|
|  |  | $k_1$ | $k_2$ |  |
| Gerade und gebogene Stäbe[a] | $10^6$ | 5 | 9[d] | 195 |
| Geschweißte Stäbe einschließlich Heft- und Stumpfverbindungen; Kopplungen[b c] | $10^7$ | 3 | 5 | 58 |

a    Für $d_{br} < 25\,d_s$ ist $\Delta\sigma_{Rsk}$ mit dem Reduktionsfaktor $\xi = 0{,}35 + 0{,}026 \cdot d_{br}/d_s$ zu multiplizieren.
     Dabei ist
     $d_s$    der Stabdurchmesser
     $d_{br}$   der Biegerollendurchmesser

b    Sofern nicht andere Wöhlerlinien durch Testergebnisse, allgemeine bauaufsichtliche Zulassung oder Zustimmung im Einzelfall nachgewiesen werden können.

c    Die Wöhlerlinie für geschweißte Stäbe und Kopplungen gilt bis zu einer Spannungsschwingbreite $\Delta\sigma_{Rsk} = 380$ N/mm² ($N^* = 0{,}036 \cdot 10^6$). Darüber gilt die Linie für gerade und gebogene Stäbe mit den Parametern in Zeile 1.

d    Wert gilt für nichtkorrosionsfördernde Umgebung (siehe DIN 1045, Tab. 3, Klasse XC1), in allen anderen Fällen ist $k_2 = 5$ zu setzen.

Die entscheidende Rolle für das Ermüdungsversagen von Betonstahl spielt die aufgebrachte Schwingbreite der Spannung. Weitere, in den nachstehenden Abschnitten aufgelistete Parameter können die Ermüdungsfestigkeit mitbestimmen. Bei der Durchführung des Ermüdungsnachweises für Betonstahl nach DIN 1045-1 muss zwischen geraden, gebogenen und verbundenen Stäben unterschieden werden. Da die Ermüdungsfestigkeiten für die Vielzahl der möglichen Stabformen und -verbindungen einheitlich festgelegt wurden, können teilweise unwirtschaftliche Ergebnisse auftreten. In diesen Fällen steht es dem Anwender frei, durch eigene Versuche die vorhandene Ermüdungsfestigkeit der untersuchten Konstruktion nachzuweisen.

- *Verbundwirkung*

Im Allgemeinen liefert die in der Stahlbetonbemessung getroffene Annahme eines starren Verbundes für größere Bauteilabschnitte brauchbare Ergebnisse. Für eine genauere Erfassung des lokalen Verhaltens von Beton und Bewehrung in gerissenen Bereichen müssen zudem ihre gegenseitigen Verschiebungen berücksichtigt werden.

Je nach Belastungsphase lässt sich die Wirkungsweise des Verbundes auf unterschiedliche mechanische Vorgänge zurückführen. Nach Überwindung des ursprünglich vorhandenen Haftverbundes, der jedoch nur von untergeordneter Bedeutung ist, wird die Verzahnung der profilierten bzw. gerippten Stahloberfläche mit dem Beton maßgebend für die Verbundwirkung.

Trotz der z. T. widersprüchlichen Versuchsergebnisse wird davon ausgegangen, dass der umhüllende Beton eine positive Auswirkung auf die Ermüdungsfestigkeit hat. Dieses Verhalten lässt sich dadurch erklären, dass bei einbetonierten Stäben die Stelle des Stahlbruchs durch die Lage der Betonrisse (maximale Stahlbeanspruchung) vorgegeben wird und nicht wie bei freien Stählen an der schwächsten Stelle der Probe.

Bei der Festlegung der Wöhlerlinien des geraden Betonstahls für den Model Code 1990 [CEB 213/214 – 93] und somit auch für die DIN 1045-1, wurden die an freien Proben ermittelten Ermüdungsfestigkeitswerte zu Grunde gelegt. Die oben erläuterten positiven Auswirkungen des einbetonierten Zustandes stellen sich nur bei einer ausreichend starken Betondeckung ein, die jedoch nach [König/Danielewicz – 94] nicht immer vorausgesetzt werden kann.

- *Oberflächenbeschaffenheit*

Durch die Ausbildung von Rippen zur Verbesserung der Verbundeigenschaften entsteht eine unebene Oberfläche des Betonstahls. An den Übergängen zwischen Rippe und Schaft entstehen bei Belastung also Spannungskonzentrationen, wodurch die Mikrorissbildung und damit auch ein schnelleres Ermüdungsversagen begünstigt wird. Die Größe dieses Einflusses hängt stark von der Rippengeometrie ab. Rippen mit sehr geringem Wurzelradius, Rippenkreuzungen sowie abgeplatzte Rippen mit scharfen Kanten begünstigen den vorzeitigen Bruch des Bewehrungsstabes.

In der DIN 1045-1 werden Unterschiede der Rippengeometrie nicht berücksichtigt, da sich im Bauwesen weitestgehend typisierte Betonstähle durchgesetzt haben.

- *Stahlsorte*

Im Gegensatz zu den Rundstählen hat die Materialgüte bei Betonrippenstählen praktisch keinen Einfluss auf die Dauerhaftigkeit. Die Kerbwirkungen der Rippen ist wesentlich entscheidender als die Stahlsorte.

- *Korrosion*

Die gleichmäßig verteilte Oberflächenkorrosion wirkt sich nicht auf die Ermüdungsfestigkeit aus. Wird die Querschnittsfläche allerdings durch Lochfraßkorrosion vermindert, entstehen an den geschwächten Stellen Spannungskonzentrationen, die eine Festigkeitsabnahme zur Folge haben. Aus Versuchen geht hervor, dass ein Querschnittsverlust bis etwa 25 % die Ermüdungsfestigkeit im Mittel um den Faktor 1,35 mindert.

In DIN 1045-1 wird der Einfluss der korrosionsfördernden Umgebung und somit die Abhängigkeit von den Umweltbedingungen beachtet. Für gerade und gebogene Stäbe gilt der bisher für alle Stäbe gültige Spannungsexponent $k_2 = 9$ nach DIN 1045-1, Tab. 16; dies gilt jedoch nur für nichtkorrosionsfördernde Umgebung; in allen anderen Fällen ist $k_2 = 5$ zu setzen.

- *Mittelspannung*

Im Vergleich zur Spannungsdifferenz $\Delta\sigma$ hat die Mittelspannung $\sigma_m$ einen untergeordneten Einfluss auf die Ermüdungsfestigkeit.

Ein Einfluss der Mittelspannung auf die Ermüdungsfestigkeit des Stahls zeigt sich nur bei Versuchen an freien Proben. Im einbetonierten Zustand überwiegen andere Faktoren, wie der umhüllende Beton und die Krümmung des Stabes, so dass die Mittelspannung beim eingebauten Betonstahl (im Gegensatz zum Beton) nicht betrachtet werden muss.

- *Stabdurchmesser*

Der grundlegende Einfluss des Stabdurchmessers ist sowohl in der Rippengeometrie als auch in der höheren Wahrscheinlichkeit des Auftretens einer Fehlstelle bei steigendem Durchmesser zu suchen. Dünnere Stäbe weisen auch im Mittel ein feinkörnigeres Gefüge auf, das die Bildung von Mikrorissen verzögert. Die bezüglich des Stabdurchmessers durchgeführten Versuche ergeben jedoch zum Teil sehr unterschiedliche Ergebnisse.

Im Model Code 1990 [CEB 213/214 – 93] werden bei der Bestimmung der Wöhlerlinien Abstufungen bezüglich des Stabdurchmessers vorgenommen. In der DIN 1045-1 hingegen werden die Festigkeitswerte unabhängig vom Durchmesser angegeben.

- *Stabkrümmung*

Den größten Einfluss auf das Ermüdungsverhalten von Betonstählen übt der Biegeradius aus. Die Ursachen lassen sich wie folgt zusammenfassen:

- Beim Biegen von Rippenstahl konzentrieren sich die Verformungen weitgehend auf die Übergänge zwischen Stabkern und Rippen. Dadurch wird die Kerbwirkung der auf der Krümmungsaußenseite liegenden Rippen erhöht, so dass z. T. Anrisse auftreten können.
- Im Krümmungsbereich erhält der Stab zusätzliche Beanspruchungen senkrecht zur Stabachse. Die Nachgiebigkeit des Betons führt zu einer Krümmungsaufweitung für den Stahl, und damit zu einer Zugbeanspruchung der Randfasern, die mit abnehmendem Biegeradius und zunehmendem Stabdurchmesser zunimmt.
- Beim Biegevorgang kann es durch die Biegerolle zu Quetschungen der Rippen auf der Krümmungsinnenseite kommen, die zu einer schnelleren Anrissbildung führen.

Am deutlichsten lässt sich die Abminderung der Ermüdungsfestigkeit mit dem Parameter Krümmungsradius $d_{br}$ zu Stabdurchmesser $d_s$ beschreiben. In DIN 1045-1 wird die Stabkrümmung durch einen Abminderungsfaktor $\xi$ nach Gleichung (11-8) berücksichtigt (siehe Tabelle 11.1).

$$\xi = 0,35 + 0,026 \cdot d_{br} / d_s \tag{11-8}$$

DIN 1045-1, Tab. 16

Die Abminderungsfaktoren für die Ermüdungsfestigkeit in Abhängigkeit vom Biegerollendurchmesser sind in Tabelle 11.2 angegeben.

**Tabelle 11.2:** Abminderungsfaktor für die Ermüdungsfestigkeit der gebogenen Betonstähle

| Biegerollen-durchmesser $d_{br}$ | Faktor $\xi$ | Reduktion der Ermüdungsfestigkeit $(1-\xi) \cdot 100$ [%] |
|---|---|---|
| $5 \cdot d_s$ | 0,48 | 52 |
| $10 \cdot d_s$ | 0,61 | 39 |
| $15 \cdot d_s$ | 0,74 | 26 |

- *Verbindungen der Bewehrungsstäbe*

a) *Übergreifungsstoß*

Durch Versuche wurde ermittelt, dass die erreichten Bruchlastspielzahlen eines gestoßenen gleich denen eines nicht-gestoßenen Stabstahls sind, sofern die Übergreifungslänge größer als der 20-fache Stabdurchmesser ist. In DIN 1045-1 ist die Mindestlänge der Übergreifung mit min $l_s = 15 \cdot \varnothing$ angegeben.

b) *Mechanische Verbindungen, Kopplungen*

Durch die Vielzahl der auf dem Markt erhältlichen Verbindungstypen ist es schwer, eine generelle Aussage über das Ermüdungsverhalten der mechanischen Verbindungen zu treffen. Bei allen in [König/Danielewicz – 94] dargestellten Fällen trat der Bruch am Ausgang der Verbindungsstelle auf, da an dieser die größten Spannungskonzentrationen vorkommen.

*c) Schweißverbindungen*

Bei der Verwendung von Betonstahlmatten sind besonders die Schweißverbindungen zu betrachten. In Versuchen wurde festgestellt, dass sich die Lebensdauer von durch Heftschweißen miteinander verbundenen Stäben um etwa 50 % verkürzt. Die Abminderung ist stark abhängig von der Einbrandtiefe, das Schweißverfahren hingegen ist eher unbedeutend. Um alle Schweißverbindungen mit einer Wöhlerlinie abzudecken, wurde in der DIN 1045-1 für die Ermüdungsfestigkeit eine untere Grenzlinie festgelegt. In Bild 11.6 sind die Wöhlerlinien nach Versuchen und nach den Bemessungsnormen gegenüber gestellt.

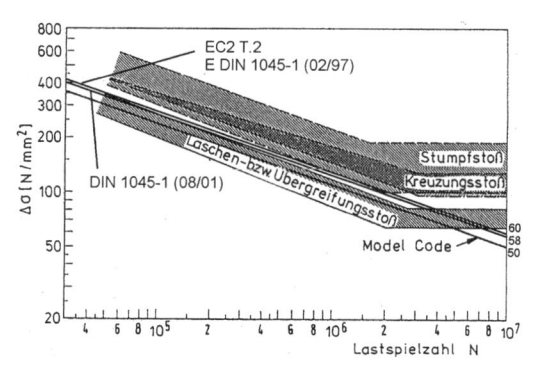

**Bild 11.6:** Streuband für verschiedene Schweißverbindungen und festgelegte Wöhlerlinien nach [König/Danielewicz – 94]

### 11.3.3.2 Spannstahl

Das Ermüdungsverhalten von Spannstählen wird erst in jüngster Zeit untersucht. Dies ist darauf zurückzuführen, dass bis vor kurzem fast ausschließlich voll oder beschränkt vorgespannt wurde und sich so nur relativ niedrige Spannungsschwingbreiten für den im Zustand I verbleibenden Querschnitt ergeben. Bei der in zunehmendem Maße verwendeten teilweisen Vorspannung befindet sich das Bauteil schon unter Gebrauchslasten im Zustand II. Dies führt im Bereich von Rissen zu erhöhten Spannungsschwingbreiten des Spannstahls.

Die in den Zulassungen der Spannverfahren angegebenen Ermüdungsfestigkeiten beziehen sich meist auf Untersuchungen an freien Proben. Hierbei wurde jedoch festgestellt, dass im eingebauten Zustand Abminderungen dieser Spannungen ergeben, die aus der durch Querpressung erzeugten Reibung entstehen. Bei gekrümmten Spanngliedern im Beton bzw. in verpressten Hüllrohren werden nach [König/Danielewicz – 94] nur etwa 40 % bis 70 % der Ermüdungsfestigkeit der entsprechenden freien Proben erreicht. Hieraus ergibt sich die Notwendigkeit, den Spannstahl im eingebauten Zustand genauer zu betrachten (Tabelle 11.3).

**Tabelle 11.3:** Parameter der Wöhlerlinie für Spannstahl (DIN 1045-1, Tab. 17)

| Spannstahl [a] | | $N^*$ | Spannungsexponent | | $\Delta\sigma_{Rsk}$ bei $N^*$ Zyklen in N/mm² |
|---|---|---|---|---|---|
| | | | $k_1$ | $k_2$ | |
| im sofortigen Verbund | | $10^6$ | 5 | 9 | 185 |
| im nachträglichen Verbund | Einzellitzen in Kunststoffhüllrohren | $10^6$ | 5 | 9 | 185 |
| | Gerade Spannglieder; gekrümmte Spannglieder in Kunststoffhüllrohren | $10^6$ | 5 | 10 | 150 |
| | Gekrümmte Spannglieder in Stahlhüllrohren | $10^6$ | 3 | 7 | 120 |
| | Kopplungen | $10^7$ | 3 | 5 | 58 |

[a] Sofern nicht andere Wöhlerlinien durch Testergebnisse, allgemeine bauaufsichtliche Zulassung oder Zustimmung im Einzelfall nachgewiesen werden können.

Die Ermüdungsfestigkeit des Spannstahls ist nicht nur von der aufgebrachten Spannungsschwingbreite abhängig, sondern wird auch wesentlich durch die in den folgenden Abschnitten beschriebenen Kennwerte bestimmt.

- *Spannstahlgüte, Herstellungsart und Oberflächenbeschaffenheit*
Bei der Ermittlung der zulässigen Festigkeiten der Spanndrähte müssen die Einflüsse der Spannstahlgüte, des Herstellverfahrens und der Oberflächenbeschaffenheit in ihrer Kombination betrachtet werden, da sich diese Einflüsse teilweise überlagern. Grundlegend können die in Tabelle 11.4 aufgezeigten Zusammenhänge bzgl. der Ermüdungsfestigkeit festgestellt werden. In der DIN 1045-1 werden für den Spannstahl keine Unterschiede hinsichtlich der Stahlgüte und der Oberflächenbeschaffenheit gemacht. Die dort angesetzten Werte der Ermüdungsfestigkeit wurden allgemeingültig für den jeweils ungünstigsten Fall bestimmt.

**Tabelle 11.4:** Erhöhung der Ermüdungsfestigkeit

|  | Ermüdungsfestigkeit | | |
|---|---|---|---|
|  | gering | ⟶ | hoch |
| Spannstahlgüte | St 835/1030 | St 1470/1670 | St 1570/1770 |
| Herstellungsart | gezogener Draht | warmgewalzter Stabstahl | vergüteter Draht |
| Oberfläche | profiliert/gerippt |  | glatt |

- *Reibermüdung*
Reibermüdung (fretting fatigue) bedeutet Ermüdung unter zusätzlicher Einwirkung von Reibung der Oberfläche, hervorgerufen durch den Kontakt mit einem anderen Medium. Aufgrund des Zusammenwirkens der ermüdungswirksamen Normalspannungen im Querschnitt und der Kontaktspannungen an der Stahloberfläche entstehen schief zur Kontaktfläche gerichtete Hauptspannungen.

Die Reibermüdung kann die Ermüdungsfestigkeit von Spanngliedern erheblich abmindern, z. B. bei Litzen gegenüber Einzeldrähten aus gleichem Material. Die Querpressungen und Scheuerbewegungen zwischen den einzelnen Litzen führen auch bei freien Proben zu einer geringeren Ermüdungsfestigkeit.

Der oft als Synonym zur Reibermüdung verwendete Begriff Reibkorrosion (frettig corrosion) weist auf die Wirkung der Reibermüdung hin. Die Spannungen an der Kontaktfläche sind nicht nur durch die äußere Belastung und den Reibungskoeffizienten des Materials im ungeschädigten Zustand bedingt. Sie hängen insbesondere auch von der Oberflächenrauhigkeit ab, welche sich während der Belastung durch Verschleiß und korrosionsähnliche, elektrochemische Prozesse an der Kontaktstelle ändern.

Im Zusammenhang mit der Dauerhaftigkeit der Hüllrohre wurde festgestellt, dass die Kunststoffhüllrohre im Gegensatz zu Stahlhüllrohren unter dynamischer Beanspruchung dauerhaft dicht bleiben, und somit einen besonders guten Korrosionsschutz für das Spannglied darstellen.

Dem Einfluss der Reibkorrosion wurde in der DIN 1045-1 durch die Einteilung der Spannverfahren in Gruppen unterschiedlicher Ermüdungsfestigkeiten Rechnung getragen. Die Gruppen unterscheiden sich hinsichtlich der verwendeten Hüllrohre und Lage der Spannglieder, welche Einfluss auf die Größe der Querpressung hat (vgl. Tabelle 11.3).

In DIN 1045-1 wird nicht explizit darauf hingewiesen, ob Spannglieder ohne Verbund im Grenzzustand der Ermüdung nachgewiesen werden sollten. Nach Meinung des Verfassers brauchen diese Spannglieder jedoch nicht nachgewiesen zu werden, da für die Bemessung in jedem Fall die von der Endverankerung ertragbare Schwingbreite maßgebend ist.

Dipl.-Ing. Michael Hansen

- *Kopplungen*

Das Ermüdungsverhalten von Spanngliedkopplungen wurde bisher nur an geraden, nicht einbetonierten Spanngliedproben hinreichend überprüft. Die Anzahl der Versuche an Kopplungselementen im einbetonierten Zustand ist z. Zt. noch gering, so dass die Festlegung der für die Bemessung anzusetzenden Wöhlerlinie schwierig ist.

Im Vergleich zu der Ermüdungsfestigkeit der Spannstähle ist die Ermüdungsfestigkeit der Kopplungen deutlich geringer. Die Kopplungen sind aufgrund der komplexen Spannungszustände und ihrer ungünstigen Geometrie sehr anfällig für die Reibermüdung.

Eine Verbesserung der Ermüdungsfestigkeiten der Kopplungen wird durch die Verringerung der Reibkorrosion erreicht. Dies kann durch optimierte Formgebung der sich berührenden Teile des Systems, sowie durch Einsatz von Weicheinlagen, Schmiermitteln sowie Kunststoff- und Metallvergüssen der Verankerung erzielt werden.

Die in der DIN 1045-1 festgelegte Wöhlerlinie für Spanngliedkopplungen ist mit den Werten des Model Code 1990 [CEB 213/214 – 93] vergleichbar.

*11.3.3.3 Beton*

Beton weist schon im unbelasteten Zustand Mikrorisse in der Kontaktzone zwischen den Zuschlägen und dem Zementstein auf. Diese sind auf eine Schwindbehinderung des Zementsteins durch die Zuschlagstoffe zurückzuführen. Bei zyklischer oder monotoner Belastung wachsen diese Risse an. Ab einem bestimmten Belastungsniveau können auch Risse im Zementstein auftreten. Durch die Vereinigung mehrerer Risse kommt es zu spontanem Risswachstum und zur Bildung einer Bruchfläche. Diese Vorgänge laufen bei monotoner und bei zyklischer Belastung ähnlich ab, allerdings zeigt der zyklisch belastete Beton eine größere Rissdichte als der zügig bis zum Bruch belastete Beton.

Bisher konnte für den Beton noch kein echter Dauerfestigkeitsbereich festgestellt werden. In der Literatur wird auf ein deutliches Abflachen der Wöhlerlinien im Bereich von $10^{10}$ Schwingspielen hingewiesen, eine Dauerschwingfestigkeit wurde bisher jedoch nicht festgestellt.

Das Ermüdungsverhalten des Betons kann u. a. abhängen von der Betongüte, der Betonzusammensetzung (Sieblinie, Zuschlagstoff, Zementgehalt, Luftporengehalt), der Größe des konstant gehaltenen Spannungswertes ($\sigma_u$, $\sigma_m$, $\sigma_o$) der Beanspruchungsart (Druck, Zug, Biegedruck, Biegezug, ein-, zwei- oder mehrachsig) und der Belastungsfrequenz (Beanspruchungsgeschwindigkeit und -dauer). Bei der Untersuchung des Einflusses der Betongüte wurde festgestellt, dass die Ermüdungsfestigkeit des Betons linear abhängig von der Betongüte ist. Aus diesem Grund wird die Ermüdungsfestigkeit zweckmäßig auf die Materialfestigkeit bezogen. Als Bezugswert wird im Allgemeinen die Prismen- oder Zylinderkurzzeitfestigkeit $f_c$ gewählt.

Bei der Auswertung der Versuchsergebnisse wird oftmals die relative, d. h. auf die Kurzzeitfestigkeit bezogene Ermüdungsfestigkeit bestimmt. Die Betonzusammensetzung (Sieblinie, Luftporengehalt, w/z-Wert usw.) hat keinen Einfluss auf die relative Ermüdungsfestigkeit. Die relative Ermüdungsfestigkeit von Leichtbeton unterscheidet sich nach [König/Danielewicz – 94] nicht von derjenigen eines Normalbetons; bei anderen Autoren (z. B. [Weigler/Rings – 87]) wird aber aufgrund gleichartiger Prüfungen von Leicht- und Normalbeton eine etwas geringere Ermüdungsfestigkeit für Leichtbeton angegeben. Der Einfluss einer mehrachsigen Beanspruchung auf das Ermüdungsverhalten von Beton wurde bislang noch nicht ausreichend geklärt.

Die Ermüdungsfestigkeit des Betons unter Druckbeanspruchung wird von zwei Parametern maßgeblich beeinflusst. Im Gegensatz zum Stahl spielt nicht nur die Spannungsschwingbreite sondern auch der Wert der Ober- bzw. Unterspannung eine Rolle. Die Wöhlerlinien des Betons lassen sich demnach nur mittels zweiparametriger Funktionen beschreiben. Um einheitliche Linien für alle Betone zu erhalten, werden die Wöhlerlinien mit der relativen Ermüdungsfestigkeit beschrieben (s. o.).

Mit wachsender Unterspannung nimmt bei gleichen Schwingbreiten die Bruchschwingspielzahl des Betons ab. In neueren Diagrammen wird die auf die Betongüte bezogene Oberspannung $\sigma_o / f_c$ und das Verhältnis Unter- zu Oberspannung $R = \sigma_o/\sigma_u$ zur Darstellung der Wöhlerlinie gewählt (Bild 11.7).

Die in Versuchen ermittelten Ermüdungsfestigkeiten streuen z. T. sehr stark. Da die Streuung der Materialfestigkeiten bei der Festlegung des Bemessungswertes der Betonfestigkeit berücksichtigt wird ($\gamma_{c,fat}$ = 1,5), genügt zur Definition der Ermüdungsfestigkeit eine mittlere Wöhlerkurve.

Obwohl in der DIN 1045-1 bei den vereinfachten Nachweisen die Nachweisformate für Leichtbeton mit denen für Normalbeton gleichgesetzt sind, sind für Leichtbeton gesonderte Betrachtungen notwendig (DIN 1045-1, 10.8.1 (3)).

Im Model Code 1990 [CEB 213/214 – 93] wird keine Dauerschwingfestigkeitsgrenze angegeben. Die Wöhlerlinien werden dort derart „gestreckt", dass sich eine unendlich lange Lebensdauer des Betons für log N $\rightarrow \infty$ erst bei Spannungsschwingbreiten unter Null ergibt. Im Model Code 1990 [CEB 213/214 – 93] ist auch eine Wöhlerlinie für den Beton unter Zugspannungen angegeben.

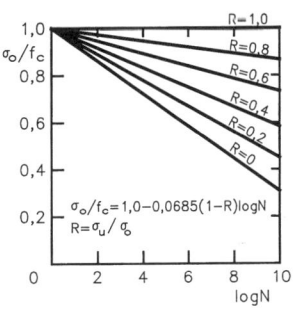

**Bild 11.7:** Wöhlerlinie für den Beton

Für die Ermüdungsnachweise nach DIN 1045-1 sind Beton- und Stahlspannungen auf Grundlage des Zustandes II ohne Ansatz der Zugfestigkeit des Betons zu ermitteln (DIN 1045-1, 10.8.2 (1)). Ein Ermüdungsnachweis des Betons bei positiven Spannungen erübrigt sich demnach. Treten in der Betonfaser der maximalen Druckbeanspruchung bei zyklischer Belastung auch Zugspannungen auf, ist der Ermüdungsnachweis mit einer Unterspannung von $\sigma_c = 0$ zu führen.

Neben dem Verhältnis der Spannungsamplitude und der Unterspannung sind noch weitere Einflüsse für die Ermüdungsfestigkeit des Betons von Bedeutung.

- *Feuchtigkeitsgehalt*

In den meisten in [König/Danielewicz – 94] vorgestellten Versuchen wurde eine eindeutige Abnahme der Ermüdungsfestigkeit mit wachsendem Feuchtigkeitsgehalt der Proben beobachtet. Dies wird damit erklärt, dass der feuchte Beton unter Last eher gleitet, wodurch die Rissentwicklung unter zyklischer Belastung beschleunigt wird. Bei diesen Versuchen wurden allerdings nur sehr kleine Proben verwendet. Durch die Variation der Probendurchmesser wurde an anderer Stelle nachgewiesen, dass der Einfluss der Klimabedingungen sich nur auf die oberflächennahen Betonfasern erstreckt und dadurch bei großen Querschnitten nicht mehr signifikant ist.

- *Belastungsfrequenz*

Die ertragbaren Lastspielzahlen werden mit abnehmender Belastungsfrequenz im Allgemeinen geringer. Dieser Einfluss wird nach [König/Danielewicz – 94] allerdings erst bei Maximalspannungen von über 75 % der Druckfestigkeit relevant. In [König/Danielewicz – 94] werden Ansätze für eine Wöhlerlinie angegeben, welche die Belastungsfrequenz berücksichtigen. Da diese Ansätze nicht Bestandteil der hier behandelten Normen geworden sind, sollen sie an dieser Stelle nicht weiter erläutert werden.

- *Exzentrische Belastung*

Die Ergebnisse von Versuchen mit zentrisch belasteten Proben können nicht ohne weiteres auf Proben mit exzentrischer Lasteinleitung übertragen werden. Spannungsumlagerungen von den äußeren zu weniger beanspruchten Querschnittsfasern bewirken eine Erhöhung der

Ermüdungsfestigkeit der Biegedruckzone. Ein biegebeanspruchtes Bauteil, das nach den berechneten maximalen Betonrandspannungen bemessen wird, führt nach [Hashem – 86] zu einem sehr unwirtschaftlichen Ergebnis. In [CEB 213/214 – 93] und in [Darmstadt – 96] wird ein Abminderungsfaktor $\eta_c$ zur Ermittlung der maßgeblichen Betonspannung angegeben.

$$\eta_c = \frac{1}{1,5 - 0,5 \cdot |\sigma_{c1}| / |\sigma_{c2}|} \tag{11-9}$$

Die Spannungswerte $\sigma_{c1}$ und $\sigma_{c2}$ stehen für den minimalen bzw. maximalen Wert der Druckspannungen in einem Abstand von höchstens 300 mm vom Querschnittsrand (Bild 11.8).

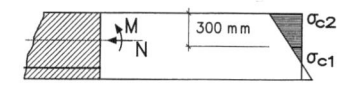

**Bild 11.8:** Definition der Spannungen $\sigma_{c1}$ und $\sigma_{c2}$

Für eine konstante Druckbelastung ergibt sich damit der logisch richtige Wert $\eta_c = 1{,}0$, für den Grenzfall $\sigma_{c1} = 0$ wird der Wert $\eta_c$ zu 0,66 berechnet.

In den vereinfachten Nachweisverfahren nach DIN 1045-1 wurde dieser Abminderungsfaktor nicht aufgenommen.

- *Belastungsgeschichte*

Für die Bemessung unter ruhender Belastung wird in der DIN 1045-1 der Bemessungswert der Betondruckfestigkeit mit dem Faktor $\alpha = 0{,}85$ abgemindert. Damit wird dem Unterschied zwischen folgenden Aspekten Rechnung getragen:

– der Bauwerks- und Probenfestigkeit,
– dem Festigkeitsverlust unter einer im frühen Betonalter aufgebrachten Belastung sowie
– dem Unterschied zwischen der Dauerstandsfestigkeit- und der im Versuch ermittelten Kurzzeitfestigkeit

Der Festigkeitsanstieg infolge der fortschreitenden Hydratation wird nicht berücksichtigt. Hierbei wird von dem ungünstigen Fall ausgegangen, dass die volle Belastung unmittelbar nach der Bauwerkserrichtung aufgebracht wird.

Da es jedoch unwahrscheinlich ist, dass die nicht ruhende Belastung schon im frühen Betonalter im vollen Umfang wirkt, wird bei der Ermittlung der Beanspruchung für die Ermüdungsbemessung von einer höheren Betondruckfestigkeit als der 28-Tage Festigkeit ausgegangen. Der im Model Code 1990 [CEB 213/214 – 93] erarbeitete Ansatz für schnell erhärtenden, hochfesten Zement zur Berücksichtigung dieses Effektes wird in DIN 1045-1, 10.8.4 (4) mit dem Erhöhungsfaktor $\beta_{cc}$ berücksichtigt.

$$\beta_{cc}(t_0) = \exp\left\{0{,}2 \cdot \left[1 - \sqrt{\frac{28}{t_0}}\right]\right\} \tag{11-10}$$

$t_0$ = der Zeitpunkt der Erstbelastung des Betons (in Tagen)

### 11.3.4 Schadensakkumulation

Im realen Bauwerk sind sehr komplexe Belastungsformen und Belastungs-Zeitverläufe anzutreffen. Diese können in den durchführbaren Einstufen- oder Mehrstufenversuchen nicht simuliert werden, da die Veränderung der Verkehrslast weder über die Zeit, noch in ihrer Größe konstant ist. Die Belastungsverteilungen, bspw. aus Verkehr, Wellen, Wind und Strömung, unterliegen dem Zufallscharakter. Bei ihrer genauen Beschreibung ist man auf Messungen an bestehenden Bauwerken angewiesen, da eine tatsächliche Belastung analytisch selten hergeleitet werden kann. Als Ergebnis von Bauwerksuntersuchungen ergeben sich Beanspruchungs-Zeit-Verläufe, die nur in Sonderfällen eine gleichmäßige Schwingung beschreiben. Um sie dennoch auf die Versuchsergebnisse der Einstufenversuche mit

# Ermüdung

konstanter Schwingbreite und konstantem Schwingspiel beziehen zu können, werden Schadensakkumulations-Hypothesen benutzt, mit deren Hilfe die Lebensdauer eines Bauwerkes bestimmt werden kann.

Das einfachste und zugleich ausreichend wirklichkeitsnahe Modell zur Schädigungsermittlung dynamisch beanspruchter Bauteile ist die von *Palmgren* vorgeschlagene und durch *Miner* ergänzte lineare Schadensakkumulations-Hypothese. Der Grundgedanke besteht darin, dass jede einzelne Spannungsamplitude $\Delta\sigma_k$ aus der schwingenden Beanspruchung eines Werkstoffs oder Bauteils eine relative Schädigung $d_k$ bewirkt, die als Kehrwert der maximalen Schwingzahl $N_k$ (Bruchlastspielzahl) für die betrachtete Spannungsamplitude $\Delta\sigma_k$ definiert wird, siehe Gleichung (11-11).

Eine Grundvoraussetzung dieser Theorie ist, dass die Reihenfolge der Spannungsspiele unterschiedlicher Amplituden auf das Fortschreiten der Schädigung keinen Einfluss hat.

Die zu der Spannungsschwingbreite $\Delta\sigma_k$ zugehörige Bruchlastspielzahl $N(\Delta\sigma_k)$ wird aus Versuchen ermittelt und kann direkt aus der Wöhlerlinie abgelesen werden.

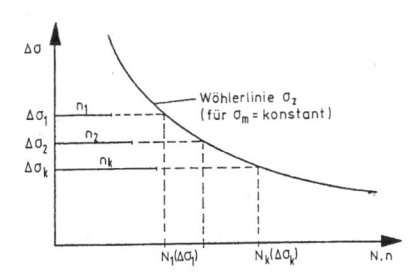

**Bild 11.9:** Palmgren-Miner-Regel

$$d_k = \frac{1}{N_k(\Delta\sigma_k)} \qquad (11\text{-}11)$$

Mit der während der Nutzungsdauer auftretenden Lastspielzahl $n_k$ akkumuliert die zu $\Delta\sigma_k$ zugehörige relative Schädigung auf den Wert $D_k = n_k \cdot d_k$. Die relative Gesamtschädigung D von m aufeinander folgenden Beanspruchungsblöcken mit jeweils $n_k$ Schwingspielen konstanter Schwingbreite ergibt sich nach Gleichung (11-12).

$$D = \sum D_k = \sum_{1}^{m} \frac{n_k(\Delta\sigma_k)}{N_k(\Delta\sigma_k)} \qquad (11\text{-}12)$$

$D_k$ ist demnach das Verhältnis der aufgebrachten Lastspielzahl $n_k$ zu der Bruchlastspielzahl $N_k$. Falls die Summe (Akkumulation) der Schädigungen den Wert $D = D_{lim} = 1,0$ erreicht, ist die Tragfähigkeit erschöpft und per Definition tritt ein Bruch ein.

Mehrstufenversuche, deren Ergebnisse die Gültigkeit der Palmgren-Miner-Hypothese speziell für Betonstähle überprüfen, sind nicht bekannt. Um die generell bei Versuchen mit metallischen Werkstoffen festgestellten großen Streuungen in der rechnerischen Schädigungssumme zu berücksichtigen, wird häufig die zulässige Schädigungssumme $S = D_{Ed} \leq 1$ gewählt (DIN 1045, 10.8.3 (1)).

Die Palmgren-Miner-Regel ist nicht unumstritten, da die Annahme, dass die Reihenfolge und der Zeitpunkt der Belastungen keine Rolle spielen, sicherlich eine sehr grobe Vereinfachung darstellen. Anhand zahlreicher Versuche wurde jedoch festgestellt, dass die Palmgren-Miner-Regel für einen ingenieurmäßigen Nachweis ausreichend ist, wenn die Werkstoffkennwerte genau beschrieben werden und die Streuung aller einwirkenden Parameter beachtet wird.

Eine rechnerische Ermittlung der Ermüdungs- oder Betriebsfestigkeit und die Anwendung der Schadensakkumulations-Hypothesen setzen die Kenntnis der Beanspruchungskollektive voraus. Die durch den Betrieb hervorgerufenen Beanspruchungen weisen meistens einen regellosen Verlauf auf. Zur Auszählung und Ordnung der Beanspruchungsschwingspiele nach ihren Amplituden und Auftretenshäufigkeiten wurden zahlreiche Methoden entwickelt.

Für die Belange des Massivbaus hat sich als zweckmäßigste Methode das Rainflow-Verfahren erwiesen. Als Spannungsschwingbreite wird bei diesem Verfahren die Differenz der maximalen und minimalen Spannung einer geschlossenen Hysterese (Be- und Entlastung) angesetzt.

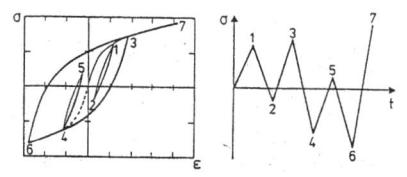

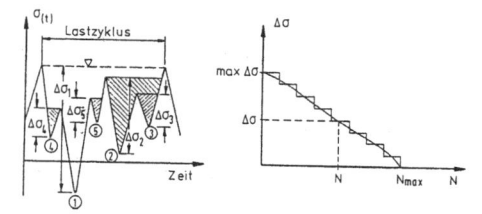

**Bild 11.10:** Rainflow-Verfahren (aus [König/Danielewicz – 94])

**Bild 11.11:** Reservoir-Methode und Summenhäufigkeit von $\Delta\sigma$ (aus [König/Danielewicz – 94])

Zum gleichen Ergebnis wie das Rainflow-Verfahren führt das etwas anschaulichere Reservoir-Zählverfahren. Die der Reservoir-Methode zu Grunde liegende Modellvorstellung lässt sich sehr anschaulich darstellen (siehe Bild 11.11): Nachdem das $\sigma$-t-Diagramm wie ein Reservoir mit Wasser gefüllt wird, wird am tiefsten Punkt (Punkt 1 in Bild 11.11) das Wasser abgelassen. Die Höhe des „Wasserstandes" beträgt $\Delta\sigma_1$ und entspricht einem vollen Schwingspiel mit der Spannungsamplitude $\Delta\sigma_1$. Anschließend werden auch die anderen Kammern des Reservoirs nach und nach entleert und dabei die $\Delta\sigma_i$-Werte und deren Anzahl bestimmt. Die einzelnen Spannungsdifferenzen können ihrer Größe nach geordnet in ein $\Delta\sigma$-N-Diagramm eingetragen werden. Der Wert N beschreibt an dieser Stelle, wie viele Schwingspiele den Wert $\Delta\sigma$ überschreiten (Summenhäufigkeitsdiagramm für das Lastkollektiv bzw. Kollektivform).

Die rechnerische Schadenssumme D hängt stark von dem verwendeten Zählverfahren sowie von dem angenommenen Verlauf der Wöhlerlinie im Dauerfestigkeitsbereich ab.

## 11.4 Nachweise gegen Ermüdung

### 11.4.1 Modelle

Bei der Entwicklung von geeigneten Modellen für den Ermüdungsnachweis sind der Aufwand zur Ermittlung der maßgeblichen Beanspruchung und die Wirtschaftlichkeit des berechneten Nachweisergebnisses gegeneinander abzuwägen. Im Model Code 1990 [CEB 213/214 – 93] wird zwischen drei verschiedenen Nachweisverfahren unterschieden. Zur Veranschaulichung werden diese Nachweise hier für den Werkstoff Stahl dargestellt. Die Nachweismethoden lassen sich aber unter Berücksichtigung des komplexeren Werkstoffverhaltens auch auf den Beton übertragen.

#### 11.4.1.1 Vereinfachter Nachweis

Der vereinfachte Nachweis nach Model Code 1990 [CEB 213/214 – 93] kann für Bauteile angewendet werden, die während der gesamten Betriebszeit maximal $10^8$ Schwingspiele erleiden. Er gleicht einem Dauerschwingfestigkeitsnachweis. Da der einbetonierte Stahl keine tatsächliche Dauerschwingfestigkeit aufweist, wird für diesen Wert die ertragbare Schwingbreite $\Delta\sigma_{Rsk}(n)$ bei $n = 10^8$ Schwingspielen festgelegt (vgl. Bild 11.12).

Unter Einbeziehung von definierten Sicherheitsbeiwerten ist nachzuweisen, dass die Maximalbeanspruchung max $\Delta\sigma_s$ unterhalb der aus der Wöhlerlinie abzulesenden Ermüdungsfestigkeit $\Delta\sigma_{Rsk}$ des Werkstoffes bei $10^8$ Lastwechseln liegt. Die tatsächliche Schwingspielzahl und Belastungsverteilung spielt für diesen Nachweis keine Rolle. Hierbei ergibt sich eine sichere, aber unwirtschaftliche Bemessung.

## 11.4.1.2 Nachweis auf Grundlage der Maximalbeanspruchung

Diese Nachweismethode kann angewendet werden, für den Fall dass die erwartete Beanspruchungsspielzahl n bekannt ist. Analog zum vereinfachten Nachweis, findet die Bemessung für die in der gesamten Nutzungsdauer auftretende maximale Beanspruchungsschwingbreite statt. Als ertragbare Schwingbreite wird hier der Wert $\Delta\sigma_{Rsk}(n)$ aus der Wöhlerlinie abgelesen, der sich für n Spannungsspiele ergibt. Beanspruchungen, die unterhalb des Maximalwertes liegen und somit eine geringere Schädigung hervorrufen, werden nicht berücksichtigt.

Dieser Nachweis eignet sich für Bauwerke, bei denen keine genaueren Angaben über das Lastspektrum gemacht werden können. Treten in der gesamten Lebensdauer immer die gleichen Schwingbreiten auf, so entspricht dieser Nachweis bereits dem Nachweis auf Grundlage des Lastspektrums.

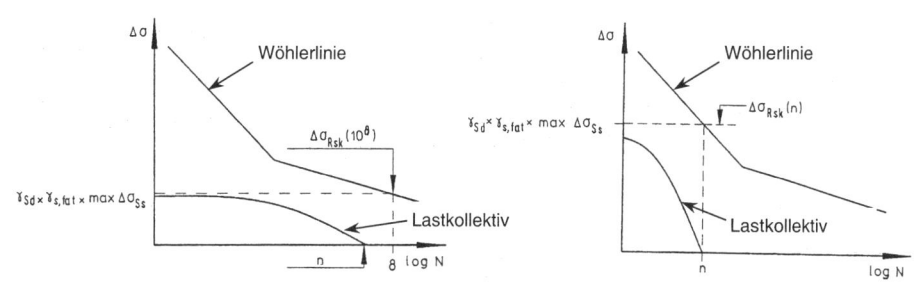

**Bild 11.12:** Vereinfachter Nachweis (aus [König/Danielewicz – 94])

**Bild 11.13:** Nachweis auf Grundlage der Maximalbeanspruchung (aus [König/Danielewicz – 94])

## 11.4.1.3 Nachweis auf Grundlage des Lastspektrums

Ist das Lastspektrum für ein Bauteil bekannt, kann der Nachweis der Ermüdung in Form eines Betriebsfestigkeitsnachweises geführt werden. Die einzelnen Schwingbreiten werden in Klassen gleicher Beanspruchung eingeteilt, und für jede einzelne dieser Klassen wird die „Schädigung" auf den untersuchten Werkstoff mit Hilfe der Wöhlerlinien bestimmt (Bild 11.14).

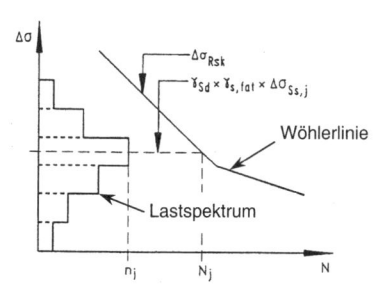

**Bild 11.14:** Nachweis auf Grundlage des Lastspektrums (aus [König/Danielewicz – 94])

In diesem Nachweis darf entsprechend der linearen Schadensakkumulations-Hypothese von *Palmgren* und *Miner* die Gesamtsumme der Einzelschädigungen den Wert $D_{lim}$ nicht überschreiten. Dieses Nachweisverfahren erzielt die wirtschaftlichsten Ergebnisse, wird jedoch sehr aufwendig, sobald das Lastspektrum noch experimentell ermittelt werden muss. Gegenüber dem vereinfachten Nachweis können nach [König/Danielewicz – 94] je nach Völligkeit des Lastspektrums bis zu 1000-fach höhere Schwingspielzahlen zugelassen werden.

Für einige Bauwerke, wie z. B. Kranbahnen, Brücken und Off-Shore-Konstruktionen wurden typische Lastspektren (Lastkollektive) ermittelt, mit denen der Betriebsfestigkeitsnachweis derartiger Konstruktionen geführt werden kann.

Ein Lastkollektiv ergibt sich als die Summenkurve eines Lastspektrums. Dieses wird beschrieben durch die Höchstbeanspruchung, die Anzahl der Schwingspiele während der vorgesehenen Betriebsdauer (Kollektivumfang) und die Verteilungsform der Beanspruchung (Kollektivform).

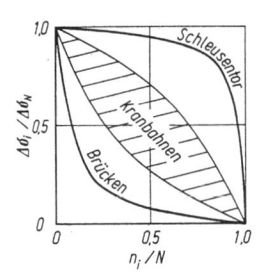

Bild 11.15: Belastungskollektive

Die Darstellung in Bild 11.15 verdeutlicht, wie stark die Lebensdauer von der Kollektivform, d. h. von der Charakteristik der Betriebsbelastung beeinflusst wird. Mit fallendem Anteil der höheren Spannungsamplituden der verschiedenen Kollektivformen (Völligkeitsgrad) wird die Bruchschwingspielzahl gegenüber dem konstanten Kollektiv (Einstufenversuch) größer und somit die Lebensdauer länger. In [Harre/Beul – 91] wird die Auswirkung verschiedener Kollektivformen auf die Betriebsfestigkeit von Betonstählen beschrieben.

*11.4.1.4 Nachweise in DIN 1045-1*

Sofern innerhalb der Nutzungsdauer eines Bauwerks unter den ermüdungswirksamen Lasten weniger als N* Spannungsspiele zu erwarten sind, darf für die schädigungsäquivalente Schwingbreite die maximal auftretende Amplitude angesetzt werden. Auf diese Weise wird bei positivem Nachweisergebnis unnötiger Rechenaufwand vermieden. Diese Nachweisform entspricht qualitativ dem vereinfachten Nachweis nach DIN 1045-1, 10.8.3 (5). Sobald in einem Bauwerk mehr als N* Spannungsspiele auftreten, kann diese Vereinfachung nicht angewendet werden. Mit Hilfe geeigneter Formeln muss in diesem Fall die schädigungsäquivalente Schwingbreite für N* Spannungsspiele berechnet werden. Die Berechnung kann entweder, entsprechend dem Nachweis auf Grundlage der Maximalbeanspruchung (s. o.) mit der auftretenden Maximalamplitude durchgeführt werden oder durch Einbeziehung des Lastkollektivs entsprechend dem Nachweis auf Grundlage des Lastspektrums.

### 11.4.2 Bemessungsphilosophie und Sicherheitsbeiwerte

Für den Ermüdungsnachweis entfallen auf der Einwirkungsseite die Teilsicherheitsbeiwerte der Lasten, weil diese Lasten schon über das Lastkollektiv mit ihren Höchstwerten erfasst werden. Damit wird der Nachweis unter Gebrauchslasten geführt. Für den Nachweis gegen Ermüdung werden entsprechend für die Last- und Modellungenauigkeiten auf der Einwirkungsseite folgende Teilsicherheitsbeiwerte angesetzt (DIN 1045-1, 5.3.3 (2)):

$\gamma_{F,fat} = 1,0$ $\qquad \gamma_{Ed,fat} = 1,0$

Die Spannungen müssen auf der Grundlage gerissener Querschnitte unter Vernachlässigung der Zugfestigkeit des Betons, aber gleichzeitiger Erfüllung der Verträglichkeit der Dehnungen ermittelt werden (DIN 1045-1, 10.8.2 (1)).

Falls bei einem genaueren Nachweis eine andere, auf der „unsicheren Seite" liegende Spannungsermittlung zu Grunde gelegt wird, sollte nach [König/Danielewicz – 94] der Teilsicherheitsbeiwert $\gamma_{Ed} = 1,1$ gesetzt werden. Diese Erhöhung des Teilsicherheitsbeiwertes wurde in der DIN 1045-1 nicht aufgenommen.

Auf der Widerstandsseite lauten die Teilsicherheitsbeiwerte für die Baustoffeigenschaften (DIN 1045-1, Tab. 2 und 5.3.3 (9)):

$\gamma_{s,fat} = 1,15$ $\qquad$ für Betonstahl und Spannstahl

$\gamma_{c,fat} = 1,5$ $\qquad$ für Beton bis zur Festigkeitsklasse C50/60 und LC50/60

Bei Beton ab den Festigkeitsklassen C55/67 und LC55/60 ist der Teilsicherheitsbeiwert $\gamma_c$ zur Berücksichtigung der größeren Streuungen der Materialeigenschaften stets mit dem Faktor $\gamma_c$' nach Gleichung (11-13) zu vergrößern.

$$\gamma_c' = \frac{1}{1{,}1 - \dfrac{f_{ck}}{500}} \geq 1{,}0 \quad (f_{ck} \text{ in MN/m}^2)$$

(11-13)
DIN 1045-1, (3)

Sie gleichen somit den Teilsicherheitsbeiwerten im Grenzzustand der Tragfähigkeit.

### 11.4.3 Anwendungsgrenzen

Grundsätzlich sollten alle tragenden Bauteile, die beträchtlichen Spannungsänderungen unterworfen sind, für Ermüdung bemessen werden. Dies sollte für Beton und Stahl getrennt geschehen.

Für Tragwerke des üblichen Hochbaus braucht jedoch im Allgemeinen kein Ermüdungsnachweis geführt werden (DIN 1045-1, 10.8.1 (2)). Für Brückenbauwerke sieht der DIN-Fachbericht „Betonbrücken" [DIN-Brücken – 01] ergänzende Regelungen vor. Nach diesem Bericht darf für Bauwerke oder Bauwerksteile, bei denen die dynamische Last nur einen geringen Anteil an der Gesamtlast hat, der Nachweis gegen Ermüdung entfallen.

### 11.4.4 Maßgebende Beanspruchung

*11.4.4.1 Allgemein bei den Nachweisen für den Stahl und den Beton*

Für den Ermüdungsnachweis des Stahls und des Betons unter Druckbeanspruchung sind die maßgebenden Spannungswerte unter der Einwirkungskombination nach Gleichung (11-14) zu bestimmen (DIN 1045-1, 10.8.3 (3)).

$$E_{d,fat} = E\left[\sum_{j\geq 1} G_{k,j} + P_k + Q_{k,1} + Q_{k,2} + \psi_{1,3} \cdot Q_{k,3}\right]$$

(11-14)

– $G_{k,j}$    ständige Einwirkungen
– $P_k$    maßgebender charakteristischer Wert der Vorspannkraft
       (mit $r_{inf}$ und $r_{sup}$ nach DIN 1045-1, 8.7.4)
– $Q_{k,1}$    Nutzlasten (Verkehrslasten)
– $Q_{k,2}$    wahrscheinlicher Wert der Setzungen, sofern ungünstig wirkend
– $\psi_{1,3} \cdot Q_{k,3}$    häufiger Wert der Temperatureinwirkung, sofern ungünstig wirkend

*11.4.4.2 Vereinfachte Nachweise*

Bei der Anwendung der vereinfachten Nachweise sind diese Nachweise sowohl für Stahl als auch für Beton unter der häufigen Lastkombination nach Gleichung (11-15) zu führen (DIN 1045-1, 10.8.4 (2),(3),(4),(6)).

$$E_d = E\left[\sum_{j\geq 1} G_{k,j} + r_p \cdot P_k + \psi_{1,1} \cdot Q_{k,1} + \sum_{i>1} \psi_{2,i} \cdot Q_{k,i}\right]$$

(11-15)

*11.4.4.3 Nachweis im Bereich von Schweißverbindungen oder Kopplungen*

Sofern kein genauerer Nachweis geführt wird, muss beim Ermüdungsnachweis für die Spanngliedkopplungen der Mittelwert der Vorspannkraft $P_{mt}$ mit dem Faktor $r_p = 0{,}75$ abgemindert werden. Durch die mit diesem Abminderungsfaktor verbundene Abminderung des Vorspanngrades erhöhen sich die für die Ermüdung relevanten Spannungsschwingbreiten. Hierdurch werden auch Unsicherheiten bei der Spannungsverteilungen im Querschnitt aufgefangen (DIN 1045-1, 10.8.4 (3)).

## 11.4.5 Innere Kräfte und Spannungen für den Ermüdungsnachweis

Nach DIN 1045-1 sind die Spannungen im gerissenen Zustand (Zustand II), ohne Ansatz der Zugfestigkeit des Betons zu ermitteln. Das Verhältnis der Elastizitätsmodule von Stahl und Beton darf bei der Ermittlung der inneren Schnittgrößen und Spannungen zu $\alpha_e=10$ angesetzt werden (DIN 1045-1, 10.8.2 (1) und (2)).

Bei der Berechnung der Betonstahl- und Spannstahlspannungen in gerissenen Querschnitten mit gemischter Bewehrung ist das unterschiedliche Verbundverhalten durch den Beiwert $\eta$ nach Gleichung (11-16) zu berücksichtigen (DIN 1045-1, 10.8.2 (3)).

$$\eta = \frac{A_s + A_p}{A_s + A_p \cdot \sqrt{\xi \cdot (d_s/d_p)}} \qquad (11\text{-}16)$$
DIN 1045-1, (118)

$A_s$    Querschnittsfläche der Betonstahlbewehrung
$A_p$    Querschnittsfläche der Spannstahlbewehrung
$d_s$    größter Durchmesser der Betonstahlbewehrung
$d_p$    Durchmesser oder äquivalenter Durchmesser der Spannstahlbewehrung

$\quad d_p = 1{,}60 \cdot \sqrt{A_p}$    für Bündelspannglieder

$\quad d_p = 1{,}20 \cdot d_{Draht}$    für Einzellitzen (3 Drähte)

$\quad d_p = 1{,}75 \cdot d_{Draht}$    für Einzellitzen (7 Drähte)

$\xi$    Verhältnis der Verbundfestigkeit von im Verbund liegenden Spanngliedern zur Verbundfestigkeit von Betonrippenstahl im Beton nach Tabelle 11.5.

**Tabelle 11.5:** Verhältnis $\xi$ der Verbundbeiwerte (DIN 1045-1, Tabelle 15)

| Spanngliedtyp | Spannglieder im sofortigen Verbund | Spannglieder im nachträglichen Verbund | |
|---|---|---|---|
| | | bis C50/60 u. LC50/55 | ab C55/67 u. LC55/60 |
| glatte Stäbe | – | 0,3 | 0,15 |
| Litzen | 0,6 | 0,5 | 0,25 |
| profilierte Drähte | 0,7 | 0,6 | 0,3 |
| gerippte Stäbe | 0,8 | 0,7 | 0,35 |

Der Erhöhungsfaktor $\eta$ lässt sich durch die Betrachtung des Gleichgewichts und der Kontinuität an einem Einzelriss herleiten. Bei einer abgeschlossenen Rissbildung ergeben sich geänderte Beziehungen, die aber nach der Norm nicht berücksichtigt werden müssen.

Für den Ermüdungsnachweis dürfen die Spannungen in der Querkraftbewehrung nach DIN 1045-1, 10.8.2 (5) für eine Druckstrebenneigung nach Gleichung (11-17) ermittelt werden, wobei $\theta$ die Druckstrebenneigung des der Bemessung zugrundeliegenden Fachwerkmodells ist.

$$\tan \theta_{fat} = \sqrt{\tan \theta} \qquad (11\text{-}17)$$

## 11.4.6 Ermüdungsnachweise für den Stahl

### 11.4.6.1 Vereinfachter Nachweis

Bei den vereinfachten Nachweisen darf ein ausreichender Ermüdungswiderstand für ungeschweißte Bewehrungsstäbe unter Zugbeanspruchung angenommen werden, falls unter der häufigen Einwirkungskombination die Spannungsschwingbreite $\Delta\sigma_s$ den Wert 70 N/mm² nicht überschreitet (DIN 1045-1, 10.8.4 (2)).

Im Bereich von Schweißverbindungen oder Kopplungen gilt der Nachweis gegen Ermüdung als erfüllt, wenn in diesen Bereichen der Betonquerschnitt unter der häufigen Lastkombination vollständig unter Druckbeanspruchung steht. Für den Spannstahl ist dabei der Abminderungsfaktors von 0,75 für den Mittelwert der Vorspannkraft $P_{mt}$ zu berücksichtigen (DIN 1045-1, 10.8.4 (3)).

### 11.4.6.2 Betriebsfestigkeitsnachweis

Beim genaueren Nachweis gegen Ermüdung über schädigungsäquivalente Spannungsschwingbreiten gilt für den Stahl die Gleichung (11-18) (DIN 1045-1, 10.8.3(5)).

$$\gamma_{F,fat} \cdot \gamma_{Ed,fat} \cdot \Delta\sigma_{s,equ} \leq \frac{\Delta\sigma_{Rsk}(N^*)}{\gamma_{s,fat}} \qquad (11\text{-}18)$$

DIN 1045-1, (119)

$\Delta\sigma_{Rsk}(N^*)$ Spannungsschwingbreite bei N* Lastspielen aus der Wöhlerlinie (DIN 1045-1, Tab. 16, Tab. 17 und Bild 52, vgl. Bild 11.4 aus Seite 279)

$\Delta\sigma_{s,equ}$ Schädigungsäquivalente Spannungsschwingbreite; sie erzeugt mit N* Spannungsspielen die gleiche Schädigung wie die reale Belastung
Für übliche Hochbauten gilt näherungsweise: $\Delta\sigma_{s,equ} = \max \Delta\sigma_s$

Der Schwerpunkt bei dieser Nachweisführung liegt in der Ermittlung der schädigungsäquivalenten Schwingbreite. Für die genaue Bestimmung dieses Wertes sind Angaben über die Verteilung der Belastung in der geplanten Nutzungsdauer nötig. Liegt das zu erwartende Spannungsspektrum des zu bemessenden Bauteils vor, können mit Hilfe der Palmgren-Miner-Hypothese sowie den in der Norm angegebenen Wöhlerlinien (siehe Tabelle 11.1 auf Seite 281) die schädigungsäquivalenten Schwingbreiten annähernd ermittelt werden. Bei diesem Vorgehen werden neben den maximalen auch die geringen, weniger ermüdungswirksamen Spannungsamplituden betrachtet.

Ein vereinfachtes Verfahren zur Ermittlung der schädigungsäquivalenten Schwingbreite wie dies für Brückenbauwerke im Eurocode 2 Teil 2 [EC 2-2 – 97] angegeben ist, wird in der DIN 1045-1 nicht aufgeführt.

Für übliche Hochbauten darf die Spannungsschwingbreite $\Delta\sigma_{s,equ} = \max \Delta\sigma_s$ gesetzt werden (DIN 1045-1, 10.8.3 (5)). Max $\Delta\sigma_s$ entspricht dabei der maximalen Spannungsamplitude unter der maßgebenden ermüdungswirksamen Einwirkungskombination. Durch den Ansatz der Maximalamplitude für alle Schwingspiele und aufgrund der im Hochbau zu erwartenden Lastzyklen $N^* < 10^6$, scheint diese Vereinfachung gerechtfertigt.

### 11.4.7 Ermüdungsnachweise für den Beton

#### 11.4.7.1 Vereinfachter Nachweis

Der vereinfachte Ermüdungsnachweis für Beton unter Druckbeanspruchung ist erfüllt, wenn die Bedingung nach Gleichung (11-19) eingehalten wird (DIN 1045-1, 10.8.4 (4)).

$$\frac{|\sigma_{cd,max}|}{f_{cd,fat}} \leq 0,5 + 0,45 \cdot \frac{|\sigma_{cd,min}|}{f_{cd,fat}} \quad \begin{cases} \leq 0,9 & \text{bis C50/60} \\ \leq 0,8 & \text{ab C55/67} \end{cases} \qquad (11\text{-}19)$$

DIN 1045-1, (123)

$$f_{cd,fat} = \beta_{cc}(t_0) \cdot f_{cd} \cdot \left(1 - \frac{f_{ck}}{250}\right) \quad \text{mit } f_{ck} \text{ in } \left[\frac{N}{mm^2}\right] \qquad (11\text{-}20)$$

DIN 1045-1, (124)

Die einzelnen Bestandteile der Gleichungen werden auf der nächsten Seite erläutert.

$\sigma_{cd,max}$ Bemessungswert der maximalen Druckspannung unter der häufigen Einwirkungskombination

$\sigma_{cd,min}$ Bemessungswert der minimalen Druckspannung am Ort von $\sigma_{cd,max}$; bei Zugspannungen ist $\sigma_{cd,min} = 0$ zu setzen

$\beta_{cc}(t_0)$ Beiwert für die Nachhärtung mit $\beta_{cc}(t_0) = e^{0,2(1-\sqrt{28/t_0})}$

$t_0$ Zeitpunkt der Erstbelastung des Betons (in Tagen)

$f_{cd} = \alpha \cdot f_{ck} / \gamma_c$

Die Gleichung (11-19) gilt auch für die Druckstreben von querkraftbeanspruchten *Bauteilen mit Querkraftbewehrung*. In diesem Fall ist die Betondruckfestigkeit $f_{cd,fat}$ nach Gleichung (11-20) mit $\alpha_c$ nach DIN 1045-1, 10.3.4 (6) abzumindern (DIN 1045-1, 10.8.4 (5)).

Ein ausreichender Ermüdungswiderstand von Beton unter Querkraftbeanspruchung in *Bauteilen ohne Querkraftbewehrung* darf als erfüllt angesehen werden, wenn entweder Gleichung (11-21) oder (11-22) eingehalten wird. Andernfalls ist ein genauer Ermüdungsnachweis erforderlich.

- $\dfrac{V_{Ed,min}}{V_{Ed,max}} \geq 0$:

$$\frac{|V_{Ed,max}|}{|V_{Rd,ct}|} \leq 0,5 + 0,45 \cdot \frac{|V_{Ed,min}|}{|V_{Rd,ct}|} \quad \begin{cases} \leq 0,9 & \text{bis C50/60} \\ \leq 0,8 & \text{ab C55/67} \end{cases} \quad \begin{array}{r} (11\text{-}21) \\ \text{DIN 1045-1, (125)} \end{array}$$

- $\dfrac{V_{Ed,min}}{V_{Ed,max}} < 0$:

$$\frac{|V_{Ed,max}|}{|V_{Rd,ct}|} \leq 0,5 - \frac{|V_{Ed,min}|}{|V_{Rd,ct}|} \quad \begin{array}{r} (11\text{-}22) \\ \text{DIN 1045-1, (126)} \end{array}$$

$V_{Ed,max}$ Bemessungswert der maximalen Querkraft unter häufiger Einwirkungskombination

$V_{Ed,min}$ Bemessungswert der minimalen Querkraft unter häufiger Einwirkungskombination in dem Querschnitt, in dem $V_{Ed,max}$ auftritt

$V_{Rd,ct}$ Bemessungswert der aufnehmbaren Querkraft nach DIN 1045-1, (70), vgl. Gl. (5-12) auf Seite 144

### 11.4.7.2 Betriebsfestigkeitsnachweis

Beim genaueren Nachweis über schädigungsrelevante Druckspannungen für Beton darf ein ausreichender Widerstand gegen Ermüdung angenommen werden wenn Gleichung (11-23) erfüllt ist (DIN 1045-1, 10.8.3 (6)).

$$E_{cd,max,equ} + 0,43 \cdot \sqrt{1-R_{equ}} \leq 1,0 \quad \begin{array}{r} (11\text{-}23) \\ \text{DIN 1045-1, (120)} \end{array}$$

$$R_{equ} = \frac{\sigma_{cd,min,equ}}{\sigma_{cd,max,equ}} \quad \begin{array}{r} (11\text{-}24) \\ \text{DIN 1045-1, (121)} \end{array}$$

$$E_{cd,max,equ} = \frac{|\sigma_{cd,max,equ}|}{f_{cd,fat}} \quad \begin{array}{r} (11\text{-}25) \\ \text{DIN 1045-1, (122)} \end{array}$$

$\sigma_{cd,max,equ}$, $\sigma_{cd,min,equ}$ obere bzw. untere Spannung der schädigungsrelevanten Spannungsschwingbreite mit einer Anzahl von $N = 10^6$ Zyklen (Bestimmung nach der Palmgren-Miner-Regel)

## 11.5 Beispiel zur Bemessung einer Kranbahn

Für den in Bild 11.16 dargestellten einfeldrigen, seitlich gehaltenen Kranbahnträger ist der Nachweis gegen Ermüdung nach DIN 1045-1 zu führen. Ferner soll der Träger für den Grenzzustand der Tragfähigkeit für Biegung und für Querkraft nachgewiesen werden. Die anzusetzenden Einwirkungen werden der EDIN 1055-10 [EDIN 1055-10 – 00] entnommen.

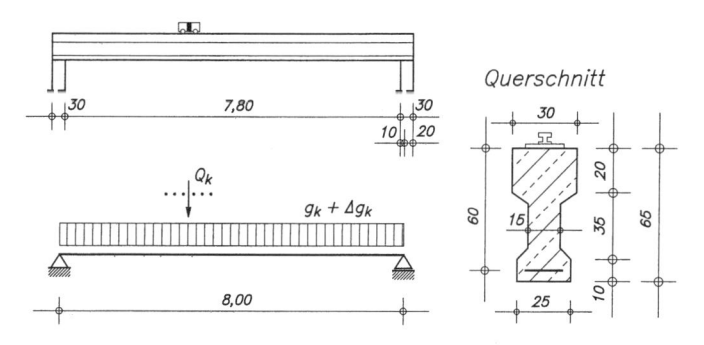

**Bild 11.16:** System und Bauteilabmessungen

### 11.5.1 Vorgaben

*11.5.1.1 Baustoffe*

Beton C30/37
Betonstahl BSt500

*11.5.1.2 Belastung*

| | | | |
|---|---|---|---|
| Eigengewicht der Kranbahn | $g_k$ | = 3,6 kN/m | Vereinfachend werden für den Kranbahnträger nur die Einwirkungen nach DIN 1055-10, Tab. 2, Zeile 1 und 2 angesetzt |
| Ausbaulasten | $\Delta g_k$ | = 1,9 kN/m | |
| Werkstattkran: | | | |
| maximale Kranlast (incl. Kraneigengew.) | $Q_k$ | = 67,0 kN | DIN 1055-10, Tab. B.1 |
| Hubklasse HC3, S-Klasse S4 | | | |
| Kollektivumfang | $n_{max}$ | $= 2 \cdot 10^6$ | DIN 1055-10, Tab. A.2 |
| Kombinationsbeiwerte: | $\psi_0$ | = 1,00; $\psi_1$ = 0,90 | |

*11.5.1.3 Dynamische Vergrößerungsfaktoren*   DIN 1055-10, Tab.1

- Nachweis für Biegung und Querkraft

$\varphi_1 = 1 \pm 0{,}1 = 0{,}9$ bzw. 1,1   DIN 1055-10, Tab. 4

$\varphi_2 = \varphi_{2,min} + \beta_2 \cdot v_h$   DIN 1055-10, Tab. A.2

mit $\varphi_{2,min} = 1{,}15;\quad \beta_2 = 0{,}51;\quad v_h = 0{,}2$ m/s (gewählt)   DIN 1055-10, Tab. 5

$\varphi_2 = 1{,}15 + 0{,}51 \cdot 0{,}2 = \mathbf{1{,}252}$

- Nachweis gegen Ermüdung

$Q_{e,1} = \varphi_{fat} \cdot \lambda_i \cdot Q_{max,i}$   DIN 1055-10, 5.12 (16)

für die Klasse S4 gilt

$\lambda_{4,s} = 0{,}500$   für Normalspannungen   DIN 1055-10, Tab. 12
$\lambda_{4,sw} = 0{,}660$   für Schubspannungen

Dipl.-Ing. Michael Hansen

$\varphi_{fat,1} = \dfrac{1+\varphi_1}{2} = \dfrac{1+1,1}{2} = 1,05$

$\varphi_{fat,2} = \dfrac{1+\varphi_2}{2} = \dfrac{1+1,252}{2} = 1,126$

DIN 1055-10, 5.12, (19)

Der größere Wert von $\varphi_{fat,1}$ bzw. $\varphi_{fat,2}$ wird maßgebend

$Q_{e,i} = 1,126 \cdot 0,500 \cdot Q_{max,i}$ für Normalspannungen

$Q_{e,i} = 1,126 \cdot 0,660 \cdot Q_{max,i}$ für Schubspannungen

## 11.5.2 Schnittgrößen

*11.5.2.1 Charakteristische Werte (ohne Vergrößerungsfaktoren)*

$M_{g+\Delta g,k}$ = $(3,6 + 1,9) \cdot 8,00^2 / 8 = 5,5 \cdot 8,00^2 / 8$ = **44,0 kNm**
$V_{g+\Delta g,k}$ = $(3,6 + 1,9) \cdot 8,00 / 2 = 5,5 \cdot 8,00 / 2$ = **22,0 kN**

Die Einzellast ist als Wanderlast anzusetzen. Aus einer Nebenrechnung geht hervor, dass die maßgebende Querkraftbeanspruchung für die Laststellung bei x = 2,5 · d = 1,5 m auftritt (vgl. Abminderung bei Einzellasten nach Gleichung (5-2) auf Seite 137). Der Nachweis gegen Ermüdung wird an der Stelle der größten Spannungsschwingbreite der Querkraftbewehrung geführt (in diesem Beispiel bei **x = 1,50 m**). Für die maßgebende Momentenbeanspruchung ist die Einzellast in Feldmitte anzusetzen.

$M_{Q,k}$ = $Q_k \cdot l / 4 = 67,0 \cdot 8 / 4$ = **134,0 kNm**

$V_{Q,k}$ = $Q_k \cdot \left(1 - \dfrac{2,5 \cdot d}{l}\right) = 67,0 \cdot \left(1 - \dfrac{2,5 \cdot 0,60}{8,00}\right)$ = **54,4 kN**

*11.5.2.2 Bemessungswerte im Grenzzustand der Tragfähigkeit (mit Vergrößerungsfaktor)*

- Biegemoment

$M_{Ed}$ = $1,35 \cdot 44,0 + 1,5 \cdot 1,252 \cdot 134,0$ = **311,1 kNm**

- Querkräfte

Die auflagernahe Einzellast darf für die Querkraftbemessung mit dem Faktor β abgemindert werden. Diese Abminderung ist für den Nachweis der Druckstreben $V_{Rd,max}$ nicht zulässig!

Querkraft am Auflager:

$V_{Ed\,(max)}$ = $1,35 \cdot 22,0 + 1,5 \cdot 1,252 \cdot 67,0$ = **155,5 kN**

Querkraft am maßgebenden Bemessungsschnitt (x = 1,50 m vom Auflager)

$V_{Ed}$ = $1,35 \cdot (22,0 - 1,50 \cdot 5,5) + 1,5 \cdot 1,252 \cdot 54,4$ = **120,7 kN**

*11.5.2.3 Bemessungswerte für den Nachweis gegen Ermüdung*
*(häufige Einwirkungskombination für den vereinfachten Nachweis)*

Die maßgebenden Schnittgrößen werden unter Berücksichtigung der in DIN 1055-10 angegebenen dynamischen Vergrößerungsfaktoren ermittelt. Für die Längsbewehrung sind dabei die Vorfaktoren für Normalspannungen und für die Querbewehrung die Vorfaktoren für Schubspannungen nach Abschnitt 11.5.1.3 anzuwenden:

- Biegemoment

$M_{Ed\,(häufig)} = 44,0 + 0,90 \cdot 1,126 \cdot 0,5 \cdot 134,0$ = **111,9 kNm**

- Querkraft

$V_{Ed\,(häufig)} = 22,0 + 0,90 \cdot 1,126 \cdot 0,660 \cdot 54,4$ = **58,4 kN**

Ermüdung

## 11.5.3 Nachweise im Grenzzustand der Tragfähigkeit

*11.5.3.1 Biegetragfähigkeit (mit Vergrößerungsfaktor)*

$M_{Ed} = 311,1$ kNm → $A_{s,erf} = 13,0$ cm²

gewählt: 3 ⌀ 25 mit $A_{s,vorh} = 14,7$ cm² > 13,0 cm² = $A_{s,erf}$

*11.5.3.2 Querkrafttragfähigkeit (mit Vergrößerungsfaktor)*

- *Querkrafttragfähigkeit ohne Querkraftbewehrung*
  Querkrafttragfähigkeit biegebewehrter Bauteile ohne Querkraftbewehrung

$$V_{Rd,ct} = \left[0,10 \cdot \kappa \cdot \eta_1 \cdot (100 \cdot \rho_l \cdot f_{ck})^{1/3} - 0,12 \cdot \sigma_{cd}\right] \cdot b_w \cdot d$$

(5-12) siehe Seite 144
DIN 1045-1, (70)

$$\kappa = 1 + \sqrt{\frac{200}{d\,[mm]}} \leq 2,0 = 1 + \sqrt{\frac{200}{600}} = 1,577\ (< 2,0)$$

$$\rho_l = \frac{A_{sl}}{b_w \cdot d} = \frac{14,7}{15 \cdot 60} = 0,0163$$

$\eta_1 = 1,0$ für Normalbeton

$$V_{Rd,ct} = \left[0,10 \cdot 1,577 \cdot 1,0 \cdot (100 \cdot 0,0163 \cdot 30)^{1/3}\right] \cdot 0,15 \cdot 0,6 \cdot 10^3 = 51,9\text{ kN}$$

$V_{Rd,ct} = 51,9$ kN < 120,7 kN = $V_{Ed}$ → es ist Querkraftbewehrung erforderlich!

- *Begrenzung des Druckstrebenwinkels*
  Betontraganteil

$$V_{Rd,c} = \beta_{ct} \cdot 0,10 \cdot \eta_1 \cdot f_{ck}^{1/3} \cdot \left(1 + 1,2 \cdot \frac{\sigma_{cd}}{f_{cd}}\right) \cdot b_w \cdot z$$

(5-21) siehe Seite 149
DIN 1045-1, (74)

$\beta_{ct}$ = 2,4 (Rauhigkeitsbeiwert)
$\eta_1$ = 1,0 für Normalbeton
$\sigma_{cd}$ = $N_{Ed} / A_c$ (Betonlängsspannung in Höhe des Trägerschwerpunkts)
$N_{Ed}$  Längskraft im Querschnitt infolge äußerer Einwirkung oder Vorspannung
  ($N_{Ed} < 0$ als Längsdruckkraft)
z = 0,9 · d, für Verankerung der Bügel nach DIN 1045-1, 12.7;
  = d – 2 · $c_{nom}$ in den anderen Fällen

$$V_{Rd,c} = 2,4 \cdot 0,10 \cdot 1,0 \cdot 30^{1/3} \cdot \left(1 + 1,2 \cdot \frac{0}{17}\right) \cdot 0,15 \cdot (0,9 \cdot 0,60) \cdot 10^3 = 60,4\text{ kN}$$

Druckstrebenneigungswinkel

$$\cot\Theta = \frac{1,2 - 1,4 \cdot \frac{\sigma_{cd}}{f_{cd}}}{1 - \frac{V_{Rd,c}}{V_{Ed}}} \quad \begin{cases} \geq 0,58 \\ \leq 3,0 \quad \text{für Normalbeton} \\ \leq 2,0 \quad \text{für Leichtbeton} \end{cases}$$

(5-20) siehe Seite 149
DIN 1045-1, (73)

$$\cot\Theta = \frac{1,2 - 1,4 \cdot \frac{0}{17}}{1 - \frac{60,4}{120,7}} = 2,4 \quad \begin{cases} \geq 0,58 \\ \leq 3,0 \end{cases} \rightarrow \cot\Theta = 2,4$$

- *Druckstrebentragfähigkeit*

$$V_{Rd,max} = \frac{b_w \cdot z \cdot \alpha_c \cdot f_{cd}}{\cot \Theta + \tan \Theta}$$ (5-17) siehe Seite 148
DIN 1045-1, (76)

$\alpha_c = 0{,}75 \cdot \eta_1 = 0{,}75 \cdot 1{,}0 = 0{,}75$

$$V_{Rd,max} = \frac{0{,}15 \cdot (0{,}9 \cdot 0{,}60) \cdot 0{,}75 \cdot 17}{2{,}4 + 1/2{,}4} \cdot 10^3 = 366{,}7 \text{ kN}$$

$V_{Rd,max} = 366{,}7$ kN $> 155{,}5$ kN $= V_{Ed \text{ (max)}}$

- *Erforderliche Querkraftbewehrung*

$$a_{sw} = \frac{A_{sw}}{s_w} = \frac{V_{Ed}}{z \cdot f_{yd} \cdot \cot \Theta}$$ (5-19) siehe Seite 148
DIN 1045-1, (76)

$$a_{sw} = \frac{120{,}7}{(0{,}9 \cdot 0{,}60) \cdot 43{,}5 \cdot 2{,}4} = 2{,}1 \text{ cm}^2/\text{m}$$

- *Mindestquerkraftbewehrung*

Für $b_w \leq h$ und C30/37 beträgt die Mindestbewehrung nach DIN 1045-1, 13.2.3 und Tab. 29:

min $a_{sw}$ = min $\rho \cdot b_w = 1{,}0 \cdot 0{,}00093 \cdot 15 \cdot 100 = 1{,}4$ cm²/m

$$\frac{V_{Ed}}{V_{Rd,max}} = \frac{120{,}7}{366{,}7} = 0{,}33 \rightarrow s_{max} = 0{,}5 \cdot h = 0{,}5 \cdot 65 = 32{,}5 \text{ cm} \leq 30 \text{ cm}$$

gewählt: ∅ **6, $s_w$ = 20 cm** (2-schnittig) mit $a_{sw,vorh}$ = 2,8 cm²/m > 2,1 cm²/m = $a_{sw,erf}$

## 11.5.4 Nachweis gegen Ermüdung

### 11.5.4.1 Spannungen für den Ermüdungsnachweis

Die Spannungen für den Nachweis im Grenzzustand der Tragfähigkeit für Ermüdung sind am gerissenen Stahlbetonquerschnitt (Zustand II) zu ermitteln. Das Verhältnis der E-Module von Stahl und Beton wird dabei zu $\alpha = 10$ angenommen.

- *Druckzonenhöhe x (Nulllinie im Druckgurt)*

$$x = \alpha_e \cdot \frac{A_s}{b} \cdot \left(-1 + \sqrt{1 + \frac{2 \cdot b \cdot d}{\alpha_e \cdot A_s}}\right) = 10 \cdot \frac{14{,}7 \cdot 10^{-4}}{0{,}30} \cdot \left(-1 + \sqrt{1 + \frac{2 \cdot 0{,}30 \cdot 0{,}60}{10 \cdot 14{,}7 \cdot 10^{-4}}}\right) = 0{,}198 \text{ m}$$

- *innerer Hebelarm z*

$$z = d - \frac{x}{3} = 0{,}60 - \frac{0{,}198}{3} = 0{,}534 \text{ m}$$

- *Spannungen in der Längsbewehrung*

$$\sigma_s = \frac{M}{z \cdot A_s} = \frac{1}{0{,}534 \cdot 14{,}7 \cdot 10^{-4}} \cdot M \rightarrow \sigma_s = 1274 \cdot M \text{ [MNm]}$$

- *Spannungen in der Schubbewehrung (vgl. Gleichung (11-17), für cot $\Theta$ = 1,0)*

$$\sigma_{sw} = \frac{V}{z \cdot a_{sw,vorh}} = \frac{1}{0{,}534 \cdot 2{,}8 \cdot 10^{-4}} \cdot V \rightarrow \sigma_{sw} = 6688 \cdot V \text{ [MN]}$$

- *Spannungen im Beton*

$$\sigma_c = \frac{M}{z \cdot b \cdot x/2} = \frac{1}{0{,}534 \cdot 0{,}30 \cdot 0{,}198/2} \cdot M \rightarrow \sigma_c = 63 \cdot M \text{ [MNm]}$$

# Ermüdung

*11.5.4.2 Vereinfachte Nachweise*

- *Nachweis für den Stahl*

○ Längsbewehrung

$\Delta\sigma_{s,max} = 1274 \cdot (M_{Ed\,(häufig)} - M_{Ed\,(g)}) = 1274 \cdot (111{,}9 - 44{,}0) \cdot 10^{-3} = 86{,}5$ N/mm² $> 70$ N/mm²

Der vereinfachte Nachweis für die Biegebewehrung wird mit der eingelegten Längsbewehrung 3⌀25 **nicht erfüllt**! In diesem Beispiel wird auf die Möglichkeit mit einer erhöhten Bewehrung den vereinfachten Nachweis nochmals zu führen nicht eingegangen, sondern es soll in Abschnitt 11.5.4.3 die Nachweisführung für den Betriebsfestigkeitsnachweis nach DIN 1045-1 dargestellt werden.

○ Querbewehrung

$\Delta\sigma_{sw} = 6688 \cdot (V_{Ed\,(häufig)} - V_{Ed\,(g)}) = 6688 \cdot (58{,}4 - 22{,}0) \cdot 10^{-3} = 243{,}4$ N/mm² $> 70$ N/mm²

Der vereinfachte Nachweis für die Schubbewehrung wird mit der eingelegten Schubbewehrung ⌀6, s = 20 cm (2-schnittig) ebenfalls **nicht erfüllt**! Daher folgt der Betriebsfestigkeitsnachweis in Abschnitt 11.5.4.3.

- *Nachweis für den Beton*

$$\frac{|\sigma_{cd,max}|}{f_{cd,fat}} \leq 0{,}5 + 0{,}45 \cdot \frac{|\sigma_{cd,min}|}{f_{cd,fat}} \leq 0{,}9 \qquad \text{(11-19) siehe Seite 295}$$

$\sigma_c$ = Betondruckspannung unter der häufigen Einwirkungskombination in der betrachteten Faser. Für Zugspannungen wird $\sigma_c = 0$ gesetzt.

$\sigma_{cd,max} = 63 \cdot 111{,}9 \cdot 10^{-3} = 7{,}0$ N/mm²

$\sigma_{cd,min} = 63 \cdot 44{,}0 \cdot 10^{-3} = 2{,}7$ N/mm²

$$f_{cd,fat} = \beta_{cc}(t_0) \cdot f_{cd} \cdot \left(1 - \frac{f_{ck}}{250}\right) \qquad \text{(11-20) siehe Seite 295}$$

Bei der Annahme, dass erst 60 Tage nach dem Betoniervorgang erstmalig eine zyklische Belastung aufgebracht werden soll, beträgt der Erhöhungsfaktor der Betondruckfestigkeit:

$\beta_{cc}(t_0) = \exp[0{,}2 \cdot (1 - \sqrt{28/t_0})] = \exp[0{,}2 \cdot (1 - \sqrt{28/60})] = 1{,}065$ (11-10) siehe Seite 288

$f_{cd,fat} = 1{,}065 \cdot 17 \cdot \left(1 - \dfrac{30}{250}\right) = 15{,}9$ MN/m²

$\dfrac{7{,}0}{15{,}9} = 0{,}44 \quad < \quad 0{,}5 + 0{,}45 \cdot \dfrac{2{,}7}{15{,}9} = 0{,}58 \quad < \quad 0{,}9$

Der vereinfachte Nachweis für den Beton wird **erfüllt**! Folglich kann der Betriebsfestigkeitsnachweis für den Beton entfallen.

## 11.5.4.3 Betriebsfestigkeitsnachweis

- **Nachweis für den Stahl**

Der Ermüdungsnachweis für die Biegebewehrung wird nur an der Stelle der größten Spannungsschwingbreite, also in Feldmitte mit der nachstehenden Gleichung geführt.

$$\gamma_{F,fat} \cdot \gamma_{Ed,fat} \cdot \Delta\sigma_{s,equ} \leq \frac{\Delta\sigma_{Rsk}(N^*)}{\gamma_{s,fat}}$$ (11-18) siehe Seite 295

Teilsicherheitsbeiwerte für die

Einwirkungsseite:  $\gamma_{F,fat} = 1{,}0$;  $\gamma_{Ed,fat} = 1{,}0$
Widerstandsseite:  $\gamma_{s,fat} = 1{,}15$

$\Delta\sigma_{Rsk}(N^*)$ = zulässige Stahlspannung für N* Lastwechsel

$\Delta\sigma_{s,equ}$ = schädigungsäquivalente Spannungsamplitude, die mit $10^6$ Lastwechseln die gleiche Schädigung erzeugt, wie die tatsächliche Belastung.

○ Längsbewehrung

Für die vorliegenden Einwirkungen ergibt sich die *maximale* Spannungsschwingbreite infolge der veränderlichen Einwirkung zu

max $\Delta\sigma_s = 1274 \cdot (1{,}126 \cdot 0{,}500 \cdot 134{,}0) \cdot 10^{-3} = 96{,}1$ N/mm²

$$\gamma_{F,fat} \cdot \gamma_{Ed,fat} \cdot \Delta\sigma_{s,equ} \leq \frac{\Delta\sigma_{Rsk}(N^*)}{\gamma_{s,fat}}$$

Die Werte $\Delta\sigma_{Rsk}$ auf der Widerstandseite können aus DIN 1045-1, Tab. 16 (vgl. Tabelle 11.1 auf Seite 281) für N* = $10^6$ Schwingspiele abgelesen werden. Da für den Kranbahnträger laut Aufgabenstellung n = 2·$10^6$ > N* Schwingspiele anzusetzen sind, muss die zulässige Schwingbreite umgerechnet werden.

Unter der Voraussetzung, dass eine nichtkorrosionsfördernde Umgebung vorliegt, kann aus DIN 1045-1, Tab. 16 für n > N* der Spannungsexponent $k_2 = 9$ abgelesen werden. Die Umrechnung der schädigungsäquivalenten Schwingbreite kann nach Gleichung (11-5) erfolgen.

$$N \geq N^* : \quad \Delta\sigma_{Rsk} = \Delta\sigma_{Rsk}(N^*) \cdot \left[\frac{N^*}{N}\right]^{\frac{1}{k_2}}$$ (11-5) siehe Seite 279

Mit $\Delta\sigma_{Rsk}(10^6) = 195$ N/mm² folgt

$$\Delta\sigma_{Rsk} = \Delta\sigma_{Rsk}(2 \cdot 10^6) \cdot \left[\frac{10^6}{2 \cdot 10^6}\right]^{\frac{1}{9}}$$

$$\Delta\sigma_{Rsk}(2 \cdot 10^6) = 195 \cdot \left[\frac{10^6}{2 \cdot 10^6}\right]^{1/9} = 180{,}5 \text{ N/mm}^2$$

Der Nachweis auf Grundlage der maximalen Beanspruchung für die Längsbewehrung lautet

$$1{,}0 \cdot 1{,}0 \cdot 96{,}1 = 96{,}1 \text{ N/mm}^2 \quad < \quad 157{,}0 \text{ N/mm}^2 = \frac{180{,}5}{1{,}15}$$

und wird damit auch mit der eingelegten Bewehrung 3⌀25 **erfüllt**.

# Ermüdung

○ Querkraftbewehrung

Bei der Bemessung der Querkraftbewehrung unter zyklischer Belastung wird die Querkrafttragfähigkeit des Betons nicht angesetzt. Die gesamte Querkraftbeanspruchung wird der Querkraftbewehrung zugewiesen (cot $\Theta = 1{,}0$).

*Maximale* Spannungsschwingbreiten der Bügelbewehrung mit

$\Delta\sigma_{sw} = 6688 \cdot (1{,}126 \cdot 0{,}660 \cdot 54{,}4) \cdot 10^{-3} = 270{,}4 \text{ N/mm}^2$

Die zulässigen Spannungsschwingbreiten bei der Lastspielzahl $10^6$ entsprechen denen der Längsbewehrung. Der Nachweis auf Grundlage der maximalen Beanspruchung für den Querbewehrungsstahl lautet:

$1{,}0 \cdot 1{,}0 \cdot 270{,}4 = 270{,}4 \text{ N/mm}^2 \quad > \quad 157{,}0 \text{ N/mm}^2 = \dfrac{180{,}5}{1{,}15}$

Der Nachweis wird damit **nicht erfüllt**!

Nun besteht die Möglichkeit

1. einer Nachweisführung unter Berücksichtigung des Beanspruchungskollektivs oder
2. den Schubbewehrungsgehalt zu erhöhen und dadurch die vorhandenen Schwingbreiten zu verringern.

In diesem Beispiel soll die Schubbewehrung vergrößert werden auf **⌀8 / s = 20 cm** und der zuvor dargestellte Betriebsfestigkeitsnachweis nochmals durchgeführt werden:

$a_{sw,vorh} = ⌀8 / s = 20 \text{ cm} \approx 5{,}0 \text{ cm}^2/\text{m}$

Spannungen in der Schubbewehrung

$\sigma_{sw} = \dfrac{V}{a_{sw,vorh} \cdot z} = \dfrac{1}{0{,}534 \cdot 5{,}0 \cdot 10^{-4}} \cdot V \quad \rightarrow \quad \sigma_{sw} = 3745 \cdot V \text{ [MN]}$

$\Delta\sigma_{sw} = 3745 \cdot (1{,}126 \cdot 0{,}66 \cdot 54{,}4) \cdot 10^{-3} = 151{,}4 \text{ N/mm}^2$

$1{,}0 \cdot 1{,}0 \cdot 151{,}4 = 151{,}4 \text{ N/mm}^2 \quad < \quad 157{,}0 \text{ N/mm}^2 = \dfrac{180{,}5}{1{,}15}$

Mit dem erhöhten Schubbewehrungsgehalt wird der Nachweis gegen Ermüdung auch für die Schubbewehrung **erfüllt**!

## 12 Konstruieren und Bemessen mit Stabwerkmodellen

Dipl.-Ing. Andreas Tengen

### 12.1 Einleitung

Neben der Schnittgrößenermittlung auf Grundlage der Elastizitätstheorie sind im Grenzzustand der Tragfähigkeit für vorwiegend auf Biegung beanspruchte Bauteile nach DIN 1045-1 auch Verfahren zugelassen, die auf der Plastizitätstheorie beruhen. Eines der anschaulichsten Verfahren ist die Bemessung von Bauwerksteilen mit Hilfe von Stabwerkmodellen. Dieses Berechnungsverfahren eignet sich im besonderen für Tragwerksbereiche, für die die Annahme linearer Dehnungsverteilung nicht zutrifft, z.B. bei Wänden und Scheiben.

Weiterhin lassen sich Diskontinuitäten innerhalb von Stahlbeton- und Spannbetontragwerken, wie z.B.

- konzentrierte Lasteinleitungen,
- hochgesetzte Auflager, Konsolen und Rahmenecken sowie
- Öffnungen in Trägern und Wänden

mit Stabwerkmodellen bemessen und konstruktiv durchbilden (DIN 1045-1, 8.4.1(6)).

W. Ritter hat schon 1899 ein Fachwerk als Modell des Kraftflusses in Balken vorgeschlagen, das von Mörsch weiterentwickelt, die Grundlage der Bemessung von Stahlbeton- und Spannbetonbalken bildet [Leonhardt – 86]. Mit dieser Kraftflussmethode kann man ganze Tragwerke durch Fach- bzw. Stabwerke modellieren und bemessen. Der Tragfähigkeitsnachweis an diesen Stabwerkmodellen wird nach dem unteren Grenzwertsatz der Plastizitätstheorie geführt. Dieser Satz besagt, dass ein Tragwerk aus plastisch verformbaren Werkstoffen nicht versagt, wenn zu der gegebenen Belastung eine beliebige Spannungsverteilung gefunden werden kann, die die Gleichgewichtsbedingungen erfüllt und an keiner Stelle die Grenzfestigkeiten der verwendeten Baustoffe überschreitet. Dieses Verfahren darf unter Voraussetzung geeigneter Maßnahmen zur Gewährleistung der Duktilität (Verformbarkeit) angewandt werden. Selbst in hochbeanspruchten Bereichen, sofern das Stabwerk und die Bewehrungsführung entsprechend dem Kraftfluss nach der Elastizitätstheorie entworfen wird, ist diese Voraussetzung automatisch erfüllt. Aus baupraktischen Überlegungen (orthogonale Bewehrungsführung) kann es sinnvoll sein, ein Stabwerkmodell zu wählen, das größere Abweichungen von der elastizitätstheoretischen idealen Modellgeometrie darstellt.

Die zur Berechnung und Bemessung erforderlichen Punkte sind die

- Modellierung des Tragwerks als Stabwerkmodell,
- Bemessung von Zug- und Druckstäben sowie
- Konstruktion und Bemessung von Knotenbereichen.

Sie werden im folgenden näher erläutert und durch Beispiele ergänzt.

### 12.2 Einteilung gesamter Tragwerke in B- und D-Bereiche

Die technische Biegelehre, die nach Bernoulli das Ebenbleiben der Querschnitte voraussetzt, gilt nur in den ungestörten Bereichen schlanker Biegeträger, in denen keine Kräfte eingeleitet werden. Dort verlaufen die Hauptspannungstrajektorien regelmäßig und kreuzen die Nulllinie unter 45°. An den Auflagern, im Bereich von Öffnungen, Lasteinleitung und Querschnittssprüngen solcher Träger hingegen kommen zusätzlich zu den Hauptspannungen noch de St. Venant´sche Störspannungen hinzu. Aus diesem Grund unterteilt Schlaich die einzelnen Tragwerksteile in B - Bereiche (B wie Bernoulli, Biegelehre oder Balken) und D - Bereiche (D wie Diskontinuität), in denen die Spannungen nicht mit ausreichender Genauigkeit nach der technischen Biegelehre ermittelt werden können. Die B-Bereiche lassen sich mit Stabwerkmodellen oder anderen bekannten Verfahren bearbeiten, die nicht Gegenstand dieses Beitrages sind.

Als geometrische D - Bereiche werden
- Querschnittssprünge,
- Rahmenecken und
- Balkendurchbrüche bezeichnet.

Statische D - Bereiche liegen bei großen Krafteinleitungen, wie z.B. bei Abfangträgern und Spannkrafteinleitungen bei internen Spanngliedern vor.

Und ausgeklinkte Auflager, Konsolen und Lasteinleitungen bei externen Spanngliedern dürfen als geometrisch-statische D - Bereiche behandelt werden.

## 12.3 Modellbildung

### 12.3.1 Abtragen der Lasten im Tragwerk

Um die Bearbeitung ganzer Bauwerke zu vereinfachen, wird das Gesamtsystem systematisch in Teilsysteme gegliedert. Diese Teilsysteme können nun mit bekannten Verfahren bemessen werden. Auch bei der Anwendung von Stabwerkmodellen wird die Bearbeitung auf einzelne Tragwerksteile reduziert. Es sind die Randbedingungen anschließender Bauteile zu berücksichtigen.

Eine geeignete Methode zur Bemessung von Stabwerken, bestehend aus Knoten und Stäben, ist die Lastpfadmethode. Es sind folgende Regeln für die Entwicklung der Lastpfadmethode zu berücksichtigen.

Die Lastpfade

- verbinden gegenüberliegende Kräfte,
- dürfen sich nicht kreuzen,
- beginnen und enden im Schwerpunkt der entsprechenden Belastungsflächen,
- orientieren sich in Richtung der Last und
- nehmen einen möglichst kurzen, stromlinienförmigen Verlauf an.

Unter Anwendung dieser Regeln sind die Lastpfade für einfache Systeme leicht zu entwickeln. Bei der Bearbeitung von Standardfällen liegen Hilfsmittel zur Lastpfadmodellierung vor [Schlaich/Schäfer – 01]. Für komplexere Strukturen, bei denen aus der Anschauung heraus keine Lastpfade ermittelt werden können, dürfen Berechnungen auf Grundlage der FEM als weiteres Hilfsmittel herangezogen werden. Unter Annahme eines ideal-elastischen Werkstoffverhaltens kann man die Hauptspannungen durch Trajektorienbilder aus einer FE-Berechnung darstellen. Damit ist der Kraftfluss nach der Elastizitätstheorie klar erkennbar.

Die im Bauteil ausgedehnten Druck- und Zugspannungsfelder werden für die Modellbildung als Druck- und Zugstreben konzentriert angenommen. Da bei der Bemessung von Stabtragwerken die geringe Zugfestigkeit des Betons nicht in Rechnung gestellt wird, müssen die Kräfte der Zugstäbe durch eine ausreichend dimensionierte Bewehrung aufgenommen werden. Die Tragfähigkeit der Druckstreben ist über die Betondruckfestigkeit (evtl. mit zusätzlicher Druckbewehrung) nachzuweisen. Für die Zugstreben muss bei der Anwendung der Plastizitätstheorie für stabförmige Bauteile und Platten ein Stahl mit hoher Duktilität verwendet werden (DIN 1045-1, 8.4.1 (4)). Bei Scheiben hingegen darf auch Stahl mit normaler Duktilität verwendet werden (DIN 1045-1, 8.4.1 (5)).

# Stabwerkmodelle

In den Bildern 12.1 und 12.2 sind die Trajektorienverläufe für eine Scheibe mit Loch infolge unterschiedlicher Beanspruchung sowie die entwickelten Stabwerkmodellen dargestellt. Für die zentrisch beanspruchte Scheibe kann durch die vorliegenden symmetrischen Randbedingungen, nur ein symmetrisches Stabwerkmodell herangezogen werden.

In Bereichen eng beieinander liegender Strömungslinien sind höhere Spannungen (Kräfte) zu erwarten als in Bereichen weit auseinander liegender Strömungslinien.

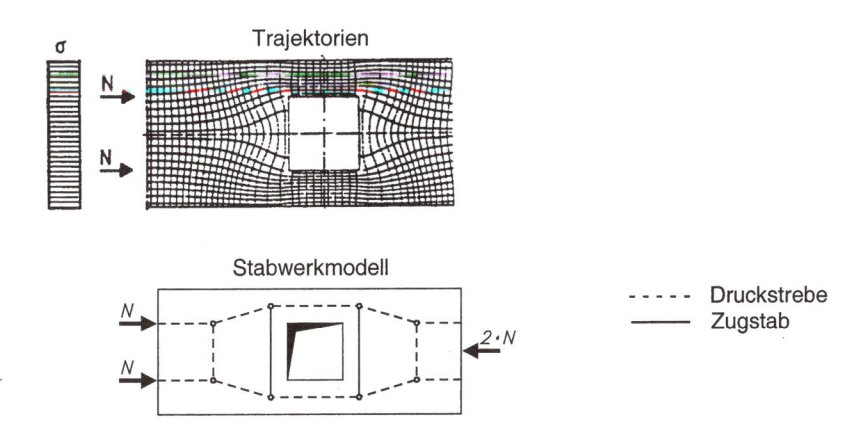

**Bild 12.1:** Trajektorien und Stabwerk für Normalkraft in einer Scheibe mit Loch, aus [Eligehausen/Gerster – 93]

Eine Momentenbelastung auf eine Scheibe mit Loch wird durch ein Kräftepaar D und Z sehr gut veranschaulicht und erzeugt im Bild 12.2 oben den dargestellten Trajektorienverlauf der belasteten Scheibe. Im Stabwerk erkennt man die randparallelen Zugkräfte und eine mögliche Ausrichtung der Druckstreben (s. Bild 12.2 unten).

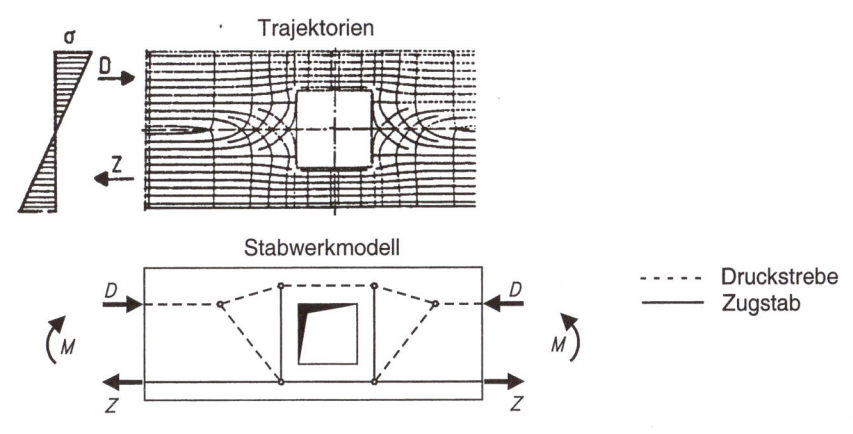

**Bild 12.2:** Trajektorien und Stabwerk für Biegemoment in einer Scheibe mit Loch, aus [Eligehausen/Gerster – 93]

In einem Tragwerk dürfen die Ergebnisse aus mehreren Stabwerken, die aus verschiedenen Einwirkungen herrühren, nicht überlagert werden (DIN 1045-1, 10.6.1(6)). Bei ungeschickter Wahl des Stabwerks (Zugbewehrung s. Bild 12.3 b) treten schon bei geringen Beanspruchungen große Risse auf.

Wendet man im Auflagerbereich die Fachwerkanalogie nach Mörsch an, bei der die Druckstreben geneigt ins Auflager laufen, so lassen sich labile Stabwerkmodelle vermeiden (Bild 12.3 b)).

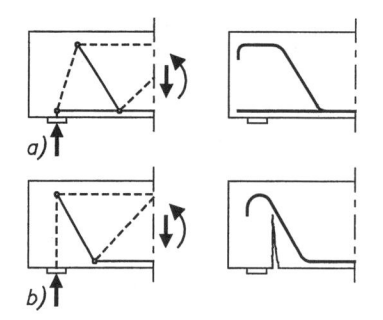

**Bild 12.3:** a) Schrägstäbe im Auflagerbereich
b) labiler Auflagerbereich infolge fehlender Verankerung des Zuggurtes

### 12.3.2 Modellieren von D - Bereichen

*12.3.2.1 Wandscheibe mit Einzellasten*

Das Modellieren von Bauteilen durch Stabwerkmodelle soll mit Hilfe der Lastpfadmethode anhand einer Wandscheibe (Bild 12.4) beschrieben werden. Das Tragwerk wird in D - bzw. B - Bereiche unterteilt. Da es sich in diesem Beispiel um eine hohe Scheibe handelt, existieren keine B - Bereiche.

Um die Darstellung zu vereinfachen, wird die Querkraftbeanspruchung durch die Belastungsflächen auf einen gedachten Stab (Bild 12.5) bezogen. Horizontalkräfte werden durch ein Moment, das aus der Horizontalkraft und dem inneren Hebelarm zwischen Lasteinleitung und Horizontalkraftlager herrührt, und eine Horizontalkraft in der Stabachse ersetzt. Die einwirkenden Kräfte sind bekannt, die Lagerkräfte können mit Hilfe der Stabstatik ermittelt werden.

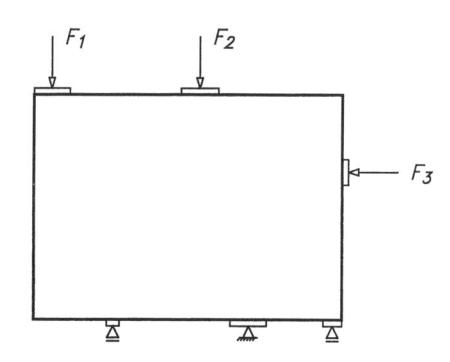

**Bild 12.4:** Wandscheibe mit Belastung

Die Auflagerkräfte aus der Stabstatik setzen sich aus Anteilen der Belastung (z.B. $F_2 = F_{2,1} + F_{2,2}$) zusammen. Infolge dieser Belastungen auf den Stab wird die zugehörige Querkraftlinie ermittelt. Der Stab wird jetzt in einzelne Stabbereiche $b_1 - b_4$, die durch die Querkraftnulldurchgänge getrennt sind, unterteilt (Bild 12.6 oben). Durch die Teilung des Stabes kann man auch Streckenlasten, die zu resultierenden Einzellasten zusammengefasst werden müssen, abschnittsweise den Auflagerkräften zuordnen.

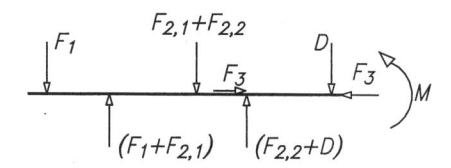

**Bild 12.5:** Stab mit Kräften

## Stabwerkmodelle

**Querkraftlinie des Stabes**

*Belastungsabschnitte der Scheibe*

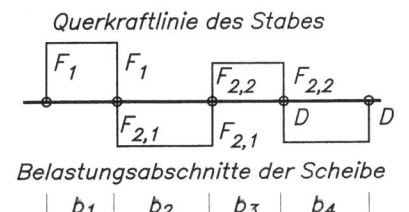

$b_1 \mid b_2 \mid b_3 \mid b_4$

*Lastpfade im Tragwerk*

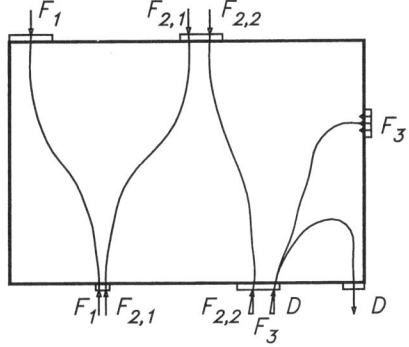

*Querkraftlinie und Lastpfade*

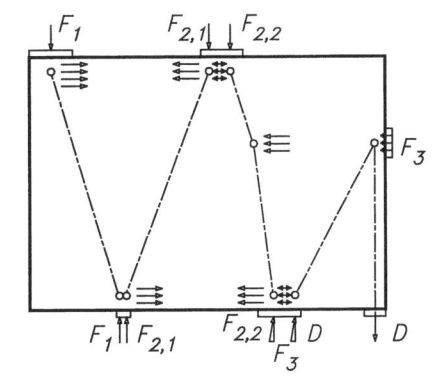

**Bild 12.6:** Kraftspuren und Umlenkkräfte

Hat man die Lasten den Auflagerkräften zugeordnet, so verzerrt man den Stab wieder zu einer Scheibe und kann mit Hilfe der Regeln zur Entwicklung von Lastpfaden (Abs. 12.3.1) die Lastpfade bestimmen (Bild 12.6 Mitte).

Polygonartige Kraftspuren mit Umlenkkräften (Bild 12.6 unten) ersetzen die Lastpfade und verbinden die Lastangriffspunkte mit den Lagerpunkten. Die einzelnen Abschnitte des Polygonzuges stellen die Stäbe mit den entsprechenden Stabkräften dar. Sie und die Umlenkkräfte geben die Richtung der inneren Kräfte im Stabwerk wieder.

Die Umlenkkräfte werden durch sinnvoll gewählte Zug- und Druckstäbe ersetzt, so dass sich an Knickstellen bzw. Knotenpunkten des Polygonzuges Kräftegleichgewicht in horizontaler und vertikaler Richtung einstellt.

Die Zugstäbe sollten in Netzbewehrungsrichtung angeordnet werden (Bild 12.7). Nah beieinanderliegende Kraftspuren sollten so ausgerichtet werden, dass sich ihre Umlenkkräfte aufheben oder im Gleichgewicht stehen. In Bereichen mit Richtungsänderungen von inneren Zug- oder Druckkräften muss die Aufnahme der entstehenden Umlenkkräfte sichergestellt sein (DIN 1045-1, 13.10). Da sich die Druckspannungen in der Scheibe stark ausbreiten, erzeugen sie Querzugspannungen, die durch verfeinerte Stabwerke (Abs. 12.3.2.2) modelliert werden müssen. Die Kräfte aus den Querzugspannungen werden in der Regel durch die Mindestbewehrung abgedeckt (DIN 1045-1, 10.6.2(1)).

Ist der Modellierprozess vollzogen, so sind die Stabschnittgrößen des Fachwerkes zu ermitteln. Die Knotenpunkte sind zu entwerfen und die Bewehrung ist baulich durchzubilden. Die Bewehrung für die Querzugkraft in Druckfeldern sollte möglichst senkrecht zur Druckstrebenachse angeordnet werden.

Bei einer Richtungsabweichung der Bewehrung zur Zugstrebe über 30° sollte die Bewehrungszugkraft entsprechend vergrößert werden. Das Ergebnis stellt sich dann in Form eines Bewehrungsplans dar. Der Konstrukteur sollte versuchen, Zugstäbe und die zugehörige Bewehrung randparallel anzuordnen.

Um das selbstermittelte Stabwerkmodell zu kontrollieren, bedarf es einer FE-Berechnung (Bild 12.8) nach der E-Theorie mit dem Hauptspannungs- bzw. Trajektorienbild. Isolinien und Schnitte in maßgebenden Bereichen sind hilfreich für die Ermittlung von Spannungskonzentrationen. Weichen die ermittelten Kraftspuren sehr stark von den Hauptspannungsrichtungen ab, so ist das Stabwerk erneut zu modellieren und zu verbessern.

- - - - Druckkräfte
——— Zugkräfte

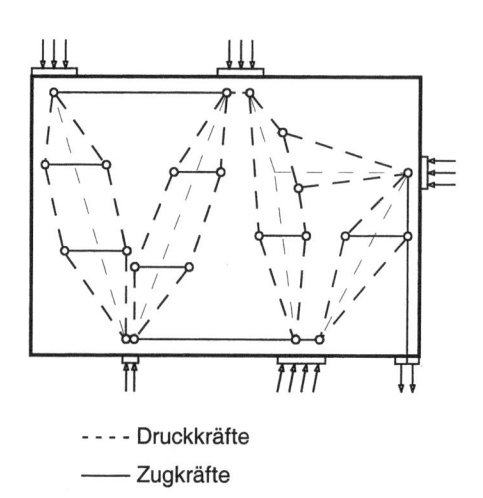

**Bild 12.7:** Verfeinertes Stabwerk

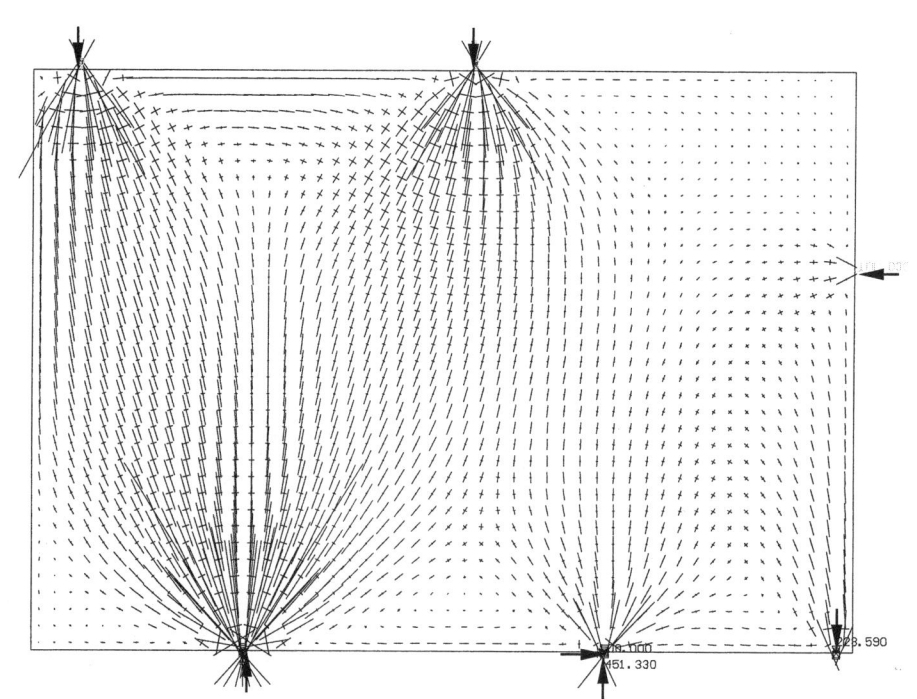

**Bild 12.8:** Trajektorienverlauf einer linearelastischen Berechnung

*12.3.2.2 Verfeinerung des Stabwerkmodells*

Nach der Lastpfadmethode ergeben sich zum Teil relativ grobe Stabwerkmodelle, wenn man das globale Tragverhalten des untersuchten Tragwerks zugrunde legt. Von dem ermittelten „Makromodell" ist dann zusätzlich in den Bereichen, in denen Spannungskonzentrationen auftreten bzw. starke Kraftumlenkungen vorhanden sind, das Stabwerkmodell zu verfeinern. Weiterhin ist bei den Druckstreben des Stabwerks zu beachten, dass die in der Stabachse konzentriert gedachten Druckkräfte sich in der Betondruckstrebe ausbreiten. Dies führt zu Querzugspannungen in der Druckstrebe, die durch örtliche Stabwerkmodelle zu bemessen, sind (DIN 1045-1, 10.6.2 (1)).

Vereinfachend darf die Querbewehrung eines Druckstabes bei einseitiger Einschnürung zu einem Knoten für ungefähr ein Viertel seiner Druckkraft ausgelegt werden, um die Umlenkkräfte bei der Ausbreitung des Druckfeldes aufzunehmen (Bild 12.9). Die konstruktive Netzbewehrung darf hierfür angerechnet werden.

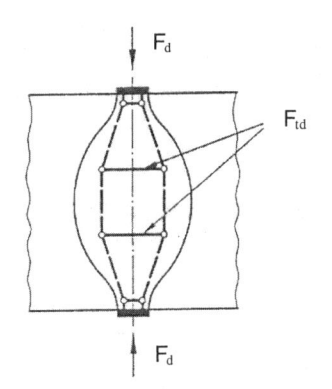

**Bild 12.9:** Querzugkräfte in einem Druckfeld mit Einschnürung

$$F_{td} = 0{,}25 \cdot F_d \tag{12-1}$$

## 12.3.3 Optimierung von Stabwerkmodellen

Ein Kriterium für die Güte des gewählten Stabwerks ist das Erreichen des Minimums der inneren Formänderungsenergie = Kraft · Weg (Verformung) [Schlaich/Schäfer - 01].

$$\Sigma ( F_i \cdot \varepsilon_{mi} \cdot l_i )= \text{Minimum} \tag{12-2}$$

$F_i$ = Stabkraft
$\varepsilon_{mi}$ = mittlere Dehnung
$l_i$ = Länge des betrachteten Stabes

Im Stabwerk sollte man versuchen, die Lasten über Druckstreben, die sich im Tragwerk sehr stark ausbreiten können und kleine Spannungen erzeugen, abzutragen, und nicht über Zugstreben, in denen sehr hohe Stahlspannungen vorhanden sind. Der Lastabtrag über Druckstreben erzeugt wesentlich kleinere Verformungen, als mit sehr langen Zugstreben. Da die Längen der Stäbe und die Verformungen der Stäbe bei einem linear-elastischen Werkstoff durch die Spannung und den E-Modul linear voneinander abhängen, kann man zur Vereinfachung die Summe aller Zugstablängen multipliziert mit den zugehörigen Kräften als Maß für die Güte des Stabwerkmodells heranziehen (12-4).

$$\Delta l = \varepsilon_s \cdot l = \frac{\sigma}{E_s} \cdot l = \frac{F_{td}}{E_s \cdot A_s} \cdot l \tag{12-3}$$

$$\Rightarrow \qquad \delta A^* = \Sigma ( F_{td,i} \cdot l_i ) = \text{Minimum} \tag{12-4}$$

$F_{td,i}$ = Zugkraft
$l_i$ = Länge des betrachteten Stabes

Sind auch in den Druckstäben sehr hohe Spannungen vorhanden, so muss das Minimum der inneren Formänderungsenergie mit der Gleichung (12-2)) bestimmt werden.

## 12.4 Bemessung von Stäben im Stabwerk

Die Berechnung der Stabkräfte im Modell erfolgt unter $\gamma$-fachen charakteristischen Einwirkungen entsprechend der zu untersuchenden Einwirkungskombination. Daraus ergeben sich die Bemessungsschnittgrößen im Grenzzustand der Tragfähigkeit $E_d$, die kleiner sein müssen als die Bauteilwiderstände $R_d$, [DIN 1055-100 – 01].

$$E_d \leq R_d \tag{12-5}$$

### 12.4.1 Bemessung von Zugstäben

Die einzelnen Zug- und Druckstäbe sind im Grenzzustand der Tragfähigkeit zu bemessen (DIN 1045-1, 10.6.1 (1)). Die im Tragwerk auftretenden Zugspannungen, idealisiert durch Zugstäbe, sind im Regelfall durch Bewehrung aufzunehmen. Nach [Kordina – 92] sollte nur ausnahmsweise und nur dann, wenn ausreichende Erfahrungen in ähnlichen Fällen vorliegen, die Zugfestigkeit des Betons genutzt werden (unbewehrte Zugstäbe).

Der Bemessungswert der Stahlspannung ist bei Betonstahl auf $f_{yd}$ Gleichung (12-6) und bei Spannstahl auf $f_{pd}$ zu begrenzen (DIN 1045-1, 10.6.2 (3)). Die Bewehrung ist dabei bis in die konzentrierten Knoten ungeschwächt durchzuführen.

$$\sigma_{yd} \leq \frac{f_{yk}}{\gamma_s} = f_{yd}$$

$$\sigma_{yd} \leq \frac{f_{p0,1k}}{\gamma_s} = f_{pd} \tag{12-6}$$

Im Hinblick auf die Rissbreitenbegrenzung sollte die Betonstahlspannung jedoch im Grenzzustand der Gebrauchstauglichkeit bei direkter Einwirkung (Lastbeanspruchung) unter der seltenen Einwirkungskombination auf $0,8 \cdot f_{yk}$ begrenzt werden, [Kordina – 92].

### 12.4.2 Bemessung der Druckstäbe

*12.4.2.1 Bemessung allgemein*

Betondruckstäbe werden in der Nähe der Knoten, wo die größten Druckspannungen zu erwarten sind, nachgewiesen. Eine Verminderung der Druckfestigkeit infolge Querzugspannungen, Rissbildung oder Querkrafteinwirkungen muss berücksichtigt werden. Der Bemessungswert der Betondruckfestigkeit $f_{cd} = \alpha \cdot f_{ck}/\gamma_c$ multipliziert mit dem Abminderungsfaktor $\nu = 0,6$ stellt einen unteren Grenzwert für die wirksame Betondruckfestigkeit zum Nachweis der Druckstreben im Zustand II dar, [Schlaich/Schäfer – 01]. In Bauteilen mit parallelem Druck- und Zuggurt ist die Höhe des Druckspannungsfeldes im Hinblick auf die Verträglichkeit zu begrenzen. So sollten die Abmessungen nicht größer gewählt werden, als sie sich bei Annahme einer linearen Spannungsverteilung ergeben (DIN 1045-1, 10.6.2 (6)).

- *Unterer Grenzwert:*

$$\sigma_{cd} \leq 0,6 \cdot f_{cd} \tag{12-7}$$

Die in Gleichung (12-7) geforderten Bedingungen für die Betondruckfestigkeit dienen zur groben Abschätzung der notwendigen Betongüte bzw. der erforderlichen Abmessungen von Tragwerksteilen.

Stabwerkmodelle

- *Ungerissene Betondruckzonen:*

$$\sigma_{cd} \leq \sigma_{Rd,max} = 1{,}0 \cdot \eta_1 \cdot f_{cd} \qquad (12\text{-}8)$$

Die durchschnittliche Bemessungsdruckspannung in den Streben für ungerissene Bereiche darf mit $\eta_1 \cdot f_{cd}$ angenommen werden (s. Gl. (12-8), DIN 1045-1, 10.6.2(2) a).

- *Gerissene Betondruckzonen:*

$$\sigma_{cd} \leq \sigma_{Rd,max} = 0{,}75 \cdot \eta_1 \cdot f_{cd} \qquad (12\text{-}9)$$

mit
$\qquad \eta_1 = 1{,}0 \qquad$ für Normalbeton
und
$\qquad \eta_1 = 0{,}40 + 0{,}60 \cdot \rho/2200 \qquad$ für Leichtbeton

Der Bemessungswert der Druckspannung in Druckstreben parallel zu den Rissen ist nach Gleichung (12-9) zu begrenzen (DIN 1045-1, 10.6.2(2) b).

## 12.5 Konstruktion und Bemessung von Knoten

### 12.5.1 Allgemeines

Um die Größe eines Knotens festlegen zu können, benötigt man die Anzahl der einlaufenden Lastvektoren in den Knoten und deren Richtung. Durch die Auflagerbreite, die Breite der Lasteinleitungsflächen, die Druckgurthöhe aus der Bemessung für Biegung mit Normalkraft sowie durch die Anordnung der Bewehrung ergibt sich die Geometrie eines Knotens. Bei Knotenbereichen mit mehr als vier angreifenden Laststäben ist es sinnvoll diesen Knoten in zwei sehr eng benachbarte Knoten, die durch einen Druckstab (Druckspannung $\sigma_c$) verbunden sind, aufzuteilen. Die Knotenbegrenzungen sind prinzipiell frei wählbar. Es ist aber sinnvoll die Begrenzungsflächen eines Knotens senkrecht zur Richtung der angreifenden Stäbe festzulegen, da nur die Flächen senkrecht zur Stabachse die Kräfte übertragen. Die mittlere Betonspannung in den Knotenbegrenzungsflächen berechnet man dann in Richtung der Stabachsen mit $\sigma_{cd} = F_{cd}/A_c$.

### 12.5.2 Knoten in Stabwerken

- *Zweiaxiale Druckspannungszustände in Druckknoten:*

$$\sigma_{cd} \leq 1{,}1 \cdot \eta_1 \cdot f_{cd} \qquad (12\text{-}10)$$

Zweiaxiale Druckspannungszustände sind in allen Knoten vorhanden, in denen keine Zugkräfte verankert werden müssen (DIN 1045-1, 10.6.3(2)a).

- *Druckspannungszustände mit Verankerungen von Bewehrung:*

$$\sigma_{cd} \leq 0{,}75 \cdot \eta_1 \cdot f_{cd} \qquad (12\text{-}11)$$

In Druck-Zug-Knoten, wenn alle Winkel zwischen Druck- und Zugstreben mindestens 45° betragen, ist der Bemessungswert der Betonspannung nach Gleichung (12-11) einzuhalten (DIN 1045-1, 10.6.3(2)b).

## 12.6 Typische Knoten

### 12.6.1 Einseitiger Knoten (K1) im Druckbereich

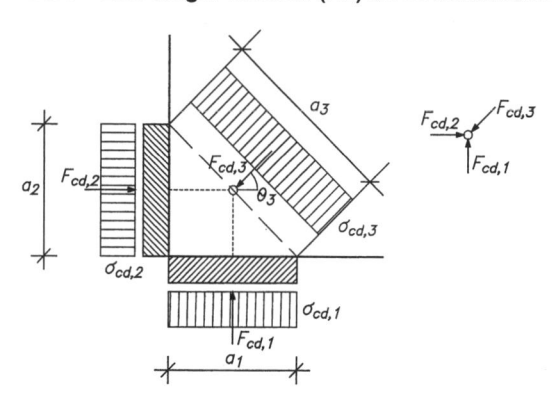

Den Knoten K1 kann man bei horizontaler und vertikaler Lasteinleitung in Wandscheiben oder einem Endauflagerbereich eines vorgespannten Trägers wiederfinden. Durch die gegebenen Breiten $a_1$ und $a_2$ der Auflager bzw. Lasteinleitungen wird die Knotengeometrie unabhängig von der Neigung $\theta_3$ der Druckstrebe $D_3$ definiert.

**Bild 12.10:** Einseitiger Druckknoten (K1)

1. $$\sigma_{cd,1} = \frac{F_{cd,1}}{a_1 \cdot b} \leq 1{,}1 \cdot \eta_1 \cdot f_{cd} \tag{12-12}$$

2. $$\sigma_{cd,2} = \frac{F_{cd,2}}{a_2 \cdot b} \leq 1{,}1 \cdot \eta_1 \cdot f_{cd} \tag{12-13}$$

3. $$\sigma_{cd,3} = \frac{F_{cd,3}}{a_3 \cdot b} \leq 1{,}1 \cdot \eta_1 \cdot f_{cd} \; ;$$

   mit $a_3 = a_1 \cdot \sin \theta_3 + a_2 \cdot \cos \theta_3$ ergibt sich: (12-14)

   $$\sigma_{cd,3} = \frac{F_{cd,1}}{(a_1 \cdot \sin \theta_3 + a_2 \cdot \cos \theta_3) \cdot \sin \theta_3 \cdot b} \leq 1{,}1 \cdot \eta_1 \cdot f_{cd}$$

### 12.6.2 Knoten (K2) für den Nachweis von Druckknoten

Der Knotentyp K2 setzt sich aus zwei Knoten des Typs K1 zusammen. Da sich die Last vom Lasteinleitungspunkt aus sehr stark verteilt, also kleinere Spannungen erzeugt, sollte man die Höhe des Knotens $a_0$ so wählen, dass $\sigma_{cd,2}$ und $\sigma_{cd,3}$ nicht maßgebend werden.

Im Knoten K2 liegt ein ebener Spannungszustand $\sigma_{cd,0} = \sigma_{cd,1} = \sigma_{cd,2} = \sigma_{cd,3}$ vor, wenn die Druckstreben senkrecht auf den Knotenbegrenzungsflächen stehen oder wenn,

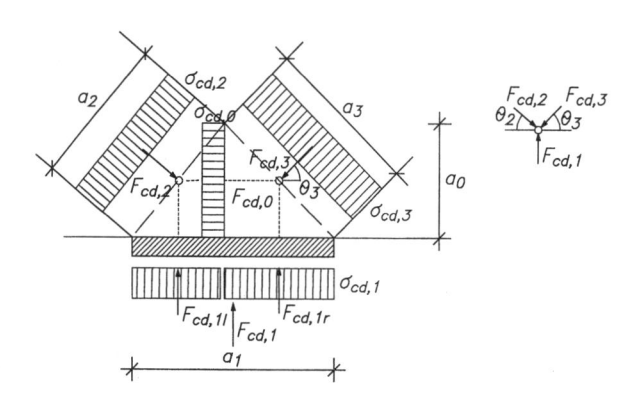

**Bild 12.11:** Druckknoten (K2) (DIN 1045-1, Bild 48)

$$a_0 = a_0^* \; ; \quad a_0^* = \frac{a_1}{\tan\theta_2 + \tan\theta_3}$$

1. $\quad \sigma_{cd,1} = \dfrac{F_{cd,1}}{a_1 \cdot b} \leq 1{,}1 \cdot \eta_1 \cdot f_{cd}$ \hfill siehe (12-12)

2. $\quad \sigma_{cd,0} = \dfrac{F_{cd,0}}{a_0 \cdot b} \leq 1{,}1 \cdot \eta_1 \cdot f_{cd}$ \hfill siehe (12-13)

Ist $a_0 > a_0^*$, so entfällt der 2. Nachweis, weil $\sigma_{cd,0} < \sigma_{cd,1}$.

### 12.6.3 Knoten K3

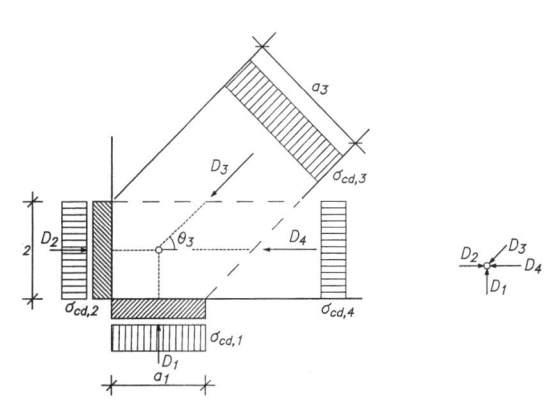

**Bild 12.12:** Knoten K3

Im Knoten K3 ist die rechte Seite eines Knotens über einer Mittelunterstützung bzw. ein Knoten im Bereich eines Träger unter einer Einzellast dargestellt. Es ist nachzuweisen, dass nach Gleichung (12-13) $\sigma_{cd,1} \leq 1{,}1 \cdot \eta_1 \cdot f_{cd}$ und $\sigma_{cd,2} \leq 1{,}1 \cdot \eta_1 \cdot f_{cd}$ eingehalten sind.

Sind diese Nachweise erfüllt, so sind zugleich die Spannungsnachweise für $\sigma_{cd,3}$ und $\sigma_{cd,4}$ erfüllt. Für die Anwendung von Stabwerkmodellen sollte versucht werden, die Knotenhöhe $a_2 \leq d/3$ (d = stat. Höhe) im Tragwerk nicht zu überschreiten, da sonst eventuell die Verformungsfähigkeit nachgewiesen werden muss.

### 12.6.4 Knoten mit Umlenkung von Bewehrung

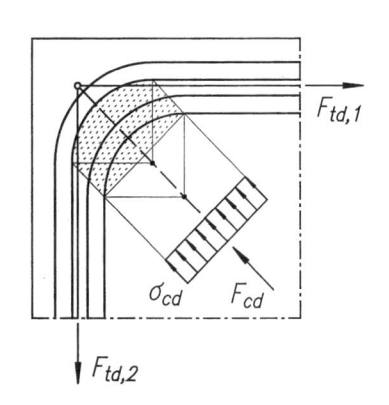

Werden Knoten mit Abbiegungen von Bewehrungen ausgeführt, so wird der Nachweis des zulässigen Biegerollendurchmessers nach DIN 1045-1, 12.3.1 gefordert. Dies gilt auch für Bewehrungsverankerungen mit Hilfe von Schlaufen.

**Bild 12.13:** Knoten mit Umlenkung der Bewehrung (DIN 1045-1, Bild 50)

### 12.6.5 Knotenbereich für den Nachweis von Druck-Zug-Knoten

Bei konzentrierten Lasteinleitungen in Scheibenecken und Endauflagern von Scheiben und Balken treten Knoten mit einer über Verbund verankerten Zugbewehrung auf. Da es sich bei diesen Knoten um komplizierte räumliche Spannungsfelder handelt, betrachtet man das System nur in seiner Haupttragrichtung. Quer zu den Haupttragrichtungen also senkrecht zur Scheibe müssen die Kräfte gesondert betrachtet werden. In der Regel reichen hier die Maßnahmen zur baulichen Durchbildung vollkommen aus, um die Nachweise für die Querzugspannungen zu gewährleisten. Bei einem Knoten, wie in Bild 12.14 dargestellt, besitzen die Zugstäbe eine gewisse Ausstrahlungsfläche. Hier dargestellt durch eine wirksame Höhe u, sofern die Bewehrungseinlagen gleichmäßig über die Bauteilbreite verteilt sind. Durch diese wirksame Höhe u wird die Knotenhöhe, und über die Geometrie zugleich die Breite $a_2$ des Druckstabes $F_{cd,2}$ festgelegt.

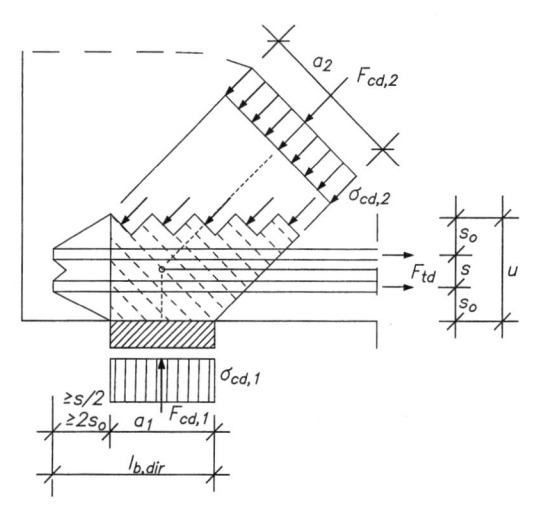

**Bild 12.14:** Knoten mit Zugbewehrung (DIN 1045-1, Bild 49)

| | |
|---|---|
| $u = 0$ | bei einlagiger Bewehrung, die nicht über den Knotenbereich übersteht |
| $u = 2s_o$ | bei einlagiger Bewehrung, die mindestens mit einer Länge $\geq 2s_o$ über den Knotenbereich übersteht |
| $u = 2s_o+(n-1)\cdot s$ | bei n-lagiger Bewehrung mit einem Lagenabstand s, die mit einer Länge $\geq s/2$ und $\geq 2s_o$ über den Knotenbereich übersteht |

Bei Scheiben sollte man die Höhe u wie folgt wählen:

$u \leq 0{,}2\cdot d$;   (d = Höhe des D-Bereichs)
$u \leq 0{,}2\cdot l$   (l = Stützweite der Scheibe)

Die Bewehrung ist so anzuordnen, dass der Schwerpunkt der Bewehrungslagen möglichst nah am Rand liegt, um einen großen inneren Hebelarm zwischen Druck- und Zuggurt zu erzeugen. Nachzuweisen ist eine ausreichende Verankerungslänge $l_{b,net}$ der Bewehrungsstäbe, die am Anfang des Lasteinleitungs- bzw. Auflagerpunktes beginnt.

1. $\sigma_{cd,1} = \dfrac{F_{cd,1}}{a_1 \cdot b} \leq 0{,}75 \cdot \eta_1 \cdot f_{cd}$ \hfill (12-15)

2. $\sigma_{cd,2} = \dfrac{F_{cd,2}}{a_2 \cdot b} = \dfrac{\sigma_{cd,1}}{\left(1+\frac{u}{a_1}\cdot \cot\theta\right)\cdot \sin^2\theta} \leq 0{,}75 \cdot \eta_1 \cdot f_{cd}$ \hfill (12-16)

Der Bemessungswert der Druckfestigkeit für diesen Knoten wird als recht konservativ angesehen und kann zu $\sigma_{cd} = 0{,}85 \cdot \eta_1 \cdot f_{cd}$ angenommen werden. Unter Einhaltung der Anforderungen an die bauliche Durchbildung werden die Verankerungslängen der Bewehrung berechnet. Tritt im Verankerungsbereich ein Querdruck p auf, so darf die Verbundspannung $f_{bd}$ mit dem Faktor $1/(1 - 0{,}04\cdot p) \leq 1{,}5$ erhöht werden. Dabei ist p die mittlere Querdruckspannung im Verankerungsbereich.

### 12.6.6 Knoten in Zuggurten von Stabwerken

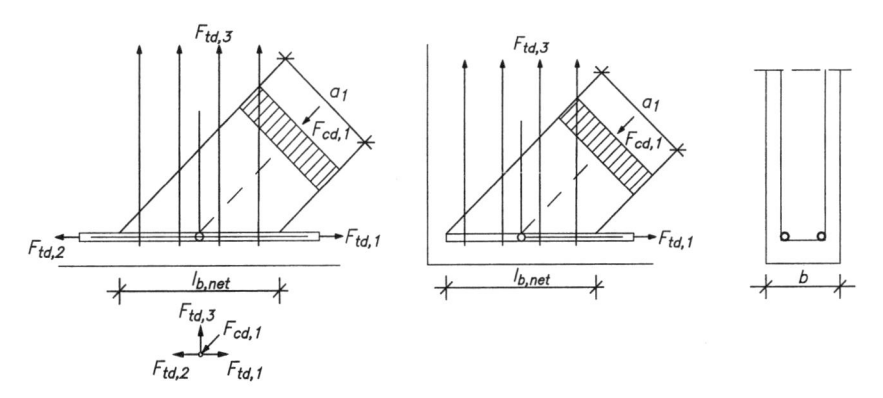

**Bild 12.15:** Knoten im Zuggurt

In verschmierten Knoten, die sich über eine größere Länge erstrecken, darf die Bewehrung im Knotenbereich nach DIN 1045-1, 10.6.2 (4) gestaffelt werden. Dabei muss sie alle durch die Bewehrung umzulenkenden Druckwirkungen erfassen. Beim Balken kann man die Nachweise mit Hilfe der Querkraftbemessung $V_{Rd,max}$ und $V_{Rd,sy}$, der baulichen Durchbildung (Bügelabstände in Quer- und Längsrichtung) und dem Verbund der Zugbewehrung in Längsrichtung durchführen.

Im Allgemeinen ist nachzuweisen, dass

- die Kraft $F_{cd,1} \cdot \cos\theta = F_{td,1} - F_{td,2}$ im Knoten über Verbund verankert wird.

- die Kraft $F_{td,3}$ mittels Steckbügel ausreichend verankert wird. Bei sinnvoller Wahl des Stabwerks in einer Scheibe verlaufen die Zuggurte sehr nah an den Außenkanten der Scheibe, um einen möglichst großen Hebelarm zum Druckgurt zu erreichen. Die Steckbügel tragen zugleich die Querzugspannungen im Knotenbereich ab.

- $\sigma_{cd,1} = \dfrac{F_{cd,1}}{a_1 \cdot b} \leq 0{,}75 \cdot \eta_1 \cdot f_{cd}$ \hfill siehe (12-15)

## 12.6.7 Teilflächenbelastung

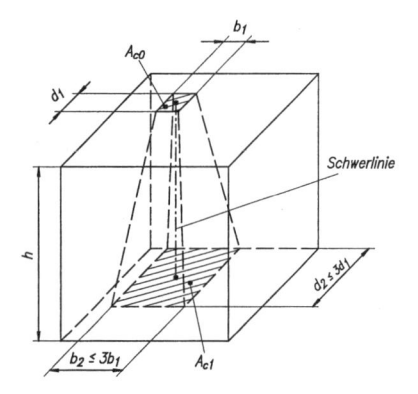

**Bild 12.16:** Ermittlung der Flächen für Teilflächenbelastung

Im Bereich von Lasteinleitungen, Auflagern und querbewehrten oder umschnürten Teilbereichen von Tragwerken in denen dreiaxiale Druckspannungen auftreten, darf mit $3{,}0 \cdot f_{cd}$ gerechnet werden, sofern die Hauptdruckspannungen ungefähr gleich groß sind (DIN 1045-1, 10.7(1)). Verankerungen von Spanngliedern sind mit Hilfe von Stabwerken zu bemessen.

$$\sigma_{cd} = f_{cd} \cdot \sqrt{A_{c1} / A_{c0}} \leq 3{,}0 \cdot f_{cd} \qquad \text{für Normalbeton} \qquad (12\text{-}17)$$

$$\sigma_{cd} = f_{lcd} \cdot (A_{c1}/A_{c0})^{\rho/4800} \leq \rho/800 \cdot f_{lcd} \qquad \text{für Leichtbeton} \qquad (12\text{-}18)$$

**Tabelle 12.1:** Bemessungswert der Betondruckfestigkeiten [N/mm²] für Stäbe und in Bereichen von Knoten (Die Bemessungswerte sind für Leichtbetone mit $\eta_1$ aus Tabelle 10 der DIN 1045-1 zu multiplizieren)

| $f_{ck}$ | 12 | 16 | 20 | 25 | 30 | 35 | 40 | 45 | 50 |
|---|---|---|---|---|---|---|---|---|---|
| Bei grober Modellierung des Stabwerks $0{,}6 \cdot f_{cd}$ | 4,08 | 5,44 | 6,80 | 8,50 | 10,20 | 11,90 | 13,60 | 15,30 | 17,00 |
| In ungerissenen Druckzonen $1{,}0 \cdot f_{cd}$ | 6,80 | 9,07 | 11,33 | 14,17 | 17,00 | 19,83 | 22,67 | 25,5 | 28,33 |
| Druckstreben parallel zu den Rissen und Druck-Zug-Knoten $0{,}75 \cdot f_{cd}$ | 5,10 | 6,80 | 8,50 | 10,62 | 12,75 | 14,87 | 17,00 | 19,13 | 21,25 |
| Bei zweiaxialen Druckspannungen in konzentrierten Druckknoten $1{,}1 \cdot f_{cd}$ | 7,48 | 9,97 | 12,47 | 15,58 | 18,70 | 21,82 | 24,93 | 28,05 | 31,17 |
| Bei dreiaxialen Druckspannungen $3{,}0 \cdot f_{cd}$ | 20,40 | 27,20 | 34,00 | 42,50 | 51,00 | 59,50 | 68,00 | 76,50 | 85,00 |
| Knoten mit Verankerung von Zugstäben im Auflagerbereich $0{,}85 \cdot f_{cd}$ | 5,78 | 7,71 | 9,63 | 12,04 | 14,45 | 16,86 | 19,27 | 21,68 | 24,08 |

## 12.7 Beispiel – Bemessung einer Scheibe mit Öffnung

Im Hochbau müssen sehr oft aus architektonischen Gründen (offen gehaltene und stützenfreie Eingangsbereiche) hohe Stützenlasten aus den oberen Etagen über Wandscheiben abgefangen werden. In diesen Wandscheiben treten meistens Öffnungen (Flure, Bürotüren) auf. Anhand eines Beispiels soll die Berechnung und Bemessung einer Wandscheibe mit Loch mit Hilfe von Stabwerkmodellen beschrieben werden. Als Wanddicke der unten dargestellten Wandscheibe wird t = 25 cm gewählt, alle weiteren Abmessungen sind der Zeichnung zu entnehmen. Als Betongüte ein wird C20/25 und als Betonstahl ein BSt 500 verwendet.

Horizontalkräfte werden am linken Auflager aufgenommen.

Als Belastung ist gegeben:

$F_d$ = 400 kN

$Q_d$ = 27,9 kN/m

Bei den Lasten $F_d$ handelt es sich um die Summe der ständigen und veränderlichen Einwirkungen inklusive Eigengewicht der Wandscheibe und bei der Streckenlast $Q_d$ um eine veränderliche Einwirkung, die aus Windbelastung resultiert.

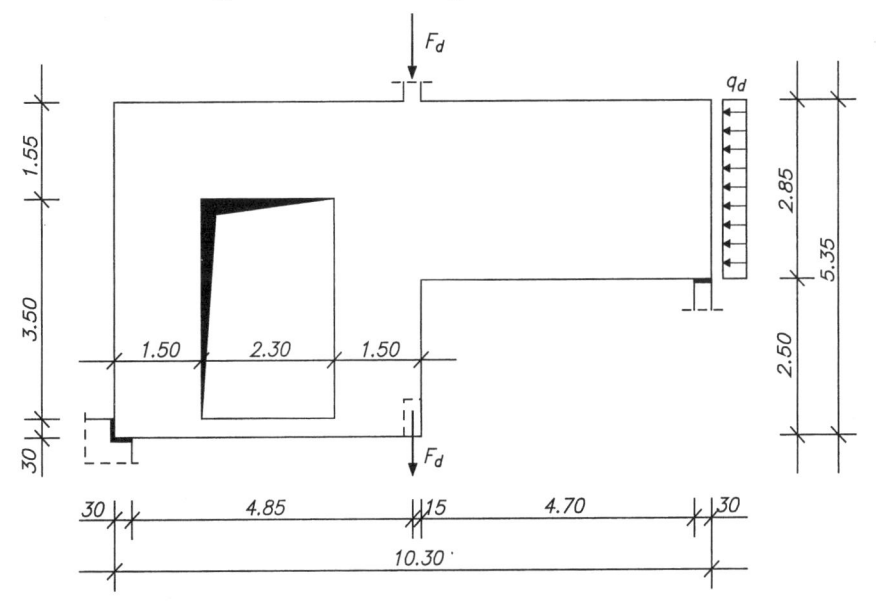

**Bild 12.17:** System und Belastung

**Materialkennwerte:**

Beton: C20/25    $f_{ck}$ = 20 N/mm²;    $f_{cd}$ = 11,33 N/mm²

Betonstahl: BSt500    $f_{yk}$ = 500 N/mm²;    $f_{yd}$ = 435 N/mm²

**Einwirkungen:**

$F_d$ = 400 kN

Für die Erstellung der Lastpfade wird die horizontale Streckenlast zu einer Einzellast $Q_d$ zusammengefasst.

$Q_d = 27,9 \cdot 2,85 = 79,5$ kN

### 12.7.1 Modellbildung

Die Lastpfade werden nach den aufgeführten Regeln entwickelt. Es gibt mehrere Lösungswege für die Ermittlung der Lastpfade infolge der beiden Einwirkungen. Eine sinnvolle Lösung ist im Bild 12.18 dargestellt.

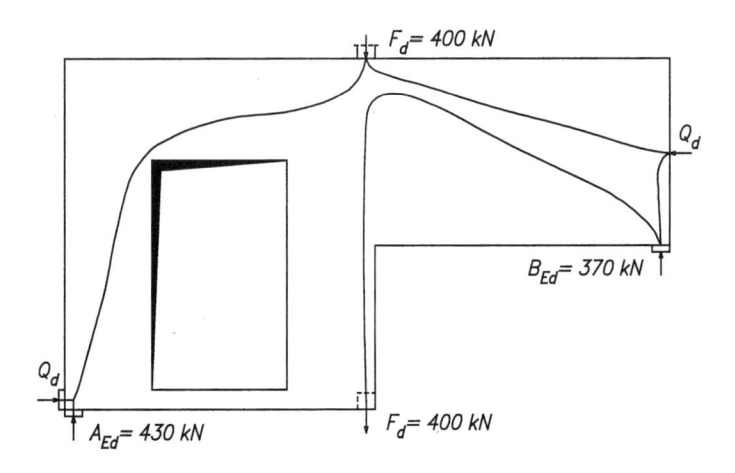

**Bild 12.18:** Lastpfad in der Scheibe

Im nächsten Schritt werde die Lastpfade durch Polygonzüge (Kraftspuren) und Umlenkkräfte ersetzt, siehe Bild 12.19. Dabei zeigt sich ein balkenähnliches Tragverhalten in der rechten Scheibenhälfte.

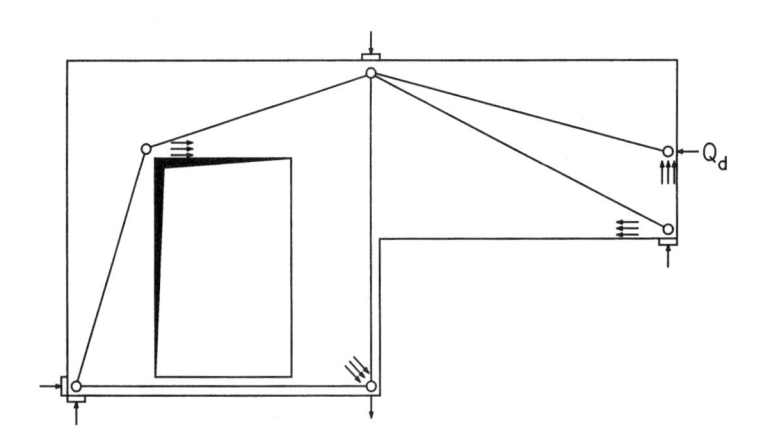

**Bild 12.19:** Kraftspuren in der Scheibe mit Loch

Mit Hilfe der Kraftspuren und Umlenkkräfte wird ein Stabwerk entwickelt, so dass sich an den Knotenpunkten des Stabwerks Kräftegleichgewicht einstellt. Nach mehreren Variationen des Stabwerks ergab das im Bild 12.20 dargestellte Stabwerk eine sehr geringe Formänderungsenergie $\delta A^*$. Die Stäbe $D_8$ und $D_9$ dienen nur zur Aufnahme der horizontalen Einwirkung $Q_d$.

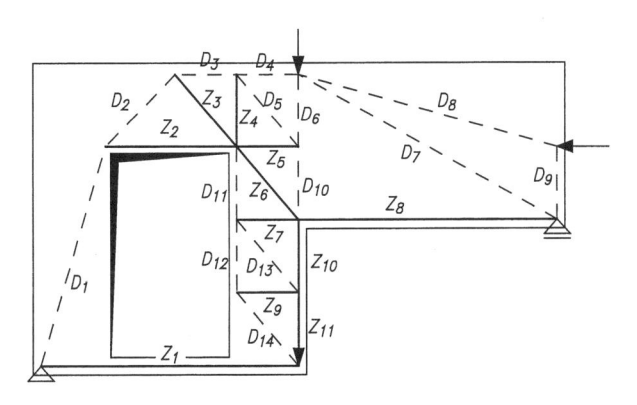

**Bild 12.20:** Stabwerk

## 12.7.2 Bemessung der Stäbe

|   | Kraft [kN] | Druckstreben-breite [m] | $\sigma_{cd}$ [MN/m²] | $1{,}0 \cdot f_{cd}$ [MN/m²] |
|---|---|---|---|---|
| $D_1$ | −453 | 0,3 | 6,04 | 11,33 |
| $D_2$ | −608 | 0,4 | 6,08 | 11,33 |
| $D_3$ | −860 | 0,4 | 8,60 | 11,33 |
| $D_4 \cong D_7$ | −780 | 0,4 | 7,80 | 11,33 |
| $D_5$ | −112 | 0,4 | 1,12 | 11,33 |
| $D_6$ | −30 | 0,4 | 0,30 | 11,33 |
| $D_8$ - $D_{14}$ | ≥ −128 | 0,2 | 2,56 | 11,33 |

Die Mindestbewehrung beträgt in einem wandartigen Träger an beiden Bauteilrändern in beiden Richtungen mindestens 1,5 cm²/m und $a_s$ = 0,00075 · t = 1,875 cm²/m. An beiden Außenflächen wird eine Q221 als Netzbewehrung angeordnet. Für die Bemessung der Zugstäbe wird die Netzbewehrung in einem Bereich von 30 cm berücksichtigt. Das entspricht einem Bewehrungsquerschnitt von 1,33 cm². Bei den diagonal angeordneten Zugstäben $Z_3$ und $Z_6$ wird ein Bewehrungsquerschnitt von 1,33 $\sqrt{2}$ = 1,87 cm² berücksichtigt.

|   | Kraft [kN] | $l_i$ [m] | $\delta A_i$ [kNm] | $a_{s,erf}$ [cm²] | gewählt | $a_{s,\varnothing}$ [cm²] | $a_{s,mind}$ [cm²] | $a_{s,vorh}$ [cm²] | $\alpha_a$ |
|---|---|---|---|---|---|---|---|---|---|
| $Z_1 = Z_7 = Z_9$ | 64 | 7,50 | 480 | 1,47 | Mindestbewehrung | | | | ≈1,0 |
| $Z_2$ | 287 | 2,50 | 718 | 6,6 | 4 ⌀ 16 | 8,04 | 1,33 | 9,37 | 0,7 |
| $Z_3$ | 608 | 1,77 | 1074 | 14,0 | 8 ⌀ 16 | 16,1 | 1,87 | 17,97 | 0,74 |
| $Z_4 = Z_5$ | 80 | 2,50 | 200 | 1,8 | Mindestbewehrung | | | | ≈1,0 |
| $Z_6$ | 901 | 1,77 | 1594 | 20,7 | 10 ⌀ 16 | 20,1 | 1,87 | 21,97 | 0,94 |
| $Z_8$ | 701 | 5,00 | 3500 | 16,1 | 8 ⌀ 16 | 16,1 | 1,33 | 17,43 | 0,92 |
| $Z_{10}$ | 528 | 1,25 | 660 | 12,1 | 4 ⌀ 16 +2 ⌀ 14 | 11,12 | 1,33 | 12,45 | ≈1,0 |
| $Z_{11}$ | 464 | 1,25 | 580 | 10,7 | 4 ⌀ 16 +2 ⌀ 14 | 11,12 | 1,33 | 12,45 | 0,86 |

$$\delta A^* = \Sigma \delta A_i = 8806$$

### 12.7.3 Bemessung der Knoten

Bei der Knotenbemessung werden die Stäbe $D_8$ und $D_9$ wegen sehr kleiner Schnittgrößen vernachlässigt.

Die Knoten werden anhand der bereits beschriebenen Knoten typisiert. Der Lasteinleitungspunkt am oberen Rand der Scheibe wird durch drei Druckstäbe und durch die Last beansprucht, er und kann durch den Knoten K3 dargestellt werden. Die Nachweise am Knoten A werden folglich mit einer zulässige Druckspannung von $1{,}1 \cdot f_{cd} = 12{,}47$ N/mm² geführt.

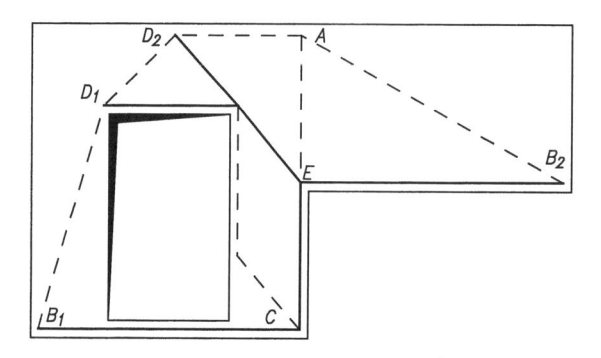

**Bild 12.21:** Knotenbezeichnung

**Nachweis Knotenbereich A**

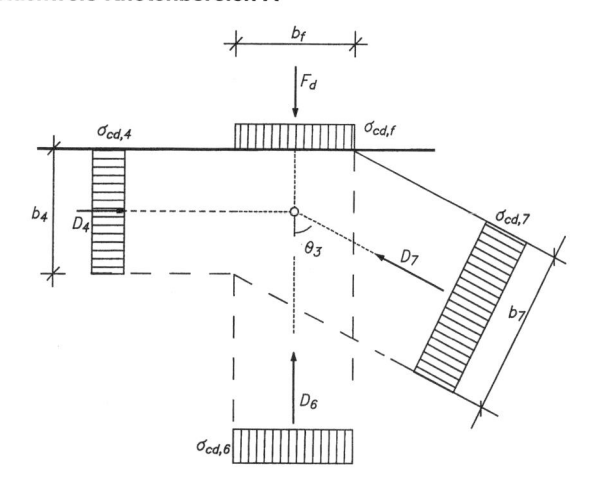

**Bild 12.22:** Knoten A

| Stabkraft | Druckstrebenbreite | $\sigma_{cd}$ [N/mm²] | $1{,}1\ f_{cd}$ [N/mm²] |
|---|---|---|---|
| $F_d = 400$ kN | 20 cm | 8,0 | 12,47 |
| $D_4 = 780$ kN | 30 cm | 10,4 | 12,47 |

Die Spannungsnachweise der Stäbe $D_6$ und $D_7$ sind erfüllt, da die vorhandenen Spannungen kleiner sind als beim Stab $D_4$.

## Nachweis Knotenbereich B, C und D

Bei dem Knoten B handelt es sich um Auflagerbereiche mit großen Auflagerpressungen, vgl. Bild 12.14. Die Bewehrung im Knoten $B_2$ soll über eine Höhe von ca. 15 cm verteilt angenommen werden, die Auflagerbreiten betragen 30 cm. Mit Hilfe der Knotengeometrie und der Neigungswinkel der Druckstreben errechnen sich die Druckstrebenbreiten b. Im Knoten C wird die Zugkraft bereits durch 2 ⌀ 14, wie im Bild 12.15 beschrieben, umgelenkt.

Im Knoten $D_2$ muss die Zugstrebe $Z_3$ mit einer ausreichenden Verankerungslänge verankert werden.

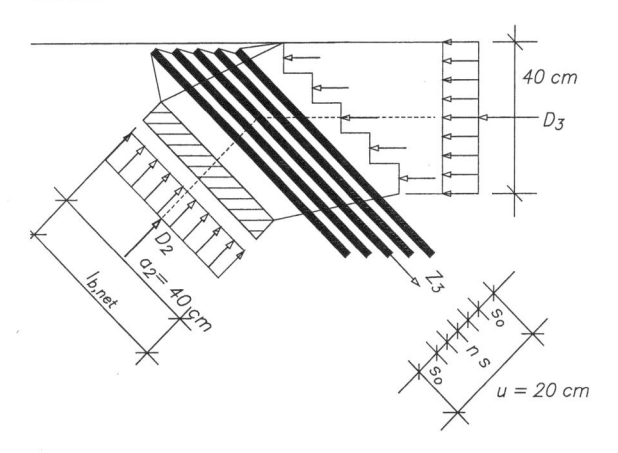

**Bild 12.23:** Knoten $D_2$

Mit einer Wanddicke von t = 25 cm ergeben sich die folgenden Betondruckspannungen.

| Knoten | Stabkraft [kN] | Druckstreben- breite [cm] | $\sigma_{cd}$ [N/mm$^2$] | $0{,}75 \cdot f_{cd}$ [N/mm$^2$] |
|---|---|---|---|---|
| $B_1$ | $A_{Ed} = -430$ | b ≈ 30 | ≤ 5,79 | 8,50 |
| $B_1$ | $D_1 = -457$ | b = 30 | 6,01 | 8,50 |
| $B_2$ | $D_7 = -780$ | b ≈ 40 | 7,80 | 8,50 |
| $B_2$ | $B_{Ed} = -370$ | b ≈ 30 | 4,93 | 8,50 |
| C | $D_{14} = -90$ | b = 30 | 4,21 | 8,50 |
| $D_1$ | $D_{1,2} \leq -608$ | b = 30 - 40 | ≤ 6,08 | 8,50 |
| $D_2$ | $D_3 = -860$ | b ≈ 40 | 8,60 | 8,50 |

Die Druckspannung ist in allen Knoten mit der zulässigen Betondruckfestigkeit eines Betons C 20/25 eingehalten.

In der Bewehrungsskizze (Bild 12.24) wird die mit dem Stabwerkmodell berechnete Bewehrung dargestellt. Die Querzugspannungen, die aus der Flaschenhalsform der Druckstrebe $D_1$ resultieren, werden durch die Mindestbewehrung aufgenommen. In Verankerungsbereichen von Druck- und Zugstäben sollte in der Scheibenebene und senkrecht dazu Bewehrung liegen, um die Querzugspannungen aufnehmen zu können. Die Zugbewehrung sollte symmetrisch an beiden Außenflächen der Scheibe angeordnet werden, um dann die Verankerung an den Scheibenrändern mit Steckbügel vornehmen zu können. Die Verankerungslänge ist in Abhängigkeit der Beton- und Stahlgüte sowie dem Verbundbereich in dem der Bewehrungsstab liegt, und der Stabform (gerippt oder glatt; Schlaufen oder Haken) zu bestimmen. Die Verankerung von Zugstäben an Bauteilrändern kann sehr oft nur durch Steckbügel realisiert werden, da die Knotenbereiche durch die Bauteilränder sehr stark begrenzt sind.

Der unten dargestellte Bewehrungsplan ergibt sich unter Berücksichtigung der berechneten Bewehrung. Die Mindestbewehrung (2 · Q221) ist nicht dargestellt.

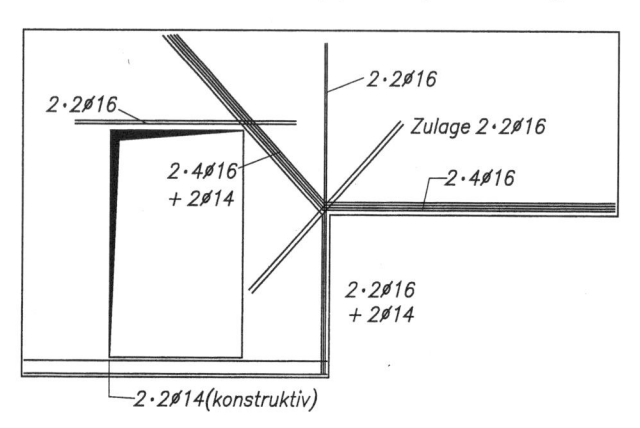

**Bild 12.24:** Bewehrungsskizze

Bei der Analyse der Trajektorien Bild 12.25 stellt man fest, dass

- in den einspringenden Ecken eine Diagonalbewehrung sinnvoll ist,
- die Einwirkung $F_d$ am oberen Rand nur durch Druckkräfte abgetragen wird und
- in der rechten Scheibenhälfte ein Tragverhalten wie in einem Balken vorliegt.

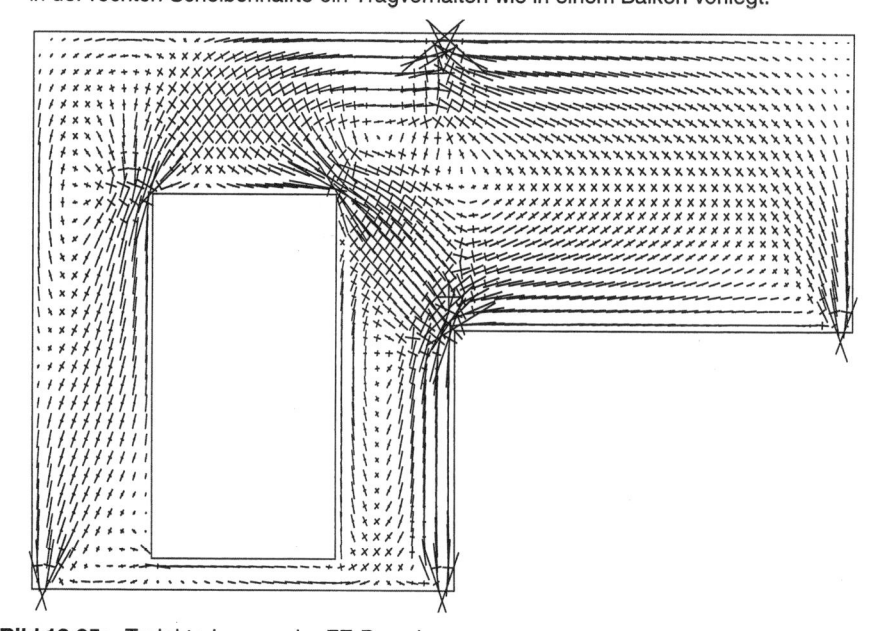

**Bild 12.25:** Trajektorien aus der FE-Berechnung

# Stabwerkmodelle

Eine zusätzliche Schubbemessung des rechten Scheibenbereichs bestätigt nochmals die Aufnahme der Schubkraft durch die Mindestbewehrung (2 · Q221)

$V_{Rd,max}$ = 2090 kN  (mit z = 2,00 m und cotθ =1,2)

$V_{Rd,sy} = a_{sw} \cdot z \cdot 43{,}5 \cdot \cot\theta$ = 461 kN < $V_{Ed}$ = 370 kN

## Bestimmung der Verankerungslängen

Die Verankerungslängen werden mit Hilfe der Verbundeigenschaften des Betons berechnet.

- Der Bemessungswert der Verbundspannung beträgt: $f_{bd}$ = 2,3 N/mm²
- Das Grundmaß der Verankerungslänge ist $l_b = \dfrac{\varnothing}{4} \cdot \dfrac{f_{yd}}{f_{bd}}$
- Alle statisch erforderlichen Bewehrungsstäbe liegen im Verbundbereich I.
- $l_{b,min} = 0{,}3 \cdot l_b \geq 10\,\varnothing \geq 100$ mm

  $\varnothing 14$;  $l_{b,min}$ = 20 cm          $\varnothing 16$;  $l_{b,min}$ = 23 cm

## Verankerung am Endauflager und an Scheibenrändern

- Linkes Auflager

  Erforderliche Verankerungslänge: $l_{b,net} = \alpha_a \cdot l_b \cdot \dfrac{A_{s,erf}}{A_{s,vorh}} \geq l_{b,min}$

  $\varnothing 14$;  $l_{b,net} = 66 \cdot \dfrac{1{,}47}{6{,}16\,(4\varnothing 14)} = 15{,}75$ cm < $l_{b,min}$ = 20 cm

Eine ausreichende Verankerung der Bewehrung am linken Endauflagern ist mit einer vorhandenen Auflagerbreite von 30 cm gewährleistet.

- Rechtes Auflager

  Berücksichtigung des Querdrucks p infolge $B_{Ed}$

  $1 / (1 - 0{,}04 \cdot p) = 1 / (1 - 0{,}04 \cdot 4{,}93)$ = **1,25** ≤ 1,5

  $\varnothing 16$;  $l_{b,net} = 1/1{,}25 \cdot 0{,}7 \cdot 76 \cdot 0{,}92 = 39$ cm > $l_{b,min}$ = 23 cm

Die Verankerung der Bewehrung am rechten Endauflagern ist mit Aufbiegungen nicht gewährleistet, es werden zusätzlich zwei $\varnothing$ 16 zugelegt ($l_{b,net}$ < 30 cm ).

- Knoten $D_2$

  Berücksichtigung des Querdrucks p infolge $D_2$

  $1 / (1 - 0{,}04 \cdot p) = 1 / (1 - 0{,}04 \cdot 6{,}0)$ = **1,32** ≤ 1,5

  $\varnothing 16$;  $l_{b,net} = 1/1{,}32 \cdot 0{,}7 \cdot 76 \cdot 0{,}74 = 30$ cm > $l_{b,min}$ = 23 cm

Die Verankerung der Bewehrung für den Stab $Z_3$ ist mit Steckbügeln gewährleistet.

## Bewehrungsführung

- Im Knoten E wird eine Zulage von 4 $\varnothing$ 16 diagonal zugelegt, um ein Aufreißen in der einspringenden Ecke zu vermeiden.
- Die Mattenbewehrung Q221 beidseitig wird durch 4 Abstandhalter (S-Haken) pro m² verbunden (DIN 1045-1, 13.7.1(11)).
- Alle Bauteilrändern (auch in den Öffnungsrändern) werden durch Steckbügel $\varnothing$ 8; s=15 cm bewehrt.
- Im Lasteinleitungspunkt am unteren Rand wird die Kraft über ein mit der Bewehrung verschweißtes Einbauteil in die Wandscheibe eingeleitet.

# 13 Bauliche Durchbildung der Bauteile

Dipl.-Ing. Martin Klaus

## 13.1 Grundlagen

Die bauliche Durchbildung wird in der DIN 1045-1 in zwei Abschnitten geregelt. Im Abschnitt 12 werden alle Regelungen, die allgemein den Betonstahl betreffen, abgehandelt und im Abschnitt 13 die bauteilspezifischen Anforderungen (siehe Bild 13.1). Erst die konstruktiv richtige Durchbildung garantiert die Zuverlässigkeit der Konstruktionen sowie die ausreichende Erfassung des Tragverhaltens durch die Bemessungsmodelle.

Durch das Sicherheitskonzept wird eine differenziertere Betrachtung der Materialeigenschaften sowie der Grenzzustände möglich. Sofern rechnerische Nachweise erforderlich sind, muss der Nachweis mit den Kräften des jeweils betrachteten Grenzzustandes erfolgen.

Die für die Ausführung der Bewehrungsarbeiten zu beachtenden Bedingungen sind im Abschnitt 6, die Ausführung der Vorspannung ist im Abschnitt 7 und die Überwachung durch das Bauunternehmen im Abschnitt 11 der DIN 1045-3 geregelt.

Viele Regelungen sind identisch mit denen der [DIN 1045 – 88] oder ähneln dieser. Der Beitrag beschränkt sich daher im Wesentlichen auf die Bereiche beim Betonstahl, bei denen größere Änderungen vorliegen sowie bei den Bauteilregeln auf Ortbetonkonstruktionen.

Die DIN 1045-1 unterscheidet bezüglich der Verbindlichkeitsgrade zwischen Prinzipien und Anwendungsregeln. Bei der Mehrzahl der Regelungen handelt es sich in den Abschnitten 12 und 13 der DIN 1045-1 um Prinzipien. Daher wird nur bei den Anwendungsregeln (im Normentext durch kursiven Druck gekennzeichnet) ein Hinweis darauf erfolgen.

Der Anwendungsbereich der Norm ist im ersten Abschnitt der DIN 1045-1 geregelt. Danach gelten die angegebenen Bewehrungs- und Bauteilregeln für Tragwerke des Hoch- und Ingenieurbaus:

- aus Normalbeton (Festigkeitsklasse C12/15 bis C100/115)
- aus Leichtbeton (Festigkeitsklasse LC12/13 bis LC60/66)
- aus unbewehrtem Beton, Stahlbeton und Spannbeton
- für Ortbeton- und Fertigteilkonstruktionen

Abweichungen, die sich zum Beispiel aus den besonderen Eigenschaften von Leichtbeton und Normalbeton ergeben, werden durch Alternativ-Regelungen beziehungsweise durch einen Beiwert $\eta_1$ erfasst.

Die Bemessung für Straßenbrücken wird abweichend von DIN 1045-1 nach DIN Fachberichten, die auf den europäischen Vorschriften aufbauen, geregelt.

Nicht abgedeckt werden Anforderungen, die aus Erdbebeneinwirkungen (im Besonderen Anforderungen an die Duktilität des Betonstahls und der Bauteile) und aus Brandeinwirkungen resultieren (hierbei sei angemerkt, das 80% - 90% aller schweren Schäden auf Brandeinwirkung zurückzuführen sind). Regelungen zum Brandschutz sind der [DIN 4102-2 – 77] und [DIN 4102-4 – 94] zu entnehmen.

Die Festlegungen und Regeln beziehen sich nur auf schweißgeeignete, gerippte Betonstähle mit einer charakteristischen Streckgrenze von $f_{yk}$ = 500 N/mm², wobei auch Stabdurchmesser $d_s$ > 32 mm berücksichtigt werden.

## 13.2 Allgemeine Bewehrungsregeln

Die Bewehrungsregeln gelten für Betonstabstähle, Spannglieder und, sofern nicht anders geregelt, für Betonstahlmatten bei **vorwiegend ruhender** und **nicht vorwiegend ruhender** Belastung. Die anhand der Nachweise im Grenzzustand der Gebrauchstauglichkeit und der Tragfähigkeit ermittelten Bewehrungsquerschnitte sind entsprechend der in den Abschnitten 12 und 13 der DIN 1045-1 angegebenen Regeln und Prinzipien zu verankern, zu stoßen und durchzubilden.

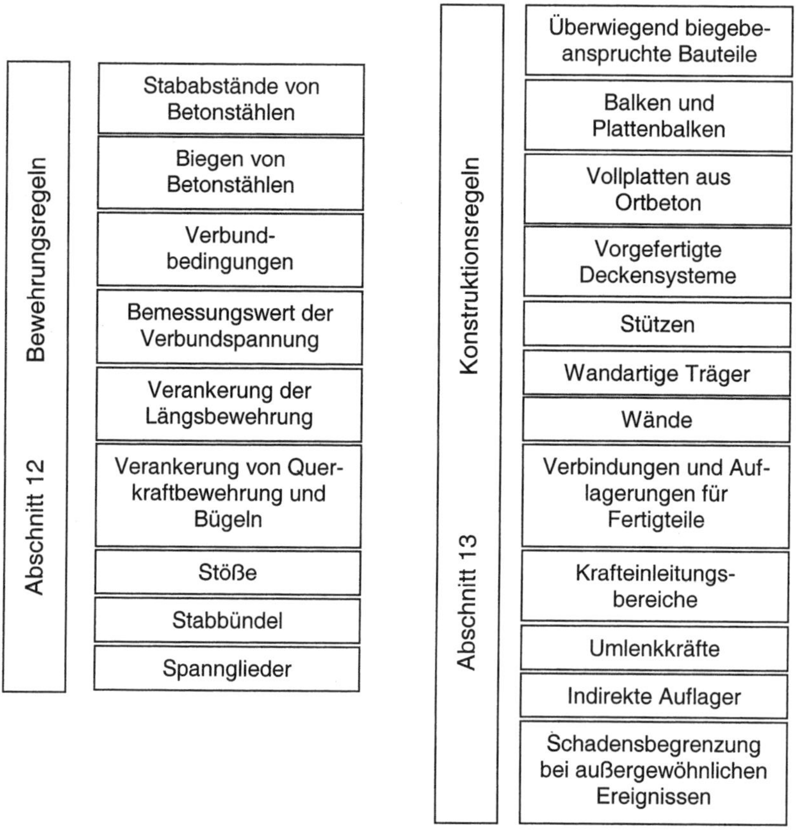

| Abschnitt 12 – Bewehrungsregeln | Abschnitt 13 – Konstruktionsregeln |
|---|---|
| Stababstände von Betonstählen | Überwiegend biegebeanspruchte Bauteile |
| Biegen von Betonstählen | Balken und Plattenbalken |
| Verbundbedingungen | Vollplatten aus Ortbeton |
| Bemessungswert der Verbundspannung | Vorgefertigte Deckensysteme |
| Verankerung der Längsbewehrung | Stützen |
| Verankerung von Querkraftbewehrung und Bügeln | Wandartige Träger |
| Stöße | Wände |
| Stabbündel | Verbindungen und Auflagerungen für Fertigteile |
| Spannglieder | Krafteinleitungsbereiche |
|  | Umlenkkräfte |
|  | Indirekte Auflager |
|  | Schadensbegrenzung bei außergewöhnlichen Ereignissen |

**Bild 13.1:** Übersicht über die Struktur der 1045-1 zur baulichen Durchbildung

Allgemein gelten die Regeln für Bewehrungsstäbe mit einem Durchmesser bis zu 32 mm. Für größere Durchmesser sind Sonderregelungen zu beachten. Zum Beispiel muss für Stäbe mit einem Durchmesser von $d_s > 32$ mm die Bauteildicke $h \geq 15\, d_s$ sein.

## 13.2.1 Stababstände

Der lichte Stababstand (horizontal und vertikal) zwischen den parallelen Einzelstäben oder waagerechten Lagen paralleler Stäbe sollte in keiner Richtung kleiner sein als:

$$s \geq \begin{cases} 20\,mm \\ \max d_s \\ d_g + 5\,mm^{1)}, \text{ wenn } \max d_g > 16\,mm \end{cases}$$

$d_g$: Größtkorndurchmesser des Zuschlags

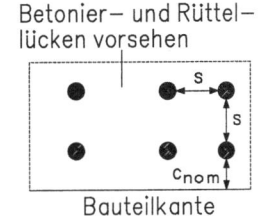

[1] Sofern besondere Maßnahmen zum Verdichten und Einbringen des Betons getroffen werden, kann darauf verzichtet werden.

Für die Wahl der Stababstände müssen auch obere Grenzen beachtet werden. Diese sind erforderlich, um unzulässig breite Sammelrisse (beschränkte Wirkungszone der Bewehrung) zu verhindern, rechnerisch nicht erfasste Einflüsse im Zusammenhang mit der Mindestbewehrung (z.B. Eigenspannungen beim Abfließen der Hydratationswärme) abzudecken oder die Wirkungsweise der Bemessungsmodelle zu gewährleisten (z.B. Höchstabstand gestoßener Stäbe, Abstand der Querkraftbewehrung im Balken ...).

## 13.2.2 Biegen von Betonstählen

Die einzig nennenswerte Änderung gegenüber der [DIN 1045-88] besteht darin, dass im Bereich einer auf der Baustelle zurückgebogenen Bewehrung die maximal aufnehmbare Querkraft auf 0,6 $V_{Rd,max}$ zu begrenzen ist. Technische Einzelheiten sind dem DBV-Merkblatt „Rückbiegen von Betonstahl und Anforderungen an Verwahrkästen" zu entnehmen.

## 13.2.3 Verbundbereiche

Es wird zwischen gutem und mäßigen Verbund unterschieden. Diese Bereiche sind wie in Bild 13.2 angegeben definiert. Beim Gleitbauverfahren sind für alle Stäbe die Verbundbedingungen als mäßig anzusehen.

- **gute** Verbundbedingungen im **nicht schraffierten** Bereich
- **mäßige** Verbundbedingungen **im schraffierten** Bereich

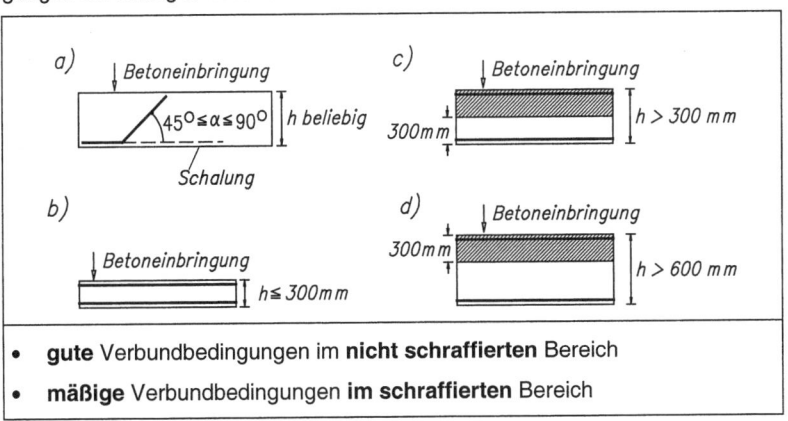

**Bild 13.2:** Verbundbereiche nach DIN 1045-1, Bild 54

Bei der Zuordnung zu den Verbundbereichen kommt es auf die Lage während der Betonage an. Für liegend gefertigte stabförmige Bauteile (z.B. Stützen), die mit einem Aussenrüttler verdichtet werden und deren äußere Querschnittsabmessungen nicht größer als 500 mm sind, sind abweichend von Bild 13.2 die Verbundbedingungen ebenfalls als gut anzusehen.

### 13.2.4 Bemessungswert der Verbundspannung

Die Einleitung der Kraft aus dem Bewehrungsstab in den Beton ist abhängig von der Verbundbeziehung zwischen Beton und Bewehrungsstahl. Mit zunehmender Verbundspannung steigt die Relativverschiebung zwischen Beton und Bewehrungsstahl. Deswegen hat die Festlegung der zulässigen Verbundspannungen Einfluss auf die

- erforderliche Verankerungs- und Übergreifungslänge
- das Rissbild und die Rissbreite
- sowie die Verformungen.

Da das Zusammenwirken unterschiedlicher Verankerungselemente abhängig ist von deren unterschiedlichem Schlupfverhalten muss die Relativverschiebung Beton – Bewehrungsstahl ebenfalls beschränkt werden.

Der Grenzwert der in der Norm definierten aufnehmbaren Verbundspannung $f_{bd}$ stellt sicher, dass im Grenzzustand der Tragfähigkeit ein ausreichender Sicherheitsabstand gegen Versagen des Verbunds vorliegt und im Grenzzustand der Gebrauchstauglichkeit keine wesentliche Verschiebung zwischen Stahl und Beton auftritt.

Die maximal aufnehmbare Verbundspannung berechnet sich nach Gleichung (13-1).

$$f_{bd} = 2{,}25 \cdot \frac{f_{ctk;0{,}05}}{\gamma_c} \qquad \text{DIN 1045-1, (139)} \qquad (13\text{-}1)$$

$f_{bd}$ : Grundwert der Verbundspannung in [N/mm²]

$f_{ctk;0,05}$ : unterer Grenzwert der charakteristischen Zugfestigkeit des Betons (5% Quantil) in [N/mm²]

$\gamma_c$ : entsprechend der Bemessungssituation und der Betonfestigkeitsklasse

**Tabelle 13.1:** Werte der Verbundspannung $f_{bd}$

|   |   |   | 1 | 2 | 3 | 4 | 5 | 6 | 7 | 8 | 9 | 10 | 11 | 12 | 13 | 14 | 15 |
|---|---|---|---|---|---|---|---|---|---|---|---|----|----|----|----|----|----|
|   |   |   | \multicolumn{15}{c}{Charakteristische Betonfestigkeit $f_{ck}$ [N/mm²]} ||||||||||||||||
|   |   |   | 12 | 16 | 20 | 25 | 30 | 35 | 40 | 45 | 50 | 55 | 60 | 70 | 80 | 90 | 100 |
| 1 | Verbund | Gut | $f_{bd}$ [N/mm²] | 1,6 | 2,0 | 2,3 | 2,7 | 3,0 | 3,4 | 3,7 | 4,0 | 4,3 | 4,4 | 4,5 | 4,7 | 4,8 | 4,9 | 4,9 |
| 2 | | Mäßig | | 70 % der Werte nach Zeile 1 |||||||||||||||
| 3 | $d_s > 32$ mm | | Modifikation der Zeile 1 bzw. 2 mit dem Faktor $(132-d_s)/100$ [$d_s$ in mm] |
| 4 | Querzug senkrecht zur Bewehrungsebene mit wahrscheinlicher Rissbildung parallel zum Bewehrungsstab im Verankerungsbereich (nicht bei ruhender Einwirkung und $w_k \leq 0{,}2$ mm) ||| 2/3 der Werte nach Zeile 1 bzw. 2 ||||||||||||||||
| 5 | Allseitige, durch Bewehrung gesicherte Betondeckung > 10 $d_s$[1] **oder** ||| 1,5 fache Werte der Zeile 1 bzw. 2 ||||||||||||||||
| 6[2] | mittlerer Querdruck p [N/mm²] rechtwinklig zur Bewehrungsebene im Verankerungs- oder Übergreifungsbereich ||| $(1/(1 - 0{,}04 \cdot p) \leq 1{,}5)$ fache Werte der Zeile 1 bzw. 2 ||||||||||||||||

[1] Bei Übergreifungsstößen nur wenn der Abstand der Stoßachsen s > 10 $d_s$ ist.
[2] Am Endauflager bei direkter Lagerung ist eine Erhöhung der Verbundspannung unzulässig, wenn die Verankerungslänge mit dem Faktor 2/3 abgemindert wird.

Bauliche Durchbildung

Zur Sicherung des Verbundes muss die Betondeckung $c_{min}$ für die Bewehrung mindestens so groß sein wie der Stabdurchmesser $d_s$ beziehungsweise der Vergleichsdurchmesser $d_{sV}$ (DIN 1045-1 6.3 (4)).

### 13.2.5 Verankerungslängen und -arten

Bei der Berechnung des Grundmaßes der Verankerungslänge $l_b$ ermittelt man die Länge, die erforderlich ist, um die Kraft $F_{sd} = A_s \cdot f_{yd}$ aus einem geraden Stab über Verbund in den Beton einzuleiten.

Unter Annahme einer konstanten Verbundspannung ergibt sich für das Grundmaß der Verankerungslänge folgende Beziehung:

$$l_b = \frac{d_s}{4} \cdot \frac{f_{yd}}{f_{bd}} \qquad \text{DIN 1045-1, (140)} \qquad (13\text{-}2)$$

$f_{bd}$ : nach Gleichung (13-1) oder Tabelle 13.1

$d_s$ : Durchmesser des Stabes, bei Stabbündeln der Vergleichsdurchmesser $d_{sV} = d_s \cdot \sqrt{n}$. Bei Betonstahlmatten mit Doppelstäben gilt die Regelung wie für Stabbündel. Damit ist für den Durchmesser $d_s$ als Vergleichsdurchmesser $d_{sV} = d_{s,Einzel} \cdot \sqrt{2}$ einzusetzen.

$f_{yd}$ : $f_{yk} / \gamma_s$

Entsprechend der Bemessungskennlinie für den Betonstahl kann die maximale Stahlspannung $\sigma_{Sd} = 1{,}05\ f_{yd}$ betragen. Nutzt man die Stahlverfestigung an einem Verankerungs- oder Stoßpunkt aus, so müsste konsistenter Weise die Verankerungslänge $l_b$ um 5% größer angenommen werden als nach Gleichung (13-2) berechnet oder entsprechend im Quotienten $A_{s,erf}/A_{s,vorh}$ von Gleichung (13-3) berücksichtigt werden.

Im Vergleich zur [DIN 1045 – 88] ergeben sich im guten Verbundbereich etwas größere Grundmaße der Verankerungslängen, im mäßigen Verbundbereich etwas geringere Werte.

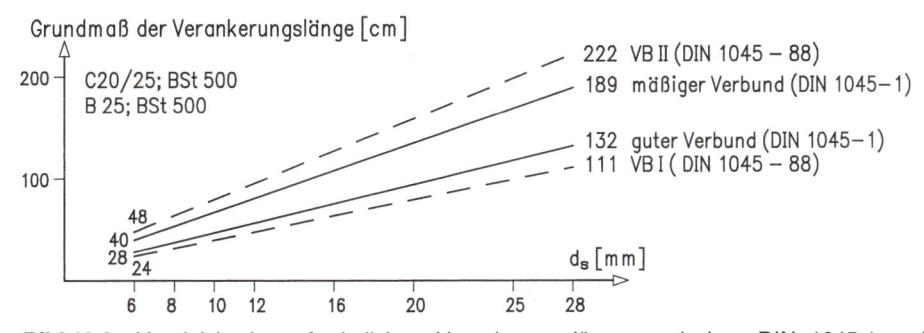

**Bild 13.3:** Vergleich der erforderlichen Verankerungslängen zwischen DIN 1045-1 und [DIN 1045 – 88]

Die tatsächlich erforderliche Verankerungslänge $l_{b,net}$ ergibt sich aus dem Grundmaß der Verankerungslänge $l_b$, wobei diese entsprechend dem Ausnutzungsgrad und der Verankerungsart abgemindert werden darf. Die Verankerungslänge berechnet sich zu:

$$l_{b,net} = \alpha_a \cdot \frac{A_{s,erf}}{A_{s,vorh}} \cdot l_b \geq l_{b,min} \qquad \text{DIN 1045-1, (141)} \qquad (13\text{-}3)$$

mit: $l_{b,min} = 0{,}3 \cdot \alpha_a \cdot l_b \geq 10\,d_s$ für Verankerungen von Zugstäben

$l_{b,min} = 0{,}6 \cdot l_b \geq 10\,d_s$ für Verankerungen von Druckstäben

$A_{s,erf}$, $A_{s,vorh}$ : die erforderliche bzw. vorhandene Querschnittsfläche der Bewehrung

$\alpha_a$ : Beiwert zur Berücksichtigung der Wirksamkeit der Verankerungsart

Der Beiwert $\alpha_a$ entspricht dem Beiwert $\alpha_1$ nach [DIN 1045 – 88].

Bei der Verankerung von Bewehrungsstäben ist die Verankerung von Druckstäben nur mit geraden Stabenden oder angeschweißten Querstäben zulässig. Bei Stäben mit einem Durchmesser $d_s > 32$ mm sind nur gerade Verankerungen oder Ankerkörper zulässig.

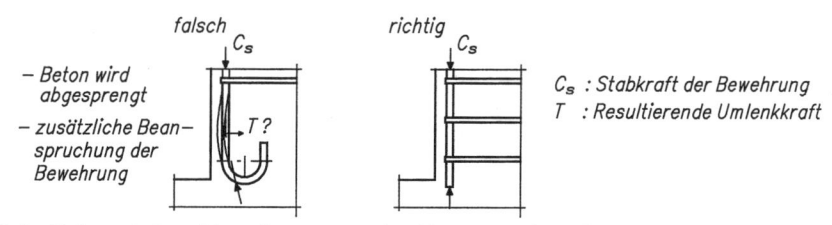

- Beton wird abgesprengt
- zusätzliche Beanspruchung der Bewehrung

$C_s$ : Stabkraft der Bewehrung
$T$ : Resultierende Umlenkkraft

**Bild 13.4:** Haken sind zur Verankerung von druckbeanspruchten Bewehrungsstäben ungeeignet

Die Verankerungsarten der DIN 1045-1 unterscheiden sich ansonsten nicht von denen der [DIN 1045 – 88].

### 13.2.6 Querbewehrung im Bereich der Verankerung der Längsbewehrung

Bei Verankerungen von Bewehrungsstäben treten örtliche Querzugspannungen auf, die durch Bewehrung aufzunehmen sind.

Für Stabdurchmesser $d_s \leq 32$ mm gilt diese Forderung nach DIN 1045-1, 12.6.3(2) (Anwendungsregel) als erfüllt, wenn:

- Konstruktive Maßnahmen oder andere günstige Einflüsse (z.B. Querdruck) ein Spalten des Betons verhindern.
- Die Mindestbewehrungen, die sich aus den Bauteilregeln des Abschnitts 13 der DIN 1045-1 ergeben (Bügel bei Stützen und Balken sowie Querbewehrungen bei Platten oder Wänden) vorhanden sind.

Für Stabdurchmesser $d_s > 32$ mm ohne Querdruck im Verankerungsbereich muss zusätzlich eine Querbewehrung nach Gleichung (13-4) und (13-5) eingelegt werden.

a) in Richtung parallel zur Bauteiloberfläche:

$A_{st} = n_1 \cdot 0{,}25\,A_s$  DIN 1045-1, (142)  (13-4)

b) in Richtung senkrecht zur Bauteiloberfläche:

$A_{sv} = n_2 \cdot 0{,}25\,A_s$  DIN 1045-1, (143)  (13-5)

$n_1$ : Anzahl der Bewehrungslagen, die im gleichen Schnitt verankert werden.
$n_2$ : Anzahl der Bewehrungsstäbe, die in jeder Lage verankert werden.

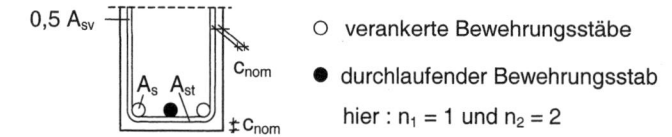

○ verankerte Bewehrungsstäbe
● durchlaufender Bewehrungsstab

hier : $n_1 = 1$ und $n_2 = 2$

# Bauliche Durchbildung

Diese Zusatzquerbewehrung sollte über den Verankerungsbereich gleichmäßig verteilt werden, wobei der einzelne Abstand der Bewehrungsstäbe der Querbewehrung ungefähr dem 5-fachen Stabdurchmesser der Längsbewehrung entspricht.

Bei der Verankerung von Druckstäben empfiehlt es sich zusätzlich direkt hinter dem Ende (Spitzendruck) in geringem Abstand eine Querbewehrung anzuordnen.

### 13.2.7 Verankerung von Bügeln und Querkraftbewehrungen

Die Verankerungen nach DIN 1045-1 entsprechen denen, die in [DIN 1045 – 88] angegeben sind. Einzig beim Schließen von oben offenen Bügeln mittels durchgehender Querstäbe in der Platte muss die Bemessungsquerkraft $V_{Ed}$ im Plattenbalken kleiner als 2/3 $V_{Rd,max}$ sein (DIN 1045-1 12.7 (5) ).

Haken oder Winkelhaken

Durchgehende Querbewehrung

Bewehrung der anschließenden Platte

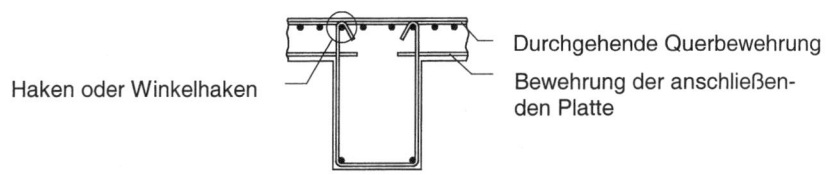

**Bild 13.5:** Schließen von Bügeln beim Plattenbalken nach DIN 1045-1, Bild 56 i)

### 13.2.8 Stöße von Betonstahlstäben

Stöße sind durch mechanische Verbindungen, Schweißen oder Übergreifen der Betonstähle auszubilden (DIN 1045-1, 12.8.1(1)). Ein Stoß von Druckstäben nur über den Stirnflächenkontakt ist demnach unzulässig. Für Stäbe mit einem Durchmesser $d_s$ > 32 mm dürfen Übergreifungsstöße nur ausgeführt werden, wenn das Bauteil überwiegend auf Biegung beansprucht wird (bezogene Lastausmitte $e_d/h$ > 3,5).

Grundsätzlich sollten Übergreifungsstöße nicht im Bereich hoher Beanspruchungen liegen. Die Anordnung der Stöße soll nach Möglichkeit versetzt ausgeführt werden. Ein Längsversatz ist dann gegeben, wenn der Längsabstand zwischen den Stoßmitten nicht kleiner als 1,3 $l_s$ ist (Anwendungsregel).

Die Forderung, dass die Stöße parallel zur Außenfläche des Bauteils und symmetrisch im Querschnitt angeordnet werden sollen, wie in [EC 2-1 – 92] und [FIP – 99] gefordert, taucht in der DIN 1045-1 nicht explizit auf. Es lässt sich vermuten, dass sich auch die DIN 1045-1 auf den Regelfall des Stoßes nach Bild 13.6 a) bezieht.

●○ Stoß von zwei Bewehrungsstäben
←→ Sprengkräfte

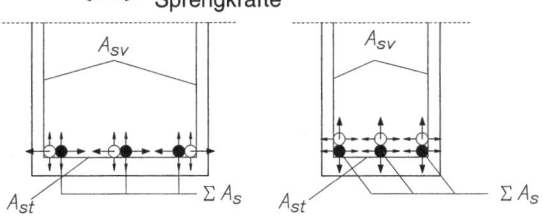

a) Stoßebene parallel zur Außenfläche

bezogen auf das Bauteilinnere liegen die Stäbe nebeneinander

b) Stoßebene senkrecht zur Außenfläche

bezogen auf das Bauteilinnere liegen die Stäbe übereinander

**Bild 13.6:** Lage der Übergreifungsstöße

Bei nichtlinearen Bemessungsverfahren nach DIN 1045-1, Abschnitt 8.4 und 8.5 sind Stöße in plastischen Zonen nicht gestattet. Die erforderliche Übergreifungslänge berechnet sich nach Gleichung (13-6).

$$l_s = \alpha_1 \cdot l_{b,net} \geq l_{s,min} \qquad \text{DIN 1045-1, (144)} \qquad (13\text{-}6)$$

$l_{b,net}$ nach Gleichung (13-3) und $\alpha_1$ nach Tabelle 13.2

$$\begin{aligned} l_{s,min} = 0{,}3 \cdot \alpha_1 \cdot \alpha_a \cdot l_b &\geq 15\, d_s \\ &\geq 200\, mm \end{aligned} \qquad (13\text{-}7)$$

$\alpha_a$ : Beiwert zur Verankerung (der Einfluss von angeschweißten Querstäben darf nicht angesetzt werden)

$\alpha_1$ : Beiwert nach Tabelle 13.2

$l_b$ : nach Gleichung (13-2)

**Tabelle 13.2:** Beiwerte $\alpha_1$ für die Übergreifungslänge $l_s$     DIN 1045-1 Tabelle 27

|   |   |   | 1 | 2 |
|---|---|---|---|---|
|   |   |   | Anteil der ohne Längsversatz gestoßenen Stäbe am Querschnitt einer Bewehrungslage ||
|   |   |   | $\leq 30\,\%$ | $> 30\,\%$ |
| 1 | Zugstoß | $d_s < 16\,mm$ | 1,2 [a] | 1,4 [a] |
| 2 |  | $d_s \geq 16\,mm$ | 1,4 [a] | 2,0 [b] |
| 3 | Druckstoß |  | 1,0 | 1,0 |

[a] Falls $s \geq 10\, d_s$ und $s_0 \geq 5\, d_s$ gilt $\alpha_1 = 1{,}0$

[b] Falls $s \geq 10\, d_s$ und $s_0 \geq 5\, d_s$ gilt $\alpha_1 = 1{,}4$

$s_0$ und $s$ siehe nebenstehende Abbildung

Die Anforderungen an den Längs- und Querversatz der Stäbe im Stoßbereich haben sich gegenüber der [DIN 1045 – 88] nicht geändert bis auf die folgende Ausnahme:

Ist der lichte Abstand der gestoßenen Stäbe größer als 4 $d_s$, so muss die Übergreifungslänge um die Differenz zwischen dem vorhandenen lichten Stababstand und 4 $d_s$ vergrößert werden. In diesem Fall muss die Querbewehrung (sofern nachzuweisen) eine Querschnittsfläche haben, die der Gesamtquerschnittsfläche der gestoßenen Stäbe entspricht. Die dann erforderliche Übergreifungslänge ergibt sich nach Bild 13.7. Zusätzlich entsteht durch die Exzentrizität der Kräfte $F_{sd}$ ein Versatzmoment.

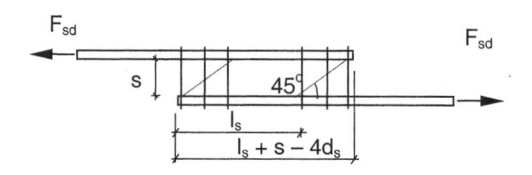

**Bild 13.7:** Modell der Kraftübertragung zwischen zwei Bewehrungsstäben nach [CEB 217 – 93]

## Bauliche Durchbildung

Die Kraftübertragung beim Übergreifungsstoß muss über den Beton erfolgen. Daher entstehen wie bei der Verankerung der Bewehrung Zugspannungen im Beton, die zu Rissen im Beton vornehmlich senkrecht zur Ebene der gestoßenen Stäbe führen. Dies hängt jedoch stark von den örtlichen Gegebenheiten insbesondere der Betondeckung und dem Stababstand ab.

Für die Aufnahme der Querzugspannungen reicht die Betonzugfestigkeit und die sich aus den Regeln für die bauliche Durchbildung ergebende Querbewehrung aus, solange eine der folgenden Bedingungen erfüllt ist (Anwendungsregel, DIN 1045-1, 12.8.3(2) ):

- der Anteil der gestoßenen Stäbe in einem beliebigen Querschnitt ist kleiner als 20%
- die Stabdurchmesser $d_s$ sind < 12 mm
- die Betonfestigkeitsklasse ist ≤ C55/67 und die Stabdurchmesser $d_s$ sind < 16 mm.

In allen anderen Fällen ist eine Querbewehrung vorzusehen, die

- größer ist als die Querschnittsfläche eines gestoßenen Stabes,
- zwischen der Betonoberfläche und der Längsbewehrung liegt,
- bügelartig ausgebildet ist, falls s ≤ 12 $d_s$ ist (s siehe Abbildung in Tabelle 13.2)

und entsprechend Bild 13.8 zu verteilen ist. Für Betone ab der Festigkeitsklasse C70/85 muss die Summe der vertikalen Schenkel gleich der erforderlichen Querschnittsfläche der gestoßenen Längsbewehrung sein.

Bei einer mehrlagigen Bewehrung und mehr als 50% Stoßanteil der einzelnen Lagen, muss der Stoß mit Bügeln umschlossen werden. Die Bügel sind für die Kraft aller gestoßenen Stäbe zu bemessen. Inwieweit eine vorhandene Querbewehrung angerechnet werden darf, ist nicht angegeben.

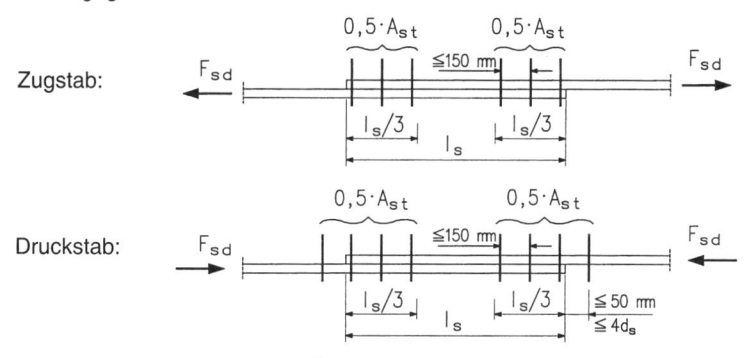

**Bild 13.8:** Querbewehrung für Übergreifungsstöße nach DIN 1045-1, Bild 59

### 13.2.9 Stöße von Betonstahlmatten in zwei Ebenen

Es ist nur der Stoß für Betonstahlmatten in zwei Ebenen explizit geregelt. Betonstahlmatten mit einem Bewehrungsquerschnitt $a_s$ ≤ 12 cm²/m dürfen stets ohne Längsversatz gestoßen werden. Vollstöße von Matten mit größerem Bewehrungsquerschnitt sind nur in der inneren Lage bei mehrlagiger Bewehrung zulässig. Der gestoßene Anteil der Bewehrung darf nicht mehr als 60% der erforderlichen Bewehrung $a_{s,erf}$ betragen.

Die Mindestübergreifungslänge berechnet sich nach DIN 1045-1, Gleichung 145 zu:

$$l_s = \alpha_2 \cdot \frac{a_{s,erf}}{a_{s,vorh}} \cdot l_b \geq l_{s,min} = 0{,}3 \cdot \alpha_2 \cdot l_b \begin{cases} \geq s_q \\ \geq 200 \text{ mm} \end{cases} \quad (13\text{-}8)$$

$$\text{mit: } \alpha_2 = 0{,}4 + \frac{a_{s,vorh}}{8} \begin{cases} \geq 1{,}0 \\ \leq 2{,}0 \end{cases} \quad (13\text{-}9)$$

$l_b$ : Grundmaß der Verankerungslänge nach Gleichung (13-2)

$a_{s,erf}$ : erforderliche Querschnittsfläche der Bewehrung im betrachteten Schnitt in cm²/m

$a_{s,vorh}$ : vorhandene Querschnittsfläche der Bewehrung im betrachteten Schnitt in cm²/m

$l_{s,min}$ : Mindestwert der Übergreifungslänge

$s_q$ : Abstand der geschweißten Querstäbe

Bei mehrlagiger Bewehrung sind die Stöße der einzelnen Lagen stets mindestens um die 1,3-fache Übergreifungslänge in Längsrichtung gegeneinander zu versetzen. Eine Querbewehrung im Stoßbereich ist bei Betonstahlmatten nicht erforderlich.

Die Querbewehrung in Platten und Wänden darf an einer Stelle gestoßen werden. Die Mindestwerte der Übergreifungslänge sind in der Tabelle 13.3 angegeben. Innerhalb der Übergreifungslänge $l_s$ müssen mindestens zwei Stäbe der Längsbewehrung (siehe Bild 13.9) vorhanden sein.

**Tabelle 13.3:** Mindestübergreifungslänge der Querstäbe    DIN 1045-1 Tabelle 28

| | | 1 | 2 | 3 | 4 |
|---|---|---|---|---|---|
| | | $d_s \leq 6$ mm | $d_s > 6$ mm $\leq 8{,}5$ mm | $d_s > 8{,}5$ mm $\leq 12$ mm | $d_s > 12$ mm |
| 1 | Mindestübergreifungslänge der Querstäbe | $\geq s_l$ $\geq 150$ mm | $\geq s_l$ $\geq 250$ mm | $\geq s_l$ $\geq 350$ mm | $\geq s_l$ $\geq 500$ mm |
| | $s_l$ : Stababstand der Längsstäbe | | | | |

a) Zwei-Ebenen-Stoß                                             b) Übergreifungsstoß der Querbewehrung

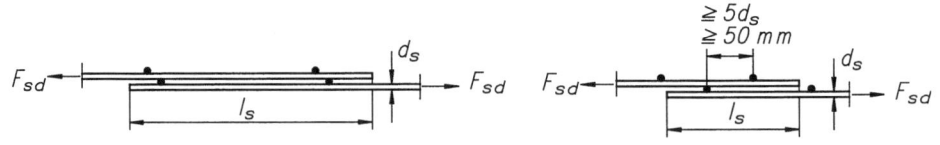

**Bild 13.9:** Beispiel für Übergreifungsstöße von geschweißten Betonstahlmatten nach DIN 1045-1, Bild 60

## 13.2.10 Stabbündel

Im Wesentlichen gelten die gleichen Regeln wie nach [DIN 1045 – 88]. Allerdings haben sich die erforderlichen Verankerungslängen geändert.

- Die rechnerischen Endpunkte E liegen jeweils außerhalb der Verankerungslänge der einzelnen Stäbe nach Bild 13.10. Dann berechnet sich $l_{b,net}$ mit dem Durchmesser $d_s$ des Einzelstabes.

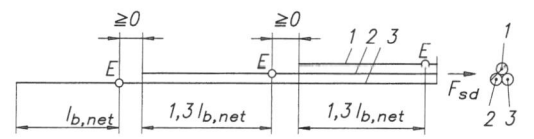

**Bild 13.10:** Verankerung von Stabbündeln bei auseinander gezogenen rechnerischen Endpunkten E nach DIN 1045-1, Bild 62

- Die rechnerischen Endpunkte E liegen jeweils innerhalb der Verankerungslänge der einzelnen Stäbe nach Bild 13.11. Dann berechnet sich $l_{b,net}$ mit dem Vergleichsdurchmesser $d_{sV}$.

$$d_{sV} = d_s \cdot \sqrt{n}$$

n: Anzahl der Stäbe

**Bild 13.11:** Verankerung von Stabbündeln bei dicht beieinander liegenden rechnerischen Endpunkten E nach DIN 1045-1, Bild 63

Ab der Betonfestigkeitsklasse C70/85 ist der Vergleichsdurchmesser auf $d_{sV}$ = 28 mm zu begrenzen, sofern keine genaueren Untersuchungsergebnisse vorliegen.

## 13.3 Konstruktionsregeln für Bauteile

### 13.3.1 Mindest- und Höchstbewehrung bei überwiegend biegebeanspruchten Bauteilen

Dieser Abschnitt gilt für Bauteile, die überwiegend auf Biegung beansprucht werden. Entsprechend der Definition gilt dies für Bauteile mit einer bezogenen Lastausmitte im Grenzzustand der Tragfähigkeit von $e_d/h > 3,5$.

$e_d$ : Lastausmitte $e_d = M_{Ed} / N_{Ed}$ ;   h : Querschnittshöhe

Nach DIN 1045-1 Abschnitt 5.3.2 (1) muss ein Versagen des Querschnitts bei Erstrissbildung ohne Vorankündigung vermieden werden. Dies wird als Duktilitätskriterium bezeichnet. Die Mindestlängsbewehrung (Robustheitsbewehrung) muss die frei werdende Biegezugkraft bei Überschreitung des Rissmomentes aufnehmen, ohne dass es zum progressiven Bauteilversagen des Querschnitts kommt. Dazu ist die erforderliche Bewehrung unter Ansatz der Stahlspannung $\sigma_s = f_{yk}$ zu ermitteln.

Für die Berechnung des Rissmomentes ist mit dem Mittelwert der Betonzugfestigkeit $f_{ctm}$ zu rechnen. Das Rissmoment $M_{cr}$ des Querschnitts berechnet sich damit nach Gleichung (13-10).

$$M_{cr} = (f_{ctm} - \frac{N_{Ed}}{A_c}) \cdot W_c \qquad (13\text{-}10)$$

$f_{ctm}$ : mittlere Betonzugfestigkeit nach DIN 1045-1, Tabelle 9
$N_{Ed}$ : Normalkraft (Druckkraft negativ / ohne Anrechnung der Vorspannkraft)
$A_c$ : wirksame Querschnittsfläche für die Normalkraft
$W_c$ : Widerstandsmoment des Querschnitts im Zustand I

Bei Spannbetonbauteilen darf der im Verbund liegende Spannstahlquerschnitt bis zu einem Drittel der Spannglieder angerechnet werden, wenn mindestens zwei Spannglieder vorhanden sind und diese nicht mehr als 0,20 h und 250 mm von der Betonstahlbewehrung entfernt liegen (Anwendungsregel).

Berechnet man für das Rissmoment $M_{cr}$ die im Zustand II erforderliche Bewehrung unter Ausnutzung der Betondruckzone, so ergibt sich für $A_{s,min}$ <u>ohne</u> Berücksichtigung einer Normalkraft:

$$A_{s,min} = \frac{M_{cr}}{z \cdot f_{yk}} \approx \frac{M_{cr}}{0,9 \cdot d \cdot f_{yk}} \qquad (13\text{-}11)$$

Alternativ kann das Duktilitätskriterium bei Spannbetonbauteilen auch durch eine Überwachung (Zugänglichkeit und zerstörungsfreie Prüfung muss möglich sein) erzielt werden.

Die Mindestbewehrung ist gleichmäßig über die Breite sowie anteilmäßig über die Höhe der Zugzone zu verteilen. Diese Forderung findet sich in den europäischen Vorschriften allerdings nicht. Die Verteilung der Bewehrung über die Höhe der Zugzone könnte damit in Verbindung stehen, dass die Rissbreiten im Schnitt nicht zu groß werden dürfen (Vermeidung von Sammelrissen), um z. B. im Stützbereich zusammen mit der unteren Längsbewehrung eine dann noch ausreichende Querkrafttragfähigkeit zu gewährleisten. Die Verteilung der Bewehrung ist für die Festlegung der resultierenden statischen Höhe d und damit des erforderlichen Gesamtquerschnitts der Bewehrung maßgebend.

Die Bereiche, in denen die Mindestbewehrung erforderlich ist, sind wie folgt festgelegt:

- Die untere Mindestbewehrung muss zur Verbesserung der Duktilität unabhängig von der Zugkraftdeckung zwischen den Endauflagern durchlaufen. Hochgeführte Bewehrung darf nicht berücksichtigt werden.
- Über Innenauflagern ist die obere Mindestbewehrung mindestens über die Länge von $0,25 \cdot l$ ( l : Stützweite des Feldes ) einzulegen.
- Bei Kragarmen muss die obere Mindestbewehrung über die ganze Kragarmlänge durchlaufen.
- Die Stöße sind für die volle Zugkraft auszubilden.
- Am End- und Innenauflager ist die Mindestbewehrung mit der Mindestverankerungslänge entsprechend der Angaben zur Zugkraftdeckung zu verankern.

Die Höchstbewehrung max $A_s$ darf den Wert von $0,08 \cdot A_c$ auch im Bereich von Übergreifungsstößen nicht überschreiten. Bei Stützen liegt die zulässige Höchstbewehrung bei 9% der Betonquerschnittsfläche.

Eine weitere Mindestbewehrung wird erforderlich, wenn bei erforderlicher Duktilität gemäß DIN 1045-1 Abschnitt 8.2(3) bei hochbewehrten Balken die bezogene Druckzonenhöhe x/d überschritten wird. Als geeignete Umschnürungsbewehrung ist festgelegt (DIN 1045-1 13.1.1 (5) sowie DIN 1045-1, Tabelle 31):

- Mindestdurchmesser der Bügelbewehrung $d_s \geq 10$ mm
- Maximalabstände der Bügel:

$$s_{Längs,max} \leq \begin{cases} 0,25 \cdot h \\ 200 \text{ mm} \end{cases} \quad \text{in Längsrichtung}$$

$$s_{Quer,max} \leq \begin{cases} h \\ 600 \text{ mm} \quad (\text{Beton} \leq C50/60) \\ 400 \text{ mm} \quad (\text{Beton} > C50/60) \end{cases} \quad \text{in Querrichtung}$$

Entfallen darf diese Bewehrung, wenn die Umschnürung der Biegedruckzone anderweitig sichergestellt ist. Die Umschnürung ist in den Bereichen erforderlich, bei denen zul. x/d nach DIN 1045-1, 8.2(3) überschritten wird.

### 13.3.2 Balken und Plattenbalken

Wird im mechanischen Modell von einer frei drehbaren Auflagerung an Endauflagern ausgegangen, trotz einer tatsächlich vorhandenen Einspannwirkung, so muss der Querschnitt am Anschnitt für ein Stützmoment $M_{Stütz}$ bemessen werden, das mindestens 25 % des benachbarten Feldmomentes $M_{Feld}$ entspricht (DIN 1045-1, 13.2.1 (1)).

$M_{Stütz} \geq 0,25 \cdot \max M_{Feld}$

Die ermittelte Bewehrung muss mindestens über eine Länge von $0,25 \cdot l$ vom Auflagerrand (l: Stützweite des Endfeldes) eingelegt werden.

Sinnvollerweise wird man im Stützbereich durchlaufender Plattenbalken einen Teil der Stützbewehrung auslagern. Es empfiehlt sich den Durchmesser $d_s$ der ausgelagerten Stäbe kleiner als ein Achtel der Plattenhöhe $h_f$ ($d_s \leq h_f/8$) zu wählen.

Die ausgelagerte Bewehrung darf beim Plattenbalken und Hohlkastenquerschnitt nach DIN 1045-1, 13.2.1(2) nur im Bereich der halben mitwirkenden Breite angerechnet werden (siehe nebenstehende Abbildung). Diese Regelung bestand bereits in der DIN 1045 von 1978.

Nach [Schlaich/Schäfer – 01] haben allerdings Versuche von Woidelko gezeigt, dass es auch zweckmäßig sein kann, die Bewehrung auf der ganzen mitwirkenden Plattenbreite zu verteilen.

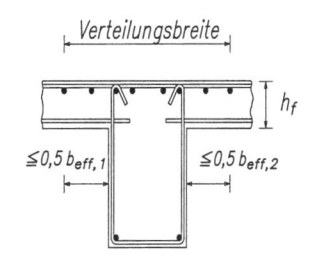

Dabei ist $b_{eff}$ nach DIN 1045-1, Abschnitt 7.3.1 zu berechnen.

Für die Stäbe, die in den Gurtbereich ausgelagert wurden (z.B. ausgelagerte Biegezugbewehrung des Plattenbalkens) ist zusätzlich zum Versatzmaß $a_l$ nach Gleichung (13-12) die Länge $x_i$ hinzuzufügen. Die Länge $x_i$ ergibt sich aus dem Abstand des betrachteten Stabes vom Steganschnitt.

Die Zugkraftlinie ist im Grenzzustand der Gebrauchstauglichkeit und der Tragfähigkeit nachzuweisen. Liegt der Schnittgrößenermittlung eine linear elastische Berechnung mit oder ohne Umlagerung entsprechend DIN 1045-1, 8.2 oder 8.3 zugrunde, darf im Allgemeinen auf einen Nachweis im Grenzzustand der Gebrauchstauglichkeit verzichtet werden.

Die mit Bewehrung abzudeckende Zugkraftlinie darf durch eine Verschiebung der für Biegung und Normalkraft ermittelten $F_{sd}$ – Linie um das Versatzmaß $a_l$ bestimmt werden. Das Versatzmaß $a_l$ berechnet sich zu (DIN 1045-1, Gleichung 147 unter Annahme $z \approx 0,9 \, d$):

$$a_l = \frac{z}{2} \cdot (\cot\theta - \cot\alpha) \approx 0,45 \cdot d \cdot (\cot\theta - \cot\alpha) \geq 0 \qquad (13\text{-}12)$$

mit: θ : Winkel zwischen Betondruckstreben und Bauteillängsachse nach DIN 1045-1, 10.3.4
α : Winkel zwischen Querkraftbewehrung und Bauteillängsachse
z : Hebelarm der inneren Kräfte (Zustand II) ; i.A. darf z = 0,9 · d angenommen werden.

Entsprechend der Querkraftbemessung ist der Druckstrebenwinkel θ beanspruchungsabhängig. Er ergibt sich aus der Querkraftbemessung. Beachtet man die zulässigen Grenzen für den Druckstrebenwinkel θ (0,58 ≤ cot θ ≤ 3,0), so liegt das Versatzmaß bei lotrechter Bewehrung (cot α = 0) in den Grenzen (Annahme z ≈ 0,9 d):

$$0{,}29 \cdot z \leq a_l \leq 1{,}5 \cdot z \approx 0{,}26 \cdot d \leq a_l \leq 1{,}35 \cdot d. \quad (13\text{-}13)$$

Rechnet man bei der Querkraftbemessung mit der Vereinfachung für den Druckstrebenwinkel nach Abschnitt 10.3.4 (5), der DIN 1045-1 und lotrechter Querkraftbewehrung (α = 90°), so ergibt sich als Versatzmaß:

- Für reine Biegung und Biegung mit Längsdruckkraft (cot θ = 1,2)

$$a_l = 0{,}6 \cdot z \approx 0{,}54 \cdot d \quad (13\text{-}14)$$

- Für Biegung mit Längszugkraft (cot θ = 1,0)

$$a_l = 0{,}5 \cdot z \approx 0{,}45 \cdot d \quad (13\text{-}15)$$

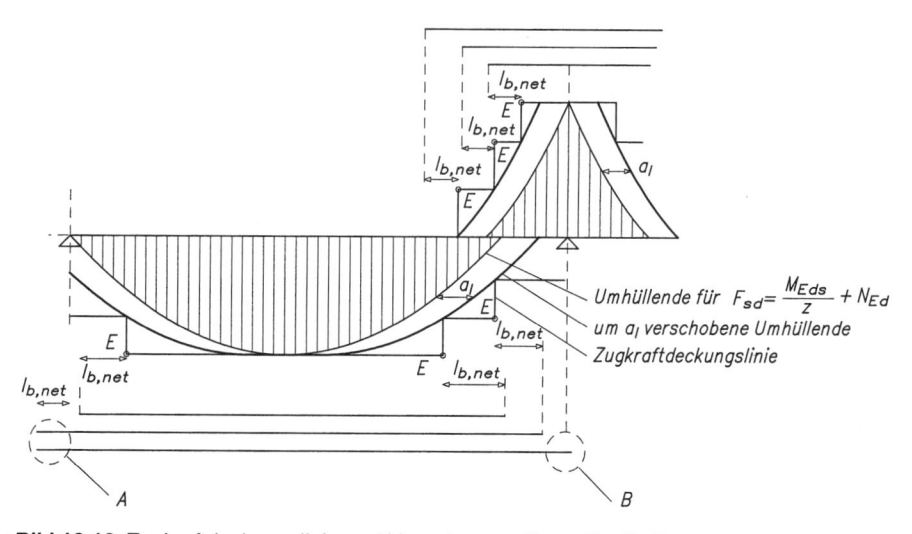

**Bild 13.12:** Zugkraftdeckungslinie und Verankerungslänge für die Bemessung von biegebeanspruchten Bauteilen nach DIN 1045-1 Bild 66

In allen Fällen muss die durch die Bewehrung aufnehmbare Zugkraft, unter Berücksichtigung des Versatzmaßes $a_l$, außerhalb der Zugkraftlinie liegen. Sinnvollerweise wird man zumindest innerhalb eines Querkraftbereiches ein konstantes Versatzmaß $a_l$ wählen.

Die Verankerungslänge rechnet sich ab dem Punkt E, an dem die rechnerisch zu verankernde Bewehrung nicht mehr erforderlich ist. Sie muss dann mit einer Länge $l_{b,net}$ verankert werden.

Für die Feldbewehrung ist zu beachten, dass mindestens ein Viertel der Feldbewehrung über das Auflager zu führen ist (Punkt A und B in Bild 13.12). Am Innenauflager ist die erforderliche Bewehrung mindestens 6 $d_s$ hinter die Auflagerkante zu führen. Die unten liegende Bewehrung am Zwischenauflager sollte so ausgeführt werden, dass sie positive Momente infolge außergewöhnlicher Beanspruchungen aufnehmen kann, wobei zumindest die Duktilitätsbewehrung durchlaufen muss.

Entsprechend dem Fachwerkmodell der Bemessung muss die horizontale Komponente der Stegdruckstreben am Endauflager aufgenommen werden. Diese durch die Längsbewehrung aufzunehmende Kraft berechnet sich nach Gleichung (13-16).

$$F_{sd} = V_{Ed} \cdot \frac{a_l}{z} + N_{Ed} \geq \frac{V_{Ed}}{2} \qquad \text{DIN 1045-1, (148)} \qquad (13\text{-}16)$$

$V_{Ed}$ : Bemessungswert der Querkraft in der rechnerischen Auflagerlinie

$N_{Ed}$ : Bemessungswert der Normalkraft

$a_l$ : Versatzmaß

$z$ : innerer Hebelarm im Zustand II

Sofern ein Nachweis der Torsionsmomente erforderlich wird, ist dies bei der Zugkraftdeckung und bei der Endverankerung zusätzlich zu berücksichtigen.

Die Begrenzung der erforderlichen Kraft $F_{Sd}$ auf mindestens den halben Wert der Querkraft resultiert bei Annahme einer lotrechten Bewehrung aus der Begrenzung des Druckstrebenwinkels $\theta$ auf 45°.

Am Endauflager ist bei der Verankerung zwischen der direkten und der indirekten Auflagerung zu unterscheiden. Es gelten die Angaben in Bild 13.13.

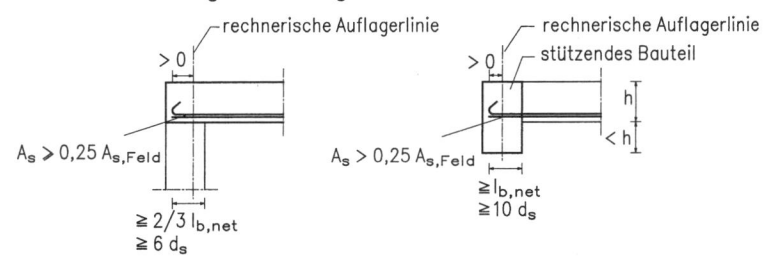

**Bild 13.13:** Verankerungslängen am Endauflager

Um bei außergewöhnlichen Beanspruchungen ggf. auftretende positive Momente aufnehmen zu können, sollte nach DIN 1045-1 die Bewehrung über dem Zwischenauflager so ausgeführt sein, dass positive Momente infolge außergewöhnlicher Beanspruchungen (Explosionen, Auflagersetzungen ... ) aufgenommen werden können (Anwendungsregel, DIN 1045-1, 13.2.2 (10)).

### 13.3.3 Querkraftbewehrung bei Balken und Torsionsbewehrung

Die bauliche Durchbildung der Querkraftbewehrung ist im Kapitel 5 „Querkraft" dargelegt, die Regeln zur Torsionsbewehrung im Kapitel 6 „Torsion".

### 13.3.4 Oberflächenbewehrung bei dicken Stäben

Zur Vermeidung von Betonabplatzungen und zur Begrenzung der Rissbreiten muss bei Bauteilen mit Einzelstäben bzw. Stabbündeln, deren Durchmesser $d_s$ bzw. $d_{sV}$ größer als 32 mm ist, eine Oberflächenbewehrung angeordnet werden.

Diese soll aus Betonstahlmatten oder Stäben mit einem Durchmesser ≤ 10 mm bestehen und außerhalb der Bügel liegen. Die Mindestbetondeckung nach DIN 1045-1, 6.3 ist dabei einzuhalten. Derzeit fehlt eine Angabe für die Größe der Oberflächenbewehrung ($A_{s,surf}$).

Entsprechend der Entwürfe der DIN 1045-1 sollte die Stahlquerschnittsfläche $A_{s,surf}$ in beiden Richtungen insgesamt nicht kleiner als 2% der Querschnittsfläche $A_{ct,ext}$ sein. $A_{ct,ext}$ war nach [EC 2-1 – 92] als die Betonzugfläche außerhalb der Bügel definiert, die sich aus der Bemessung ergab. Die jetzige Angabe zur Höhe der zu berücksichtigenden Betonzugfläche erscheint hingegen unlogisch. Wird die Oberflächenbewehrung entsprechend den Regelungen für die Längsbiege- und Querkraftbewehrung angeordnet und verankert, so darf sie auf diese auch angerechnet werden.

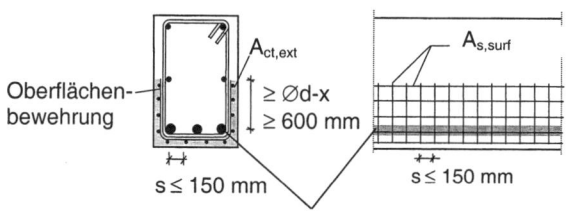

**Bild 13.14:** Oberflächenbewehrung bei großen Stabdurchmessern nach DIN 1045-01, Bild 69

### 13.3.5 Platten aus Ortbeton

Dieser Abschnitt bezieht sich auf einachsig und zweiachsig gespannte Vollplatten, die überwiegend auf Biegung beansprucht werden mit :

- $b/h \geq 4$ und $l_{eff}/h \geq 4$.

Bei der erforderlichen Mindestquerkraftbewehrung wird aber nochmals differenziert:

- zwischen schmalen Plattenstreifen :    $5 \geq b/h \geq 4$,
- und Platten :    $b/h > 5$.

Die Mindestdicke einer Vollplatte ist abhängig davon ob Querkraftbewehrung oder Durchstanzbewehrung erforderlich ist. Die Mindestdicke h beträgt :

- 70 mm   allgemein
- 160 mm   bei Platten mit Querkraftbewehrung
- 200 mm   bei Platten mit Durchstanzbewehrung

*13.3.5.1 Biegelängsbewehrung*

Die Biegelängsbewehrung bei Platten ist sinngemäß wie bei Balken auszubilden. Abweichend davon müssen mindestens 50% der Feldbewehrung auf das Auflager geführt und dort verankert werden. Das Versatzmaß ist für Platten ohne Querkraftbewehrung mit $a_l = d$ anzunehmen. In einachsig und zweiachsig gespannten Platten muss die Querbewehrung mindestens 20% der Bewehrung in Haupttragrichtung betragen. Der Stabdurchmesser der Querbewehrung muss mindestens 5 mm betragen. Für den Größtabstand der Biegebewehrung gilt (analog zur [DIN 1045 – 88]):

Hauptbewehrung:   $s_l \leq 150$ mm bei Plattendicken $h \leq 150$ mm

$s_l \leq 250$ mm bei Plattendicken $h \geq 250$ mm

Querbewehrung:   $s_q \leq 250$ mm

Für die Hauptbewehrung sind bei Plattendicken zwischen 150 mm und 250 mm die Abstände der Hauptbewehrung entsprechend zu interpolieren. Das heißt, der Abstand der Hauptbewehrung darf nicht größer als die Plattendicke sein ($s_l \leq h$).

## Bauliche Durchbildung

*13.3.5.2 Querkraftbewehrung*

Für die bauliche Durchbildung gelten im Allgemeinen die gleichen Bedingungen wie bei Balken. In einigen Punkten sind jedoch Abweichungen zu beachten.

Bei Platten ohne rechnerisch erforderliche Querkraftbewehrung ($V_{Ed} < V_{Rd,ct}$) und mit einem Verhältnis von b/h ≥ 5 ist keine Mindestquerkraftbewehrung erforderlich.

Liegt das Seiten-Dickenverhältnis der Platte zwischen 4 < b/h < 5 so muss zwischen Platten mit und ohne rechnerisch erforderlicher Querkraftbewehrung unterschieden werden.

- rechnerisch keine Querkraftbewehrung erforderlich ($V_{Ed} < V_{Rd,ct}$):
  Für die Größe der Mindestbewehrung ist entsprechend dem Verhältnis b/h der Platte (4 bis 5) zwischen dem 0,0- und 1,0-fachen Wert entsprechend der Mindestbewehrung beim Balken zu interpolieren.

- rechnerisch Querkraftbewehrung erforderlich ($V_{Ed} > V_{Rd,ct}$):
  Für die Größe der Mindestbewehrung ist entsprechend dem Verhältnis b/h der Platte (4 bis 5) zwischen dem 0,6-fachen und 1,0-fachen Wert entsprechend der Mindestbewehrung beim Balken zu interpolieren.

Bsp: b/h = 4,5 ⇒ $\rho_{min}$ = 0,8-fache Werte entsprechend der Mindestbewehrung beim Balken.

Entsprechend dem Wortlaut der jetzigen Fassung der DIN 1045-1 ist für eine Platte mit rechnerisch erforderlicher Querkraftbewehrung die Mindestbewehrung wie beim Balken vorzusehen. Dies führt zu einem unlogischen Sprung gegenüber der Platte mit Verhältnis b/h zwischen 4 und 5. Logischer erscheint, dass für Platten in Bereichen mit erforderlicher Querkraftbewehrung 60% der Mindestquerkraftbewehrung des Balkens vorzusehen ist.

Im Gegensatz zur Querkraftbewehrung des Balkens darf bei einer Bemessungsquerkraft von $V_{Ed} \leq 0,3 \cdot V_{Rd,max}$ die Querkraftbewehrung vollständig aus Schrägstäben oder Querkraftzulagen bestehen. Für Vollplatten mit $V_{Ed} > 0,3 \cdot V_{Rd,max}$ muss die Querkraftbewehrung entsprechend der bei Balken ausgebildet sein. Das bedeutet, der Bügelanteil muss größer als 50% sein und die Biegezugbewehrung vollständig umfassen. Die maximal zulässigen Abstände der Querkraftbewehrung sind in Tabelle 13.4 angegeben.

**Tabelle 13.4:** Abstand der Querkraftbewehrung bei Platten nach DIN 1045-1 13.3.3(4)

| | | 1 | 2 |
|---|---|---|---|
| | Querkraftausnutzung | Längsabstand | Querabstand |
| 1 | $V_{Ed} / V_{Rd,max} \leq 0,30$ | ≤ 0,7 h | |
| 2 | $0,30 < V_{Ed} / V_{Rd,max} \leq 0,60$ | ≤ 0,5 h | ≤ h |
| 3 | $V_{Ed} / V_{Rd,max} > 0,60$ | ≤ 0,25 h | |

Bei Schrägstäben gilt als größter Längsabstand : $s_{max}$ = h

Die besonderen Anforderungen bei punktgestützen Platten sind im Beitrag Torsion und Durchstanzen enthalten.

### 13.3.6 Stützen

Stützen sind stabförmige vorwiegend auf Druck (bezogene Lastausmitte im Grenzzustand der Tragfähigkeit $e_d /h \leq 3,5$) beanspruchte Bauteile, deren Querschnitt folgender Bedingung genügt:

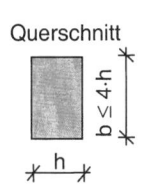

- b/h ≤ 4 , (h ≤ b)

Für die Mindestabmessungen von Stützenquerschnitten gilt:

- Für vor Ort senkrecht betonierte Stützen mit Vollquerschnitt müssen h und b > 200 mm
- für waagerecht betonierte Fertigteilstützen müssen h und b > 120 mm

**Tabelle 13.5:** Anforderung an die Längsbewehrung bei Stützen

| 1 | 2 |
|---|---|
| Durchmesser | $d_{s,L} \geq 12$ mm |
| Mindestbewehrung | $A_{s,min} = \dfrac{0{,}15 \cdot |N_{Ed}|}{f_{yd}}$ mit $f_{yd} = \dfrac{f_{yk}}{\gamma_s}$ |
| Höchstgrenze der Bewehrung | $A_{s,max} \leq 0{,}09 \cdot A_c$ auch bei Übergreifungsstößen |
| Anordnung der Längsbewehrung | allg.: Stäbe über den Querschnitt verteilen<br>• der Abstand der Stäbe muss unter 300 mm liegen<br>• bei polygonalem Querschnitt in jeder Ecke ein Stab<br>• bei Kreisquerschnitt mindestens 6 Stäbe<br>• für Querschnitte mit b und h ≤ 400 mm genügt je Ecke ein Stab |

**Tabelle 13.6:** Anforderung an die Querbewehrung bei Stützen

| | **Die Längsbewehrung von Stützen muss durch Querbewehrung umschlossen und ausreichend verankert werden** | | |
|---|---|---|---|
| Mindestwert des Durchmessers der Querbewehrung | ≥ 6 mm<br>≥ 0,25 · max $d_{s,L}$ [1)]<br>- bei Betonstahlmatten als Bügelbewehrung $d_s \geq$ 5mm<br>- bei Stabbündeln mit $d_{sv} > 28$ mm : $d_{s,Bügel} \geq 12$ mm | | Schließen von Bügeln mit Haken oder Winkelhaken |
| | Abstände der Querbewehrung in unterschiedlichen Bereichen: | | |
| | 1 | 2 | 3 |
| | Allgemein | In Bereichen unmittelbar über und unter Balken oder Platten auf einer Höhe gleich der größeren Abmessung des Stützenquerschnitts. Bei Übergreifungsstößen im Bereich des Übergreifungsstoßes, wenn max $d_s$ [1)] ≥ 14 mm ist. | Bei Richtungsänderung der Längsbewehrung (z.B. Änderung des Stützenquerschnitts). |
| Abstand der Querbewehrung s | ≤ 300mm<br>≤ 12·min $d_{s,L}$ [1)]<br>≤ min h [2)] | ≤ 180 mm<br>≤ 7,2 · min $d_{s,L}$ [1)]<br>≤ 0,6 · min h [2)] | Unter Berücksichtigung der Umlenkkräfte |

[1)] $d_{s,L}$ : Durchmesser der Längsbewehrung;
[2)] min h bezeichnet die kleinste Seitenlänge oder den Durchmesser der Stütze

Jeder Längsstab (oder Längsstabgruppe) ist durch Querbewehrung zu halten. Dabei können maximal 5 Stäbe in der Nähe jeder Ecke durch einschnittige Bewehrung gegen Ausknicken gesichert werden. Dies ist eingehalten, solange der Abstand der Stäbe vom Eckbereich unter dem 15-fachen Bügeldurchmesser liegt (Bild 13.15).

Bei mehr als 5 Stäben je Ecke sind alle weiteren und die, die außerhalb der Nähe der Ecke liegen, durch eine Querbewehrung nach Tabelle 13.6 zu sichern, die höchstens im doppelten Abstand nach Tabelle 13.6, Spalte 1 angeordnet werden darf.

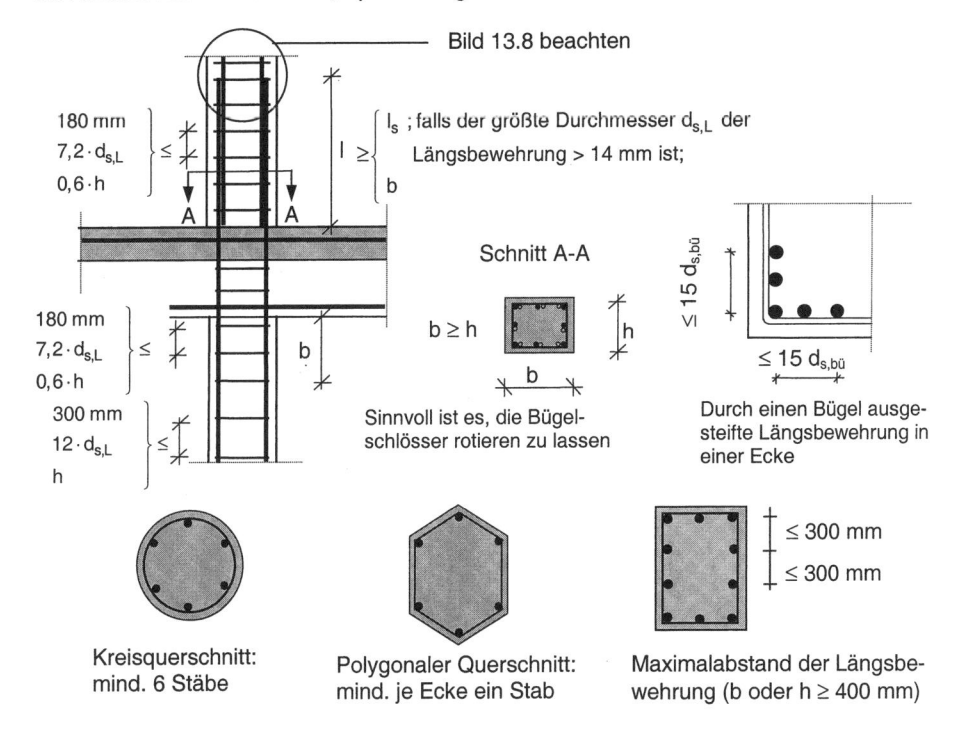

**Bild 13.15:** Verteilung der Längs- und Querbewehrung bei Stützen

### 13.3.7 Wände

Wände sind entsprechend der DIN 1045-1 wie folgt definiert:

- Flächenförmiges in der Ebene beanspruchtes Druckglied,
- die waagerechte Länge ist nicht kleiner als die 4-fache Dicke,
- die Bewehrung wurde im Tragfähigkeitsnachweis berücksichtigt und
- keine überwiegende Plattenbiegung (hier gelten dann die Regeln für Platten).

Die lotrechte Mindest- und Höchstbewehrung muss folgenden Bedingungen genügen:

- $A_{s,min} \geq \begin{cases} 0{,}0015 \, A_c \\ 0{,}0030 \, A_c & \text{bei schlanken Wänden} \\ 0{,}0030 \, A_c & \text{falls } |N_{Ed}| \geq 0{,}3 \cdot f_{cd} \cdot A_c \end{cases}$

sowie

- $A_{s,max} \leq 0{,}04 \, A_c$.

Bei Betonen der Festigkeitsklasse $\geq$ C70/85 gilt für den Abstand $s_{max}$ der lotrechten Bewehrung:

- $s_{max} \leq 2 \cdot d_w$ ; $d_w$ : Dicke der Wand
- $s_{max} \leq 300$ mm

Eine Regelung für die geringer festen Betone findet sich in der Norm nicht. Nach [EC 2-1 – 92] beträgt der maximale Abstand der lotrechten Bewehrung:

- $s_{max} \leq 2 \cdot d_w$ ; $d_w$ : Dicke der Wand
- $s_{max} \leq 350$ mm

Bei statisch erforderlichen Bewehrungsgehalten $A_s \geq 0,02\ A_c$ bezogen auf die lotrechte Bewehrung ist diese wie bei Stützen zu verbügeln. An den freien Rändern von Wänden mit einem Bewehrungsgehalt von $A_s \geq 0,003\ A_c$ je Wandseite müssen die Eckstäbe wie bei freien Plattenrändern durch Steckbügel gesichert werden.

Die waagerechte, parallel zu den Wandaußenseiten und zu den freien Kanten verlaufende Bewehrung sollte außenliegend vorgesehen werden.

Ist der Durchmesser der Tragstäbe $d_s \leq 16$ mm und die Betondeckung $c_{min} > 2\ d_s$, so dürfen die druckbeanspruchten Stäbe außen liegen. Für Betonstahlmatten gilt dies immer.

Die Bewehrung sollte gleichmäßig auf beide Wandaußenseiten verteilt werden.

Für die waagerechte Bewehrung gilt:

- $\min A_{s,waagerecht} \geq \begin{cases} 0,2\ A_{s,lotrecht} \\ 0,5\ A_{s,lotrecht} & \text{bei schlanken Wänden,} \\ 0,5\ A_{s,lotrecht} & \text{falls } |N_{Ed}| \geq 0,3 \cdot f_{cd} \cdot A_c \end{cases}$

- $s_{max} \leq 350$ mm ; $s_{max}$ : Abstand benachbarter waagerechter Stäbe
- $\min d_{s,waagerecht} \geq 0,25\ d_{s,lotrecht}$

Sie sollte parallel zur Außenfläche und zwischen der lotrechten Bewehrung und der Außenfläche der jeweiligen Wandseite liegen.

Außenliegende Bewehrungsstäbe (waagerechte oder lotrechte) beider Wandseiten sind je m² Wandfläche an mindestens vier versetzt angeordneten Stellen zu verbinden. Dies kann durch S-Haken oder bei dicken Wänden mit Steckbügeln, die im Innern der Wand verankert werden, erzielt werden. Die freien Bügelenden müssen eine Verankerungslänge von mindestens $0,5\ l_b$ besitzen. Bei Tragstäben $d_s \leq 16$ mm und einer Betondeckung $c_{min} > 2\ d_s$ dürfen die S-Haken entfallen.

Nach [König u. a. – 01] haben Untersuchungen von Seelmann gezeigt, dass bei Wänden aus Hochleistungsbeton Bügel und S-Haken im Wesentlichen die Aufgabe haben, die Bewehrung während der Betonage in Ihrer Lage zu sichern.

## 13.3.8 Indirekte Auflager

Bei indirekter Lagerung muss im Kreuzungsbereich eine Bewehrung vorgesehen werden, die die wechselseitigen Auflagerreaktionen vollständig aufnehmen kann. Die Aufhängebewehrung sollte die Längsbewehrung vollständig umfassen. Einige Bügel dürfen auch außerhalb des unmittelbaren Durchdringungsbereiches innerhalb des schraffierten Bereiches nach Bild 13.16 angeordnet werden.

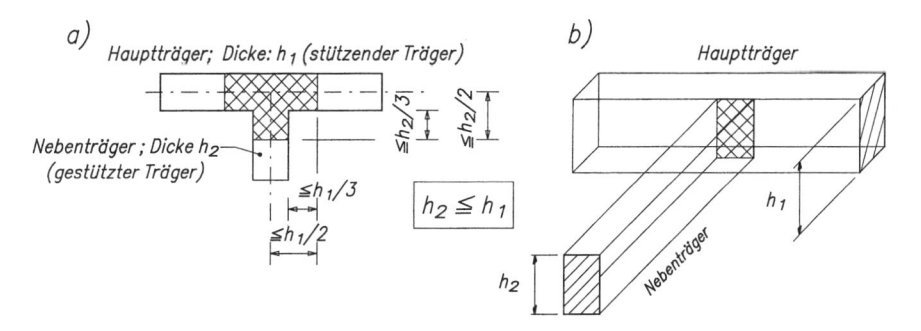

**Bild 13.16:** Anordnung der Aufhängebewehrung bei indirekter Lagerung

Werden Bügel außerhalb des Durchdringungsbereiches angeordnet, muss eine über die Höhe des Trägers verteilte Horizontalbewehrung mit dem gleichen Querschnitt wie die Bügel vorgesehen werden.

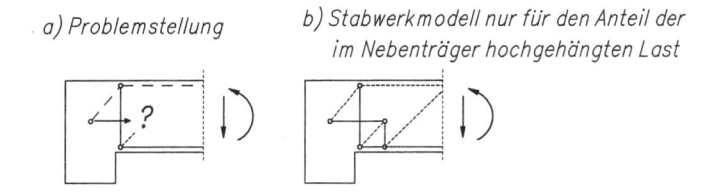

**Bild 13.17:** Stabwerkmodell für indirekte Auflagerung

Bei sehr breiten stützenden Trägern sollte die Aufhängebewehrung nicht über eine Länge[1] angeordnet werden, die größer als die Nutzhöhe des gestützten Trägers ist.

[1] Nach Ansicht des Verfassers müsste in der DIN 1045-1 an dieser Stelle Breite stehen.

## 13.4 Bewehrungsführung eines Stahlbetoneinfeldträgers

Für den in Bild 13.18 dargestellten Träger ist die Bewehrungsführung darzustellen.

> **Statisches System und Belastung**

Die charakteristischen Werte der Lasten sind in Bild 13.18 dargestellt.

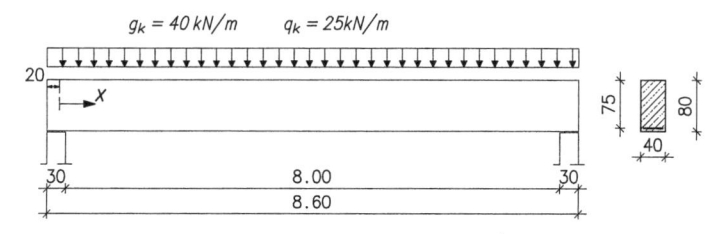

**Bild 13.18:** System und Belastung

Effektive Stützweite: $l_{eff} = l_n + 2 \cdot a/3 = 8{,}0 + 2 \cdot 0{,}3/3 = 8{,}20$ m   DIN 1045-1, (10)

> **Baustoffe**

| | | |
|---|---|---|
| Beton : | C20/25 | |
| Betonstahl : | BSt 500 S (B) | Bewehrungskorrosion: |
| Betondeckung : | nom c = 2,0 cm | Expositionsklasse XC 1 |

> **Schnittgrößen**

Die Bemessung des Trägers wird im Grenzzustand der Tragfähigkeit durchgeführt.

- Bemessungsschnitte:

| | |
|---|---|
| Nachweis für Biegung mit Längskraft: | x = 4,10 m |
| Nachweis der Querkrafttragfähigkeit (Druckstrebenbeanspruchung) | x = 0,10 m |
| Nachweis der Querkrafttragfähigkeit (Querkraftbewehrung) | x = 0,85 m |

Schnitt x = 0:   max $|V_{Ed}|$ = 1,35 · 40 · 8,2 / 2 + 1,5 · 25 · 8,2 / 2   = 375,2 kN

Schnitt x = 0,10 m:   max $|V_{Ed}|$ = 375,2 – 0,1 · (1,35 · 40 + 1,5 · 25 )   = 366,0 kN

Schnitt x = 0,85 m:   max $|V_{Ed}|$ = 366,0 – 0,75 · ( 1,35 · 40 + 1,5 · 25)   = 298,0 kN

Schnitt x = 4,10 m:   max $M_{Ed}$ = (1,35 · 40,0 + 1,5 · 25) · 8,2²/8   = 769,0 kNm

> **Bemessung**

- Biegebemessung

$$\mu_{Eds} = \frac{0{,}769}{0{,}4 \cdot 0{,}75^2 \cdot 11{,}33} = 0{,}3$$

$\Rightarrow \omega = 0{,}3706$; $v_\sigma = 1{,}0$; $x/d = 0{,}45$; $\zeta = 0{,}81 \Rightarrow z = 0{,}81 \cdot 0{,}75 = 0{,}61$ m

$\Rightarrow A_{s,erf} = \dfrac{1}{v_\sigma \cdot f_{cd}} \cdot \omega_1 \cdot b \cdot d \cdot f_{cd} = \dfrac{1}{1{,}0 \cdot 435} \cdot 0{,}3706 \cdot 0{,}4 \cdot 0{,}75 \cdot 11{,}33 \cdot 10^4 = 29{,}0$ cm²

gewählt : 4 Ø 25 + 3 Ø 20 = 29,02 cm² > 29,0 cm²

- Querkraftbemessung

$$V_{Rd,c} = \eta_1 \cdot \beta_{ct} \cdot 0{,}1 \cdot f_{ck}^{1/3} \cdot (1 + 1{,}2 \cdot \frac{\sigma_{cd}}{f_{cd}}) \cdot b_w \cdot z \qquad \text{DIN 1045-1, (74)}$$

## Bauliche Durchbildung

$\eta_1 = 1,0 \quad \beta_{ct} = 2,4 \quad f_{ck} = 20 \text{ [N/mm}^2] \quad \sigma_{cd} = 0; b_w = 0,40 \text{ m}$

$z = 0,9 \, d = 0,9 \cdot 0,75 = 0,67 \text{ m}$

$z \leq d - 2 \, c_{nom} = 75 - 2 \cdot 3,5 = 68 \text{ cm}$  \hfill DIN 1045-1, 10.3.4 (2)

$V_{Rd,c} = [\, 1,0 \cdot 2,4 \cdot 0,1 \cdot 20^{1/3} \cdot 1\,] \cdot 0,4 \cdot 0,67 = 0,175 \text{ MN}$

$$\cot\theta \leq \frac{1,2 - 1,4 \cdot \dfrac{\sigma_{cd}}{f_{cd}}}{1 - \dfrac{V_{Rd,c}}{V_{Ed}}} = \frac{1,2}{1 - \dfrac{0,175}{0,366}} = 2,3 < \begin{cases} \leq 3,0 \\ \geq 0,58 \end{cases} \Rightarrow 0,58 \leq \cot\theta \leq 2,3$$

Es wird eine steilere Druckstrebe gewählt, um später die Verankerung der Längsbewehrung am Endauflager zu ermöglichen (gewählt $\cot\theta = 2,0$).

Nachweis der Druckstrebentragfähigkeit ($x = 0,10$ m):

Für lotrechte Bügel ($\cot\alpha = 0$) gilt:

$$V_{Rd,max} = \frac{\alpha_c \cdot f_{cd} \cdot b_w \cdot z}{\cot\theta + \tan\theta} = \frac{0,75 \cdot 11,33 \cdot 0,4 \cdot 0,67}{2,0 + 1/2,0} = 0,91 \text{ MN} > 0,366 \text{ MN}$$

Wie sich hier zeigt, wird man bei einer Handrechnung oftmals auf eine Berechnung der Querkraft am Auflagerrand verzichten können, da die Auflagerkraft nur geringfügig von der Querkraft am Auflageranschnitt abweicht.

Nachweis der erforderlichen Querkraftbewehrung ($x = 0,85$ m; $\cot\alpha = 0$):

$$a_{sw,erf} = \frac{A_{sw}}{s_w} = \frac{V_{Ed}}{z \cdot f_{yd} \cdot \cot\theta} = \frac{0,298}{0,67 \cdot 435 \cdot 2,0} \cdot 10^4 = 5,1 \text{ cm}^2/\text{m}$$

> **Bauliche Durchbildung**

- Verbund

Für die Zugbewehrung liegen gute Verbundbedingungen vor. Der Bemessungswert der Verbundspannungen beträgt damit $f_{bd} = 2,3 \text{ N/mm}^2$.

- Verankerungen

Grundmaß der Verankerungslänge: $l_b = \dfrac{d_s}{4} \cdot \dfrac{f_{yd}}{f_{bd}}$

Damit ergibt sich:

$d_s = 20 \text{ mm}: \quad l_b = \dfrac{2,0}{4} \cdot \dfrac{435}{2,3} = 95 \text{ cm} \quad ; \quad d_s = 25 \text{ mm}: l_b = \dfrac{2,5}{4} \cdot \dfrac{435}{2,3} = 118 \text{ cm}$

- Längsbewehrung

- Mindestbewehrung

Das Rissmoment $M_{cr}$ berechnet sich zu (C20/25, $f_{ctm} = 2,2 \text{ N/mm}^2$):

$M_{cr} = (f_{ctm} \cdot W_c - N_{Ed}/A_c) = 2,2 \cdot 0,4 \cdot 0,8^2 / 6 - 0 = 0,094 \text{ MNm}$

$A_{s,erf} = \dfrac{M_{cr}}{z \cdot f_{yd}} = \dfrac{94,0}{0,9 \cdot 0,75 \cdot 43,5} = 3,2 \text{ cm}^2$ \hfill $z \approx 0,9 \, d$

Zusätzlich wird an den Seitenflächen eine Bewehrung mit einem Durchmesser $d_s = 8$ mm und einem Abstand $s = 20$ cm gewählt.

- Höchstbewehrung

max $A_s = 0{,}08\ A_c = 0{,}08 \cdot 40 \cdot 80 = 256\ cm^2 > 29{,}0\ cm^2$

- Länge der Längszugbewehrung; Zugkraftdeckung

Der Nachweis der Querkraftbeanspruchung wurde mit dem Druckstrebenwinkel $\cot\theta = 2{,}0$ geführt. Damit ergibt sich für das Versatzmaß $a_l$:

$a_l = 0{,}45 \cdot d \cdot \cot\theta = 0{,}45 \cdot 0{,}75 \cdot 2 = 0{,}675\ m$  vereinfacht für den gesamten Bereich: z=0,9 d

Im Feld sollen die 3 ⌀ 20 verankert werden. Die erforderliche Verankerungslänge $l_{b,net}$ beträgt:

$l_{b,net} = \alpha_a \cdot l_b \cdot A_{s,erf}/A_{s,vorh} \geq l_{b,min}$

$l_{b,net} = 1{,}0 \cdot 0{,}95 \cdot 19{,}64 / 29{,}06 = 0{,}65\ m > 0{,}3 \cdot 1{,}0 \cdot 0{,}95 = 0{,}285\ m > 10 \cdot 0{,}02 = 0{,}20\ m$

Dazu lässt sich folgendes anmerken:

Durch die Abminderung der erforderlichen Verankerungslänge $\alpha_a \cdot l_b$ mit dem Faktor $A_{s,erf} / A_{s,vorh}$ am Endpunkt E beträgt die rechnerisch aufnehmbare Zugkraft am Punkt E nicht 1264 kN, sondern:

$$Z_{aufn.} = 1{,}0 \cdot \left(19{,}64 + \frac{65}{95} \cdot 9{,}42\right) \cdot 43{,}5 = 1134\ kN$$

Die volle Zugkraft der ⌀ 20 kann dann aufgenommen werden, wenn alle Stäbe mit der Verankerungslänge $\alpha_a \cdot l_b$ (95 cm) verankert sind (Punkt C). Unter Annahme einer linearen Spannungszunahme (konstante Verbundspannung) im Bewehrungsstahl ergibt sich für die aufnehmbare Zugkraft, die gestrichelt dargestellte Linie in Bild 13.19 zwischen Punkt B und C. Die Ausnutzung der gestrichelten Linie außerhalb der durchgezogenen Zugkraftdeckungslinie ist nach der DIN 1045-1 nicht zulässig.

Das von den verbleibenden 4 ⌀ 25 aufnehmbare Moment beträgt:

$M_{Rd} = A_s \cdot f_{yd} \cdot z = 19{,}64 \cdot 43{,}5 \cdot 0{,}61 = 521\ kNm$

Dieses Moment ergibt sich aus der Momentengrenzlinie am Ort x = 1,77. Unter Berücksichtigung des Versatzmaßes $a_l$ = 0,68 m ergibt sich der rechnerische Endpunkt zu: x = 1,77 – 0,68 = 1,09 m.

Die erforderliche Länge der ⌀ 20 beträgt dann:

L = 8,20 – 2 · 1,09 + 2 · 0,65 = 7,32 m

- Verankerung am Endauflager

Die Mindestbewehrung muss am Auflager verankert werden. $\Rightarrow A_{s,min} = 3{,}2\ cm^2$

Am Endauflager müssen weiterhin mindestens 25% der Feldbewehrung verankert werden.

$\Rightarrow A_{s,min} = 0{,}25 \cdot 29{,}0 = 7{,}25\ cm^2$

Die Verankerung soll die Zugkraft $F_{sd} = V_{Ed} \cdot \dfrac{a_l}{z} + N_{Ed} \geq \dfrac{V_{Ed}}{2}$ aufnehmen können.

$F_{sd} = 0{,}5 \cdot V_{Ed} \cdot \cot\theta = 0{,}5 \cdot 375{,}2 \cdot 2{,}0 = 375{,}2\ kN$

$A_{s,erf} = 375{,}2 / 43{,}5 = 8{,}62\ cm^2 > 7{,}25\ cm^2$

$< A_{s,vorh} = 19{,}64\ cm^2$

Damit ergibt sich als Verankerungslänge bei geraden Stäben und direkter Lagerung:

$l_{b,dir} = 2/3 \cdot l_{b,net} = 2/3 \cdot 1{,}0 \cdot 1{,}18 \cdot 8{,}62/19{,}64 = 0{,}35\ m$

Diese Verankerungslänge ist am Endauflager nicht vorhanden. Die maximal mögliche Verankerungslänge beträgt 27,5 cm.

Es besteht die Möglichkeit, bei der Querkraftbemessung mit einem steileren Druckstrebenwinkel zu rechnen. Setzt man beispielsweise $\cot\theta = 1,2$, so berechnet sich die erforderliche Verankerungslänge zu:

$$F_{sd} = 0,5 \cdot 375,2 \cdot 1,2 = 225,1 \text{ kN} \Rightarrow A_{s,erf} = 5,18 \text{ cm}^2$$

$$l_{b,dir} = 2/3 \cdot l_{b,net} = 2/3 \cdot 1,0 \cdot 1,18 \cdot 5,18/19,64 = 0,21 \text{ m}$$

Gleichzeitig erhöht sich die erforderliche Querkraftbewehrung.

Eine weitere Möglichkeit ist, die Feldbewehrung komplett über das Auflager zu führen. Dann berechnet sich die Verankerungslänge zu:

$$l_{b,dir} = 2/3 \cdot 1,0 \cdot 1,18 \cdot 8,62/29,0 = 0,23 \text{ m}$$

Dies ist die beste Lösung.

Zu Demonstrationszwecken soll aber die Feldbewehrung im Feld verankert werden. Daher wird hier als Endverankerung der Stäbe mit $d_s = 25$ mm ein Endhaken verwendet (Alternativ: Bewehrung über das Auflager führen und zusätzlich dünnere Bewehrung zulegen). Dann berechnet sich die erforderliche Verankerungslänge zu:

$$l_{b,dir} = 2/3 \cdot 0,7 \cdot 1,18 \cdot 8,62/19,64 = 0,24 \text{ m} \geq 6 \cdot d_s = 15 \text{ cm}$$

Der Abminderungswert $\alpha_a = 0,7$ setzt aber voraus, dass senkrecht zur Krümmungsebene eine Betondeckung von mindestens $3 \, d_s = 3 \cdot 2,5 = 7,5$ cm, Querdruck oder eine enge Verbügelung vorhanden ist. Die Schenkel werden daher horizontal angeordnet und die Stäbe leicht gegeneinander versetzt. Die beiden inneren Bewehrungsstäbe werden am Endauflager in die zweite Lage hochgezogen.

Damit wird die Mindestverankerungslänge von $l_{b,dir} = 24$ cm maßgebend.

Gewählt: $l_{b,dir} = 25$ cm.

- Querkraftbewehrung

- Abstände der Querkraftbewehrung

  max $|V_{Ed}| / V_{Rd,max} = 298 / 910 = 0,33$

  *Wenn man vereinfacht mit der Auflagerkraft rechnet: max $|V_{Ed}|/V_{Rd,max} = 375,2 / 910 = 0,41$*

  Längs: $\Rightarrow$ max $s_w = 0,30$ m $< 0,5 \cdot 0,8 = 0,40$ m

  Quer: $\Rightarrow$ max $s_w = 0,60$ m $\leq h = 0,80$ m

- Mindestquerkraftbewehrung

  min $\rho_w = 1,0 \cdot \rho$ mit $\rho = 0,70$ ‰

  $\Rightarrow a_{sw} = 1,0 \cdot \rho \cdot b_w \cdot \sin\alpha = 0,0007 \cdot 40 \cdot 1,0 \cdot 100 = 2,8 \text{ cm}^2$

  gewählt: zweischnittige Bügel $d_s = 8$ mm; $s_w = 30$ cm

  $\Rightarrow a_{sw} = 3,35 \text{ cm}^2$

  Mit diesem Bewehrungsgehalt ergibt sich eine Tragfähigkeit von:

  $$V_{Rd,sy} = \frac{A_{sw}}{s_w} \cdot f_{yd} \cdot z \cdot \cot\theta = 3,35 \cdot 43,5 \cdot 0,61 \cdot 2,0 = 177,8 \text{ kN}$$

- Querkraftdeckung

  Die Querkraftbewehrung soll einmal gestaffelt werden. Die Mindestquerkraftbewehrung reicht bis zum Schnitt:

Dipl.-Ing. Martin Klaus

$$(0{,}5 \cdot l - x) \cdot (g_d + q_d) = V_{Ed} \Rightarrow x = 0{,}5 \cdot l - \frac{V_{Ed}}{g_d + q_d} \Rightarrow x = 0{,}5 \cdot 8{,}20 - \frac{177{,}8}{1{,}35 \cdot 40 + 1{,}5 \cdot 25} = 2{,}16 \text{ m}.$$

Zusätzlich wird die Querkraftlinie um das Maß $l_A = 0{,}5 \cdot d$ eingeschnitten. Für den Ort x bis zu dem die Mindestquerkraftbewehrung ausreicht ergibt sich damit:

$$x = 2{,}16 - 0{,}5 \cdot 0{,}75 = 1{,}78 \text{ m}.$$

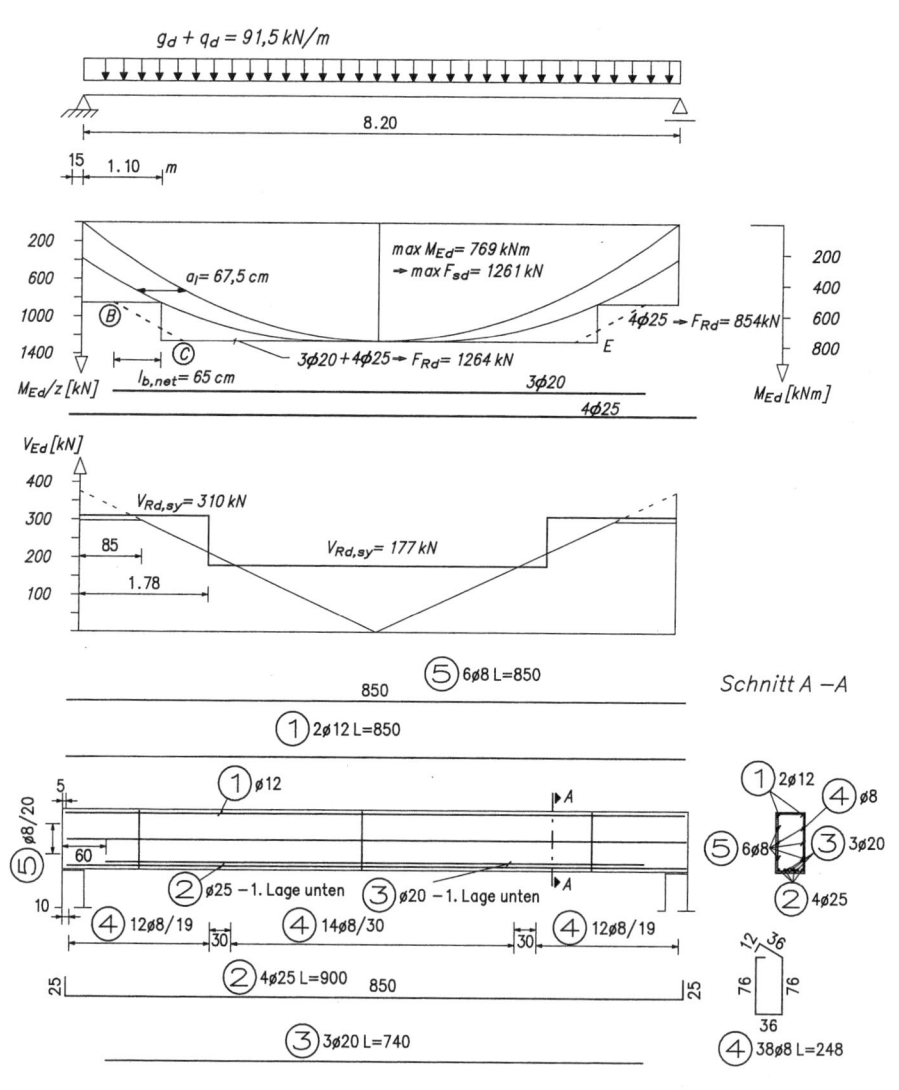

**Bild 13.19:** Darstellung der Ergebnisse

*Expositionsklasse XC1*
*Beton C20/25*
*Betonstahl BSt 500 S (B)*
*Betondeckung $c_v = 2{,}0$ cm*
*Vorhaltemaß $\Delta c = 1{,}0$ cm*

# Literaturverzeichnis

[Avak/Goris – 01]
Avak, R.; Goris, A. (Hrsg.): Stahlbetonbau aktuell.
Jahrbuch 2001 für die Baupraxis. Werner Verlag, 2001.

[Bachmann – 00]
Bachmann, H.: Duktiler Bewehrungsstahl – unentbehrlich für Stahlbetontragwerke.
Beton- und Stahlbetonbau 95, S. 206–218, 2000.

[BauPG – 92]
Gesetz über das Inverkehrbringen von und den freien Warenverkehr mit Bauprodukten zur Umsetzung der Richtlinie 89/106/EWG des Rates vom 21. Dezember 1988 zur Angleichung der Rechts- und Verwaltungsvorschriften der Mitgliedstaaten über Bauprodukte (Bauproduktengesetz) vom 10. August 1992
(Bundesgesetzblatt Jahrgang 1992 – Teil 1, S. 1495), 1992.

[Bieger – 95]
Bieger, K.-W. (Hrsg.): Stahlbeton- und Spannbetontragwerke nach Eurocode 2; Erläuterungen und Anwendungen. Springer-Verlag, 1995.

[Bieger/Bertram – 81]
Bieger, K. W.; Bertram, G.: Rißbreitenbeschränkung im Spannbetonbau;
Beton- und Stahlbetonbau 76, S. 118–123, 1981.

[BoD-doc – 96]
European Convention for Constructional Steelwork: Background Documentation Eurocode 1 (ENV 1991) Part 1: Basis of Design. March 1996.

[Bossenmayer – 00]
Bossenmayer, H.: Brauchen wir noch eine neue Normengeneration?
Der Prüfingenieur, April 2000.

[Brändli – 84]
Brändli, W.: Durchstanzen von Flachdecken bei Rand- und Eckstützen.
Dissertation, ETH Zürich, 1984.

[CEB 168 – 85]
Comité Euro-International du Béton: Punching shear in reinforced concrete.
Bulletin d'Information No. 168, 1985.

[CEB 188 – 88]
Comité Euro-International du Béton: Fatigue of concrete structures. State of the Art Report.
Bulletin d'Information No.188, 1988.

[CEB 203 – 91]
Comité Euro-International du Béton: CEB-FIP Model Code 1990.
Bulletin d'information No. 203, 1991.

[CEB 213/214 – 93]
Comité Euro-International du Béton: CEB-FIP Model Code 1990.
Bulletin d'Information No. 213/214, 1993.

[CEB 217 – 93]
Comité Euro-International du Béton: Justification Notes.
Bulletin d'Information No. 217, 1993.

[Darmstadt – 96]
Universität Darmstadt: Hintergrundbericht zu Ermüdungsnachweisen des Eurocodes 2 – Teil 2 für Stahlbeton- und Spannbetonstraßenbrücken, 1996.

[DBV – 91]
Deutscher Beton-Verein: Beispiele zur Bemessung nach DIN 1045. Bauverlag, 1991.

[DBV – 94]
Deutscher Beton-Verein: Beispiele zur Bemessung von Betontragwerken nach Eurocode 2. Bauverlag, 1994.

[Dieterle/Rostasy – 87]
Dieterle, H.; Rostásy, F.: Tragverhalten quadratischer Einzelfundamente aus Stahlbeton. Deutscher Ausschuss für Stahlbeton, Heft 387, Ernst & Sohn, 1987.

[DIN – 01]
Neue Festlegungen in der Betontechnik – Auswirkungen auf die Praxis. Referatesammlung der DIN-Tagung.Deutsches Institut für Normung e. V., Karlsruhe 2001.

[DIN 1045 – 88]
DIN 1045: Beton und Stahlbeton, Bemessung und Ausführung. Juli 1988.

[DIN 1045-1 – 01]
DIN 1045: Tragwerke aus Beton, Stahlbeton und Spannbeton
Teil 1: Bemessung und Konstruktion. Juli 2001.

[DIN 1045-2 – 01]
DIN 1045: Tragwerke aus Beton, Stahlbeton und Spannbeton
Teil 2: Beton – Festlegung, Eigenschaften, Herstellung und Konformität; Anwendungsregeln zu DIN EN 206-1. Juli 2001.

[DIN 1045-3 – 01]
DIN 1045: Tragwerke aus Beton, Stahlbeton und Spannbeton
Teil 3: Bauausführung. Juli 2001.

[DIN 1045-4 – 01]
DIN 1045: Tragwerke aus Beton, Stahlbeton und Spannbeton
Teil 4: Ergänzende Regeln für die Herstellung und die Konformität von Fertigteilen. Juli 2001.

[DIN 1055-100 – 01]
DIN 1055-100: Einwirkungen auf Tragwerke
Teil 100: Grundlagen der Tragwerksplanung, Sicherheitskonzept und Bemessungsregeln. März 2001.

[DIN 1055-3 – 71]
DIN 1055-3: Lastannahmen für Bauten; Verkehrslasten. Juni 1971.

[DIN 1056 – 84]
DIN 1056: Freistehende Schornsteine in Massivbauart; Berechnung und Ausführung. Oktober 1984.

[DIN 1164 – 00]
DIN 1164: Zement mit besonderen Eigenschaften. Zusammensetzung, Anforderungen, Übereinstimmungsnachweis. November 2000.

[DIN 4102-2 – 77]
DIN 4102-2: Brandverhalten von Baustoffen und Bauteilen – Bauteile, Begriffe, Anforderungen und Prüfungen. September 1977.

[DIN 4102-4 – 94]
DIN 4102-4: Brandverhalten von Baustoffen und Bauteilen – Zusammenstellung und Anwendung klassifizierter Baustoffe, Bauteile und Sonderbauteile. April 1994.

[DIN 4133 – 91]
  DIN 4133: Schornsteine aus Stahl. November 1991.

[DIN 4226-1 – 01]
  DIN 4226: Gesteinskörnungen für Beton und Mörtel
  Teil 1: Normale und schwere Gesteinskörnungen. Juli 2001.

[DIN 4226-2 – 01]
  DIN 4226: Gesteinskörnungen für Beton und Mörtel
  Teil 2: Leichte Gesteinskörnungen (Leichtzuschlag). Juli 2001.

[DIN 4226-100 – 01]
  DIN 4226: Gesteinskörnungen für Beton und Mörtel
  Teil 100: Rezyklierte Gesteinskörnungen. Juli 2001.

[DIN 4227-1 – 88]
  DIN 4227: Spannbeton
  Teil 1: Bauteile aus Normalbeton mit beschränkter oder voller Vorspannung. Juli 1988.

[DIN EN 197-1 – 01]
  DIN EN 197: Zement
  Teil 1: Zusammensetzung, Anforderungen und Konformitätskriterien von Normalzement.
  Februar 2001.

[DIN EN 197-2 – 01]
  DIN EN 197: Zement
  Teil 2: Konformitätsbewertung. Januar 2001.

[DIN EN 206-1 – 01]
  DIN EN 206: Beton – Teil 1: Festlegung, Eigenschaften, Herstellung und Konformität.
  Juli 2001.

[DIN-Brücken – 01]
  DIN-Fachbericht 102 „Betonbrücken". 2001.

[Duddeck – 72]
  Duddeck, H.: Seminar Traglastverfahren.
  Bericht Nr. 72-6, Institut für Statik, TU Braunschweig, 1972.

[E DIN 1054-100 – 99]
  DIN 1054-100: Sicherheitsnachweise im Erd- und Grundbau.
  Entwurf Dezember 1999.

[E DIN 1055-1 – 00]
  DIN 1055: Einwirkungen auf Tragwerke.
  Teil 1: Wichte und Flächenlasten von Baustoffen, Bauteilen und Lagerstoffen.
  Entwurf März 2000.

[E DIN 1055-3 – 00]
  DIN 1055: Einwirkungen auf Tragwerke.
  Teil 3: Eigen- und Nutzlasten für Hochbauten. Entwurf März 2000.

[E DIN 1055-4 – 01]
  DIN 1055: Einwirkungen auf Tragwerke.
  Teil 4: Windlasten. Entwurf März 2001.

[E DIN 1055-5 – 01]
  DIN 1055: Einwirkungen auf Tragwerke.
  Teil 5: Schnee- und Eislasten. Entwurf April 2001.

[E DIN 1055-6 – 00]
  DIN 1055: Einwirkungen auf Tragwerke.
  Teil 6: Einwirkungen auf Silos und Flüssigkeitsbehälter. Entwurf September 2000.

[E DIN 1055-7 – 00]
DIN 1055: Einwirkungen auf Tragwerke.
Teil 7: Temperatureinwirkungen. Entwurf Juni 2000.

[E DIN 1055-8 – 00]
DIN 1055: Einwirkungen auf Tragwerke.
Teil 8: Einwirkungen während der Bauausführung. Entwurf September 2000.

[E DIN 1055-9 – 00]
DIN 1055: Einwirkungen auf Tragwerke.
Teil 9: Außergewöhnliche Einwirkungen. Entwurf März 2000.

[E DIN 1055-10 – 00]
DIN 1055: Einwirkungen auf Tragwerke.
Teil 10: Einwirkungen aus Kran- und Maschinenbetrieb. Entwurf Oktober 2000.

[E DIN 4149-1 – 00]
DIN 4149: Bauten in deutschen Erdbebengebieten.
Teil 1: Lastannahmen, Bemessung und Ausführung üblicher Hochbauten. Entwurf 2000.

[EC 2-1 – 92]
DIN V ENV 1992 (Eurocode 2): Planung von Stahlbeton- und Spannbetontragwerken.
Teil 1: Grundlagen und Anwendungsregeln für den Hochbau. Juni 1992.

[EC 2-2 – 97]
DIN V ENV 1992 (Eurocode 2): Planung von Stahlbeton- und Spannbetontragwerken.
Teil 2: Betonbrücken. Oktober 1997.

[Eligehausen – 89]
Eligehausen, R: Erläuterungen zu DIN 1045 Beton- und Stahlbetonbau (Juli 1988).
Deutscher Ausschuss für Stahlbeton, Heft 400. Beuth, 1989.

[Eligehausen u. a. – 99]
Eligehausen, R.; Hegger, J.; Beutel, R.; Vocke, H.: Zum Tragverhalten von Flachdecken mit Dübelleisten oder Doppelkopfankern im Auflagerbereich.
Bauingenieur 74, S. 202–209, 1999.

[Eligehausen/Gerster – 93]
Eligehausen, R.; Gerster, R: Das Bewehren von Stahlbetonbauteilen.
Deutscher Ausschuss für Stahlbeton, Heft 399. Beuth, 1993.

[ENV 1991-1 – 94]
ENV 1991 (Eurocode 1): Grundlagen von Entwurf, Berechnung und Bemessung sowie Einwirkungen auf Tragwerke.
Teil 1: Grundlagen der Tragwerksplanung (engl. Originalfassung). CEN, Juni 1994.

[Feix – 93]
Feix, J.: Kritische Analyse und Darstellung der Bemessung für Biegung mit Längskraft, Querkraft und Torsion nach EC 2 – Teil 1.
Dissertation, TU München, 1993.

[FIB – 01]
Federation International du Beton: Punching of structural concrete slabs.
Technical report. Bulletin 12, April 2001.

[FIB-MC 90 – 99]
International Federation for Structural Concrete (fib):
Structural Concrete – Textbook on Behaviour, Design and Performance. Updated knowledge of the CEB/FIP Model Code 1990. Volume 2; Basis of Design, 1999.

[FIP – 99]
International Federation for Structural Concrete (fib):
Practical design of structural concrete. Recommendations, 1999.

[Goris u. a. – 01]
   Goris, A.; Richter, G.; Schmitz, U. P.: Stahlbeton und Spannbeton nach DIN 1045 (neu).
   In Schneider Bautabellen für Ingenieure. 14. Auflage. Werner Verlag, 2001.

[Grasser – 97]
   Grasser, E.: Bemessung für Biegung mit Längskraft, Schub und Torsion nach DIN 1045.
   Beton-Kalender 1997, Teil 1, S. 363–477. Ernst & Sohn, 1997.

[Grasser u. a. – 96]
   Grasser, E.; Kupfer, H.; Pratsch, G.; Feix, J.: Bemessung von Stahlbeton- und Spannbetonbauteilen nach EC 2 für Biegung, Längskraft, Querkraft und Torsion.
   Beton-Kalender 1996, Teil 1, S. 341–498. Ernst & Sohn, 1996.

[Grasser/Thielen – 91]
   Grasser, E.; Thielen, G.: Hilfsmittel zur Berechnung der Schnittgrößen und Formänderungen von Stahlbetontragwerken.
   Deutscher Ausschuss für Stahlbeton, Heft 240. Beuth, 1991.

[Graubner – 01]
   Graubner, C.-A.: Spannbetonbau.
   In [Avak/Goris – 01], S. F.1–F.81.

[Graubner – 89]
   Graubner, C.-A.: Schnittgrößenermittlung in statisch unbestimmten Stahlbetonbalken unter Berücksichtigung wirklichkeitsnaher Stoffgesetze.
   Dissertation, TU München, 1989.

[Graubner/Schmidt – 01]
   Graubner, C.-A.: Schmidt, H.: DIN 1045-1 – Wesentliche Neuerungen bei der Bemessung von Betonbauwerken.
   Beton- und Stahlbetonbau 96, S. 1–14, 2001.

[Grube – 01]
   Grube, H.: Die neuen deutschen Betonnormen DIN EN 206-1 und DIN 1045-2 als Grundlage für die Planung dauerhafter Bauwerke.
   beton 51, S. 173–177, 2001.

[Grünberg – 01]
   Grünberg, J.: Sicherheitskonzept und Einwirkungen nach DIN 1055 (neu).
   In [Avak/Goris – 01], S. A.1–A.52.

[Grünberg – 98]
   Grünberg, J.: Eurocode-Sicherheitskonzept: Lassen sich die Lastkombinationen vereinfachen?
   Der Prüfingenieur, April 1998.

[Grünberg/Klaus – 99]
   Grünberg, J.; Klaus, M.: Bemessungswerte nach Eurocode-Sicherheitskonzept für Interaktion von Beanspruchungen.
   Beton- und Stahlbetonbau 94, S. 114–123, 1999.

[Grünberg/Klaus – 01]
   Grünberg, J.; Klaus. M.: Diagramme für die gezielte Querschnittsbemessung bei Interaktion von Längskraft und Biegemoment nach DIN 1045-1.
   Beton- und Stahlbetonbau 96, S. 539–547, 2001.

[GRUSIBAU – 81]
   DIN – Deutsches Institut für Normung e.V.: Grundlagen zur Festlegung von Sicherheitsanforderungen für bauliche Anlagen. Beuth, 1981.

[Haibach – 70]
Haibach, E.: Modifizierte lineare Schadensakkumulations-Hypothese zur Berück sichtigung des Dauerfestigkeitsabfalls mit fortschreitender Schädigung.
Laboratorium für Betriebsfestigkeit, Technische Mitteilungen, TU Darmstadt, 1970.

[Halfen – 01]
Deutsches Institut für Bautechnik: Allgem. bauaufsichtliche Zulassung Nr. Z-15.1-84 für die Durchstanzbewehrung Typ HDB-N. Halfen GmbH & Co. KG, 2001.

[Harre/Beul – 91]
Harre, W.; Beul, W.: Zum Schwingfestigkeitsverhalten der Betonstähle.
Beton- und Stahlbetonbau 86, S. 290–296, 1991.

[Hashem – 86]
Hashem, M.: Betriebsfestigkeitsnachweis von biegebeanspruchten Stahlbetonbauteilen.
Dissertation, TU Darmstadt, 1986.

[Hegger/Beutel – 99]
Hegger, J.; Beutel, R.: Durchstanzen – Versuche und Bemessung.
Der Prüfingenieur, Oktober 1999.

[Heydel – 01]
Heydel, G.: Bemessungstafeln für Plattenbalken nach EDIN 1045-1 (09/2000).
Bautechnik 78, S. 362–369, 2001.

[Hochreither – 82]
Hochreither, H.: Bemessungsregeln für teilweise vorgespannte, biegebeanspruchte Betonkonstruktionen – Begründung und Auswirkung.
Dissertation, TU München, 1982.

[ISO/FDIS 2394 – 98]
International Standard ISO/FDIS 2394 – General principles on reliability for structures.
International Organization for Standardization, Switzerland. Final Draft, 1998.

[Jahn/Hartmann – 01]
Jahn, T.; Hartmann, C.: Bemessungshilfen für das Verfahren der begrenzten Momentenumlagerung nach DIN 1045-1.
Beton- und Stahlbetonbau 96, S. 15–26, 2001.

[Jennewein/Schäfer – 92]
Jennewein, M.; Schäfer, K.: Standardisierte Nachweise von häufigen D-Bereichen.
Deutscher Ausschuss für Stahlbeton, Heft 430. Beuth, 1992.

[Kliver/Schenck – 00]
Kliver, J.; Schenck, G.: Schubbemessung – Bemessung und Konstruktion von Betonbauteilen nach DIN 1045-1. Seminar Leipzig, Dezember 2000.

[König/Danielewicz – 94]
König, G.; Danielewicz, I.: Ermüdungsfestigkeit von Stahlbeton- und Spannbetonbauteilen mit Erläuterungen zu den Nachweisen gemäß CEB-FIP Model Code 1990.
Deutscher Ausschuss für Stahlbeton, Heft 439. Beuth, 1994.

[König u. a. – 82]
König, G.; Hosser, D.; Schobbe, W.: Sicherheitsanforderungen für die Bemessung von baulichen Anlagen nach den Empfehlungen des NABau – eine Erläuterung.
Bauingenieur 57, S. 69–78, 1982.

[König u. a. – 99]
König, G.; Pommerening, D.; Tue, N. V.: Nichtlineares Last-Verformungsverhalten von Stahlbeton- und Spannbetonbauteilen, Verformungsvermögen und Schnittgrößenermittlung.
Deutscher Ausschuss für Stahlbeton, Heft 492. Beuth, 1999.

## Literaturverzeichnis

[König u. a. – 01]
König, G.; Tue, N. V.; Zink, M.: Hochleistungsbeton. Bemessung, Herstellung und Anwendung. Ernst & Sohn, 2001.

[König/Tue – 96]
König, G.; Tue, N. V.: Grundlagen und Bemessungshilfen für die Rissbreitenbeschränkung im Stahlbeton und Spannbeton.
Deutscher Ausschuss für Stahlbeton, Heft 466. Beuth, 1996.

[König/Tue – 98]
König, G.; Tue, N. V.: Grundlagen des Stahlbetonbaus, Einführung in die Bemessung nach Eurocode 2. Teubner, 1998.

[Kordina – 92]
Kordina, K.: Bemessungshilfsmittel zu Eurocode 2, Teil 1. 2. Auflage.
Deutscher Ausschuss für Stahlbeton, Heft 425. Beuth, 1992.

[Kordina/Nölting – 86]
Kordina, K.; Nölting, D.: Tragfähigkeit durchstanzgefährdeter Stahlbetonplatten.
Deutscher Ausschuss für Stahlbeton, Heft 371. Beuth, 1986.

[Kordina/Quast – 79]
Kordina, K.; Quast, U.: Bemessung von Beton- und Stahlbetonbauteilen nach DIN 1045; Nachweis der Knicksicherheit.
Deutscher Ausschuss für Stahlbeton, Heft 220. Ernst & Sohn, 1979.

[Kordina/Quast – 01]
Kordina, K; Quast, U.: Bemessung von schlanken Bauteilen für den durch Tragwerksverformungen beeinflußten Grenzzustand der Tragfähigkeit; Stabilitätsnachweis (nach E DIN 1045-1).
Beton-Kalender 2001, Teil 1. Ernst & Sohn, 2001.

[Krings – 01]
Krings, W.: Bemessungstafeln für Rechteckquerschnitte nach der neuen DIN 1045.
Bautechnik 78, S. 164–170, 2001.

[Leonhardt/Mönnig – 84]
Leonhardt, F.; Mönnig, E.: Vorlesungen über Massivbau
Erster Teil: Grundlagen zur Bemessung im Stahlbetonbau. Springer-Verlag, 1984.

[Leonhardt – 86]
Leonhardt, F.: Vorlesungen über Massivbau
Zweiter Teil: Sonderfälle der Bemessung im Stahlbetonbau. Springer-Verlag, 1986.

[Leonhardt/Mönning – 74]
Leonhard, F.; Mönnig, E.: Vorlesungen über Massivbau
Dritter Teil: Grundlagen zum Bewehren im Stahlbetonbau. Springer-Verlag, 1974.

[Leonhardt/Schelling – 74]
Leonhardt, F.; Schelling, G.: Torsionsversuche an Stahlbetonbalken.
Deutscher Ausschuss für Stahlbetonbau, Heft 239. Ernst & Sohn, 1974.

[Litzner – 93]
Litzner, H.-U.: Europäisches Regelwerk für den Betonbau. Stahlbeton- und Spannbetontragwerke nach Eurocode 2. In [Bieger – 95], S. 7–37.

[Litzner – 96]
Litzner, H.-U.: Grundlagen der Bemessung nach Eurocode 2 – Vergleich mit DIN 1045 und DIN 4227.
Beton-Kalender 1996, Teil 1. Ernst & Sohn, 1996.

[Litzner/Meyer – 00]
Litzner, H.-U.; Meyer, L.: Beton nach neuem Regelwerk.
beton 50, S. 628–632, 2000.

## Literaturverzeichnis

[Mayer u. a. – 99]
 Mayer, U.; Müller-Marc, O.; Bruckner, M.; Lettow, S.: Untersuchungen zur Schnittkraftumlagerung in Stahlbetonstabtragwerken nach DIN 1045-1.
 Festschrift zum 60. Geburtstag von H.-W. Reinhardt. Stuttgart, 1999.

[Müller u. a. – 83]
 Müller, F. P.; Keintzel, E.; Charlier, H.: Dynamische Probleme im Stahlbeton.
 Teil 1: Der Baustoff Stahlbeton unter dynamischer Beanspruchung.
 Deutscher Ausschuss für Stahlbeton, Heft 342. Beuth, 1983.

[Eibl u. a. – 88]
 Eibl, J.; Keintzel, E.; Charlier, H.: Dynamische Probleme im Stahlbeton.
 Teil 2: Stahlbetonbauteile und -bauwerke unter dynamischer Beanspruchung.
 Deutscher Ausschuss für Stahlbeton, Heft 392. Beuth, 1988.

[Nölting – 01]
 Nölting, D.: Durchstanzbewehrung bei ausmittiger Stützenlast.
 Beton- und Stahlbetonbau 96, S. 548–551, 2001.

[prEN 1990 – 01]
 prEN 1990: Grundlagen der Tragwerksplanung. Deutsche Fassung, Entwurf Juli 2001.

[Rehm u. a. – 79]
 Rehm, G.; Eligehausen, R.; Neubert, B.: Erläuterung der neuen Bewehrungsrichtlinien nach DIN 1045 – 78.
 Deutscher Ausschuss für Stahlbeton, Heft 300. Beuth, 1979.

[Reineck – 90]
 Reineck, K. H.: Ein mechanisches Modell für den Querkraftnachweis von Stahlbetonbauteilen. Dissertation, Universität Stuttgart, 1990.

[Reineck – 91]
 Reineck, K. H.: „Ein mechanisches Modell für Stahlbetonbauteile ohne Stegbewehrung" und „Ein mechanisches Modell für das Tragverhalten von Stahlbetonbauteilen ohne Stegbewehrung".
 Bauingenieur 66, S. 157–165 und S. 323–332, 1991.

[Reineck – 01]
 Reineck, K. H.: Hintergründe zur Querkraftbemessung in DIN 1045-1 für Bauteile aus Konstruktionsbeton mit Querkraftbewehrung.
 Bauingenieur 76, S. 168–179, 2001.

[Ri 1 – 95]
 DAfStb-Richtlinie für Fließbeton: Herstellung, Verarbeitung und Prüfung.
 Deutscher Ausschuss für Stahlbeton. Beuth, 1995.

[Ri 2 – 95]
 DAfStb-Richtlinie für Hochfesten Beton: Ergänzung zur DIN 1045 (09/88) für die Festigkeitsklassen B 65 bis B 115.
 Deutscher Ausschuss für Stahlbeton. Beuth, 1995.

[Ri 3 – 98]
 DAfStb-Richtlinie für Beton mit rezykliertem Zuschlag; Teil 1: Betontechnik;
 Teil 2: Betonzuschlag aus Betonsplitt und Betonbrechsand.
 Deutscher Ausschuss für Stahlbeton. Beuth, 1998.

[Ri 4 – 97]
DAfStb-Richtlinie für vorbeugende Maßnahmen gegen schädliche Alkalireaktion im Beton (Alkali-Richtlinie).
Teil 1: Allgemeines;
Teil 2: Betonzuschlag mit Opalsandstein und Flint;
Teil 3: Betonzuschlag aus präkambrischer Grauwacke oder anderen alkaliempfindlichen Gesteinen.
Deutscher Ausschuss für Stahlbeton. Beuth, 1997.

[Ri 5 – 95]
DAfStb-Richtlinie für Herstellung von Beton unter Verwendung von Restwasser, Restbeton und Restmörtel.
Deutscher Ausschuss für Stahlbeton. Beuth, 1995.

[Ri 6 – 95]
DAfStb-Richtlinie für Beton mit verlängerter Verarbeitungszeit (Verzögerter Beton); Eignungsprüfung, Herstellung, Verarbeitung und Nachbehandlung.
Deutscher Ausschuss für Stahlbeton. Beuth, 1995.

[Ri 7 – 96]
DAfStb-Richtlinie für Betonbau beim Umgang mit wassergefährdenden Stoffen.
Deutscher Ausschuss für Stahlbeton. Beuth, 1996.

[Ri 8 – 01]
DAfStb-Richtlinie Selbstverdichtender Beton.
Deutscher Ausschuss für Stahlbeton. Beuth, Entwurf 2001.

[Ri 9 – 88]
89/106/EWG – 88: Richtlinie des Rates vom 21. Dezember 1988 zur Angleichung der Rechts- und Verwaltungsvorschriften der Mitgliedstaaten über Bauprodukte (Bauproduktenrichtlinie). Amtsblatt EG, L40/1989, S. 1, 1988.

[Rußwurm/Martin – 93]
Rußwurm, D.; Martin, H.: Betonstähle für den Stahlbetonbau. Eigenschaften und Verwendung. Institut für Betonstahlbewehrung e.V. München. Bauverlag, 1993.

[Schaidt u. a. – 70]
Schaidt, W.; Ladner, M.; Rösli, A.: Berechnung von Flachdecken auf Durchstanzen. Beton-Verlag, 1970.

[Schlaich/Schäfer – 01]
Schlaich, J.; Schäfer, K.: Konstruieren im Stahlbetonbau.
Beton-Kalender 2001, Teil 2, S. 311–492. Ernst & Sohn, 2001.

[Schnellenbach-Held – 01]
Schnellenbach-Held, M.: Besonderheiten bei der Bemessung von Bauteilen aus Konstruktionsleichtbeton nach DIN 1045-1.
Beton- u. Stahlbetonbau 96, S. 35–41, 2001.

[Schobbe – 82]
Schobbe, W.: Konzept zur Definition und Kombination von Lasten im Rahmen der deutschen Sicherheitsrichtlinie. Ernst & Sohn, 1982.

[Schön – 01]
Schön, C.: Bemessung für Querkraft und Torsion nach EDIN 1045-1 (2000-09).
Diplomarbeit, Universität Hannover, 2001.

[Schuëller – 81]
Schuëller, G. I.: Einführung in die Sicherheit und Zuverlässigkeit von Tragwerken.
Ernst & Sohn, 1981.

# Literaturverzeichnis

[Spaethe – 92]
Spaethe, G.: Die Sicherheit tragender Baukonstruktionen. Springer-Verlag, 1992.

[Staller – 01]
Staller, M.: Analytische und Numerische Untersuchungen des Durchstanztragverhaltens punktgestützter Platten.
Deutscher Ausschuss für Stahlbeton, Heft 515. Beuth, 2001.

[Standfuß/Großmann – 00]
Standfuß, F., Großmann, F.: Einführung der Eurocodes für Brücken in Deutschland.
Beton- und Stahlbetonbau 95, S. 47–49, 2000.

[TC1/015 – 91]
Kommission der Europäischen Gemeinschaften: Interpretative Document „Mechanical Resistance and Stability". Document TC1/015, Final Draft, May 1991.

[Teutsch – 79]
Teutsch, M.: Trag- und Verformungsverhalten von Stahlbetonbalken mit rechteckigem Querschnitt unter kombinierter Beanspruchung aus Biegung, Querkraft und Torsion.
Dissertation, Universität Braunschweig, 1979.

[Timm – 00]
Timm, G.: Einwirkungen nach DIN 1055 neu.
Der Prüfingenieur, April 2000.

[Tue/Pierson – 01]
Tue, N. V.; Pierson, R.: Ermittlung der Rissbreite und Nachweiskonzept nach DIN 1045-1.
Beton- und Stahlbeton 96, S. 365–372, 2001.

[Weigler/Rings – 87]
Weigler, H.; Rings, K.-H.: Unbewehrter und bewehrter Beton unter Wechselbeanspruchung.
Deutscher Ausschuss für Stahlbeton, Heft 383. Beuth, 1987.

[Wöhler – 1870]
Wöhler, A.: Über Festigkeitsversuche mit Eisen und Stahl.
Zeitschrift für Bauwesen, Vol. 20, S. 73–106, 1870.

[Yokobori – 55]
Yokobori, T.: The theory of fatigue fracture of metals.
Journal of the Physical Society of Japan, Vol 10, No. 5, S. 368–374, 1955.

[Zem – 00]
Zement Taschenbuch 2000. 49. Auflage.
Verein Deutscher Zementwerke e.V., 2000.

[Zilch u. a. – 99]
Zilch, K.; Staller, M.; Rogge, A.: Erläuterungen zur Bemessung und Konstruktion von Tragwerken aus Beton, Stahlbeton und Spannbeton nach DIN 1045-1.
Beton- und Stahlbetonbau 94, S. 259–271, 1999.

[Zilch/Rogge – 01]
Zilch, K.; Rogge, A.: Bemessung der Stahlbeton- und Spannbetonbauteile nach DIN 1045-1.
Beton-Kalender 2001 – Teil 1, S. 205–347. Ernst & Sohn, 2001.

# Sachverzeichnis

## A

Abgeschossene Rissbildung.. 233, 236
Abstand
   -Bügelbewehrung...... 176, 339, 343
   -Plattenbewehrung................... 342
   -Wandbewehrung...................... 346
Abtriebskräfte................................ 198
Alkaligehalt ..................................... 49
Alkali-Kieselsäure-Reaktion (AKR) ...53
Anforderungsklasse............. 227, 240,
   255 f., 267, 269 f.
Annahmen und Voraussetzungen der
   Tragwerksplanung................. 3
Anwendungs
   -beispiel........................... s. Beispiel
   -grenzen............. 40, 59, 244, 293 f.
Äquivalente Horizontalkräfte............ 82
Äquivalenter Durchmesser der
   Spannstahlbewehrung ........ 294
Aufhängebewehrung...................... 347
Auflager ........ 83, 137, 177, 273, 340 f.
   -kräfte................................ 249, 308
   -pressungen .............................. 323
   -nahe Einzellast ........................ 137
Auftaumittel................................. 42 f.
Ausbreitmaßklassen ........................ 45
Ausmitte
   -der Zugkraft............................. 111
   -kleine ............................... 106, 111
   -Kriech-...................................... 215
   -zweiachsige .................... 110, 214
Aussteifung............................. 82, 197
Auswirkung
   -unabhängige ............................. 16
   -vorherrschende.................... 15, 17
   -einer Vorspannung.................. 245

## B

B- und D-Bereiche ................... 305 ff.
Balken
   -bewehrungsgrad ..................... 339
   -durchbrüche............................. 306
   -steg ......................................... 154
Baugrundsetzungen............... 14 f., 19
Bauliche Durchbildung.......... 141, 166,
   176, 190, 196, 327 ff.

Baustoff
   -eigenschaften............... 3, 5, 8, 10,
      11, 12, 25, 41 ff., 293
   -ermüdung........................ 275, 277
   -festigkeit................................ 46 ff.
Bauteilwiderstand ................... 12, 135,
   167, 187, 260
Beanspruchbarkeit................4, 30, 260
Beanspruchungs
   -kollektiv ................................ 291 f.
   -schwingbreite .............. 276 ff., 292
Begrenzung
   -der Druckzonenhöhe............. 107,
      126, 130, 339
   -der Rissbreite ohne direkte
      Berechnung............... 238, 270
Beispiel
   -Anschluss der Schubkräfte
      zwischen Steg und Gurt  158 ff.
   -Balken mit
      Querkraftbewehrung ...... 151 ff.
   -Balken mit
      Torsionsbeanspruchung  172 ff.
   -Bewehrungsführung
      eines Balkens................ 348 ff.
   -Bezeichnung eines Betons ........ 48
   -Biegebeanspruchter Durch-
      laufträger (Kombination).... 34 f.
   -Biegung mit Längskraft ........113 ff.
   -Deckenplatte ohne
      Querkraftbewehrung ...... 145 ff.
   -Durchstanzgefährdete
      Flachdecke  ................. 192 ff.
   -Einachsig gespannte Platte
      (Biegebemessung) ..........117 ff.
   -Ermittlung der Bemessungs-
      querkraft $V_{Ed}$...................... 139
   -Ermüdungsnachweis bei
      einer Kranbahn............... 297 ff.
   -Mittige Druckkraft .....................112
   -Modellstützenverfahren........ 206 ff.
   -Rissbreitenbegrenzung an
      einer Winkelstützmauer.. 240 ff.
   -Rotationskapazität ................ 92 ff.
   -Scheibe mit Öffnung
      (Stabwerk)..................... 319 ff.
   -Stabilitätsnachweis
      (genauer)...................... 211 ff.

## Sachverzeichnis

-Stahlbetonstütze mit Längskraft und Biegemoment (Kombination) ............... 36 ff.
- Vorspannung (Rechteckquerschnitt) .... 119 ff.
- Vorspannung (nachträglicher Verbund) 264 ff.
-Zugkraft mit geringer Ausmittigkeit ..................... 111

Beiwert
-Abminderungs- .................. 13, 70, 102 f., 105, 137, 169, 283
-Auflagernahe Einzellast ........... 137
-für das Widerstandsmodell ........ 12
-Kombinations- ............................ 19
-Kriechbeiwert ................ 247 f., 253
-Lastausmitte bei einer punktgestützten Decke ............ 185 f.
-Material ................................ 69 ff.
-Schwind- ...................... 247 f., 252
-Teilsicherheits- ........................ 20

Belastungs
-frequenz ...................... 278, 287 f.
-geschichte ......................... 288 f.

Bemessung
-Biegung mit Längskraft ............ 101
-bzgl. Dauerhaftigkeit ............... 41 f.
-mit Begrenzung der Biegeschlankheit ............... 118
-mit Teilsicherheitsbeiwerten... 1, 24
-von Zugstäben ...................... 312

Bemessungs
-grundlagen ..................... 101, 105
-hilfsmittel ................ 104 ff., 123 ff.
-punkt .................................... 26 ff.
-widerstand ............ 169, 186 f., 194

Bemessungsdiagramme
-Allgemeines ............... 91, 107, 123
-e/h-Diagramm .. 206, 208, 216, 218
-Interaktions- ................. 110, 131 f., 204, 213, 216 f.
-$\mu$-Nomogramm ................ 216, 219

Bemessungssituation
-außergewöhnliche .................... 16
-ermüdungswirksame .................. 18
-häufige .................................... 17
-infolge von Erdbeben ................ 16
-seltene .................................... 17
-ständige .................................. 17
-vorübergehende ....................... 15

Bemessungstafeln
-dimensionsgebundene .. 108, 124 ff.
-dimensionslose .... 109, 123, 128 ff.
-$k_d$-Tafeln .................. 108, 124 ff.

Bemessungswert ............. 4, 8, 10, 13 ff., 70, 82 f., 102 f.
-der aufnehmbaren Querkraft .......... 135, 147, 185 ff.
-der Betondruckfestigkeit ..... 47, 70, 169, 200, 206, 272, 312, 317 f.
-der einwirkenden Querkraft ...... 136, 168, 185 ff., 261
-der Einwirkungen ................ 185 ff.
-der Längskraft .................... 82, 200
-des Torsionsmomentes ............ 167
-der Verbundspannung ............ 325, 330, 349

Bernoulli ............................... 305

Beton
-angriff ............... 42, 43, 55, 221 ff.
-deckung ........................ 42, 52, 56, 65, 221 ff., 282, 331
-druckkraft ..... 72, 94, 101, 122, 209
-druckspannung 187, 225, 257, 303
-familie ............................... 61, 68
-festigkeit ............. 13, 22, 46 ff., 70, 75, 85, 224, 288
-festigkeitsklassen .......... 47, 49, 54, 86, 90, 102
-Hochfest ............................. 67 ff.
-mit hohem Wassereindringwiderstand .............................. 56
-nach Eigenschaften ............... 57 f.
-nach Zusammensetzung ......... 57 f.
-selbstverdichtender .................. 45
-temperatur ............................... 63
-unbewehrt ...................... 22, 215
-zugfestigkeit ...... 74, 135, 210, 226, 228, 232, 236, 249, 251, 257
-zugzone ... 228, 240, 257, 270, 338
-zusatzmittel ........................ 51, 54
-zusatzstoffe .............................. 51

Betonieren ................ 59, 62 f., 65, 266
Betonstahl ................. 17 f., 22, 36, 56, 103, 107, 192, 327, 329, 331
-matten ................. 75, 76, 118, 335
-spannung ......... 226, 258, 272, 312

Betriebsfestigkeit .... 290, 292 f., 295 ff.

Bewehrungs
-führung ... 86 f., 93 f., 305, 325, 328
-korrosion ............... 42f, 221 ff., 255
-regeln .......................... 221, 328 ff.
-reihe ................... 179, 188 f., 191

Bewehrungsgrad
-effektiver .................................. 234
-geometrischer .......... 110, 234, 345
-mechanischer ........................... 110
-Platten- .................................. 343
-Stützen- ................................. 344
-Wand- .................................. 345

# Sachverzeichnis

Bewehrungsstoß
  -bei Betonstahlmatten .............. 336
  -bei Stäben ................................. 333
Bezugszeitraum ..................... 9, 25, 33
Biege
  -lehre ......................................... 305
  -linie ............................ 87, 203, 213
  -rollendurchmesser ................... 315
  -tragfähigkeit ..... 177, 249, 273, 301
Biegen von Betonstählen .............. 329
Biegung mit Längskraft .. 101, 113, 348
Biliniare Spannungs-Dehnungs-
    Beziehung ...................... 103 f.
Bruch 13, 20 f., 24
  -festigkeit ................................... 275
  -lastspielzahl ............................. 290
  -moment .................................... 249
  -vorgang ........................... 177, 280
Bügel ............... 85, 141, 147, 166 ff.,
    194, 270, 301, 333, 344, 347

## C

Charakteristischer Wert ........ 15 ff., 265
Chloridangriff ................................ 42 f.

## D

Dauer
  -festigkeit ..................... 276 f., 279 ff.
  -festigkeitsbereich ................ 277 ff.,
    281, 287, 291
  -haftigkeit .......................... 7, 41, 44,
    56, 75, 221 ff., 255
  -schwingfestigkeit ................. 276 f.,
    279 f., 287, 291
Dehngrenze .................... 13, 102, 104
Dehnungen
  -mittlere .................................... 236
  -Modellstützenverfahren ........... 204
Dehnungsdiagramm ..................... 105
Dekompression ................... 1, 8, 227,
    251, 255 f., 267
Dekompressionskraft ..... 247, 260, 270
Deutsche Anwendungsregeln (DAR) 39
Diagramme
  s. Bemessungsdiagramme
  -Parabel-Rechteck- .............. 74, 102
Direkte Lagerung .................. 136, 341
Druck
  -bewehrung .................. 86, 107 ff.,
    138, 156, 306, 332
  -spannungen, dreiaxial ............. 318
  -stab ............................... 313, 332

Druck- und Zuggurt .............. 133, 138,
    312, 316 f.
Druck- und Zugspannungsfelder ... 306
Druckfestigkeit
  -Würfel- ............................. 46 f., 69
  -Zylinder- ................ 46 f., 69 f., 101
Druckkraft, mittig .......................... 112
Druckstreben ............... 134, 147, 155,
    164, 167 f., 171 ff., 306 ff.
  -beanspruchung ....... 145, 147, 155,
    164, 171
  -festigkeit ........................... 148, 169
  -neigung ................... 149, 174, 296
  -neigungswinkel .................. 150 ff.,
    168 f., 174, 301
  -tragfähigkeit ......... 153 ff., 187, 302
Druckzonen ................ 86, 93 f., 269 f.
  -höhe ...................... 85 f., 90, 93 ff.,
    107, 302, 338
  -umschnürung .................... 85, 339
Dübel
  -leisten ...................... 179, 186, 194
  -wirkung .................................... 191
Duktilität ..................... 75 f., 86 f., 107,
    115, 269, 305 f., 338
Duktilitätsklassen ....................... 75, 78
Durchbiegung ............ 213, 243 ff., 277
Durchstanz
  -bereich ..................................... 186
  -bewehrung ............................ 187 ff.
  -kegel ....................................... 182
  -nachweis ....... 179, 181, 183, 185 f.
  -widerstand .............................. 181
Durchstanzen ................... 83, 177 ff.

## E

e/h-Diagramm ........ 206, 208, 216, 218
Effektive Wanddicke $t_{eff}$ ................ 165
Eigenlasten ............................ 14 f., 24
Eigenspannungen ......... 229, 240, 257,
    269, 278
Eigenspannungszustand .... 245, 248 f.
Einbringen in die Schalung ...... 63, 329
Einheitsschädigung ...................... 289
Einsturz .............................. 4, 7, 277
Eintragungslänge ............ 232 ff., 262 f.
Einwirkungen
  -außergewöhnliche .................... 20
  -destabilisierende ......................... 8
  -infolge Zwang ............................ 21
  -Kombination der ................. 14 ff.
  -seismische ................................ 16
  -stabilisierende ............................ 8
  -ständige ........................ 19 f., 294

-Temperatur- .................. 2, 14, 19
-unabhängige .............................15
-unabhängige ständige ..........20, 24
-veränderliche ....................9, 19, 21
-vorherrschende ........................ 15
Einwirkungs
  -kombination........1, 14, 18, 89, 110,
    198, 225 ff., 256 ff., 293 ff., 312
  -modell .......................................4
  -norm..........................................9
Einzel
  -druckglied .............................. 199
  -lasten ................... 83, 137 f., 155,
    177, 186, 300, 308
  -rissbildung............ 232 ff., 255, 257
  -rissbreite ................................ 270
  -stab ........................................ 199
Elastizitäts
  -modul .................................22, 73
  -theorie............................4, 69, 78,
    80 ff., 118, 179, 225, 305 f.
End
  -ausmitte ................................. 201
  -einspannung ........................ 201 f.
  -schwindmaß................... 247, 252
  -auflager............................ 316, 341
Erdbebenkombination.....................24
Erddruck ............................... 14, 19
Ermüdung .................22, 25, 275 ff.
Ermüdungs
  -festigkeitsbereiche ................. 276
  -nachweis ............ 290 f., 293 f.,
    296 ff., 302
  -versagen ................ 275, 281, 282
  -wirksame Bemessungssituation.. 18
Ersatz
  -stab ........................................ 203
  -steifigkeit ............................... 198
  -wanddicke ............................. 165
Erwartungswert........................25, 29
Eurocode ............1 f., 206, 208, 244, 297
Expositionsklasse .. 41 ff., 48, 52 f., 55,
  64, 66, 192, 221 ff., 255, 348
Externe Vorspannung ................... 248
Externes Spannglied ..................... 248
Exzentrische Belastung ............. 287 f.
Exzentrizität ...................... 111, 334

# F

Fachwerk
  -hohlkasten ......................... 164 f.
  -modell ........................... 147, 149,
    151, 168, 170, 305, 341
Festbetonklassen........................ 46 ff.

Festigkeits
  -abfall ...................................... 275
  -klassen für Beton .................. 46 ff.
  -versagen ....................................8
Feuchtigkeitsgehalt............. 42 ff., 288
Flachdecke ........... 117, 177, 181, 192
Fließ
  -gelenktheorie ................ 78, 84, 87
  -moment ................................ 96 f.
Flugasche ............................... 51, 53
Flüssigkeitsdruck ................14 f., 19
Fördern auf der Baustelle ............... 62
Formänderung ...................... 311, 320
Fraktile ............................... s. Quantile
Frischbeton
  -klassen................................. 45 ff.
  -temperatur............................... 63

# G

Gebrauchstauglichkeit ......4, 7 f., 14 ff.,
  75, 90, 221 ff., 243, 277 ff.
Gebrauchstauglichkeitskriterium...4, 14
Geometrisch
  -Imperfektion ............... 81 f., 197 ff.
  -Bewehrungsgrad..............110, 234
Gesamt
  -system..................................... 306
  -tragwerk .................................. 197
Gesteinskörnung
  -Größtkorn...............................52, 58
  -leichte...............................50, 52 ff.
  -normale und schwere........ 50, 52 f.
  -rezyklierte.................... 50, 52 f.
Gleichgewichtstorsion .................... 163
Grenz
  -durchmesser ............... 229, 238 f.,
    257 f., 269, 272
  -schlankheit ................... 200, 206
  -tragfähigkeit ............ 101, 197,
    204, 209, 259
  -werte der Spannungen............. 251
Grenzzustand
  -der Dekompression.................. 257
  -der Ermüdung ........18, 21 f., 285 ff.
  -der Gebrauchstauglichkeit .....14 ff.,
    74 ff., 192, 221 ff., 250 f., 330
  -der Lagesicherheit .....................13
  -der Rissbildung ............... 255, 271
  -der Tragfähigkeit..........4, 13, 18 ff.,
    70 ff., 87, 93, 101 ff., 135 ff.,
    177, 193, 225, 242, 259 ff., 330
  -der Tragfähigkeit bei Biegung mit
    Längskraft .......... 101, 197, 204
  -des Tragwerksversagens............13

## Sachverzeichnis

Grenzzustands
  -ebene .......................................... 29
  -gerade ..................................... 26 ff.
  -gleichung ........................... 21, 25 ff.
Grundkombination ................ 15, 24, 35
Grundlagen
  -der Tragwerksplanung ............... 1 f.
  -des Sicherheitskonzepts ............. 1 f.
Grundmaß der Verankerungslänge ......
  192, 325, 331, 349
Grundzeitintervall .............................. 33
Gurtplattenanschluss ................. 154 ff.

### H

Haken  324, 332, 346
Häufige
  -Bemessungssituation ..... 17 ff., 293
  -Kombination ..................... 270, 293
  -Werte ............................................ 9
Haupt
  -druckspannungen .... 133, 171, 318
  -spannungen .......... 133, 285, 305 f.
  -tragrichtungen ........................... 316
Hebelgesetz ................................... 111
Hochfester Beton .......... 67 f., 102, 105
Höchstbewehrung ............ 337 f., 344 f.
Hydratations
  -grad ........................................... 47
  -wärme ........................ 49, 75, 229

### I

Ideeller Querschnitt ....................... 210
Identitätskontrolle ........................ 59 f.
Imperfektion
  -geometrische ............. 81 f., 197 ff.
  -ungewolte ................................. 81
Indirekte Lagerung ................ 136, 347
Inerte Stoffe ................................... 51
Interaktions
  -diagramm ................... 110, 131 f.,
    204, 213, 216 f.
  -regeln ...................................... 170
Interne Vorspannung ..................... 248
Internes Spannglied ....................... 248

### K

Kantenbruch .................................. 166
Karbonatisierung ........................... 42 f.
$k_d$-Tafeln ........................................ 109
$k_d$-Verfahren ...................... 108, 124 ff.
Kernquerschnitt ....................... 165, 174
Kippsicherheit ........................ 197, 216

Knick
  -länge ........................................ 201
  -sicherheit ................................. 197
Knoten ........... 306, 311 ff., 322 f., 325
  -bemessung ...................... 305, 313
  -bereiche ................................... 313
  -konstruktion ..................... 305, 313
Kollektivform ........................ 291, 293
Kombination
  -außergewöhnliche ...................... 24
  -Auswirkungs- ............................. 23
  -charakteristische .................. 17, 23
  -häufige ........................... 270, 293
  -quasi-ständige ........................... 23
  -seltene ..................................... 23
Kombinations
  -regeln ...................................... 18
  -vereinfachte ............................. 23
  -beiwerte ................................... 19
  -wert .................................... 9, 19
Kombinierte Beanspruchung ........ 168,
  170, 227
Konformitätskontrolle .................... 60 f.
Konsistenz
  -klasseneinteilung ...................... 45 f.
  -prüfverfahren ........................... 45 f.
Konsolen ................................... 305 f.
Konstruktive Regeln .......... 327, 337 ff.
Konzentrierte
  Lasteinleitungen ....................... 305
  Lasten ...................................... 137
Kopfauslenkung ................. 198, 204 f.
Kopplungen ...................... 281, 283 ff.
Korrosion ....... 17, 41 f., 56, 224, 277 f.
Krafteinleitung .............................. 306
Kragstütze .................................... 203
Kriech
  -ausmitte .................................. 215
  -beiwert ...................... 247 f., 253 f.
Kritischer
  -Rundschnitt ...................... 178, 180
  -Umfang .................................. 180
Krümmung ............... 94 ff., 204 f., 283
Kurzzeit
  -belastung .......................... 70, 280
  -festigkeit .................. 276, 287, 289

### L

Labilitätszahl ............................... 198
Lagerung
  -direkte .............................. 136, 341
  -indirekte .................. 136, 341, 347
  -punktförmige ........................... 177
Lagerungsbedingungen ......... 46 ff., 70

Längs
- -druck ................................. 197
- -kraftanteile ........................ 156

Langzeit
- -auswirkung ........................ 102
- -festigkeit ........................... 276

Last
- -abtragende Bauteile ............. 199
- -ausbreitung ....................... 79
- -ausmitte ........ 186, 199, 202, 214 f.
- -einleitungen ............... 180, 306, 314, 316, 318
- -einleitungsfläche ........ 178, 180 ff., 185, 189, 192
- -kollektiv ............................ 291 f.
- -modell .............................. 11
- -pfade ................ 306, 309, 319 f.
- -spektrum .......................... 291
- -spielzahl ........................... 275 ff.

Lastausmitte
- -bezogene .............. 200, 202 f., 206
- -gesamte ........................... 201
- -ungewollte ............... 199, 202, 215
- -zweiachsige ...................... 214

Lasteinleitung
- -konzentrierte ..................... 305
- -Ungenauigkeiten ......... 106, 185 ff.

Latent hydraulische Stoffe ........ 51

Lebensdauer
- -linien ................................ 276
- -schaubilder ...................... 278

Leichtbeton ......... 40 ff.,61, 67,103 ff., 187, 222, 229, 262, 287, 313 ff.

Leichte Gesteinskörnung ............ 53

Linear-elastische Schnittgrößen ... 12 ff.

Lotrechte aussteifende Bauteile .... 198

Luftgehalt ......................... 57, 66

# M

Maßgebender Schnitt ........ 136, 178 ff.

Maßnahmen zur baulichen Durchbildung ............. 316, 327

Maßtoleranzen ....................... 62

Material
- -eigenschaften ............ 22, 294, 327
- -ermüdung ............... 8 f., 13, 21, 277
- -kennwerte .............. 69, 71, 319

Mechanischer Bewehrungsgrad .... 109

Meerwasser .............. 42 ff., 255

Mehlkorngehalt ........................ 53f

Mikrorisse ....................... 280, 287

Mindest
- -anforderungsklasse . 227, 240, 255
- -bemessungsmoment ........ 189, 193

- -betondeckung 56, 224 f., 255, 331
- -betondruckfestigkeit .......... 55, 266
- -betondruckfestigkeitsklasse ....... 55
- -betonfestigkeit ................. 55, 221
- -bewehrung ........... 7, 75, 118, 142, 176, 191, 208, 225 ff., 255 ff., 302 ff., 321 ff.
- -bewehrungsquerschnitt .......... 228, 257, 344
- -biegebewehrung ............ 191, 337
- -durchstanzbewehrung ............. 190
- -moment ...................... 83, 339
- -plattendicke .................... 190, 342
- -querkraftbewehrung 141, 190, 343
- -stabdurchmesser ................. 208
- -verankerungslänge .......... 331, 341
- -zementgehalt ............ 52, 55 f., 59

Mittelwerte
- -der Baustofffestigkeiten 61, 67, 88
- -der Baustoffkennwerte ............ 209

Mittige Druckkraft ..................... 112

Mitwirkende Plattenbreite ...... 190, 339

Mitwirkung des Betons auf Zug ...... 88, 95, 97, 234

Modell
- -stütze ........................ 203, 205
- -stützenverfahren ...23, 37, 203, 206
- -ungenauigkeiten ............. 5 f., 293

Modellierung ....................... 306 ff.

Momenten
- -ausrundung ...................... 118
- -umlagerung ...... 69, 85 f., 93, 117 f.
- -Krümmungs-Beziehung ....... 88, 96, 98, 210 f., 249

# N

Nachbehandlung... 57, 62, 64 f., 68, 74

Nachweis
- -format ............................. 14
- -grenzen ...................... 170, 173
- -konzept ........................... 238
- -kriterium ........................... 20
- -niveau ............................ 105
- -schnitte ............. 178, 180, 184 f.

Nachweise
- -Betriebsfestigkeit ........... 295 f., 302
- -Biegung mit Längskraft ........ 101 ff.
- -Durchstanzen ............... 83, 177 ff.
- -Ermüdung ....................... 277 ff.
- -Knicksicherheit ........ 206 ff., 211 ff.
- -Querkraft ..................... 75, 135, 144 ff., 261, 273, 301
- -Rissbreite ....................... 240 ff.
- -Stabilität .................. 200, 206, 211
- -Stabwerke .................... 305, 313

-Stütze ohne Knickgefahr.......... 112
-Torsion........................ 163 ff., 173
-Vorspannung............ 119 ff., 264 ff.
Nennwert ........................................... 10
Netzfachwerk ................................... 164
Nichtlineare Verfahren ..................... 90
Normalzementarten ......................... 50
Nutzlasten.................. 2, 14 f., 18 f., 23
Nutzungs
 -anforderungen............................. 7
 -dauer....... 3, 5, 275, 290, 292 f., 297

## O

Oberflächen
 -beschaffenheit ......... 278, 282, 285
 -bewehrung ............................... 342
Oberspannung ...................... 279, 288
Öffnungen (Träger und Wände)..... 305
Ortbeton-Bauwerke........................ 106

## P

Parabel-Rechteck-Diagramm .......... 74, 102, 107
Passivschicht .................................. 42
Pigmente.......................................... 51
Pilzdecken ..................................... 185
Plastische
 -Gelenke.................................... 197
 -Rotation...................................... 90
Plastizitätstheorie.................. 4, 13, 69, 72, 75, 78, 87, 90, 249, 305 f.
Platten ...................... 117, 177 ff., 342
 -balken ..................... 109, 127, 141, 154, 163, 228, 339
 -bewehrungsgrad .............. 191, 342
 -längsbewehrung...................... 337
 -querkraftbewehrung................. 343
Pressenkraft.......................... 247, 251
Produktionskontrolle ................... 59 ff.
Punktförmige Lagerung ......... 177, 179
Puzzolanische Stoffe ...................... 51

## Q

Qualitätskontrolle ................. 59 ff., 224
Quantile ........................................ 9 f.
Quasi-ständiger Wert........................ 9
Quer
 -lasten ....................................... 201
 -pressung .............................. 284 f.
 -zugspannungen ............. 225, 309, 311 f., 316 f., 323, 330

Querkraft
 -beanspruchung .......... 134, 168 ff., 177, 187, 261, 298, 300, 308
 -bewehrung ............... 75, 133, 141, 147, 166, 169, 188, 264, 273, 296 ff., 329, 340, 343
 -bewehrung bei Platten ..................
  s. auch Durchstanzbewehrung
 -deckungslinie .......................... 143
 -tragfähigkeit .............. 75, 135, 144, 147, 177, 185 f., 188 f., 195 f., 261, 273, 296
 -widerstand........................... 185 f.
Querschnitts
 -höhe ............................. 105 f., 138
 -sprünge ................................... 306
 -widerstand....................... 245, 261

## R

Rahmenecken............................ 305 f.
Rainflow-Verfahren ....................... 291
Rand
 -abstand .................. 110, 182, 209
 -bedingungen ............ 15, 233, 306 f.
 -dehnung .................................. 104
Randparallele Zugkräfte ............... 307
Rechenwert
 -der Betondruckfestigkeit ............ 70
 -der Rissbreite ...... 227, 233, 238 ff., 242 f., 269
 -der Streckgrenze..................... 210
Rechnerische Spannungs-
  Dehnungsbeziehung .. 102, 104
Reduzierte Querschnittsbreite ....... 214
Reibermüdung ...................... 285, 287
Reibkorrosion........................ 285, 287
Reibung .......... 247, 251, 265, 284 f.
R-E-Modell................................... 30 f.
Repräsentativer Wert .................... 8 f.
Reservoir-Methode ....................... 291
Restrisiko............................................ 6
Rezyklierte Gesteinskörnung......... 53
Rippendecke .................................. 80
Riss
 -abstand .......................... 235, 243
 -bild 134, 164, 233 ff., 280
 -bildung ............... 8, 21, 75, 78, 84, 89, 163, 166, 232 ff., 255 ff., 259, 263, 275, 296, 312
 -breite ................ 221, 227, 228 ff., 240, 251, 255 f., 269 ff., 277
 -breitenbegrenzung .............. 226 ff., 238 ff., 256 f., 269, 312

Sachverzeichnis

Riss
 -breitennachweis ........ 242
 -formel ......... 241
 -moment ......... 95, 97, 269, 337
 -reibung ......... 134, 149, 151
 -schnittgröße ......... 228, 236 ff., 257, 269
Rohdichteklassen ......... 46, 49
Rotations
 -fähigkeit ......... 78, 84 ff., 90, 92, 109, 119
 -nachweis ......... 84 f., 93
 -winkel ......... 99
Rundschnitt
 -äußerer ......... 178 f.
 -innerer ......... 178 f.
 -kritischer ......... 178, 180

## S

Säureangriff ......... 44
Schadens
 -akkumulation ......... 276, 289, 290
 -summe ......... 291
Schädigung ......... 42, 290, 292, 297
Schiefe Biegung ......... 110
Schiefstellung ......... 82, 198, 211
Schlankheit ......... 81, 118, 197, 200, 206, 215
 -grad ......... 200, 215
 -Grenz ......... 200, 206
 -Stab- ......... 200
Schlaufen ......... 315, 324
Schlupf ......... 232
Schnittgrößenumlagerung ....... 85, 118
Schnittgrößenermittlung ......... 11, 13, 22 f., 69 ff., 75 ff., 94, 117, 179, 189, 198, 215, 249
 -nach der Elastizitätstheorie ........ 78
Schräg
 -bewehrung ......... 189
 -stäbe ......... 189, 191, 194 f.
Schrumpfdehnung ......... 252, 266
Schub
 -kräfte ......... 154
 -mittelpunkt ......... 198
 -rissneigung ......... 149
Schwerbeton ......... 40, 46, 58, 66
Schwindbeiwert ......... 252
Seitensteifigkeit ......... 197
Seitliches Ausweichen ......... 216
Seitwärtsknicken ......... 214
Selbstverdichtender Beton ......... 45
Seltene Bemessungssituation ....... 17 ff.
Setzmaßklassen ......... 45

Setzzeitklassen (Vébé) ......... 45
Sicherheit des Tragwerks ......... 8
Sicherheits
 -abstand ......... 4
 -beiwert ......... 70, 198
 -konzept ......... 2
Spaltzugbewehrung ......... 262 f.
Spannbett
 -spannung ......... 269
 -zustand ......... 245
Spannglied
 -externes ......... 248
 -internes ......... 248
 -kraft ......... 246, 262, 265
 -reibung ......... 245
Spannkrafteinleitungen ......... 306
Spannstahl ......... 18, 22, 56, 104, 119, 228, 245 ff., 256 ff., 262 ff., 312
 -dehnung ......... 120, 250, 259 f., 273
 -spannung ......... 120, 226, 247, 250 f., 260 f.
Spannungs
 -begrenzung ......... 8
 -block ......... 74, 103
 -grenzwerte ......... 226
 -konzentrationen ......... 310 f.
 -schwingbreite ......... 278 f., 281, 285, 287, 290 f., 296 ff.
 -zuwachs im Spannstahl ......... 234, 258, 261
Spannungs-Dehnungs-Beziehung
 -für den Beton ......... 72, 102 f., 209
 -für den Betonstahl ......... 77, 104, 210, 256
 -für den Spannstahl ......... 104, 256
 -für die Bemessung ......... 74, 77
 -für die Schnittgrößenermittlung ......... 78, 209
Spannungs-Dehnungs-Linie ..... 72, 77, 102 ff., 209 f., 259 f.
St. Vernant'sche Torsion ......... 164
Stab
 -abstände ......... 143, 238, 258, 329
 -ausbiegung ......... 203
 -bündel ......... 337
 -durchmesser, Mindestwert ....... 208
 -förmige Bauteile ......... 197, 306
 -schlankheit ......... 200
Stabilisierende Einwirkungen ......... 8
Stabilität ......... 21, 197
Stabilitätsnachweis ......... 200, 206, 211
 -genauer ......... 209, 211
Stabwerk ......... 134, 147, 154, 262, 305, 307, 309 ff., 320 ff.

# Sachverzeichnis

Stahl
  -dehnung ............... 75 ff., 89, 94 ff.,
    106, 107, 204 f., 212, 231, 237
  -duktilität ..................... 84 f., 93
Standard
  -abweichung ................. 25 f., 29, 32
  -beton ..................... 57 ff.
  -fälle ........................ 181
Standardisierte Normalverteilung ..... 25
Ständige
  -Bemessungssituation ................. 17
  -Einwirkungen ..................... 19 f.
Standsicherheit ..................... 6, 221
statisch bestimmte Wirkung
  der Vorspannung ............. 260 f.
statisch unbestimmte Wirkung
  der Vorspannung ............... 249
statische Nutzhöhe ....... 105, 183, 194
Steifigkeit
  -gegen Verdrehen ..................... 197
  -Seiten- ..................... 197
Stoffgesetz ..................... 5
Stöße 333, 335, 338
Streckgrenze ............... 13, 75 ff., 89,
    103, 107, 204, 210, 226, 228
  -Rechenwert ..................... 210
Streubeiwerte für Vorspannung ....... 18
Streuungen ................. 5 f., 18, 22,
    250, 278, 290, 294
Strukturmodell ..................... 4
Stütze ohne Knickgefahr ............... 112
Stützen ..................... 18, 79, 81 f.,
    177, 183, 186, 189, 332, 344
  -bewehrungsgrad ......... 207 f., 344
  -kopfverstärkung ... 177, 179, 182 ff.
  -längsbewehrung ..................... 344
  -querbewehrung ..................... 344
Sulfatwiderstand ..................... 49
Superpositions
  -gesetz ..................... 23, 84, 170
  -prinzip ..................... 12
Systemwiderstand ..................... 13

## T

Tausalze ..................... 42
Teilflächenbelastung ..................... 318
Teilsicherheitsbeiwert ......... 11 ff., 21 f.,
    70 ff., 90, 101 ff., 209, 259, 293
  -für Einwirkungen ..................... 19 f.
  -von Beton ..................... 22, 101 ff.
  -von Stahl ..................... 22, 101, 104
Temperatur
  -des Betons ..................... 63
  -einwirkungen ................. 2, 14, 19

Theorie II.Ordnung ..................... 72
Torsions
  -bemessung ..................... 173
  -bewehrung 163, 166 f., 169, 173 f.
  -bruch ..................... 164
  -bügelbewehrung ..................... 166 f.
  -ersatzwanddicke ..................... 165
  -längsbewehrung ............. 164, 167,
    169 f., 175 f.
  -moment ........... 167, 169, 173, 216
  -steifigkeit ..................... 166, 198
  -tragfähigkeit ............. 163, 165, 167
  -trägheitsmoment ..................... 166
  -trennbruch ..................... 166
Tragsystem ..................... 164
Tragwerks
  -einteilung ..................... 79
  -sicherheit ..................... 2, 7
  -versagen ..................... 13
Tragwiderstand ..................... 12, 177
Trajektorien ..................... 307, 324
Transport des Betons ..................... 62
Trocknungsschwinddehnung 252, 266

## U

Übergangsbereich ..................... 189
Übergreifungslänge ....... 283, 334, 336
Überlebens
  -bereich ..................... 28
  -wahrscheinlichkeit ............. 25, 28 f.
Überschreitungs
  -dauer ..................... 9
  -häufigkeit ..................... 9
Übertragungslänge ..................... 262 f.
Überwachung ...... 6, 59 f., 62, 65 f., 338
Überwachungs
  -klasse ..................... 66 ff.
  -kriterien ..................... 59, 66 f.
Üblicher Hochbau ..................... 112
Umfang ..................... s. Rundschnitt
Umlagerung ..................... 84 ff.
Umlenkkräfte ............... 164, 248, 309,
    311, 320, 344
Unabhängige
  -Auswirkungen ..................... 16
  -Einwirkungen ..................... 15
  -ständige Einwirkungen .......... 20, 24
Unbewehrt
  -Beton ..................... 22, 215
  -Druckglied ..................... 215
Ungenauigkeiten ............. 74, 197
  -bei der Lasteinleitung ............... 106
Ungewollte Lastausmitte ........ 199, 215
Unwirksame Länge ..................... 182

## V

Veränderliche
 -Einwirkungen ..................9, 19, 21
 -Querschnittshöhe.................... 138
Verankerung
 -am Endauflager................ 325, 341
 -von Bügeln............................... 333
Verankerungs
 -arten..................................... 331 f.
 -bereich bei Spanngliedern.....262 f.
 -bruch......................................... 166
 -kraft.......................................... 246
 -länge.. 317 f., 325, 331, 337, 340 f.
 -schlupf ............................. 245, 265
Verbund ............................18, 22, 101,
 177, 187, 222 ff., 316 f.
 -beiwerte ....................... 296, 330
 -bereiche ............................... 329
 -festigkeit....................... 296, 330
 -querschnitt ....... 245, 249, 265, 268
 -spannung ............ 235, 262, 270 f.,
 330 f., 350
 -steifigkeit................................ 231
 -verhalten ......................... 228, 296
 -wirkung................... 281 f.
Verdichten............... 63, 65, 329
Verdichtungsmaßklassen ............. 45 f.
Verdrehungssteifigkeit ............... 197 f.
Vereinfachte Kombinationsregeln.... 23
Verfestigung................ 78, 210, 280
Verformungsvermögen ........... 75, 102
Vergleichsdurchmesser ................ 271
Verkrümmung .............................. 249
Versagen des Tragwerks... 14, 20 f., 24
Versagens
 -bereich..................................28
 -mechanismen............... 135, 164 f.
Versatzmaß ....................... 340, 342
Verschleißbeanspruchung............ 42 f.
Verteilungs
 -breite ................ 189
 -dichte ..................25 f., 28 f.
 -funktion ......................25
Vertikallast ................ 198
Verträglichkeitstorsion ................ 163
Völligkeitsbeiwert..... 72, 122, 209, 237
Vordehnung ................. 101, 120,
 245, 259 f., 273
Vorgespannte Tragwerke .. 119, 245 ff.
Vorherrschende Auswirkung...... 15, 17
Vorspannung
 -als Einwirkung................ 121, 245
 -als Widerstand ...................... 245
 -Auswirkungen ................ 245

-externe .................................... 248
-im Verbund.............. 257, 259, 261
-interne ..................................... 248
-mit nachträglichem Verbund ......18,
 250, 265
-mit sofortigem Verbund. 246 f., 262
Vorspannung
 -ohne Verbund .. 246, 248, 257, 259
 -statisch bestimmte Wirkung.. 260 f.
 -statisch unbestimmte Wirkung ..249
 -zulässige ...............................251
Vorverkrümmung ................ 245, 249

## W

Wände ........................................345 ff.
Wandartige Träger.................... 308 ff.
Wandbewehrungsgrad.................. 345
Wasser
 -eindringwiderstand....................56
 -lagerung ....................... 46 f., 69
 -zementwert ............. 52 f., 55, 57 f.
Wert
 -charakteristischer............15 ff., 265
 -häufiger ..................................9
 -Kombinations- ...............................9
 -quasi-ständiger ........................9
 -repräsentativer ..........................8
Widerstandsmodell ........................ 4 f.
Wirksame
 -Betonzugfestigkeit................... 257
 -Breite ................... 80, 188, 214
Wirkungsbereich der Bewehrung.........
 234, 258, 271
Wöhlerkurve................. 276, 279, 288
Wölb
 -krafttorsion ........................ 163
 -steifigkeit .............................. 198
Würfeldruckfestigkeit ................ 46, 69

## Z

Zahnmodell ................................. 134
Zeitabhängige Verformung ........... 266
Zeitfestigkeit.................................. 279
Zementgehalt.................. 55, 57, 287
Zufallsgröße .....................................25
Zug
 -festigkeit..................13, 74 ff., 104,
 133, 228, 306, 312, 330
 -gurt.................................. 133, 317
 -streben ................. 133, 147, 184,
 187, 306, 311, 313
 -versteifung ........................ 90, 209
Zugabewasser ................................ 51

Zusatzmomente ............................ 202
Zustand I ............................ 78, 84, 87,
   90, 94 ff., 210, 212, 229, 312
Zustand II ........................ 78, 87, 90,
   94 ff., 210, 212, 229, 312
Zuverlässigkeits
   -abstand ........................................ 28
   -index ................... 25, 27, 29, 30 ff.
   -theorie ..................................... 6, 27
Zwang ..................... 75, 163, 226 ff.,
   235 ff., 249, 261
   -beanspruchung ........... 231, 239 f.,
      251, 258, 269
   -einwirkung .......................... 21, 233
   -schnittgrößen ............................. 22
Zweiachsige Ausmitte ........... 110, 214
Zylinderdruckfestigkeit ....... 46, 69, 70,
   101, 102

Druck: Mercedes-Druck, Berlin
Verarbeitung: Buchbinderei Lüderitz & Bauer, Berlin